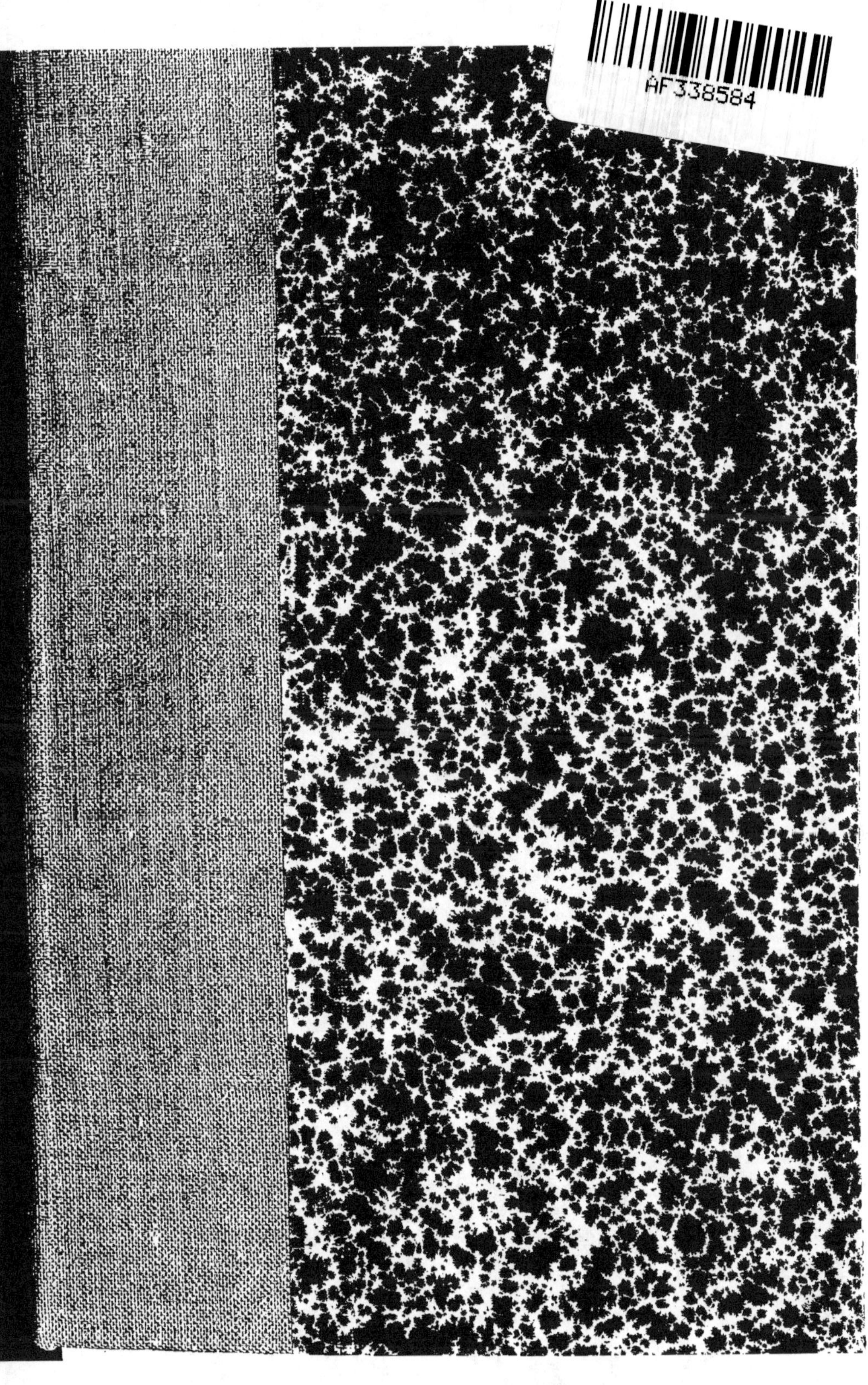
AF338584

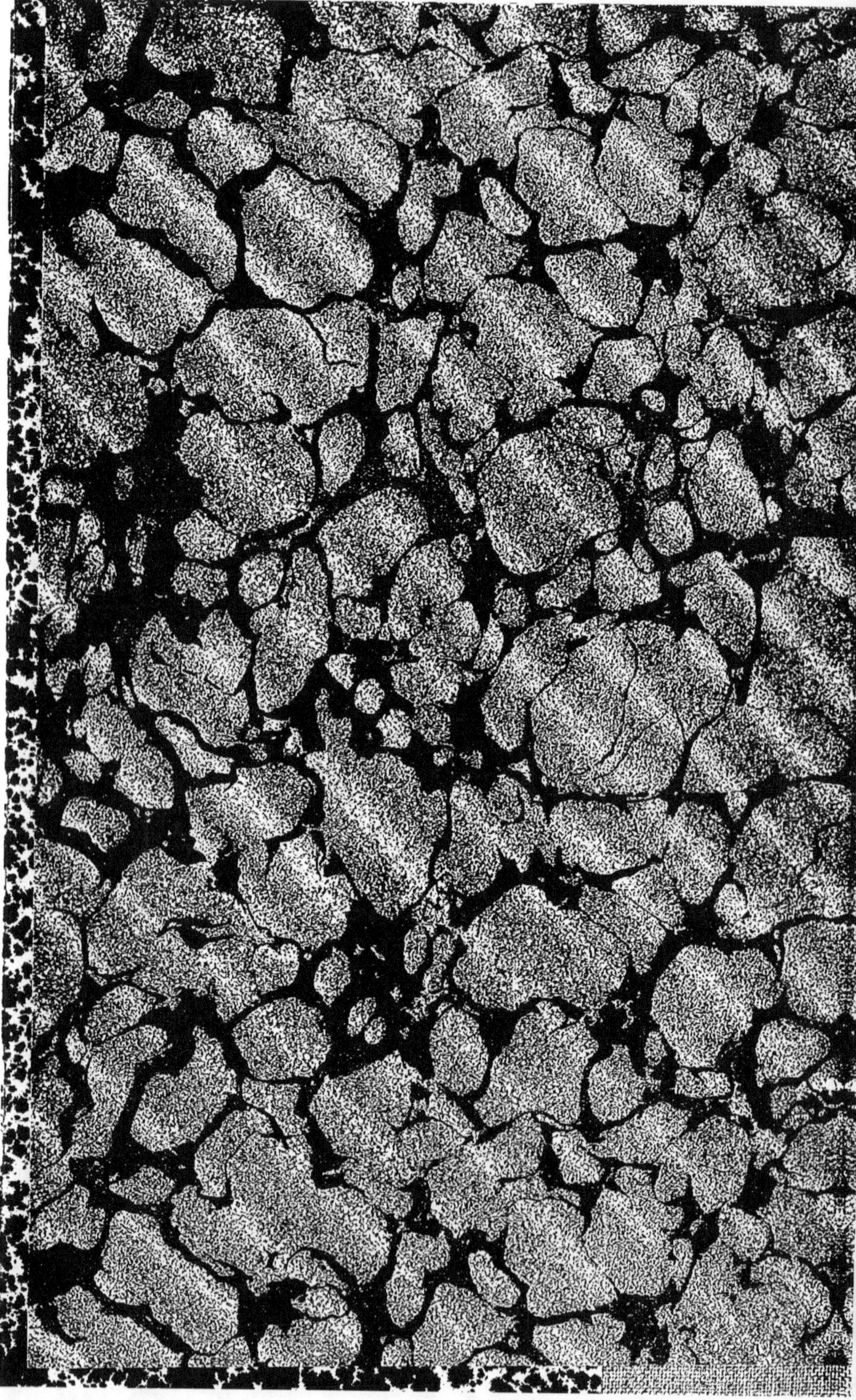

DE

L'EXPLOITATION

DES SOUFRES

PAR

JULES BRUNFAUT

INGÉNIEUR CIVIL

DEUXIÈME ÉDITION

PARIS

AMBROISE LEFÈVRE, LIBRAIRE-ÉDITEUR
POUR LES SCIENCES, LES ARTS ET L'INDUSTRIE
47, Quai des Grands-Augustins, 47

1874

DE

L'EXPLOITATION DES SOUFRES

EN ITALIE

ET DANS LE MIDI DE LA FRANCE

PUBLICATIONS DU MÊME AUTEUR

De la fabrication du coke. Recueil du gaz d'éclairage et des sous-produits.

De la fabrication du verre. Emploi de l'air chaud à la fusion.

Du traitement des sulfures métalliques. Recueil du soufre.

Du décorticage du riz. Machines pour les colonies.

La guerre de 1870 et le corps du génie civil.

De la défense de la France. au moyen du réseau militaire des chemins de fer.

Du chemin de fer métropolitain et de la banlieue de Paris.

Le cimetière de Méry-sur-Oise et le chemin de fer métropolitain.

CHATILLON-SUR-SEINE. — IMPRIMERIE E. CORNILLAC

L'EXPLOITATION

DES SOUFRES

PAR

JULES BRUNFAUT

INGÉNIEUR CIVIL

DEUXIÈME ÉDITION

PARIS

AMBROISE LEFÈVRE, LIBRAIRE-ÉDITEUR

POUR LES SCIENCES, LES ARTS ET L'INDUSTRIE

47, Quai des Grands Augustins, 47

1874

PREMIÈRE PARTIE

CONSIDÉRATIONS GÉNÉRALES

PREMIÈRE PARTIE

CONSIDÉRATIONS GÉNÉRALES

En 1860, je publiais une brochure (1) rendant compte des travaux chimiques auxquels je m'étais livré, dans le but de recueillir le soufre contenu dans les sulfures métalliques.

Dans le nouveau travail que j'entreprends aujourd'hui, je ne m'occuperai que des solfatares situées en Italie, et dans le midi de la France, principalement dans les Romagnes et la Sicile. Non que d'autres gisements de soufre n'existent ailleurs, mais ceux qui furent découverts en Egypte, en Asie, en Espagne et sur beaucoup d'autres points du globe, sont loin de réunir, soit à cause de leurs positions topographiques, soit par la faiblesse et la pauvreté des couches minérales, les conditions d'exploitation présentées par les solfatares dont nous nous proposons l'étude.

Le soufre se présente partout; la nature nous le montre tantôt mélangé, tantôt combiné; partout il est recueilli, mais nulle part cette exploitation ne se fait sur une aussi vaste échelle que dans les Romagnes et la Sicile.

Dans les Romagnes, ma tâche a été relativement facile, et

---

(1) Michel Carré, imp., Paris, 1860.

cela, grâce au concours de M. Sostegni, habile ingénieur de Cesena, dont les savantes observations sont venues alléger considérablement le labeur de recherches souvent pénibles.

J'ai visité minutieusement la Sicile, la parcourant d'un point à un autre, et, autant que possible, je m'y suis renseigné par moi-même, contrôlant mes travaux avec les différentes études, malheureusement incomplètes, qui avaient devancé mes recherches. J'ai pris connaissance de tous les documents qu'il m'a été possible de me procurer, dans les bibliothèques, comme sur le terrain ; plus tard, ma position d'ingénieur de la *Société des soufres de Girgenti* m'a mis à même de connaître, dans ses infiniment petits, cette fécondante source de la richesse sicilienne ; et si, malgré la précision de mes observations rigoureusement contrôlées, si, malgré le soin que j'apporte à le rendre aussi complet que possible, mon travail est jugé imparfait, le lecteur me tiendra compte, je l'espère, de l'état actuel de la Sicile, des difficultés rencontrées sur ma route, et, il faut bien l'avouer, du mauvais vouloir du plus grand nombre de ceux qui exploitent les mines.

Partout où l'industrie minière s'est installée, elle a eu pour premier effet de changer complétement les conditions d'existence du lieu où elle se développait, y amenant une agglomération considérable d'habitants, changeant un désert en une ville florissante, apportant enfin avec elle la richesse et la civilisation. Dans le courant des derniers siècles, le travail du mineur, non-seulement frappait d'une crainte instinctive l'esprit prévenu et superstitieux de nos pères, mais encore ce sentiment de répulsion trouvait une excuse, ou un aliment, dans l'exemple donné par les gouvernants, qui réservaient pour ces rudes labeurs souterrains les hommes que le glaive de la justice marquait pour l'expiation.

Les mines de la Sibérie ne sont-elles pas, en ce moment encore, peuplées par les malheureux dont tout le crime est d'avoir rêvé l'affranchissement du sol de leur patrie ?

Le mépris s'attachait donc jadis à l'art du mineur ; mais, de nos jours, les esprits plus éclairés, faisant justice de ces préjugés aveugles, apprécient hautement les importants services rendus à l'humanité par les opiniâtres recherches de nos savants, par le travail et le courage des ouvriers, et rendant à tous une tardive, mais éclatante justice, placent l'exploitation des mines au premier rang des richesses nationales.

Dans le mouvement général qui fixe aujourd'hui l'attention sur les entreprises industrielles, et qui fait que les esprits attentifs suivent les progrès constants de nos travailleurs, applaudissant à chaque succès, saluant chaque nouvelle conquête du génie humain, est-il un objet plus digne de nos préoccupations que l'exploitation des mines? Et si, joignant nos modestes efforts à ceux de nos illustres devanciers, nous parvenons à jeter un jour nouveau sur cette grande question ; si nous sommes assez heureux pour contribuer à faire naître une idée, ou à améliorer le sort du mineur, n'aurons-nous pas atteint le but que nous nous proposons?

En Italie, le mineur est souvent victime des catastrophes inhérentes à ses pénibles travaux, et, nous devons le faire remarquer, ce n'est le plus souvent que parce qu'il manque de connaissances spéciales, ou qu'il néglige les précautions voulues, ou enfin, et ce n'est malheureusement que trop vrai, la fréquence des accidents est due en grande partie à l'avidité des entrepreneurs, fiévreusement empressés de jouir des trésors qu'ils exploitent.

Mais le gouvernement italien vient de prendre en main la haute surveillance de ces travaux ; il assujettira les impatients, ou les ignorants, à des règlements sévères qui, sauvegardant la vie du mineur, protégeront, au nom de la société, les richesses minérales.

En effet, la mine étant un bien *conditionnel*, doit être exploitée d'après des principes particuliers, des connaissances spéciales et des capitaux suffisants ; car une mine excède la vie d'un individu et exige presque toujours d'immenses débours employés en des travaux préparatoires.

La première question, celle qui domine toutes les autres, la question primordiale, en un mot, est celle des transports. Telle mine, éloignée des routes, ne pourra faire sortir ses produits, ni amener les machines, le bois, le fer qui lui sont nécessaires. Aussi le mineur doit-il se préoccuper tout d'abord de cette question, qui forme le point capital de l'entreprise, et qui aura pour conséquence de l'obliger à immobiliser des capitaux souvent considérables avant de songer à recueillir.

Et si ces difficultés à vaincre paraissent trop grandes, si l'esprit recule effrayé devant l'importance des débours, il ne faut pas oublier que ces sacrifices, quelque grands qu'ils puissent être, trouveront leur large rémunération dans un avenir prochain ; il ne faut pas oublier enfin que les mines constituent la première branche des richesses nationales, et que si l'initiative privée fait défaut ou est impuissante, le devoir du gouvernement est d'intervenir et de prendre en main l'intérêt général, négligé ou compromis.

Cela est si évidemment vrai, que partout où l'industrie minière a pris un grand développement, le pays s'est couvert de routes, de voies ferrées, de canaux, grandes artères de circulation créées en vue du transport des richesses minières.

Les chemins de fer, sillonnant aujourd'hui toute l'Europe, furent d'abord créés en Angleterre dans le seul but d'amener le minerai du point de gisement au lieu de manipulation, au port d'embarquement, et au centre industriel où il trouvait son emploi.

Heureuses donc les contrées qui renferment les mines et voient cette fortune publique soutenue par les gouvernants ; leurs habitants sont aujourd'hui les plus riches et les plus puissants du globe !

Ces considérations s'appliquent surtout à l'Italie, où tout est à faire pour atteindre ce résultat, et qui, plus heureuse que l'Angleterre, la France et la Belgique, n'a pas à s'épuiser dans les longs tâtonnements et les incertitudes des nouvelles découvertes, car la route s'ouvre devant elle largement frayée, et l'exemple sous les yeux, elle peut s'avancer hardiment dans la voie de la prospérité.

Que manque-t-il en Italie pour y développer l'industrie la plus considérable du pays, et pour la mettre en état de satisfaire aux besoins toujours croissants qui se font sentir ?

Elle possède une direction éclairée, un personnel technique ayant les connaissances et la pratique des bonnes méthodes d'exploitation, capable, par conséquent, d'imprimer aux travaux une marche à la fois rapide, économique, prévoyante et conservatrice des gisements ;

Mais il lui manque :

Un personnel de contre-maîtres et d'ouvriers assez instruits dans leur industrie pour pouvoir se suffire à eux-mêmes dans le courant des travaux ;

Le matériel mécanique et d'outillage qui, dans tous les pays de mines, est employé avec succès à l'épuisement des eaux, à l'élévation et au roulage des matériaux et des produits;

Des routes en bon état, pour faciliter les transports et en réduire le prix;

Des quais de chargement commodes, dans les ports d'embarquement;

Des capitaux en quantité suffisante, afin que, dans les moments où s'arrêtent les achats de l'agriculture, du commerce et de l'industrie, l'exploitation puisse continuer et préparer des approvisionnements abondants qui permettent d'exécuter les ordres au jour de la reprise des commandes;

Des entrepôts où les exploitants puissent déposer leurs produits et obtenir les avances d'argent qui leur sont nécessaires;

Il lui manque, enfin, une réorganisation à peu près complète du système sur lequel repose le commerce des soufres.

Dans les conditions actuelles, en effet, la marchandise n'arrive au consommateur qu'en passant par une infinité d'intermédiaires. Généralement, l'exploitant est dans les mains d'un petit capitaliste de sa localité, le plus souvent dépendant lui-même d'un banquier ou prêteur sur nantissement. Le soufre est acheté à ce dernier par le négociant-commissionnaire établi dans l'une des places maritimes de l'Italie, et remplissant les ordres qui lui sont adressés par son correspondant, commissionnaire, lui aussi, à Marseille, Cette, Bordeaux, Nantes, ou en Angleterre.

Ce dernier n'opère que pour satisfaire aux demandes des industriels qui raffinent et réduisent en poudre la matière brute, pour la transformer en produits commerciaux, qu'ils livrent enfin aux marchands près desquels le consommateur se pourvoit.

On voit de quels frais considérables cette matière si utile se trouve grevée avant d'arriver aux consommateurs, et tout l'intérêt qu'il doit y avoir à les réduire, afin d'encourager l'agriculture à généraliser son emploi.

Dire les vices qui pèsent sur l'industrie et le commerce des soufres, c'est indiquer les remèdes qu'on doit y apporter. — Quelques-uns dépendent du gouvernement et des administrations provinciales ou communales ; il faut reconnaître que, de leur part, quelque chose a été fait en dernier lieu, et beaucoup encore a été décidé, entrepris, livré à l'exécution. Nous voulons parler des routes provinciales et communales, des chemins de fer et des ports.

Divers changements à la législation qui régit les mines sont indispensables pour mettre, dans le régime des exploitations, l'ordre et la régularité qui assurent la conservation des richesses minérales, qui déterminent les obligations des exploitants et les assujettissent à des règlements reconnus nécessaires dans tous les districts miniers.

Le gouvernement a appliqué la nouvelle loi de 1859 aux Romagnes, mais n'a encore rien fait quant à la Sicile, qui se trouve toujours placée sous l'empire de la loi de 1826.

Ce serait peut-être le cas d'énumérer ici tout ce qui a été fait sur le continent italien pour dégager la propriété foncière des entraves sans nombre qui paralysaient ses forces productives ; — de tracer le vaste ensemble de travaux publics : routes, ponts, chemins de fer et ports, dont l'exécution s'accomplit sur le continent, portant chaque jour la vie et l'activité sur quelque point reculé de ces provinces, où la terre la plus fertile du vieux monde était condamnée, depuis des siècles, à l'inertie, par l'absence de tous moyens de communication et de transport ; — d'indiquer les lignes de navigation sur lesquelles des services réguliers ont été établis ; les canaux mis en construction, et le réseau de fils télégraphiques qui transmet la pensée à toutes les parties de l'Etat.

Mais un examen complet de tous les progrès économiques décidés, entrepris, réalisés dans la Péninsule depuis douze ans, dépasserait de beaucoup les limites dans lesquelles doit se restreindre cet ouvrage, dont le but unique est d'appeler l'attention sur une question particulière : celle de l'industrie des soufres de la Sicile et des Romagnes. Constatons, cependant, que les provinces et les communes font de grands sacrifices pour l'ouverture des nouvelles voies de communication, et l'amélioration de celles déjà existantes. L'Etat a concédé des chemins de fer, qui sont partout en construction ; l'instruction professionnelle est dans le programme des améliorations morales que poursuivent, d'un commun concert, l'administration centrale et les conseils provinciaux.

Maintenant, avons-nous besoin d'ajouter que la construction des

routes et des chemins de fer, les grands travaux des ports, la création des lignes de navigation régulière, sont les agents du mouvement qui se prépare, et que la transformation de la Sicile et des
Romagnes est un des phénomènes économiques qui doivent s'accomplir très-prochainement? — Le contraire est impossible par
toutes les lois qui régissent le monde.

L'opinion publique, agitée et absorbée par les graves questions
que devait forcément soulever la grande œuvre de l'unification
nationale, n'a donné, jusqu'ici, qu'une attention distraite aux pro-
blèmes économiques dont la solution comporte la richesse et la
prospérité du pays; mais l'Italie, cette terre classique des grands
souvenirs, est une contrée qui reprend aujourd'hui sa place au
rang élevé qu'elle occupait jadis parmi les nations, et que lui assignent ses ressources naturelles, le génie des races latines et sa
position géographique.

Les gisements de soufre sont une des branches les plus importantes de la minéralogie italienne; on le rencontre en quantité
considérable dans la partie centrale de la Péninsule et dans l'île
de Sicile; et cet heureux pays, déjà si favorisé par son climat,
qui lui permet de produire la soie, le coton, le sumâc, l'huile, le
vin, etc., jouit encore du privilége exclusif de fournir le soufre à
toute l'Europe et à la presque totalité des autres parties du globe.

Les relevés officiels de l'exportation et des droits perçus à la
sortie du soufre donneront une preuve de plus, s'il en est besoin,
de l'importance de la question que nous avons pris à tâche de traiter dans cet ouvrage. Et comme, en somme, rien n'est plus éloquent
que les chiffres, nous terminons cet avant-propos par le tableau
de l'exportation, tel qu'il résulte des documents puisés aux sources
officielles.

Exportation par les ports Siciliens

SOUFRE BRUT

Quint. mét.

Année	Quint. mét.			Valeur	
1862	1,433,236	représentant une valeur de		30,098,000 francs	
1863	1,470,350	»	»	30,897,000	»
1864	1,398,413	»	»	29,366,000	»
1865	1,382,324	»	»	29,028,000	»
1866	1,691,100	»	»	25,366,500	»

Quint. mét.

1867	1,823,206 représentant une valeur de		27,348,090 francs
1868	1,659,409	» »	24,891,135 »
1869	1,601,418	» »	24,021,270 »
1870	1,637,517	» »	24,562,755 »
1871	1,598,360	» »	23,975,400 »

SOUFRE PURIFIÉ

Quint. mét.

1862	22,557 représentant une valeur de		728,000 francs
1863	57,275	» »	1,890,000 »
1864	35,524	» »	1,172,000 »
1865	70,841	» »	2,337,000 »
1866	43,430	» »	1,563,480 »
1867	27,220	» »	979,920 »
1868	48,490	» »	1,745,640 »
1869	38,860	» »	1,398,960 »
1870	56,600	» »	2,037,600 »
1871	23,500	» »	846,000 »

Exportation par les ports Romagnols

Kilog.

1863	2,175,305 représentant une valeur de		425,060 francs
1864	3,275,679	» »	655,120 »
1865	2,475,467	» »	495,080 »
1866	2,881,653	» »	576,300 »
1867	1,615,035	» »	323,000 »
1868	776,156	» »	183,765 »
1869	797,108	» »	191,500 »
1870	3,396,793	» »	608,440 »
1871	3,198,023	» »	1,240,661 »

Droits perçus à la sortie du soufre

SICILE

(Sous le gouvernement Napolitain)

	Quint. mét.	Droits perçus.		Quint. mét.	Droits perçus
1852	980,370	949,000	1856	1,480,520	1,445,000
1853	1,109,970	1,072,000	1857	1,397,470	1,339,000
1854	1,413,430	1,376,000	1858	1,344,420	1,288,000
1855	1,123,840	1,087,000	1859	1,759,680	1,684,000

(Sous le gouvernement actuel)

	Quint. mét.	Droits perçus		Quint. mét.	Droits perçus
1860	1,437,838	1,370,000	1866	1,841,730	1,842,000
1861	1,541,530	1,566,000	1867	1,825,928	2,008,520
1862	1,553,300	1,553,000	1868	1,664,258	1,830,681
1863	1,699,560	1,699,000	1869	1,605,304	1,765,834
1864	1,556,780	1,557,000	1870	1,643,177	1,807,494
1865	1,596,570	1,596,000	1871	1,600,710	1,760,781

Romagnes (1)

	Droits perçus			Droits perçus	
1863	61,630	francs	1868	8,537	71
1864	32,755	»	1869	8,768	19
1865	24,751	»	1870	35,604	72
1866	28,815	»	1871	57,178	25
1867	16,148	»			

---

(1) Avant le 1er octobre 1863, le soufre des Romagnes sortait en franchise, le droit d'exportation y fut appliqué par décret royal du 30 août 1863.

DEUXIÈME PARTIE

DE LA LÉGISLATION ET DES RÈGLEMENTS QUI RÉGISSENT
LES MINES DE SOUFRE EN ITALIE

DEUXIÈME PARTIE

DE LA LÉGISLATION ET DES RÈGLEMENTS QUI RÉGISSENT LES MINES
DE SOUFRE EN ITALIE

L'unité italienne est de trop fraîche date pour que déjà ses lois
puissent être appliquées uniformément dans tout le royaume. La
diversité des besoins, des coutumes, des intérêts, si dissemblables
sur les différents points de la Péninsule, et qu'il était peut-être
impolitique de heurter violemment de front, placèrent le gouvernement dans la nécessité d'attendre du temps leur unification
complète, des Alpes à l'Etna.

Dans les anciens Etats-Pontificaux, la loi sur les mines qui porte
la date la plus reculée, est celle du 21 avril 1510, qui soumet
toutes les mines au droit régalien.

Par son bref du 30 décembre 1535, Paul III, se prévalant de sa
haute suzeraineté sur les mines, annule le privilége que Clément VII, son prédécesseur, avait octroyé à quelques-uns d'exploiter le soufre sur le territoire de Cesena, et, étendant cette faculté,
en fait jouir les habitants de la ville et environs, leur donnant le
droit de recherche, d'exploitation et de vente à tous, *excepté
cependant aux infidèles.*

De cette disposition naquit, dans la ville de Cesena et pays cir-
convoisins, l'idée que le propriétaire du sol pouvait, en toute liberté,

creuser et exploiter les mines de soufre ou autres qu'il y découvrirait.

Cette large interprétation du bref de Paul III motiva les lettres du 1ᵉʳ juin 1580 de Grégoire XIII « *ad Romani Pontificiis spectat officium boni patris familias exemplo* (1), » qui ramenait à l'observance rigoureuse des droits domaniaux, des prestations qui en dérivent, et à leur imprescriptibilité.

Nous trouvons ces mêmes dispositions confirmées par le chirographe de Paul VI, du 15 novembre 1780, et par l'édit de la Trésorerie générale, du 14 novembre même année, dans lesquels il est expressément notifié « que le droit sur les mines appartient « exclusivement au Prince. »

Sous la domination française, le décret du 9 août 1808 vint de nouveau confirmer ces mêmes dispositions. La restauration de la Papauté ne changea rien à cet état de choses ; et aujourd'hui le gouvernement italien, par la promulgation de la loi sarde de 1859, n'a fait qu'apporter une consécration de plus aux principes proclamés dès 1510.

Nous croyons qu'il ne sera pas sans intérêt pour nos lecteurs de connaître le texte même du décret du Prince Eugène (9 août 1808) ; et c'est dans cette pensée que nous en reproduisons les principaux articles :

NAPOLEONE ,

PER LA GRAZIA DI DIO E PER LE COSTITUZIONI, IMPERATORE DE' FRANCESI, RE D'ITALIA E PROTETTORE DELLA CONFEDERAZIONE DEL RENO.

Eugenio Napoleone di Francia, Vicerè d'Italia, Principe di Venezia, Arcicancelliere di Stato dell'Imperio Francese, a tutti quelli che vedranno le presenti, salute ;

MANIFESTO *del Vicerè d'Italia risguardante il Regolamento delle miniere.*

Noi, in virtù dell'autorità che Ci è stata delegáta dall'Altissimo ed Augustissimo Imperatore e Re Napoleone I, nostro onoratissimo Padre e grazioso Sovrano,

---

(1) Litteræ Sanctissimi D. N. D. Gregorii Papæ XIII. — *De censibus et aliis juribus cameræ apostolicæ præstandis.*

Sopra rapporto del Ministro dell'Interno ;
Sentito il Consiglio di Stato,
Abbiamo decretato e decretiamo :

TITOLO I

DEL CONSIGLIO DELLE MINIERE

ART. 1

È stabilito presso il Ministero dell'interno un consiglio delle miniere.

ART. 2

Il consiglio è composto di tre membri, uno de' quali è professore di docimasia.

ART. 3

Il consiglio invigila sulle scuole matallurgiche, raccoglie le notizie precise di tutte le miniere del regno, tenendone esatto registro ; ha presso di sè dei saggi delle miniere ; riconosce, a richiesta del Ministro dell'interno i diritti ed i doveri di chi le lavora, ed in che modo vengona eseguiti ; esamina le petizioni, somministra le direzioni opportune, onde trarre dalle miniere il maggior profitto possibile, prestandosi altresi a dare al ministro tutti quei lumi che gli sarrano richiesti.

ART. 4

Dependenti dal consiglio vi sono un segretario del consiglio, due ispettori, e due ingegneri delle miniere.

ART. 5

La residenza degl'ispettori e degl'ingegneri delle miniere, le funzioni e le incombenze loro saranno determinate con ispeciale regolamento.

TITOLO II

DELLE MINIERE IN GENERALE

ART. 6

Le miniere che esistono nel regno, sia metalliche, o saline, o bituminose, non possona essere scavate, nè si può in alcun mado usarne o disporne senza l'autorizzazione del governo, et sotto la sua sorveglianza. A quest'oggetto sono accordate delle licenze e delle investiture.

Art. 7

Le terre, le arene, i marmi, le pietre di calce, il gesso, le torbe, e in generale le cave di tutte le sostanze non comprese nell'articolo precedente, riemangono in piena e libera disposizione del proprietario, che può usarne senza che sia necessario alcun permesso.

Qualora però il proprietario non si valga di alcuna delle sostanze qui mentovate, ed essa occorra per oggetti di pubblica utilità, come ponti, argini, canali di navigazione, monumenti pubblici, stabilimenti d'industria e manifatture, può il governo accordare ad altri che se ne valgano, indennizzando il proprietario tanto del danno fatto alla superficie del fondo, quanto del valore delle materie staccate od estratte, il tutto di reciproco accordo, ovvero a stima di periti.

Art. 8

Il prodotto delle miniere d'oro e d'argento è venduto alle regie zecche al prezzo stabilito dalle tariffe di concambio.

.TITOLO III

DELLA CONCESSIONE DELLE LICENZE ED INVESTITURE PER LA RICERCA DI ESCAVAZIONE DELLE MINIERE; DEGLI OBBLIGHI E DIRITTI DE' CONCESSIONARJ.

Art. 9

È libero a chiunque il fare tentativi per la ricerca di miniere. Quando il proprietario d'un fondo in cui si creda che esista una miniera, s'opponesse a' tentativi da farsi per assicurarsi della sua esistenza, il suo reclamo è trasmesso al ministro dal prefetto, col parere dello stesse prefetto, ed il ministro decide. I lavori per la ricerca di una miniera non possono continuarsi oltre sei mesi. Passato questo termine, deve riportarsi o una licenza di continuarli, o una investitura, come viene prescritto dagli articoli seguenti.

Art. 10

L'investitura del diritto privativo di scavare o coltivare una miniera esige un decreto speciale del Re.

Art. 11

L'investitura per l'escavazione d'una miniera vien concessa per un tempo non maggiore di 50 anni. La fissazione della durata è determinata in ragione delle circostanze locali, della natura del minerale, delle difficoltà per estrarlo, della somma delle spese relative.

Art. 12

L'estensione superficiale per la concessione d'una miniera è proporzionata alla natura di essa miniera, ed alla qualita del metallo o minerale e non può, in alcun caso, eccedere sei miglia italiane quadrate.

. . . .

Art. 17

Chiunque vuole ottenere l'investitura d'una miniera, deve indicarne il luogo preciso, di quale materia essa sia, i mezzi dei quali fara uso per assicurare il lavoro, e per qual tempo voglia essere investito. Deve per ultimo unire alla petizione un assaggio della miniera, ed un tipo del circondario a cui si vorrebbe estesa la facolta dell'escavazione, delineato con limiti possibilmente a rettilino, dipartenti da punti fissi.

Art. 18

Le petizioni per ottenere l'investitura di una miniera debbono nel modo prescritto all'articolo precedente presentarsi al prefetto del dipartimento in cui la miniera è situata.

Il prefetto fa publicare la domanda in tutti i capoluoghi di cantone del dipartimento, ed in tutti i comuni del cantone in cui è situata la miniera, e col mezzo di requisitoriali anche nei distretti limitrofi. Nell'avviso si prefinisce il termine di tre mesi a contraddire, passato il quale, non si ha piu alcun riguardo a qualunque pretesa o titolo di anteriorità di diritto.

. . . .

Art. 25

Se la miniera per cui viene chiesta l'investitura è notoriamente conosciuta e non lavorata, il proprietario del fondo ha il diritto di esercirla preferibilmente, semprechè concorrano in esso i necessarj requisiti, ed abbia presentata la sua dichiarazione documentata entro tre mesi dalla pubblicazione della domanda. Nel caso che il proprietario manqui dei requisiti, o si astenga dall'aspirarvi, s'investisce il richiedente : essendovi piu concorrenti in parità di circostanze, l'investitura viene accordata al primo che ha fatta la domanda.

Se poi la miniera non è conosciuta, il primo scopritore e richiedente ne è investito, semprechè giustifichi di essere fornito dei requisiti necessarj : si riguarda per primo scopritore il primo notificante, a meno che da altri non sia provato il contrario. In caso di piu aspiranti, e che il primo scopritore manchi dei requisiti, egli è escluso dalla preferenza, ma conseguisce dall'investito una gratificazione da convenirsi fra le parti, e, in caso di discordia, da determinarsi dal prefetto.

ART. 26

Compiti gli atti sovra prescritti, il Ministro dell'interno propone a S. M. il decreto di concessione, colle condizioni che crederà convenienti.

ART. 27

Emanato il decreto di approvazione, il Ministro dell'interno ne trasmette copia al prefetto del dipartimento, incaricandolo di far mettere il concessionario in possesso della miniera. L'immissione in possesso viene eseguita con pubblico istrumento d'investitura, in cui s'inseriscono lo stato di consegna della miniera e il tipo, formati dall'ingegnere delegato. Nel tipo devono rappresentarsi con metodo uniforme e colla maggiore precisione non solo l'ubicazione e i limiti dell'area che sarà stata assegnata, ma altresi le direzioni, gli stati e le disposizioni apparenti del minerale.

. . . .

ART. 31

Salvo il disposto dell'art. 33, nessuno puo impedire che si eseguiscano sul proprio fondo lavori occorrenti per la ricerca o per l'escavazione d'una miniera, non meno che per gli stabilimenti accessorj, ogni qual volta l'intraprenditore sia debitamente autorizzato, ed abbia dato preventivamente al proprietario una sicurtà idonea in compenso dei frutti che verrebbe a perdere, e dei danni recati.

Il valore dei suddetti frutti e danni, ovvero del fondo occupato, viene determinato da due periti scelti rispettivamente, e debb'essere pagato preventivamente dall'intraprenditore coll'aumento del sesto sulla stima.

ART. 32

Ritenuto il disposto dell'art. precedente, chiunque direttamente o indirettamente col mezzo di persone a lui sottomesse, o da lui commissionate, impedisce la ricerca o l'escavazione di una miniera ; se cio segue nel fondo di cui l'opponente è il padrone, è pnuito colla multa di lire trecento italiane, e, seguendo nel fondo di un terzo, colla multa di lire seicento, oltre i danni e le pene maggiori cui dessero luogo le circostanze del fatto, a termini delle leggi penali.

ART. 33

I concessionarj di licenze o investiture non possono far eseguire scavi od opere di forza alcuna nei circondari murati, e neppure nelle corti, giardini, orti, prati e vigne contigue alle abitazioni, o in distanza da queste minore di 400 metri, se non dietro spontaneo e formale consenso dei proprietari dei fondi.

ART. 34

È libero agl'investiti di aprire la cava della loro miniera nel luogo che troveranno più opportuno, purchè in ogni caso la dilatazione degli scavi

o il prolungamento della galleria non ecceda i limiti del circondario ai medesimi assegnato nell'investitura.

ART. 35

Ogni cessionario è obbligato ad incominciare i travagli della miniera al
più tardi fra quattro mesi dalla data dell'ottenuta investitura, a meno che
non abbia un legittimo titolo d'impedimento, il quale debbe essere previamente notificato al prefetto, verificatto, ove occorre, dall'ingegnere delegato,
e riconosciuto dal Ministro dell'interno.

I lavori una volta intrapresi, devono essere continuati senza interrusione
e in modo lodevole, selvo il disposto dell'art. 50.

ART. 36

Il diritto d'investitura di una miniera è limitato all'escavazione e preparazione del minerale contemplato dall'investitura.

Accadendo che nello scavare una miniera venga a scoprirsi una diversa
sostanza minerale in quantità e qualità prevalente, si rende necessaria una
nuova investitùra per usarne legittimamente. Il concessionario ba la preferenza in questa nuova investitura.

ART. 37

Uno stesso concessionario o società d'interessati può avere diverse concessioni anche contigue, purchè tutte siano in attività di esercizio.

ART. 38

Spirato il termine stabilito nell'investitura, lo stesso concessionario viene
investito di nuovo a preferenza d'ogni altro pretendente, semprechè consti
che abbia lodevolmente adempiuto agli impegni assunti. Volendo godere
di questo beneficio, deve presentare tre mesi prima della scadenza dell'investitura antecedente, la relativa istanza al perfetto, che la inoltra al Ministero dell'interno.

ART. 39

Gli attuali investiti nei primi tre mesi del 1809, e quelli che saranno
investiti in progresso entro i primi tre mesi dell'anno successivo agl'intrapresi lavori presentano al rispettivo prefetto, sotto pena di lire cento
italiane per ogni contravvenzione, in doppio esemplare un prospetto detta-
gliato, che comprende l'indicazione dei luoghi dove sono situate le miniere,
la natura e qualità di queste, il numero degli operai impiegati in ciascuna,
la quantità del prodotto brutto, et in qual proporzione stia questo col prodotto depurato, quando ne abbiano già fatti gli opportuni esperimenti.

Gli accennati prospetti devono essere presentati successivamente in
ciascun anno prima della scadenza del mese di dicembre, colla distinta
indicazione dei lavori eseguiti nel corso dell'anno.

Uno di questi prospetti rimane negli atti della prefettura, e l'altro viene dal prefetto trasmesso colle proprie osservasioni al ministro dell'interno, per gli esami opportuni.

Art. 40

Tanto per controllare la verità di detti prospetti, quanto per ogni altro effetto di pubblica sorveglianza, gl'investiti delle miniere devono in ogni tempo prestarsi alle visite deidelagati dell' autorità pubblica, e fornir loro tutti gli schiarimenti di cui possono essere richiesti.

. . . .

En Sicile, le droit régalien n'existe pas aussi formellement. Sous la domination des Normands, lorsque le domaine royal concédait ses fiefs, il se réservait les mines, les salines; et quelquefois ces mêmes concessions se faisaient sans réserve aucune. Mais, lorsqu'il s'agissait des terres féodales, les mines appartenaient toujours au propriétaire de la surface.

Poursuivons rapidement la chronologie des règlements, lois et décrets qui vinrent à tour de rôle régir l'exploitation des mines.

Le décret de Guillaume Ier, *de inventa pecunia in rebus alienis*, n'avait aucun trait aux mines, il ne frappait que les métaux extraits ou travaillés.

Sous Frédéric, le fisc vendait dans ses établissements les minerais extraits, dont il s'emparait de droit. Jacques révoqua les lois promulguées par Frédéric, et laissa libre, sans taxe aucune, le commerce du fer, de l'alun, du sel.

Roger Ier, 15 mai 1129, établit que les mines qui se trouvent dans le domaine des particuliers leur appartiennent; sauf le cas où il s'agirait de mines trouvées dans les domaines royaux qui auraient été concédés à un particulier (1).

En 1620, sous le règne de Philippe II, nous voyons figurer dans les revenus de l'Etat 1055 onces, comme représentant le produit net de la gabelle des mines.

Sous l'empereur Charles VI, les mines métalliques sont exploitées, pour le compte de l'Etat, par des mineurs allemands.

Le 25 novembre 1751, Charles III de Bourbon institue une direction générale des mines, qui s'exploitaient pour son compte à Fice-

---

(1) Muratori scriptor, Res Italiæ.

medivisi et à Nuara, et que nous retrouvons plus tard affermées à raison du 40/0 du produit net.

François III, en 1780, afferme au chevalier sicilien Mercutolo les mines d'argent, cuivre et plomb, et aux frères Marra, de Messine, la fabrication du *soufre*, de l'antimoine, de l'alun, du vitriol et du cinabre.

Par décret du 16 février 1787, le roi Ferdinand IV nomme le baron Bivona, directeur des mines, et édicte des peines contre œux qui exploiteraient clandestinement.

Le décret de 1807 abolit les dispositions qui règlent l'exportation des soufres. Puis vient celui du 9 août 1808, qui porte au titre II, paragraphe 6 :

« Les mines métalliques, salines ou bitumineuses, qui existent « dans le royaume, ne peuvent être ouvertes, et on ne peut en dis- « poser ou les exploiter sans l'autorisation du gouvernement et « sous sa surveillance. »

Et plus bas, paragraphe 7 :

« Les terres, les sables, les marbres, les pierres à chaux, le plâ- « tre, les tourbes et, en général, les mines de toutes les substances « *non comprises* dans l'article précédent, demeurent en pleine et « libre disposition du propriétaire, qui peut en disposer sans qu'il « soit nécessaire d'aucune autorisation. »

Comme on le voit, il n'est pas question ici du soufre qui, par conséquent, doit être compris dans les substances non dénommées par le paragraphe 6.

Le souverain rescrit du 8 octobre 1808 établit que quiconque voudra ouvrir une mine, devra, préalablement, en faire la déclaration au tribunal du Royal Patrimoine, et payer, une fois pour toutes, un droit fixe de 10 onces (127 fr. 50 c.). Cette autorisation, comme le payement de ce droit, sont établis dans le rescrit royal, pour maintenir intact le droit souverain et l'autorité que la Couronne exerce sur les mines.

Comme on le voit, ce droit est des plus légers, la liberté d'exploitation n'est même pas atteinte ; le mineur paye un droit et sollicite une autorisation qui n'est jamais refusée.

Il n'est pas hors de propos de remarquer avec quel soin les divers gouvernements qui se sont succédé, évitent de toucher à l'importante exploitation du soufre, qui constitue, cependant, une

des plus grandes richesses de la Péninsule ; la domination napo-
léonienne elle-même semble avoir craint de porter atteinte aux
droits des Siciliens, à cette arche sacro-sainte, et les gouvernements qui succédèrent à cet éblouissant météore que l'on nomme
le Premier Empire, imitèrent cette réserve, comme. si un attentat
aux priviléges de cette antique patrie des Titans avait dû faire se
dresser tout à coup devant eux le spectre rouge de la Révolution.

Le 26 mars 1819, le droit régalien disparaît par l'application
aux mines de l'article 477 du Code civil, qui proclame que « la
« propriété du sol comprend la propriété de la superficie et du
« sous-sol. Le propriétaire peut faire sur le sol toutes les cons-
« tructions et plantations, etc. ; il peut établir en dessous tous les
« travaux et ouvertures qu'il croira devoir faire, et en enlever
« tous les produits qui en proviendront. »

Puis vient la loi du 17 octobre 1826 sur la recherche et l'ouverture des mines. Cette loi est fondée sur le principe suivant : chacun peut librement, et sans qu'il soit nécessaire d'en obtenir la
concession, ouvrir les mines qu'il découvrira dans sa propriété.

Le gouvernement du roi se réserve le droit, dans le cas où le
propriétaire se refuserait à exploiter sa mine, de concéder à un
tiers le droit d'exploitation, en accordant une indemnité au propriétaire déchu.

Ces dispositions s'appliquent aux mines se trouvant dans les
propriétés appartenant aux communes, aux corporations, aux
établissements publics. Si les mines se découvrent dans les propriétés du gouvernement, une concession sera accordée à l'inventeur, mais cette concession sera limitée de telle sorte qu'elle ne
puisse, en aucun cas, constituer un droit permanent de propriété.

Avec 1838, nous voyons apparaître le décret concernant le traité
Taix Aycard et Cᵉ (10 juillet 1838).

Par ce traité, le gouvernement du roi considérant que, vu
l'augmentation constante de l'extraction du minerai de soufre en
Sicile, les demandes ne suffisant plus à absorber la production,
il s'ensuivait une baisse considérable dans le prix de vente,
baisse par suite de laquelle beaucoup de propriétaires laissaient
leurs solfatares inactives ; que, par conséquent, il y avait lieu
d'aviser le plus promptement possible à porter remède à un état
de choses qui compromettait une des sources les plus importantes

du commerce du royaume ; par ces motifs, le roi accordait à la Société française Taix Aycard et Ce le monopole du commerce du soufre.

Le capital de la Société était fixé à 1,200,000 ducats, auxquels le roi, désirant s'associer à l'entreprise, ajouta 600,000 ducats, ce qui porta le capital social à 1,800,000 ducats ou soit 7,650,000 francs monnaie décimale. (Le ducat valait 4 fr. 25 cent.). La rumeur publique prétendit que derrière la Société Taix Aycard et Ce se cachait Mme la duchesse de Berry, bailleresse de fonds de l'entreprise ; mais nous rapportons ce dire sans en garantir l'exactitude.

Ce traité fixait la quantité *maximum* de soufre que chaque mine devait produire, le prix d'achat comme le prix de vente. La Société s'obligeait à acheter tout le soufre extrait, jusqu'à concurrence de 600,000 cantares, les mines ne devant pas fournir davantage, attendu qu'il était prouvé qu'une production supérieure était préjudiciable au commerce.

Et, puisque cette production s'était élevée dans le cours des dernières années, jusqu'au chiffre de 900,000 cantares (le cantare égale 79 kilog. 1/2), il convenait de donner aux producteurs une indemnité pour l'excédant du soufre qu'ils auraient pu, mais qu'ils ne pourront plus extraire ; la Société s'engageait, en conséquence, à payer une indemnité de 4 carlins par cantare sur les autres 300,000 dont la production était désormais interdite.

Les prix d'achat et de vente étaient établis comme suit :

PRIX D'ACHAT

Soufre de Talamone......................	25 carlins le cantare	
1re qualité de Licata	24 »	»
2e » bonne et avantageuse de Licata..	23 »	»
3e » courante		
4e » avantageuse	22 »	»
3e » bonne....................	21 »	»

PRIX DE VENTE

3e qualité...............	41 carlins le cantare		net de tous frais
2e »	43 »	»	de transports et
1re » et Talamone.....	45 »	»	d'embarquement

La Compagnie s'engageait :

1° A payer au gouvernement du roi la somme annuelle de 400,000 ducats ;

2° A payer les appointements des trois commissaires royaux chargés de la surveillance et de la fidèle exécution du traité ;

Ces appointements étaient fixés à 3,000 ducats par an et par individu.

3° A construire, à ses frais, une fabrique d'acide sulfurique, de soude et de sulfate de soude.

Quant à l'offre précédemment faite par la Société Taix Aycard et C°, de construire tous les ans, à ses frais, dix milles de routes carrossables, elle fut passée sous silence.

Si la quantité de soufre vendue ou exportée dépassait le chiffre de 600,000 cantares, la Compagnie payerait au gouvernement du roi une augmentation proportionnelle, en sus du prix primitivement arrêté à 400,000 ducats.

La durée de la Société était fixée à dix années, à compter du 1er juillet 1838.

L'importance et la portée d'un semblable traité devait soulever les plus vives réclamations ; les puissances protestèrent contre l'accomplissement de ce contrat léonin ; l'Angleterre en fit l'objet d'un *ultimatum* que son escadre vint appuyer jusque dans la baie de Naples, et qui amena le décret du 21 juillet 1840, abolissant le traité Taix Aycard et C°, nommant des commissaires chargés d'examiner s'il y avait, ou non, lieu d'accorder une indemnité à la Compagnie, et fixant le droit d'exportation des soufres à 20 carlins le quintal.

Il ne sera sans doute pas d'un médiocre intérêt de connaître l'importance de l'indemnité payée à la Société Taix Aycard et C°. A cet effet, nous rapportons ici les points principaux arrêtés entre le Gouvernement et la Société dépossédée :

1° Le Gouvernement rachetait à la Société, au prix de 36 carlins le cantare, ou soit 16 fr. 38 (le carlin vaut 45 centimes 1/2), tout le soufre que celle-ci possédait dans ses divers entrepôts de Sicile et de l'étranger ; or, la Société possédait alors environ 900,000 cantares de soufre, ce qui porta ce rachat à environ 14,742,000 francs.

2° Le Gouvernement s'engageait, en outre, à payer à la Compagnie, et en une seule échéance, le bénéfice probable que la Société aurait pu faire pendant les huit années d'exploitation encore à courir. Ce bénéfice fut fixé à l'amiable à 70,000 ducats par an, soit 297,500 fr., et pour les huit ans 2,380, 006 fr.

3° Le Gouvernement remboursait en plus les frais de construction, de matériel et d'installation de la fabrique d'acide sulfurique et de soude, établie à Girgenti.

Le décret du 21 avril 1841 abaisse le droit d'exportation à 8 carlins, et celui du 29 octobre 1842 réduit ce même droit à 2 carlins le quintal.

Comme on le voit, le droit régalien a disparu, l'Etat ne s'applique plus qu'à trouver un impôt sur la matière extraite ou fabriquée, laissant à chacun la liberté de la produire.

D'autres décrets d'un intérêt plus secondaire et inutiles à rapporter ici, s'occupent : les uns à placer les mines dans les attributions du ministère de l'intérieur, les autres à faire cesser la qualification de contrebande de guerre donnée au soufre.

Le règlement provisoire du 31 janvier 1851, approuvé par le rescrit royal du 5 mars 1851, règle le service des *calcaroni* (1).

Le décret du 16 février 1861, rendu par le gouvernement italien, après l'annexion du royaume des Deux-Siciles, s'applique spécialement au service des mines, règle les honoraires des inspecteurs et employés du corps royal des mines.

Nous venons d'effleurer, en passant, la loi du 17 octobre 1826, que n'abrogera pas, *en fait*, la loi sarde du 20 novembre 1859. Revenons sur cette loi, la seule actuellement appliquée aux provinces napolitaines, et qui, à ce titre, doit fixer toute notre attention.

C'est donc, en fait, sous l'empire de la loi de 1826 que se trouvent placées les mines de soufre de la Sicile.

Cette loi est incontestablement caduque ; elle doit, dans un avenir prochain, disparaître devant l'œuvre d'unification nationale que le Gouvernement tend à affirmer tous les jours davantage ; mais comme, quelque caduque que soit cette loi, elle n'en régit pas moins, aujourd'hui encore, l'industrie minière de la Sicile, nous en reproduisons, *in extenso*, le texte même.

---

(1) Nous en donnerons le texte lorsque nous traiterons la question « fabrication. »

FRANCESCO I

Per la grazia di Dio Re del Regno delle Due Sicilie, di Gerusalemme ec., Duca di Parma, Piacenza, Castro ec., ec., Gran Principe Ereditario di Toscana ec., ec., ec.

Visto l'articolo 477 delle Leggi Civili ;

Volendo emanare la Legge di cui si fa parola nell'articolo suddetto, e promuovere nel tempo stesso al più possibile la ricerca e lo scavamento delle miniere nei nostri Reali Dominii al di quà e di là del Faro ;

Veduto il parere della Consulta Generale del Regno ;

Sulla proposizione del nostro Ministro Segretario di Stato per gli Affari Interni, udito il nostro Consiglio di Stato ordinario ;

Abbiamo risoluto di sanzionare e sanzioniamo la seguente legge :

Art. 1

Le miniere tanto metalliche, che semi-mettaliche, del pari che il carbon fossile, i bitumi, l'allume, ed i solfati a base mettalica potranno essere scavate liberamente, e senza bisogno di alcuna nostra concessionne, dai particolari proprietari dei fondi nei quali si rinvengono ; e potranno ciò eseguire tanto per se stessi quanto per mezzo d'altri.

Art. 2

Quante volte in un fondo di proprietà privata vi sieno segni patenti che secondo i principii di mineralogia indichino la esistenza di una miniera delle sostanze expresse nell'articolo precedente, ed il proprietario del fondo nè per se stesso, nè per mezzo di altri ne curi lo scavo, in tal caso potrà farsene da Noi la concessione a chi la domanderà, purchè abbia le circostanze contenute negli articoli seguenti, e dopo che sarà dato un termine conveniente al proprietario per intraprendere lo scavo, e questo elasso, non abbia adempito. Il Concessionario però sarà tenuto a dare un compenso al proprietario del fondo, da convenirsi o da arbitrarsi dal Giudice.

Art. 3

Le disposizioni contenute nei due precedenti articoli avranno anche luogo per le miniere che si rinvengono nei fondi dei Comuni, dei luoghi pii e dei pubblici stabilimenti.

Art. 4

Essendo i dinotati corpi morali sotto la nostra tutela, gli amministratori o titolari, prima d'imprendere qualunque operazione, permezzo delle Autorità competenti ci faranno pervenire la proposizione dettagliata, onde conoscere la utilità dell'impresa.

Art. 5

Se le miniere delle sostanze espresse nell'articolo 1° si rinvengono nei fondi dello Stato o del Demanio Pubblico, non potranno scavarsi senza una speciale nostra concessione.

Art. 6

La concessione sarà da noi accordata per quella durata di tempo, e con quelle condizioni che stimeremo opportuno, avuto riguardo alla qualità della miniera ed alle circonstanze del Concessionario.

Art. 7

Ogni persona può domandare e può ottenere, ove a Noi piacerà, la concessione di una miniera che si rinvenga nei fondi dello Stato e del Demanio Pubblico, sia che il petizionario agisca isolatamente, sia che si trovi unito in società con altri.

Art. 8

Chiunque farà la domanda della concessione d'una miniera dovrà preliminarmente dimostrare di avere la facoltà e i mezzi sufficienti per intraprendere e condurre i lavori, come pure di poter adempiere tutte le condizioni che saranno imposte nella concessione. Dovrà parimenti obligarsi di pagare le indennità ai possessori dei fondi contigui, quante volte venisse ad arrecare danno ai medesimi.

Art. 9

Accompagnerà alla domanda una pianta del fondo in cui esiste la miniera. Questa sarà formata su di una scala di due once per trecento canne, e sarà verificata per mezzo di un ingegnere chez sarà a ciò destinato.

Art. 10

Gli inventori e gli scopritori delle miniere saranno sempre perferiti, qualora in essi concorrano le circonstanze espresse nell' art. 8. Quante volte la concessione si facesse ad altri, avranno diritto ad avere dal Concessionnario una indennità che sarà de Noi determinata secondo i diversi casi che si presenteranno.

Art. 11

Le domande per ottenere una concessione di miniera saranno presentate al nostro Ministro Segretario di Stato degli Affari Interni nei Dominii al di qua dal Faro, ed al nostro Luogotenente Generale nei Dominii al di là del Faro. Tanto l'uno che l'altro per mezzo degli Intendenti faranno emanare gli affissi nel Capoluogo della Provincia o valle, nel Capoluogo del Distretto et nel Comune nel di cui territorio esiste la miniera. Quesi affissi dovranno rimanere per un mese, tra il quale chiunque avesse dritto o opposizione a fare, potrà presentarle al nostro Ministro Segretario di Stato degli Affari Interni, o al Luogotenente Generale, per essere a Noi presentate.

Art. 12

Ove richiami non si producano o, prodotti, sieno dichiarati insussitenti, sarà fatta da Noi la concessione, nella quale sarà espressa la qualità della miniera, il sito ove esisti, la durata della concessione e tutte le altre condizioni che noi stimeremo convenienti.

Art. 13

Se nel corso di anni due il Concessionario non avrà incominciato i travagli, si intinderà decaduto, salvo a Noi di fissare il termine di piena operazione mineralogica..

Art. 14

Non potrà il Concessionario trasferire ad altri sotto qualunque titolo la miniera, senza nostro permesso, a pena di decadimento.

Art. 15

Il prosieguo dello scavo delle miniere, tanto di quelle che si rinvengono nei fondi dei privati, dei Comuni, dei luoghi pii e degli stabilimenti pubblici, quanto di quelle concedute nei fondi dello Stato e del Demanio Pubblico, potrà esser fatto, ancorchè s'immetta successivamente in altri fondi contigui, senzachè i proprietari di questi possano impedirlo ; sarà però dovuto a tali proprietari un compenso corrispondente da convenirsi oda arbitrarsi dal Giudice.

Art. 16

Le miniere di salgemma fossile nei nostri Dominii di qua dal Faro non sono comprese nella presente légge, perchè fanno parte dei nostri Reali Dominii.

Art. 17.

Nè anche si comprendono nelle disposizioni della presente legge le miniere di zolfo, di gesso, gli scavamenti di pietre, di marmi, graniti, arene, crete, argille. pozzolane, lapille, et di tutte le altre sostanze non espresse nelle'articolo 1. Per queste si proseguirà quanto finora si è praticato.

Art. 18

Le questioni relative ad indennità pei danni causati, ove le parti non convenissero tra loro, saranno arbitrate dal Giudice.

Art. 19

I minerali d' oro e d'argento et tuti gli altri metalli non potranne essere trasportati all' estero, se non sieno stati prima ridotti in mettalo nei nostri Reali Dominii.

Art. 20

Coloro che rappresentassero driti sui fondi, ove si rinvengono le mi-

niere, sia per ragione di crediti, sia per quelunque altra causa, li conservei-
ronne a norma delle leggi, e le quistioni che su di ciò potessero insongere,
sarano della compltenza dei Tribunali ordinari.

Art. 21

Le Società che si facessero per lo scavo delle miniere, saranno regolate
a norma della legge ; e parimenti, per qualunque litigio insorgesse tra
soci, dovranno adirsi i Tribunali ordinari.

Vogliamo e comandiamo che questa nostra Legge de noi sottoscritta
ecc., ecc.

Portici, il dì 17 ottobre 1826.

FRANCESCO.

*Il Consigliere Ministro di Stato, Presidente
interino del Consiglio de' Ministri,*

DEI MEDICI,

*Il Consigliere Ministro di Stato, Ministro
Segretario di Stato di Grazia et Giustizia,*

Marchese TOMMASI.

Et maintenant, examinons aussi brièvement que possible, les
principales clauses de ce décret, qui a toujours force de loi dans
les provinces napolitaines.

Cette loi, antipode du droit régalien, établit que les mines, métalliques ou non : les houilles, les bitumes, l'alun, les sulfates à
base métallique, peuvent, sans permission de l'autorité, être exploités par les propriétaires du sol où se trouvent les gisements,
soit qu'ils exploitent par eux-mêmes, soit qu'ils fassent exploiter
par d'autres.

Cependant, il y a lieu à concessions au cas où les richesses minérales, existant dans des propriétés privées, ne seraient pas exploitées, avec cette restriction que le propriétaire aura toujours le
droit de se mettre à l'œuvre, et ce ne sera que sur son refus que le
Gouvernement accordera alors la concession au tiers demandeur.

Dans ce cas, le concessionnaire sera tenu de payer au propriétaire de la surface une redevance ou indemnité, réglée par le
juge.

Ces mêmes dispositions sont applicables aux mines que l'on découvrirait dans des propriétés appartenant aux communes ou aux corps moraux, qui pourraient également exploiter ou faire exploiter, après toutefois avoir pris l'avis du Gouvernement, leur tuteur légal.

Si les mines se découvrent dans les propriétés du Gouvernement, une concession limitée sera accordée à l'inventeur, mais elle sera réglée de telle sorte qu'elle ne puisse, en aucun cas, constituer un droit permanent de propriété.

Cette législation est sans contredit le système le plus défectueux qu'il était possible d'imaginer ; elle devait avoir, et elle a eu pour résultat l'état déplorable dans lequel se trouvent les mines de la Sicile.

Cette loi ne s'applique pas aux mines de soufre qui, classées dans la catégorie des carrières, sont régies par le droit commun : il suffit de rechercher la permission du propriétaire de la surface.

La contribution foncière sur les solfatares reposait sur la probabilité de rendement, de telle sorte que l'agent qui taxait la mine ne s'inquiétait en aucune sorte de ce qui pouvait se produire dans le courant de l'année ; peu importait qu'il survînt des éboulements, l'invasion des eaux, l'incendie, toutes choses malheureusement si fréquentes. L'impôt déterminé par le contrôleur était celui qu'il fallait payer.

Le contrôleur, étranger à l'exploitation des mines, chargeait un praticien de le renseigner, de descendre dans les travaux, et de lui fournir l'état de la production probable.

Le mineur devait s'incliner devant la fixation de cet impôt sans appel.

Dans tous les pays du monde, le contrôleur des contributions ne voit qu'une chose, c'est que les impôts qu'il a charge de recouvrer soient le plus élevés possible ; la Sicile ne faisait pas exception à cette règle générale ; aussi, dans le cours de ces dernières années, l'impôt y a-t-il pris des proportions très-grandes.

Sous l'ancien régime napolitain, le manque de contrôle dans l'appréciation entraînait des faits d'exaction.

Telle mine payait peu ; par contre, telle autre payait beaucoup : la faveur seule présidait. S'il faut en croire les Siciliens, les grandes solfatares étaient frappées d'une taxe légère, tandis que les petites exploitations étaient écrasées.

Mais ces faits, malheureusement très-nombreux doivent rester étrangers à notre travail.

Lorsque la Sicile se trouvait placée sous la domination bourbonienne, la coutume était de racheter et de s'entendre avec les agents du Gouvernement ; aujourd'hui, si le mal existe encore, il est infiniment moins étendu, il tend à s'effacer tous les jours davantage, et disparaîtra complétement le jour où la loi sarde de 1859 sera enfin appliquée.

Le règlement du 31 janvier 1851, que nous venons de mentionner plus haut, et dont nous reparlerons lorsque nous traiterons de la fabrication par les *calcaroni*, établissait :

Que l'extraction du soufre par les procédés du *calcarone* pourrait s'effectuer pendant tous les mois de l'année.

Le *calcarone* devra présenter une fosse parallélipipède ou cylindrique, creusée dans le sol ; le plancher sera incliné de la partie postérieure vers la partie antérieure, et les parois seront revêtues, si besoin est, d'un mortier composé de pierres et de plâtre.

Dans la partie antérieure, si le *calcarone* est de forme parallélipipède, ou dans le quart antérieur, s'il est cylindrique, on devra construire un mur, au milieu duquel sera laissée une ouverture rectangulaire, appelée *le mort*.

Du côté antérieur, on ouvrira une tranchée offrant un plancher, dont le niveau sera placé un peu au-dessous du *mort*.

Les revêtements de cette tranchée seront consolidés, si la nature du terrain l'exige, par des murs de soutènement, sur lesquels viendra s'appuyer une toiture servant d'abri aux ouvriers.

On commencera à remplir la fosse en disposant devant le *mort* trois gros blocs de minerai, rangés de manière à laisser entre eux des interstices. On comblera ensuite entièrement la fosse avec du minerai, en ayant soin de placer d'abord les plus gros morceaux, de laisser constamment des interstices entre chaque bloc et de disposer dans la masse entière une certaine quantité de vides, ayant la forme de tubes verticaux. On montera ainsi peu à peu le *calcarone*, plaçant les plus gros blocs dans l'intérieur, les plus petits à la partie extérieure, et donnant à la masse entière la forme conique ou pyramidale. La construction terminée et les orifices des tubes verticaux bouchés avec de larges pierres, on recouvrira le tout avec les débris et la poussière du minerai, et par-dessus on étendra un lit d'argile, dont l'épaisseur sera telle que la fumée ne puisse trouver issue au dehors.

Après avoir bouché le *mort* au moyen de l'argile pétrie avec de l'eau, du sable et du plâtre, on mettra le feu au minerai, en ouvrant les tubes verticaux, et jetant dans chacun d'eux un paquet d'herbes sèches, imbibées de soufre enflammé; on fermera de nouveau les orifices avec les pierres, en replaçant exactement la dernière couverture.

Tous les points qui, pendant l'opération, donneraient de la fumée, seront immédiatement bouchés.

Si, pour une cause quelconque, le feu s'éteignait, les mêmes prescriptions seraient observées pour le rallumer.

De temps en temps, on ouvrira le *mort* dans sa partie supérieure afin d'examiner à quel point se trouve la fusion. Si elle n'est pas encore arrivée sur le sol du *calcarone*, on refermera la petite ouverture; mais si elle y est arrivée, à l'aide d'une tige de fer on pratiquera un trou dans la partie inférieure du *mort*, et on recevra le soufre liquéfié dans des moules en bois.

Le règlement entre ensuite dans les plus minutieux détails sur la marche de l'opération, détails dans lesquels nous ne le suivrons pas, et nous analyserons seulement les dispositions principales réglant la surveillance des *calcaroni*.

Quiconque découvrira un mode destiné à améliorer les procédés actuels, continue le règlement, devra présenter son projet à l'inspecteur scientifique, qui en fera l'objet d'un rapport au Gouvernement.

En cas d'ouverture de nouvelles solfatares, le propriétaire, avant de construire les *calcaroni*, devra en aviser l'inspecteur scientifique.

Le règlement fixe ensuite la distance qui doit exister entre le *calcarone*, les lieux habités et les terrains cultivés.

Si, pour une cause quelconque, le *calcarone* causait des dommages aux cultures avoisinantes, il y aurait lieu à une demande d'indemnités; le syndic du lieu, le garde général ou l'inspecteur prendront toutes les dispositions nécessaires pour empêcher tous dommages ultérieurs, et commettront à cet effet des préposés de confiance, le tout aux frais du propriétaire du *calcarone*, qui, en outre, aura à payer une amende de 300 ducats; et s'il compromettait la salubrité des habitations voisines, l'amende serait immédiatement portée à 600 ducats.

Il sera nommé deux inspecteurs scientifiques qui, assistés des gardes généraux des eaux et forêts, veilleront à la construction et au placement des *calcaroni*.

Lorsqu'un propriétaire de *calcarone* aura été frappé d'une amende, il ne pourra procéder à une nouvelle fusion qu'autant que l'amende aura été versée dans la caisse du percepteur royal.

Les contre-maîtres conducteurs de travaux (*capo-mastri*), attachés aux solfatares, devront être munis d'une patente que l'inspecteur délivrera gratuitement, après s'être assuré de l'aptitude du postulant.

Si les *capo-mastri* manquent à l'exacte observance de leurs devoirs, l'inspecteur pourra leur retirer la patente pendant un temps déterminé. En cas de récidive ou d'incapacité reconnue, la patente leur sera définitivement retirée, et ils deviendront, par conséquent, inaptes à exercer leur métier dans n'importe quelle solfatare.

Chaque inspecteur aura sous sa dépendance un *capo-mastro* dont l'habileté aura été bien reconnue.

L'inspecteur tiendra un registre des solfatares comprises dans le périmètre de sa juridiction, et y indiquera la province, le district, l'arrondissement, la commune où elles seront situées ; les noms de la solfatare, du propriétaire et du producteur ou fermier : il indiquera la nature du sol et la qualité du minerai ; la quantité et la qualité des produits, enfin, le port d'embarquement vers lequel les soufres seront dirigés.

Tous les mois, les gardes généraux placés sous la dépendance de l'inspecteur lui adresseront un rapport détaillé sur la marche des travaux.

En dehors des visites extraordinaires, l'inspecteur sera tenu de visiter, deux fois par an, toutes les solfatares placées sous sa surveillance, et, à la suite de ces inspections semestrielles, il adressera au gouvernement du roi un rapport circonstancié sur l'état de l'exploitation du soufre.

Les producteurs, comme les *capo-mastri*, devront fournir aux gardes généraux tous les renseignements que ceux-ci pourraient demander. En cas d'accident, les producteurs des solfatares voisines seront tenus de prêter leur concours et celui de leurs ouvriers, sauf à en être indemnisés ensuite.

Le règlement fixe à deux le nombre des inspecteurs, c'est-à-dire un pour les provinces de Girgenti et Palerme, et un pour celles de Catane et Caltanissetta. Le nombre des gardes généraux était porté à cinq, savoir :

Un pour le district de Termini et de Bivona,

Id. id. de Piazza et de Terranova,

Id. id. de Nicosia et de Caltagirone,

Id. id. de Girgenti,

Id. id. de Caltanissetta.

Certes, si ce règlement eût été appliqué dans son entier, il aurait forcément amené de très-bons résultats, mais il n'en fut pas ainsi; l'Administration confia l'inspection aux agents judiciaires, aux commissaires ou inspecteurs de police, qui, naturellement, devaient être peu aptes à juger si les travaux exécutés, ou en cours d'exécution, offraient, ou non, les conditions voulues de sécurité.

L'écoulement des eaux provenant de l'épuisement des mines n'était prévu par aucun règlement; aussi, presque toujours était-il impossible de les déverser, puisque l'opposition d'un propriétaire voisin suffisait pour noyer ou empêcher complétement l'exploitation d'une solfatare.

Il en est de même des puits d'aérage : tant que le mineur se trouve sur le terrain du propriétaire qui lui a permis de fouiller son sol, tout va pour le mieux; mais s'il veut franchir ce périmètre et ouvrir un appel d'air sur les terres limitrophes, il est bien rare qu'il ne se heurte pas contre le refus obstiné du voisin.

Comme on le voit, c'est l'éternelle question du mur mitoyen, mais vue de plus haut, car elle entraîne un des plus sérieux empêchements à la prospérité nationale.

C'est ainsi qu'en Sicile, où la propriété est peu morcelée, où les propriétaires, presque toujours grands seigneurs, ne vont jamais dans l'intérieur de l'île, ne soupçonnant même pas ce qu'est une mine, des abus, des exactions sont journellement accomplis, la plupart du temps par des majordomes ou des intendants.

Mais il serait trop long de nous appesantir sur un état de choses qui tend à disparaître, qui s'écroule tous les jours. Tirons-en seulement la conséquence que, du moment où la loi sarde de 1859 sera enfin appliquée dans toutes les parties de l'Italie, l'industrie soufrière de la Sicile deviendra une des richesses les plus fructueuses du royaume.

Ce moment ne peut tarder à arriver, à moins d'admettre que l'unité italienne ne puisse s'accomplir ; ce qui ne paraît pas devoir se réaliser, malgré quelques tendances siciliennes, tendances isolées qui croient trouver un meilleur avenir dans une autonomie qui n'a jamais existé pour eux.

L'unification des lois paraît au contraire certaine ; l'envoi d'ingénieurs du Corps royal des mines dans l'intérieur de la Sicile, la surveillance exercée par les ingénieurs, au lieu et place des agents judiciaires, nous donnent la plus grande confiance que cet événement heureux ne tardera pas à se réaliser.

N'avons-nous pas vu déjà, dans le cours de ces dernières années, les heureuses modifications apportées peu à peu à l'exploitation des solfatares, par l'habile direction des ingénieurs du Gouvernement ? — Le nom de quelques-uns d'entre eux, parmi lesquels nous pouvons citer celui de M. Parodi, ingénieur à Caltanissetta, est un sûr garant de la sollicitude de l'Administration supérieure.

Que le Gouvernement confirme le droit d'exploitation à ceux actuellement en possession d'une mine, en leur assignant la superficie nécessaire à leurs travaux, mais qu'il donne à tous ceux qui rempliront les prescriptions de la loi de 1859, la concession des mines sans nombre qu'il y a à exploiter, des mines abandonnées, de celles qui se trouvent sous les eaux, des mines qui ont été travaillées dans des conditions si déplorables, qu'elles ont été abandonnées, et dès ce jour la Sicile deviendra un des centres miniers les plus importants du globe.

Après avoir reproduit la majeure partie du décret du 9 août 1808 et, *in extenso*, la loi du 17 octobre 1826, nous croyons devoir donner ici, également dans son entier, la loi du 20 novembre 1859, qui, nous l'espérons, ne tardera pas à régir uniformément toutes les diverses parties de la terre italienne :

VITTORIO EMANUELE, II, ecc., ecc.

In virtù de' poteri straordinarii che Ci furono conferiti colla Legge del 25 aprile 1859;

Sulla proposizionne del Ministro Segretario di Stato de' Lavori Pubblici;
sentito il Cónsiglio de' Ministri;

Abbiamo decretato e decretiamo quanto segue :

TITOLO I

DEL SERVIZIO RELATIVO ALLE MINIERE, CAVE ED USINE

ART. 1

Il servizio relativo alle miniere, cave ed usine è posto sotto la dipen-
denza del Ministero dei Làvori Pubblici.

ART. 2

Il territorio dello Stato è diviso in otto Distretti mineralogici, secondo la
Tabella A annessa alla presente Legge.

Il numero e la circoscrizione di questi Distretti potranno, semprechè i
bisogni del servizio lo esigano, essere variati con Decreto Reale.

ART. 3

Ogni Distretto mineralogico avrà un Ufficio retto da un Ingègnere che
farà carriera con tutti glì altri Ingegneri del Corpo R. del Genio Civile, e
potrà essere coadiuvato da un altro Impiegato Tecnico.

ART. 4

Sarà destinato presso il Ministero un Ispettore scelto fra gl'Ingegneri
delle miniere, il quale avrà sotto i suoi ordini uno o più Ufficiali subal-
terni.

ART. 5

Oltre le incumbenze che sono loro attribuite dalla Legge, e quelle di cui
possono venire incaricati dal Ministro, gl'Ingegneri delle miniere esercitano una sorveglianza di polizia sulle miniere, cave ed usine esistenti nel
loro Distretto.

A quest'effetto, nelle loro visite annuali, come nelle ispezioni straordi-
narie per cui saranno delegati, essi osserveranno il modo col quale i lavori
delle miniere e delle cave sono condotti, sia per proporre all'Amministrazione i provedimenti che occorressero tanto per la sicurezza delle persone quanto per la conservazione delle coltivazioni e nell'interesse dell'e
proprietà alle medesime soprastanti, sia per illuminare i coltivatori
sugl'inconvenienti che scorgessero ne' loro lavori, e sulle migliorie che vi
si potessero introdurre.

Visiteranno pure, nell'interesse della salubrità e sicurezza pubblica, gli stabilimenti ed opifizii destinati alla preparazione meccanica, ed alla elaborazione de' prodotti delle miniere e delle cave.

Avranno finalmente obbligo di accertare le infrazioni alle disposizioni della presente Legge che loro occorresse di rilevare.

Art. 6

Un Regolamento approvato per Decreto Reale determinerà le condizioni di prima ammessione del Personale in questo speciale servizio, e le norme ch'esso dovrà seguire nell'adempimento delle incumbenze commessegli.

Art. 7

È instituito presso il ministero un Consiglio delle Miniere.

Questo Consiglio sarà composto di sei Membri almeno, ed otto el più, da scegliersi parte nel Consiglio di Stato e nell'Ordine Giudiziario, parte fra i Membri della Reale Academia delle Scienze, e del Regio Istituto Lombardo di Scienze, Lettre ed Arti, e fra le persone più versate nelle arti minerarie e metallurgiche.

L'Ispettore delle miniere sarà Membro nato del Consiglio.

Un Ufficiale del Ministero vi compierà le funzioni di Segretario.

Art. 8

I Membri del Consiglio delle Miniere sono nominati dal Re.

Essi durano in ufficio sei anni. Ogni triennio sono rinnovati per metà. Possono essere confermati.

Alla scadenza del primo triennio, la sorte deciderà quali sieno i Consiglieri da surragarsi.

Art. 9

Il Consiglio è presieduto dal Ministro.

Un Vice-Presidente scelto fra i suoi Membri è nominato dal Re ogni anno,

Art. 10

Il Consiglio dà il suo parere ne' casi determinati dalla Legge, ed ogni qual volta ne venga richiesto dal Ministro. Esso è inoltre a chiamato a prepapare i progretti delle Istruzioni e de' Regolamenti necessarii per assicurare l'esecuzione della Legge e la regolarità del servizio.

Il suo voto è consultivo.

Esso deve semper essere motivato.

Art. 11

Ai Membri del Consiglio residenti fuori della Capitale saranno corriposte per ogni trasferta le indennità giornaliera e di viaggio stabilite per gl'Ispettori del Genio Civile.

Art. 12

I Membri del Consiglio non possono avere interesse nè diretto, nè indiretto in imprese di miniere.

Gli Ingegneri delle miniere non possono neppure, nei Distretti loro affidati, prendere parte ad imprese di miniere, coltivazioni od opificii contemplati nella presente Legge, nè avervi altra ingerenza fuori di quella inerente all'ufficio che vi esercitano.

TITOLO II

CLASSIFICAZIONE DELLE COLTIVAZIONI DI SOSTANZE MINERALI

ART. 13

Le coltivazioni di sostanze minerali, per gli effecti della presente Legge, si distinguono in due classi :

CLASSE PRIMA

Miniere contenenti, in filoni, banchi o masse, minerale da cui si estraggono oro, argento, platino, ferro, rame, piombo, zinco, stagno, antimonio, arsenico, bismuto, cobalto, nichelio, mercurio, manganese ed altri metalli; solfo, solfati di ferro, di rame, di zinco, di magnesia, di allumina ed allume; bitumi, asfalti, grafite, antracite, litantrace e lignite.

CLASSE SECONDA

Coltivazioni di torba.

Cave di sabbie e terre metallifere, di pietre da costruzione e da ornamento; di pietre da calce e da gesso; di lavagne, pietre ollari, da macina e da arrotare; di argille e marne diverse; di pozzolane, sabbie e ghiaie; di quarzo, baritina, fluorite, corindone, ed in genercle di roccie e minerali, da cui non si estraggono nè metalli, nè prodotti metallici o combustibili, e non compresi nella prima classe.

ART. 14

Le disposizioni della presente Legge non si applicano al sale comune ed al salnitro.

TITOLO III

MINIERE

CAPITOLO I

DISPOSIZIONI GENERALI

ART. 15

Le miniere non possono venire coltivate se non in virtù di una concessione Sovrana.

Dalla data dell'atto di concessione la miniera diventa una proprietà nuova, perpetua, disponibile e trasmessibile come tutte le altre proprietà; salvo, quanto alla trasmessibilità per atto tra vivi, qu'elle riserve che fossero state apposte n'ell'atto stesso di concessione.

Art. 16

Le miniere sono beni immobili.

Immobili sono pure gli edifizii, le macchine, i pozzi e le gallerie ed altre opere inerenti alla miniera, in conformità della Legge civile.

Art. 17

Sono considerati come immobili per destinazione cavalli, attrezzi, strumenti ed utensili inservienti alla coltivazione.

Sono considerati come inservienti alla coltivazione quei cavalli soltanto, i quali si trovino addeti ad lavori interni della miniera.

Art. 18

Sono mobili le materie estratte, le proviste ed altri oggetti mobiliari.

Art. 19

Le azioni o quote d'interesse nelle società od impresse formate per la coltivazione di miniere sono considerate come mobili.

CAPITOLO II

DELLA RICERCA ET SCOPERTA DELLE MINIERE

Art. 20

Sono considerati come ricercatori di miniere, nel senso e per l'effetto della presente Legge, coloro soltanto le cui ricerche vengono intraprese colla permissione del Governo.

Una tale permissione può ottenersi anche nel caso in cui il proprietario del terreno in cui debbono farsi le ricerche ricusi il suo assenso.

Art. 21

Chiunque intenda ottenere la permissione suddetta dovrà dirigere all'Intendente del Circondario una domanda indicante :

a) Il suo nome, cognome e domicilio ;

b) L'oggetto della ricerca ;

c) La situazione ed i limiti del terreno in cui egli si propone di fare i lavori ;

d) La natura di guessi lavori;

e) Il nome, il cognome ed il domicilio del proprieturio del terreno.

Quanda la ricerca debba farsi in terreno che non sia di spettanza del ri-

chiedente, si unirà a la domanda la dichiarazone di assenso del pro
prietario, ove questo siasi ottenuto.

Art. 22

L'Intendente ordinerà la pubblicazione della domanda ne' Comuni sul
territorio de' quali debbono operarsi le ricerche, fissando un termine non
minore di giorni dieci, entro il quale coloro che credessero aver ragioni
di opposizione potranno presentare le loro osservazioni all'Ufficio d'Intendenza.

Spirato questo termine, l'Ingegnere delle miniere darà il suo parere tanto
sull'esito probabile delle ricerche, quanto sulle condizioni da imporsi, pre-
via, ove d'uopo, la presentazione di un piano, che sulla sua proposta potrà
venire ordinata dall'Intendente.

L'Intendente transmetterà quindi la pratica, colle sue proposizioni moti-
vate, al Governatore della Provincia, il quale, esaminata ogni cosa, accor-
derà o rifiuterà con suo Decreto la permissione di ricerca.

Art. 23

Contro il Decreto del Governatore si potrà sempre aver ricorso al Ministro dei Lavori Pubblici, il quale pronuncierà sui richiami.

Art. 24

La permissione di ricerca sarà accordata per un tempo determinato,
che non potrà tuttavia eccedere due anni.

Se, trascorso il termine prefisso per la sua durata, la miniera non fosse
ancora scoperta, si potrà, occorrendo, accordare al ricercatore una proroga,
non maggiore però di un anno.

Art. 25

Il Governatore potrà rivocare la permissione sempre quando non si sarà
dato principio ai lavori di recerca nei tre mesi successivi alla data di essa
od allorche questi lavori saranno stati interrotti durante tre mesi, salvo il
caso in cui la tardanza o l'interruzione fossero state cagionate da forza
maggiore.

Art. 26

Il Decreto di permissiome, ed, avenendone il caso, il Decreto di revoca,
dovranno essere pubblicati in tutti i luoghi, nei quali si fosse fatta pubblicazione della domanda.

Art. 27

Il ricercatore sarà tenuto di eleggere domicilio nel Circondario.

Art. 28

Egli non potrà cedere o vendere la sua permissione senza farne dichiarazione all'Intendente.

Questa cessione o vendita non avrà in nessun caso per effetto di scioglierlo personalmente dagli obblighi e carichi inerenti alla permissione.

Il cessionario dovrà esso pure eleggere domicilio nel Circondario.

ART. 29

Sarà obbligo del ricercatore di pagare tutti i danni cagionati dai lavori di ricerca, rimanendo applicabili al medesimo le disposizioni stabilite negli articoli 78, 79, 80, 81 ed 82 della presente Legge.

È fatta facoltà al proprietario del terreno soggetto alle ricerche di esigere; prima che si ponga mano ai lavori, ed a sua scelta, od una cauzione idonea da prestarsi avanti Notario, od un deposito in danaro od in cedole del Debito Pubblico dello Stato.

Quando le parti non siansi accordate, l'Intendente, previo avviso di periti, stabilirà d'ufficio, in via provvisoria, l'ammontare del deposito, fatto il quale, il ricercatore potra dar principio ai lavori.

ART. 30

Ogni ulteriore contestazione tra il proprietario del suolo ed il ricercatore, tanto sulla idoneità della cauzione, come sulla quota del deposito, sarà decisa dai Tribunali.

ART. 31

Nessuna permissione di ricerca darà diritto di fare esploraziani ne' luoghi cinti di muro, ne' cortili o giardini, senza il formale consentimento dei proprietarii. Non darà diritto nè anche di scandagliare il terreno con trivelle, nè di aprir pozzi o gallerie ad una distanza minore di 100 metri dalle abitazioni o dai luoghi cinti di muro attinenti alle abitazioni stesse, e di metri 40 dagli altri luoghi cinti di muro.

Eguali distanze dalle abitazioni e dai luoghi cinti di muro, di spettanza altrui, dovranno osservarsi dal proprietario, che praticasse ricerche di miniere nel proprio fondo.

ART. 32

Le ricerche per le quali si esigessero lavori sotterranei, o che dovessero farsi ad una distanza minore di 20 metri dalle strade, o sovra un terreno in pendio sovrastante o sottostante ad un pubblico passaggio, non potranno essere intraprese senza una speciale licenza dell'Intendente, il quale, dopo aver sentito l'Ingegnere delle miniere, ed, ove d'uopo, quello del Genio Civile, prescriverà le cautele richieste dalla sicurezza pubblica.

La stessa disposizione è applicabile al caso, in cui i lavori dovessero eseguirsi ad una distanza minore di 100 metri da canali, acquedotti, corsi d'acqua e sorgenti minerali.

ART. 33

Non sarà lecito neanche al proprietario del suolo di far ricerche nei limiti di un terreno compreso in una concessione di miniera senza il consentimento del concessionario, ed, in mancanza di questo consenso, senza l'autorizzazione del Governo.

Una tale autorizzazione sarà date con Decreto ministeriale, previo l'adempimento delle formalità prescritte dagli art. 21 e 22, e dopo sentito il Consiglio delle Miniere.

Art. 34

Il ricercatore non potrà disporre delle sostanze minerali ch'egli avrà estratte, senza esservi stato previamente autorizzato dal Governo.

Art. 35

Quando l'esistenza della miniera e la possibilità della sua coltivazione saranno sufficientemente riconosciute, sulla domanda che gliene verrà fatta, od anche d'ufficio, se sarà trascorso il termine prefisso alle ricerche, il Governatore commetterà all'Ingegnere delle miniere di recarsi sul luogo, per ivi procedere, in contraddittorio del ricercatore, alla ispezione dei lavori.

La miniera sarà dichiarata scoperta e concessibile con Decreto del Ministro dei Lavori Pubblici, sulla relazione d'ell'Ingegnere suddetto, dopo sentito il parere del Consiglio delle Miniere.

Art. 36

Dopo la dichiarazione di scoperta, e sino al giorno in cui la miniera verrà concessa, il ricercatore potrà essere abilitato a continuare i lavori, conformandosi alle direzioni che gli verranno date.

Art. 37

Le contravvenzioni agli articoli 27, 28, 31, 32, 33, 34 saranno punite con un'ammenda da L. 5 a L. 50, senza pregiudizio dell'indennità che potrebbe essere dovuta al proprietario del suolo ed al concessionario.

CAPITOLO III

DELLE CONCESSIONI

Art. 38

Qualunque individuo, sia o no cittadino delle Stato, o qualunque Società legalmente costituita può ottenere una concessione di miniera, purchè giustifichi delle condizioni necessarie per intraprendere e condurre i lavori, e de'mezzi di soddisfare agli obblighi ed oneri, che saranno imposti dall'atto di concessione.

La concessione potrà anche essere accordata a più individui che ne abbiano fatta collettivamente la domando, nel qual caso ciascuno di essi rimarrà solidariamente obbligato per tutti gli oneri e condizioni che ne risultano.

Art. 39

La concessione non può avere per oggetto che miniere dichiarate scoperte e concessibili .

Art. 40

Lo scopritore od i suoi aventi diritto saranno.preferiti agli altri concorrenti nella concessione della miniera alloraquando l'Amministrazione riconoscerà che essi riuniscano le condizioni richieste dall'art. 38.

Dovrà a quest'uopi lo scopritore, fra il termine di mesi sei dalla datta della dichiarazione di scoperta, di cui all'art. 35. presentare la sua domanda nei modi indicati all'art. 42.

Trascorso il detto termine senza che egli abbia fatta la sua domanda, come anche se non avra giustificato·avanti l'Amministrazione di riunire le condizioni, suddette, il Ministro dei Lavori Pùbblici, sentito il Consiglio delle Miniere, dichiarerà con Decreto che lo scopritore è decaduto da ogni ragione di preferenza.

Lo scopritore in questo caso avrà pero diritto ad un premio il cui pagamento verrà posto a carico del concessionario, e che sarà determinato nell'atto stesso di concessione.

Sarà sempre salvo al medisimo il diritto verso il concessionario.alle indennita che potrebbe spettargli in ragione dell'utilità dei lavori già da lui eseguiti, non che al pagamento del valore del minerale estratto che egli avrà lasciato disponibile presso la miniera.

Art. 41

Successivamente all' emanazione del Decreto di cui all'articolo precedente, il Governatore della Provincia con suo Manifesta renderà noto al pubblico che la miniera può essere concedutta.

Le pubblicazioni che si faranno a talle effecto in conformità del disposto dall'articolo 43 dovranno indicare la natura e la situazione della miniera.

Art. 42

Ogni domanda di concessione sarà diretta al Governatore della Provincia, sul cui territorio esiste la miniera.

Essa dovrà essere corredata di un piano regolarè, in triplice copia, sul quale siano tracciati i limiti precisi che si vorrebbero assegnati alla concessione.

Questo piano sarà formato ad una scala non minore di 1 a 4000.

Il richiedente dovrà inoltre presentare i documenti coi quali egli potesse giustificare di possedere i requisiti accennati nell'articolo 38.

Art. 43

Dopo che l'Ingegnere delle miniere del Distretto avrà riconosciuto l'esattezza del piano e segnato provvisoriamente sul terreno i limiti della chiesta concessione, il Governatore ordinerà che la domanda sia pubblicata per tre domeniche consecutive nel Capo-luogo della Provincia, alla porta dell'Ufficio d'Intendanza del Circondario, ed in tutti i Comuni a cui si estendono i limiti suddetti, ed inserta sommariamente nel giornale della Provincia, e nel giornale ufficiale del Regno, il tutto a spese del richiedente.

Di queste varie pubblicazioni dovrà farsi constare per mezzo di certificati, i quali rimarranno uniti alla domanda.

Art. 44

Nei trenta giorni che seguiranno l'ultima delle inserzioni prescritte dall' articolo precedente, l'Intendente riceverà le oppozioni che gli fossero presentate, e le farà inscrivere per ordine di data in un registro particolare.

Esse verranno notificate per estratto alle parti interessate, cui sarà prefisso un termine per rispondervi.

Del registro summenzionato, come di ogni ricorso in opposizione, sarà libero ad ognuno di prendere visione nell'Ufficio d'Intendenza.

Art. 45

Ogni domanda in concorrenza sarà considerata come una semplice opposizione ; a meno che si estenda a terreni non compresi nella domanda già pubblicata, nel qual caso si procederà come per una nuova domanda.

Art. 46

Entro il mese successivo alla scadenza del termine di cui è fatta menzione nell'art. 44, l'Intendente del Circondario prenderà l'avliso dell'Ingegnere delle miniere, e quindi trasmetterà la pratica col suo parere motivato al Governatore della Provincia per le proposizioni, che quisti crederà di fare al Ministero.

Art. 47

Ogni opposizione sarà ammessibile presso il Ministero sino alla emanazione del Decreto Reale di concessione.

Dovrà farsene notificazione alle parti interessate la quali potranno rispondervi.

Art. 48

Ogni qual vota dalle opposizioni prensentate contro la domanda nasceranno contestazioni sulla proprietà della miniera per parte di un concessionario anteriore o di un suo legittimo successore, il giudizio ne serà rimandato ai Tribunali ordinarii.

Art. 49

Quando non sieno insorte opposizioni, o le medesime sieno state risolte, sarà definitivamente statuito sulla domanda di concessione per mezzo di un Decreto Reale, previo parere del Consiglio delle Miniere e sentito il Consigli di Stato.

Art. 50

Il decreto Reale di concessione indicherà il nome, il cognome e la qualità del concessionario; il di lui domicilio, che dovrà semper essere stabilito od eletto nel Circondario in cui trovasi la miniera; la natura e la situazione della miniera stessa; il modo di coltivazione che venisse prescritto; l'ammontare di quanto è dovuto allo scopritore; le tasse da pagarsi a termini dell'art. 59 e seguenti, non che tutti gli altri obblighi ed oneri a cui è vincolata la concessione.

Il Decreto Reale determinerà inoltre l'estensione della concessione, la quale non potrà in nessum caso eccedere una superficie di ettari 400, e segnerà le basi ed i punti fissi a cui dovrà riferirsi la delimitazione di essa.

Questa delimitazione sarà tracciata sovra un piano che rimarrà unito all'atto di concessione.

Art. 51

Uno stesso concessionario, sia come semplice individuo, sia come rappresentante una compagnia o società legalmente stabilita, potra ottenere diverse concessioni, coll'obbligo per altro di tenerle tutte in attività di coltivazione.

Art. 52

Il concessionario dovrà nel termine di tre mesi dalla data del Decreto Reale di concessione passare avanti l'Intendente del Circondario un atto di sottomissione di adempiere le condizioni e gli obblighi imposti nell'atto di concessione.

Qualora il concessionario non sia lo scopritore della miniera, dovra nella stesso tempo giustificare, colla presentazione delle relative quitanze o certificati, di aver soddisfatto lo scopritore di quanto gli sia dovuto a titolo di premio e di indennità, o di aver fatto il deposito legale della somma fissata a tal titolo nell'atto di concessione.

Art. 53

L'inadempimento del disposto dall'articolo precedente nel termine prefisso trarrà seco di pien diritto la decadenza dalla concessione.

Art 54

Il Decreto Reale di concessione verrà pubblicato a spese del concessionario in tutti i Comuni, sul cui territorio si estende la concessione, e sarà trascritto nei registri Censuarii di ciascuno di essi.

Art. 55

Ogni coltivazione di miniere intrapresa senza concessione sarà punita con una multa da L. 51 a L. 500, senza pregiudizio della confisca del minerale estratto, e delle indennità verso chi di ragione.

Art. 56

All'obbligo delle pubblicazioni e della delimitazione dovrà pure soddisfarsi dal Governo, quando intenda intraprendere per proprio conto la coltivazione di una miniera.

CAPITOLO IV

DEI DIRITTI E DELLE OBBLIGAZIONI RESULTANTI DALLE CONCESSIONI

ART. 57

Dal giorno in cui una miniera sarà concessa, foss'anche al proprietario del suolo, la proprietà della medesima verrà distinta da quella della superficie e considerata quale nuova proprietà.

ART. 58

Qualunque diritto di privilegio od ipoteca potrà essere acquistato sulla proprietà della miniera nei modi e termini stabiliti dalle Leggi civili, come sulle altre proprietà immobili.

ART. 59

Ogni concessionario pagherà annualmente all'erario dello Stato una tassa fissa ed una tassa proporzionale.

ART. 60

La tassa fissa sarà di cinquenta centesimi per ogni ettare di superficie della concessione, e non potrà in nessum caso essere minore di L. 20.

ART. 61

La tassa proporzionale sarà del cinque per cento sul prodotto netto della miniera, e verrà ogni anno determinata dal Governatore della Provincia, sulla proposizione dell'Ingegnere delle miniere..

Il prodotto netto sarà valutato, deducendo dal valore dei minerali estratti dalla miniera e dagli opifizii preparazione meccanica, che ne dipèndono, le spese speciali che si riferiscono all'estrazione, elaborazione e trasporto del minerale, alla ventilazione ed all'esaurimento delle acque.

Non ne saranno dedotte le spese d'amministrazione e di costruzione, gli interressi dei capitali impiegati, e tutte indistintamente le spese generali.

ART. 62

La tassa proporzionale potrà essere convertita, per un tempo determinato, in un'annua tassa fissa.

La convenzione, ch avrà luogo a questo fine tra il Ministero delle Finanze ed il concessionario, previo concerto col Ministero dei Lavori Pubblici, verrà approvata nelle forme prescritte pei contratti dell'Amministrazione Centrale.

ART. 63

Il Governo potrà rimettere in tutto od in parte ai concessionarii il pagamento della tassa proporzionale, in riguardo alle gravi spese, che dovessero fare per lavori straordinarii, od al danno che avessero sofferto per accidenti non imputabili a negligenza, avvenuti nella loro coltivazione.

Una tale rimessione di tassa verrà fatta per Decreto Reale, sentito il Consiglio delle Miniere, e previo il parere del Consiglio di Stato.

Art. 64

Il concessionario terrà un registro in cui inscriverà regolarmente la natura, la quantità ed il valore dei minerali ritratti dalla miniera o dagli annessi opifizii, ed un altro registro, in cui iscriverà pure regolarmente le spese speciali incontrate nella produzione di tali minerali.

I fogli di questi registri saranno tutti vidimati dal Giudice del Mandamento.

Nel mese di gennaio di ciascun anno il concessionario trasmetterà all'Intendente del Circondario un estratto dei suddetti registri, conformità dei moduli che saranno d'all'Amministrazione prescritti.

Art. 65

Il concessionario dovrà fare, alla scala di 1 a 500, due copie del piano dei lavori esseguiti nella miniera, e rimetterne una all'Ingegnere delle miniere.

Nel mese di gennaio di ciascun anno scambierà la copia che teneva, dopo averla messa al corrente di tutti i lavori fatti nell'anno precedente, contro quella che era presso l'Ingegnere delle miniere.

Questi non riconoscendo sufficiente esattezza e chiarezza nella copia presentatagli, ne riferirà all'Intendente per gli opportuni provvedimenti.

Art. 66

Il concessionario, che nel tempo stabilito non presenterà gli estratti ed il piano di cui negli articoli precedenti, incorrerà nell'ammenda da L. 5 a L. 50. In caso di infedeltà nelle consegne, vi sarà luogo ad una multa da L. 51 a L. 500

Art. 67

I concessionarii di miniere, coltivatori, o dirrettori di coltivazioni porgeranno agli Ingegneri tutti i mezzi necessarii per visitare i lavori; presenteranno loro il registro ed il piano di cui è fatta menzione agli art. 64 e 65, non che il ruolo degli operai, e daranno ad essi tutti i ragguali di cui potranno abbisognare sullo stato della coltivazione.

In caso di rifiuto, incorreranno in una multa da L. 51 a L. 200, e gli Ingegneri potranno richiedere l'assistenza dell'Autorità locale di polizia.

Art. 68

Una miniera non può essere venduta a lotti, nè divisa, senza un'autorizzazione da accordarsi per Decreto Reale, previo il parere del Consiglio di Stato sentito il consiglio delle Miniere.

Art. 69

Se gli eredi di un concessionario vogliono possedere la miniera in comunione, i lavori di coltivazione verranno sottoposti ad una direzione unica, e coordinati in un interesse comune, in conformità del disposto dell'art. 72.

Art. 70

Se il concessionario od i suoi eredi vogliono dividere la miniera, ne presenteranno all'Intendente la domanda corredata di un piano della superficie ad una scala non minore di 1 a 4,000, e di un altro dei lavori interni a quella di 1 a 500.

L'Intendente, dopo essersi procurate le necessarie nozioni sui mezzi e facoltà dei ricorrenti, trasmetterà la pratica al Governetore col parere dell'Ingegnere delle miniere, e colle proprie osservazioni.

Il Governatore ne riferirà al Ministro dei Lavori Pubblici, il quale, preso il parere del Consiglio delle Miniere,, e sentito il Consiglio di Stato, promuoverà, se vi ha luogo, l'approvazione della divisione per mezzo di Decreto Reale.

Art. 71

Il Decreto Reale determinerà il modo di divisione, i lavori da eseguirsi da ogni condividente, ed il riparto delle tasse ed altre obbligazioni a cui la miniera è soggetta.

Procedendosi alla divisione autorizzata col detto Decreto Reale, i condvidenti passeranno atto di sottomissione in conformità d'ell'art. 52, e saranno considerati come altrettanti concessionari.

Art. 72

Allorquando la concessione di una miniera apparterrà a diverse persone o ad una società, i concessionarii o la società, sempre quando ne saranno richiesti dal Governatore, dovranno giustificare che in forza di una convenzione speciale trovasi provvisto a che i lavori sieno sottoposti ad una direzione unica, e coordinati in un interesse comune.

Saranno però sempre in dovere di procedere avanti il Segretario dell'Uffizio d'Intendenza alla nomina di un Procuratore per rappresentarli.

Se fra il termine, che sarà stato fissato dal Governatore, i concessionarii non avranno fatto le giustificazioni di cui sopra in ordine all'unità della direzione, ed alla nomina del loro rappresentante, il Ministro dei Lavori Pubblici potrà ordinare la sospensione di tutti o di parte dei lavori, oppure, essendone il caso, deputare un economo che amministri per conto dei concessionarii, ed a loro spese.

Art. 73

Allorchè il difetto di unità nel sistema di coltivazione di miniere contigue o vicine, ma compresse in diverse concessioni, comprometterà evidentemente l'esistenza delle miniere stesse, o la sicurezza delle persone, questa coltivazione potrà essere, per dispozione governativa, assoggettata in tutto od in parte, secondo che occorrerà, a una direzioni unica.

Il provvedimento relativo verrà ordinato per Decreto Reale sul parere del Consiglio delle Miniere e del Consiglio di Stato, sentiti gli interessati.

Occorrendo questo caso, i concessionari od i loro legittimi rappresentanti saranno ingiunti ad accordarsi per nominare le persone da preporsi all'amministrazione degl'interessi comuni.

Se, trascorso il termine che sarà stato loro all'uopo prefisso, non avranno i medesimi a ciò soddisfatto, il Ministro dei Lavori Pubblici deputerà d'ufficio, ed a loro spese, uno o più commissarii incaricati di amministrare per loro conto, d'introdurre e di mantenere nei lavori di coltivazione il sistema di unità che il Consiglio delle Miniere avrà dichiarato doversi seguire.

Lo stesso Ministro provvederà in pari tempo perchè si proceda, in contraddittorio de' concessionarii e de' loro periti, alla stima del valore relativo delle rispettive loro proprietà e ragioni sulle miniere o parti di miniere da coltivarsi in un interesse comune, e sui risultati di questa operazione, di cui si farà constare per apposito processo verbale, verrà ordinato il riparto dei prodotti e delle spese.

Art. 74

I richiami, che gl'interessati si credessero in dirrito di fare circa le basi del riparto di cui all'articolo precedente, saranno portati davanti i Tribunali.

Essi non avranno effeto sospensivo.

Art. 75

Ogni qual volta per effeto di vicinanza, o per qualunque altra siasi causa, i lavori di una miniera cagionassero danni ad altra miniera, o quando quegli stessi lavori producessero un effetto utile all'altra miniera, specialmente liberandola totalmente od in parte dall'acqua, si farà luogo ad indennizzazione o compenso da un concessionario all'altro.

Art. 76

Nel caso di miniere vicine o contigue appartenenti a diversi concessionarii, per le quali fossero necessari lavori od opere in comune onde provvedere alla sicurezza pubblica ed alla conservazione delle miniere stesse, i concessionarii potranno essere riuniti in consorzio per l'esecuzione di tali opere.

Art. 77

Il consorzio sarà stabilito con Decreto Reale, previo parere del Consiglio delle Miniere, e sentito il Consiglio di Stato.

Dovrà in ogni caso precedere un'inchiesta amministrativa in contradittorio di tutte le parti interessate.

Art. 78

I concessionarii di miniere sono in dovere di risarcire ogni danno cagionato dai loro lavori.

Art. 79

Se questi lavori non sono chi di breve durata, e se il suolo, in cui vennero eseguiti, può essere, fra il termine di un anno, restituito alla coltura come era per lo passato, l'indennità sarà ragguagliata al doppio del prodotto netto che avrebbe dato il terreno danneggiato o provvisoriamente occupato.

Allorchè l'occupazione del terreno priva il proprietario del suolo dei suoi prodotti oltre un anno, od allorquando, per effetto degli intrapresi lavori, i terreni non fossero più atti alla coltura, egli può esigere che i concessionarii ne facciano acquisto

Art. 80

Il proprieterio della superficie potrà anche obbligare il concessionario a fare l'acquisto totale della pezza di terreno, che si trovasse in gran parte danneggiata dai lavori di coltivazione della miniera.

Art. 81

Se la coltivazione dovrà estendersi sotto qualche abitato, sotto luoghi chiusi, sotto qualche altra coltivazione di miniera, o nel'immediata loro vicinanza, il concessionario dovrà preventivamente prestare una cauzione per tutti i danni ai quali potrà dar luogo.

Art. 82

Il concessionario potrà successivamente ottenere di esser liberato dalla cauzione quando giustifichi in contradditorio degli interessati che egli ha esseguiti i lavori riconosciuti necessari ad antivenire ogni sorta di danno.

Art. 83

Le opere, che, anche fuori dei limiti del terreno concesso, dovessero intraprendersi per la ventilazione e lo scolo delle acque delle miniere, sono annoverate fra quelle per cui si può far luogo alla dichiarazione di utilità pubblica, a termini delle leggi relative.

CAPITOLO V

DELLA POLIZIA DELLE MINIERE

SEZIONE PRIMA

Disposizioni pei casi di pericolo

Art. 84

Allorchè la sicurezza delle persone, o la coltivazione della miniera potrà essere compromessa per qualunque siasi causa, l'Ingegnere delle miniere, appena ne sarà informato, ne farà relazione al Governatore della Provincia, e proporrà i mezzi che crederà atti a far cessare la causa del pericolo.

Art. 85

Il Governatore, chiamato il coltivatore od i suoi aventi causa, prescriverà le disposizioni occorrenti con un suo Decreto.

In caso di richiamo per parte degl'interessati, questo Decreto non sarà esecutorio senza l'approvazione del Ministro.

Il Governatore potrà tuttavia, sull'istanza dell'Ingegnere, ordinare che i lavori della miniera abbiano frattanto a rimaner sospesi.

Art. 86

Quando la miniera si troverà in una condizione tale, che l'Ingegnere non creda possibile di provvedere convenientemente alla sicurezza delle persone, egli dimostrerà questa impossibilità nella sua relazione al Governatore della provincia, il quale sentirà in proposito le osservazioni del coltivatore, o de' suoi aventi causa.

Qualora la parte interessata non si opponga, il Governatore ordinerà la chiusura dei lavori.

In caso di contestazione egli farà procedere ad una perizia in contraddittorio degli interessati, e coll'assistenza d'ell'Ingegnere delle miniere.

Le osservazioni ed il giudizio dei periti dovranno referirsi in un processo verbale particolarizzato, che il Governatore trasmetterà, accompagnato dal proprio parere, al Ministro dei Lavori Pubblici, il quale, sentito il Consiglio delle Miniere, provvederà definitivamente.

Art. 87

Gli atti amministrativi concernenti la polizia delle miniere, nei casi previsti dalla presente Legge, verranno notificati ai coltivatori, affinchè abbiano a conformarvisi fra quel termine che sarà fissato. In difetto, le disposizioni prescritte verranno, a diligenza dell'Intendente, fatte eseguire d'ufficio sotto la vigilanza d'ell'Ingegnere delle miniere, ed a spese del coltivatore.

Il minerale estratto che si troverà nella miniera e ne' suoi magazzenii servirà di guarentigia, e sarà, ove d'uopo, venduto, pel pagamento delle spese di cui sopra.

Art. 88

E proibito, sotto pena di un'ammenda da L. 5 a 50, di lasciar discendere e lavorare nelle miniere i ragazzi in età minore degli anni dieci.

SEZIONE SECONDA

Disposizioni pei casi d'infortunio

Art. 89

In caso di accidente occorso nella miniera o negli opificii che ne dipendono, il quale obbia cagionata la morte o gravi ferite a qualche persona, i coltivatori, direttori, capi-minatori od altri preposti sono in dovere d'informarne tosto il Sindaco del Comune et l'Ingegnere delle minier.

Art. 90

La stessa obbligazione è loro imposta allorquando l'accaduto infortunio comprometta là sicurezza dei lavori e delle miniere, o quella dellé proprietà esistenti alla superficie.

Le contravvenzioni al disposto dall' art. 89 e dal presente saranno punite con ammenda da L. 5 a L. 50.

Art. 91

In ogni caso, l'Ingegnere delle miniere si transferirà sul luogo, e stenderà separatamente, o col concorso del Sindaco od altri Uffiziali di polizia, un processo verbale dell'acaduto, indiccando in esso le cause che occasionarono la disgrazia:

In assenza dell'Ingegnere, i' Sindaci ed altri Uffiziali di polizia nomineranno persone esperte nella materia per visitare la coltiva ione, e riferire in un processo verbale tutto quanto sarà loro occorso di rilevare.

Il processo verbale sarà indilatamente trasmesso al Governatore della Provincia.

Art. 92

Tosto che il Sindaco ed altri Uffiziali di polizia saranno stati avvertiti, sia dai coltivatori che dalla pubblica voce, di un sinistro accudato in una miniera, ne daranno avviso alle Autorità superiori, ordinando frattanto, d'accordo coll'Ingegnere delle miniere, ove egli sia presente, tutte le disposizioni atte a far cessare il pericolo, od a prevenirne le conseguenze.

A questo fine essi avranno eziandio facoltà di far richiesta di utensili, di cavali e di uomini, e, daramo all'uopo gli ordini necessari.

L'esecuzione dei lavori avrà luogo sotto la direzione déll'Ingegnere della miniere, e quando egli sia assente, soto quella dei periti a ciò delegati dall'Intendente.

Art. 93

I coltivatori delle miniere vicine a quelle in cui sarà accaduta una disgrazia, somministreranno tutti i mezzi di soccorso di cui potranno disporre, tanto in nomini, quanto in ogni altra maniera, e ciò sotto pena di una multa da L. 51 a 300, salva ogni ragione di indennità.

Art. 94

Le spese pei soccorsi ai feriti, agli annegati o colpiti da asfissia, e pella riparazione dei lavori, saranno a carico dei coltivatori, senza pregiudizio delle indennità e delle pene in cui fossero incorsi.

Art. 95

I coltivatori saranno obbligati di conservare nei loro stabilimenti, in proporzione del numero degli operai, della estensione della coltivazione, e della sua situazione, medicamenti ed i mezzi di soccorso necessari, ed anche di tenere a loro spese un Chirurgo ; il tutto in conformità degli ordini che, secondo i casi, loro venissero dati d'all'Amministrazione.

Un solo Chirurgo potrà essere contemporaneamente addetto al servizio di più stabilimenti, quando sieno ad una conviniente vicinanza.

Lo stipendio del Chirurgo sarà in questo caso a carico dei proprietarii o coltivatori in proporzione del rispettivo loro interesse.

Le contravvenzioni agli ordini dati dall' Amministrazione in virtù del disposto del presente articolo saranno punite con una multa da L. 51 a L. 200.

CAPITOLO VI

DELL'ABBANDONO DELLE MINIERE

SEZIONE PRIMA

Del l'abbandono delle miniere per dichiarazione espressa

Art. 96

Il concessionario o proprietario, che vorrà rinunciare alla proprietà di una miniera, dovrà farne la dichiarazione espressa e formale in un ricorso al Governatore della Provincia, che verrà iscritto nel registro prescritto dall'art. 44 della presente Legge.

Art. 97

Alla dichiarazione di rinuncia non potrà essere apposta alcuna condizione.

Art. 98

Dal giorno in cui il ricorso accennato nell'articolo 96 sarà stato presentato, il concessionario o proprietario non potrà più fare scavi nella miniera, nè variarne lo stato.

In conseguenza egli dovrà lasciare a luogo le scale, i tavolati, i ponti, ed ogni altro oggetto destinato a rendere facile l'accesso ai lavori, o ad assicurarne la conservazione.

La miniera venendo concessa di nuovo od alienata a norma delle seguenti disposizioni, il nuovo concessionario o l'aggiudicatario corrisponderà al concessionario o proprietario rinunciante il valore dei detti oggetti a prezzo di stima.

Art. 99

Le contravvenzioni al precedente articolo saranno punite con multa da

L. 100 a L. 5000, oltre all'obbligazione di ristabilire le cose nello stato in cui si trovavano al momento della dichiarazione.

Art. 100

Tosto che sarà registrata la dichiarazione di rinuncia, il Governatore commetterà all'Ingegnere delle miniere del Distretto di recarsi sul luogo della miniera, e questi, previo avviso datone al coltivatore, procederà alla descrizione esatta della coltivazione e delle sue dipendenze, verificherà e vidimerà i piani interni, ed indicherà tutte le disposizioni di polizia, di sicurezza e di conservazione ch'egli crederà necessarie.

Processo verbale di ogni cosa verrà esteso e trasmesso al Governatore, il quale ordinerà i provvedimenti opportuni, e fisserà il termine entro cui dovranno essere eseguiti dal concessionario od a sue spese.

Art. 101

Un estratto del ricorso enunciato nell'art. 96, indicante i nomi e cognomi dei renuncianti, la natura e la situazione della miniera, sarà pubblicato nei luoghi e modi prescritti dall'articolo 43.

Art. 102

Nel mese successivo a questa pubblicazione, il Governatore trasmetterà al Ministro dei Lavori Pubblici il ricorso contenente la rinuncia, non che le opposizioni che gli fossero pervenute, il tutto accompagnato dal proprio parere e da quello dell'Ingegnere delle miniere.

Art. 103

Se vi saranno opposizioni, il Ministro soprassederà a qualunque decisione sino a che vengano risolte dal Tribunale competente.

Art. 104

Se non vi saranno opposizioni, o queste siano state risolte, la rinuncia verrà accettata con Decreto Reale, previo parere del Consiglio delle Miniere, e sentito il Consiglio di Stato.

Art. 105

Dalla dàta dell'accettazione il renunciante sarà esonerato da ogni tassa e dalle obbligazioni cui era vincolato dall'atto di concessione, salvi i diritti dei terzi.

Art. 106

Il decreto Reale accennato nell'art. 104 sarà trascritto nei registri dell'Ufficio delle Ipoteche, in conformità di ciò che è stabilito dalla Legge civile per gli atti di traslazione di proprietà.

Esttrato sommario della trascrizione sarà inserto nel Giornale Ufficiale della Provincia, e in difetto, nel Giornale Ufficiale del Regno.

Art. 107

Se dopo il compimento di questa formalità, e trascorso il termine fissato dalla Legge par la purgazione degli stabili dai privilegi ed ipoteche, nessuna iscrizione trovisi presa sulla miniera, l'Ufficio delle Ipoteche ne rilascierà il certificato, e si potrà disporre della miniere o devenire ad una nuova concessione.

Art. 108

Se al contrario la miniera trovisi gravata da privilegi od ipoteche inscritte, l'Amministrazione o gli interessati potranno promuoverne la vendita giuridicamente avanti il Tribunale del Circondario, sotto l'osservanza delle condizioni ed obblighi portati dalla concessione e dalla presente Legge, ed in conformità di quanto è prescritto dalla Legge civile.

Art. 109

Il prezzo risultante dalla vendita, prelevatene le spese e le tasse che potessero essere dall'antico concessionario dovute allo Stato, non che le spese della subasta, verrà ripartito fra i creditori secondo l'ordine della loro collocazione.

Art. 110

Quando non si presenterà alcun acquisitore, il Tribunale pronuncierà sentenza, colla quale dechiarerà la miniera ricaduta senza alcuna passività in possesso del Demanio, e questo, scaduti i termini per l'appelazione e pel ricorso in cassazione contro detta sentenza, ne potra disporre siccome è detto all'articolo 106. salvo il diritto di separazione di cui all'articolo 116.

La sentenza del Tribunale verrà trasmessa al ministero dei Lavori Pubblici, e trascritta nei registri dell'Uffizio delle Ipoteche.

Dell'abbandono delle miniere per cessazione dei lavori

Art. 111

Nel caso in cui i lavori di una miniera si trovassero abbandonati da oltre due anni, il Ministro dei Lavori pubblici, sentito il Consiglio delle Miniere, potrà prefiggere al concessionario un termine per ripigliarli, con Decreto da notificarsi al medesino nei modi prescritti per le ingiunzioni.

Art. 112

Quando l'ingiunzione sia rimasta senza effetto, l'Ingegnere delle Miniere ne farà constare per mezzo di processo verbale, ed il Ninistro decreterà la revoca della concessione.

Il Decreto di revoca sarà pubblicato in conformità del disposto dall'articolo 43.

Art. 113

Contro il Decreto del Ministro vi sarà luogo, nel termine di 30 giorni, a ricorso in via contenzioza al Consiglio di Stato.

Art. 114

Il Decreto del Ministro o la decisione del Consiglio di Stato, importante revoca della concessione, sarà trascritto ed inserto in conformità del disposto dall'articolo 106.

Art. 115

Trascorso il termine fissato dalla Legga per la purgazione degli stabili dai privilegi ed ipoteche, siensi o no prese iscrizioni ipotecarie, sarà promossa la vendita giudiciale della miniera, in conformità della Legge.

Art. 116

In questo caso, sia che l'aggiudicazione abbia luogo, sia che non si presenti alcun acquisitore, gli articoli 109 e 110 riceveranno la loro applicazione come se la miniera fosse stata volontariamente abbandonata; però il concessionario, che sarà stato dichiarato decaduto, avrà dirito di ritirare i cavalli, le macchine e gli attrezzi inservienti alla coltivazione, et la cui separazione potrà eseguirsi senza pregiudicio della miniera, salvo alla Amministrazione ed all'aggiudicatario il dirito di ritenere a prezzo di stima quelli tra detti oggetti, che si riconosceranno utili alla cultivazione.

In ogni caso, egli dovrà pagare le tassa e le spese dovuto sine al giorno dell'espropriazione.

Art. 117

Se entro due anni, a partire dal giorno in cui a termini degli articoli 110 e 116, la miniera sarà ricaduta in possesso del Governo, non si sarà fatto luogo nè a vendita, nè a nuovo concessione di essa, i terreni compresi nei limiti stati assegnati alla coltivazione rimarrano di pien diritto liberi dagli effetti della concessione.

CAPITOLO VII

DISPOSIZIONI TRANSITORIE

Art. 118

Chiunque pretenda aver diritti di proprietà sopra una miniera, dovrà, nel termine di due anni dalla publicazione della presente, farne la consegna al Governatore della Provincia per mezzo di ricorso, nel quale enuncierà i suoi nome, cognome e domicilio, la natura e situazione della miniera ed i titoli che gli dànno diritto alla coltivazione. Questi titoli per originale o per copia autentica dovranno essere uniti al ricorso.

L'ommisssione di questa consegna trarrà seco la decadenza da ogni ragione di proprietà sulla miniera.

Questa disposizione non è applicabile ai concessionari muniti di Regie

Lettere Patenti di concessione, in conformità del disposto dal R° Editto del
30 giugno 1840.

ART. 119

Tanto i proprietarii contemplati nell'articolo precedente, quanto i concessionari muniti di Regie Lettere Patenti di concessione, nel caso in cui le loro coltivazioni non fossero per anco delimitate, od avessero una estensione eccedente i 400 ettari, dovrano, nel termine di due anni dalla pubblicazione della presente Legge, promuoverne la delimitazione entro l'indicato limite di 400 ettari, ovvero la divisione in più concessioni distinte.

A tal fine ciascuno di essi presenterà al Governatore della Provincia un ricorso indicante i suoi nome, cognome e domicilio, la natura e situazione della miniera; unirà al ricorso i documenti comprovanti il suo diritto, un piano dimostrante lo stato dei lavori alla scalla di 1 a 500, ed altro piano del terreno superiore, alla scala non minore di 1 a 4,000, sul quale siano tracciati i limiti proposti per la concessione o per le concessioni.

Scaduto il suddetto termine, i proprietari e concessionari, i quali non avessero soddisfatto all'obbligo loro imposto, dovranno astenersi da ogni lavoro di coltivazione a pena di essere considerati come coltivatori illegali ed incorrere nelle pene sancite d'all'art. 55, e vi sarà quindi luogo a procedere come nel caso di abbandono di miniere per cessazione di lavori a termini delle disposizioni contenute nella sezione seconda, capitolo IV, titolo III.

ART. 120

I ricorsi di cui agli articoli 118 et 119 saranno inscritti in un registro a ciò destinato, e ne sarà data ricevuta ai richiedenti.

Il Governatore, al quale saranno stati consegnati, preso il parere dell'Ingegnere delle Miniere, trasmetterà ogni cosa colle sue osservazioni al Ministro dei Lavori Pubblici, il quale, riconoscendo fondate le ragioni dei richiedenti, previo avviso del Consiglio delle Miniere, e sentito il Consiglio di Stato, promuoverà i relativi Decreti.

ART. 121

Nel caso in cui non si ravvisino validi e legittimi i titoli dai quali i richiedenti deducono i loro diritti, il Ministro dei Lavori Pubblici con suo Decreto dichiarerà incorsi i richiedenti nella decadenza.

Questo Decreto verra intimato al richiedente nelle forme prescritte per le citazioni, e contro il medesimo, nel termine di trenta giorni dalla intimazione, vi sara luogo a ricorso in via contenziosa al Consiglio di Stato.

ART. 132

Qualora le minicre coltivate dai possessori o concessionari menzionati negli articoli 118 et 119 si trovassero nella condizione prevista d'all'art. 73 della presente Legge, per cui si riconoscesse impossibile di farne la delimitazione e di provvedere altrimenti alla sicurezza della coltivazione e delle

persone, diveranno applicabili le disposizioni contenute nello stesso articolo 73.

ART. 123

Finchè non sarà eseguita la delimitazione delle coltivazioni, la tassa fissa
dovuta dal possessore o concessionario, a termini dell'articolo 60, verrà
ristretta al *minimum* ivi stabilito.

Qualora però l'estenzione della coltivazione o concessione eccedesse i 400
ettari, la tassa suddetta sarà intanto riscossa in base di questa superficie.

ART. 124

I concessionari anteriori alla pubblicazione della presente Legge, e coloro
che alla stessa epoca si troveranno legalmente in possesso di miniere, saranno soggetti al pagamento delle tasse fissa e proporzionale stabilite negli
articoli 60 e 61.

Sarà però sospesa la riscossione della tassa proporzionale pei concessionari i quali, a termini del loro titolo, fossero esenti da ogni canone, o soggetti a canone minore della tassa proporzionale, e ciò sino alla scadenza
della loro concessione.

ART. 125

Nel caso di concessione di una miniera posta in fondo soggetto a diritto
di signoraggio risultante da investitura a titolo oneroso, la tassa proporzionale sarà pagata dal concessionario all'investito.

. . . .

ART. 166

Le questioni circa l'intelligenza, gli effetti e l'esecuzione dei Decreti di
permissione di ricerca, di concessioni di miniere e di permissioni per lo
stabilimento di opifizii ed usine, sempre che riguardino i rapporti tra l'Amministrazione ed i concessionari, permissionari od altri interessati, sono
devolute alla giurisdizione del Contenzioso Amministrativo : e ciò indipen_
dentemente dalla competenza esclusiva del Consiglio di Stato nei casi dalla
Legge specificati.

Le questioni invece che hanno per oggetto i rapporti dei concessionari o
permissionari tra essi o con terzi, come pure le contestazioni circa la proprietà o diritti alla proprietà inerenti, o circa la qualità ereditaria, spettano
alla cognizione dei Tribunali civili ordinari.

ART. 167

E attribuita al Contenzioso Amministrativo la cognizione delle infrazioni, di cui agli articoli 27, 28, 32, 33, 34, 55, 66, 67, 90, 93, 95, 99, 119,
132, 146, 147, 154, 160, e 165 di questa Legge.

Spetta ai Tribunali ordinari la cognizione delle altre infrazioni.

ART. 168

Le multe ed ammende, che verranno pronunciate in applicazione della presente Legge, si commuteranno, in caso di non effettuato pagamento, in una pena corporale sussidiaria col ragguaglio, ed a termini delle Leggi penali generali.

La sentenza che pronuncierà la pena pecuniara dovrà pur contenere la condanna nella pena sussidiaria.

Art. 169

L'applicazione delle pene stabilite dalla presente Legge avrà luogo senza pregiudizio delle pene correzionali o di polizia che si fossero incorse a termini delle Leggi generali e dei Regolamenti locali.

Art. 170

Nell'istruzione e definizione dei relativi procedimenti si osserveranno le Leggi di processura rispettivamente stabilite per le varie giurisdizioni.

Art. 171

Il Regio Editto del 30 giugno 1840 è abrogato.

È derogato a qualunque altra Legge o Regolamento contrario alla presente.

Ordiniamo che la presente Legge, munita del sigillo dello Stato, sia inserta nella raccolta degli atti del Governo, mandanto a chiunque spetti di osservarla e farla osservare.

Torino, addi 20 novembre 1859.

VITTORIO-EMANUELLE.

Monticelli.

La législation sarde sur les mines repose donc, comme on le voit, sur la Constitution de 1723, modifiée par les lettres patentes du 6 novembre 1738, la loi du 18 octobre 1822, celle du 10 septembre 1824, les articles 419 et 432 du Code civil publié le 20 juin 1837, articles conçus comme suit :

Art. 419. — « Est patrimoine de l'Etat tout ce qui est destiné à fournir à ses besoins, par conséquent les tributs, les gabelles, les droits sur les mines.

Art. 432. — « L'exercice des droits sur les mines et sur les salines et leurs concessions... est réglé par des lois qui leur sont propres.»

La législation sarde repose enfin également sur la sanction législative du 30 juin 1840.

Ce n'est que le 20 novembre 1859 qu'en vertu des pouvoirs extraordinaires à lui conférés, S. M. le roi Victor-Emmanuel promulgua la loi sur les mines qui est appliquée à toute la Péninsule, sauf, comme nous l'avons dit, à la Sicile.

La loi de 1859, calquée sur la loi française du 10 avril 1810, en diffère cependant sur divers points.

La loi sarde ne reconnaît que des mines et des carrières (art. 13). Les mines sont :

Les filons, les couches, les amas, les minerais dont on extrait l'or, l'argent, le platine, le fer, le cuivre, le plomb, le zinc, l'étain, l'antimoine, l'arsenic, le bismuth, le cobalt, le nickel, le mercure, le, manganèse, le *soufre*; les sulfates de fer, de cuivre, de manganèse, d'alumine et d'alun; les bitumes, l'asphalte, le graphite, l'anthracite, la houille, le lignite.

Les carrières comprennent : la tourbe, les terres métallifères, les pierres de construction et d'ornement, celles à chaux et à plâtre, les ardoises, les pierres diverses, l'argile, la marne, la pouzzolane, enfin les minéraux dont on n'extrait ni produits métalliques ni produits combustibles.

Pour ce qui nous concerne, les *soufres* sont classés dans les mines. Nous ne nous occuperons donc de la loi que pour ce qui a rapport à cette substance.

L'*inventeur* d'une mine doit, pour être reconnu comme tel, avoir obtenu une permission de recherche du gouvernement (art. 20). Peu importe qu'il soit propriétaire ou non du terrain sur lequel les recherches ont lieu.

La demande suit la filière administrative, de l'Intendant de l'arrondissement au ministère des travaux publics (art. 22 et suivant). Le droit de recherche a une durée de deux années (art. 24). Ce droit peut être révoqué ou prorogé d'une autre année, mais le bénéficiaire est tenu de commencer ses recherches dans les trois mois de la promulgation, sans qu'elles puissent être interrompues plus d'un mois, à moins de circonstances de force majeure (art. 25).

Ce droit peut être vendu ou cédé, sans que la vente ou cession dégage la responsabilité du concessionnaire devant l'Administration (art. 28).

Le propriétaire du sol a droit d'exiger du concessionnaire une caution, un dépôt d'argent ou de titres de l'Etat, pour l'indemniser des dommages qui pourraient résulter à sa propriété du fait des recherches. En cas de désaccord entre les parties sur la qualité de cette remise, elle est fixée par des experts nommés par l'Intendant de l'arrondissement (art. 29).

Ce droit de recherche n'existe pas à 100 mètres des propriétés closes de murs attenant à une habitation, dans les jardins, les cours, et conséquemment dans l'intérieur de ces propriétés, sans l'expresse autorisation du propriétaire; et lorsque les lieux clos de murs n'auront pas d'habitation y attenante, le droit de recherche s'arrêtera à 40 mètres (art. 31).

L'inventeur de la mine n'a pas le droit, jusqu'au jour où il aura obtenu la concession de sa découverte, de disposer des substances minérales extraites, sous peine d'une amende de 51 à 100 francs, et ce, sans préjudice des indemnités à qui de droit (art. 34 et 35).

La concession est accordée à tout individu régnicole ou étranger, et sans droit de préférence pour le propriétaire de la surface, pourvu qu'il justifie des conditions et moyens nécessaires à conduire à bien une exploitation minière, et que sa demande soit faite dans les six mois à partir du jour de sa déclaration de découverte (art. 38).

Dans le cas où il ne serait pas déclaré concessionnaire, il a droit à une prime aux frais des travaux jugés utiles au concessionnaire, au payement du minerai extrait; le tout fixé dans l'acte de concession (art. 40).

L'acte de concession est porté à la connaissance du public (art. 41).

Toute concession ne peut compter une étendue de plus de 400 hectares, mais plusieurs concessions peuvent être obtenues par le même titulaire, à charge par lui de tenir en exploitation chacune de ces concessions (art. 51).

Du jour où une concession est accordée, le fût-elle au propriétaire du sol, la propriété de la mine sera distincte de la propriété de la superficie, et sera considérée comme une nouvelle propriété (art. 57).

La propriété minière est immobilière, perpétuelle, disponible et transmissible; mais le propriétaire n'a pas le droit de la diviser, de la vendre par lots, de la partager, sans une autorisation expresse du gouvernement.

La loi sarde n'accorde aucune indemnité au propriétaire de la surface, aucune redevance tréfoncière.

En dehors de ces restrictions, le concessionnaire n'est pas plus libre de mésuser de la mine que de ne pas en user ; il doit toujours, et sous peine de déchéance, exploiter dans des conditions telles que la mine ne puisse être détruite, et maintenir ses travaux en activité ; de telle sorte que la propriété est acquise au concessionnaire aussi longtemps qu'il sait subordonner ses profits aux règles établies par l'Administration pour conserver l'avenir de la mine.

Le concessionnaire a le droit d'acheter du propriétaire de la surface les terrains qui lui sont nécessaires pour son exploitation ; le seul droit que possède le propriétaire, c'est celui de contraindre le mineur à acheter la totalité de la pièce de terre endommagée (art. 80).

Quand il s'agit de faire écouler les eaux ou de creuser un puits pour la ventilation, ces travaux devant être quelquefois établis en dehors du périmètre concédé, cette autorisation ne peut être obtenue qu'après une déclaration d'utilité publique (art. 83).

Les enfants au-dessous de dix ans ne peuvent descendre dans les mines, sous peine, pour le concessionnaire, d'être frappé d'une amende de 5 à 50 fr. (art. 88).

Cette loi a prévu avec minutie toutes les conditions inhérentes aux mines, avec un esprit de libéralité bien plus grande que celle admise par la loi française ; les indemnités entre le propriétaire de la surface et l'exploitant du tréfonds sont prévues, comme celles entre les concessionnaires eux-mêmes ; — elle le fait, soit par raison de sûreté publique, soit dans l'intérêt de la conservation des mines. S'il y a lieu de faire des travaux en commun, pour l'épuisement des eaux, par exemple, le gouvernement, sur l'avis du Conseil des mines, après enquête contradictoire, syndique les divers concessionnaires, et exige que ces travaux se fassent en commun (art. 76).

Outre ces obligations, le concessionnaire fournit les relevés, les plans, en un mot, tous les renseignements nécessaires à la surveillance administrative exercée par les ingénieurs du Corps des mines (art. 64).

La taxe établie sur les mines est de 0, 50 par hectare concédé, sans qu'elle puisse être inférieure à 20 francs, plus à un droit de 5 0/0 sur le produit net de la mine (art. 60 et 61).

Cette redevance de 5 0/0 se détermine en déduisant du prix de vente du minerai tous les frais d'exploitation, les frais de construction, l'intérêt de l'argent. Ceux inhérents à l'administration n'entrent pas en compte.

Le mineur a droit de réclamer l'abonnement, comme le gouvernement peut diminuer la redevance (art. 62).

La police et la sûreté des mines sont placées sous la surveillance des ingénieurs des mines commis à cet effet. Sur leur rapport, les mesures sont décrétées par l'intendant et exécutées malgré l'opposition qu'elles pourraient rencontrer de la part du concessionnaire, qui n'a d'autre droit que de se pourvoir devant le Ministre des travaux publics qui, avant de statuer, demande avis au Conseil des mines (art. 86).

Voilà l'analyse succincte de la loi de 1859, plus complète que celle qui régit les mines de France, et que nous voudrions, dans l'intérêt même de l'industrie italienne, voir appliquée partout également.

Mais, malheureusement, nous ne prévoyons pas encore l'époque où cette unification s'accomplira ; bien des années s'écouleront probablement avant que cette mesure, si nécessaire pourtant, puisse être adoptée. Nous n'en voulons pour preuve que la Circulaire du Ministre d'agriculture, industrie et commerce que nous relatons ici *in extenso*, et qui, comme on va le voir, ajourne à une date indéterminée l'application aux provinces napolitaines de la loi du 20 novembre 1859 :

MINISTÈRE D'AGRICULTURE, INDUSTRIE ET COMMERCE

2e Division. — 2e Section (Mines).

CIRCULAIRE (N. 851) RELATIVE AUX PERMISSIONS POUR L'OUVERTURE DE NOUVELLES SOLFATARES

A Messieurs les Préfets, Sous-Préfets, Ingénieurs et Inspecteurs
du Corps royal des mines.

Florence, 21 février 1868.

Dans la diversité des lois qui régissent les mines du royaume, relativement aux droits de propriété, de régie et d'exploitation, il importe

5

surtout que, dès à présent, il existe au moins une conformité de règlement touchant la manière dont s'accordent les permissions d'ouverture ou les concessions, et relativement au maintien de la police des mines et à la perception des droits revenant à l'Etat.

Le gouvernement du Roi, par décret royal du 23 décembre 1865, N. 2716, a prévu tout ce qui concerne la police des mines, maintenant toutefois intacte la législation spéciale de chaque région, jusqu'à ce qu'il soit possible au Parlement de mûrir une loi sur les mines, applicable à tout le royaume.

En attendant, la loi du 17 octobre 1826 continue à être en pleine vigueur dans les provinces de l'ex-royaume de Naples ; cette loi, par l'article 17, a laissé subsister toutes les dispositions particulières relatives aux mines de soufre.

C'est pourquoi le règlement provisoire du 31 janvier 1851, pour l'extraction du soufre par le système des *calcaroni*, devra être observé en tout ce qui n'est pas contraire au règlement approuvé par le décret royal du 23 décembre 1865.

La dépêche de la royale Secrétairerie d'Etat, en date du 8 octobre 1808, confirmée par le souverain rescrit du 26 avril 1852, sur l'avis conforme de la Consulte de Sicile, demeure également en vigueur.

Par cette dépêche, il est établi :

1° Que l'on ne délivrera pas d'autorisation d'ouverture de nouvelles solfatares, sinon avec la clause qu'en conformité des lois et des règlements en vigueur les droits des tiers soient saufs ;

2° Que l'on perçoive un droit de régie de 127 francs 50 ;

3° Que l'on perçoive une amende égale au double du droit de régie pour les solfatares dont les exploitants n'auraient pas effectué le payement dudit droit avant de commencer la première fusion du soufre ;

4° Que, par les soins de l'inspecteur ou de l'ingénieur chargé de la surveillance des solfatares, cette fusion ne puisse se faire que lorsque, par des documents officiels, il se sera assuré de l'accomplissement de la susdite obligation.

Jusqu'à ce jour les autorisations pour l'ouverture des nouvelles solfatares, qui auparavant étaient délivrées par le Tribunal du royal patrimoine, ont été délivrées par les Directeurs des taxes et des domaines de l'Ile pour faire hommage au principe de régie, et pour la perception des droits correspondants. Mais chacun peut facilement s'apercevoir comme ce procédé, différent de celui qui est en vigueur dans les autres parties du royaume, laisse ignorer aux préfets, qui sont les véritables représentants du gouvernement dans les provinces, les permissions susdites, qui sont également inconnues à l'ingénieur en chef du district des mines à Caltanissetta, auquel il devient impossible d'assurer la surveillance voulue sur la police des solfatares ; de là la nécessité d'attribuer aux préfets la faculté de délivrer de semblables permissions, en ayant soin, toutefois, que le droit de régie soit encaissé par l'agent du domaine.

Etant reconnu aujourd'hui plus opportun de déférer cette charge à MM. les préfets, le soussigné, d'accord avec son collègue le Ministre des finances, a établi ce qui suit :

1° Les demandes d'autorisation pour l'ouverture de nouvelles solfatares devront être adressées à M. le préfet, accompagnées du reçu du payement des droits de régie, délivré par l'agent domanial;

2° Le préfet, dans le décret de concession du permis, ajoutera la clause : *sauf les droits des tiers*; et, on outre, imposera au permissionnaire l'obligation expresse d'observer les lois et les règlements sur la police des mines, spécialement le règlement approuvé par le décret royal du 23 décembre 1865, N. 2716, surtout en ce qui touche la présentation du plan de la mine; à fournir les moyens de secours en cas de péril, et à donner les renseignements statistiques dont le gouvernement a besoin, suivant les instructions données à l'administration ;

3° Le préfet spécifiera encore au permissionnaire l'obligation d'avoir dans la solfatare les appareils nécessaires pour les secours à donner aux travailleurs en cas de périls ;

4° Le susdit ingénieur des mines sera ensuite informé du tout par les soins de la préfecture compétente.

Veuillez, Monsieur, vous conformer à ce que dessus, et m'accuser réception de la présente Circulaire.

Signé : Le Ministre, Broglio.

Cette circulaire, qui, au moment où nous écrivons, régit encore les solfatares siciliennes, démontrera-t-elle, par son application, ce que les demi-mesures ont d'insuffisant?

En réponse à cette question, rappelons simplement les chiffres que nous donnons dans notre première partie.

Le lecteur tirera lui-même les conséquences.

PRODUCTION DE LA SICILE		PRODUCTION DES ROMAGNES	
En 1868.......	1659.409 quint.	En 1868........	77.615 quint.
En 1869.......	1601.418 —	En 1869........	79.710 —
En 1870.......	1637.317 —	En 1870........	323.679 —
En 1871.......	1598.360 —	En 1871........	519.802 —

L'administration persévérera-t-elle longtemps encore dans ce même système? La loi de 1859 est appliquée dans toute l'étendue de l'Italie continentale, tandis que la Sicile ne reconnaît que la loi de 1826.

Comment peut-il se faire que, dans un même État, il y ait deux poids et deux mesures, représentés par deux lois aussi diamétralement contraires l'une à l'autre ?

Si, comme l'expérience l'a victorieusement prouvé, la loi de 1859 favorise le développement, la prospérité, des exploitations minières, tout en sauvegardant de la ruine ces sources de la richesse nationale, pourquoi conserver encore, pour une partie du sol, la loi profondément vicieuse de 1826, qui n'a jamais donné et ne donnera jamais que les plus déplorables résultats ?

Et si, comparés aux gisements de la Sicile, les solfatares romagnoles peuvent être considérées comme pauvres, que sera-ce donc le jour où la loi sera uniformément appliquée dans toute l'étendue de la terre italienne ?

Pourquoi donc différer l'application de cette loi bienfaisante ?

On pourrait, il nous semble, concilier tous les intérêts. En effet, les mines actuellement occupées seraient, par simple mesure de police, données en concession aux propriétaires actuels de telle sorte que les personnes qui les exploitent, ou les font exploiter, en demeureront propriétaires, pourvu qu'elles se conforment aux dispositions de la loi de 1859.

En ce qui touche les mines abandonnées, il serait accordé un sursis de deux, de trois ans même, aux propriétaires, pour avoir à les remettre en activité; ce délai expiré, l'abandon serait considéré comme définitif, et l'Etat rentrerait en possession.

Enfin, la loi serait immédiatement appliquée aux mines non encore ouvertes.

Nous livrons ces critiques aux méditations des hommes spéciaux qui nous feront l'honneur de lire ce livre, et nous faisons à leur patriotisme un appel qui sera sans nul doute entendu.

Nous avons tout à attendre de la sagesse du Gouvernement italien, et lorsque nous examinons le chemin parcouru par l'industrie italienne depuis 1860, nous ne pouvons qu'avoir confiance dans l'avenir.

Nous terminerons ce chapitre de la *Législation*, en reproduisant la dernière Circulaire du ministre du Commerce, Circulaire s'appliquant spécialement aux mines des Romagnes :

IL MINISTRO DI AGRICOLTURA, INDUSTRIA E COMMERCIO

Per dare piena esecuzione al decreto Reale 23 marzo 1865 num. 2216 ed alle istruzioni ministeriali delli 11 del successivo mese di aprile, concernenti la coltivazione delle miniere nella provincia di Forli ;

Sentito in proposito l'avviso del Consiglio delle miniere ;

Ha determinato determina.

ART. 1

L'ingegnere delle miniere del distretto d'Ancona visiterà i lavori delle miniere nella provincia di Forli facendo constare per mezzo di processi verbali da formassi collo intervento degli interessati, lo stato e le condizioni delle miniere, l'epoca della loro apertura, il tempo e la causa del loro abbandono, affinchè possa la Amministrazione distinguere le miniere abbandonate da quelle lavorate. ed i lavori di ricerca dalle miniere utilmente coltivabili.

ART. 2

Per gli effetti dell'art. 2° del R. decreto 23 marzo e dell'art. 4° delle istruzioni ministeriali 12 aprile 1865, non saranno ritenute comme miniere in esercizio i lavori di ricerca, ed i ricercatori saranno tenuti all'osservanza dell'articolo 6° di queste istruzioni.

ART. 3

Non si ammetteranno nè anco al beneficio dell'art. 2° del R. decreto 23 marzo le miniere abbandonate. A questo riguardo le miniere chiuse da breve tempo non sempre devono considerarsi come abbandonate, ed in questo caso l'Amministrazione fonderà i suoi giudizii sui verbali dell'ingegnere delle miniere apprezzando le circostanze e tenendo present i riguardi dei quali i possessori delle solfare potranno essere meritevoli.

ART. 4

Sarranno ammesse le istanze di coloro che coltivavano miniere al 23 marzo 1865 sebbene non abbiano mai ottenuto una speciale concessione governativa ; e per ordine della prefettura si procederà alle delimitazioni provvisorie delle loro miniere.

L'ingegnere delle miniere eseguirà ad un tempo per quanto è possibile in una sola visita la ricognizione e la delimitazione delle miniere, e le spese occorrenti saranno a carico dei ricorrenti.

ART. 5

In codeste delimitazioni provvisorie saranno compresi i terreni pei quali il ricorrente esibisce contratti stipulati coi proprietarii e potranno includer-

visi anche altri tereni, sui quali il ricorrente non alleghi diritti di escavazione, quando ne faccia domanda, o particolari circostanze lo esigano ;
salvo però sempre i diritti dei terzi.

I ogni caso e ad ogni buon fine veranno distinti i terreni liberi da
quelli vincolati da convenzioni, passate tra il ricorrente ed il proprietario
del suolo.

Art. 6

Qualora i possessori di solfare contermini chiedessero contemporaneamente una stessa porzione di terreno, la prefettura procurerà di indurre le
parti a venire ad accordi fra loro, quando ne sia il caso, valendosi anche
dell'opera dell'ingegnere delle miniere ; e se le contese non si comporranno
potrà procedere in via d'ufficio alle delimitazioni provvisorie, o le ordinerà
a seconda delle cicostanze.

Art. 7

Eseguite le delimitazioni provvisorie si ripeteranno le pubblicazioni che
non si compirono [secondo le norme prescritte dalle istruzioni misniste-
riali 11 aprile 1865, e si faranno nuove pubblicazioni per le miniere che
furono delimitate in modo diverso da quello indicato nei ricorsi già pubblicati. In ogni caso le nuove pubblicazioni avranno luogo dope che si
saranno delimitate le miniere ed allora verrà permesso agli interessati di
esaminare i piani sui cui saranno segnati i limiti.

Art. 8

Ricevute le oppozioni, il prefetto sentirà il parere dell'ingegnere delle
minieee e riferirà in ogni caso al Ministero, facendo le proposte che stimerà
necessarie.

Art. 9

Il Ministero, sentito il Consiglio delle miniere, prenderà le sue determi
nazioni e promuoverà i decreti che occorreranno in ogni singolo caso.

Art. 10

I ricorrenti che saranno autorizzati a proseguire i lavori in terreni ai
quali non sia applicabile l'art. 2° del R. decreto 23 marzo 1865, saranno
sottoposti al pagamento di un canone pari alla tassa fissa stabilita dall'art.
60 della legge sulle miniere del 20 novembre 1859.

Art. 11

Fino a tanto che non si sarà provveduto con prescrizioni generali legis-
lative, si inseriranno nei decretti d'approvazione o delle delimitazioni, speciali condizioni che obblighino anche i lavoratori delle miniere già aperte
alla osservanza di quelle disposizioni della legge 20 novembre 1859, che
si reputeranno necessarie per il regolare esercizio delle miniere.

Art. 12

La Società delle miniere sulfuree di Romagna non potendo utilmente invocare la revocota concessione del giorno 8 maggio 1857 rimane soggetta alle disposizioni del R. decreto 23 marzo 1865, come gli altri esercenti di miniere. La prefettura di Forli solleciterà la risoluzione delle vertenze relative alle miniere Formignana, Luzzena, Fosso, Bussa e Montemauro state delimitate nel 1863 ed appartenenti alla detta Società.

Il presente decreto sarà a cura della prefettura di Forli pubblicato nei territorii dei comuni interressati e nel Giornale della provincia.

Dato a Firenze, addi 6 giugno 1868.

Il direttore capo della II Divisione

R. Pareto.

Il Ministro

Broglio.

TROISIÈME PARTIE

DESCRIPTION TOPOGRAPHIQUE ET GÉOLOGIQUE

TROISIÈME PARTIE

CONSIDÉRATIONS GÉNÉRALES. — La formation géologique sulfurifère, en général, a fait de tous temps l'objet de nombreuses recherches scientifiques ; dès 1784, *Dolomieu* parcourait les exploitations siciliennes, et se livrait, sur les lieux mêmes, à de minutieuses observations. Les œuvres qu'il nous a léguées s'accordent avec les travaux plus récents de *Ferrara*, de *Melograni*, d'*Hoffmann*, de *Lyell* et de *Constant Prévost*. Lorsque l'on consulte ces différentes études, on s'aperçoit cependant qu'il y a doute dans l'esprit des divers auteurs sur l'âge à assigner à la formation. Les terrains anciens se composent de mica-schiste et de schiste-talqueux ; ou y trouve même des bandes de terrain jurassique qui les recouvrent sur quelques points, et qui les séparent de la formation des calcaires crétacés qui jouent, en général, sur les bords de la Méditerranée, le principal rôle géologique.

A notre tour, nous allons essayer d'aborder cette question ; et, afin de mettre nos lecteurs à même de sciemment l'apprécier, nous rappellerons, aussi succinctement que possible, l'opinion des géologues, nos prédécesseurs.

La question est des plus complexes, attendu que, sur bien des points, elle présente des contradictions, des particularités qui, au premier abord, semblent renverser les données généralement admises par la science.

C'est ainsi qu'ayant pris particulièrement à tâche l'étude de cette grande zone de terrains que nous appellerons terrains sulfurifères, zone qui s'étend des Alpes cottiennes jusqu'au fond de la Sicile, en suivant la longue crête des Apennins, nous nous verrons bien souvent contraint d'élargir le cercle de nos observations et de nous transporter sur tel point écarté, où les mêmes stratifications, les mêmes phénomènes créent des similitudes qu'il ne nous est pas permis de négliger.

Nous avons longuement observé, et il appert de nos recherches, bien souvent renouvelées, que parmi tous ces points, différents au premier aspect, il se présente des analogies telles, que le doute disparaît, et que l'on acquiert bientôt la certitude qu'une même influence est venue présider à cette formation.

On ne doit pas douter que, lorsque les premières couches tertiaires achevaient de se déposer, la configuration de ces contrées était bien différente de celle qu'elle devait avoir après les soulèvements quartenaires.

Tout annonce que jusqu'à la fin de la période tertiaire, ces lieux étaient occupés sinon par une mer, au moins par une série de lacs plus ou moins considérables, les uns formés d'eau douce, les autres, d'eau de mer.

La révolution géologique a consisté en un exhaussement considérable du terrain, puis en dislocations partielles, qui ont brisé, soulevé les couches en mille sens différents.

Cet exposé de nos recherches, de nos études, nous essayerions vainement de le rendre avec la clarté inhérente aux ouvrages des savants illustres qui, les premiers, sondant les mystères du sol, se sont placés dès l'abord au point de vue général, ne se préoccupant pas de suivre la trace du minerai dans sa route souterraine. Leurs écrits nous ont dit l'origine, l'âge probable de la formation, laissant à d'autres l'étude particulière des détails.

La science qu'ils ont ainsi créée, la *Géologie*, sera un jour la clef de toutes les connaissances. N'est-ce pas elle qui fouille, dissèque, analyse cette terre où nous naissons, où nous grandissons, où nous demeurons, et d'où nous tirons tous les éléments de la vie ?

N'avons-nous pas pour premier devoir de connaître, d'une manière exacte, et son état primitif et son état actuel ?

Quelques personnes, pourtant, considèrent la géologie comme une science de fantaisie, n'ayant pour base que des déductions équivoques. Des rêveurs, disent-elles, dont l'imagination ardente est avide de reconstruire un monde, essayent de rabaisser la création divine au niveau de théories vagues ne s'appuyant sur aucun fondement sérieux.

Aussi, les puissantes, les incessantes conquêtes de ces génies, ils les traitent de chimères ; ils n'y voient que l'exagération de la vanité humaine affolée d'audace et tentant de fouiller les entrailles de la terre pour y violer le secret des âges éteints.

Mais le dix-neuvième siècle fait chaque jour justice des préjugés sans nombre, véritables broussailles embarrassant le chemin du progrès, et opposant à la marche de la science des théories, respectables sans doute, puisqu'elles ont la conviction pour excuse, mais par trop exclusives lorsqu'elles affirment que c'est blasphémer la Divinité que de chercher à comprendre, à analyser les mystères de la création.

Chose remarquable, ce sont précisément les ordres religieux qui, les premiers, commentèrent les merveilles secrètes de la nature ; — preuve bien évidente que l'étude, que la science sont au-dessus du fanatisme, qu'elles n'excluent pas la croyance en Dieu, et que, sans être hérétique, on peut chercher à connaître les effets et les causes des œuvres divines.

C'est dans le silence des cloîtres du moyen âge que s'élaborèrent les premiers travaux sur les temps primitifs. Certes, les austères penseurs, les éminents religieux, dans leur abnégation du monde, ne croyaient pas faire œuvre perverse en se complaisant dans l'étude des âges évanouis.

Le dix-huitième siècle donna un tel élan aux études, les sciences naturelles s'y firent une si large place, que, de nos jours, il ne viendrait à l'esprit de personne la pensée de critiquer les immenses travaux des Descartes, des Buffon, des Cuvier, des Arago : organisations puissantes qui ont jeté autour d'elles un rayonnement tel, qu'il n'y a plus aujourd'hui que des admirateurs pour ces fondateurs de la géologie.

La géologie est essentiellement une science d'observation.

Pour la saisir, pour l'embrasser tout entière, l'existence d'un homme serait insuffisante : le peu d'années qu'il lui est donné de vivre, le lieu même où cette existence s'écoule, ne lui permettant de suivre que sur un bien faible point les traces laissées par les siècles écoulés.

Les voyages qu'il entreprendra pourront bien, et seulement jusqu'à un certain point, compléter les observations locales ; mais l'héritage écrit des divers auteurs, ces annales immenses de faits, de recherches, de vérités péniblement amassées par l'étude opiniâtre et la patiente observation, cet héritage, disons-nous, lui permettra de grouper, d'unir, de classer, de juger et d'augmenter le nombre des précieuses conquêtes et facilitera à la science sa constante marche vers la perfection.

Il faut bien le reconnaître, en tant que science, la géologie en est encore à ses premiers bégaiements ; si, depuis longtemps, elle a fixé l'attention (Pline l'Ancien y attachait son nom dès les premiers temps de l'ère chrétienne), ce n'est cependant qu'aux siècles derniers qu'elle fut sérieusement examinée, et ce n'est, enfin, que de nos jours qu'elle a pu asseoir ses bases sur de véritables travaux scientifiques.

Mais, lorsque de tous les points du globe, de tous les établissements scientifiques, les études, les recherches s'exécuteront dans un but, dans un accord communs, lorsque toutes les observations recueillies, coordonnées, viendront éclairer les mille faces de cette immense question, ce jour-là, cette science deviendra réellement ce qu'elle doit être : la première entre toutes.

Elle obéira à des lois fixes et précises ; car l'inconnu d'aujourd'hui sera le connu d'alors ; et, par des règles immuables, cette mère de la minéralogie tracera à coup sûr la marche des travaux souterrains ; elle nous donnera la connaissance de tous les matériaux que la terre cache dans son sein et qu'elle ne nous livre qu'au prix des plus durs travaux.

C'est elle qui nous guidera dans la découverte des sources que la Providence met de tous côtés à notre disposition ; c'est elle, enfin, qui nous montrera comment il faut user des immenses forces souterraines, et comment nous pouvons les appliquer sous toutes les formes à nos besoins industriels.

L'observateur a depuis longtemps constaté la tendance qu'à notre monde à disparaître ; il en a rencontré partout les signes évidents ; il sait que rien n'est excepté, que rien n'échappe à cette destruction générale. Les roches abruptes, les sites les plus pittoresques s'effacent, disparaissent un peu plus tous les jours sous la main infatigable du temps poursuivant son œuvre séculaire.

Qui pourrait nier ces choses, sinon celui qui ne pense pas, qui ne réfléchit pas, qui n'a d'autre idéal que de résider sur la terre et de s'en aller un jour tel qu'il y est venu ?

Mais le penseur voit sans cesse dans le sillon où il imprime ses pas se dresser l'image de l'anéantissement et de cette mort qui n'est peut-être pour les humains qu'une résurrection.

Oui, tout nous porte, tout nous pousse vers cette destruction : la nature d'abord, puis les éléments, enfin l'homme, l'homme qui achève l'œuvre.

Dans sa révolution végétale, la nature rompt, désorganise, désagrége la plante, l'arbrisseau, l'arbre, le roc, sans distinction entre les infiniment petits et les infiniment grands.

Rien ne vient, rien ne produit, rien ne vit, si ce n'est au détriment du sol et en donnant naissance à une transformation particulière, transformation qui change continuellement les conditions établies de stabilité. Et si on réfléchit que ces transformations se répètent depuis une succession de siècles, on peut, non-seulement admettre, mais encore se rendre compte de la suite des révolutions terrestres dénoncées par la géologie.

La nature est constamment logique avec elle-même, car cette destruction est une nécessité et une des conditions de la vie en général, qui s'arrêterait, qui s'éteindrait, si elle ne trouvait chaque jour un aliment nouveau dans une ruine nouvelle.

La nature trouve un aide dans les éléments.

Que l'eau tombe lentement sous la forme d'une pluie bienfaisante, ou qu'elle se précipite avec fureur en orage, en tempête, en déluge, son résultat de destruction peut être plus ou moins accusé, plus ou moins sensible, mais il n'en est pas moins constant.

Ce n'est qu'une question de temps ; le torrent transforme en une heure ce que la goutte d'eau mettra des siècles à accomplir.

Les plus belles vallées, les contrées les plus fertiles deviendront des steppes désolées, dénudées, de même que le désert sans trace actuelle de culture et d'habitation acquerra, par la suite des ans, la fertilité et la civilisation.

Les montagnes elles-mêmes auront le même sort. L'eau les ronge sans répit. C'est une lutte longue, patiente, mais continuelle. Un jour, la victoire se décide, et la montagne s'affaisse, s'écroule, se transporte ou même glisse tout entière dans la plaine.

Ce sont là, il est vrai, des faits isolés ; mais ce qui est constant, c'est l'infiltration lente et régulière de l'eau à travers les pierres et les terres, travail incessant qui divise les montagnes, les émiette, les dissout et les transporte enfin par fragments jusqu'à l'Océan, ce vaste réservoir, sorte de fosse commune où viennent rouler et se confondre, dans un mélange insaisissable, non-seulement ce qui fut la terre, mais encore tout ce qui vécut de sa vie.

Si on calcule que les pentes des cours d'eau sont plus ou moins inclinées, suivant les irrégularités du sol, on est frappé de cette tendance perpétuelle à niveler qui appartient à la nature. En effet, l'ouragan est d'autant plus intense que, sur sa route, les obstacles seront plus nombreux.

Ainsi, en France, où les travaux de statistique sont exécutés avec un soin et une précision remarquables, nous voyons que si la pente moyenne des cours d'eau est de 0,015 par mètre de terrain plan parcouru, elle atteint 0,03 dans les montagnes.

Or, la surface de la France est, environ, couverte de 0,75 de hauteur d'eau ; qu'on multiplie ce chiffre par l'étendue de la surface, et on trouvera à peu près 400 milliards de mètres cubes d'eau qui, multipliés à leur tour par la hauteur, représentera une puissance telle que nous pouvons difficilement nous en imaginer la force et la grandeur.

Le feu se comporte tout autrement : il nous vient et des hauteurs du ciel et des profondeurs de la terre. Celui du ciel est clément ; l'autre est la représentation la plus énergique de la destruction. Ce sont les volcans sous toutes leurs formes.

Enfin, ajoutons, sans commentaires, le nom du dernier, mais du plus ardent de tous les destructeurs, nous voulons dire : l'homme.

L'unique travail de l'homme, nous dirions presque son devoir, n'est-il pas de bouleverser sans cesse la terre, de creuser, de fouiller, de miner ce sol, de le couvrir de routes et de monuments, de le cultiver, de le labourer en tous sens afin d'en retirer les éléments de sa propre vie et de sa propre transformation ?

La connaissance de ce travail de chaque jour l'amène à chercher la science de ce qui touche à ce sol producteur. Notant chaque fait qu'il rencontre et qui lui servira de *criterium*, il est arrivé, en moins d'un siècle, à recomposer l'histoire du monde depuis les époques les plus reculées.

Aussi n'est-ce que sur les faits observés que nous appuierons notre argumentation, sur ceux que nous aurons vus nous-même, sur les phénomènes que nous avons pu constater et sur les travaux antérieurs dont nous aurons, *de visu*, vérifié l'exactitude et la vérité.

SOULÈVEMENTS. — Les terrains qui font l'objet de nos études embrassent cette partie du sol qui s'étend des Alpes jusqu'aux extrémités de la Sicile.

Dans l'état où nous trouvons ces terrains, pouvons-nous, par les caractères qu'ils présentent, reconnaître si leur configuration est due à un soulèvement unique ou bien à une suite de soulèvements partiels ?

A-t-il suffi d'une seconde pour les créer, ou bien cette formation est-elle due à l'action lente et continue des siècles ?

En présence de la gigantesque masse formant la chaîne des Alpes, on est naturellement porté à croire que cette dernière hypothèse est la seule admissible ; mais, d'un autre côté, si nous songeons à l'effort développé par les volcans, à la facilité avec laquelle les masses gazeuses, solides et ignées, grondant dans leurs flancs, s'ouvrent un passage au travers de la croûte terrestre, l'esprit retombe dans ses incertitudes et ses perplexités premières.

Les zônes sulfurifères ont-elles été produites avant, pendant ou après le soulèvement des Alpes ?

Cette question se rattache intimement à l'histoire de la stratification des terrains que nous allons étudier dans l'espérance de pouvoir démontrer que la formation du soufre est, tout à la fois, antérieure, contemporaine et postérieure au soulèvement alpestre.

Il est rationnel d'admettre que les effets produits ont été multiples ; contemporains à la formation, antérieurs et postérieurs.

Le travail continue; il nous démontre non-seulement la formation sulfurifère, mais toutes les autres formations, soit par voie de soulèvement, soit par voie d'éruption.

Mais, avant d'aborder la géologie de ces contrées, il nous semble utile de dire quelques mots d'accidents, de particularités, qui se produisent encore de nos jours, et qui ont dû accompagner les bouleversements des temps anciens.

TREMBLEMENTS DE TERRE. — LEURS EFFETS. — Le tremblement de terre est généralement le précurseur d'un phénomène que l'on appellera *soulèvement*, *effondrement*, *éruption*. La surface du globe vacille tout à coup ; c'est un ébranlement se répercutant par contact. Les gaz souterrains, emprisonnés trop à l'étroit, cherchent une issue aux dépens de notre équilibre et de notre cohésion.

Celui qui n'a pas assisté à ce spectacle, qui n'a pas vu se produire cette phase rapide de la destruction, qui n'a pas senti sous ses pieds la terre tressaillir, s'enfuir, pour ainsi dire, ne pourra jamais se rendre compte du sentiment de terreur profonde dont tout être animé est alors frappé ; c'est l'inconnu qui apparaît, c'est l'inconnu qui surgit, poussant devant lui le fantôme de l'anéantissement.

La contrée que nous allons parcourir porte à chaque pas la trace, récente ou ancienne, de tremblements de terre.

Ces phénomènes sont encore nombreux de nos jours ; l'un des plus récents, et certainement des plus terribles, fut celui de Melfi, tout particulièrement étudié par MM. Palmieri et Scacchi.

Une remarque curieuse a été faite : les animaux pressentent l'approche du phénomène. Il a été constaté, en effet, par des observations recueillies à Melfi, le matin même du 14 août 1851, que les poules, inquiètes, refusaient de quitter leur abri ; les chiens hurlaient ; les animaux domestiques, agités de pressentiments, avertissaient leurs maîtres de l'approche d'un danger inconnu. Seul l'homme dormait, inconscient de tout.

La catastrophe se produisit à deux heures et demie de l'aprèsmidi. Or, tous ceux qui ont habité l'Italie méridionale savent qu'à cette heure de la journée les habitants, prudemment retirés dans leurs demeures, font la sieste.

Ainsi donc, les animaux sauvages ou domestiques, par leurs cris, leurs mouvements, dès le matin donnaient l'alarme. — L'homme, au milieu de cette appréhension qui se manifestait autour de lui, dormait !

Les observations, relevées en dehors de cette inquiétude vague si singulièrement montrée par les animaux, nous apprennent que partout les puits s'étaient taris, que les sources mêmes diminuèrent considérablement de volume, et que sur quelques-unes d'entre elles se produisit un bouillonnement inusité.

Après onze commotions successives, la terre ébranlée s'entr'ouvrit, et onze villes ou villages, détruits par le cataclysme, engloutirent sous leurs ruines un millier de victimes.

Dans cette région, les tremblements de terre ont leur histoire, leur tradition, qui marque comme étapes principales 1348, 1456, 1694, 1851.

A cette dernière époque, la tranquillité était profonde, car, depuis cent cinquante-sept années, pas un accident ne s'était produit, et rien ne faisait présager le retour des anciens tremblements de terre.

Chose digne de remarque, et dont nous nous occuperons lorsque nous traiterons des volcans, c'est que les oscillations du tremblement de terre de Melfi étaient d'autant plus fortes qu'elles se rapprochaient de l'ancien cratère, muet depuis un temps immémorial.

Les secousses de ce tremblement de terre ne cessèrent qu'en 1852 ; les dernières oscillations eurent lieu en janvier, et se firent sentir jusqu'en France et en Angleterre. — Puis tout rentra dans un calme momentané, que l'éruption du Vésuve vint troubler de nouveau en 1855.

Lorsqu'un tremblement de terre s'accentue, non-seulement il renverse les édifices, mais il produit, géologiquement, le chaos le plus inextricable. Aussi devons-nous en tenir sévèrement compte dans une étude de la nature de celle qui nous occupe, car il nous donnera souvent l'explication des discordances que les terrains nous présenteront à chaque pas ; discordances qui, du reste, ne changeront rien ni à leur âge, ni à leur stratification, puisqu'elles sont le résultat des cataclysmes.

Presque toujours le soulèvement surgit après la secousse du tremblement de terre ; quelquefois les deux phénomènes se produisent simultanément. On conçoit facilement que ce mouvement du sol n'est pas uniforme, mais irrégulier, suivant la force de résistance de la croûte terrestre et la quantité ou le degré de compression des masses gazeuses qui cherchent à s'échapper. Les terres, violemment rejetées à droite et à gauche, s'amoncellent, forment des montagnes, entre lesquelles se creusent les vallées.

L'Italie tout entière, étant le plus remarquable spécimen des effets produits par les tremblements de terre, est aussi la contrée qui présente le plus d'obstacles à une étude géologique soutenue.

DES VOLCANS. — Il n'est guère de spectacle, à la fois plus saisissant et plus grandiose, plus splendide et plus terrible, plus fait pour jeter au cœur de l'homme une terreur profonde, que celui d'un volcan en éruption. C'est comme un combat furieux entre la terre et les cieux, un déchaînement inouï de tous les éléments, une tempête infernale secouant l'enveloppe terrestre, au risque de la briser.

Le soleil s'est obscurci et les campagnes sont couvertes de ténèbres épaisses et sinistres. Le sommet de la montagne est comme écrasé de nuages qui deviennent, d'instant en instant, plus noirs et plus menaçants; peu à peu, ils s'avancent sur l'étendue du ciel, ils roulent lentement d'abord sur les flancs du cratère. Tout à coup, une épouvantable détonation se fait entendre; sourde et formidable comme celle de plusieurs milliers d'énormes pièces d'artillerie. En même temps, une lueur rouge, affreuse, déchire les ténèbres, embrasant tout le ciel, qui retombe aussitôt après dans son obscurité: c'est le volcan qui vomit ses torrents de feux et de lave en fusion. Une commotion terrible se fait à l'instant sentir : la masse énorme tremble sur sa base, les maisons s'écroulent, les rochers s'ébranlent sur les flancs de la montagne, des gouffres s'entr'ouvrent, dans lesquels s'engloutissent quelquefois des villages entiers. La lave descend des sommets en bouillonnant, furieuse, écumante, et brisant tous les obstacles, pendant que du ciel tombe, à flocons pressés, une cendre épaisse, brûlante, qui vous étouffe et vous ensevelit. Le volcan, lançant à des hauteurs et à des distances prodigieuses ses matières embrasées, va porter l'épouvante à plusieurs lieues autour de lui. Cependant les éruptions se succèdent d'instant en instant, précédées ou accompagnées de secousses violentes et d'un bruit souterrain semblable à celui que produiraient des milliers de chariots énormes roulant sur un sol sonore. Ces commotions et ce bruit se font quelquefois sentir et entendre à plus de cinquante lieues à la ronde.

Quand, enfin, les nuages de cendres et de fumée se sont dissipés et sont tombés, que la tempête s'est un peu apaisée et que la vue du ciel est rendue, à la terreur succède une admiration muette, écrasante, à l'aspect du splendide tableau qui s'offre aux regards. Le sommet du volcan apparaît comme une fournaise ardente, d'où s'élancent des gerbes de feu, comme un immense et splendide bouquet de feu d'artifice qui sillonne l'espace de ses fusées. Le phénomène dure de la sorte quelque temps encore, puis finit peu à peu par disparaître : le volcan s'est éteint.

Ceux qui ont pu lire, dans les auteurs anciens, le récit de l'éruption du Vésuve en l'an 79 de l'ère chrétienne, et, dans les écrivains contemporains, ceux des éruptions du même volcan, survenues notamment en 1779, 1794, 1819, 1832, sans oublier celles plus terribles encore et célèbres de l'Etna en 1183, 1683, 1693 qui fit périr 60,000 personnes ; ceux enfin qui ont pu assister à celle du Vésuve, qui a eu lieu tout récemment encore en 1869, verront que notre description n'a rien d'exagéré, et ne rend même que faiblement toute l'horreur du phénomène et de ses conséquences effroyablement désastreuses.

Nous venons de le dire, les soulèvements sont dus aux forces intérieures cherchant à se frayer une issue ; la déchirure sera donc en raison directe de l'effort développé pour la produire.

Les matières éruptives qui, ordinairement, accompagnent les déchirures, varieront également entre elles; nous les verrons tantôt s'élevant du sein de la terre à une haute température, d'autres fois, au contraire, arrivant bien au-dessous de la température de l'air ambiant.

La majeure partie des volcans sont aujourd'hui éteints ; nous rencontrons, en effet, dans les montagnes de l'Europe, de l'Asie, de l'Amérique, un nombre considérable de cratères muets depuis de longs siècles ; en Europe, les seuls volcans encore en activité sont l'Hécla, le Vésuve, l'Etna et le Stromboli ; ces trois derniers sont groupés dans l'Italie méridionale.

Nous avons dit que les tremblements de terre, quoique ayant une cause unique, sont cependant fort dissemblables dans leurs effets ; il en est de même des éruptions.

Un exemple récent nous en fournit une preuve précieuse : nous avons tous présent au souvenir l'étrange apparition de l'île Julia, surgissant, en 1831, dans le sud de la Sicile, à côté de cet écueil volcanique connu sous le nom d'île Pantelaria.

Au-dessus de ces flots, sans cesse parcourus par des vaisseaux sans nombre, sur cette grande route de l'Afrique, émerge tout à coup une terre inconnue, couverte d'une luxuriante végétation maritime, et lorsque l'Angleterre et Naples sont à la veille de faire de la possession de la nouvelle venue un *casus belli*, l'île capricieuse disparaît, laissant en présence les deux antagonistes également désappointés.

L'île, comme si elle eût voulu fournir un argument de plus à la science, l'île, disons-nous, est restée au-dessus de l'eau juste assez de temps pour permettre à quelques savants d'en reconnaître la construction géologique; puis, en vertu de l'axiome : *Sublatâ causâ tollitur effectus*, la cause qui avait amené son soulèvement ayant cessé d'agir, elle est retournée, au fond des eaux, reprendre sa place momentanément abandonnée.

Or, l'apparition de cette île, les caractères géologiques qu'elle présentait, caractères en tout conformes à la nature et à la stratification alpestre, nous donnent la quasi certitude que les Alpes, et même la Sicile, doivent leur formation à une cause absolument identique.

Il est difficile de se renfermer uniquement dans les limites du programme que nous nous sommes tracé, c'est-à-dire l'étude du *soufre* de ses *combinaisons*, de sa *constitution*.

C'est là une question très-complexe et dans laquelle les volcans jouent le principal et même, peut-être, l'unique rôle.

Donc, si nous ne voulons courir le risque de manquer le but que nous nous sommes fixé, nous devons faire une large part à l'étude des phénomènes produits par les volcans.

Un fait à peu près acquis à la science, c'est que les volcans disséminés sur notre hémisphère communiquent entre eux, c'est-à-dire ont des relations souterraines que nous ne connaissons que par les effets produits, et dont nous ignorons encore la cause.

Les récentes observations constatent que, lorsque l'un de nos volcans, l'Etna ou le Vésuve, par exemple, fait éruption, les cratères qui les environnent à cent lieues à la ronde, ceux qui s'ouvrent dans la chaîne des Apennins ou en Sicile, sont le siége d'un travail souterrain se manifestant par des commotions répétées, semblables à un tremblement de terre.

On constate, en outre, une perturbation dans les cours d'eau, un dégagement fortuit de gaz.

Les théories les plus contraires sont mises en avant; elles sont plus ou moins adoptées, suivant qu'elles sont plus ou moins bien soutenues par leurs auteurs.

C'est ainsi que, depuis les découvertes sur l'immense rôle joué par l'électricité, les phénomènes volcaniques ont été attribués à la présence de ce fluide.

Certes, nous savons tous que l'électricité joue un rôle considérable dans la nature; qu'il ne saurait se produire une commotion, un frottement, un choc, sans entraîner un dégagement électrique; nous savons également que la quantité de fluide est toujours en raison directe de la somme dépensée, du choc survenu, de la réaction produite; et, par induction, nous supposons que, dans ces bouleversements de la nature, dans ce gigantesque travail souterrain, il se produit des commotions électriques, d'une part entre les éléments divers remués et rejetés au dehors par l'éruption, et l'atmosphère de l'autre.

La part de l'électricité dans les phénomènes volcaniques a été constatée, dans le cours de ces dernières années, à l'aide d'une série d'expériences quotidiennes, très-sérieusement faites par les sommités scientifiques de tous les pays savants, venus exprès de contrées lointaines, ou attachés par le gouvernement italien à l'Observatoire de Naples.

Mais on conçoit qu'il n'est pas possible de suivre de près ces expériences, de les contrôler, de les toucher en un mot. Les constatations ne pouvant être faites qu'à une distance de plusieurs centaines de mètres, ne permettent que des suppositions plus ou moins fondées; car, comme il n'est pas possible d'assister à ce travail, on est bien obligé de procéder par déduction.

Nous n'admettrons donc que sous toutes réserves les données généralement acceptées, et d'après lesquelles les tressaillements de notre globe, les tremblements de terre sont des effets purement électriques. Notre jugement n'est pas assez certain, la science est trop jeune encore pour pouvoir affirmer et prononcer en dernier ressort.

Et, jusqu'au jour où l'humanité aura conquis de nouvelles connaissances, qui viendront compléter ce qu'elle sait déjà, nous devrons, comme tout le monde, admettre que le centre de la terre est un foyer incandescent ; que les masses solides, liquides ou gazeuses formant cet immense foyer, tendent, par les lois mécaniques, à se précipiter à la périphérie de notre globe, et amènent ainsi les commotions dont nous nous occupons.

Si l'on pouvait gouverner les volcans, si les cratères, ces vomitoires par lesquels s'échappent les produits des feux intérieurs, étaient plus largement ouverts, les éruptions perdraient la plus grande partie de leurs caractères dévastateurs, et n'entraîneraient pas avec elles les catastrophes trop nombreuses qui signalent d'ordinaire leur apparition.

Mais, si le génie de Franklin a su dompter la foudre, les études, les efforts de ses successeurs ont dû reculer devant la terrible besogne ayant pour objet la réglementation des volcans (1).

Pour se convaincre de l'impossibilité d'une pareille entreprise, il n'est pas nécessaire d'assister à une éruption : il suffit de visiter les immenses amas de cendres, de scories et de laves, s'élevant en remparts autour des cratères, ou comblant les vallées environnantes, et on se demandera quels sont les efforts humains assez complets, quels degrés de science il faut posséder, pour oser seulement concevoir l'idée de diriger une semblable puissance.

Le spectacle des éruptions actuelles et de leurs effets, comparés avec ceux des éruptions anciennes, les narrations léguées par nos devanciers, indiquent que les volcans ont considérablement diminué d'intensité et d'énergie.

Pour s'en convaincre, on n'a qu'à se rappeler les villes de Pompéï et d'Herculanum ensevelies sous les cendres, et tant d'autres cités, bâties entre Messine et Syracuse, et recouvertes aujourd'hui par les scories de l'Etna.

Ces catastrophes ne sont pas contemporaines entre elles, elles n'ont pas eu lieu à des époques périodiques ou déterminées ; non,

---

(1) Nous n'entendons parler ici que des grands volcans, qui lancent des produits à une haute température. Les *soffioni* et *lagoni*, en Toscane, dont nous dirons quelques mots, sont réglementés.

elles apparaissent à des intervalles séculaires, elles surgissent irrégulièrement et ne nous permettent pas d'espérer une tranquillité définitive.

Les anciens écrits nous disent que certains volcans, éteints depuis des siècles, ont tout à coup fait éruption avec une violence telle, que l'on était tenté de se demander si les éruptions antérieures pouvaient leur être comparées.

Cependant, en confrontant les roches et les laves antiques avec les récentes scories, on ne saurait nier que le travail antérieur des volcans fut tout à la fois plus considérable et plus actif.

Un fait que nous avons remarqué est que, si le nombre des volcans a diminué à notre époque, dans une proportion considérable, les éruptions de ceux qui sont encore en activité sont devenues plus fréquentes. L'observation de ce fait est confirmée, entre autres, par les annales du Vésuve et de l'Etna, qui, dans les temps anciens, étaient tranquilles durant des siècles entiers.

On peut donc attribuer à la disparition des nombreux volcans qui, dans les premiers âges, couvraient tous les points de notre globe, la cause de ce travail continu qui se manifeste dans ceux qui subsistent en activité aujourd'hui. Autrefois, les effets en paraissaient peut-être plus rares, parce qu'ils étaient plus dissiminés, ce qui semblerait démontrer que l'évacuation des matières souterraines doit continuer à s'accomplir pour la stabilité du globe terrestre. Tout au plus, pourrait-on objecter que la quantité n'a plus besoin d'être aussi considérable que par le passé.

Bien des géologues, cependant, croient que le travail volcanique n'est pas une nécessité pour la stabilité de notre monde. Ces volcans, disent-ils, ne sont que des accidents qui ont commencé à se produire le jour où une atmosphère s'est créée autour de notre planète, atmosphère amenée par le refroidissement de la croûte terrestre qui a fait surgir l'*eau*.

Or, cette croûte, en se refroidissant, a donné naissance, comme la nature nous le fait voir, comme nos connaissances scientifiques nous l'indiquent, à des crevasses et à des fissures ; les eaux, en les remplissant, ont déterminé l'action volcanique.

Si les choses ne s'étaient pas ainsi passées, croient les mêmes géologues, il ne pouvait se manifester de ces combinaisons qui ont amené la *production de ces corps,* que nous aurons occasion d'examiner lorsque nous traiterons cette partie spéciale de notre sujet.

Mais, d'après ces données, la formation, le dégagement des gaz indispensables à ces combinaisons, à ces éruptions, pouvaient-ils avoir lieu ?

La question nous semble, depuis les travaux de nos maîtres, avoir fait assez de progrès pour être élucidée.

Les volcans sous-marins (le mont Hécla, par exemple, qui opère de nos jours et qui surpasse en force éruptive dix fois ce que dépense l'Etna) nous donnent un aperçu de la question et nous apprennent ce que devait être la zone volcanique italienne.

Nous faisons certainement une large part à l'exagération qui remplit la majeure partie des récits anciens, de ces narrations datant d'une époque où la science essayait à peine ses premiers bégayements, où les esprits, enclins à la superstition, voyaient dans les faits les plus simples, soit une manifestation divine, soit une expression de la sourde colère du mauvais esprit.

Qu'adviendra-t-il le jour où ces phénomènes cesseront ? le jour où le travail souterrain s'arrêtera ? Sera-ce le signal d'une nouvelle transformation du globe ? L'équilibre, la stabilité de notre planète ne seront-ils pas rompus ?

Serons-nous arrivés à l'heure où la race humaine devra disparaître, comme est disparue cette innombrable famille d'êtres animés, que nous retrouvons aujourd'hui à l'état de fossiles? Sera-ce enfin, le *commencement de la fin ?* Qui le sait ! Le présent est à l'homme, dit la sagesse du Coran, mais l'avenir n'est qu'à Dieu.

La Fable assignait comme siége des enfers le centre de la terre ; grâce aux volcans, grâce aux phénomènes éruptifs, cette tradition s'est perpétuée, et bien des gens l'admettent encore de nos jours.

Le Christianisme n'a rien changé à cette croyance ; — comme la Fable, il a placé l'enfer au centre de la terre ; il en a fait une immense fournaise, où les méchants expient dans des tortures sans fin les crimes de leur vie.

D'après la Mythologie, l'entrée des enfers s'ouvrait dans les environs de Naples, au fond d'un paysage plein d'horreurs, d'où s'échappaient sans cesse des bruits terrifiants et des exhalaisons pestilentielles.

Ces bruits, ces exhalaisons, que les premiers hommes attribuaient

aux plaintes des damnés, existent encore de nos jours. — Les fumerolles situées autour de Pouzzoles, les solfatares s'ouvrant au fond
de la baie de Baïa, justifient l'erreur des anciens ; et nous-même ,
nous n'avons été amené à parler ici de la Fable que parce que ces
traditions se sont perpétuées d'âge en âge, que ces sombres his-
toires, ces légendes antiques ont été transmises de père en fils
jusqu'à nos jours, et qu'elles nous ont été racontées sur les lieux
par les descendants de ces anciens croyants, croyant eux-mêmes et
rapportant la tradition dans toute son intégrité, avec tout son cor-
tége de poésie naïve.

Notre intention ne saurait être de faire l'historique de toutes les
éruptions volcaniques dont le récit nous a été conservé. Ces descriptions, non-seulement nous écarteraient de notre sujet, mais
encore ne présenteraient qu'un intérêt fort restreint, sans apporter à
la science aucun élément sérieux. Nous bornerons donc notre travail aux éruptions les plus récentes, c'est-à-dire à celles qui ont été
étudiées avec tous les secours que les connaissances modernes
mettent au service de nos savants.

Les éruptions les plus importantes, dont les témoignages écrits
nous ont été transmis par les anciens, ne concernent que les deux
volcans : le Vésuve et l'Etna.

Une des plus violentes commotions fut celle de 1631.

Dès 1619, dit le docteur Magliocco, le Vésuve présentait l'aspect
suivant :

Dans le fond du cratère, on rencontrait d'abord un bassin rempli
d'une eau âcre et chaude ; puis un autre bassin d'eau chaude, absolument insipide ; enfin, un dernier bassin d'eau salée.

En remontant la cime du cratère, on traversait un large espace
nu et aride, empreint de cette humidité froide, particulière aux
lieux que les rayons solaires ne visitent jamais.

En continuant l'ascension, on arrivait à une prairie, çà et là
parsemée de roches ; puis venaient un bois, une forêt, dit l'auteur,
composés d'essences diverses, telles que le chêne, l'orme, le tilleul,
bois servant de refuge aux sangliers. Quant aux contours extérieurs du cône, ils étaient couverts d'arbustes, de fleurs et de
fraisiers.

Si nous nous en rapportons aux dates qui nous ont été conservées, l'éruption du Vésuve de 1619 aurait été précédée par d'autres éruptions, savoir :

Celle de 1036 ;

Celle de 1306, longuement décrite par *Falco Benevento*, éruption qui dura quarante jours. Quelques auteurs prétendent que ces deux cataclysmes doivent être confondus ; qu'il ne s'agit que d'une seule éruption, et que l'erreur provient d'une interposition de chiffres entre 1036 et 1306.

Troilo fixe une autre éruption en 1430.

Nolado raconte celle de 1500, mais ces deux éruptions sont mises en doute par les commentateurs, attendu qu'à part les récits de *Troilo* et de *Nolado*, aucun auteur contemporain ne fait mention de ces deux mouvemements du Vésuve.

Mais le fait incontestable est la catastrophe de 1631 ; car, non-seulement les témoignages des contemporains nous en donnent une description minutieuse, mais encore cet épouvantable phénomène laissa dans l'esprit des habitants des souvenirs que les siècles n'ont pu effacer.

Et, si les documents manquaient, si le souvenir des populations s'était éteint, il nous resterait encore la présence de cette énorme quantité de laves, sous lesquelles six mille malheureuses victimes trouvèrent la mort.

Ne serait-ce que dans le but de montrer combien les appréciations scientifiques sont différentes aujourd'hui de ce qu'elles étaient dans les siècles passés, nous mettrons sous les yeux du lecteur une narration succincte de l'impression produite par l'éruption de 1631.

Ce récit, nous l'empruntons aux historiens, aux chroniqueurs de l'époque, c'est-à-dire à ceux qui, acteurs de ce grand drame, l'ont décrit sous l'influence de la terreur du moment :

« Dès que la nouvelle fut connue à Naples, disent les chroniques du temps, le vice-roi songea aussitôt à nommer une Commission de salubrité, qui devait prendre toutes les mesures nécessaires pour que les émanations nuageuses qui couraient sur Naples ne vinssent pas empoisonner ses sujets, apporter, en un mot, la *peste*, ce fléau qui représentait, à cette époque, toutes les épidémies.

« La noblesse fit son devoir avec la plus grande abnégation ; elle se porta sur les lieux et empêcha le peuple de venir s'abriter dans la capitale.

« Le clergé invoqua le Très-Haut ; les églises furent ouvertes jour et nuit, et le Saint-Sépulcre fut porté dans les rues. On organisa la plus imposante de toutes les processions, qui alla supplier *Notre-Dame del Carmine* d'intercéder près de Dieu en courroux pour tous les péchés commis.

« Le peuple était frappé de stupeur ; la terreur était si grande, que les gens qui étaient sous le coup de rémords ou en état de péché, se mettaient à genoux, implorant Dieu, refusaient le secours de leurs jambes et se laissaient engloutir par la lave.

« Ceux qui pouvaient se confesser se hâtaient de le faire, mais l'affluence était si grande que les églises se trouvèrent trop étroites pour recevoir le flot des pénitents ; aussi voyait-on, sur les places publiques, la foule prosternée et confessant à haute voix les péchés commis et demandant à Dieu miséricorde et pardon.

« Le vice-roi, la noblesse, le clergé, avaient fait tout ce qu'ils pouvaient pour conjurer le fléau dévastateur ; il n'y avait plus qu'à s'en remettre à la volonté du Très-Haut ; le Vésuve continuait à accomplir son œuvre de destruction. Il fallait cependant, à tout prix, apaiser le Giel en courroux.

« L'invocation à la *Madona del Carmine* étant reconnue sans efficacité fut remplacée par des prières publiques au glorieux saint Janvier. Ce saint miraculeux liquéfiait son sang pour une aussi grande calamité. Le cardinal, tous les évêques, les corporations religieuses, la noblesse, le portèrent processionnellement aussi loin qu'il fut possible d'aller ; aussi, le bienheureux saint détourna-t-il les émanations se dirigeant vers Naples et les fit se précipiter dans la mer, épargnant ainsi des calamités bien plus terribles encore à cette malheureuse ville, si éprouvée déjà.

« Le vice-roi décréta que tout homme qui aurait commerce avec *le donne di mal talento*, serait mis à mort.

« Naples offrit le spectacle le plus extraordinaire : ceux qui avaient péché par toute autre cause que la luxure se confessèrent si bien, qu'ils se crurent en état de grâce ; mais des malheureuses femmes, notoirement connues pour se livrer à la prostitution, se coupèrent les cheveux, et, la corde au cou, firent processionnellement amende honorable. Le désespoir était si grand, dit la chronique, que les pécheurs les plus endurcis vinrent à récipiscence. »

Depuis lors, nos mœurs ont bien changé. Sans vouloir entrer dans des considérations philosophiques, nous devons reconnaître que si notre humanité, aujourd'hui, ne s'étonne que médiocrement des choses les plus extraordinaires, cela est dû uniquement à la diffusion de l'instruction, à la variété et surtout à la vulgarisation des connaissances scientifiques.

De nos jours, lorsque le Vésuve, par les bruits souterrains, par les signes précurseurs, annonce l'imminence d'une éruption, les Napolitains, loin d'être épouvantés par le phénomène, l'appellent, au contraire, de tous leurs vœux ; car ils savent que son apparition attirera dans leurs murs tous les riches étrangers qui accourent des pays les plus lointains, dans l'unique but de jouir du magique spectacle.

Alors, tout sera mis en réquisition : les voitures, les hôtels, les bêtes de somme ; les routes qui conduisent de Naples au Vésuve, s'encombreront de curieux se pressant à l'envi pour assister de plus près aux diverses phases du phénomène.

Or, tout se traduit, en dernière analyse, par un bénéfice plus ou moins considérable laissé par les touristes dans l'escarcelle napolitaine.

Quant à l'autorité, sa seule préoccupation est d'organiser un service de surveillance et de secours, afin de prévenir les accidents parmi les trop téméraires curieux.

De son côté, le gouvernement s'empresse de faciliter aux savants de toutes les régions l'étude de l'éruption, les aidant, les secondant, les encourageant à recueillir le plus grand nombre de faits qui viendront enrichir le domaine de la science.

D'après les écrits conservés dans divers monastères des environs de Catane, tandis que le Vésuve demeurait muet, l'Etna vomissait presque continuellement des torrents de lave. Son travail remplaçait-il celui du Vésuve ? Les éruptions du Vésuve se produisaient-elles par les cratères que nous apercevons à la base de la montagne ?

Cette question restera probablement sans réponse, car les études, les observations actuelles sont, à peu près, sans effet rétroactif et serviront seulement aux siècles futurs.

Mais ces deux volcans ne sont point les seuls qui aient manifesté les effets de leur redoutable puissance ; simultanément, ou peut-être même avant eux, d'autres cratères jetaient des flammes, déversaient leurs laves dans les campagnes et couvraient les environs de cendres et de scories. Ces volcans, aujourd'hui disparus, trahissent leur existence par les immenses amas de laves recouvrant presque toute la Péninsule, et si nous ne possédons aucun écrit, aucune tradition sur eux, cela tient à ce qu'à cette époque l'intérieur des terres était désert, la race humaine trouvant plus facilement les aliments nécessaires à son existence sur le rivage des océans ; mais, à la quantité des débris, à l'imposante masse de roches volcaniques, il est permis, aujourd'hui, de juger sûrement de l'importance de ces cratères éteints.

Bien souvent, en présence de ces ruines, de ces débris couvrant les plaines et les montagnes, nous nous sommes demandé comment l'homme a pu oser affronter de semblables périls et venir planter sa tente dans un milieu si rempli de menaces.

Certes, cette question, nous n'avons point été seul à la poser ; elle a été formulée de cent manières par tous ceux que le hasard ou la nécessité a conduits dans l'Italie méridionale.

Pour ces peuples, pour ces villes d'aujourd'hui, y aura-t-il un lendemain ?

Au moment le plus inattendu, des torrents de gaz s'échappant au travers d'une fissure peuvent, en un instant, faire périr tous les êtres vivants.

Des flots d'eau bouillante peuvent jaillir inopinément au faîte des montagnes, comme au fond des vallées.

Qui nous garantit que les pluies de cendres, ensevelissant au temps jadis Pompéï et Herculanum, ne se renouvelleront plus ?

Et ces craintes, ces appréhensions ne feront sourire que ceux-là seuls qui n'ont pas visité ces contrées volcaniques ; mais l'habitant qui vit dans ce milieu plein d'incertitude, mais le savant qui a étudié ces terrains et s'est rendu compte des causes qui présidèrent à sa formation, mais le voyageur qui a sondé de l'œil ces immenses fissures, ces déchirements séparant brusquement les deux parties d'une même montagne, savent bien que, par ces déchirements, par ces fissures, la dévastation et la mort, sorties un jour, peuvent surgir de nouveau demain.

De ce danger du lendemain devait naître pour l'habitant ou une frayeur qui l'aurait contraint à fuir au loin, ou une heureuse insouciance dont la conséquence naturelle devait préparer son esprit à admettre la fable, la superstition, le merveilleux au rang des vérités.

Puis encore, à cette disposition d'esprit viennent s'adjoindre les influences climatologiques : les chauds rayons d'un soleil bienfaisant, les prodigalités d'une végétation luxuriante, les facilités d'une existence tout entière pétrie dans une indolence tellement pleine de charmes que, sous ces menaces de mort, sous la possibilité d'un cataclysme qu'un rien peut déchaîner, la vie s'écoulera tranquille, sans secousse, sans imprévu, dans un *far niente* immuable, qui, sous prétexte de lassitude, défendra à l'esprit de discuter une croyance et conduira doucement, tout doucement, à une fin dépourvue à leurs yeux de son caractère d'horreur, pour devenir le repos, la juste récompense d'un labeur péniblement accompli.

Ce qu'il faut cependant admirer, ce qui frappe l'attention, c'est le peu de temps employé par la nature pour recouvrir ces ruines, ces laves, ces scories, d'une végétation nouvelle. A peine cent années de calme, et non-seulement la vie envahit les abords du volcan, mais des forêts, des prairies, des fleurs couvrent les profondeurs du cratère et offrent aux animaux un refuge et des pâturages abondants.

Une éruption s'annonce par des gargouillements, par un bouillonnement de gaz, par un jaillissement d'eau, par des bruits souterrains très-perceptibles en approchant des cratères.

L'éruption devient imminente lorsque l'on voit se former dans l'intérieur du cratère un cône s'élevant petit à petit. Ce cône est formé de débris de rochers, de terres et de cendres glissant des côtés du cratère vers le fond de l'abîme, et venant obstruer l'ouverture de l'entonnoir.

Ces masses, en s'amoncelant, oblitèrent complètement le fond du cratère, empêchant les gaz de sortir ; de là, la formation de ce petit cône qui grandira un peu tous les jours, jusqu'au moment où, l'équilibre des forces étant rompu, il sera violemment rejeté au dehors.

L'effet qui se produit, ne peut mieux se représenter à nos yeux, que par l'exemple d'une chaudière à vapeur dont on surchargerait la soupape de dégagement.

Le volcan se conduit exactement comme la chaudière ; le cône monte, grandit d'autant plus que l'obstacle s'accumule ; et, si la résistance augmente, les efforts destinés à en avoir raison deviendront d'autant plus violents, et une explosion se produira.

Un fait particulier que l'observation a été à même de recueillir, est l'influence de l'eau sur les éruptions. S'il a plu abondamment, si un torrent est venu se perdre dans quelques fissures avoisinant le volcan, nul doute qu'avant peu l'action éruptive s'accomplisse.

Aussi, les éruptions les plus violentes, celles qui dictèrent aux historiens les récits les plus effrayants, présentent-elles cette particularité, qu'elles sont accompagnées de torrents d'eau : or, la présence de ces masses liquides ne saurait être attribuée qu'à de grandes pluies pénétrant par infiltration, ou bien à l'invasion de la mer, ou peut-être encore aux cours d'eau souterrains.

Nous venons de dire quelle est l'influence des eaux sur les éruptions ; or, les eaux pénètrent non-seulement par les infiltrations pluviales, mais encore, et surtout, par l'invasion des eaux de la mer.

Un des exemples les plus frappants et qui tendrait à accréditer l'opinion que l'action des volcans l'Etna et le Vésuve est *sous-marine*, nous est fourni par l'éruption de l'Etna en 1755. Le cratère vomit de telles masses d'eau de mer, que les habitants crurent à un retour du déluge. — Il est donc évident que ces volcans ont leurs assises dans les profondeurs de la mer.

Les contemporains de cette sublime horreur, disent naïvement leurs chroniques, n'ont pu remarquer que la mer se soit ressentie de cette importante prise d'eau. Notre siècle a vu, depuis, le Vésuve rejeter à la surface du sol 17 millions de mètres cubes de matières de toutes espèces. — Or, quelque considérable que soit ce chiffre, qu'est-il en regard de la masse d'eau formant les mers ?

A. de Humboldt nous dit que la surface occupée par les Océans est de 45,808,601,720 mètres carrés ; si on doit, toujours d'après le même auteur, assigner une profondeur moyenne de 3,000 mètres, le total du volume des mers serait de 137,425,805,160,000 mètres cubes.

Cette invasion de l'eau de mer dans les feux des grands volcans ne prouve certainement pas que les terrains sur lesquels les volcans sont assis, sont *tous* d'origine sous-marine ; elle prouve seulement que, dans le nombre, quelques-uns de ces terrains présentent le caractère de cette origine.

Une chose qui nous paraît incontestable : c'est que les terrains sur lesquels ces volcans sont assis, étaient, avant qu'ils n'apparussent, le fond d'une mer profonde, qui, selon toutes les probabilités, est devenu continent sous la forme actuelle à une des époques tertiaires.

En nous renfermant dans la stricte observation des faits et dans les théories qui découlent de l'étude, nous voyons que les volcans sont aussi vieux que le monde, et que la terre a été habitée primitivement par des êtres absolument différents des races actuelles, êtres qui ne nous ont légué, comme témoignage de leur passage, que les débris fossiles épars de tous côtés et à l'aide desquels la science reconstruit leur nature, leur conformation, leur âge, leur histoire en un mot.

Il ne nous est pas permis d'étudier les terrains ensevelis sous les laves, nous ne pouvons examiner que les terres environnantes et juger de leur origine par les débris organiques que nous y découvrons.

Nos observations nous apprennent que les laves entourant les volcans recouvrent les terrains absolument semblables à ceux qui forment le fond de la Méditerranée.

Nous avons personnellement recueilli, sous les laves, des fossiles dont la structure ne permet aucun doute sur leur époque. Nous croyons devoir en placer quelques figures sous les yeux de notre lecteur.

Ces fossiles, les *Cyprina*, les *Cytherea*, les *Vénus*, les *Psammobia*, les *Tellina*, les *Lucina*, les *Petricola*, que nous représentons à la page suivante, apparaissent à la fin de l'époque jurassique et deviennent plus nombreux dans les terrains crétacés pour exister encore, du moins, pour quelques-unes de ces espèces, dans nos mers actuelles.

Ces mollusques sont surtout nombreux, dans les terrains tertiaires, où nous retrouvons les *Venerupis*, qui n'ont été rencontrés
jusqu'ici que dans ces derniers terrains.

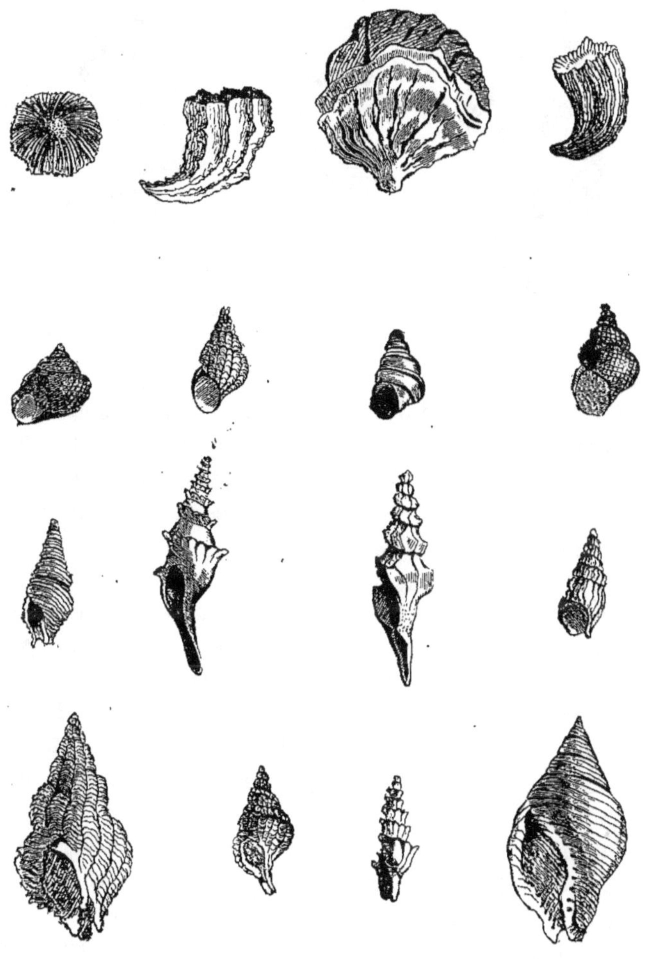

D'autres fossiles ont été recueillis.

Ceux-ci nous représentent les *gastéropodes pectinibranches*,
appartenant à la famille des *buccinides*.

Les *gastéropodes* sont nombreux en Italie, on les rencontre notamment dans les terrains crétacés et pliocènes.

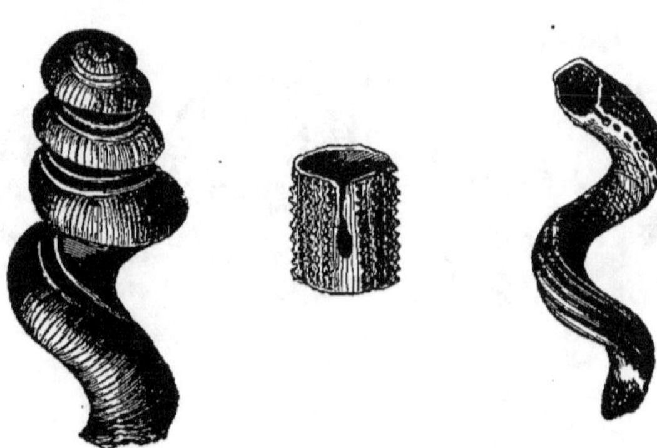

Les *pourpres*, dont nous donnons le dessin, ont été trouvés jusqu'ici dans quelques-uns des terrains tertiaires ; notamment dans les terrains miocènes du Piémont, où *Michelotti* en a compté plusieurs espèces ; mais on les rencontre plus particulièrement dans les faluns, dans la molasse, c'est-à-dire dans des terrains se rapportant à l'époque quaternaire.

Les *purpuroidea* ont une origine plus ancienne : ils ont été rencontrés dans des terrains jurassiques ; les *buccins* n'apparaissent que dans le milieu de l'époque crétacée ; mais toutes ces espèces sont excessivement abondantes aux époques tertiaires.

Quant aux *acéphales pleurococonques*, que nous représentons dans la page suivante, ces *spondyles* fossiles se trouvent dans les terrains crétacés et tertiaires, et paraissent d'autant plus nombreux qu'ils ont une origine plus ancienne.

D'où il résulte, que le moment de l'apparition des volcans où ces fossiles ont été recueillis, pourrait être fixée par la seule présence des *venerupis* et par l'abondance des autres, à une époque comprise dans la période tertiaire, si ce n'est même dans la quaternaire.

ACÉPHALES

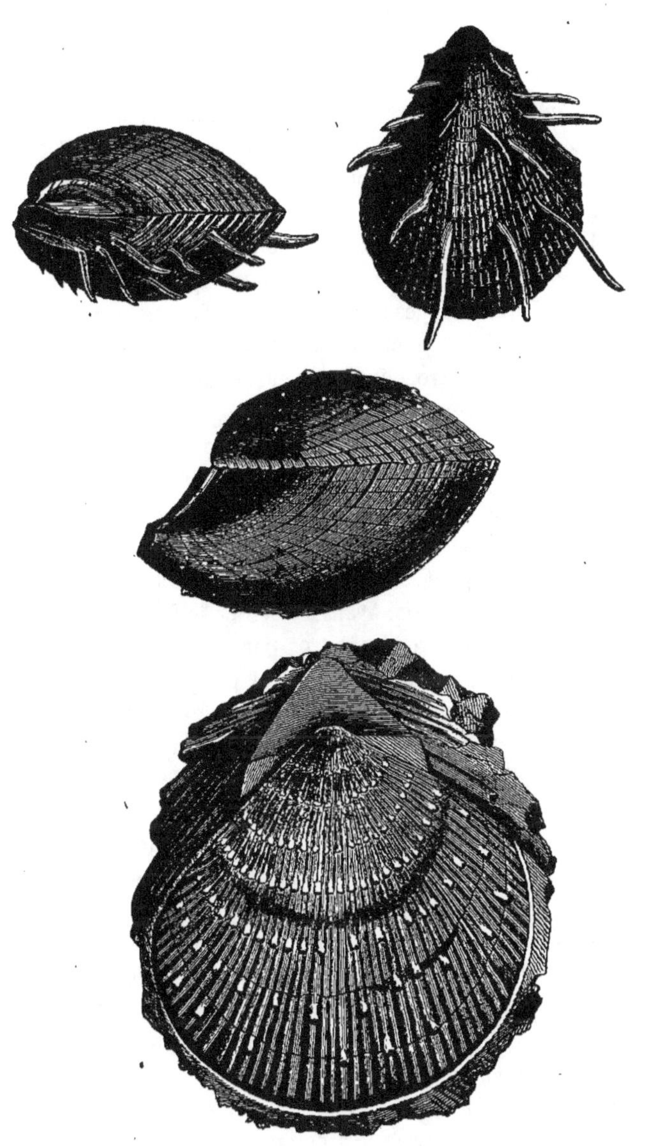

HISTOIRE PALÉONTOLOGIGUE DES TERRAINS ITALIENS. —
La formation des terrains italiens, dont la connaissance a été le but
de notre étude, est due à des soulèvements; cela ne peut faire l'objet
d'aucun doute. Ces soulèvements, il faut bien le reconnaître encore,
se présentent avec deux caractères très-distincts : tantôt les terrains, violemment déplacés, se sont rapprochés, réunis et superposés en masses élevées et énormes; tantôt, c'est du sein de la mer
qu'ont surgi tout à coup de nouveaux continents.

Même après avoir reconnu les différents aspects de ces soulèvements, le géologue ne pourra cependant pas attribuer, avec certitude, à une époque précise et déterminée l'apparition de tel ou tel
terrain ; des circonstances spéciales, mystérieuses, jeux immenses
de la nature, peuvent l'avoir transporté à la place qu'il occupe, l'y
avoir même créé. Outre l'étude attentive des terrains, les signes
évidents qui éclaireront l'esprit du savant, qui formeront sa conviction, sont l'examen des vestiges, l'analyse des débris, la connaissance sérieuse des êtres ayant habité ce monde.

C'est alors que, pour étudier les formations particulières, le
géologue appelle à son aide la paléontologie.

Nous passerons, plus tard, en revue les principales formations
qui couvrent l'Italie ; mais, avant d'aborder le fond de notre sujet,
nous avons pensé à faire connaître, par quelques aperçus généraux, les idées qui, aujourd'hui, sont le plus admises touchant les
évolutions de notre globe ; puis, nous les terminerons en indiquant
quelques-uns des vestiges des êtres animés qui ont habité les
terrains particuliers que nous nous proposons d'examiner.

Ces divers terrains renfermeut des marnes, des calcaires, et sont
remplis de fossiles, dont quelques-uns appartiennent à des races
vivant encore dans les mers, et plus particulièrement dans la Méditerranée ; la plupart d'entre elles cependant ont émigré vers d'autres latitudes, soit que leur nature ait été modifiée, soit que les
conditions vitales de ces mers aient changé; tandis que certaines
autres familles sont restées identiques, puisqu'elles subsistent toujours dans les mêmes parages; or, ces familles sont précisément
celles qui remontent aux temps les plus reculés.

Peut-être cette émigration est-elle l'effet de circonstances particulières, telles que le refroidissement considérable et subit des
pôles, ainsi que cherchent à l'expliquer certains géologues, et

dont l'influence s'est fait sentir jusqu'à cette zone : refroidissement constaté par la découverte, au milieu des glaces, d'êtres animés qui ne vivent plus aujourd'hui que sous l'équateur.

L'examen des terrains nous autoriserait à affirmer que c'est de la formation jurassique qu'il faut faire dater cette série de soulèvements et d'éruptions que nous remarquons dans toute l'Italie ; mais ce serait plutôt, d'après la paléontologie, à un âge compris entre la fin de la deuxième période et le commencement de la troisième, qu'elle devrait être placée.

Ces terrains contiennent, en quantités innombrables, des débris d'individus ayant vécu à ces époques. Nous allons en donner la nomenclature, incomplète bien entendu, afin de démontrer une fois de plus qu'avant la formation des Alpes, il y avait non-seulement des points épars antérieurs à la formation jurassique et remontant aux premiers âges, mais encore un monde terrestre et un monde sous-marin, habités par des êtres appartenant à toutes les espèces actuellement existantes.

Aucune contrée n'est aussi riche en fossiles marins que l'Italie. Des montagnes entières en sont formées ; telles sont celles, par exemple, de Licata, d'Altavilla, en Sicile ; de Monte-Bosco, près de Vérone ; de Turin, etc., qui semblent prouver que l'éruption soudaine d'un volcan, par le dégagement de ses feux, l'explosion de ses gaz, a fait surgir ces montagnes du sein d'une mer tranquille, et a transporté avec elles tout ce qui y vivait dans les bas-fonds, bouleversant tout, confondant les poissons de mer et les poissons d'eau douce, pêle-mêle avec des débris végétaux et organiques appartenant à des règnes absolument contraires.

Si nous voulions donner une liste complète, notre travail se bornerait à copier les catalogues immenses des riches collections des musées. Le nombre en est si grand qu'il fournirait matière à plusieurs volumes.

La classification des fossiles s'étend sans cesse ; la tâche des paléontologistes est loin d'être terminée, car des découvertes nouvelles ont lieu chaque jour. Citons, entre autres, celles faites récemment par M. Alby, consul de France à Girgenti (Sicile), qui, pendant de longues années, a fouillé le mont *Licata* et y a recueilli plusieurs centaines de fossiles.

M. le professeur Sauvage, préparateur au Muséum d'histoire naturelle de Paris, met en ordre, en ce moment, cette magnifique collection, qu'il nous a été donné de pouvoir étudier.

Quelques géologues admettent que, lorsque les eaux sont apparues, elles ont dû commencer à se déposer sur les pôles de notre planète ; et puis insensiblement, la terre se refroidissant, elles ont fini par atteindre l'équateur.

Avec cette hypothèse, on peut se rendre compte de la présence de ces êtres retrouvés sous les glaces des pôles, êtres dont il était difficile de s'expliquer le séjour, leurs congénères né se représentant que sous les zones torrides. Si cette hypothèse était admise, la conséquence logique voudrait qué ces espèces, qui ont vécu et aux pôles et aux zones torrides ou tempérées, n'aient pas existé à la même époque dans ces latitudes si contraires. Et, de conséquence en conséquence, il s'ensuit : que des fossiles identiques, retrouvés dans différentes latitudes, ne prouvent qu'un fait, c'est qu'à des époques différentes les mêmes genres d'animaux y ont vécu, et ce, le jour où les conditions climatériques étaient sensiblement les mêmes.

La conclusion que ces géologues tirent, est que la présence de ces fossiles n'indiquera pas la même époque , mais seulement qu'à des époques différentes, la terre était, comme elle l'est du reste aujourd'hui, habitée, selon ses latitudes, par des genres d'animaux différents.

Le géologue qui voudrait se servir des fossiles pour reconstituer, par eux, l'âge des roches du globe entier, ne le pourrait. Il ne demandera à la paléontologie que ce qu'elle peut donner, c'est-à-dire une observation locale.

La constatation des fossiles ne peut être un point de repère utile qu'autant que le géologue aura le soin de subdiviser le globe terrestre en autant de zones qu'il y a de différences climatériques.

Ceci est naturel ; quel zoologiste aurait songé à classer telle ou telle famille actuelle, dans toutes les parties du monde !

Pour ce qui nous occupe, si parmi nos lecteurs il y en a qui, après nous, trouvant insuffisants nos tableaux paléontologiques, pensent à les compléter, ils établiront, pour les *terres italiennes* seules, des divisions indiquant d'abord les différences climatériques, et tireront, de la présence de tels ou tels fossiles, des conclusions qui formeront une base solide géologique pour l'étude de cette partie du monde.

Cette tâche sera ici plus difficile que partout ailleurs ; bien des contrées, celles du Nord entre autres, ont été relativement calmes lors de leur constitution ; elles ont donc été habitées par des êtres qui y ont trouvé plus de sécurité, et qui ont pu ainsi accomplir leur rôle assigné par la nature. En Italie, au contraire, il y a eu révolutions et convulsions successives ; tout a été bouleversé maintes fois ; cette passivité n'y a jamais existé ; c'étaient volcans sur volcans qui apparaissaient ; c'étaient dislocations sur effondrements enfouissant tels ou tels êtres que nous retrouvons, dans des terrains tout autres renfermés dans des contrées plus paisibles.

Toutes ces considérations feront que ceux qui suivront nos premiers pas, se renfermeront, comme nous avons cherché à le faire, dans l'examen tout particulier du sol italien, sans aller demander aux constatations faites sur les autres parties du globe un secours de lumières.

Il faut donc que la paléontologie tienne compte de la diversité et de la succession des temps, des influences physiques, si elle veut avoir un caractère sérieux ; car, aujourd'hui, elle n'est pas assez avancée pour pouvoir faire adopter, en principe, que tel fossile indique tel terrain et tel âge.

Dans les tableaux qui vont suivre : la 1re colonne indique *la famille des fossiles;* la 2e *l'espèce;* la 3e *le nom du géologue* qui s'en est le plus occupé ; la 4e *l'endroit en Italie* où le fossile a été rencontré ; la 5e *la nature du terrain;* la 6e *la période* à laquelle appartient ce terrain ; la 7e indique enfin *la période géologique* ou ordinairement en *Europe* on le rencontre.

HISTOIRE GÉOLOGIQUE DES VERTÉBRÉS EN ITALIE

MAMMIFÈRES

BIMANES (1)					Quaternaire.	
QUADRUMANES					Falunien.	
CHEIROPTÈRES						
Vespertilio.	Discolar.	Wagner.	Brèch. de Cagliari.	(2)	Quaternaire.	Néocomien.
INSECTIVORES						
Musaraignes.	Fodiens.	Wagner.	Br. de Sardaigne.		Quaternaire.	Néocomien.
Hyacnodon.	Requieni.	Gervais.	Apt.	Argile siliceuse.	Néocomien.	
CARNASSIERS						
Amphicyon.	Laurillardi.	Meneghini.	Monte Bomboli.	Conglomérat,	Miocène.	Crétacé.
Ours.	Aretos.	Falconer.	S. Ciro.	Calc^re à hippurite.	Albien.	Diluvien.
		Anca.	M. S. Fratelli.	Conglomérat.	Quaternaire.	
Canis.	Spelæus.	Wagner.	Br. de Sardaigne.		Quaternaire.	
	Minor.	Blainville.	Val d'Arno.	Conglomérat.	Pliocène.	
		Falconer.	Grotte S Ciro.		Quaternaire.	
		Anca.	M. S. Fratelli.	Conglomérat.	Quaternaire.	
Cynadon.	Lacustris.	Gervais.	Apt.	Lignite.	Néocomien.	
Lutra.	Campani.	Meneghini.	M. Bomboli.	Conglomérat.	Miocène. .	
Felis.	Spelœa.	De Serres.	Brèches de Nice.		Quaternaire.	
		Anca.	M. S. Fratelli.	Conglomérat.		
Hyæna.	Hipparionum.	Anca.	M. S. Fratelli.	Molasse.	Quaternaire.	Diluvien.
		Gervais.	Cucuron.		Pliocène.	
Machairodus.	Cultridens.		Val d'Arno.	Conglomérat.	Pliocène.	
RONGEURS						
Plesiarctomys.	Gervaisii.	Bravard.	Saint-Féréol.	Gypse.	Néocomien.	Néocomien.
Carcharadon.	Megalodon.	Seguenza.	Sicile.	Molasse, argile.	Miocène.	
Myoxus.	Militensis.	Adams.	Malte.	Conglomérat.	Quaternaire.	
Arvicola.	Arvalis.	Gervais.	Cavernes de Corse et de Sardaigne.		Quaternaire.	
Hystrix.		Lin.	Val d'Arno.	Pliocène.	Pliocène.	
Lepus.	Cuniculus.	Anca.	M. S. Fratelli.	Diluvien.	Quaternaire.	
Lagomyx.	Sardus.	Wagner.	Sardaigne, Corse.	Cavernes.	Quaternaire.	

(1) Des ossements humains ont été trouvés dans différentes parties de l'Italie, mais ils n'ont apporté ici, pas plus qu'ailleurs, des preuves qui infèrent que l'homme ne soit pas le dernier venu sur notre planète.

(2) Les géologues admettent qu'il n'y a pas lieu de rechercher la nature du terrain, lorsque les fossiles sont trouvés dans les brèchos ou les cavernes.

ÉDENTÉS						
ROBOSCIDIENS						
Elephas.	Mammout.	Scacchi.	Chiamente, Sicile, Arezzo.	Calcaire.		Quaternaire.
	Primigenus.		Florence.	Argile.	Pliocène.	
	Meridionalis.	Targioni.	Val d'Arno, Rignano.	Alluvion.	Pliocène.	
	Acuntis.	Falconer.	Trapani, Termini, Arezzo.	Alluvion.	Pliocène.	
	Africanus.	Anca.	Palerme, Rome.	Argile, tuf.	Pliocène volcaniq.	
Mastodonte.	Caverneux.	Cuvier.	Rignano.	Sable.	Pliocène.	
PACHYDERMES						
Rhinoceros.			M. Bologne.	Alluvion.	Quaternaire.	Quaternaire.
Lophiodon.	Arneuse.	Blainville.	Val d'Arno.	Alluvion.	Pliocène.	Falunien.
Tapirulus.	'Hyracinus.	Gervais.	Saint-Féréol.	Terrain gypseux.	Néocomien.	
Paloplotherium.	Annectens.	Owen.	Gargas.		Eocène.	
Anchitherium.	Radegondise.	Gervais.	Saint-Féréol.	Terrain gypseux.	Néocomien.	
Hipparion.	Mesostylum.	Gervais.	Cucuron.	Molasse.	Pliocène.	
Equus.	Stenonis.	Falconer.	Maccagnone.	Alluvion.	Quaternaire.	
	Asino.	Anca.	S. Fratelli, Chiana			
Hippopotamus.	Petlandi.	Seguenza.	Sicile.	Molasse, Argile.	Pliocène.	Diluvien.
	»	Falconer.	Termini, Trapani.	Calcaire.	Crétacé.	
	Anticus.	Anca.	M. Gallo, Palerme.	Alluvion.	Quaternaire.	
	»	Blainville.	Val d'Arno.	Conglomérat.	Crétacé.	
Sus.	Chacroïde.	Falconer.	Trapani, Termini.	Calcaire.	Quaternaire.	
	Scrofa.	Anca.	Palerme.	Argile.	Pliocène.	
	Major.	Gervais.	Cucuron.	Molasse.		
	Magnum.	Pomel.				
Elotherium.	Saturninum.	Gervais.				
Acotherulum.	Eutipes.	Gervais.				
Eurytherium.	Secundarium.	Cuvier.				
Xiphodonte.	Gracile.	Cuvier.	Apt.	Lignite.	Néocomien.	
	Paradoxum.	Pomel.				
	Anceps.	Gervais.				
Aphelotherium.	Courtoisii.	Gervais.				
Oplotherium.	Collotarsus.	Pomel.				
Hyægulus.	Murinus.					
	Parisiensis.	Cuvier.				
Adopsis.						

RUMINANTS						
Cervus.	Alcis fossilis.	Targioni.	Val d'Arno.	Conglomérat.	Pliocène.	Diluvien.
	Dicrassios.	»	Rignano.		Pliocène.	
	Euricero.	»	Arezzo.		Quaternaire.	
					Pliocène.	
Antilopes.	Deperdita.	Gervais.	Cucuron, Nice.	Molasse, Cavernes.	Quaternaire.	
Capra.	Lin.	Targioni.	Val d'Arno.		Pliocène.	
Bos.	Lin.	Targioni.	Val d'Arno.		Pliocène.	
		Falconer.	S. Cico.	Brèche.	Quaternaire.	
		Anca.	M. Fratelli.	Conglomérat.	Quaternaire.	
SIRÉNOÏDES						
Halitherium.	Serresii.	Gervais.	Asti.	Sable marneux.	Pliocène.	Falunien.
		Kaup.	Piémont.	Marne.	Pliocène.	
ZENGLODONTES						
CÉTACÉS						
Delphinus.	Cortesii.	Cortesi.	Fiorenzuela.	Alluvions.	Pliocène.	Miocène.
Rocqualus.	Cuvieri.	Desmoul.	Rives du Pô.		Pliocène.	
Balæna.	Lamoz.	Cuvier.	Ronca, Monfina, Rome.	Alluvions.		
				Calcaire marnéux. Tuf.	Eocène, Volcanique.	
SARCOPHAGES						
Didelphis.	Parva.	Gervais.	Debruge, Apt.	Lignite.	Néocomien.	Triasique.
POEPHAGES						

OISEAUX

OISEAUX DE PROIE						
Vultur		Wagner.	Nice.	Brèches.	Quaternaire.	Miocène.
Buse.		Wagner.	Sardaigne.	Brèches.	Quaternaire.	
Aquila.		Briss.	Sardaigne.	Brèches.	Quaternaire.	
Strix.	Myctœa.	Nitzch.	Sardaigne.	Brèches.	Quaternaire.	
PASSEREAUX						
Turdus.	Bresciensis.	Wagner.	Sardaigne, Nice.	Brèches.	Quaternaire.	Suessonnien.

Conirostres.	Fossilis.	Wagner.	Sardaigne.	Brèches.	Quaternaire.	
Corvus.	Crassipennis.	Wagner.	Sardaigne.	Brèches.	Quaternaire.	
Picus.	Martiris.	Wagner.	Sardaigne.	Brèches.	Quaternaire.	Miocène.
GALLINACÉS						Quaternaire
COUREURS						Crétacé.
ÉCHASSIERS						Crétacé.
Tantale.	Bresciensis.	La Marmora.	Sardaigne.	Brèches.	Quaternaire.	
PALMIPÈDES						
Sterna.		Giebel.	Nice.	Brèches.	Quaternaire.	
Anas.	Thèse.	Gervais.	Sardaigne.	Brèches.	Quaternaire.	

REPTILES

CHÉLONIENS						
Testudo.	Radiata.	Cuvier.	Nice.	Brèches.	Suessonnien.	Jurassique.
Emys.		Sismonda.	Val d'Arno.	Conglomérat.	Pliocène.	
	Delucii.	Bourdet.	Asti.	Sable marneux.	Pliocène.	
Trionyx.	OEgytiacus.	Sismonda.	Piémont.	Sable.	Pliocène.	
SAURIENS						
Crocodilus.	Sclerops.	Gervais.	Gargas.	Lignite.	Eocène.	Etage sénonien.
Deuterosaurus.			Monte Bolca.	Calcaire.	Suessonnien.	
Macromiosaurus.	Plinii.	Curioni.	Lac de Côme.	»	Jurassique.	
Lariosaurus.	Balsami.	Curioni.	Lac de Côme.	»	Jurassique.	
Neustosaurus..	Gigondarum.	Raspail.	Gigondas.	Lignite.	Néocomien.	
Mesoliptes.	Cornaglia.	Heckel.	Côme.	Calcaire noir.	Jurassique.	
PTÉRODACTYLIENS						Jurassique.
ENALIOSAURIENS						Permien.
LABYRINTHODONTES						Devonien.
OPHIDIENS						Suessonnien.
BATRACIENS						Miocène.
Bulo.		Anca.	Sicile.	Alluvion.	Quaternaire.	

HISTOIRE GÉOLOGIQUE DES VERTÉBRÉS TROUVÉS EN ITALIE

N. B. — La ligne verticale indique les époques où ils ont apparu et disparu du globe; la ligne horizontale indique l'âge des terrains où ils ont été trouvés en Italie.

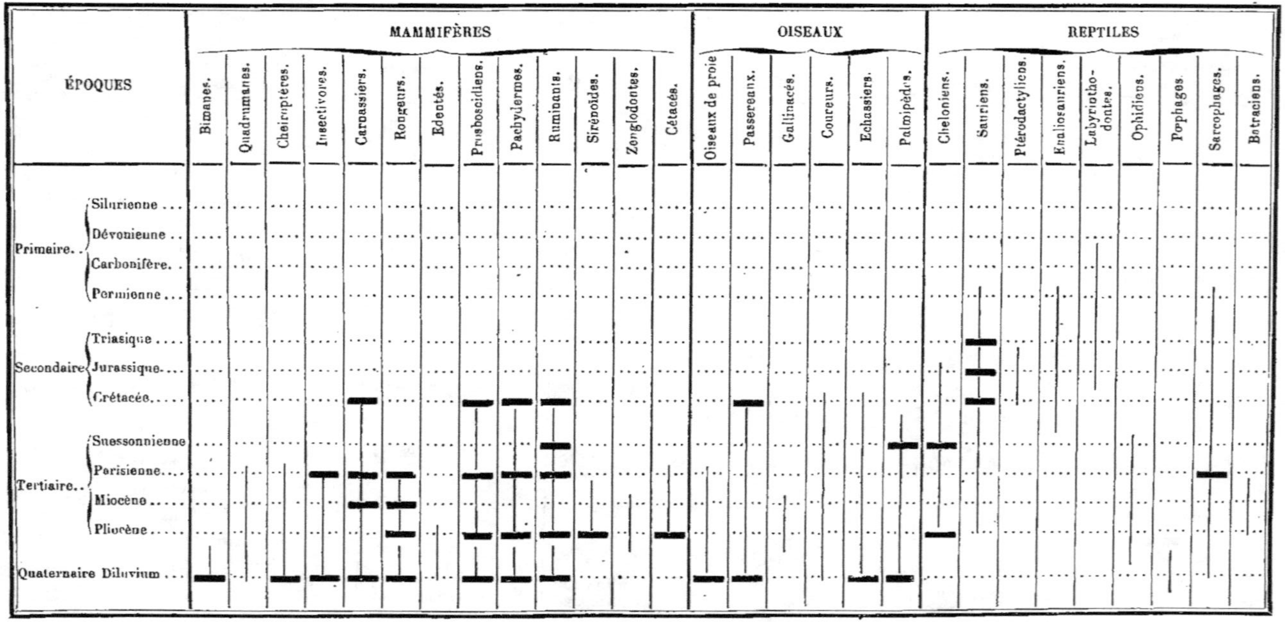

ÉPOQUES		MAMMIFÈRES													OISEAUX						REPTILES								
		Bimanes.	Quadrumanes.	Cheiroptères.	Insectivores.	Carnassiers.	Rongeurs.	Edentés.	Proboscidiens.	Pachydermes.	Ruminants.	Sirénoïdes.	Zeuglodontes.	Cétacés.	Oiseaux de proie	Passereaux.	Gallinacés.	Coureurs.	Echassiers.	Palmipèdes.	Cheloniens.	Sauriens.	Ptérodactyliens.	Enaliosauriens.	Labyrinthodontes.	Ophidiens.	Porphages.	Sarcophages.	Batraciens.
Primaire..	Silurienne ...																												
	Dévonienne ..																												
	Carbonifère. .																												
	Permienne ...																												
Secondaire	Triasique																												
	Jurassique...																												
	Crétacée.....																												
Tertiaire..	Suessonnienne																												
	Parisienne...																												
	Miocène																												
	Pliocène																												
Quaternaire Diluvium ...																													

POISSONS

CTÉNOÏDES

Genre	Espèce	Auteur	Localité	Roche	Étage	Étage
Gasteronemus.		Agas.	Monte Bolca.	Calcaire grossier.	Suessonnien.	Suessonnien, eocène.
Labrax.	Lepitodus.	Agas.	Monte Bolca.	Calcaire grossier.	Suessonnien.	
	Schizurus.	Agas.	»	»	»	
Lates.	Noteous.	Agas.	Morra.	Marne.	Miocène.	Suessonnien, eocène.
Enoplosus.	Pygopterus.	Agas.	Morra.	Marne.	Miocène.	Suessonnien.
Smerdis.	Macrurus.	Agas.	Apt.	Lignite.	Eocène.	Miocène - tongrien falunien.
	Micracanthus.	»	Monte Bolca.	Calcaire grossier.	Suessonnien.	
	Pygmœus.	»	»			
	Minutis.	»	»			
Dules.	Temnopterus.	Agas.	Monte Bolca.	Calcaire grossier.	Suessonnien.	Suessonnien.
	Medius.	»	»			
Myripristis.	Homotepterygmus	Agas.	Monte Bolca.	Calcaire grossier.	Suessonnien.	Eocène
Beryx.	Radians.	Costa.	Environs de Naples	Calcaire.	Crétacé.	Crétacé.
Restigenyx.	Macrothsalunus.	Blainville.	Monte Bolca.	Calcaire.	Suessonnien.	Suessonnien.
Odonteus.	Sparoïdes.	Agas.	Monte Bolca.	Calcaire.	Suessonnien.	Suessonnien.
Pristipoma.	Furcatum.	Agas.	Monte Bolca.	Calcaire,	Suessonnien.	Suessonnien.
Phrysophoris.	Agassii.	Sismonda.	Astigiana.	Sable.	Pliocène.	Pliocène.
Pagrus.	Senanus occipates	Heckel.	Astigiana.	Sable.	Pliocène.	Suessonnien.
Pagellus.	Microdon.	Agas.	Astigiana.	Sable.	Pliocène.	Cenomanien.
Pristipoma.	Furcatum.	Agas.	Astigiana.	Sable.	Pliocène.	Suessonnien.
Odonteus.	Sparoïdes.	Agas.	Astigiana.	Sable.	Pliocène.	Suessonnien.
Pottus.	Papyraceus.	Agas.	Astigiana.	Sable.	Pliocène.	Tongrien.
Pallepterix.	Speciosus.	Agas.	M. Bolca.	Calcaire grossier.	Suessonnien.	Pliocène.
	Recticaudus.	»	»			
Acanthurus.	Tenuis.	Agas.	M. Bolca.	Calcaire grossier.	Suessonnien.	Suessonnien.
	Ovalis.	»	»			
Naseus.	Michalis.	Agas.	M. Bolca.	Calcaire grossier.	Suessonnien.	Suessonnien.
	Rectifrons.	»	»			
Ephippus.	Longipennes.	Agas.	M. Bolca.	Calcaire grossier.	Suessonnien.	Suessonnien.
	Oblongus.	»	»			

Genre	Espèce					
Zanclus.	Brevirostris.	Agas.	M. Bolca.	Calcaire grossier.	Suessonnien.	Suessonnien.
Scatophagus.	Froutalis.	Agas	M. Bolca.	Calcaire grossier.	Suessonnien.	Suessonnien.
Platax.	Altissimus.	Agas.	M. Bolca.	Calcaire grossier.	Suessonnien.	Suessonnien.
	Macropterygeus.	Agas.		Calcaire grossier.	Suessonnien.	Crétacé pliocène.
	Papilio.	Agas.				
	Quadrula.	Hecquel.				
Semiophorus.	Velifer.	Agas.	M. Bolca.	Calcaire grossier.	Suessonnien.	Suessonnien.
	Velicans.					
Pygaeus.	Gigas.	Agas.	M. Bolca	Calcaire grossier.	Suessonnien.	Falunien.
	Nobilis.					
	Oblongus.					
	Dorsalis.					
	Michalis.					
	Coleanus.					
	Egortoni.					
	Gibbus.					
Pomacanthus	Subarcuatus.	Agas.	M. Bolca.	Calcaire grossier.	Suessonnien.	Suessonnien.
Toxotes.	Antiquus.	Agas.	M. Bolca.	Calcaire grossier.	Suessonnien.	Suessonnien.
Gobius.	Microcephalus.	Agas.	M. Bolca.	Calcaire grossier.	Suessonnien.	Falunien.
Lophius.	Brachysomus.	Agas.	M. Bolca.	Calcaire grossier.	Suessonnien.	Suessonnien.
Fistularia.	Tenuirostris.	Agas.	M. Bolca.	Calcaire grossier.	Suessonnien.	Suessonnien.
Urosphen.	Fistularis.	Agas.	M. Bolca.	Calcaire grossier.	Suessonnien.	Suessonnien.
Rhamphosus.	Aculcatus.	Agas.	M. Bolca.	Calcaire grossier.	Suessonnien.	Suessonnien.
Mugil.	Princeps.	Agas.	M. Bolca.	Calcaire grossier.	Suessonnien.	Suessonnien.
PLEURONECTES						
Rhombus.	Minimus.	Agas.	M. Bolca.	Calcaire grossier.	Suessonnien.	Falunien.
	Abropterys.	Alby.	M. Licata.	Marne.	Pliocène.	
CYCLOÏDES ACANTHOPTÉRYGIENS						
Thynnus.	Propterygius.	Agas.	M. Bolca.	Calcaire grossier.	Suessonnien.	Suessonnien.
	Boliensis.					
	Augustus.	Alby.	M. Licata.	Marne.	Pliocène.	
	Proximus.					
Orcynus.	Lanceolatus.	Agas.	M. Bolca	Calcaire grossier.	Suessonnien.	Suessonnien.
	Latior.					
Ductòr.	Leptosomus.	Agas.	M. Bolca.	Calcaire grossier.	Suessonnien.	Suessonnien.
Xiphopterus.	Falcatus.	Agas.	M. Bolca.	Calcaire grossier.	Suessonnien.	Suessonnien.
Lichia.	Prisca.	Agas.	M. Bolca.	Calcaire grossier.	Suessonnien.	Suessonnien.
Carangopsis.	Latior.	Agas.	M. Bolca.	Calcaire grossier.	Suessonnien.	Suessonnien.
	Dorsalis.					
	Analis.					

Vomer.	Longispinus.	Agas.	M. Bolca.	Calcaire grossier.	Suessonnien.	Cénomanien, Suessonnien.
Gasteracanthus.	Rhombeus.	Agas.	M. Bolca.	Calcaire grossier.	Suessonnien.	
	Oblongus.	»	»	»	»	
Amphistrium.	Paradoxum.	Agas.	»	»	»	Suessonnien.
Zeus.	Licatæ.	Alby.	M. Licata.	Marne.	Pliocène.	
Acanthonemus.	Filamentosus.	Agas.	M. Bolca, Schio.	Calcaire marneux.	Suessonnien.	Suessonnien.
	Bestiandi.	»	»	»		
Sphyræna.	Bolcencis.	»	»	»	Suessonnien.	Cenomanien suess
	Gracilis.	»				
	Maxima.	»				
Rhamphognatus	Paralleloïdes.	»	M. Bolca.	Calcaire.	Suessonnien.	Suessonnien.
Mesogaster.	Sphyrænoïdes.	»	»	»	Suessonnien.	Cenomanien suess.
Spinacanthus.	Blennioïdes.	»	»	»	Suessonnien.	Suessonnien.
Antherina.	Macrocephala.	»	»	»	Suessonnien.	Suessonnien.
	Minutissima.	»				

CYCLOÏDES MALACOPTÉRICIENS.

Labrus.	Valenciennesii.	Agas.	M. Bolca.	Calcaire.	Suessonnien.	Falunien.
Leuciscus.	Dorsalis.	Alby.	M. Licata.	Marne.	Pliocène.	Falunien-pliocène
	Larteti.	»				
	Dumerillii.	»				
	Licatæ.	»				
Aspius.	Vexillifer.	»	Licata.	Marne.	Pliocène.	Tongrien-falunien
	Economii.	»	»	»		Pliocène.
Rhodeus.	Edwarsii.	»	»	»	Pliocène.	Pliocène.
Cabitis.	Barbatula.	Sismonda.	Artésan.	Argile gypse.	Falunien.	Falunien- pliocène
	Centrochir.	Agas.	Astigiana.	Sable.	Pliocène.	Tongrien-falunien
Lebias.	Crassicaudus.	»	Sinigaglia.	Argile gypseux.	Miocène.	Pliocène.
Natica.	Fusca.	Gaudry.	Licata.	Marne.	Pliocène.	
Osmerus.	Lacteti.	Alby.	»	»	Pliocène.	Crétacé.
	Propterygius.	»	»	»		Suessonnien.
	Albyï.	»	»	»		
	Stilpnos.	»	»	»		
Holosteus.	Esocinus.	Agas.	M. Bolca.	Marne.	Suessonnien.	Suessonnien.
Clupea.	Macrosoma.	»	»	Calc., marne.	Suessonnien.	Cenomanien.
	Letopsmana.	»	»	»		Falunien.
	Catopygoptera.	»	»	»		Pliocène.
	Minuta.	»	»	»		
	Ecnomii.	Alby.	Licata.	Marne.	Pliocène.	
	Microsoma.	»	»	»		
	Saulos.	»	»	»		

Alosa.	Elongata.	Seg.	Licata.	Marne,	Pliocène.	Pliocène. -
	Tenuissima.	Agas.	Rimini.	Molasse.	Diluvien.	
Engraulis.	Evolans.	Agas.	M. Bolca.	Calcaire.	Suessonnien.	Suessonnien.
Cœlogaster.	Analis.	Agas.	M. Bolca.	Calcaire.	Suessonnien.	Suessonnien.
Platynx.	Elongatus.	Agas.	M. Bolca.	Calcaire.	Suessonnien.	Tongrien-pliocène
	Gigas.	»	»	»		
Anguilla.	Latispina.	Agas.	M. Bolca.	Calcaire.	Suessonnien.	Suessonnien.
	Ventralis.	»	»			
	Brevicula.	»	»			
	Branchiostegalis.	»	»			
	Interpinalis.	»	»			
	Leptotera.	»	»			
Enchelyopus.	Tigrinus.	Agas.	M. Bolca.	Calcaire gros.	Suessonnien.	Suessonnien.
Ophisures.	Acuticaudus.	Agas.	M. Bolca.	Calcaire gros.	Suessonnien.	Suessonnien.
Sphagebranchus.	Formosissimus.	Agas.	M. Bolca.	Calcaire gros.	Suessonnien.	Suessonnien.
Leptocephalus.	Tœnia.	Agas.	M. Bolca.	Calcaire.	Suessonnien.	Suessonnien.
	Medus.	»	»	»		

SILURIENS

PLECTOGNATHES

Ostracion.	Micrurus.	Agas.	M. Bolca.	Calcaire grossier.	Suessonnien.	Suessonnien.
Diodon.	Tenuis pinus.	Agas.	M. Bolca.	Calcaire gros.	Suessonnien.	Pliocène.
	Scillæ.	»	»			
	Acanthodes.	Alby.	M. Licata.	Marne.	Pliocène.	
Trigonodon.	Owenii.	Sismonda.	M. de Turin.	Sable.	Miocène.	Falunien.
Blochius.	Longirostris.	Volta.	M. Bolca.	Calcaire gros.	Suessonnien.	Suessonnien.

LOPHOBRANCHES

Syngnatus.	Ophistopterus.	Agas.	M. Bolca.	Calcaire grossier.	Suessonnien.	Suessonnien.
	Albyï.	Alby.	M. Licata.	Marne.	Pliocène.	
Calamastoma.	Breviculum.	Agas.	M. Bolca.	Calcaire gros.	Suessonnien.	Suessonnien.

GANOÏDES CYCLIFÈRES

Turissops.	Indéterminé.	Neckel.	Lesina.	Calcaire.	Jurassique.	Jurassique-crétacé

GANOÏDES RHOMBIFÈRES

Belonostomus.	Crassirostris.	Costa.	Pietraroja.	Calcaire.	Jurassique.	Jurassique-crétacé
	Gracilis.	»	»			
Notagogus.	Pentlandi.	Agas.	Torre d'Orlando.	Calcaire.	Jurassique.	Jurassique.
	Latior.	»	»			
	Erythrolepis.	Costa.	Castellamare.	Calcaire.	Jurassique.	
	Minor.	»	»			

Lepitodus.	Trotti.	Crivelli.	Lac de Côme.	Calcaire.	Lias.	Jurassique.
	Acutirostris.	Costa.	Pietraroja.	Calcaire.	Jurassique.	Waldien.
	Albyi.	Alby.	M. Licata.	Marne.	Pliocène.	Eocène.
	Anguis.	»				
Semionotus.	Petlandi.	Egert.	Castellamare.	Calcaire.	Jurassique.	Jurass.-Crétacé.
	Minustis.	»	»			
	Pustulifer.	»	»			
	Curtulus.	Costa.	Giffoni.	Calcaire.	Jurassique.	
Pholidophorus.	Fusiformis.	Agas.	Castellamare.	Calcaire.	Jurassique.	Jurass.-Waldien.
	Stabianus.	Costa.	»			
Pycnodus.	Platessus.	Agas.	M. Bolca, Naples.	Calcaire.	Suess.-Jurassique.	Jurass.-Eocène. Falunien.
	Orbicularis.	»	»			
Sphærodus.	Annularis.	Costa.	Naples.	Calcaire.	Jurassique.	Jurass.-Waldien. Crétacé.-Falunien.
	Cinctus.	Agas.	Cerisano, M. Titano Torino, Astigliano.	Calcaire.	Crétacé-Miocène.	
	Gigas.	»				
	Poliodon.	Sismonda.	Mont. de Turin.	Sable.	Miocène.	
Phyllodus.	Cinctus.	Agas.	S. Filippo, Turin.- Astigliano, — M. Bolca.	Terrains tertiaires.	Suesson.-Pliocène Miocène.	Crétacé.-Eocène. Falunien.
	Depressus.	»				Devonien-silurien.
HOPLOPLEURIDES						
CÉPHALASPIDES						
STURONIENS						
HOLOCÉPHALES						
PLAGIOSTOMES						
Glyphis.	Indéterminé.		Piémont, Malte. Apt.	Calcaire.	Miocène - néocom.	Eocène-falunien.
	»					
Galeus.	Cuvieri.	Agas.	Monte Bolca.	Calcaire.	Suessonnien.	Suessonnien.
Carhoradon.	Megalodon.	Agas.	Gassino, Robella.	Calcaire-marne.	Miocène-pliocène.	Crétacé-suesson.
	Productus.	»	Piémont, Sicile.	Argile.	Suessonnien.	Eocène-miocène.
	Polygenus,	»	Malte.			Falunien- pliocène
	Augustideus.	»				
	Catissimus.	Costa.	Envir. de Naples.	Tuf.	Volcanique.	
	Tumidissimus.	De Luce.	»			
	Interammiæ.	»	»			
	Sulcidens.	Agas.	Castel Aquato.	Argile.	Miocène.	
	Crassidens.	Sismonda.	Gassino.	»	Pliocène.	

Corax.	Fulcatus.	Costa.	Cerisano.	Calcaire.	Triasique.	Crétacé-falunien.
	Sphærodus annul.	»	»			Pliocène.
	Pedemontanus.	Sismonda.	Montferrat.	Sable.	Crétacé - pliocène.	
Galeocerdo.	Rectus.	Costa.	Leue.	Calcaire.	Falunien.	Crétacé - tongrien.
	Aduncus.	Sismonda.	Turin.	Sable.	Miocène.	Falunien-pliocène
Spinax.	Bicarinatus.	Sismonda.	Superga.	Calcaire.	Miocène.	Cenomanien-falun
Sphyrna.	Prisca.	Agas.	Leue, Malte.	Molasse.	Pliocène.	Crétacé.
Otodus.	Raticonus.	Agas.	Malte.	Molasse.	Miocène.	Crétacé.
	Sulcatus.	Sismonda.	Gassino.	Argile.		
	Salentinus.	Costa.	Leue.	Molasse.		
Oxyrhina.	Xiphodon.	Agas.	Piémont.	Calcaire.	Miocène.	Jurass., Wealdien. Crétacé.
	Disorii.	»	Sicile, Piémont.	Marne, argile.	Miocène, pliocène.	Tongrien, Falunien, Pliocène.
	Hastalis.	»	Malte, Gass., Aqui.	Sable.	Pliocène, miocène.	
	Minuta.	»	Sicile, Piémont.	Marne, argile	Pliocène, miocène.	
	Complanata.	Sismonda.	Piémont.	Argile.	Miocène.	
	Isocelica.	»	»			
	Basisulcata.	»	»			
Lamna.	Elegans.	Agas.	Turin.	Argile.	Miocène.	Crét., Eocène, Miocène, Pliocène.
	Cuspidata.	»	Turin, Vic., Titano.	Sable.	Miocène.	
	Dubia.	»	Gassino.	Argile.	Miocène.	
	Undulata.	Sismonda.	Piémont.	»	Miocène.	
	Contortidens.	Agas.	Titano, Cerisano.	Argile, marne.	Miocène, pliocène.	
	Crassidens.	Agas.	Messine.	Marne.	Pliocène.	
Odontaspis.	Dubia.	Agas.	Sicile.	Marne.	Pliocène.	Crét., Eocène, Tongrien, Falunien.
Sphenodus.	Longidens.	Costa.	Leue, Cerisano.	Crétacé.	Pliocène.	Jurass., Crétacé.
HYBODONTES						
CESTRACIONTES						
SQUATINIDES						
PRESTIDES						
RAFIDES						
MYLIOBATIDES						
Torpedo.	Gigantea.	Agas.	Monte Bolca.	Terrains schisteux	Suessonnien.	Silurien. Suessonnien.

Trygon.	Gazzolæ.	Agas.	Monte Bolca.	Schistes.	Suessonnien.	Suessonnien.
	Oblongus.	»	»			
Myliobates.	Microplemus.	Costa.	Naples.	Calcaire.	Eocène.	Eocène-miocène.
	Testæ.	Catullo.	Sicile, Vénétie.	Marne.	Pliocène-falunien.	Pliocène.
	Sternbergii.	Agas.	Brenta.	Argile.	Pliocène.	
	Augustidens.	»	Gassino.	Argile.	Miocène.	
Hemipustis.	Serra.	Agas.	Turin.	Sable.	Miocène.	
Acanthias.	Bicarinatus.	Sismonda.	Turin, Astigiana.	Sable.	Pliocène.	Crétacé-eocène.
Notidanus.	Gigas.	Sismonda.	Mondovi.	Argile.	Miocène.	Tongrien-falunien

HISTOIRE GÉOLOGIQUE DES VERTÉBRÉS

(*Suite*)

N. B. — La ligne verticale indique les époques où ils ont apparu et disparu du globe ; la ligne horizontale indique l'âge des terrains où ils ont été trouvés en Italie.

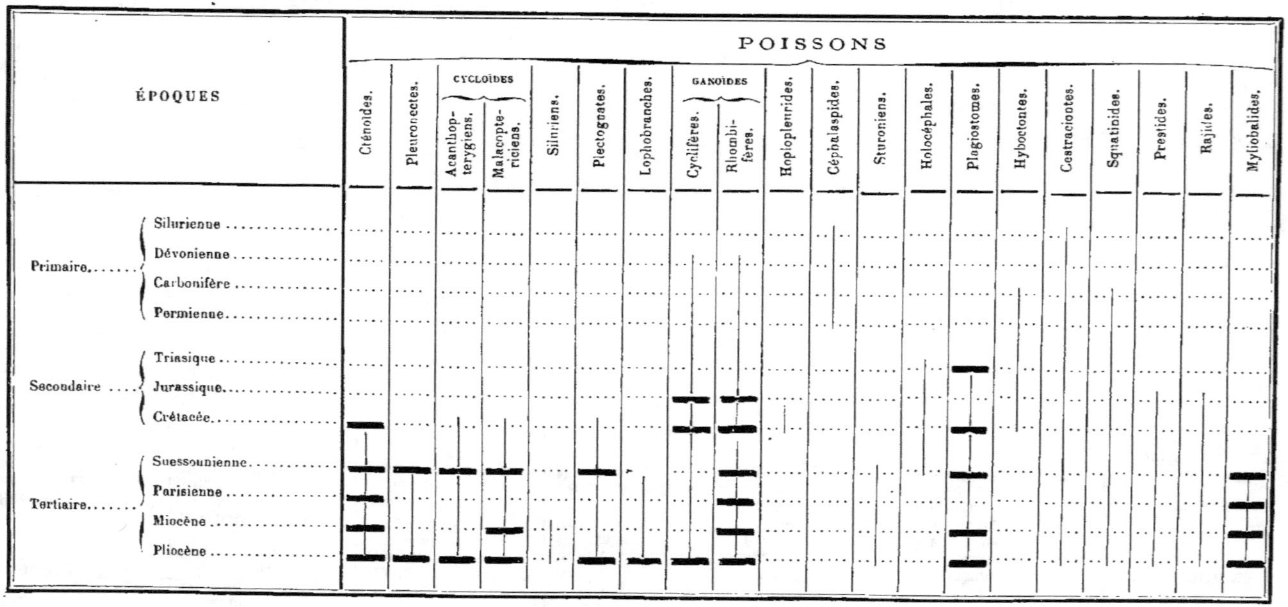

ÉPOQUES		Cténoïdes.	Pleuronectes.	Acanthop-térygiens. (CYCLOÏDES)	Malacopte-riciens. (CYCLOÏDES)	Siluriens.	Plectognates.	Lophobranches.	Cyclifères. (GANOÏDES)	Rhombi-fères. (GANOÏDES)	Hoploplenrides.	Céphalaspides.	Sturoniens.	Holocéphales.	Plagiostomes.	Hyboctontes.	Cestraciontes.	Squatinides.	Prestides.	Rajides.	Myliobalides.
Primaire	Silurienne																				
Primaire	Dévonienne																				
Primaire	Carbonifère																				
Primaire	Permienne																				
Secondaire	Triasique																				
Secondaire	Jurassique																				
Secondaire	Crétacée																				
Tertiaire	Suessounienne																				
Tertiaire	Parisienne																				
Tertiaire	Miocène																				
Tertiaire	Pliocène																				

POISSONS

INSECTES

COLÉOPTÈRES

Spondylus.	Indéterminé.	Seg.	Envir. de Naples.	Sables.	Falunien.	
Lamia.	Crasideus.		Sicile	Calcaires marneux	Miocène.	

ORTUOPTÈRES

NÉVROPTÈRES

HYMÉNOPTÈRES

HÉMIPTÈRES

LÉPIDOPTÈRES

DIPTÈRES

Phalaenomya.	Pruschii.	Golf.	Cassinelle.	Calcaires.	Nummulitique.

TPYSANOURES

MYRIAPODES

ARACHNIDES

CRUSTACÉS

DÉCAPODES

Xontho.	Edwardsii.	Sism.	Turin-Astigiana.	Sable marneux.	Miocène.	Falunien.
Platycarcinus.	Sismondaë.	Meyer.	Asti-Stefano.	Marne.	Pliocène.	Falunien, Pliocène
Portunus.	Edwardsii.	Sism.	Astigiana.	Sable.	Pliocène.	Tongrien,Falunien
Eriphia.	Aldrovandi.	Lhato.	Turin, Dego.	Sable.	Morène.	
Ranina.	Indéterminé.	Ranz.	Carare.	Sable.	Miocène.	
	Palmea.	Sism.	Turin.	Argile.	»	Jurass., Falunien.
Pagurus.	Substriatus.	Edw.	Astigiana.	Sable.	Pliocène.	
Callianassa.	Sismondaë.	Edw.	Turin.	Sable.	Miocène.	

STOMAPODES

ISOPODES

Sphaeroma.	Gastaldii.	Sism.	Turin.	Argile.	Miocène.	Eocène, Falunien.

Balanus.	Giganteus.	Seg.	Trapani.	Calcaire.	Pliocène.	Néocomien.
	Sulcata.	Lamk.	Altavilla.	Calcaire marneux.	Pliocène.	Eocène, Miocène.
	Tulipa.	Ranz.	Sciacca, Girgenti.	Marne.	Tertiaire.	Pliocène.
	Balanoïdes.	»	Caltanizetta, Girgenti, Palerme, S. Felipo. M. Pelore.	Marne, Calcaire. Conglomérat.	Tertiaire.	
	Perforatus.	Brug.	Caltanizetta,	Marne,	Tertiaire.	
	Milensis.	Seg.	Messine, Trapani, Scoppa.	Calcaire marneux.		
	Tulipiformis.	Ellis.	Messine.	Sable.	Pliocène.	
	Spongicolas.	Bron.	»			
	Concavus.	Bron.	»			
	Stellaris.	Broc.	»			
	Stellatus.	Ranz.	Palerme.	Conglomérat.	Pliocène.	
Clithamalus.	Giganteus.	Phil.	Messine,	Sable.		
	Muricata.	Seg.	Messine, Trapani, Scoppa.	Calcaire marneux.		
Acasta.	Indéterminé.	»	Messine, Trapani.	Calcaire marneux.	Pliocène.	
	Bifida.	Bron.	Scoppa, Gravitelli.			
Coronula.	Indéterminé.					
	Stromia.	Muller.	Messine, Trapani, Scoppa.	Calcaire marneux.	Pliocène.	
Verruca.	Romoltensis.	Seg.	Gravitelli.			
Verruca.	Zanclea.	Seg.	»			
	Dilatata.	Seg.	»			
	Crebicosta.	Seg.	»			
Anatifa.	Lacvis.	Brug.	Ficarazzi.			
Pyrgoma.	Costatum.	Seg.	Messine, Trapani, Scoppa.	Calcaire marneux.	Pliocène.	
Pollicipes.	Curinatus. .	Ph.	M. Pelore.	Calcaire.	Miocène.	Jurass., Crétacé, Miocène, Falunien
Scapellum.	Zancleanum.	Seg.	Messiue, Trapani.	Calcaire marneux.	Pliocène.	
	Michelottianum.	Seg.	Scoppa, Gravitelli.			
Aptychus.	Diday.	Coq.	M. Vignole.	Calcaire.	Néocomien.	Carbonifère.
	Radians.	»	»			Jurass., Crétacé.
	Seranonis.	»	»			

	Lamellosus.	Voltz.	Erba , Fontana-Fredda.	Calcaire.	Jurassique.	
Ondontaspis.	Meneghinii.	Zigno.	Alpes vénitiennes.	Calcaire.	Pliocène.	
	Dubia.	Ag.	Messine.			
	Contorlidens.	Ag.	»			

ANNÉLIDES

TUBICOLES

Serpula.	Indéterminé.	Villa.	Chiamonte.	Sable.	Pliocène.	Dévon., Carbon. Triasique, Salifér. Jurass., Crétacé.
	»	Lamormora.	Chietti.	»		
	»	Sismonda.	Asti.	Sable marneux.	Pliocène.	
	»	Lam.	Nice.	Calcaire.	Nummulitique.	
	Sperulea.	Seg.	Castro-Reale.		Pliocène.	
Ditrupa.	Tubuluta.	»	»			

DORSIBRANCHES

HISTOIRE GÉOLOGIQUE DES ARTICULÉS TROUVÉS EN ITALIE

N. B. — La ligne verticale indique les époques où ils ont apparu et disparu du globe; la ligne horizontale indique l'âge des terrains où ils ont été trouvés en Italie.

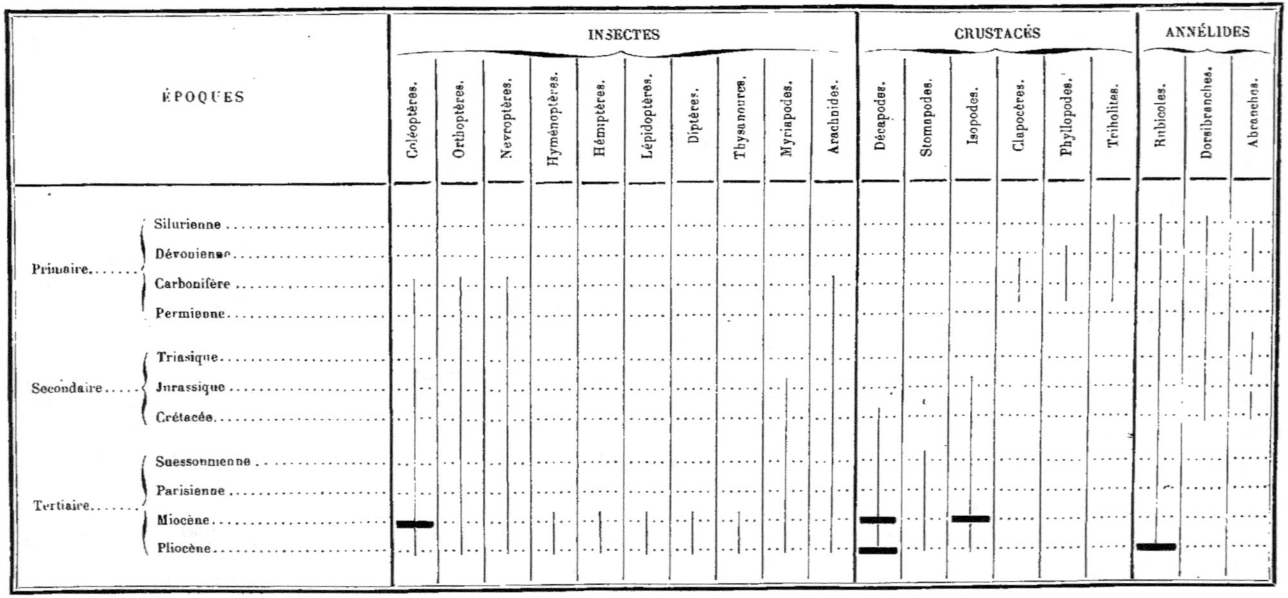

ÉPOQUES		INSECTES										CRUSTACÉS						ANNÉLIDES		
		Coléoptères.	Orthoptères.	Nevroptères.	Hyménoptères.	Hémiptères.	Lépidoptères.	Diptères.	Thysanoures.	Myriapodes.	Arachnides.	Décapodes.	Stomapodes.	Isopodes.	Clapocères.	Phyllopodes.	Triholites.	Rubicoles.	Dorsibranches.	Abranchos.
Primaire	Silurienne																			
	Dévonienne																			
	Carbonifère																			
	Permienne																			
Secondaire	Triasique																			
	Jurassique																			
	Crétacée																			
Tertiaire	Suessonnienne																			
	Parisienne																			
	Miocène																			
	Pliocène																			

CÉPHALOPODES

ACÉTABULIFÈRES

Belemnites.	Rugifer.	Schl.	Rome.	Tuf.	Volcanique.	Jurassique.
	Clavatus.	Schl.	Taormina.	Calcaire.	Jurassique.	Crétacé.
	Hastatus.	Blain.	Fontana Freda.	Calcaire.	Jurassique.	
	Pistilli formis.	Blain.	Taormina.	Calcaire.	Jurassique.	
	Minimus.	Miller.	Tarentaise.	Ardoise.		
	Acutus.	»	Arzo-Saltrio.	Marbre.	Jurassique.	
	Elongatus.	»	Arzo Saltrio.	Marbre.	Jurassique.	
	Semihastatus.	Blain.	Monte Cerboli.	Calcaire.	Jurassique.	
	Latus.	Blain.	M. Euganien.	Calcaire.	Miocène.	
	Dilatatus.	Blain.	»			
	Sulfusiformis.	Raspail.	»			
	Bipartitus.	Blain.	»			

TENTACULIFÈRES

Nautilux.	Michelotii.	Orb.	Turin.	Sable.	Miocène.	Silurien-Devonien
	Indéterminé.	Som.	Monte-Grosso.			Carbonifère-Perm.
	Rollandi.	Leymeri.	Nice.		Miocène.	Jurassique.
	Bucklandi.	Michel.	Turin.	Sable.	Miocène.	Crétacé.
	Allioni.	Michel.	»			
	Excavatus.	Sismonda.	»			
	Imperialis.	Sow.	»			
	Lingulatus.	De Buch.	»			
	Régulis.	Sow.	»	Calcaire-Marne.	Eocène.	
	Striatus.	Sow.	Arzo-Saltrio.	Marbre.	Jurassique.	
	Lineatus.	Sow.	»			
	Intermedius.	Sow.	»			
	Affinis.	Cateara.	Caltanizetta.	Calcaire.	Crétacé.	Idem.
Griphaca.	Plicata minor.	»	»			
	Plicata major.	»	»			

Ammonites.					
Heterophyllus.	De Hauer.	Val Trompia-Busca	Calcaire marneux.	Terrains tertiaires.	Jurassique. Crétacé.
Zethes.	»				
Patschi.	»				
Tatrieus	»				
Minatensis.	»				
Fimbriatus.	»				
Trompianus.	»				
Philipsi.	»				
Medrolinus.	»				
Margantus.	»				
Radians.	De Hauer.	Val Trompia. Ivi. Altavilla.	Calcaire-Argile.	Terrains tertiaires.	
Taylori.	»				
Pettos.	»				
Crassus.	»				
Planicostatus.	»				
Ragazzonii.	»				
Spinelli.	»				
Rothomagensis.	De Hauer.	M. Gorgano.	Calcaire.		
Sismondae.	Orb.	La Spezzia.	»	Lias inférieur.	
Sphaerophyllus.	De Hauer.	Alpes vénitiennes.	»	Saliférien.	
Hugardianus.	Orb.	Savoie.	»	Gault.	
Perezianus.	Sow.	Apt.	Lignite.		
Gigas.					
Polygeratus.	Reu.	Taormina.	Calcaire.	Jurassique.	
Plicatus.	Sow.	Fontana Fredda.	Calcaire.	Jurassique.	
Scordiae.	Sow.	Taorm. M. Nerone.	Calcaire.	Jurassique.	
Murchisonæ.	Sow.	»			
Herveyi.	Sow.	Ivi.	Calcaire sableux.	Terrains tertiaires.	
Selliguinus.	Sow.	M. S. Giuliano.	Calcaires chisteux.	Pliocène.	
Annulatus.	Sow.	Col des Encombres			
Jurensis.	Zieten.	» (Savoie.)			
Bechei.	Sow.	»			
Cornu-Copiæ.	Young.	»			
Thouarsensis.	D'Orb.	»			
Bisulcatus.	Burg.	»			
Mutabilis.	Sow.	Lombardie.	Calcaire compacte.	Terr. jurassiques.	
Kerrigii.	Phill.	»			
Duncani.	Sow.	»			
Caprinus.	Schl.	»			
Linguiferus.	D'Orb.	»			
Humphresianus.	D'Orb.	»			
Raquinianus.	D'Orb.	»			
Variabilis.	D'Orb.	»			

Ammonites.						
	Complanatus.	Brug.	Lombardie.	Calcaire.	Jurassique.	Crétacé.
	Sabinus.	D'Orb.	»			
	Insignis.	Schült.	»			
	Sternalis.	D'Orb.	»			
	Heterophyllus.	D'Orb.	»			
	Mucronatus.	D'Orb.	»			
	Levesquei.	D'Orb.	»			
	Comensis.	De Buch.	»			
	Bifrons.	Brug.	»			
	Serpentinus.	Schlt	»			
	Maceanus.	D'Orb.	»			
	Armatus.	Sow.	»			
	Subarniatus.	Sow.	»			
	Spiniatus.	Brug.	»			
	Conybeari.	Sow.	»			
	Velledoe.	Mich.	Wissant.	Argile.		
	Nodosocostatus.	Orb.	»			
	Roissyanus.	Orb.	»			
	Bucklandi.	Sow.	Spezzia.	Calcaire rouge.	Jurassique.	
	Obtusus.	Sow.	»			
	Costatus.	Schl.	»			
	Erugatus.	Ph.	»			
	Termidus.	Reir.	»			
	Cordatus.	Sow.	»			
	Contractus.	Sow.	»			
	Elegans.	Sow.	Lac de Côme.	Calcaire rouge.	Jurassique.	
	Fibulatus.	Sow.	»			
	Scipionianus.	Orb.	»			
	Cosabrinus.	Orb.	Monts Euganiens.	Calcaire	Miocène.	
	Carteronii.	Orb.	»			
	Teranonis.	Orb.	»			
	Incertus.	Orb.	»			
	Astierauus.	Orb.	»			
	Grasianus.	Orb.	»			
	Infundibulum.	Orb.	»			
	Néocomiensis.	Orb.	»			
	Juilletii.	Orb.	»			
	Semistriatus.	Orb.	»			
	Quadrisulcatus.	Orb.	»			
	Morelianus.	Orb.	»			
	Subfimbriatus.	Orb.	»			
	Raticostatus.	Orb.	»			
	Inœqualicostatus.	Orb.	»			

Ammonites.	Picturatus.	Orb.	Monts Euganiens.	Calcaire.	Miocène.	
	Depressus.	Brug.	Monte Cerboli.	Calcaire.	Jurassique.	
	Davœi.	Son.	»			
	Goverianus.	Son.	»			
	Hecticus.	Heiss.	»			
	Falcifer.	Son.	»			
	Latricus.	Pusch.	Corfino.	Calcaire rouge.	Jurassique.	
	Tortilis.	Orb.	Terni.	Calcaire rouge.	Jurassique.	
	Kridiou.	Schl.	Taormina.	Calcaire.	Jurassique.	
	Catenatus.	Son.	Spezzia.	Calcaire rouge.	Jurassique.	
	Articulatus.	Son.	»			
	Normanius.	Orb.	Monte-Cesi.	Calcaire.	Lias.	
	Subarmatus.	Young.	»			
	Muticus.	Orb.	»			
	Insignis.	Schubl.	»			
	Acteon.	»	»			
	Polymorphus.	Orb.	»			
	Menatensis.	Orb.	»			
	Heterophylus.	Son.	»			
Ancyloceras.	Stellaris.	Sow.	Arzo-Saltrio.	Marbre.	Jurassique.	Jurassique.
	Pupozianus.	Orb.	Monte Vignole.	Calcaire.	Néocomien.	Crétacé.
	Duvalianus.	»	»			Crétacé.
Hamite.	Indéterminé.		Cesi-Turin-Tivoli.	Craie, marne, sable.	Miocène.	

GASTÉROPODES

PULMONÉS

Helix.	Damnata.	Brong.	M. Ronca.	Calcaire marneux.	Miocène.	Nummulitique, Tongrien.
	Haveri.	Michelloti.	Bateria-Turin.	Sable.	Miocène supérieur	Miocène, Pliocène.
	Sepulta.	Michelloti.	Piémont.	Sable.	Miocène.	
	Vermicularia.	Bon.	»			
	Vermiculata.	Lamk.	Palerme.	Conglomérat.	Pliocène.	
	Mazzulii.	Jan.	»			
	Sphoeroïdex.	Phil.	»			
	Candidissima.	Lamk.	Altavilla.	Alluvion.	Quaternaire.	
	Pisana.	Muller.	»			
	Globularis.	Ziégl.	»			
	Cricetorum.	Drap.	»			
	Planospira.	Lamk.	Belliemi.	Brèche.	Quaternaire.	
	Ritugerens.	Menk.	»			

Hélix.	Aperta.	Muller.	Brancaccio.	Alluvion.	Quaternaire.	Dans toutes les périodes tertiaires.
	Aspersa.	Muller.	Altavilla.	Alluvion.	Quaternaire.	
	Praetexta.	Jan.	Belliemi.	Brèche.	Quaternaire.	
	Cellaria.	Muller.	Palerme-Paria.	Conglomérat.	Pliocène.	
	Teverii.	Mich.	Syracuse.	Calcaire.	Pliocène.	
	Promatia.	Lamk.	Catane.	Alluvion.	Quaternaire.	
	Rugosiuscula.	Mich.	Asaro-Catane.	Alluvion.	Quaternaire.	
	Rizzae.	Aradas.	Syracuse.	Calcaire, alluvion.	Pliocène.	
	Assarinensis.	Calcara.	Asaro.	Marne-argile.		
	Nortoni.	Cal.	Ustica-Catalafimi.	»		
	Norticensis.	Cal.	Idem.	»		
	Brocchii.	Cal.	Montecuccio.	»		
	Capani.	Cal.	Oreto.	»		
	Clibenecticti.	Cal.	Termini.	»		
	Deshryesii.	Cal.	Oreto.	»		
	Schwerzenbachii.	Cal.	Bellocampo.	»		
	Spadaë.	Orsinini.	M. Vetture.	»		
Bulimus.	Helicoïdes.	Broc.	Altavilla.	Argile calcaire.	Pliocène.	Dans toutes les périodes tertiaires.
	Decollatus.	Brug.	»			
	Acutus.	Brug.	Belliemi.			
	Pupa.	»				
	Folliculus.	Calc.	Belliemi-Termini.			
	Cylindraceus.	Cal.	Carleone-Oreto.			
	Mandralisci.	»	»			
	Uniplicatus.	Calc.	Palerme.	Conglomérat.	Pliocène.	
	Detritus.	Derh.	»			
	Collinz.	Mich.	»			
Clausilia.	Papillaris.	Drap.	Belliemi-Altavilla.	Alluvion.	Quaternaire.	Dans toutes les périodes tertiaires.
	Septemplica.	Philip.	Messine.	»		
	Mamersina.	Benoit.	»	»		
Pupa.	Contorta.	Calc.	Palerme.	Calcaire.	Crétacé.	Dans toutes les périodes tertiaires.
PECTINIBRANCHES.						
Cyclostoma.	Maculatum.	Drap.	Syracuse.	Calcaire.	Pliocène.	Dans toutes les périodes tertiaires.
	Patulum.	»	»			
	Pygmacum.	Mich.	Catane.	Alluvion.	Quaternaire.	
	Elegans.	Drap.	Altavilla-Belliemi.	Argile calcaire.	Pliocène.	
	Sulcatum.	»	»			
Pupula.	Lisicatum.	Drap.	P. della Grazia.			

Linnacus.	Palustris.	Drap.	Brancaccio.	Marne calcaire.	Terrains tertiaires.	Toutes les périodes tertiaires.
	Marginatus.	Mich.	Agosta.	»		
Planorbis.	Minimus.	Calc.	P. di Corleone.	»		
	Marginatus.	Drap.	Brancaccio.	»		Jurassiques. Périodes tertiaires.
Paludina.	Ideca.	Fen.	Brancaccio.	»	Jurassique.	Jurassiques. Périodes tertiaires.
	Viridis.	Lamk.	Catane.	Alluvion.	Quaternaire.	Jurassiques. Périodes tertiaires.
	Similis.	Michel.	Syracuse.	Calcaire.	Pliocène.	
	Benzi.	Arad.	Messine.	»		
	Porci.	Calc.	Pantellaria.	Tuf.	Volcanique.	
	Salinasì.	Calc.	Catane.	Alluvion.	Quaternaire.	
	Massonii.	Calc.	Palerme.	Sable.	Pliocène.	
	Muricitica.	Lamk.	Miletillo.	»		
Valvuta.	Bocconi.	Calc.	Palerme.	Conglomérat.	Pliocène.	
Melania.	Striata.	Ph.	Cefali.	Argile.	Pliocène.	Nummulitique. Miocène, Pliocène.
	Cambessedessi.	Payr.	Ischia-Militello.	Tuf-basalte.	Volcanique.	
	Acicula.	Phil.	Palerme.	Conglomérat.	Pliocène.	Jurassique. Toutes les périodes tert.
	Costellata.	Lamk.	»	Marne calcaire.	Eocène.	
	Hordeacea.	Lamk.	»			
	Niccensis.	Bell.	»			
Rissoa.	Pulchelli.	Ph.	Militello.	Basalte.	Volcanique.	Permienne, Jurassique, Crétacé. Toutes les périodes tertiaires.
	Labiata.	Phil.	Palerme.	Conglomérat.	Pliocène.	
	Monodonta.	Bivou.	Militello.	Basalte.	Volcanique.	
	Lachesis.	Barh.	Sicile.	Calcaire-argile.	Pliocène.	
	Venus.	Orb.	»			
	Ances calpium.	Seg.	»			
	Limex.	»	»			
	Aspera.	»	»			
	Gravitellensis.	»	»			
	Intermedia.	Seg.	Trapani.	Calcaire grossier.		
	Fulva.	Mich.	Palerme.	Conglomérat.	Pliocène.	
	Isenghae.	Calc.	Messine.	Tuf calcaire.	»	
	Testae.	Arad.	Catane, Altavilla.	Marne blanche.	»	
	Galvagnii.	Arad.	Ivi.	Calcaire grossier.	»	
	Mamoi.	Arad.	Sicile.	»	»	
	Philippi.	Arad.	Sicile.	»	»	

	Cossurae.	Calc.	Pantellaria.	Tuf calcaire.	Pliocène.	Idem.
	Lanciae.	»			»	
	Cimicoïdes.	Folb.	Altavilla.	Marne.	»	
	Granulata.	Ph.	Sciacca. Milazzo. Palerme.	Marne. Calcaire, Congl.	»	
	Oblonga.	Dem.	Milazzo. Palerme. Militello.	Calc., Congl., Basalte.	» Plioc.-volcanique.	Idem.
	Truncata.	Ph.	»			
	Montagni.	»	»			
	Brugineri.	Payr.	»			
	Riticulata.	Ph.	»			
	Calathiscus.	Losk.	Catane.	Sable.	Pliocène.	
	Pulchella.	Ph.	»			Idem.
Odostomia.	Humboldtii.	Risso.	Altavilla.	Marne blanche.	Pliocène.	
	Scilloe	Ph.	»			
Turitella.	Triplicata.	Broc.	Milazzo, Palerme.	Marne calcaire.	Pliocène.	Carbonifère, Jurassique, Crétacé. Toutes les périodes tertiaires.
	Incisa.	Brug.	S. Filippo, Caltagirone, Sciacca, Altavilla.	Conglomérat.	Pliocène.	
	Aspecula.	»	»			
	Archimedis.	»	»			
	Varicosa.	Broc.	»			
	Cancellata.	Arad.	»			
	Corrugata.	Broc.	»			
	Philippi.	Arad.	»			
	Cathedralis.	Eml.	»			
	Faucignyara.	Michel.	Piémont.	Divers.	Miocène.	
	Nodosa.	»	»			
	Varicosa.	»	»			
	Terebrea.	Payr.	Syracuse, Ischia, Palerme, Caltagirone, Girgenti.	Marne calcaire.	Tertiaire, volcan.	
	Duplicata.	»		Basalte.		
	Subangulata.	Brug.	Sciacca, Altavilla.	Conglomérat.		
	Vermicularis.	»	S. Domenico.			
	Tornata.	Koen.				
	Tricarinata.	Broc.	Acquatraversa.	Poudingues.		
	Quadruplicata.	Bast.	»	»	Miocène.	
	Imbricataria.	Lamck.	San Giovanni.		Terrain nummulitique.	
	Strangulata.	Grateloup.	Cascinelle.			
	Replicata.	Brocc.	Abruzzes.	Marne.	Miocène.	

Scalaria.	Lamellosa.	Brong.	Altavilla.	Marne blanche.	Pliocène.	Jurassique,Crétacé Toutes les périodes tertiaires.
	Serrata.	Calc.	»			
	Lanceolata.	Seg.	S. Filippo.			
	Pseudoscalaris.	Risso.	Milazzo.	Calcaire.		
	Communis.	Lamk.	Militello.	Basalte.	Volcanique.	
	Decussata.	Lamk.	»	Marne-calcaire.	Miocène.	
	Crispa.	Lamk.	»	»	Eocène.	
	Turolosa.	Br.	»	»		
	Tenuicosta.	Mich.	Cefali.	Argile.		
Chemnitzia.	Rufa.	Phil.	Altavilla.	Marne argile.	Pliocène.	Silurien, carbonifère, permienne, jurassique, crétacé. Toutes les périodes tert.
	Scalaria.	»	»			
	Humboldi.	»	»			
	Turriculata.	Calc.	Palerme.	Conglomérat.	Pliocène.	
	Hebdingtonemis.	Sow.	Saint-Cassin.	Schistes noires.	Lias.	
	Normanniana.	»	»			
	Lincata.	»	»			
	Curta.	»	»			
	Costellata.	Stygié.	Villagrande.	Calcaire grossier.		
	Lactea.	»	»			
	Semidecussata.	Lamk.				
Eulima.	Striata.	Calc.	Altavilla.	Marne argile.	Pliocène.	Carbonifère, jurassique crétacé. Toutes les périodes tertiaires.
	Subulata.	Doux.	Cefali.	Argile.		
					Pliocène.	
Pyramidella.	Plicosa.	Brong.	Altavilla.	Marne.	Pliocène.	Crétacé. Toutes les époques tert.
Niso.	Eburnea.	Risso.	Caltanizetta-Syracuse.	Marne calcaire.	Pliocène.	Calcaire gros, miocène, pliocène.
Nerina.	Uchaucsiana.	Orb.	Palerme.	Calcaire.	Crétacé.	Jurassique crétacé
	Fleuriausa.	»	»			
	Cincta.	»	»			
	Lamounozoë.	Gessin.	»			
	Pailletana.	D'Orb.	Nocera.	Calcaire blanc.	Crétacé.	
	Subœqualis.	»	»			
	Pulchella.	»	»			
	Olisiponensis.	Scharpe.	»			
	Requieniana.	D'Orb.	»			
Turbonella.	Indéterminé.	Scacchi.	Monte Casino.	Tuf.	Volcanique.	Crétacé. Toutes les périodes tert.
Acteon.	Semistriatis.	Fer.	Altavilla.	Argile.	Pliocène.	Jurassique crétacé
	Costatum.	Belle.	»			Les époques tert.

Volvaria.	Triticea.	Lamk.	Caltanizetta - Palerme.	Marne conglomér.	Pliocène.	Nummulitique, calcaire gros.
Acteonella.	Custofari.	»	Brianza.	Calcaire blanc.	Crétacé.	Carbonifère. Toutes les époques tertiaires.
	Conica.	D'Orb.	Nocera.	»	Crétacé.	
Ringicula.	Buccinea.	Brong.	Altavilla.	Marne blanche.	Pliocène.	Calcaire grossier, miocène, plioc.
Pectipes.	Valenciennes.	Bivec.	Nice.		Miocène.	Nummulit. , Calcaire gros, Miocène.
Nasica.	Parva.	Sow.	Monte Calvo.	Calcaire.		Silurien carbonif., Permienne, Jurassique, Crétacé. Toutes les époques tertiaires.
	Intricata.	Seg.	Castro Real, Caltagirone.	Calcaire gros.	Pliocène.	
	Millepunctata.	»	Caltanizetta, Girgenti, Palerme.	Molasse, Marne.		
	Sordida.	»	Sciacca, Syracuse, Campo Felice.			
	Ampullaria vulcan	Lamk.	S. Giovone, Nice.		Miocène.	
	Perusta.	»	»			
	Cochlearia.	»	»			
	Obesa.	»	»			
	Epiglottina.	»	Altavilla, Ficarazi.	Marne.	Pliocène.	
	Helicina.	Bivec.	»			
	Canaliculata.	»	»			
	Guillemini.	Payr.	Piazza, Ischia, Caltagirone Girgenti, Sciacca, Syracuse.	Calcaire, tuf.	Pliocène volcanique.	
	Valenciennei.	»	Palerme.	Marne conglomér.	»	
	Passinii.	Lamk.	Sciacca.	Marne.	Pliocène.	
	Ventroplana.	»	Ronca.	Lignite.	Eocène.	
	Hortensis.	»	Syracuse.	Marne.	Pliocène.	
	Glaucina.	»	Palerme, Militello.	Conglom., Basalte	Pliocène volcaniq.	
	Hemiclausa.	Sow.	Palerme.	Conglomérat.	Pliocène.	
	Studeri.	Bronn.	Villagrande.	Calcaire grossier.		
	Augustata.	Grat.	»	Poudingues d. Car.		
	Sigaretina.	Lamk.	»	Marne, Calcaire.	Eocène.	Nummulitique.
	Crassatina.	Desh.	»			
	Mamillaris.	L.	Cascinelle.			
	Cepacea.	Lamk.	»			

Genre	Espèce	Auteur	Localité	Roche	Époque	Répartition
Nasica.	Olla.	De Ser.	Monte Mario.			Nummulitique.
	Tigrina.	Defr.	»			
	Macilenta.	Phill.	Cefali.	Argile.		
	Bicarinata.	Bell.	»			
	Hybrida.	Desh.	»			
	Mutabilis.	Desh.	»			
	Patula.	Lamk.	»			
	Ponderosa.	Desh.	»			
	Wellemetii.	Desh.	»			
Nerita.	Acherontes.	Brong.	M. Ronca.	Lignite.	Eocène.	Jurassique, crétacé Toutes les époques tertiaires.
	Caronis.	»	»			
	Schemidelliana.	»	»			
	Thersites.	»	»			
	Gircumvallata.	»	»			
Neritopsis.	Agassizii.	Lamk.	Ronca.	Lignite.	Eocène.	Jurassique, Crétacé, Miocène.
Turbo.	Asmodei.	Brong.	Castel-Gomberto.	Calcaire.	Nummulitique.	Silurien, Carbonifère, Permienne, Trias, Jurassique Crétacé. Toutes les époques tértiaires.
	Scobina.	Brong.	»			
	Rugosus.	Michel.	Piémont.	Divers.	Miocène.	
	Carinatus.	»	»			
	Miocenicus	»	»			
	Fimbriatus.	»	»			
	Speciodus.	»	»			
	Meynardi.	»	»			
	Neriloïdes.	Lamk.	Altavilla.	Argilé.	Pliocène.	
	Zignoï.	»	Ronca.	Lignite.	Eocène.	
	Filosus.	Ph.	»			Dévonien, Carbonifère, Trias, Jurassique, Calcaire gros, Miocène, Pliocène.
	Saissei.	Bell.	»			
Phasianella.	Pulla.	Payr.	Milazzo.	Calcaire.		
Delphinula.	Pusilla.	Calc.	Altavilla.	Argile.	Pliocène.	
	Muricata.	Calc.	Altavilla.			
	Subturbinata.	»	Ronca.	Lignite.	Eocène.	Jurassique, Crétacé. Toutes les époques tert.
	Costata.	Brong.	Milazzo.	Calcaire.		
	Calcar.	Lam.	»			
Trochus.	Boscianus.	Brong.	Nice.		Miocène.	Silurien, Carbonifère, Trias, Jurassique, Crétac. Toutes les époques tertiaires.
	Lucasianus.	»	»			
	Turgidus.	»	»			
	Monodonte.	»	»			
	Cerberi.	»	»			
	Saemanni.	Lamk.	Ronca.	Lignite.	Eocène.	
	Subnovatus.	»	»			
	Bologuaï.	»	»			
	Lœvissimus.	Brocc.	Sienne.	Tuf.	Miocène.	

Nicensis.	»	»		
Amedei.	»	»		
Turritus.	»	»		
Angulatus.	»	»		
Crenulatus.	Brocc.	Sienne, Militello.	Tuf.	Miocène volcaniq.
Rosselaris.	Sism.	»		
Corsoni.	»	»		
Vertex.	Brong.	»		
Globutus.	Seg.	Milazzo, Ischia, Pa-lerme, M.Pelore. Messine.	Volcanique, Cong.	Volc., Pliocène. Miocène.
Filosus.	»	»		
Ottoii.	»	»		
Cictonsonoii.	»	»		
Frugariodes.	»	»		
Cremulatus.	Broc.	»		
Clathoratus.	Seg.	»		
Rottelaris.	Mich.	»		
Bullaris.	Ph.	»		
Wiseri.	Calc.	»		
Granatelli.	»	»		
Magnus.	Payr.	»		
Curculoïdes.	Payr.	»		
Palutus.	Broc.	Sortino, Palerme.	Tuf, Conglomérat.	Volcan., Pliocène.
Magus.	Lamk.	Sciacca, Milazzo.	Marne calcaire.	Miocène.
Conulus.	Phil.	Syracuse.	Calcaire.	
Saturalis.	»	»		
Rugosus.	Lamk.	»		
Striatus.	»	»		
Articulatus.	»	»		
Farculum.	Lamk.	Milazzo, Palerme.	Tuf, Conglomérat.	Volcanique.
Canaliculanis.	»	Girgenti.	Marne.	Pliocène.
Laevigatus.	Ph.	»		
Laugieri.	Payr.	»		
Millegranis.	Ph.	»		
Sanguinius.	Risso.	»		
Guttadauri.	Ph.	»		
Limbilicaris.	Lamk.	»		
Varius.	Gml.	»		
Richardi.	Payr.	Cefali.	Alluvions.	Pliocène.
Adamsoni.	Payr.	»		
Obliquatus.	Lin.	Monte Mario.		
Patulus.	Broc.	»		
Agglutinans.	Lamk.	San Giovanni.		

	Espèce	Auteur	Localité	Roche	Période	Répartition
Trochus.	Filosus.	Ph.	Messine.	Sable marneux.		
	Semigranularis.	Cantr.	»			
	Cullatus.	Ph.	Messine.	Calcaire.		
	Sayanus.	Leg.	»	Marne.		
	Marginulatus.	Ph.	»			
	Gemmulatus.	Ph.	»			
	Clathratus.	Arad.	»			
	Ornatus.	»	Azzo-Saltrio.	Marbre.	Jurassique.	
	Cumulans.	Brong.	· »			
	Lœvissimus.	Bell.	»			
Monodonta.	Oloviana.	Cantr.	Monte Pelore.	Calcaire.	Miocène.	
	Linci.	Calc.	Sortino, Palerme.	Tuf, Congl.	Volcan., Miocène,	
	Contonuï.	Payr.	Milazzo.	Calcaire.	Pliocène.	
	Vielloli.	»	»			
	Jussienni.	»	»			
	Fragoroides.	»	Grottes de Sicile.			Crétacé. Toutes les époques tertiaires.
Phorus.	Crispus.	Seg.	Castro-Real.	Calcaire grossier.	Pliocène.	
	Infundibulum.	Broc.	Vatican.	Tuf.	Volcanique.	
Solarium.	Canaliculatum.	Lamk.	Altavilla, Palerme.	Argile, Calcaire.	Miocène, Pliocène.	Silurien, Carbonifère, Trias, Jurassique, Crétacé Toutes les époques tertiaires.
	Perspectivum.	Broc.	M. Pelore.	Calcaire.		
	Millegranum.	Lamk.	»			
	Stramineum.	Gm.	»			
	Pseudopersperti - vum.	Br.	»		Pliocène.	
Spirorbis.	Nautiloïdes. -	Lamk.	Altavilla.	Argile.	Pliocène.	Idem.
Cirus.	Cristatus.	Sow.	Monte Calvo.	Calcaire.		Devonin carbonifère, jurassique. Miocène, Pliocène.
Haliotis.	Tuberculata.	Lamk.	Milazzo.	Calcaire.		
Cypræa.	Elongata.	Broc.	Altavilla, Monte-Peligrino.	Argile calcaire.	Pliocène.	Crétacé. Toutes les époques tertiaires.
	Pedicularis.	»	Ronca.	Lignite.	Miocène.	
	Lucida.	Lamk.	»			
	Amyndalum.	Broc.	»			
	Proserpinœ.	»	»			
	Moloni.	»	»			
	Lyoyi.	»	»			
	Sphœriculata.	Lamk.	Altavilla, Sciacca. Palerme.	Argile, Marne. Conglomérat.	Pliocène.	
	Coccinella.	»	»			
	Spinia.	»	»			
	Inflata.	Lamk.	»	Poudingues d. l. Calcaire.		Nummulitique.
	Angystoma.	Desh.	»			
	Corbuloïdes.	Bell.	»			
	Elegans.	Defr.	»			

	Genyi.	Bell.	»			
	Levesquei.	Desh.	»			
	Media.	»	»			
	Prœlonga.	Bell.	»			
Ovula.	Carnea.	Lamk.	Ficarazzi.	Conglomérat.		Crétacé. Toutes les époques tertiaires.
	Bellardi.	Desh.	»			
Marginetta.	Phaseolus.	Brong.	Ronca.	Lignite.	Miocène.	
	Seculina.	Seg.	Castro Reale, Alta-villa, Syracuse, Palerme.	Calcaire gros, marne blanche, conglomérat.	Pliocène.	Crétacé. Toutes les les époques tertiaires.
	Auris-Leporis.	Brong.	»			
Erato.	Auriculata.	Lamk.	»			
	Cypracola.	Lamk.	Palerme.	Conglomérat.	Pliocène.	
Terrebellum.	Coccinella.	»	»			Miocène, pliocène
	Obvolutum.	Brong.	Ronca.	Lignite.	Miocène.	
	Pliciferum.	»	»			Nummulitique, calcaire gros, gypses tongrien.
	Carcassence.	Leym.	»			
Strombico.	Convolutum.	Lam.	»			
	Forliosi.	Brong.	Ronca.	Lignite.	Eocène.	
	Borelli.	»	»			Crétacé. Toutes les époques tertiaires.
	Suessi.	»	»			
	Pucinella.	»	»			
	Tourmonero.	»	»			
Pterocerus.	Coronatus.	Desh.	Altavilla, Syracuse.	Marne, calcaire.	Pliocène.	
	Radix.	Brong.	Castel Gomberto.	Calcaire.	Nummulitique.	Jurass., crétacé, nummulitique.
Rostellaria.	Corviva.	Brong.	Ronca.	Lignite.	Eocène.	Jurass., crétacé.
	Macrostoma.	Sow.	Monte Calvo, Piémont.	Calcaire, sable.	Miocène, pliocène.	Toutes les époques tertiaires.
	Dentata.	Grationi.	»			
	Collegnoï.	Bellardi.	»			
	Chenopus.	Brong.	»			
	Pelicani.	Payr.	Ischia.	Tuf.	Volcanique.	
	Postalensis.	»	Ronca.	Lignite.	Eocène.	
	Crusis.	»	»			
	Goniophora.	Bell.	»			
	Lævis.	»	»			
	Macropteroides.	»	»			
	Multiplicata.	»	»			
	Pesgraculi.	Brong.	Campo Felice.	Molasse.	Pliocène.	
Chenopus.	Pespelicani.	L.	Catira.	Argile.	Pliocène.	

Conus.	Aldrovandi.	Broc.	Ronca.	Calcaire.	Nummulitique.	Crétacé. Toutes les époques tertiaires.
	Fuscocingulatus.	Brong.	Altavilla, Sortino.	Marne, tuf.	Pliocène.	
	Antidiluvianus.	Brug.	Sciacca, Palerme.	Congl. calcaire.		
	Virginalis.	Broc.	Galtánizetta, Syracuse.			
	Mercati.	»	»			
	Biplex.	Son.	»			
	Ponderosus.	Broc.	»			
	Dimissus.	Phil.	»			
	Mediterraneus.	Brug.	»			
	Brochii.	Brong.	»			
	Crenulatus.	Desh.	»			
	Deperditus.	Brug.	»			
	Diversiformis.	Desh.	»			
	Striatulus.	Broc.	Sogliano.	Calcaire.	Miocène.	
Voluta.	Subspinosa.	Brong.	Ronca.	Calcaire.	Nummulitique.	Crétacé. Toutes les périodes tertiaires.
	Affinis.	Broc.	»			
	Auris-Leporis.	»	Altavilla.	Argile.	Pliocène.	
	Benzenzoni.	»	Ronca.	Calcaire.	Nummulitique.	
	Rarissima.	Lamk.	Sortino.	Tuf.	Volcanique.	
	Harpula.	Lamk.	»			
	Depauperata.	Sow.	»			
	Musicalis.	Lam.	»			
	Torulosa.	Desh.	»			
Mitra.	Savignii.	Leg.	Milazzo, Castro Reale.	Calcaire grossier.	Crétacé-pliocène.	Crétacé. Toutes les époques tertiaires.
	Cornea.	Lamk.	Sciacca, Palerme.	Marne, conglom.	Pliocène.	
	Fusiformis.	Broc.	Caltanizetta, Altavilla, Monte Pellegrino.	Argile, calcaire, tuf.		
	Plicatula.	Desh.	Sortino.	Tuf.		
	Scobriculata.	Broc.	»			
	Pyramidella.	»	»			
	Striarella.	Calc.	Idem.			Crétacé. Toutes les époques tertiaires
	Ebenus.	Lamk.	»			
	Lutescens.	Lam.	Cefali.	Argile.	Pliocène.	
Murex.	Fimbriatus.	Broc.	MonteBolca, Sicile.	Calcaire.	Suessonnien, pliocène.	Toutes les époques tertiaires.
	Conglobatus.	Mich.	Piémont.	Sable.	Pliocène.	
	Decussatus.	Broc.	Altavilla, Catane.	Argile, calcaire.	Pliocène.	
	Cornutus.	Lin.	Piazza, Syracuse, Caltanizetta, Sciacca.	Marne.		

Ranella.	Meyendorffii.	Calc.	Palerme.	Calcaire, argile.		
	Hornesii.	»	»			
	Flessicanda.	Brong.	»			
	Brandanis.	Lamk.	»			
	Trunculus.	»	»			
	Cristatus.	Broc.	»			
	Edwarsii.	Menk.	»			
	Vaginatus.	Jan.	»			
	Distinctus.	»	»			
	Corrugatus.	Lamk.	Messine.	Calcaire.		
	Imbricatus.	Br.	»			
	Lamellosus.	Jan.	»			
	Multilamellosus.	Ph.	Cefali.	Argile.	Pliocène.	
	Brandaris.	L.	Asti.	Marne.		
	Astensis.	Bell.	Bologne.		Pliocène.	
	Teunculus.	Lenn.	Sagliano.		Miocène.	
	Lœvigata.	Lam.	Altavilla, Milazzo.	Marne, calcaire.	Pliocène.	Tongrien, mioc. pliocène.
	Marginata.	Lamk.	»			
	Ranima.		»			
	Lanceolata.	Menk.	Messine.	Calcaire.		
Tritonium.	Gigantea.	Lk.	Altavilla.	Marne blanche.	Pliocène.	Cretacé. Toutes les époques tertiaires.
	Apenninicum.	Sassi.	»			
	Distortum.	Brong.	»			
	Amum.	Lamk.	»			
	Scrobiculator.	»	»			
	Corrugatum.	Lamk.	»			
	Nodiferum.	»	»			
Fusus.	Noë.	Lamk.	Ronca.	Calcaire marneux.	Eocène.	Jurassique.
	Clavatus.	Broc.	Nice.		Miocène.	Cretacé. Toutes les époques tertiaires.
	La Viaë.	Calc.	Piémont.		Miocène.	
	Caillaudii.	»	Altavilla, Messine, Palerme, S. Dominica.	Argile, marne. Calcaire, basalte.	Pliocène, volcaniq.	
	Crassicostatus.	»	Sortino, Syracuse.			
	Longirostus.	Brong.	Palerme.	Conglomérat.		
	Etruscus.	»	»			
	Craticulatus.	Broc.	»			
	Syracusanus.	Lamk.	»			
	Politus.	Brong.	»			
	Lignarius.	Lamk.	»			
	Episomus.	Mich.	Sciacca, Palerme.	Marne, congl.	Pliocène.	
	Contrarius.	Lamk.	»			
	Rostratus.	Def.	»			

Fusus.	Livatus.	Basc.	»			
	Costatus.	Phil.	»			
	Vulpeculus.	Brong.	»			
	Abreviatus.	Lamk.	Cascinelle.	Argile, calcaire.	Pliocène.	
	Elevatus.	Broc.	Altavilla.			
	Squamulosus.	Ph.	»			
	Torulosus.	Lamk.	»			
	Echinatus.	Sow.	Vizzeti.	Argile.		
	Polygonus.	Lk.	Villagrande.	Calcaire grossier.		
	Costulatus.	Lk.	»			
	Reticulatus.	Bell. et Mich.	»	Marne, calcaire.	Miocène.	
	Comeus.	Lenn.	Messine.	Gravier, calcaire.		
	Lebrosus.	Bell.	Turin.	Marne.		
	Scalarinus.	Desh.	»			
	Royanus.	D'orb.	Nocera.	Calcaire blanc.	Crétacé.	
	Conjunctus.	Desh.	»			
	Peptagonus.	Lam.	»			
	Intortus.	Lam.	»			
	Longœvus.	Lam.	»			
	Maximus.	Desh.	»			
Pyrula.	Ficus.	Lamk.	Altavilla, Sortino.	Marne, tuf.	Pliocène, volcaniq.	Crétacé. Toutes les époques tertiaires.
	Intermedia.	Sism.	»			Terrain nummulit.
	Condita.	Brong.	Cascinelle.			Crétacé. Toutes les époques tertiaires.
	Tricostata.	Desh.	»			
Fasciolaria.	Fimbriata.	Broc.	Altavilla.	Marne blanche.	Pliocène.	
Pleurostoma.	Oblonga.	Broc.	Altavilla, S. Filippo.	Argile, calcaire.	Pliocène.	Carbonifère. Toutes les époques tertiaires.
	Textile.	»	Monte Maggiore.			
	Contigua.	»	»			
	Crispatum.	Seg.	»			
	Transvasia.	Lamk.	»		Nummulitique.	
	Agassirii.	Broc.	Nice.	Calcaire.	Pliocène.	
	Granum.	Seg.	Altavilla, Messine.	Tuf, argile.		
	Columbella.	»	Palerme, Solanto.	Calcaire grossier.		
	Hispidula.	»	»			
	Harpula.	»	»			
	Feniolli.	Calci.	»			
	Poverii.	»	»			
	Cingulata.	»	»			
	Salinasii.	»	»			

	Loprestiana.		»			
	Cancellata.		»			
	Stria.		»			
	Philippi.		»			
	Bulteata.	Beck.	Monte Pellegrino.	Calcaire.	Crétacé.	
	Wiellersii.	Mich.	Palerme.	»		
	Echinata.	Calc.	»			
	Ramosa.	Bast.	»			
	Intorta.	Broc.	Syracuse, Altavilla	Marne.	Miocène.	
	Obtusangulum.	»	Sortino.	Calcaire, marne.	Pliocène, volcaniq.	
	Cataphrenta.	»	»	Tuf.		
	Turricula.	»	»			
	Dimidiata.	»	»			
	Rotata	»	»			
	Intermedia.	Brong.	Altavilla, Sciacca.	Marne, argile.	Pliocène.	
	Brochii.	Bell.	Palerme, Militello.	Conglomérat. Tuf.		
	Asperulata.	Lamk.	»			
	Inflatum.	Fau.	»			
	Saturale.	Broug.	»			
	Varequelini.	Payr.	»			
	Variegatum.	Ph.	»			
	Philiberti.	Mich.	Cefali.	Argile. Pliocène.		
	Gracile.	Mont.	»	Idem.		
	Maggiori.	Ph.	»			
	Septangulare.	Mont.	Nizzeti.			
	Imperati.	Sc.	Messine.			
	Nodifera.	Ph.	»	Calcaire.		
	Bonelli.	Bell.	Turin.			
	Clavicularis.	Lam.	»	Marne.		
	Elongata.	Desh.	»			
	Goniophora.	Bell.	»			
	Labiata.	Desh.	»			
	Marginata.	Lam.	»			
	Perezi.	Bell.	»			
	Prisca.	Sow.	»			
	Noduliferum.	K.				
Dolium	Denticulatum.	Desh.	Altavilla.	Argile, marne.	Pliocène.	Tongrien, miocène, pliocène.
Oniscia	Antiqua.		Ronca.	Lignite.	Eocène.	Miocène, pliocène.
Cassis	Theseï.	Sow.	Ronca.	Lignite.	Eocène.	Toutes les époques tertiaires.
	Cleneoë.	»	»			
	Deshayesi.	Bellendi.	Nice, Piémont.	Sable marneux.	Miocène, pliocène.	

Cassis.	Archiaci.	»	Altavilla.			
	Variabilis.	»	»			
	Saburon.	Lamk.	»			
Cassidaria.	Plicata.	Calc.	Termini, Altavilla. Palerme.	Marne, conglom.	Pliocène.	Idem.
	Echinophora.	Lamk.				
	Tyrrhena.	»	»			
	Orbignyi.	Bell.	»			
	Striata.	Sow.	»			
Columbella.	Nassoïdes.	Bell.	Altavilla, Palerme. Caltanizetta.	Marne, congl.	Pliocène.	Crétacé, pliocène. miocène.
	Subulata.	»	»			
	Rustica.	Lamk.	»			
	Discors.	Bell.	Piémont.	Divers.	Miocène, pliocène.	
	Scripta.	»	»			
	Borsoni.	»	»			
	Corrugata.	Bron.	»			
	Turgidula.	Bell.	»			
	Curta.	»	»			
	Semicaudata.	»	»			
	Erythrostoma.	»	»			
	Elongata.	»	»			
	Scraba.	»	»			
	Compta.	»	»			
	Thiara.	»	»			
	Greci.	Phil.	Messine.	Calcaire.		
	Halicti.'	Jeffr.	»	Sable marneux.		
	Terebralis.	Bell.	»			
	Ruptica.	Lin.	Cefali.	Argile.	Pliocène.	
	Gigantea.	Calc.	Girgenti, Sortino.	Marne, tuf.	Pliocène, volcan.	Pliocène, miocène
	Cyclopum.	Ph.				
Purpura.	Sicula.	Testa.	S. Vito.	Alluvion.	Quaternaire.	Idem.
Ricinula.	Costulatum.	Lamk.	Nice, Altavilla.	Argile, calcaire.	Pliocène, miocène.	Crétacé. Toutes les
Buccinum.	Undatum.	Seg.	Castro Real, Palerme, S. Filippo; Ficarazzi.	Conglomérat.		époques tertiaires.
	Striaturi.	»	»			
	Fusiformis.	Lamk.	»			
	Lamarkianum.	Calc.	»			
	Granulatum.	»	Ustica, Messine. Palerme, Eole.	Tuf, conglomérat.	Pliocène, volcan.	
	Scacchi.	»	»			
	Pulchellum.	»	»			
	Gussonii.	Calc.	Altavilla, Ischia.	Argile, tuf.	Pliocène, volcan.	

Nassa.	Minae.	»	Palerme, Caltani-zetta.	Congl. marne, calcaire.		
	Prismaticum.	Broc.	Caltagirone, Girgenti.	Basalte.		
	Serratum.	»	Sciacca, Syracuse.			
	Semistriatum.	»	Buccheri, Militello			
	Mutabile.	»	»			
	Asperulum.	»	»			
	Terebra.	»	»			
	Linnaci.	Payr.	»			
	Musivum.	Broc.	»			
	Variabile.	Phil.	»			
	Neritum.	Lamk.	»			
	Maculosum.	»	»			
	D'Orbignyi.	Payr.	Cefali.	Argile.	Pliocène.	
	Polygenum.	Broc.	Sogliano.	Lignite.	Pliocène.	
	Humphreysianum.	R.	Messine.	Marne.		
	Ascania.	Breg.	Nizzeti.	Argile.	Pliocène.	
	Basteroli.	Mich.	Abruzzes.	Marne.	Miocène.	
	Caronis.	Brong.	Ronca.	Calcaire.	Nummulitique.	
	Pusilla.	Ph.	Castro Real, Licata.	Calcaire grossier. Marne.	Pliocène.	Idem.
Terebra.	Simestriata.	Seg.	San Filippo.			
	Prismatica.	Brong.	»			
	Clathrata.	»	Altavilla.	Argile.	Pliocène.	
	Serralicosta.	»	»			
	Turrita.	»	»			
	Conglobata.	»	»			
	Spinulosa.	Ph.	»			
	Curonis.	Brong.	Ronca.	Calcaire.	Nummulitique.	Toutes les époques tertiaires.
	Dujurani.	Desh.	Altavilla.	Molasse, marne.	Pliocène.	
	Semistrata.	Brong.	»			
	Subulata.	Lamk	»			
	Plicata.	Broc.	»			
	Sulcata.	Calc.	»			
	Basteroti.	Nyst.	»			
Cerithium.	Duplicata.	Lam.	Sogliano.	Lignite.	Miocène.	
	Ferruginum.	Brong.	Nice.	Argile.	Miocène.	Jurassique. Toutes les époques tertiaires.
	Plicatum.	Lamk.	Rome.	Calcaire.	Eocène.	
	Subliriara.	»	Trapani, San Filippo.	Calc., congl., tuf.	Pliocène, volcaniq.	
	Lima.	Orb.	Palerme, Ischia.	Argile, marne.		
	Latreillii.	Payr.	Altavilla, Sciacca.			

Cerithium.	Vulgatum.	Brug.	»			
	Dolialum.	Fay.	»			
	Pusillum.	Jeffr.	»			
	Crenatum.	Broc.	Piémont.	Lignite.	Miocène.	
	Imbricatum.	Bonn.	»			
	Vicelinum.	Lamk.	Ronca.	Lignite.	Eocène.	
	Luchesis.	»	»			
	Gomphoceras.	»	»			
	Poleochroma.	»	»			
	Chaperi.	»	»			
	Rarefuncatum.	»	»			
	Atropo.	»	»			
	Tricorum.	»	»			
	Milnesii-Edwarsii.	Testa.	Palerme, Militello.	Congl., tuf.	Pliocène, volcaniq.	
	Perversum.	Lamk.	»			
	Mamillatum.	Risso.	»			
	Crassum.	Dufard.	Sogliano.	Lignite.	Miocène.	
	Biscinctum.	Brocc.	»	»		
	Tricinctum.	Brocc.	Monte Mario.	Sable marneux.		
	Conicum.	Blain.	Messine.	Argile.	Pliocène.	
	Lacteum.	Phil.	Cefali.	Schistes noires.	Lias.	
	Henus.	Orb.	San Cassian.	Calcaire grossier.		
	Angulatum.	Bonder.	Villagrande.	»		
	Hexagonum.	Lk.	»			
	Maraschini.	Brong.	»			
	Conulus.	Brug.	»			
	Conoideum.	Lk.	»			
	Baccatum.	Brong.	»			
	Serratum.	Brug.	»			
	Calcaratum.	Brug.	»			
	Combustum.	»	Hautes-Alpes.			
	Elegans.	Brong.	»			
	Margaritaceum.	Brocc.	»			
	Cornu-Copiæ.	Sow.	»			
	Contractum.	Bell.	»			
	Fodicatum.	»	»			
	Giganteum.	Lam.	»			
Vermetus.	Cristallinus.	Calc.	Palerme, Eole.	Congl., tuf.	Pliocène, volcaniq.	Crétacé nummulitique.
	Gigas.	Biron.	Militello.	»		Miocène, pliocène.
	Trigueter.	»	»			
	Subcancellatus.	»	»			
	Glomeratus.	Biron.	Formello.			
	Lima.	Bell.	Casinelli.		Terrain nummulit.	

Hipponix.	Colom.	Defr.	Ronca.	Lignite.	Eocène.	Idem.
Pileopsis.	Depressa.	Calc.	Altavilla, Sciacca.	Argile, tuf.	Jurass. Pliocène.	
	Conica.	»	Milazzo, Palerme.	Conglomérat.	Volcanique.	
Brocchia.	Ungarica.	Lamk.	»			
Calytrea.	Sinuosa.	Bronn.	Messine.	Calcaire.		Miocène, pliocène.
	Polymorpha.	Calc.	Messine, Eole, Milazzo.	Calcaire, tuf.	Pliocène, jurass.	
	Vulgaris.	Ph.	Palerme.	Congl.	Volcanique.	
	Trochiformis.	Lk.	San Giovani.			
Crepidula.	Unguiformis.	Lamk.	Milazzo, Palerme.	Calcaire, congl.	Jurass. Pliocène.	Miocène, pliocène.
Emarginula.	Elata.	Leg.	S. Filippo.	Marne.	Pliocène.	Jurassique.
	Compressa.	Contr.	M. Pelore.	Calcaire.	Miocène.	Crétacé, calcaire gros.
	Camelus.	Lamk.	Ronca.	Lignite.	Eocène.	Tongrien, miocène
	Cancellata.	Ph.	Palerme.	Conglomérat.	Pliocène.	Pliocène.
	Reticulata.	Sow.	Messine.	Sable marneux.		
	Crassa.	Sow.	Messine.	Marne.		
	Granulosa.	Leg.	»			
	Clathrateformis.	Eichu.	»			
	Compressa.	Cautr.	»			
	Confusa.	Leg.	»			
Rimula.	Moachina.	Seg.	S. Filippo, Pantaleone.	Marne, argile.	Miocène, pliocène.	Jurassique.
	Radiata.	Lin.	Altavilla.	Argile.		Calcaire grossier.
Cancellaria.	Varicosa.	Defr.	Altavilla, Palerme.	Argile, congl.	Pliocène, crétacé.	Miocène.
	Calcarata.	Lamk.	M. Pellegrino, Caltanizetta.	Calcaire, marne.		Idem.
	Lyrata.	Broc.	Sciacca.	Marne.	Pliocène.	
	Umbilicalis.	»	»			
	Costata.	Calc.	»			
	Contorta.	Bast.	»			
	Hirta.	Brong.	»			
	Cancellata.	Lamk.	»			
Fissurella.	Tenuiclathrata.	Seg.	»			Devonien, carbon. Jurass. crétacé. Toutes les époques tertiaires.
	Costaria.	Desh.	Milazzo, Palerme.	Calcaire, congl.	Pliocène.	
	Græca.	Lamk.	Militello.			
	Gibba.	Ph.	»			

CYCLOBRANCHES

Patella.	Detrita.	Lamk.	Ronca.	Lignite.	Eocène.	Silurien. carbonif. Jur. crét. Toutes les ép. tertiaires.
	Boreani.	»	Sciacca, Palerme.	Marne, congl.	Pliocène.	
	Scutellaris.	»				
	Ferruginea.	»	Milazzo.	Conglomérat.		

Catella.	Luntanica.	Gm.	»	Idem.		
	Garnoli.	Ph.	»			
	Bonnardi.	Payr.	»			
	Aspera.	Lamk.	»			
DENTALIDES						
Dentalium.	Dentalis.	Lamk.	Caltagirone, Milazzo, Militello, Castro Reale, Girgenti, Sciacca.	Calcaire, marne.	Pliocène crétacé.	Dévonien, carbon.
	Elephantinum.	»		Tuf, conglom.	Volcan. miocène.	Permienne. Juras. crét. Toutes les époques tert.
	Incutum.	»	Syracuse, Palerme. S. Filippo, Pantaleone.	Divers.	Pliocène.	
	Ovulum.	Payr.				
	Noven-Costatum.	Hoern.	Ischia, Altavilla. S. Michele.			
	Fani.	Lamk.	»			
	Sexangulare.	»	»			
	Entalis.	»	»			
	Fissura.	Desh.	»			
	Strangulatum.	Ph.	»			
	Pusillum.	Desh.	»			
	Grande.	Sism.	»			
	Lœvigatum.	Bell.	Zone du Vatican.	Volcanique.	Pliocène.	
	Niceense.	Desh.	»			
TECTIBRANZHES						
Bulla.	Conica.	Brong.	Ronca, CastroReal, Altavilla, Militello, S.Filippo, Pantaleone, Palerme.	Lignite, Calcaire, argile.	Eocène.	Jurass. Crétacé. Toutes les époques tertiaires.
	Utriculus.	Broc.	»			
	Convoluta.	»	»			
	Subconula.		»		Marne, congl.	Crétacé, pliocène.
	Gargotaë.	Calc.	»			
	Lignaria.	Lamk.	»			
	Hydatis.	»	»			
	Acuminata.	Brug.	»			
	Decollata.	Linn.	»			
	Striatella.	Desh.	»			
	Semicostata.	Bell.	»		Argile.	Pliocène.
	Truncatulas.	Brg.	Cefali.			

HÉTÉROPODES

Bullœa.	Meneghinii.	Lamk.	Ronca.	Lignite.	Eocène.	Toutes les époques tertiaires.
	Augustata.	Bivon.	Palerme.	Conglomérat.	Pliocène.	
	Oviformis.	Costa.	Caltagirone.	Tuf.	Pliocène.	Calcaire grossier.
Philina.	Longirastrus.	Seg.	»			Miocène.

PTÉROPODES

Hyalea.	Melly.	Benoît.	Messine, Palerme.	Alluvion.	Pliocène.	Silurien, carbonif.
	Tridenta.	»	»			
	Perraffinis.	Leg.	»			
Cleodora.	Trispinosa.	Payr.				
	Spiniformis.	Benoît.	Palerme.	Conglomérat.	Pliocène.	Silurien, carbonif.
	Sulcata.	»	»			
	Lanceolata.	Pérou.	»			
	Pyramidata.	Rang.	Monte Mario.	Marne.	»	
	Ricciolii.	»	»			
	Subulata.	»	»			
	Acicula.	»	»			

ACÉPHALES

ORTHOCONQUES

Aspergillum.	Maniculatum.	Ph.	S.Filippo,Palerme.	Marne, congl.	Idem.	Miocène.
Clavagella.	Altavillae.	Calc.	Altavilla, Palerme.	Marne, congl.	Idem.	Crétacé. Toutes les époques tertiaires.
	Aperta.	Sow.	»			
	Bacillaris.	Desh.	»			
Gastrochena.	Aubira.	Perm.	Altavilla.	Marne blanche.	Idem.	Jurass. Crétacé.
Fistulina.	Pyrum.	Lamk.	Altavilla, Palerme.	Marne, argile.	Idem.	Toutes les époques tertiaires.
	Cuneiformis.	»	»	Congl.		
	Ensis.	»	»			
	Tenuis.	»	»			
	Coarctata.	»	»			
	Strigilata.	»	»			
Solen.	Inflatus.	Calc.	Marsala, Ischia.	Tuf, calcaire.	Volcanique.	Dévonien. Toutes les époques tertiaires.
	Coarctatus.	Broc.	Syracuse,Buccheri	Basalte, congl.	Pliocène.	
	Siliqua.	Lamk.	Palerme.			
	Strigilatus.	»	»			
	Vagina.	»	»			
Myacites.	Elongatus.	Fuchs.	Val alta.	Calcaire.	Trias.	Miocène, pliocène.
Panopea.	Spenglecii.	Val.	Altavilla, Sortino.	Argile, calcaire.	Jurass. pliocène.	Permienne.Jurass.

Panopea.	Fantassii.	Men.	Palerme.	Congl.		Crétacé. Toutes les époques tertiaires
	Bivonæ.	Ph.	»			Carbonifère.
Pholodomya.	Molti.	Coq.	Taormina.	Calcaire.	Suessonnien.	Permienne jurass.. crétacé nummulitique. Calcaire grossier. Tongrien. Miocène.
Phonlodomya.	Darassii.	"	»			
Mya.	Truncata.	Lamk.	Palerme.	Congl.	Pliocène. -	Miocène pliocène. Nummulitique.
Lutraria.	Rugosa.	Lin.	Altavilla.	Marne blanche.	Idem.	Tongrien. Miocène, pliocène.
Mactra.	Inflata.	Broug.	Ronca, Caltagirone	Lignite, calcaire.	Eocène, pliocène.	Juras. crétacé. Tertiaire partout.
	Triangula.	Reus.	Altavilla, Caltagir.; Girgenti, Palerme.	Argile, marne.; Calcaire, congl.	Pliocène.	
Corbula.	Solida.	Lamk.	Caltanizetta Sciac.; Altavilla, Syracuse	Argile, calcaire.	Volcaniq pliocène.	Idem.
	Revoluta.	Broc.	Sciacca, Militello.			
	Nùcleus.	Lamk.	CastroRéal Sortino	Tuf, marne.	Crétacé.	
	Gibba.	Gaudry.	Girgenti, Fosso grande.			
	Cuspidata.	Broug.	Licata, Palerme.	Calcaire, marne.		
	Angulata.	Lam.	»			
	Gallica.	"	»			
Nérea.	Rostrata.	Spengler.	»			
	Costellata.	Ph.	»			
Poromia.	Granulata.	Nyst.	Ficarazzi, Palerme.	Argile, calcaire.	Pliocène.	Devonien jurass.. Crétacé. Terrains tertiaires.
Analina.	Parlatoris.	Calc.	»			
	Oblonga.	Ph.	»			
	Pusilla.	"	Monte Pellegrino.	Argile calcaire.	Crétacé, pliocène.	
Thracia.	Maravignæ.	Calc.	Altavilla, Palerme.	Congl.		Jurassique crétacé. Toutes les époques tertiaires.
	Casani.	"	»			
	Pretennis.	Mtg.	»			
	Phaserlina.	Kiener.	»			
	Pubescens.	Leach.	»			
	Rugosa.	Bell.	Palerme.	Conglomérat.	Pliocène.	
Pandora.	Aquivalvis.	Ph.	Cefali.	Argile.	Idem.	Calc.gros..miocène
	Flexuosa.	Sow.	Taormina.	Calcaire.	Néocomien.	
Lavignon.	Marcute.	Coq.	Ficarazzi, Palerme.	Calcaire, argile.	Miocène, pliocène.	Jurassique.
Tellina.	Striatula.	Calc.	Milazzo, Altavilla.	Marne.	Pliocène.	Crétacé. Toutes les époques tertiair.
	Donacina.	Lamk.	Caltagirone.	Idem.	Idem.	
	Planata.	"	»			
	Nelicta.	Leg.				

	Inflata.	Brong.	»		Idem.	Idem.
	Pulchella.	Lamk.	»			
	Distorta.	Poli.	»			
	Pusilla.	Ph.	»			
	Subrotunda.	Desh.	»			
	Depressa.	Grul.	»			
	Fragilis.	Lamk.	»			
	Ovata.	Sow.	»			
	Elliptica.	Brong.	»			
	Benedenii.	Ryst.	»			
	Biangularis.	Desh.	»			
	Elegans.	Lam.	»			
	Patellaris.	Desh.	»			
	Prælonga.	Lam.	»			
	Raristriata.	Bell.	»			
	Burdigalensis.	D'Orb.	Abruzzes.	Marne.	Miocène.	Crétacé, calcaire grossier, miocène pliocène.
	Basteroti.	De la Jonk.	»	Argile.	Pliocène.	
	Tenuis.	Maton et Koch.	Cefali.	Argile.	Idem.	
Psammobia.	Uniradiata.	Broc.	Altavilla.	Calcaire.	Miocène.	
	Synopsis.	Brong.	S. Sangomini.	Conglomérat.	Pliocène.	
	Feroensis.	Lamk.	Palerme.	Sable.	Idem.	
Donax.	Venusta.	Poli.	Cefali.	Marne, congl.	Idem.	Jurassique. Tertiaire partout.
	Longa.	Brong.	Sciacca, Palerme.		Idem.	
	Punculus.	Lamk.	»	Idem.	Idem.	Crétacé, calcaire grossier, miocène pliocène.
	Trunculus.	Poli.	Aquatraversa.			
	Semistriata.	Lin.	»	Argile, congl., Calcaire.	Idem.	
Saxicava.	Planata.	Calc.	Altavilla, Palerme. Milazzo.		. Idem.	Crétacé, calcaire grossier, gypses, miocène, plioc.
	Arctica.	Phil.	»			
Petricola.	Rugosa.	Broc.	»			
	Rustica.	»	»			
	Lithophaga.	Brong.	Altavilla.	Argile, marne.	Pliocène.	Jurassique, gypses Miocène, plioc.
Venerupis.	Aradasii.	Calc.	»			
	Hiantissima.	»	»			
	Romani.	»	Milazzo.	Calcaire.	Crétacé.	Miocène, pliocène.
Dosina.	Irus.	Lamk.	Sicile.	Molasse, argile.	Pliocène.	Jurassique.
	Orbicularis.	Agas.	Messine.	Gravier, calcaire.		
Venus.	Exoleta.	Lin.	Ronca.	Lignite.	Eocène.	Crétacé. Tertiaire partout.
	Maura.	Brong.	Altavilla, Castro Réal.	Argile, calcaire.	Pliocène, crétacé.	
	Proserpina.	»				
	Scalaris.	»	Caltagir., Sciacca.	Marne, basalte.		

Venus.	Crebisulca.	Lamk.	Ischia, Syracuse. Milazzo, Militello. Taormina. Campo-felice.	Conglomérat.		
	Casinoïdes.	»				
	Multilamella.	»	Palerme.	Conglomérat.		
	Gallina.	»	»			
	Discina.	»	»			
	Casina.	»	»			
	Subcincta.	Crb.	»			
	Casista.	Leg.	»			
	Senelis.	Broc.	»			
	Radiata.	»	»			
	Verucosa.	»	»			
	Moussaë.	Coq.	»			
	Ovata.	Penn.	»			
	Brongniardi.	Payr.	»			
	Incompta.	Ph.	»			
	Vetula.	Bast.	»			
	Chione.	Lin.	Acquatraversa.			
	Fasciata.	Renev.	Nizetii.	Argile.	Pliocène.	
	Radiata.	Broc.	Catane.	Sable.		
	Islandicoïdes.	Agass.	»			
	Borsoni.	Bell.	»			
	Incrassata.	Sow.	»			
	Striatella.	Nyst.	»			
	Striatissima.	Bell.	»			
Cytherea.	Sulcata.	Nyst.	»			
	Pulchella.	Calc.	Altavilla, Galtagir.	Argile marneux.	Jurassique crétacé.	Crétacé. Tertiaire partout.
	Venticinar.	Lamk.	Sciacca, Cast. Real	Calcaire molasse.	Miocène, pliocène.	
	Sismondaë.	»	Girgenti, Piazza.	Congl.		
	Cyrille.	Scacchi.	Caltan., Taormina.			
	Vericliana.	Seg.	Idem.	Idem.		
	Rugosa.	Brong.	»			
	Apicalis.	Ph.	»			
	Exoleta.	Lamk.	»			
	Tincta.	Ph.	»			
	Chione.	Lamk.	»			
	Multilamella.	Lk.	Monte Mario.			
	Rudis.	Poli.	Cefali.	Argile.	Pliocène.	
Trigona.	Distans.	Coq.	Taormina.	Calcaire.	Néocomien.	Jurassique crétacé. Tertiaire partout
Dosinia.	Orbicularis.	Ag.	Altavilla.	Marne blanche.	Pliocène.	Miocène, pliocène.

Cyrena.	Panormitana.	Biv.	Monte Pellegrino.	Tuf, calcaire.	Crétacé.	Jurassique. Toutes les pésiodes tert.
	Veronensis.	»	Ronca.	Lignite.	Eocène.	
	Balcyi.	»	»			
Cypricardia.	Brongnardii.	Brong.	Ronca.	Lignite.	Eocène.	Jurassique. Crét. calcaire grossier, miocène.
Cyprina.	Islandicoidis.	Lamk.	Altavilla , Taormina.	Argile, tuf.	Plioc. néocomien.	Jurassique crétacé. Toutes les époques tertiaires.
	Africana.	Coq.	Sciacca, Girgenti.	Marne.		
	Trapezoïdalis.	»	»			
	Aqualis.	Brong.	»			
	Complanata.	Bell.	»			
Unicardium.	Matheroni.	Coq.	Taormina.	Calcaire.	Néocomien.	Jurass., crétacé.
Cardium.	Porulosum.	Lamk.	Castel Gomberto.	Calcaire.	Nummulitique.	Devonien carbonifère, jurassique.
	Polyptycum.	»	Ronca.	Lignite.	Eocène	Crétacé. Tertiaire partout.
	Difücile,	Mich.	M. Titano.	Marne		
	Hians.	Broc.	Altavilla, Ischia.	Argile, tuf, basalte.		
	Sulcatum.	»	Fosso grande, Caltanizetta.	Marne, calcaire.		
	Edule.	»	Bucheri, Taormina	Conglomérat.		
	Multicostatum.	»	Girgenti , Piazza. Sciacca, S. Domenica.			
	Ilriocalatum.	Calc.	Sortinô, Syracuse.			
	Hillanum.	Coq.	Palerme, Militello.			
	Pauli.	Brong.	Milazzo.			
	Hians.	Bron.	Idem.	Idem.		
	Hirsutum.	»	»			
	Echinatum.	Lamk.	»			
	Ciliatum.	»	»			
	Tuberculatum.	»	»			
	Aculeatum.	»	»			
	Crinaceum.	»	»			
	Lacoigatum.	»	»			
	Noaë.	»	»			
	Exiguum.	»	»			
	Pertinatum.	»	»			
	Papillosum.	Polli.	»			
	Deshayesii.	Payr.	»			
	Bonelli.	Bell.	»			
	Discors.	Lamk.	»			
	Gratum.	Defr.	»			
	Hippopœum.	Lam.	»			

Cardium.	Modioloïdes.	Bell.	»			
	Nicense.	»	»			
	Perezi.|	»	»			
	Raristriatum.	»	»			
	Semigranulosum.	Sow.	»			
	Semistriatum.	Desh.	»			
	Trigonium.	Sism.	Abruzzes.	Marne.	Miocène.	
Isocardia.	Dubium.	Calc.	Palerme, Syracuse	Calcaire.	Pliocène.	Carbonifère crétacé. Tertiaire partout.
	Cor.	Lamk.	»			
	Barbata.	»	»			
	Antiquata.	»	»			
	Tetragona.	Polli.	»			
Corbis.	Aglauroë.	Brong.	Castel Gomberto.	Calcaire.	Nummulitique.	Jurassique, crétacé, nummulitique, calcaire grossier.
	Lamellosa.	Lam.				
Lucina.	Benzi.	Calc.	Altavilla, Palerme.	Congl., argile.	Pliocène, volcaniq.	Dévonien carbonif Juras., crét. Tertiaire partout.
	Altavillaë.	»	Nice, Sortino.	Tuf, calcaire.	Eocène, miocène.	
			Trapani, Milazzo.	Lignite, marne.		
	Columbella.	Lamk.	Ischia, Ronca.			
	Incrassata.	»	Syracuse, Militello			
	Pesten.	»				
	Cartea.	»	»	»		
	Commutata.	Ph.	»			
	Lactea.	Lamk.	»			
	Radula.	»	»			
	Fragilis.|	Ph.	»			
	Centicularis.	Gold.	Monte Gorgano.	Schistes.	Eocène.	
	Contorta.	Defr.	»			
	Elegans.	»	»			
	Gigantea.	Desh.	»			
	Grata.	Defr.	»			
	Mutabilis.	Lam.	»			
	Hiatelloïdes.	Bast.	Abruzzes.	Marne.	Miocène.	Jurass. crétacé. Tertiaire partout. Tongrien, mioc., pliocène.
	Miocenica.	Michel.	»			
	Apenninica.	Doderb.	»			
	Subtransversa.	Sism.	»			
Ptychina.	Biplicata.	Ph.	Palerme.	Conglomérat.	Pliocène.	
Diplodonta.	Lupinus.	Brong.	Palerme.	Conglomérat.	Pliocène.	
	Dilatata.	»	»			
	Commutata.	Ph.	»			
	Hiabelloïdes.	»	»			
	Digitalis.	Lamk.	»			

Bornia.	Lactea.	»	»			
	Radula.	»	»			
	Transversa.	Brong.	»			
	Inflata.	Ph.	Palerme, Milazzo.	Congl., calc.gross.	Pliocène.	Idem.
	Complanata.	»	»			
Crassatella.	Baudeti.	Coq.	Taormina.	Calcaire.	Néocomien.	Crétacé. Tertiaire partout.
	Calabra.	»	»			
	Scutellaria.	Desh.	»			
	Acutangula.	Bell.	»			
	Archiaci.	»	»			
	Semicostata.	»	»			
	Subrotunda.	»	»			
	Subtumida.	»	»			
	Sulcata.	Sow.	»			
	Tenuistriata.	Desh.	»			
	Trigonata.	Lam.	»			
Astarte.	Planata.	Calc.	Altavilla, Girgenti.	Argile, calcaire.	Crétacé, pliocène.	Permienne jurass. Crétac. Tertiaire partout.
	Fusca.	Poli.	Monte Pellegrino.	Marne, tuf.	Volcanique.	
	Incrassata.	Jonk.	Sciacca, Milazzo,	Conglomér.		
	Exigua.	D'Orb.	Militello, Palerme, Abruzzes.	Marne.	Miocène.	
Venericardia.	Planicosta.	Calc.	Petralia, Sotana.	Calcaire.	Jurassique.	Idem.
	Decussata.	Lamk.	Castel Gomberto.	»	Nummulitique.	
	Acuticostata.	Lam.	»			
	Angusticostata.	Desh.	»			
	Asperula.	»	»			
	Barrandei.	D'Arch.	»			
	Imbricata.	Lam.	»			
	Perezi.	Bell.	»			
Cardita.	Romboïdea.	Broc.	Altavilla, Caltagir.	Argile, marne.	Pliocène.	Jurassiq. Tertiaire partout.
	Intermedia.	»	»			
	Imbricata.	»	»			
	Maggiori.	Tar.	»			
	Pectuncularis.	Brong.	Castel Gomberto.	Calcaire.	Nummulitique.	
	Multicosta.	»	Bucheri, Sortino.	Tuf, marne.	Volcan., pliocène.	
	Sulcata.	Phil.	Girgenti, Militello. Milazzo, Altavil., Palerme.	Calcaire, argile. Congl.		
	Aculeata.	Lamk.	»			
	Turgida.	»	»			
	Calycula.	Mtg.	»			
	Arduini. .	Brong.	»			
	Jouanneti.	Desh.	Abruzzes.	Marne.	Miocène.]	

Circe.	Minima.	Mtg.	Altavilla.	Marne blanche.	Pliocène.	Miocène.
Limea.	Punctata.	Sow.	Taormina.	Calcaire.	Néocomien.	Idem.
	Eucharis.	Orb.	»			
Baïrdia.	Subdelividea.	Jones.	Messine.	Sable marneux.		
Cypris.	Gibba.	Ramd.	Messine.	Sable marneux.		
Trigonia.	Orsini.	Câlc.	Catenanova.	Calcaire.	Lias.	Jurassiq , crétacé. Tertiaire partout
	Myophoria.	Logno.	»			
Cuculaea.	Indéterminé.	Sow.	S. Ospizio.	Dépôt.	Miocène.	
Arca	Naviculari.	Seg.	S. Filippo, Tra-pani.	Calcaire, marne.	Pliocène, crétacé.	Silurien,dévonien.
	Aspera.	»	Sortino , Varese , Caltaniz, Syrac.	Tuf, basalte, ar-gile, conglomé.	Volcan., néocom.	Carbonif. permien.
	Barbata.	Lamk.	Ischia, Taormina.	Idem.	Idem.	Jurassique, crétacé Tertiaire partout
	Antiquata.	»	Altavilla, Campo-felice.			
	Quoye.	Payr.	Piazza, Militello.			
	Parallela.	Coq.	Milazzo, Sciacca, Palerme.			
	Tevestensis.	»	»			
	Diluvii.	Lamk.	»			
	Neglecta.	Mich.	»			
	Mytiolides.	Bivon.	»			
	Buislaxi.	Bast.	»			
	Noaë.	Lamk.	»			
	Lactea.	»	»			
	Tetragona.	Poli.	»			
	Pectunculoïdes.	Brong.	Castel Gomberto, Altavilla, Nice.	Calcaire, argile.	Miocène. pliocène.	
	Subdiluvii.	Orb.	»			
	Obliqua.	Phil.	»			
	Hyatula.	Desh.	»			
	Turonica.	Dujard.	Abruzzes.	Marne.	Miocène.	
	Bonelli.	Bell.'	»			
	Caillandi.	»	»			
	Granulosa.	»	»			
	Perezi.	»	»			
	Simplex.	»	»			
	Van den Heckie.	»	»			
Navicula.	Bacillum.	Hoff.	Caltanizetta.	Marne.	Pliocène.	Idem. Crétacé. Tertiaire partout.
	Sicula.	»	»			
Pectunculus.	Sulcatus.	Calc.	Altavilla, Ischia.	Argile, tuf.	Pliocène, volcan	
	Corrugatus.	»	Piazza, Caltanizet.	Calcaire, marne.		
	Aradassii.	»	Caltagir., Sciacca.	Basalte, conglom.		

	Insabricus.	Brong.	Buccheri, Girgenti, Syracuse, Militello Milazzo, Palerme.	Idem.		
	Violacescens.	Broc.	»			
	Pilosus.	Lamk.	»			
	Glycimeris.	»	»			
	Valescens.	»	»			
	Auratus.	Defr.	»			
	Deletus.	Sow.	»			
	Angusticostatus.	Lamk.	»			
	Depressus.	Desh.	»			
	Granosus.	Bell	Filippo.	Calcaire.		Crétacé. Tertiaire partout.
	Pulvinatus.	Lamk.	»			
	Striatissimus.	Bell.	»			
	Minutus.	Ph.	»			
Lintopsis.	Acadasii.	Testa.	Altavilla.	Marne blanche.	Pliocène.	Jurassique, crétacé tertiaire partout.
Nucula.	Nitida.	Broc.	Altavilla, S.Filippo	Marne, tuf.	Pliocène, jurassique.	Silurien, dévonien carbonifère, permien.
	Polii.	Phil	Pantal., Girgenti.	Basalte, calcaire.	Volcanique.	Jurassique, crétacé Tertiaire partout
	Margariiacea.	Payr.	Sciac., Ischia, Buccheri, Militello.	Congl., divers.		
	Placentina.	Lamk.	Syracuse, Palerme	Calcaire.		
	Emarginata.	»	»			
	Striata.	»	»			
	Tenuis.	Phil.	»			
	Dissimilis.	Brong.	»			
Leda.	Minuta.	Seg.	Altavilla.	Marne blanche.	Pliocène.	Jurassique, crétacé. Tertiaire partout.
	Excisa.	»	»			
	Philippiana.	»	»			
	Cuspidata.	»	»			
	Clavata.	Calc.	»			
	Concava.	Brong.	»			
Mytilus.	Indifferens.	Coq.	Taormina.	Calcaire.	Néocomien.	Dévonien carbonif Pernien. Jurassique, crétacé. Tertiaire partout
	Antiquorum.	Brong.	Ronca, Palerme.	Lignite, conglom.	Eocène, pliocène.	
	Edilus.	Poli.	Milazzo.			
Modiola.	Sinuata.	Calc.	Altavilla, Piazza.	Marne, calcaire.	Pliocène.	Idem.
	Ovata.	Philip.	Palerme.	Conglomérat.		
	Serlicea.	Brong.	»			
	Incurvata.	»	»			
	Tulipa.	Lamk.	»			
	Describens.	Lamk.	»			

Genre	Espèce	Auteur	Localité	Roche	Étage	Répartition générale
Modiola.	Costulata.	Risso.	»			
Corbula.	Sinistrosa.	Broc.	Nice.	Dépôt.	Suessonnien.	

PLEUROCONQUES

Genre	Espèce	Auteur	Localité	Roche	Étage	Répartition générale
Avicula.	Tenera.	Brocc.	Palerme.	Conglomérat.	Pliocène.	Dévonien carbonif. Permien. Tertiaire partout.
	Nivea.	Risso.	»			
	Inœquivalvis.	Sow.	Arzo Saltrio.	Marbres.	Jurassique.	
Chama.	Asperella.	Lamk.	Castel-Gomberto.	Calcaire.	Miocène.	
	Sinistrosa.	Broc.	Altavilla, Buccheri	Marne, basalte.	Pliocène, volcaniq.	
	Gryphoïdes.	Lamk.	Syracuse, Milazzo. Palerme.	Calcaire, conglom.		
	Dissimilis.	Brong.	»			
	Substriata.	Desh.	»			
	Calcarata.	Lamk.	»			
	Gigas.	Desh.	»			
	Granulosa.	D'Arch.	»			
	Latecostata.	Bell.	»			
	Substriata.	Desh.	»			
	Sulcata.	»	»			
Posidonia.	Becheri.	Fuchs.	Val Alta.	Calcaire.	Trias.	Dévon., carbon.
Avicula.	Contorta.	Coq.	Bellagio.	Schiste.	Lias.	Crétacé. Toutes les époques tert.
	Gravida.	Lamk.	Taormina, Syrac.	Calcaire.	Néocomien, plioc.	
	Tarentina.	»	»			
Gervilla.	Natibus.	»	Alpes-Maritimes.	Calcaire.	Jurassique.	Crétacé.
	Bucali.	»	»			
	Testa.	»	»			
	Inœquivalvis.	»	»			
	Inflata.	»	»			
	Crassima.	»	»			
	Oblonga.	»	»			
	Rugosa.	»	»			
	Bipartita.	Curioni.	Varese.	Schiste.	Trias.	
	Ala.	Coq.	Taormina.	Calcaire.	Néocomien.	
Inoceramus.	Coquandianus.	Orb.	Monte Vignole.	Calcaire.	Néocomien.	Jurassique, crétacé
	Concentricus.	Parkins.	»			
	Lamarkii.	Rom.	»			
	Indéterminé.	Curioni.	Pistoie.	Calcaire.	Crétacé.	
Catillus.	Cuvierii.	Brong.	Monte Calvo.		Crétacé.	Idem.
	Indéterminé.	»	Brianza.			
Lima.	Subauricula.	Sang.	S. Filippo, Alta-villa.	Argile, calcaire.	Pliocène.	Jurassique, crétacé Tertiaire partout
	Solida.	Calc.	Siciles.	Marne.	Eocène.	

	Espèce	Auteur	Localité	Roche	Étage	
Plagiostoma	Papellifera.	Lamk.	Ronca.	Lignite.	Eocène.	Idem.
	Squammosa.	»	Palerme.	Conglomérat.	Pliocène.	
	Elliptica.	Jeffr.	»		Eocène.	
	Gigantea.	Desh.	Ronca.	Lignite.		
	Cocœnicum.	»	»			
Pecten.	Gemmelari.	Bion.	M.Pelore, Altavilla Taormina.	Calcaire, argile.	Jurass. pliocène.	Dévonien, carbonifère, permien, jurassique crétacé. Toutes les époques tert.
	Nodulosus.	Calc.		Calcaire.	Néocomien.	
	Pleunoncetis.	Lamk.	»			
	Vermineus.	Sow.	»			
	Textorius.	Schot.	»			
	Striatus punctatus	Rœmer.	»			
	Helii.	Orb.	»			
	Glaber.	Lamk.	Ronca.		Eocène.	
	Meneguzzoï.	»				
	Parvicostatus.	Bell.	Nice.	Lignite.	Miocène.	
	Lens.	Sow.	S.Ospizio, Val Alta.		Trias. Miocène.	
	Disertis.	Fuchs.	M. Titano.			
	Miocenicus.	Mocht.	»	Calcaire marneux.		
	Dilatus.	»	»			
	Rimulosus.	Phill.	Monte Mario.			
	Antiquatus.	Ph.	»			
	Aduncus.	Eichr.	Campo Felice.	Marne.	Pliocène.	
	Vexillum.	Schlt.	Trinito.		Plioc. volcanique.	
	Subtentoris.	Munst.	»	Molasse, calcaire.	Jurassique crétacé	
	Cristatus.	Brong.	Syracuse, Altavilla Buccheri, Trapani.			
	Aspersus.	Lamk.				
	Opercularis.	»	Sachino, Castro Real, S. Filippo, Pantaleone.	Calcaire, argile. Basalte, tuf. Marne, agglomérat		
	Antiquatus.	»	Ischia, Sortino.			
	Varius.	Payr.	Sciacca, Girgenti.			
	Jacobœus.	»	Palerme, Militello, Milazzo.			
	Dumasii.	»	»			
	Pusio.	Lamk.	»			
	Hyalinus.	»	»			
	Polymorphus.	Brong.	»			
	Pes-felis.	Lamk.	»			
	Dubius.	Brocc.	»			
	Flebellatus.	Lamk.	»			
	Subcomposius.	D'Orb.	»	Abruzzes.	Marne.	Miocène.

	Espèce	Auteur	Localité	Roche	Étage	Répartition
Pecten.	Subvarius.	D'Orb.	Monte Gorgano.	Schistes.	Eocène.	Dévonien. Carbonifère, permien, jurassique crét. Tertiaire partout
	Membranaceus.	»	»			
	Matronensis.	»	»			
	Espaillaci.	»	»			
	Cretosus.	»	»			
	Fenistratus.	Forbes.	»			
	Hoskynsii.	»	»			
	Aratus.	G.	»			
	Septemradiatus.	Mull.	»			
	Islandicus.	»	»			
	Maximus.	Lin.	Messine.	Sable marneux.		
	Medius.	Lk.	Messine.	Sable.		
	Inflexus.	Poli.	»			
	Scabrellus.	Lamk.	»			
	Flabelliformis.	Brocc.	»			
	Rimulosus.	Ph.	Zone du Vatican.	Argile.		
	Philippi.	Mich.	»			
	Fimbriatus.	Ph.	»			
	Latissimus.	Brocc.	»			
	Testoe.	Biron.	Monte Mario.	Marne.		
	Opercularis.	Lin.	»			
	Pusio.	Lk.	»			
	Coarctatus.	Brocc.	»			
	Burdigalensis.	Lamk.	»			
	Thorenti.	D'Arch.	»			
	Arcuatus.	Brocc.	»			
	Amplus.	Bell.	»			
	Multistriatus.	Desh.	»			
	Quadricostatus.	Sow.	»			
	Subdiscors.	D'Arch.	»			
	Subopercularis.	»	»			
Janira.	Subtripartitus.	»	»			
	Angilicaë.	Vil.	Trapani, Taormina	Argile, molasse.	Plioc. néocomien.	Crétacé, miocène pliocène.
	Jacobea.	Seg.	»	Calcaire grossier.		
	Tricostata.	»	»			
Spondylus.	Cisalpinus.	Brong.	Castel Gomberto.	Calcaire.		Crétacé. Tertiaire partout.
	Friddani.	Calc.	Altavilla.	Conglomérat.	Nummulitique.	
	Gussonii.	Costa.	Messine.		Pliocène.	
	Gœderopus.	Lin.	Zone de Corneto.			
	Asperatus.	Munst.	»			
	Horridus.	Bell.	»			
	Limoïdes.	»	»			
	Multistriatus.	Desh.	»	Idem.		

	Espèce	Aut.	Localité	Roche	Époque	
Spondylus.	Paucispinatus.	Bell.	»			
	Radula.	Lam.	»			
	Rarispina.	Desh.	»			
	Niceensis.	Miln et Ha.	Nice.			
Cycloseras.	Fourneli.	Coq.	Taormina, Altavil.	Calcaire, argile.	Lias, pliocène.	Jurassique crétacé. Toutes les époques tertiaires.
Plicatula.	Radiola.	Lamk.	Palerme.	Congl.		
	Intus striata.	Emm.	»			
	Mytilina.	Phil.	»			
	Caillandi.	Bell.	»			
	Roncana.	Broc.	Ronca.	Lignite.	Eocène.	Jurassique crétacé. Tertiaire partout.
Ostrea.	Indéterminé.	Linn.	Nice.		Miocène.	
	Subumdilata.	Villa.	Ronca, Monfino, Naples.	Tuf.	Volcanique.	
	Ungulata.	Orb.	Castro Real, Altavilla.	Calcaire, argile.	Crétacé, pliocène.	
	Vesicularis.	Nist.	»			
	Longirostris.	Lamck.	»			
	Edulis.	Seg.	»			
	Vespertilum.	Calc.	»			
	Corrugata.	Broc.	»			
	Dilettrei.	Coq.	Taormina.	Calcaire.	Néocomien.	
	Conica.	Orb.	»			
	Overwegei.	Coq.	»			
	Auressensis.	»	»			
	Scyphax.	»	»			
	Flabellata.	Orb.	»			
	Baylei.	Queranger.	»			
	Mermeti.	Coq.	»			
	Lamellosa.	Brong.	Altavilla, Militello.	Marne, basalte.	Pliocène, volcan.	
	Digitalina.	Dub.	Campo Felice, Pachino, Sort Girg.	Molasse, calcaire, tuf.		
	Cochlear.	Poli.	Sciacca, Syracuse.			Jurassique crétacé Tertiaire partout.
	Bellovacina.	Lamk.	»			
	Plicatula.	»	»			
	Custata.	»	»			
	Callifera.	»	»			
	Virginica.	Lam.	Sogliano.	Lignite.	Miocène.	
	Maxilla.	Broc.	Bologne, environs		Pliocène.	
	Canaliculata.	D'Orb.	Monte Gorgano.	Schistes.	Eocène.	
	Depressa.	Ph.	»	Argile.	Pliocène.	
	Foliosa.	Broc.	»			
	Archiaci.	Bell.	»			
	Cubitus.	Desh.	»			

Ostrea.	Cymbula.	Lamk.	»	Idem.		
	Flabellula.	»	»			
	Gigantea.	Braud.	»			
	Orbicularis.	Sow.	»			
	Vesicularis.	Lam.	»			
Gryphæa.	Navicularis.	Brong.	Syracuse.	Calcaire grossier.	Pliocène.	
Clacuna.	Ariminensis.	Orb.	Caltagirone.	Marne.	Pliocène.	Jurassique.
Anomia.	Gregaria.	Brong.	Ronca.	Lignite.	Pliocène.	Jurassique.
	Striata.	»	Altavilla, Messine.	Marne congl.	Plioc., volcanique.	Crétacé. Tertiaire partout.
	Ephippium.	Lamk.	Caltanizetta, Milazzo, Girgenti, Palerme.	Calcaire, basalte.		
	Vitrea.	»	Militello.			
	Polymorpha.	Ph.	Abruzzes.	Marne.	Miocène.	
Megasiphonia.	Parkinsoni.	»	»			

BRACHIOPODES

TÉRÉBRATULIDES

Terebratula.	Grandis.	Seg.	Pachino, Messine.	Calcaire, conglom.	Jurassique, pliocène, miocène.	Dévonien, carbonifère, permien, jurassique crétacé. Tertiaire partout.
	Caputserpentis.	Lamk.	Taormina.			
	Peloritana.	Seg.	»			
	Affinis.	Calc.	»			
	Septata.	Ph	»			
	Sphenoïdes.	»	»			
	Concinna.	Sow.	»			
	Vicinalis.	Schl.	»			
	Duplicata.	Sow.	»			
	Impressa.	Brong.	»			
	Plicata.	»	»			
	Sactorii.	Calc.	»			
	Ornitocephala.	Cocchi.	Arzo.	Calcaire.	Lias.	
	Diphyoïdes.	Orb.	M. Vignole.	»	Néocomien.	
	Pyriformis.	Seg.	Taormina, Altavil.	Calcaire marneux.	Lias, pliocène.	
	Gregaria.	»	Syracuse, Milazzo, Pachino, Messine.	Basalte, congl.	Volcanique.	
	Punctata.	Sow.	S.-Dominica, Palerme.			
	Ampulla.	Brong.	»			
	Minor.	Phil.	»			
	Truncata.	Lamk.	»			
	Vitrea.	»	»			

	Bipartita.	Defr.	»			
	Indentata.	Sow.	»			
	Varians.	»	»			
	Rustica.	Ph.	»			
	Sscobinata.	»	»			
	Regnolii.	Meng.	Messine.	Sable		
	Philippi.	Seg.	»			
	Calabra.	Seg.	»			
	Sinuosa.	Broc.	»			
	Meneghiniana.	Seg.	»	Calcaire.	Néocomien.	
	Michellottiana.	Seg.	»	Calcaire.	Lias.	
	Triangulus.	Sow.	Monts Luganiens. Monte Cesi.			
	Lampas.	Sow.				
	Resupinata.	Sow.	»			
	Erina.	Orb.	»			
	Cuchii.	Roem.	»			
	Sphenvida.	Phil.	Messine.	Calcaire.		
	Triplicata.	»	Arzo-Saltris.	Marbre	Jurassique.	
	Quadruplicata.	Zieten.	»			
	Lacunosa.	»	Vallée de la Stura.			
	Tetraedra.	Sow.	»			
	Ornitocephala.	Sow.	»			
	Variabilis.	Schloth.	»			
	Tetraedrica.	De Buch.	»			
	Perovalis.	Sow.	»			
	Globata.	Sow.	»			
	Inœquivalvis.	Sow.	»			
Waldheimia.	Pactschii.	Seg.	Taormina.	Calcaire brun.	Lias.	Crétacé.
	Septigera.	Sow.	Messine.	Calcaire.		
	Cranium.	Mul.	»			
	Davidsoniana.	Seg.	»	Marne.		
Terebratella.	Pusilla.	Seg.	S.-Filippo, Pantaleone.	Molasse.	Pliocène.	Jurassique.
	Repleta.	Ph.	Messine.	Calcaire.		
Terebratulina.	Caput-serpentis.	Lin.	Gravitello, Altavil.	Marne.	Pliocène.	Crétacé, miocène.
Argiope.	Detruncata.	Seg.	S.-Filippo, Altavil.	Marne.	Pliocène.	Crétacé, nummulitique, calcaire gros., miocène, pliocène.
	Decollata.	Chenis.	»			Crétacé.
THECIDÉIDES						
SPIRIFERIDES						
Spirifer.	Rostratus.	Schl.	Altavil., Taormin.	Marne, calcaire.	Pliocène, jurass.	Silurien, carbonif. permien.

Spirifer.	Walcotii.	Cocchi.	Arzo.	Calcaire.	Lias.	
	Granulosus.	Gold.	Taormina.	»	Jurassique.	
	Tumidus.	De Buch.	Arzo.	Marbre.	Jurassique.	
Spiriferina.	Rostrata.	Sèhl.	Taormina.	Calcaire brun.	Lias.	Carbonifère.
	Hartmanni.	Zich.	»			
	Rupestris.	Besl.	»			
RHYNCHONELLIDES						
Rhynchonella.	Fussicostata.	Suess.	Taormina.	Calcaire brun.	Lias.	Silurien, carbonif.
	Subrinosa.	»	»			Jurass., crétacé.
	Serrata.	Sow.	»			
	Bipartita.	Br.	Messine.	Sable.	Lias.	
PRODUCTIDES						
CALCEOLIDES						
GRANIDES						
ORBICULIDES						
LINGULIDES						
Hippurites.	Cornucopia.	Defr.	Taormina.	Calcaire brun.	Lias.	Crétacé.
	Sulcata.	»	»			
	Dilatata.	Defr.	Nocera.	Calcaire blanc.	Crétacé.	
	Flexuosus.	Cat.	»			
Caprina.	Aguilloni.	D'Orb.	Palerme.	Calcaire.	Crétacé.	
Caprinella.	Triangularis.	D'Orb.	Nocera.	Calcaire blanc.	Crétacé.	
Caprinula.	Neapolitana.	Menegh.	»			
Radiolites.	Angeoïdes.	Lamk.	»			
	Radiata.	D'Orb.	»			

BRYOZAIRES

CELLULINÉS

Cincularia.	Indéterminé.	M. T.	M. Titana.	Maruc.	Miocène.	Miocène.
Eschara.	Undula.a.	Reuss.	Ronca,Saugonimi.	Tuf argileux.	Idem.	Jurass., crétacé, nummulitique, calcairegrossier, miocène, plioc.
	Perforata.	»	M. Titano.			Crétacé.
Escharella	Sentellaris.	»	M. S. Giulano.	Calcaire.	Miocène	Crétacé. Tertiaire partout.
Lunulites.	Radiata.	Calc.	Nicosia.	Idem.	Crétacé.	
Retepora.	Vibicata.	Goldf.	M. Titano, Turin.	Calcaire,	Miocène.	Crétacé, nummulitique,calc. gros.. miocène. plioc.

Collepora.	Punicosa.	Lamk.	Altavilla.	Marne.	Pliocène.	Crétacé. Tertiaire partout.
Menbranipora.	Indéterminé.	»	M. Titano.	Calcaire.	Miocène.	Crétacé, miocène.
CENTRIFUGINÉS.						
Discocavea.	Indéterminé.	Sow.	Villafranca.	Calcaire gros.	Miocène.	Crétacé, miocène.
Rddiopora.	»	»	Monte Titano.		miocène.	Jurassique, crétacè miocène.
Myriozon.	Truncatum.	Ehrinberg Orb.	Monte Titano.	Calcaire.	Miocène.	Crétacé, miocène.
Robula.	Mornata.		Caltagirone.		Tuf.	
	Cultrata.	»				
	Simplex.	»				
	Senilis.	»				
Diseospensa.	Indéterminé.	»	Monte Titano.	Calcaire.	Miocène.	
Hornera.	Trabecularis.	Reuss.	Monte Titano.		Miocène.	Crétacé

HISTOIRE GÉOLOGIQUE DES MOLLUSQUES TROUVÉS EN ITALIE

N. B. — La ligne verticale indique les époques où ils ont apparu et disparu du globe ; la ligne horizontale indique l'âge des terrains où ils ont été trouvés en Italie.

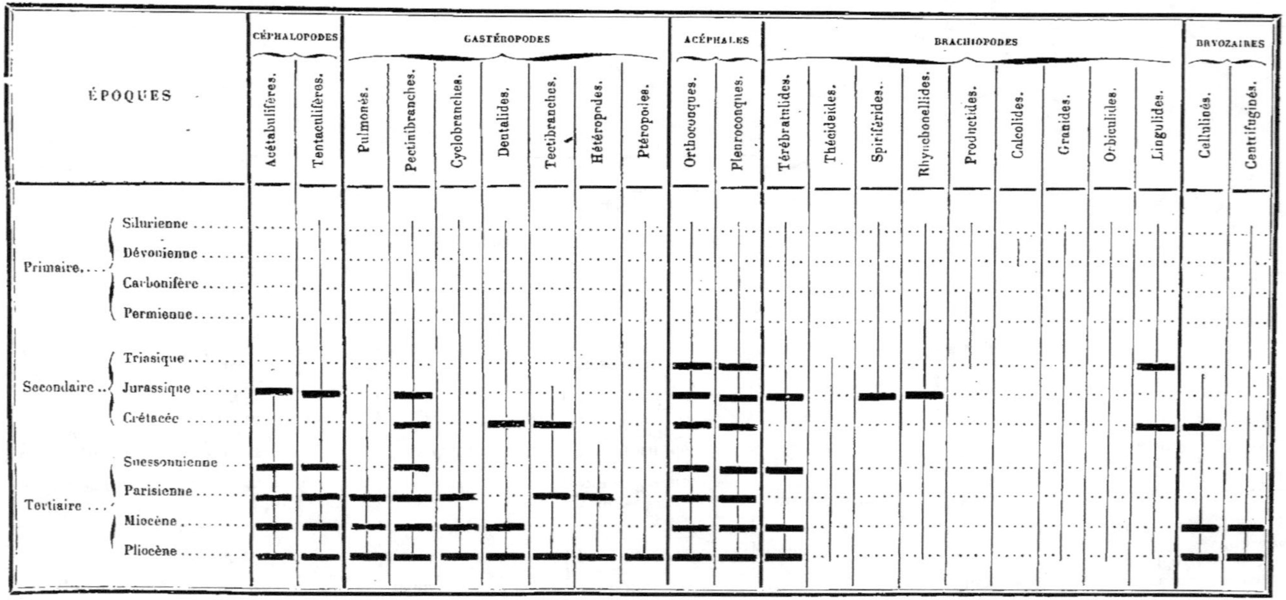

ÉPOQUES		CÉPHALOPODES		GASTÉROPODES							ACÉPHALES		BRACHIOPODES									BRYOZAIRES	
		Acétabulifères.	Tentaculifères.	Pulmonés.	Pectinibranches.	Cyclobranches.	Dentalides.	Tectibranches.	Hétéropodes.	Ptéropodes.	Orthoconques.	Pleuroconques.	Térébratulides.	Thécideides.	Spiriférides.	Rhynchonellides.	Productides.	Calcéolides.	Granides.	Orbiculides.	Lingulides.	Cellulinés.	Centrifuginés.
Primaire	Silurienne																						
	Dévonienne																						
	Carbonifère																						
	Permienne																						
Secondaire	Triasique																						
	Jurassique																						
	Crétacée																						
Tertiaire	Suessonnienne																						
	Parisienne																						
	Miocène																						
	Pliocène																						

ECHINODERMES

ÉCHINIDES

Holaster.	Transversus.	Agas.	Piémont.	Terrains apparte-naut.	Au gault crétacé.	Jurassique.
	Loevis.	Brong.	»		Miocène.	Crétacé.
	Perezzii.	Sism.	»			
Ananchytes.	Tuberculata.	Defr.	Monte Vignole.	Calcaire.	Néocomien.	Crétacé.
Cardiaster.	Italica.	Orb.	Id.	Calcaire.	Id.	Crétacé.
	Zignocina.	»				
Hemiaster.	Batnensis.	Coq.	Taormina.	Calcaire.	Id.	Néocomien, éocène miocène, plioc.
	Obesus.	Agas.	Nice.			
Pericosmos.	Latus.	Agas.	Corse, Malte, Turin	Marne.	Miocène.	Néocomien, miocène, pliocène.
	Indéterminé.	»	M. Titano.			
Periaster.	Scarabeus.	Laube.	Monte Titano.	Marne.	Id.	Crétacé.
	Heberti.	Cotteau.	»			
Linihia.	Cruciata.	Desor.	Caprera, M. Titano	Marne.	Id.	Néocomien.
Spatangus.	Occellatus.	Defr.	Sasso, M. Titano.	Marne.	Id.	Néocomien, éocène
	Chitonatus.	Sism.	Abruzzes.			Miocène, pliocène.
Schizaster.	Canaliferus.	Ag.	Sogliano. ·	Marne.	Id.	
	Suderi.	Agas.	Nice.	Lignite.	Miocène.	
Macropneustes.	Meneghinii.	Leske.	M. Titano, Viale.			
	Tresoïdes.	Agas.	Vicentus.	Marne.	Miocène.	
Eupantangus.	Ornatus.	Defr.	Vicentus, M. Titano			
	Elongatus.	Agas.	Nice.	Marne.		
	Minimus.	Sism.	»			
	Navicella.	Agas.	»			
Brissopsis.	Contractus.	Agas.	Nice.			
	Menippes.	Sism.	»			
	Oblongus.	Agas.	»			
Echinolampas.	Amygdala.	Agas.	Nice.			
	Beaumonti.	»	»			

Conoclypus.	Ellipsoidalis.	D'Arch.	Idem.	Idem.		
	Francii.	Des.	»			
	Politus.	Des Moul.	»			
	Laurillardii.	Agass.	»			
	Anachoreta.	Agass.	»			
	Conoideus.	Idem.	»			
	Subcylindricus.	Idem.	»			
Amblypygus.	Agenoris.	Sism.	»			
Pygurus.	Coarctatus.	Agass.	»			
Pygorhynchus.	Scutella.	Agass.	»			
Cassidulus.	Sapitianus.	D'Arch.	M. Gargano.	Schistes.	Eocène.	
	Testridinarius.	Brong.	Ronca.	Calcaire.	Suessonnien.	Crétacé, néocom.
Nucleolites.	Indéterminé.	Lamk.	Ronca.	Calcaire.	Suessonnien.	Crétacé, éocène.
Clypeaster.	Altus.	Lamk.	Altavilla, M. Titano.	Argile marne.	Pliocène, miocène	Oolithe infer, jurassique.
	Scutum.	»	Monfer., Vicintus.		Suessonnien.	Miocène, pliocène.
	Laganoides.	Agas.	»			
	Leskei.	Golf.	Monte Gargano.	Schistes.	Eocène.	
Galerites.	Castanea.	Agass.	Monte Bolca.	Lignite.	Eocène.	Crétacé.
Discoidea.	Striatus.	Agass.	Monte Bolca.	Lignite.	Eocène.	Crétacé.
Psammechinus.	Parvus.	Mich.	M. Titano, Turin.	Marne, sable.	Miocène.	Crétacé.
Echinus.	Desculentus.	Lamk.	Altavilla.	Marne.	Pliocène.	Carbonif., jurass. crétacé, éocène, miocène, plioc.
Magnosia.	Disorii.	Coq.	Taormina.	Calcaire.	Néocomien.	Jurassique.
Cidarus.	Avenionensis.	Desmoul.	Monte Titano.	Marne.	Miocène.	Triasique, jurassique, crétacé, néocomien, miocène pliocène.
Echinocorys.	Nummulitica.	Sism.	Nice.			
	Beaumonti.	»	Ronca.	Lignite.	Eocène.	
	Scaglia.	»	»			
STELLÉRIDES						
CRINOÏDES						
Apiocrinus.	Ellipticus.	Goldf.	Randazza, Pachino Taormina.	Calcaire.	Crétacé, jurassique	Jurassique.
Pentacrinus.	Diabolis.		Ronca.	Lignite.	Eocène.	Jurassique, crét., néocomien, éocène, miocène.
	Basaltiformis.	Mill.	Arzo, Saltrio.	Marne.	Jurassique.	

ACALEPHES

MEDURSAIRES

SERTULARIENS

POLYPES

ZOANTHAIRES

Trochocyathus.	Acquicostatus.	Schaur.	Sangonïni.	Tuf argileux.	Miocène.	Jurassique, crétacé
	Elegans.	Micht.	M. Titano, Sarcello	Marne.	Miocène.	Tertiaire partout.
	Alpinus.	Miln.	Nice..			Terrain nummulitique.
	Cornatus.	Miln et Ha.	«			
	Cyclolitoïdes.	Ha.	»			
	Fimbriatus.	Miln et Ha.	»			
	Pyrenaicus.	»	»			
	Sinuosus.	»	»			
Turbinolia.	Exarata.	Mich.	»			
	Prœlonga.	»	»			
	Sulcata.	Lamk.	Nice.		Miocène.	Néocom., éocène.
	Indéterminé.	Bron.	Vicentin.	Lignite.	Eocène.	Miocène.
	Hamosa.	Calc.	Nicosia.	Marne.	Pliocène.	
	Aculcata.	»	»			
	Boufelli.	»	»			
	Compassa.	»	»			
Desmophyllum.	Crassum.	Seg.	Messine.	Calcaire.		
	Maximum.	Seg.	»			
	Elegans.	Seg.	»			
	Affine.	Seg.	»			
	Sulcatum.	Seg.	»			
	Compressum.	»	»			
	Antiquatum.	»	»			
	Clavatum.	»	»			
	Ehrenbergianum.	»	»			
	Fungiaeforme.	»	»			
	Costatum.	Ed.	»			
	Pedunculatum.	»	»			
	Gracile.	»				
Ceratotrochus.	DuodecimCostatus	Edw.	Abruzzes.	Marne.	Miocène.	
Flabellum.	Siciliarse.	Leg.	S. Filipp. Gravitella		Pliocène.	Tertiaire partout.
	Caciniatum.	Ph.	Rometta.		Miocène.	
	Appendiculum.	Brong.	Sangonini.	Tuf argileux..	Miocène.	
	Tellardii.	Ha.	Nice.			Terrain nummulitique.
	Costatum.	Bell.	Messine.	Calcaire.		
	Attenuatum.	Seg.	»			
Trochosmilia.	Panteniana.	Cat.	Sangonini.	Tuf argileux.	Mioène.	Jurassique.
	Corniculum.	Miln et Ha.	Nice.			Terrain nummulitique.
	Irregularis.	»	»			

	Multisinuosa.	»	»			
	Vertebralis.	»	»			
Ellipsosmilia.	Ellipsoïdes.	Seg.	Caltagirone.	Tuff.	Pliocène.	Crétacé.
	Oblonga.	»	»			
Lobophyllia.	Contorta.	Mich.	»			
Stylina.	Pereziana.	Mich.	Nice.			Terrain nummulitique.
Stylocœnia.	Emarciata.	Miln et Ha.	Nice.			
Astrocœnia.	Caillandi.	Miln et Ha.	Nice.			
	Numisma.	»	»			
Sarcinula.	Sulcata.	Calc.	Altavilla.			
Caryophyllia.	Compressa.	Scacchi.	Altavilla, Monte Pelegrino.	Tuffo, Marne calcaire.	Pliocène. Pliocène, crétacé.	Miocène.
	Clavus.	»	»			
	Gemmellariana.	Seg.	Messine.	Calcaire.		
	Geniculata.	»	»			
	Zanilea.	»	»			
	Corniculata.	»	»			
	Pedunculata.	»	»			
	Elegans.	»	»			
	Aradasiana.	»	»			
	Duodecimangulat.	»	»			
	Clavata.	»	»			
	Peloritana.	»	»			
	Variabilis.	»	»			
	Maxima.	»	»			
	Polymorphus.	»	»			
Montlivallia. —	Bilobata.	Miln et Ha.	Nice.			Terrain nummulitique.
Mussa.	Indéterminé.	Edwards.	Monte Bolca.	Lignite.	Eocène.	Miocène.
Cladoera.	Reussona.	Reuss.	Trapani Castro Real.	Molasse, calcaire.	Pliocène, miocène.	Crétacé, éocène, miocène.
	Caespetosa.	Suegs.	»			
Stephanophyllia.	Imperialis.	Seg.	S. Filippo, Gravitelli.	Marne.	Pliocène.	Eocène, miocène.
Poritès.	Ramosa.	Catullo.	M. Titano, Gomberto, Montecchio.	Marne.	Miocène.	Miocène.
Millepora.	Compressa.	Lamk.	Altavilla.	Argile.	Pliocène.	
Halia.	Helicoïdes.	Broug.	Altavilla.	Argile.	Pliocène.	
ALCYONAIRES						
Issis.	Militensis.	Goldf.	Romella.	Molasse, argile.	Pliocène.	
	Peloritana.	Seg.	»			

Corallium.	Rubrum.	Seg.	Trapani, Castro Real.	Calcaire.	Pliocène.	Crétacé, miocène.

FORAMINIFÈRES

MONOSTÈQUES

Orbulina.	Universa.	Orb.	S. Michele.	Marne.	Pliocène.	Miocène, pliocène.
Fissurina.	Communis.	Seg.	S. Filippo.	Congl.	Pliocène.	Eocène, miocène.
Ovelina.	Siccata.	Seg.	S. Filippo.		Pliocène.	Crétacé, éocène.
Orbitolites.	Elliptica.	Mich.	Nice.			Terrain nummulitique.
	Stellata.	D'Arch.	»			
	Radians.	»	»			
	Submedia.	»	»			

CYCLOSTÈQUES

STICHOSTÈQUES

Glandulina.	Rudis.	Costa.	Sicile.	Terrains.	Pliocène.	Jurass., crétacé, éocène, mioc., pliocène. Id.
Nodosaria.	Hispida.	Orb.	S. Michele, Trapani Castro Réal.	Marne, calcaire.	Pliocène, crétacé.	
	Spinosula.	Costa.	»			
	Annulata.	Reuss.	»			
	Ovularia.	Seg.	»			
	Raphanistrum.	Lamk.	»			
	Ellipsoïdes.	Seg.	Messine.	Marne.	Pliocène.	
	Marginuloïdes.	Silv.	»			
	Raphanus.	Linn.	S. Michele.	Marne.		
	Scalaris.	»	Caltagirone.			
	Aspera.	»	»			
	Papillosa.	Silv.	»			
	Antennula.	Costa.	»			
	Subigualis.	C.	»			
	Simplex.	Silv.	»			
	Palliata.	»	»			
	Fusiformis.	»	»			
	Interrupta.	»	»			
	Longicauda.	Orb.	Messine.	Marne.		
	Pulpoides.	Silv.	»			
Dentalina.	Elegans.	Orb.	S, Michele.	Marne, tuf.	Pliocène.	Permienne. Jurass., crétacé, éocène, pliocène.
	Boucana.	»	Caltagirone.			
	Abbreviata.	Costa.	»			

	Acuta.	»	»			
	Nepos.	»	»			
	Strigosa.	Costa.	»			
	Inornata.	Orb.	»			
	Indéterminé.	Orb.	Messine.	Marne.		
	Verneulli.	»	»			
	Anterinula.	»	»			
	Urnula.	»	»			
	Elegantissima.	»	»			
Frondicularia.	Compressa.	Costa.	S. Michele.	Marne.	Pliocène.	Jurassique,crétacé
	Lanceolata.	»	Caltagirone.			Eocène, miocène
	Augustata.	»	»			pliocène.
	Regularis.	Orb.	»			
	Denticulata.	Costa.	Messine.	Marne.		
	Acuminata.	»	»			
	Subfalcata.	»	»			
	Silicula.	»	»			
Marginulina.	Similis.	Orb.	Caltagirone.	Marne.	Pliocène.	Jurassique,crétacé
	Cristalloïdes.	Oziz.	»			éocène,miocène.
	Regularis.		Messine.			
Lingulina.	Multicostata.	Costa.	Messine.	Marne.		
Vaginulina.	Badenensis.	Orb.	Caltagirone.	Marne.	Pliocène.	Jurassique,crétacé
	Italica.	Costa.	»			Miocène.
	Legumen.	Orb.	»			
	Sulcata.	Costa.	»			
	Clavata.	»	Messine.	Marne.		
			»			
			»			
			»			

HÉLICOSTÈQUES

Cristellaria.	Cassis.	Lamk.	S. Michele.	Marne.	Miocène.	Jurassique,crétacé
			»			éocène, miocène
			»			pliocène.
Robulina.	Similis.	Orb.	S. Michele,Trapani	Marne.	Miocène.	Idem.
	Partschiana.	Sueg.	»			
	Echinata.	Orb.	»			
	Cultrata.	»	»			
	Calcar.	»	»			
	Clypeiformis.	»	»			
	Inornata.	»	»			
	Imperatora.	»	»			
	Ariminensis.	»	»			
	Simplex.	Orb.	Messine.	Marne.		

Nummulite.	Fichtelli.	Mich.	M. Gargano, Villa-franca, Vintimiglia.	Calcaire.	Crétacé.	Néocomien, éocène-miocène.
	Lamarkii.	Lamk.	»			
	Dufsenoyë.	Favre.	Ronca.	Calcaire.	Nummulitique.	
	Ramondi.	Orb.	M. Titano.	Marne.	Miocène.	
	Planulata.	»	»			
	Submidia.	»	»			
	Complinata.	Menegh.	Pistoya.	Calcaire.	Crétacé supérieur.	
	Ramonchi.	Orb.	»			
	Perforata.	»	»			
	Variolarice.	»	»			
	Quittardi.	»	»			
	Tchihatcheffi.	Arch.	Vicentin.			
	Intermedia.	»	»			
	Curoispira.	Menegh.	»			
	Biaritzensis.	Arch.	»			
	Striata.	Orb.	»			
	Contorta.	Desh.	»			
	Murchisoni.	Brow.	»			
	Granulosa.	Arch.	»			
	Discorbina.	Schlot.	Nice.			
	Lœvigata.	Lam.	»			
	Rutimeyeri.	D'Arch.	»			
	Scabra.	Lam.	»			
	Spira.	De Roissy.	»			
	Spissa.	Defr.	»			
Nonionima.	Bulloïdes.	Orb.	Caltagirone.	Tuf.	Pliocène.	Eocène, miocène, pliocène.
Rosalina.	Sicula.	Hoff.	Cattolica, Trapani,	Calcaire.	Crétacé sup.	
	Calabra.	Seg.	Castro Réal, Taormina.		Pliocène, jurassique.	
Lenticulites.	Rotulata.	Lamk.	Altavilla.	Marne.	Pliocène.	
Operculina.	Ammonca.	Lyn.	Nice.			
Polystomella.	Crispa.	Lamk.	S. Michele.	Molasse.	Pliocène.	
Alveolina.	Bulloïdes.	Orb.	Sicile.	Molasse, argile.	Pliocène.	Miocène, pliocène. Crétacé, néocom., miocène, plioc.
Rotalia.	Partichiana.	Orb.	Cattolica, Caltanizetta.	Molasse, argile.	Pliocène.	Jurassique, crétacé Tertiaire partout.
	Globulosa.	»	Ivi, Taormina..	Calcaire.	Jurassique.	
	Ocellata.	»	»			
	Pectusa.	»	»			
	Stigma.	»	»			
	Scabra.	»	»			

Rotalina.	Ungiriana.	Orb.	Caltagirone.	Tuf.	Pliocène.	
	Affinis.	Czigir.	»			
	Convidea.	»	»			
Globigerina.	Quadrilobata.	Orb.	S. Michele, S. Filippo.	Marne, tuf.	Miocène, pliocène.	Crétacé, éocène.
	Helocina.	»	»			
	Bulloïdes.	»	Gravitelli Cattolica Caltanizetta, Caltagirone.	Calcaire.	Jurassique.	Miocène, pliocène.
	Regularis.	»				
	Bilobata.	»	Taormina.			
	Trilobata.	Reuss.	»			
	Sicula.	Orb.	»			
Truncatulina.	Lobulata.	Orb.	Trapani, Castro Réal, S. Michele.	Marne.	Miocène, pliocène.	Crétacé, éocène, miocène, plioc.
Uvigerina.	Pygmœa.	Orb.	Caltagirone.	Tuf.	Pliocène.	Crétacé, éocène, miocène, plioc.
Clavulina.	Irregularis.	Costa.	S. Pantaleone, Michele, Caltagir.	Marne, tuf.	Miocène, pliocène.	
	Communis.	Orb.				
Bulimina.	Inflata.	Seg.]	Caltagirone.	Tuf.	Pliocène.	Crétacé, éocène, miocène.
Anomalina.	Heliana.	Costa.	Caltagirone.	Tuf.	Pliocène.	Crétacé, miocène, pliocene.
Siphonina.	Inornata.	Costa.	Caltagirone.	Tuf.	Pliocène.	
	Puteolana.	»	»			

ENNALOSTÈQUES.

Gullulina.	Ovalis.	Born.	Caltagirone.	Tuf.	Pliocène.	Crétacé, éocène, miocène, pliocène.
	Cilindrica.	»	»			
	Vitrœa.	»	»			
Textutaria.	Partschii.	Seg.	S. Filippo, Ivi. Cattolica, Caltagirone.	Marne, tuf.	Pliocène, miocène.	Carbonifère.
	Granulata.	Costa.		Calcaire.	Jurassique.	Permienne, crét.
	Cribosa.	Seg.	Taormina.			Eocène, miocène, pliocène.
	Corrugata.	Costa.	»			
	Aciculata.	Orb.	»			
	Subangulata.	»	»			
	Globulosa.	»	»			
Virgulina.	Schreibersii.	Czizck.	Caltagirone.	Tuf.	Pliocène.	Crétacé, miocène.
	Longissima.	Costa.	»			

AGATHISTÈQUES

Quinqueloculina.	Bocreana.	Orb.	Castro Real.	Calcaire.	Crétacé.	Crétacé, éocène.
	Nussdorfensis.	Seg.	»			Miocène, pliocène.

Billoculina.	Sphacroichina.	Seg.	Sicile.	Molasse et argile.	Pliocène.	Crétacé, éocène. miocène, plioc.
	Circumclausa.	»	»			
	Tubulosa.	Costa.	»			
	Clypeata.	Orb.	»			
	Simplex.	Seg.	»			
	Canela.	»	»			
	Buloïde.	»	»			

INFUSOIRES

SPONGIAIRES

Spongia.	Aciculosa.	»	»			
	Cancellata.	»	Caltanizetta.			
	Cribrum.	»		Marne.	Pliocène.	Silurienne, devonienne, jurassiq. Crétacé, tertiaire.

HISTOIRE GÉOLOGIQUE DES ZOOPHYTES TROUVÉS EN ITALIE

N. B. — La ligne verticale indique les époques où ils ont apparu et disparu du globe ; la ligne horizontale indique l'âge des terrains où ils ont été trouvés en Italie.

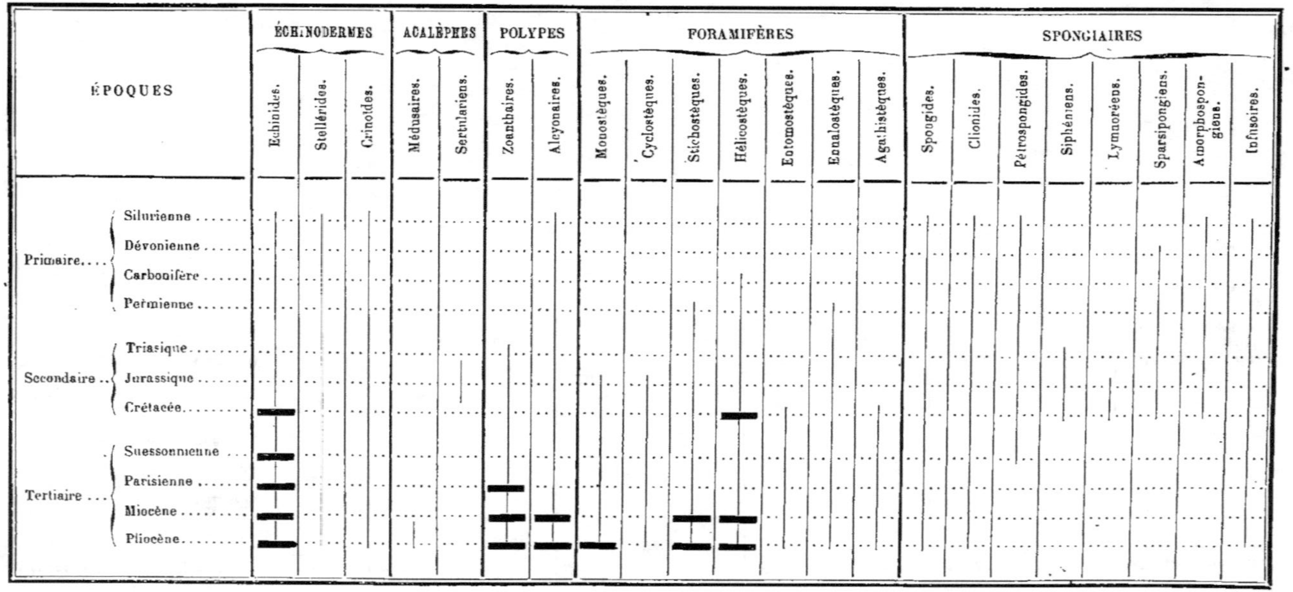

ÉPOQUES	ÉCHINODERMES			ACALÈPHES		POLYPES		FORAMIFÈRES							SPONGIAIRES							
	Echinides.	Stellérides.	Crinoïdes.	Médusaires.	Sertulariens.	Zoanthaires.	Alcyonaires.	Monostèques.	Cyclostèques.	Stichostèques.	Hélicostèques.	Entomostèques.	Ennalostèques.	Agathistèques.	Spongides.	Clionides.	Pétrospongides.	Siphéniens.	Lymnoréens.	Sparsipongiens.	Amorphospongiens.	Infusoires.
Primaire — Silurienne																						
Primaire — Dévonienne																						
Primaire — Carbonifère																						
Primaire — Permienne																						
Secondaire — Triasique																						
Secondaire — Jurassique																						
Secondaire — Crétacée																						
Tertiaire — Suessonnienne																						
Tertiaire — Parisienne																						
Tertiaire — Miocène																						
Tertiaire — Pliocène																						

Nous venons de passer rapidement en revue les débris d'un monde bien antérieur au nôtre ; nous y avons rencontré les traces d'espèces perdues aujourd'hui ; nous y trouvons des individus vivant encore et dont la constante reproduction nous fortifie dans la pensée que, depuis leur création jusqu'à aujourd'hui, les conditions vitales n'ont pu changer qu'insemsiblement.

Si nous observons la gradation suivie dans ces travaux synoptiques, nous dirons que la nature se rend, par ses êtres animés, de plus en plus parfaite. — Du mollusque infime, premier être de la création, à l'homme, cet être doué de la pensée et de la raison, quel progrès !

La conclusion que l'on peut tirer de notre travail, c'est que ces débris organiques disséminés çà et là représentent des races à jamais disparues et des races qui existent encore. Or, il est difficile d'admettre que ces débris ont été apportés, là où nous les découvrons, par le mouvement des eaux, sauf toutefois pour ceux que nous retrouvons dans les cavernes, résidus qui ne se composent souvent que de quelques os, de quelques vestiges, à l'aide desquels Cuvier, par son génie, a su reconstituer tout le règne animal. Il nous faut bien, par conséquent, en déduire encore que la majeure partie des terrains renfermant ces dépouilles formaient des continents sous-marins.

Il est, aujourd'hui, un fait mis à jour par les recherches incessantes de la science, c'est que des mollusques, dont nous constatons l'existence dans les terrains anciens, se retrouvent pour la plupart dans le fond des mers.

C'est ainsi que, lorsqu'il y a quelques années, il devint nécessaire de retirer le câble sous-marin placé entre la Sardaigne et l'Afrique, on trouva adhérents à ce câble certains mollusques dont les congénères ne se voient plus que dans les fossiles de l'époque primaire.

Ceci prouve une fois encore que les points de la terre ferme, renfermant ces fossiles, formaient autrefois les parois inférieures d'une mer très-profonde.

D'un autre côté, la nomenclature des fossiles énoncés dans le travail précédent, nous montre certains types n'ayant pu vivre que dans l'eau douce ; la présence de ces types vient confirmer ce que l'étude géologique des terrains nous avait fait présumer, c'est-à-dire qu'ils étaient, sur une étendue plus ou moins grande, sillonnés par des cours d'eau.

Des requins, trouvés confondus parmi ces fossiles d'eau douce, assignent la place occupée par l'embouchure de fleuves. Tous ces faits particuliers tendraient à prouver que les conditions d'existence n'étaient pas pour les animaux aquatiques aussi différentes que l'on pourrait le supposer.

N'est-ce pas la même répétition de nos jours ? Combien y a-t-il de mers plus peuplées et offrant une plus grande variété de sujets que l'Adriatique et les mers qui baignent les côtes méridionales de la péninsule italique ? Nous ne parlerons pas des vertébrés, que l'on rencontre, ainsi que l'indique notre travail, presque partout ; ceux-ci ont été évidemment apportés dans les *cavernes* par le flux et le reflux des eaux ; ils appartiennent à un âge se rapprochant du nôtre, et dénotent qu'à une date quelconque de l'époque quartenaire, des inondations furieuses sont venues bouleverser ce qui avait été constitué par le soulèvement des Alpes et des Apennins.

Nous ferons remarquer que, parmi ces débris roulés, renfermant les êtres les plus disparates de la création, on trouve quelquefois des *silex taillés*, ce qui annonce que la catastrophe s'est produite lorsque déjà l'homme était apparu.

Remarquons, en passant, que si la présence de la race humaine se trahit ici par un fait irrécusable, c'est-à-dire par ces silex taillés évidemment dans un but de défense, on peut en conclure, que, par son intelligence, l'homme a dû se préserver des catastrophes diluviennes qui engloutissaient tant d'animaux.

En résumé, nous trouvons que, géologiquement parlant, nous devons faire remonter la constitution des terrains qui font l'objet de nos études à une époque que l'on peut fixer entre les derniers âges de la deuxième période et les premiers de la troisième.

Nous avons, par les vestiges, par les traces des poissons et des mollusques, prouvé la validité des assertions de la géologie ; quand on aura parcouru notre travail, on reconnaîtra que la paléontologie a confirmé les faits démontrés par la première de ces deux sciences.

Une difficulté que les géologues semblent créer pour l'avenir est l'innombrable quantité d'espèces que chacun d'eux se plaît à découvrir.

Il est temps qu'on s'arrête, car ce serait rendre cette science naissante si compliquée, que l'on préférera se contenter simplement de l'étude si vraie des terrains par leur minéralogie.

Pictet a commencé heureusement à apporter l'ordre ; d'autres viendront après lui, et nous pouvons espérer une nomenclature sérieuse des fossiles, qui ne renfermera pas cette multitude de désignations qui ne reposent que sur le caprice de quelques-uns de ceux qui les ont étudiés.

QUATRIÈME PARTIE

DU SOUFRE ET DES ROCHES QUI L'ACCOMPAGNENT

QUATRIÈME PARTIE

DU SOUFRE ET DES ROCHES QUI L'ACCOMPAGNENT

QUATRIÈME ·PARTIE

Qu'entendons-nous par ces mots : FORMATION DU SOUFRE ? Indiquent-ils dans notre pensée, que c'est du métalloïde que nous voulons trouver le secret? Non ; car, jusqu'au jour où la science aura prouvé qu'il n'est pas un corps simple, nous ne pourrons, à notre tour, savoir les causes qui l'ont créé, et il faudra nous résoudre à ne connaître que les propriétés physiques et chimiques dont il jouit.

Si nos connaissances actuelles ne nous découvrent pas la généalogie du métalloïde, nous savons cependant, par les diverses combinaisons qu'il forme avec les autres corps, dans quelles conditions il se présente à nous.

Le soufre, comme nous allons le voir, nous apparaît, même lorsque nous le rencontrons à l'état de pureté, accompagné de quelques autres corps que nous étudierons tout particulièrement. Ces corps sont : les gypses, le sel gemme, et les matières bitumineuses.

Malgré son état de corps simple, le soufre est l'objet des études de bien des savants. Quelques-uns veulent que ce corps simple ne soit pas un solide, mais un gaz; et, dans cette hypothèse, les uns le font arriver des entrailles de la terre, les autres le donnent comme le résultat de la décomposition de matières organiques.

Dans l'un comme dans l'autre cas, le soufre existe ; et, s'il se révèle par son odeur fétide, c'est que, déjà, il se trouve combiné avec un autre corps, qu'il abandonne le plus souvent, pour se présenter à nos sens, cristallisé, jaune-serin ou rouge, et sans odeur.

Nous verrons, lorsque nous décrirons, les exploitations minières dans lesquelles on le rencontre, qu'il existe à différents états ; nous verrons, lorsque nous nous occuperons de quelques volcans, sous quelles formes il nous apparaît alors, et enfin, celles qu'il affecte dans les sources sulfureuses, dont nous étudierons quelques-unes, sources qui sont simplement le résultat du lavage des roches qui le contiennent.

Ces *sources sulfureuses* jouent un rôle des plus importants sur notre globe. Elles sont très-abondantes partout, mais surtout en Sicile, où il en surgit presque à chaque pas, tellement tous les terrains d'alluvion y sont imprégnés de soufre. Ces eaux sulfureuses se décomposent au contact de l'air et laissent ou des cristaux ou de la fleur de soufre.

Ce même fait se produit dans les cratères des volcans éteints, au fond desquels on rencontre ou des eaux stagnantes ou des eaux vives.

Dans les terrains qui contiennent le soufre, soit à l'état cristalloïde, soit à l'état de gaz, soit à l'état liquide, on ne rencontre aucun vestige d'êtres qui aient vécu. Dans les tableaux paléontologiques qui accompagnent notre travail, les êtres que nous y signalons ont toujours été trouvés à côté de ces dépôts.

Cela se conçoit facilement : les éruptions gazeuses ont anéanti les êtres qui vivaient en ces lieux, et décomposé les coquilles des mollusques sans nombre qui y habitaient. Cependant, en Sicile, dans des terrains quaternaires imprégnés de soufre, nous avons rencontré quelques vestiges de poissons; mais le fait est rare. En revanche, comme nous le verrons, les tufs et les marnes, qui sont les toits et les murs de ces gisements sulfurifères, sont remplis de mollusques.

Nous verrons que la formation des terrains qui renferment le soufre n'est pas partout identique. Nous expliquerons ces divergences dans la description particulière que nous en ferons. Ainsi quelques-uns de ces dépôts ont été formés sous des lacs, comme l'indiquent les fossiles de poissons d'eau douce qu'on y rencontre, tandis que d'autres dépôts se sont formés sous des eaux salées, sous la mer peut-être ; on peut, en effet, le conjecturer non-seulement d'après les vestiges d'êtres marins qu'on y trouve, mais encore par des bancs considérables de sel gemme, auxquels ils sont mêlés.

Enfin, nous trouverons encore des dépôts sulfurifères placés dans des roches compactes qui, elles, n'ont été couvertes ni par des eaux douces, ni par les eaux de la mer.

Toutes ces particularités n'établissent pas une loi générale de formation ; c'est suivant les circonstances atmosphériques, climatériques, suivant la présence de tel ou tel corps pour lequel le soufre a plus ou moins d'affinité, qu'un bassin sulfurifère aura une constitution toute différente d'un autre, de sorte que, dans telles conditions, le métalloïde sera exploitable, dans telles autres il ne le sera pas.

C'est par suite des études auxquelles se sont livrés les géologues, et à l'aide des relations qu'ils ont établies entre eux, que chaque jour la lumière se fait plus grande sur ces questions ; mais si elles sont restées longtemps obscures, elles sont aujourd'hui bien près d'être entièrement élucidées. Or, elles ont une importance exceptionnelle : car, qui ne sait que les dépôts de soufre se trouvent *dans tous les terrains ;* qu'on en rencontre partout sur notre globe, dans les cinq parties du monde ?.

La formation géologique sulfurifère, en général, a fait de tous temps l'objet de nombreuses recherches scientifiques ; dès 1784, *Dolomieu* parcourait les exploitations siciliennes, et se livrait, sur les lieux mêmes, à de minutieuses observations. Les œuvres qu'il nous a léguées s'accordent avec les travaux plus récents de Ferrara, de Melograni, d'Hoffmann, de Lyell et de Constant Prévost. Lorsque l'on consulte ces différentes études, ou s'aperçoit cependant qu'il y a doute dans l'esprit de leurs auteurs sur l'âge à assigner à la formation. Les terrains anciens se composent de mica-schiste et de schiste-talqueux ; on y trouve même des bandes de terrain jurassique qui les recouvrent sur quelques points, et les séparent de la formation des calcaires crétacés auxquels appartient généralement, sur les bords de la Méditerranée, le principal rôle géologique.

A notre tour, nous allons essayer d'aborder cette question ; et, afin de mettre nos lecteurs à même de sciemment l'apprécier, nous rappellerons, aussi succinctement que possible, l'opinion des géologues, nos prédécesseurs.

La question est des plus complexes, attendu que, sur bien des points, elle présente des contradictions, des particularités qui, au premier abord, semblent renverser les données généralement admises par la science.

Ainsi, bien qu'ayant pris particulièrement à tâche l'étude de cette grande zone de terrains que nous appellerons terrains sulfurifères, zone qui s'étend des Alpes cottiennes jusqu'au fond de la Sicile en suivant la longue arête des Apennins, nous nous verrons bien souvent contraint d'élargir le cercle de nos observations et de nous transporter sur tel point écarté où les mêmes stratifications, les mêmes phénomènes créent des similitudes qu'il ne nous est pas permis de négliger.

Nous avons longuement observé les Alpes, et il appert de nos recherches, bien souvent renouvelées, que parmi tous ces points, différents au premier aspect, il se présente des analogies telles que le doute disparaît, et que l'on acquiert bientôt la certitude qu'une même influence est venue présider à la formation des terrains sulfurifères.

Le chanoine *Barnaba* disait :

Le soufre est déposé en couches minces dans la marne azurée ; on le voit non loin des amas de gypse, souvent il est réuni avec le sel marin fossile et l'ambre, quelquefois même on recueille dans ces marnes l'asphalte, ou, comme on l'appelle vulgairement, le bitume de Judée. Sur la rive droite du fleuve Salso (Sicile), le gypse d'un beau blanc, analogue par tous ses caractères à l'albâtre des Alpes, a résisté plus que les marnes aux altérations atmosphériques. Il communique au relief du sol une forme mamelonnée d'un aspect bizarre.

M. *Constant Prévost* dit : L'association presque constante du gypse, du soufre, du sel gemme, avec deux roches calcaires, dont l'une marneuse et tendre est très-analogue par ses caractères extérieurs, soit à la craie, soit plus encore peut-être aux marnes du gypse des environs d'Argenteuil, près Paris, et l'autre également blanche, plus dure, caverneuse, offre des parties siliceuses, qui la font ressembler quelquefois, de la manière la plus exacte, à notre calcaire de Champigny, est un des principaux traits de la géologie de la Sicile.

Le savant académicien dit encore : Le géologue attentif, qui

aura visité les divers points du globe sur lesquels les phénomènes
éruptifs se sont produits, retrouvera sur tous ces points, quelque
éloignés qu'ils puissent être l'un de l'autre, certaines causes absolument identiques, et, dans quelques cas particuliers à la Sicile,
il découvrira toutes ces causes réunies.

Et c'est alors qu'il lui faudra non-seulement faire appel à toute
sa sagacité, à toute son expérience, mais encore recourir à tout le
secours de la science, pour discerner la nature propre du terrain.

Hoffmann a également parcouru toute la Sicile, et, dans un
très-remarquable ouvrage, il rend compte de ses observations.
Son travail peut être résumé en ces quelques lignes :

La Sicile est le résultat d'un soulèvement. Les terrains qui la
forment ont été décomposés par les émanations volcaniques ; le
soufre déposé dans ces terrains est venu remplir les cavités créées
par les soulèvements successifs et les déchirures produites par les
éruptions.

Maravigna admet, comme tous les géologues qui l'ont précédé,
que le soufre, dérive des émanations volcaniques, aussi bien que les
roches qui se trouvent, soit amalgamées avec lui, soit placées au-
dessus, au-dessous ou sur les côtés des gisements sulfurifères. Mais
ces émanations, dit Maravigna, se sont produites sous les eaux, car
la Sicile devait être couverte de lacs. Les volcans ont donc fait éruption
sous les eaux, et celles-ci élevées à une température convenable, tenaient en suspension les matières calcaires, et par suite renfermaient
les principes qui devaient constituer le gypse en se combinant avec
les émanations sulfureuses. — Quant à l'excédant de soufre, il est
venu se condenser tel que nous le trouvons aujourd'hui.

Mottura, dans une Etude (1) couronnée par l'Académie royale
de Turin, rend un compte très-détaillé de son excursion en Sicile.

Dans les conclusions générales de son ouvrage, l'auteur, tout
en paraissant admettre l'opinion des géologues, qui avant lui avaient
étudié cette question, cherche néanmoins à démontrer que les gypses ne peuvent être une conséquence des émanations sulfureuses.

---

(1) *Della formazione solforifera della Sicilia*. Turin, 1870. Stamperia Reale.

Les gypses, dit-il, *sont d'une formation antérieure à celle du soufre.*

A l'appui de cette opinion, il discute longuement, et tâche de prouver : que les gypses se trouvant toujours sous le soufre, appartiennent dès lors à une formation antérieure.

Puis, abordant la question sous un autre aspect, il nous montre que les amas de sel gemme se présentent aussi le plus souvent dans ces conditions, et, s'appuyant sur ce fait, il s'efforce de renverser les hypothèses généralement admises.

Les arguments invoqués par l'auteur, pour venir en aide à sa démonstration, ont leur base dans l'examen que le géologue fait des quantités de soufre que contiennent les minerais exploités dans telle ou telle solfatare.

L'ouvrage de M. l'ingénieur Mottura est des plus récents. Mais ces études sont néanmoins antérieures à nos propres études, puisque nous avons fait nos voyages en Sicile et nos excursions dans les Alpes de 1864 à 1870, jusqu'à l'époque de l'invasion de la France. — Nous avons pensé qu'il serait utile à la clarté de notre sujet de reproduire les conclusions du savant ingénieur, et d'analyser les travaux de nos prédécesseurs, avant de présenter à notre tour les observations que nos recherches nous ont mis à même de recueillir.

Sainte-Claire Deville a traité la question au point de vue chimique (1); il fixe la température des gaz s'échappant des volcans; il détermine leur nature et leur densité. Le chimiste vient ici en aide au géologue pour nous expliquer la formation des terrains sulfurifères.

La question est traitée *ex professo;* aussi reviendrons-nous souvent à cet auteur pour lui emprunter nos meilleures armes à l'appui de notre argumentation.

Scipion Gras, dans son ouvrage sur le département du Vaucluse (2) fait remonter la formation du bassin d'Apt à la deuxième période de l'époque secondaire.

----

(1) *Observation sur la nature et la distribution des fumerolles dans l'éruption du Vésuve.* Paris, 1855.
(2) *Description géologique du département du Vaucluse.*

Cette chaîne de montagnes, dit cet ingénieur, refuse de se courber sous le niveau paléontologique... On a trouvé, dans plusieurs dépôts récents de la Sicile, des coquilles dont les analogues ne vivent pas, de nos jours, dans la Méditerranée, mais bien dans la mer du Nord.

Les mollusques que nous retrouvons encore de nos jours ne se rencontrent pas indistinctement sur tous les points ; leur existence n'est accusée que dans les mers dont le fond ne dépasse pas une certaine altitude.

Il suit de là que l'ingénieur n'ose fixer une époque à la formation sulfurifère.

Serao, Della Torre, Hamilton, et bien d'autres avant eux, rendent compte des éruptions du Vésuve et de l'Etna dont ils ont été les témoins.

Leur narration se trouve confirmée par les observations recueillies dans les dernières convulsions du volcan, avec cette différence cependant que les éruptions anciennes l'emportent de beaucoup, par leur fréquence comme par leur importance, sur celles qui se produisent de nos jours.

Sans doute, les termes scientifiques employés par ces anciens auteurs ont fait place à des termes qui appartiennent à une classification plus rationnelle ; de même que certains phénomènes, à peu près inexplicables pour eux, sont devenus depuis complétement familiers. Mais cette légère critique ne doit rien enlever au mérite de leurs œuvres ; et on ne recueille pas moins de la lecture de ces auteurs anciens certains faits, certaines observations, qui acquièrent d'autant plus de prix que le lecteur aura été plus à même d'en vérifier l'exactitude sur les lieux décrits, malgré les profonds bouleversements qu'un siècle écoulé a pu faire subir à ces terrains éminemment volcaniques.

En effet, telle montagne, signalée par ces auteurs, a fait place à une plaine ; tel fleuve a transporté son lit bien loin du point indiqué ; la forêt décrite n'existe plus. Et, comme tout effet doit avoir une cause, on cherche celle qui a produit un changement aussi radical ; cette cause, on la trouve dans la nature même d'un sol constamment miné, mouvementé, soulevé par les feux souterrains dont le travail incessant poursuit son œuvre de constante destruction.

On s'explique alors les démentis que le présent donne au passé et on juge plus impartialement l'œuvre des écrivains des siècles écoulés.

Necker, de Charpentier, et d'autres, se sont occupés plus spécialement de l'étude des Alpes.

Ils ont décrit quelques-unes des révolutions que les volcans leur ont fait subir, révolutions auxquelles est venue apporter son aide l'action destructive des eaux comblant les vallées, nivelant les montagnes, les rompant en blocs énormes, charriant, roulant ces blocs et les arrondissant; ils nous ont montré ce travail du feu et des eaux, bouleversant ces terrains de telle sorte que la science est aujourd'hui fort empêchée pour leur assigner un âge.

Notre grand naturaliste, *Alexandre Brongniart*, s'est également occupé des Alpes ; ses études viennent confirmer entre autres la doctrine émise par *Forti*, qui dit que les dépôts de coquilles trouvés en si grande abondance sur divers points de cette longue chaîne de montagnes, n'y ont pas été transportés mais que les mollusques ont vécu sur les points mêmes où nous trouvons leurs dépouilles (1).

« Sur les couches calcaires, sortent de leur sein des collines « très-élevées, très-étendues, composées presque toutes des es- « pèces et variétés de roches trappéennes, de spilite, de basalte, de « bréciole, dispersées ou sans ordre constant, ou dans un ordre que « je n'ai pu saisir. Ces roches trappéennes, ici puissantes, élevées « et étendues, alternent surtout vers les parties les plus hautes « des collines et, par conséquent les plus superficielles, avec des « couches également nombreuses, puissantes et étendues, d'un « calcaire souvent compacte ou marneux ; c'est ce calcaire qui ren- « ferme les poissons fossiles, et c'est ce calcaire dont il s'agit de « déterminer l'époque. »

Gioeni (2) assure, d'après l'examen attentif qu'il en a fait, que les roches recouvrant en partie la montagne de Somma et répandues dans le vallon ne sont pas de formation volcanique.

Nous venons de rappeler l'opinion de nos maîtres sur la forma-

---

(1) *Mémoire sur les terrains de sédiments supérieurs.* Paris, 1823.
(2) Napoli MDCCXC.

tion des Alpes ; leurs travaux serviront de base à notre dissertation sur l'origine et l'époque de la formation des terrains sulfurifères qui se montrent plus ou moins sur tous les points décrits par eux.

Après quelques rapides considérations générales, nous reprendrons, dans les chapitres suivants, la discussion sur chaque point particulier, et nous nous efforcerons de corroborer notre exposé par les arguments tirés de l'observation ; de telle sorte que le lecteur puisse asseoir son jugement sur des études poursuivies contradictoirement avec la plus entière impartialité.

De témoignages aussi éclatants par l'autorité scientifique de leurs auteurs, il résulte pour nous que les terrains renfermant le soufre sont d'époques différentes : il y a les terrains anciens, qui ont été disloqués en partie par l'éruption qui produisit les Alpes, terrains que l'on retrouve sur quelques points de la Sicile, et les terrains calcaires, qui ont été la plupart couverts par la mer avant cette éruption. Ces derniers terrains ont, par leur nature même, été attaqués par les émanations sulfureuses et ont formé les gypses et d'autres particularités qu'à notre tour nous allons essayer de décrire.

Il n'y a pas de doute que, lorsque les premières couches tertiaires achevaient de se déposer, la configuration des terres était bien différente de celle qu'elles devaient avoir après les soulèvements quaternaires.

Tout annonce que, jusqu'à la fin de la période tertiaire, les lieux qui ont été l'objet particulier de nos recherches étaient occupés sinon par une mer, au moins par une série de lacs plus ou moins étendus formés les uns d'eau douce, les autres d'eau de mer.

La révolution géologique a consisté en un exhaussement considérable du terrain, puis en dislocations partielles, qui ont brisé, soulevé les couches en mille sens différents.

Les filons ou les amas de soufre contenus dans ces terrains sont le produit des éruptions volcaniques.

Cela est incontestable.

Mais ce qui est sujet à controverse, c'est l'état précis dans lequel le soufre se trouvait, lorsque se sont formés ces filons ou masses.

Pour tous ceux qui ont fait une étude attentive des terrains sulfurifères, qui ont assisté à l'extraction du minerai contenant le soufre, il est évident que l'éruption a soulevé le plus souvent des terres recouvertes par des nappes d'eau, et que le soufre, provenant de profondeurs inconnues, s'y trouvait à divers états chimiques. Vomi à une haute température, il présentait du soufre pur et du soufre combiné.

C'est dans ce dernier état chimique que les carbonates de chaux soulevés se sont transformés en sulfates, en dégageant leur acide carbonique.

Tantôt le soufre libre est venu se mêler entièrement à la gangue avec laquelle il se trouvait en contact, tantôt, lorsqu'il ne rencontrait plus cette gangue passée à l'état de sulfate de chaux, et ne lui permettant plus par conséquent de nouvelle combinaison, il se formait alors, comme sur quelques points de la Sicile, ces immenses poches qui ne renferment que du soufre pur, traversé quelquefois par des bancs de sel, résultat incontestable de l'évaporation des eaux salines, soulevées et distillées par les effets de l'éruption.

C'est également ainsi que nous expliquons les affleurements (*briscale*), qui ne sont que la décomposition d'un carbonate de chaux par l'action de l'acide sulfureux.

Le soufre, à l'état natif, est donc sali et mélangé avec les roches désorganisées par lui. Ses formes sont variées; tantôt il se présente en cristaux, d'autres fois en masses cristallines; mais il est généralement si intimement uni avec la gangue, que l'on ne le reconnaît pas au premier abord, et qu'il faut une grande expérience pour le distinguer.

Il donne en effet à cette gangue diverses nuances absolument disparates; ici, il se présente sous une couleur jaune-gris, blanchâtre ou brune; ailleurs, suivant qu'il se trouve en contact avec des matières autres que le carbonate de chaux, telles que les bitumes, il devient noirâtre. Si on le pulvérise, sa cassure est blanchâtre, conchoïde, cireuse.

Le gypse, si fréquemment mélangé au soufre, forme des cristaux d'un blanc nacré ou gris, et quelquefois noirs. La strontiane s'y rencontre également à l'état de sulfate, rarement à un autre état chimique, et forme alors ces magnifiques cristaux qui sont des objets de curiosité pour nos musées de minéralogie.

Ces divers aspects du soufre tendraient à faire supposer une différence dans sa formation; c'est là une erreur assez commune, mais dont l'étude fait prompte justice.

Tous ces différents états du soufre brun ou jaune, combiné avec le bitume, ou formant un composé parfait, sont un effet des conditions qui présidèrent à sa formation, se produisant sous une couche plus ou moins considérable d'eau ou de terrains fortement humides, et démontrent abondamment que l'éruption a eu lieu sous les eaux de la mer, pour ce qui regarde la Sicile, et sous les boues des marais romagnols, pour ce qui regarde les provinces de Rimini, Forli et Ancône.

Un ingénieur français, M. Toussaint, a émis, à ce sujet, une opinion que nous partageons absolument :

« Dans les Romagnes, dit-il, cette éruption a été plutôt une quantité « plus ou moins considérable d'émanations se produisant sur des « points très-rapprochés les uns des autres, qu'une éruption propre- « ment dite, surgissant brusquement comme le ferait un volcan. »

Les différents états sous lesquels se présente le soufre, dans les Romagnes et en Sicile, sont dus aux-mêmes causes ; seulement, les effets ont été plus ou moins longs, plus ou moins brusques, et les résultats se sont modifiés ou plutôt ont changé, non point de nature, mais d'aspect, suivant le plus, ou moins de durée, le plus ou moins de violence de la cause qui les a fait naître.

Le bouleversement amené par cette cause a eu lieu, comme nous l'avons dit, soit sous une masse aqueuse, soit sous une accumulation de roches ; par suite l'éruption soulevant toute la croûte terrestre qui lui faisait obstacle, a formé d'une part ces amas considérables qui ne renferment que du soufre pur, de l'autre, ces fissures s'irradiant au travers des terrains environnants, et venant former des filons dont la puissance acquiert bien souvent en Sicile, 12, 15 et 20 mètres.

Or, suivant la nature et le degré de résistance des terrains ainsi traversés par le soufre en fusion, il s'est produit des mélanges et des combinaisons plus ou moins intimes, qui ont amené les divers aspects sous lesquels le minerai se montre aujourd'hui.

Pour ce qui a rapport à la formation du soufre nous ne croyons pas qu'il puisse y avoir divergence d'opinion entre les géologues ; toutefois nous suivrons une théorie nouvelle qui appartient à M. Toussaint, théorie dont nous lui laissons tout le mérite, comme aussi toute la responsabilité ; mais nous avons pensé que les études spéciales faites par ce savant ingénieur en vue de reconstituer au laboratoire ce que le travail de la nature a fait sur la masse ignée, lui donnaient droit de cité dans cette 2ᵉ édition de notre livre.

« Les vapeurs de soufre, dit M. Toussaint, ne pouvant passer
« dans l'atmosphère en raison du poids exercé par la nappe
« d'eau, ont réagi au fond de cette eau où gisait une couche molle
« composée de débris organiques, d'argile, de calcaire, tous pro-
« duits qui sont la gangue du soufre.

« Dans le même moment, le calorique, étant considérable, a
« attaqué ces matières organiques, qui ont été partiellement
« converties en bitume, lesquelles, réduites en vapeur, sont ve-
« nues se mélanger au soufre, qui, se refroidissant au contact
« de l'eau et des marnes, a formé le soufre brun bitumineux ; une
« autre partie du bitume s'est condensée et est venue s'intercaler
« dans les roches.

« Simultanément, les gaz carboniques provenant de la décompo-
« sition des matières organiques, ont réagi sur les vapeurs rouges
« du soufre et ont produit du sulfure de carbone.

« Le sulfure de carbone, à son tour, a dissous les vapeurs de
« soufre, et ces vapeurs sont venues se loger dans les cavités va-
« cantes, pour former des géodes de soufre pur. »

Avant de suivre plus loin M. l'ingénieur Toussaint dans la démonstration de sa théorie, nous nous permettrons de faire observer que toutes ces réactions chimiques sont bien du domaine du laboratoire, et qu'à ce titre elles peuvent être soutenues.

Il est certain, en effet, que du carbone, et du soufre chauffés à blanc formeront du sulfure de carbone, et que celui-ci dissoudra le soufre. Or, il est tout à fait admissible que cette même opération chimique a pu se produire au milieu de ces convulsions qui eurent pour conséquence la formation de la chaîne des Apennins, formation évidemment contemporaine du soulèvement qui produisit les Romagnes et la Sicile.

Mais cette formation du soufre pur est-elle partout le résultat de l'action du sulfure de carbone ? — Certes, il est non-seulement possible, mais fort croyable même que, sur un point quelconque, ce phénomène se soit produit, mais nous ne croyons pas que cette explication puisse être uniformément appliquée à toute la formation du soufre, surtout à la formation du soufre non taché de bitume, de ce soufre pur, de couleur jaune, ou blanchâtre, ou rougeâtre, que l'on rencontre en si grande quantité, notamment en Sicile.

Car il y a beaucoup de bassins sulfurifères où l'on ne rencontre aucune trace de matières organiques ; le soufre s'y est amassé dans de grandes poches dont les parois sont formées, soit par un carbonate de chaux très-dur, soit par du gypse d'une pureté telle qu'il est absolument transparent.

D'autres fois encore, on rencontre le soufre sous les couches considérables de sel gemme ; or, dans ces conditions, il ne saurait avoir été produit par une dissolution de sulfure de carbone.

Il ne reste donc plus que la production des petites géodes de soufre pur, que nous trouvons intercalées dans du minerai sali par des bitumes.

Pour ce cas particulier, nous ne voyons aucun obstacle à l'adoption de la théorie de M. Toussaint, auquel nous laissons de nouveau la parole :

« Les vapeurs de soufre qui n'ont pas contribué à la formation
« du soufre bitumineux et du sulfure de carbone, ou qui n'ont pas
« été dissoutes par lui, ont produit plusieurs effets qui'ont aug-
« menté la quantité de soufre déposé dans les roches.

« L'un d'eux est dû au refroidissement du soufre dans l'eau, ce
« qui l'a transformé momentanément en soufre mou, pour se mé-
« langer alors aux marnes, et former les veines et les stries de
« soufre jaune non cristallisé.

« Un autre effet a été la décomposition de l'eau par les vapeurs
« rouges du soufre. — L'hydrogène a fourni de l'hydrogène sul-
« furé qui s'est répandu dans la masse ; l'oxygène a aidé à la com-
« bustion sous l'eau, et des vapeurs sulfhydriques et sulfureuses, en
« se combinant, ont donné naissance au soufre blanc.

« Ces combinaisons diverses ont engendré un nouvel état du
« soufre, — du bisulfure d'hydrogène, — produit qui a la propriété
« de rester quelque temps liquide à 30° ; après, une petite propor-
« tion se dissout dans l'eau ; l'autre jaunit.

« Dans son état liquide, il se mélange aux marnes et forme les
« veines et stries du soufre jaune non cristallisé. »

D'après nous, ici encore M. Toussaint est dans le vrai. — Les réactions chimiques qui ont dû s'accomplir sont sans limites ; et lorsque M. Toussaint parle de la réaction par les acides sulfhy-drique et sulfureux, cet ingénieur n'ignore pas que l'étude de cette réaction a fait l'objet des longs travaux de l'auteur de ce livre, alors qu'en 1860 il cherchait à retirer des *marcs de soude* le soufre qu'ils contiennent.

Nous devons cependant faire remarquer que cette manière de voir n'est pas celle de tous les géologues, et, pour en donner une preuve, nous citerons l'opinion émise par M. Gemellaro, de Catane. Ce savant après avoir constaté que cinquante-neuf espèces de fos-siles, dont les analogues vivent de nos jours dans les mers qui en-tourent la Sicile, se retrouvent dans les terrains gypseux, ajoute :

« Le soufre est le produit de la décomposition de mollusques « qui s'étaient acidifiés par l'action des feux souterrains, et qui ont « converti le calcaire en sulfate de chaux. »

Nous bornerons là nos citations.

Nous venons de rapporter ce qu'ont écrit nos maîtres. Nous allons à notre tour examiner ce qu'est cette terre si violemment travaillée, où se sont creusés tant de lacs, et où se dressent tant de hautes montagnes dont à grand'peine on parvient à atteindre le faîte, et sur lesquelles la science retrouve à chaque pas les vestiges d'un monde disparu.

Etudions d'abord la nature des terrains qui renferment l'objet de nos travaux : — *Le Soufre.*

Pour les uns, le soufre provient des profondeurs de notre planète.

Pour les autres, il provient des eaux.

Pour d'autres encore de l'atmosphère.

Cherchons à notre tour à élucider la question.

Les divers corps simples qui constituent les matières solides et gazeuses que nous connaissons, sont répandus au-dessus, autour et dans l'intérieur de notre planète ; ils proviennent conséquemment ou de l'atmosphère qui nous entoure ou des profondeurs de notre terre.

MM. Daubrée et Sainte-Claire Deville sont, de tous nos savants modernes, ceux qui ont apporté le plus de lumière sur la prove-nance des corps.

Avant eux, Davy et Hautefeuille avaient enseigné que l'oxygène ne se rencontre jamais dans l'intérieur du globe, mais qu'en re-vanche l'hydrogène y est toujours.

Ceux qui admettent la première hypothèse, c'est-à-dire que le soufre provient du sein de la terre, appuient leur opinion de ce fait :

Que la première croûte terrestre sur laquelle se meuvent les êtres organisés a partout la même composition, et ne contient, dans des proportions différentes que les seuls corps suivants :

La silice, l'alumine, la potasse, la soude, la chaux, la magnésie, le protoxyde de fer, l'oxyde de manganèse, l'eau. Tous ces corps forment entre eux une foule de combinaisons différentes, mais aucun d'eux, amalgamé ou combiné qu'il soit avec un ou plusieurs autres, ne fournira du soufre. Si l'on rencontre quelquefois ce métalloïde, dans des granites par exemple, ce n'est que dans des roches silicatées, c'est-à-dire métamorphosées, et nous savons que le métamorphisme n'est que le résultat d'une action postérieure. Il en résulte donc, que dans les premiers âges de notre planète, le soufre ne s'y constate pas.

Proviendrait-il des eaux?

Les mers qui ont couvert et qui couvrent la majeure portion de la terre, de la constitution de laquelle elles font partie intégrante, renferment 2/10. 000es de soufre ; or, voyons ce que ces 2/10. 000es de soufre, rapportés au cube total des eaux des mers actuelles représenteraient sur la surface de notre globe.

Le calcul nous apprend qu'ils produiraient une couche de :

    1^m,23 de soufre natif.
    0^m,93 de pyrite.
    6^m,90 de gypse.

Ce n'est donc pas dans les eaux, dit M. Daubrée, qu'il faut rechercher la source du soufre.

On pourrait objecter que ces calculs, exacts quant aux mers actuelles, ne le sont pas pour les mers anciennes, qui avaient non-seulement une étendue plus considérable, mais qui pouvaient renfermer des proportions plus grandes de sulfate et par conséquent de soufre.

Mais cette objection tombe devant les découvertes de la paléontologie, qui nous apprend que les mers anciennes ont été habitées par des individus dont quelques-uns vivent encore dans nos mers actuelles ; et, dès lors est-il rationnel d'admettre que ces êtres aient pu exister dans des eaux qui auraient contenu des proportions plus considérables de soufre?

Le métalloïde proviendrait-il de l'atmosphère?

Cette opinion n'est soutenue que par quelques géologues, et c'est de la composition des aérolithes qu'ils tirent un de leurs plus forts arguments.

Les aérolithes, qui nous viennent de la lune suivant les uns, qui sont des débris de mondes à nous inconnus suivant les autres, et qui ne se révèlent que par leur chûte plus ou moins fréquente sur notre planète, contiennent du soufre. — Ce soufre, que la science nous montre allié aux métaux constitutifs de l'aérolithe, n'a pu s'y assimiler que pendant le passage de l'aérolithe à travers l'atmosphère qui entoure notre globe; sa présence, constatée dans le météore, révèle donc sa présence dans l'atmosphère qui a pu, dans les premiers âges du monde, le contenir en très-grande quantité. Pour donner valeur à cette opinion, il faut admettre qu'il fut un temps où notre atmosphère était imprégnée, outre mesure, de matières sulfureuses, qu'il fut un temps où les gaz se dégageant de ces matières se sont condensés, ont formé des dépôts, se sont combinés enfin avec les corps dans lesquels nous les trouvons.

Cette opinion se réfute par la géologie qui ne constate la présence du soufre allié aux métaux qu'après les époques azoïques, c'est-à-dire à l'époque où notre globe était déjà habité. On ne peut donc pas plus admettre son existence dans l'atmosphère que dans les mers anciennes.

Enfin un autre argument est produit, c'est celui de la présence du soufre dans l'organisme animal.

C'est là une autre phase de la question; nous savons que tous les corps en putréfaction, en fermentation, dégagent du soufre, à l'état d'hydrogène sulfuré; nous savons qu'il se répand en cet état en quantité infinitésimale dans l'atmosphère. Nous savons qu'il est absorbé non-seulement par notre organisme, mais encore par les plantes; mais ce fait ne prouve pas qu'il ne soit pas venu tout d'abord des entrailles du sol.

Nous avons constaté la présence du soufre dans l'intérieur de la terre, nous allons maintenant étudier la nature des terrains dans lesquels on le rencontre.

Tous les corps simples, sauf l'oxygène, l'azote, le carbone, proviennent du centre de la terre ; les roches calcaires ne sont qu'une décomposition de ces éléments ; le soufre, l'un de ces corps élémentaires, est un des plus minéralisateurs ; aussi n'a-t-on pas le droit d'être étonné de le trouver dans presque toutes les roches, de le rencontrer partout dans les filons métallifères.

On s'explique cette puissance minéralisatrice, lorsque l'on suit le travail des exploitations métallurgiques. On saisit alors, en effet, l'action des émanations du soufre dans les filons du globe, et si l'on joint à cette étude l'observation des phénomènes présentés par les volcans, on arrive à comprendre comment les corps qui proviennent du centre de la terre, se combinent avec ceux qui proviennent de l'atmosphère, et on peut se rendre compte des métamorphoses qui se sont produites.

Dans les temps les plus primitifs, aux âges *paléonzoïques*, le soufre ne se rencontre pas. C'est à la seconde époque, celle des *micaschistes*, qu'il commence à apparaître çà et là ; il constitue des amas de gypse.

Dans la période suivante, celle des *gneiss*, on le rencontre dans des roches cristallines, c'est-à-dire dans des roches métamorphosées. Mais où il se montre plus nettement, c'est à la période *phylladienne*. Les combinaisons avec le calcaire y sont plus accentuées ; les bancs de gypse deviennent plus nombreux.

A la période suivante, *période anthraxifère*, on le trouve dans les schistes bitumineux, dans les pyrites.

Dans la période *salino-magnésienne*, cette date d'effondrement de la croûte terrestre, cette époque où les éruptions *volcaniques* ont dû être des plus violentes, sa présence se constate : dans les lignites, dans les bitumes, dans les argiles, dans la houille, dans la strontiane, dans la barite, dans le fer.

Dans la période crétacée nous le trouvons à l'état de pyrite, de gypse, dans les lignites et, pour la première fois, dans des vestiges d'êtres organisés convertis en phosphate de chaux, et à l'état primitif, cristallisé dans des gypses, des marnes, des argiles, des calcaires.

A la période paléonthorienne, c'est-à-dire dans les terrains tertiaires et à la période neptunienne ou âge moderne, nous le rencontrons en quantité bien plus grande que dans les époques antérieures ; il apparaît sous toutes les formes, et on le trouve dans les sablès, dans les ponces, dans les laves.

Ainsi à toutes les époques géologiques, sauf aux époques azoïques le soufre constate sa présence ; il est, à une époque comme à une autre, amené des profondeurs du globe. Il suit, dans son apparition, les conditions qu'a subies notre planète. Lorsque du centre à sa périphéric elle présentait une masse incandescente, le soufre restait, comme tous les autres métaux, enfoui dans l'amalgame commun. Ce n'est pas encore lorsque la première croûte s'est solidifiée qu'il apparaît ; du moins aucun vestige ne le signale.

Ce n'est qu'à l'époque carbonifère qu'il manifeste réellement sa présence. Serait-ce par l'effet d'une réaction, produite avec l'oxygène qui devient de plus en plus dominant dans l'atmosphère ?

C'est une question qui ne trouve sa solution que dans l'étude des faits. Or il résulte de l'expérience que plus un volcan est en activité, plus il érupe de soufre, et que, lorsqu'il s'éteint, lorsqu'il n'est plus que ce que sont de nos jours les macalubi, les salses, les eaux thermales, etc., il n'en fournit que des quantités insignifiantes.

Et cependant, tous les volcans ne donnent pas de soufre, cette observation a été faite dès les temps les plus anciens et cette anomalie avait jeté pendant quelque temps, les meilleurs esprits dans la perplexité. Comment aurait-on pu admettre en effet que la matière renfermée sous l'écorce terrestre, ne fût pas partout la même ?

Mais il était donné au XIXe siècle, ce siècle des grandes inventions, d'expliquer cette anomalie apparente ; si les produits éruptés sont différents, la raison en est due aux réactions chimiques qui diffèrent, soit à cause de la différence du calorique, soit parce que les roches traversées s'y prêtent moins.

Les faits par lesquels le soufre se manifeste sont nombreux.

Il forme une infinité de combinaisons dans lesquelles il joue un rôle plus ou moins important ; il se mélange, s'allie, se combine, et forme des sulfures ou des sulfates, suivant que le contact est plus ou moins énergique, et en proportion de son affinité pour les corps qu'il attaque.

Ses combinaisons chimiques se produiront d'autant plus encore dans le jeu des volcans, que l'eau y interviendra et que l'action calorifique sera plus grande.

En résumé, s'il est aujourd'hui un corps répandu dans la nature, c'est incontestablement le soufre ; si sa provenance des profondeurs de la terre a été longtemps controversée, elle ne laisse plus de doute. Quant à sa nature est-il un corps simple, n'est-il qu'un composé d'autres corps ? c'est la seule question que la science n'a pas encore résolue, et qui doive désormais occuper les savants.

DESCRIPTION DES ROCHES ACCOMPAGNANT LE SOUFRE.— Après cet exposé, il convient que nous indiquions l'ordre de nos travaux. Dans la première édition, nous avons fait la description géologique de chacun des bassins sulfurifères, en abordant cette description par les points les plus importants, pour finir par ceux d'une importance moindre. Dans celle-ci, nous descendrons les Alpes, et parcourrons les Apennins, pour nous arrêter en Sicile, et partout, sur notre route, où nous trouverons des particularités intéressantes pour notre sujet, nous les saisirons et nous les analyserons.

Cette marche, bien qu'elle doive élargir de beaucoup le cadre de nos études, nous paraît la plus rationnelle, car elle nous permettra de suivre avec plus de facilité et de certitude l'objet particulier de nos recherches, *qui est le soufre.*

Nous visiterons donc d'abord le petit bassin sulfurifère d'Apt ; nous nous arrêterons ensuite dans les Romagnes, nous dirons un mot des solfatares des anciens Etats du duc de Toscane et du pape ; nous aborderons *lei Campi Fleigni* ; et enfin nous terminerons par les solfatares de la Sicile.

Mais avant d'entreprendre cette description topographique, nous décrirons brièvement au point de vue géologique les roches qui accompagnent le soufre, afin d'éviter des redites continuelles ; ces roches se rencontrant emsemble ou séparément dans tous les groupes sulfurifères que nous nous proposons d'étudier

GYPSE. — Parmi les roches dominantes, celle qui doit fixer la première notre attention, est le *gypse,* car le *gypse* se trouve constamment en contact avec le soufre.

La formation du gypse est le résultat des émanations sulfureuses.

C'est un point sur lequel il ne saurait y avoir de doute. En effet l'on constate, dans le calcaire gypseux, dans ses parties les plus élevées, des *nodules*, des *mouches* de soufre pur. Ainsi, par exemple, au département de Vaucluse, dans les gisements gypseux on trouve des nodules, et, à coté d'elles des empreintes vides; ce qui a fait dire aux mineurs que le minerai a été *délavé*, c'est-à-dire entraîné par les eaux au milieu desquelles il a séjourné avant la formation tertiaire.

Dans les Romagnes, les mêmes faits se présentent; mais où l'action du soufre sur la décomposition du carbonate de chaux s'accentue le plus, c'est en Sicile.

La gangue des minerais de soufre est toujours formée par le calcaire ou par le gypse, c'est-à-dire par une roche ayant pour base la chaux. Toute la question se borne donc, pour la formation du gypse, à convertir la base en sulfate de chaux.

Dans nos travaux d'ingénieur, nous avons été amené bien souvent à étudier la question, *in natura;* et, après les recherches faites, le doute ne saurait exister pour nous.

Dans certaines exploitations, que nous étudierons lorsque nous en aborderons la description, le carbonate de chaux se trouve à qnelques mètres du centre d'extraction du soufre. Ce carbonate est tantôt à l'état pur, tantôt mélangé intimement avec du soufre pur, ou bien encore sali par un mélange de matières bitumineuses; il s'y trouve tantôt à l'état de mono-sulfate de chaux (albâtre), tantôt enfin à l'état de sulfate de chaux imparfait, quelquefois même parfait, présentant dans ce dernier cas des cristaux translucides disposés en fer de lance.

Ces différentes couches se succèdent; le mineur, en suivant le filon passe de l'une à l'autre; mais, chose caractéristique, plus le gypse est pur, plus il est cristallisé, plus aussi il se trouve proche de la surface du sol. Toutefois, il ne présente pas toujours, comme dans tout le bassin du Platani (Sicile), le merveilleux spectacle de ces cônes qui s'élancent à 1000 pieds de hauteur, scintillant de mille feux sous l'action des rayons solaires. Tous ces amas contiennent des quantités considérables de soufre pur. Aussi ceux qui ont étudié ces formations gypseuses n'ont aucun doute sur la métamorphose subie par les carbonates de chaux.

Mais où l'incertitude et le doute se manifestent, c'est lorsqu'il s'agit de déterminer de quelle manière s'est opéré ce grand travail.

Malheureusement nous voulons tout rapetisser. Nous ne voulons pas assez comprendre, ou plutôt, assez nous persuader que les moyens employés par la nature sont bien différents de ceux que notre imagination peut concevoir; que ces moyens, quels qu'ils soient, ne ressemblent guère à ceux que nous parvenons à mettre en œuvre.

Le mode de formation du gypse n'est pas uniforme et constant; il varie suivant les lieux et suivant le milieu dans lequel cette formation s'est accomplie.

D'après *Elsner*, la composition du carbonate de chaux n'a pu s'effectuer qu'autant que ce corps a atteint 800° de chaleur; car c'est seulement à cette haute température qu'il perd complétement son acide carbonique, et que ramené ainsi à l'état naissant, il redevient capable de toutes les combinaisons.

Un pareil degré de chaleur ne peut être produit, cela se conçoit facilement, que par une action volcanique, telle qu'elle apparaît de nos jours dans les éruptions du Vésuve et de l'Etna. Aussi ce mode de la formation gypseuse est-il particulier aux lieux qui avoisinent les foyers des volcans.

Dans d'autres lieux, d'autres modes de formation ont surgi, et ce, suivant le milieu dans lequel elle s'est accomplie. Suivant M. *Pelligot*, le carbonate de chaux se dissout dans l'eau bouillante en proportion de 0, 113 de son poids.

D'ailleurs, ses expériences de laboratoire nous apprennent si l'on fait arriver les acides du soufre dans une dissolution semblable, que cette dissolution forme des sulfates de chaux plus ou moins parfaits.

On peut très-bien concevoir dès lors, qu'il puisse se former des sulfates de chaux, si une mer, un lac, un amas d'eau quelconque élevés à une température suffisante; recouvraient des calcaires désagrégés, dans lesquels arriveraient des émanations sulfureuses produites par des volcans. Cette hypothèse peut être parfaitement admise pour expliquer la formation des sulfates de chaux dans certains cas. *C'est donc encore là une hypothèse, mais une hypothèse parfaitement admise touchant la constitution des sulfates de chaux.*

M. *Delesse* en expose une autre plus radicale; il semble croire à l'invasion, dans les couches profondes de la terre, d'une quantité d'eaux minérales chargées de sulfate de chaux. Ces eaux formées en nappes ou lacs, ont déposé, par suite de l'évaporation, les sulfates dont elles étaient saturées et ont constitué les assises actuelles des gypses, dont la combinaison fut plus ou moins parfaite, suivant que les éléments en présence étaient en des proportions et à des températures plus ou moins convenables.

Cette explication qui ne répond pas plus à tous les cas que les précédentes, peut être adoptée pour quelques dépôts, mais elle ne saurait non plus s'imposer comme règle générale.

Et cela est tellement vrai, que les gisements gypseux si nombreux que l'on rencontre partout, se présentent sous des états différents ; les uns ne contiennent pas un atome de soufre libre ; les autres en contiennent des quantités importantes.

S'il faut 800° de chaleur à une roche calcaire, s'il faut que cette roche soit dans une eau élevée à la température de 100°, s'il faut encore, suivant *Deville*, que le soufre ait 350° pour métamorphoser le calcaire, on conçoit que les résultats pourront varier suivant la prédominance de l'une ou de l'autre de ces conditions.

Il ne peut y avoir deux manières différentes de connaître la constitution des gypses ; et de ce que des roches gypseuses comme celles qui composent le bassin de Paris, ne renferment aucune parcelle de soufre, il ne s'ensuit pas une constitution différente, quel que soit d'ailleurs le mode de formation. Elles sont toujours le résultat des émanations sulfureuses.

Les gypses parfaits renferment rarement des traces d'êtres organisés, ce qui semble indiquer que la formation s'est produite à une haute température ; quant aux gypses imparfaits qui en contiennent de très-grandes quantités, la présence de ces êtres tels que l'*anoplothérium*, le *palaplothérium*, les *carnassiers*, les *reptiles*, semblerait prouver que la constitution de ces bassins s'est faite tranquillement et sous l'eau. Ces animaux vivaient ou voyageaient sur ces terrains, et ils y ont été engloutis, ou y ont été entraînés par les eaux. On y rencontre aussi des troncs d'arbres, des empreintes de feuilles, qui confirment cette hypothèse.

Les dépôts de gypse sont généralement recouverts par des terrains de transport, argiles et marnes ; dans ce cas, la formation est lacuste. Ils se présentent avec des arêtes bien accentuées, ils forment des escarpements non recouverts par ces alluvions et sur lesquels nulle végétation n'apparaît ; alors la métamorphose est due aux effets volcaniques.

La formation du gypse est de tous les âges géologiques, elle est apparue du jour où sur notre croûte terrestre s'est montré le calcaire, et que par l'action volcanique le métamorphisme s'est accompli.

On commence à le rencontrer dans le terrain *silurien supérieur*; on ne l'aperçoit plus dans l'étage *dévonien*, ni dans l'étage *houillier*; il se représente dans les terrains *permiens* pour devenir très-abondant à l'époque *salifirienne*, où on le rencontre côte à côte avec le sel. A l'étage du *lias*, et à l'étage *oolithique* on ne le rencontre plus.

A l'époque *crétacée*, il est côte à côte avec les argiles; il est renfermé dans les calcaires à l'état de gros cristaux; il est encore en amas, et renferme des rognons de soufre.

Aux époques *tertiaires*, à l'*éocène*, on le rencontre avec les marnes, il est quelquefois grenu, il renferme des rognons de silex. Au *miocène*, il se retrouve comme à l'époque précédente dissiminé dans les marnes.

Au *pliocène*, il n'apparaît nulle part; si on le retrouve *au quartenaire*, c'est dans des couches qui ont été formées par des sources d'eau chaude.

Les gypses ont de tout temps fixé l'attention du géologue, comme un des métamorphismes les plus remarquables; ce métamorphisme s'est accompli par l'action du soufre, à l'état d'acide soit sulfureux, ou sulfurique, soit sulfhydrique.

SEL GEMME. — Les géologues admettent que la formation du sel doit être classée dans la deuxième période, entre l'époque jurassique et l'époque tertiaire.

Cette formation joue en Italie un rôle considérable, non-seulement à cause de son étendue, mais encore à cause de ses rapports avec le sujet qui nous occupe; en effet les terrains salifères sont toujours accolés aux gisements de soufre et de pétrole.

Les gisements de sel forment des masses si considérables, que les géologues leur ont fait une place parmi les roches.

On s'est demandé, et la question est demeurée jusqu'à ce jour sans réponse, si cette roche a été amenée des profondeurs du globe à sa surface, et si ce n'est pas sa dissolution qui a saturé l'eau des mers, ou bien si la saturation des océans n'est pas constitutive et si ce n'est pas l'eau de la mer qui, en se retirant, a laissé, dans l'intérieur des terres, des lacs qui, desséchés peu à peu sous l'action continue des rayons solaires, ont déposé des masses de sel gemme que nous retrouvons aujourd'hui.

Nous devons constater que c'est cette dernière hypothèse qui est aujourd'hui la plus généralement admise.

L'eau de la mer est le *corps*, qui contient le plus d'éléments divers. La science nous y en montre 31. Cela ne doit pas nous surprendre, les océans ne sont-il pas le réceptacle dans lequel vient se confondre et se décomposer tout ce qui a vécu de la vie végétale ou animale ?

Si on comparé la teneur en substances salines des différentes mers du globe (1) on trouve que :

La mer Baltique contient 4.81
Le Cattégat et le Sund. 15.12
La mer Noire 15.89
La mer du Nord 32.80
L'Océan Atlantique. 34.30
La mer des Caraïbes 36.10
La mer Méditerranée 37.50

Ces chiffres sont le résultat d'analyses d'échantillons pris seulement à la superficie des eaux ; il est aujourd'hui constant que plus les échantillons sont pris à une grande profondeur, plus les eaux sont chargées de sel : ce qui donnerait raison à l'assertion de **Humbolt** affirmant que le fond de certaines mers est formé uniquement de *sel* à l'état de dissolution.

Des sondages entrepris récemment ont cependant donné la preuve du contraire ; mais ceux qui les ont exécutés croient que les résultats ont été dénaturés par l'existence de courants sous-marins traversant les couches aqueuses dans lesquelles la sonde est parvenue.

M. de Biba s'est occupé aussi de l'analyse des eaux de mer; il suppose que leur teneur en sel est de 2°, 5, donnant à l'évapora-

---

(1) Forchammer — *Analyse des eaux de la mer.*

tion 3 de parties solides. Un bassin, dit-il, ayant 1000 pieds de profondeur donnerait :

> 9.6 de sel marin,
> 0.8 de gypse, sulfate de magnésie et potasse,
> 1.6 chlorure de magnésium,

Total   12.

D'après cela, si l'on suppose des profondeurs de 15,000 pieds, si l'on admet de plus que la mer ait, par des retours successifs comblé chaque fois de ses dépôts les espaces devenus vides par suite de l'évaporation; on s'expliquera facilement l'épaisseur considérable des couches de sel gemme. Enfin M. *Schafhautl* a établi, à l'aide de la statistique, un calcul duquel il résulte que la quantité d'eau renfermée dans toutes les mers réunies, donnerait un volume de sel égal à six fois ce qu'est la masse des Alpes.

Les principaux amas de sel gemme de l'Italie se trouvent en Sicile; par les coupes géologiques que nous donnons, on pourra juger de l'importance de ces dépôts.

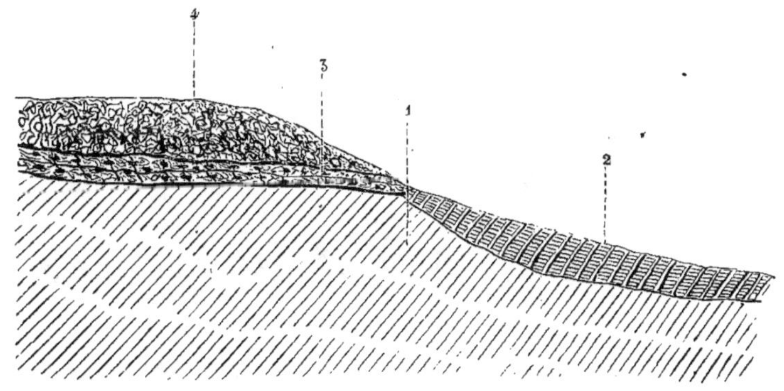

Le dépôt (1) de sel gemme, à Camerata, est considérable, le fond du bassin (2), dont il est recouvert dans sa majeure partie, est composé d'argile, qui est fortement imprégnée de sel, indice certain que ce sol a été recouvert, une seconde fois au moins, par un retour de la mer; les eaux semblent avoir été évaporées tranquillement. Cette couche d'argile ne présentant dans sa structure rien de bouleversé. La couche (3) ne représente pas les mêmes faits, les argiles amenées et déposées par les eaux, ont été décomposées sous l'action d'une haute température, qui les a transformées *en ciment* que recouvre un amas considérable de *gypses* (4).

Ces gypses renferment des rognons de soufre ; le métalloïde affleure à la surface, nous en avons recueilli quelques beaux échantillons sur les bords de la route royale qui conduit de Castel Termini à Lercara

L'action éruptive qui a constitué ce bassin salifère, se continue encore de nos jours; il y existe des sources d'eaux sulfureuses qui, a une température de 40° environ, tapissent autour d'elles les rochers de petits cristaux de soufre et de sulfate de chaux; démontrant ainsi, non-seulement comment s'est opéré la formation du sel, mais le métamorphisme des roches calcaires qui sont venues le recouvrir.

Camerata appartient à la province de Girgenti, il est proche du fleuve *il Saluto*, le sel y est exploité sur une grande échelle; c'est ce point qui fournit la majeure partie consommée dans l'intérieur de la Sicile.

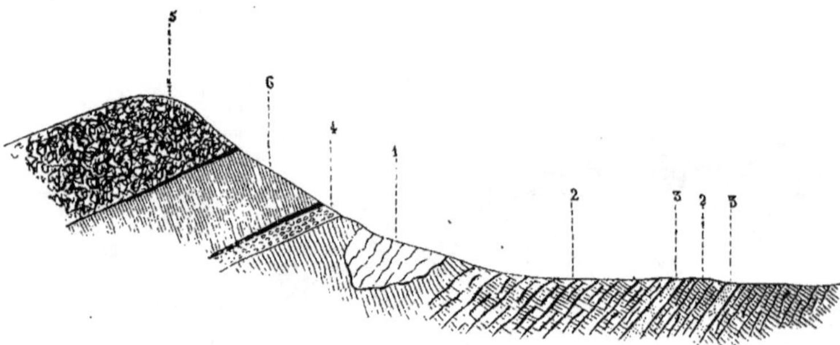

Cette coupe représente un gisement de sel situé à San-Caltado, province de Caltanizzetta (Sicile).

Le gisement de sel (1) affleure au sol, les marnes (2) et (6) qui le recouvrent en sont imprégnées ; si elles étaient lavées elles pourraient en fournir des quantités importantes; deux veines (3) composées d'un conglomérat sableux, ne renfermant pas un atome de sel, coupent les marnes. Cette particularité ne peut s'expliquer qu'en admettant que ces deux filons ont été emmenés, par éruption, de l'intérieur de la terre ; eruption confirmée d'ailleurs par la présence d'une autre veine, (4) composée cette fois de basalte, c'est-à-dire des mêmes matériaux, qui, ayant été soumis à une température plus grande, ont subi un métamorphisme plus complet, et par une grande partie d'argile (6) convertie en un gisement (5) important d'albâtre.

Ce gisement n'est pas en exploitation. Nous citerons encore, dans la province de Palerme, près du fleuve *Il Salito*, un autre banc de sel non moins important, que nous représentons par la coupe suivante :

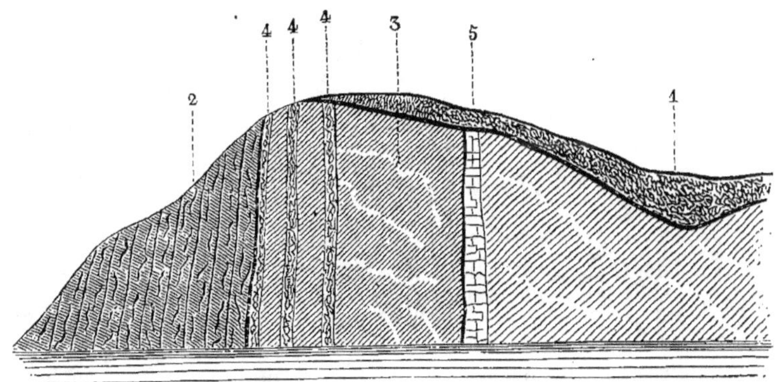

Ici, la superficie du sel se compose de marnes, dont les unes sont salifères (1) et les autres n'ont aucun vestige de sel (2). Cette particularité, nous la rencontrons presque partout ; cela tient très-probablement à ce qu'elles ont été plus ou moins délavées suivant la faculté offerte aux eaux pluviales par la topographie du terrain.

L'amas de sel (3) est traversé par plusieurs filons (4 et 5) qui sont des gypses plus ou moins parfaits, ce qui dénote que la base sur laquelle repose le dépôt de sel doit être composée de gypse avec soufre.

Les excavations ont fait reconnaître que la cristallographie du gypse est complète. Elle présente en effet des cristaux ressemblant à s'y méprendre au cristal de roche ; preuve évidente que le gypse a été soumis à une température plus puissante et à une quantité plus grande, qu'à San Caltado, par exemple, d'émanations sulfureuses.

Les bassins salifères, avons-nous dit, sont très-nombreux dans l'île de Sicile. De nouvelles coupes n'ajouteraient rien à la clarté de

notre sujet ; nous nous bornerons donc à un dernier dessin qui
représente les salines *di Antinori a Castellermini.*

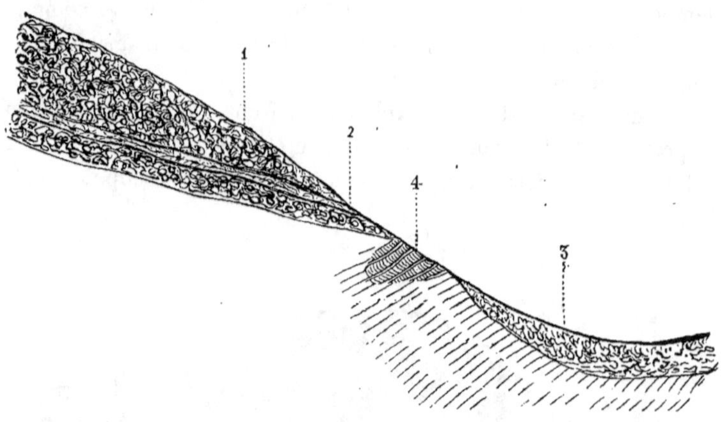

Ici encore à la superficie apparaît le gypse (1) avec un amas de
soufre (2) intercalé. Le bassin est recouvert de calcaire siliceux
(3) et de dépôts d'argiles (4) qui démontrent suffisamment un retour
ou des retours de mer, en même temps qu'une éruption violente
de gaz sulfureux.

On voit par ces différentes coupes, que les dépôts de sel gemme
affleurent presque toujours à la superficie du sol, et qu'ils sont
recouverts généralement par des dépôts d'alluvion peu importants.

On trouve encore le sel gemme enseveli sous des roches ayant
subi l'action volcanique, et dont le métamorphisme a dû avoir
lieu lorsqu'il n'était pas encore constitué à l'état de sel gemme,
qu'il n'était encore qu'en dissolution dans les eaux, et formait
par conséquent le fond d'une mer.

Ces dépôts laissent à l'analyse les mêmes matières que les eaux
de nos mers actuelles, avec cette seule différence qu'ils renferment
des résidus bitumineux et asphaltiques et des nodules de soufre.

Le sel gemme forme ici, comme ailleurs, du reste, de grandes
masses cristallisées, très-compactes d'une très-grande dureté, qui
exigent pour être exploitées l'usage de la poudre.

Le sel est transparent, incolore. Quand exceptionnellement il est
opaque, gris, rouge, vert, qu'il devient une des curiosités de nos

cabinets de minéralogie, c'est qu'il a été soumis à l'action d'émanations volcaniques, qui lui ont donné ces teintes anormales.

Ces colorations ont été étudiées. La teinte rouge, par exemple, est
due, d'après M. Payen, à la présence de petits crustacés, *les
Artemia*; ces petits animaux, d'un centimètre de longueur, de forme
circulaire, se trouvent dans les mers, et si on concentre les eaux
qui les renferment jusqu'à une température de 25°, ils meurent et
leurs dépouilles rougissent le dépôt.

Dans ces couches de sel, mais plus souvent cependant dans les
terrains qui les encaissent, on trouve des débris de plantes et
d'arbres.

Si la Sicile est très-riche en gisements de sel, le continent a également quelques bassins salifères. A *Volterra* en Toscane, on rencontre un banc de sel qui a plus de 15 mètres d'épaisseur, et qui
est intercalé dans une masse d'argile et de gypse appelée par les habitants de la localité *Mattaione*.

Pour nous résumer, les quelques descriptions que nous venons de
donner sur les gisements salifères, montrent que les amas de sel
sont réguliers ; elles montrent en même temps que les roches qui les
entourent sont discordantes, et révèlent, par leur position, qu'elles
ont été non-seulement bouleversées, mais brisées, puisque le sel
se trouve tantôt au-dessus, tantôt au-dessous d'elles.

La raison de cet état de choses est simple et facile à trouver. En
effet, si l'on admet, et ici l'hypothèse est la réalité, que la formation du
sel gemme est due à l'évaporation des eaux de la mer, évaporation
qui évidemment n'a pu s'effectuer que par le travail volcanique,
toutes ces discordances s'expliquent et on est amené à conclure que
tous ces gisements étaient autrefois de grandes fournaises, dans les -
quelles arrivaient continuellement les eaux de la mer, qui sous
l'action de la chaleur souterraine s'évaporaient sans cesse.

Ces feux souterrains ont d'ailleurs une existence bien prouvée,
ils ont eu des compagnons inséparables. D'où viendraient, en effet,
dans le cas contraire, ces gaz du soufre, qui ont décomposé les
calcaires, et formé ces gypses et ces albâtres que nous retrouvons
dans les bassins salifères, tantôt en haut, tantôt sur les côtés,
tantôt au fond ?

Les amas de sel de Leonforte, de Prialo, de Villarosa, d'Alimena,
de Trabona, de Missomeli, de Casteltermini, de Rocalmento, dans

cette zone, en un mot, qui s'étend de Nicosia à Cattolica, sur 20 kilomètres de largeur, signalent des sources résultant du lavage des terres par les eaux pluviales, et contenant en solution non-seulement du chlorure de sodium, mais des sels de potasse et de soude.

A *Bonpensière*, il existe encore des vestiges d'une exploitation de sulfate de soude ; l'importance du gisement, à en croire les gens du pays, serait considérable. Nous ne pouvons que constater son existence.

Grâce au peu de profondeur de ces différents gisements, on y descend avec facilité, à tel point que les muletiers viennent charger directement au front de taille.

Les voûtes de ces mines sont soutenues par des piliers taillés dans la masse du sel même. Quand on y entre à la lueur des torches, la lumière réfléchie par les mille facettes des cristaux, donne à ces galeries un aspect de féerie éblouissante, inimaginable. L'abattage se fait au moyen du pic qui détache des masses considérables, que l'on pulvérise ensuite pour les rendre propres au commerce.

Observons, en finissant, que si l'on rencontre quelquefois, enclavés dans la couche salifère, des fragments d'arbres, des cailloux roulés, des coquilles ; de même, il arrive que, sous l'action de l'abattage, on met à jour des fissures par lesquelles se dégagent des exhalaisons d'acide carbonique et d'acide sulfhydrique.

TERRAIN CARBONIFÈRE. — En Italie, le terrain carbonifère ne décèle sa présence que par quelques gisements de si maigre importance que c'est à peine s'ils sont exploités.

On n'y a pas, à proprement parler, reconnu de terrains à houille. Les anthracites du Piémont et des Alpes ne contiennent que de 48 à 49 pour cent de carbone ; dans cet état, ils ne sont propres qu'à être utilisés sur place, et n'ont de valeur industrielle que pour la cuisson de la chaux et des ciments.

L'Italie possède en outre, sur quelques points, des gisements de lignite d'une médiocre étendue.

Il est à remarquer qu'en Europe, les gisements de lignite, reconnus jusqu'à ce jour, n'occupent qu'une bande de terrain allant du 41° au 52° de latitude.

Les points extrêmes sont, en Italie, à San Angelo et à San Gaudenzio près de Sinigaglia (Province d'Ancône). Les gisements les plus importants sont situés dans les Alpes Vénitiennes et en Dalmatie; des vestiges existent sur les côtes de la Méditerranée et même en Sicile.

Ils renferment, comme ceux de Bonn (Allemagne), des troncs d'arbres d'une très-grande épaisseur.

Comment se sont formés ces gisements de lignite?

Lyel en donne l'explication suivante.

Sur les continents américains, dit-il, loin de toute culture, de tout abri artificiel, les ouragans traversent en les dévastant les forêts vierges qui couvrent ces immenses contrées. Les branches détachées des troncs, les arbres déracinés sont ensuite entraînés par les eaux torrentielles jusque dans les grands fleuves, dont ils rendent la navigation quelquefois périlleuse. Puis s'accrochant ensemble par centaines, ils forment des îles flottantes qui deviennent de plus en plus lourdes. Par suite de leur séjour dans l'eau, elles se recouvrent de limon, de sable, et, le temps aidant, constituent un amas qui ressemble à un gisement de lignite.

Que cet amas vienne maintenant reposer sur un fond volcanique, et peu à peu la carbonisation s'opérera, et le lignite sera constitué. Nous ferons observer que le gisement sera à l'état plus ou moins parfait selon qu'il aura été soumis à un degré de chaleur plus ou moins élevé.

A Valdigno, près Viceno, le pouvoir calorifique du lignite est égal à 53.85. A Nuceto (Piémont), il atteint 42.36.

Les gisements de Sinigaglia sont recouverts par le terrain tertiaire et se trouvent sur une assise basaltique.

La formation viendrait après *celle de la craie*.

Au *Val de Cecina*, d'après M. Poujade, consul général de France, les couches de lignite ont une puissance de 2^m50.

Enfin, les gisements de la *Boracina*, de *Cadibona*, de *Sazanello*, de *Bagnasco* de *Celta*, de *Monte Nerone*, de *Terras*, de *Colla*, situés en Piémont, en Ligurie et en Sardaigne, donnent à l'analyse de 32.55 à 50.55 de carbone. Ils sont donc de qualité médiocre, ce qui explique le peu de développement de leur exploitation.

Si l'Italie est moins bien partagée que les autres contrées au point de vue du combustible, elle paraît être appelée, d'après des découvertes récentes, à compenser cette infériorité par le nombre et la richesse de ses gisements de pétrole.

Le pétrole et les bitumes sont un des nombreux produits que renferme notre globe, et qui, en Italie, du moins, accompagnent le soufre ; c'est à ce titre seulement que nous nous en occupons.

Le pétrole est le résultat de la décomposition de débris végétaux et peut-être de débris animaux, sous une température plus ou moins élevée.

M. *Coquand* croit cependant que la production du pétrole doit être attribuée à la combinaison du carbone et de l'hydrogène, combinaison qui s'opérerait dans les profondeurs du foyer incandescent de la terre.

L'opinion des géologues américains, bons experts aujourd'hui en la matière, est que cette huile minérale n'est que le résultat d'une lente fermentation de plantes marines et de détritus organiques de la période paléonzoïque, fermentation produite en dehors de tout contact de l'oxygène.

M. *Hunt* attribue la formation du pétrole à des causes identiques à celles de la formation des houilles.

Si le pétrole est le résultat de la caléfaction de débris végétaux lignites, et de produits similaires, il y a un fait curieux à noter, c'est que, dans les bassins carbonifères, on ne rencontre jamais de traces d'huile de pétrole. Pour expliquer ce fait, il faut supposer que cette caléfaction a été bien parfaite et conduite avec la précision mathématique d'une opération de laboratoire.

Certes, la nature est un grand maître, et tout lui est possible ; mais il nous faut cependant tenir compte de l'opinion admise, qui veut que ce produit vienne du centre de la terre, qu'il soit le résultat d'une réaction de gaz. A l'appui de cette opinion, nous signalerons un fait, c'est que les bitumes, les huiles minérales se rencontrent dans des terrains volcaniques et jamais dans des terrains carbonifères.

Grâce aux travaux de M. Sainte-Claire-Deville l'application de l'huile de pétrole au chauffage est un fait accompli, et l'industrie a acquis un nouvel agent, appelé peut-être à lui rendre plus tard les plus grands services.

L'emploi du pétrole à la fabrication du gaz a donné également d'excellents résultats ; quelques villes américaines s'en servent.

La composition chimique du pétrole italien est la suivante :

	C.	H.	O.
Gisement de Salo	84.8	13.4	1.8
» de Mazzolara	84.9	11.4	3.7
» de Neviano	81.9	12.5	5.6

Ce qui représente un pouvoir calorifique de 10121.

La principale zone pétrolifère de l'Italie, est renfermée dans le territoire de l'Emilie, d'où elle s'étend jusqu'à Faenza, en suivant une direction perpendiculaire aux Apennins.

A Montechino, on en extrait de 80 à 90 kilogrammes par jour ; à Salsomaggiore, le pétrole est noir et ressemble bien plus à du goudron qu'à de l'huile ; à Andrea et à Miano, on rencontre, à une profondeur de 70 mètres, le pétrole mélangé avec de l'eau salée. Il s'échappe de celui que l'on trouve à Tabiano, une eau imprégnée de gaz de soufre, et connue sous le nom d'*acqua puzza*.

A Barigazzo, les sources de pétrole sont accompagnées d'une telle quantité de gaz, que lorsque celui-ci s'enflamme tous les environs en sont vivement illuminés.

A Pescara, dans les Abruzzes, on trouve des sources naturelles de pétrole qui, après les pluies, viennent se déverser dans le lit du torrent Arollo. C'est un pétrole de mauvaise qualité qui n'est employé que pour la fabrication des asphaltes. Quelques traces de pétrole se montrent également dans les Apennins Napolitains, du côté d'Eboli et de Pinatara.

En général l'exploitation du pétrole est peu prospère. L'extraction a lieu non par des sondages, mais par des puits : méthode dangereuse, et qui ne permet pas de descendre à plus de 70 pieds, alors qu'il faudrait évidemment aller prendre la couche à une profondeur bien plus considérable.

Les huiles de pétrole sont la base de tous les bitumes, elles sont en abondance dans presque toutes les parties du sol italien, mais n'ont été que peu reconnues jusqu'à ce jour.

La valeur commerciale des huiles de pétrole varie tantôt à cause de leur impureté, tantôt parce que leur formation s'est produite sous une température plus ou moins élevée ; aussi les trouve-t-on, surtout en Sicile, à l'état d'asphalte et de goudron : notamment à Raguzza, ou le pétrole est imprégné dans les roches (miocène marin). La distillation de ces roches donne 11 p. °/₀ d'huile.

A Leonforte, près de Bivoria, à Girgenti, Dioscoride et Pline avaient déjà, de leur temps, remarqué et signalé ces phénomènes naturels (1).

Dans l'Italie centrale, là où l'action volcanique a été moins puissante le pétrole se présente à l'état liquide.

Aussi dans la province de Modène, près du mont Baranson, l'extraction du pétrole a lieu sur une assez grande échelle, et semble vouloir prendre d'année en année plus d'importance.

On trouve encore le pétrole dans les Apennins; là, on le rencontre intercalé dans les terrains *pliocène* où il forme des nappes emprisonnées dans un bassin imperméable. Les puits jaillissants sont dus à la pression exercée par les gaz emmagasinés dans ces bassins. Tels sont les puits de *Monte Chiaro*, d'*Amiano*, de Pietramulo, de Quereto.

On en signale également des indices dans la campagne romaine.

Il n'y a plus de doute aujourd'hui sur l'existence en Italie de vastes réservoirs souterrains dans lesquels sont venus s'accumuler durant des siècles, les produits bitumineux.

Le pétrole ou bitume a été connu et employé dans l'antiquité. Les puits d'Agrigente, entre autres, sont décrits dans les ouvrages les plus anciens.

---

(1) C'est un des points de la Sicile que nous avons particulièrement étudié ; nous n'y avons pas rencontré de vestiges de bitume ; mais depuis que ces auteurs ont écrit, il a pu se produire des révolutions géologiques qui les ont fait disparaître.

CINQUIÈME PARTIE

DESCRIPTION DES BASSINS SULFURIFÈRES DU VAUCLUSE,
DE LA HAUTE-ITALIE, DES ROMAGNES, DE LA TOSCANE,
DES ANCIENS ÉTATS DU PAPE, DE LA ZONE VOLCANIQUE
DE L'ITALIE MÉRIDIONALE ET DE LA SICILE.

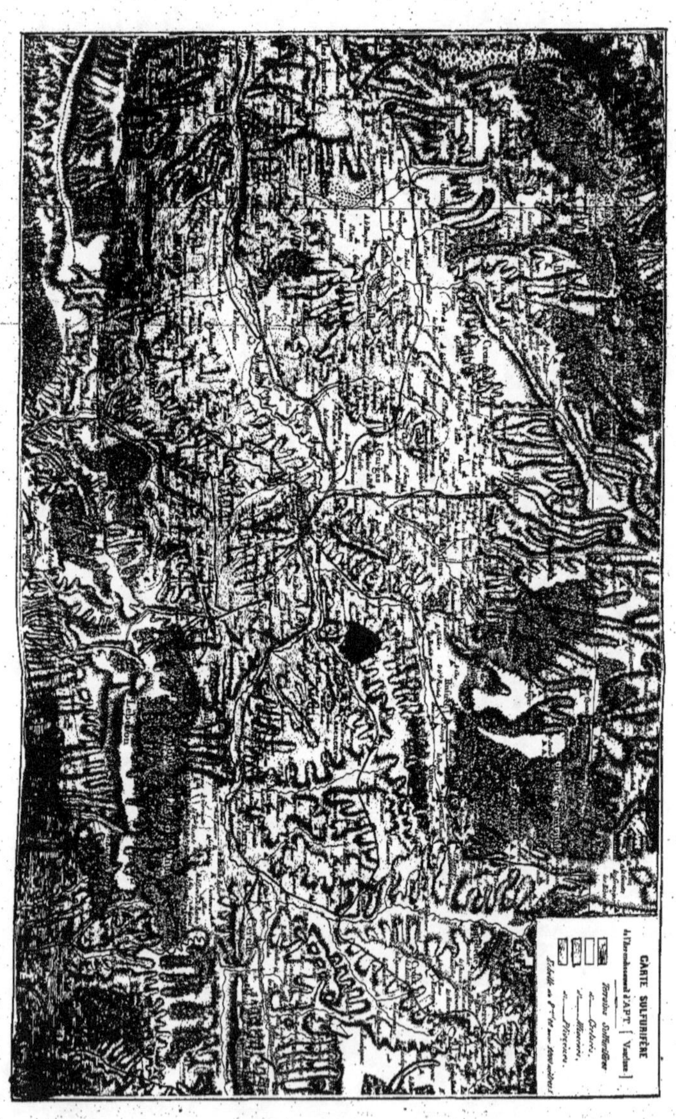

CARTE SULFURIFÈRE
de l'arrondissement d'APT (Vaucluse)
Terrains Sulfurifères
Carbonis
Marnes
Rivières
Échelle

CINQUIÈME PARTIE

DESCRIPTION DES BASSINS SULFURIFÈRES DU VAUCLUSE, DE LA HAUTE
ITALIE, DES ROMAGNES, DE LA TOSCANE, DES ANCIENS ÉTATS DU
PAPE, DE LA ZONE VOLCANIQUE DE L'ITALIE MÉRIDIONALE ET DE
LA SICILE.

VAUCLUSE

Le département de Vaucluse tire son nom de la célèbre source
Vaucluse, (*Vallée close*) qui alimente la Sorgues, et qui est située
à peu près au centre du département.

Ce département fait partie du bassin du Rhône, il est très-
montagneux, surtout au S. E. La partie occidentale présente une
plaine qui borde le Rhône, et s'étend sur toute la longueur du département, du N.au S. Cette plaine est en pente douce vers le nord,
et rapide vers le sud ; son sol est formé d'alluvions consistant en
limon, en sable et cailloux roulés.

Avant de décrire les gisements sulfurifères des deux grands bassins des Romagnes et de la Sicile, il convient, ce nous semble, de
nous occuper de celui de Vaucluse, non moins intéressant à étudier, car, grâce aux moyens de transport qui se multiplient tous
les jours, aux voies de terre qui s'améliorent, aux chemins de fer
qui se créent, ce gisement ne peut manquer d'atteindre, dans un

avenir prochain, un développement et une importance considérables.

Les gisements sulfurifères qui se rattachent à la formation de la chaîne alpestre, ne sont pas uniquement dans le versant de l'Italie septentrionale ; le versant occidental des Alpes qui a en France de si nombreuses ramifications, n'en est point dépourvu ; et ceux qui sont déjà connus, offrent un vaste champ à nos observations.

Le département de Vaucluse est des mieux partagés sous ce rapport.

On ne rencontre pas dans ce coin de la France de terrain inférieur à la formation jurassique, et encore celle-ci n'y est-elle représentée que par une très-petite saillie de calcaire oxfordien, qui se montre à l'ouest du mont Ventoux.

Les terrains néocomiens concourent seuls à la formation de toutes les montagnes un peu élevées de ce département, c'est-à-dire le mont Ventoux vers le nord, et au sud, la chaîne du Luberon qui, longeant la Durance, sépare le département de Vaucluse de celui des Bouches-du-Rhône.

Dans les terres de la plaine qui est d'une formation plus récente, des saillies de ces mêmes terrains établissent la liaison entre les montagnes que nous venons de nommer et les collines.

Le pied de ces montagnes est le plus souvent recouvert par divers étages de grès vert d'une constitution analogue à celle des collines qui bordent le Rhône entre Montélimart et Orange.

On y exploite quelques filons de lignite.

Vient ensuite la série tertiaire. Celle-ci nous offre un intérêt tout particulier ; elle est en effet le siége de la plupart des exploitations de diverses natures qui existent dans le département, et elle renferme les gisements de soufre d'Apt.

Cette série comprend :

Un terrain non stratifié, caractérisé par la présence du fer hydraté et oxidé ainsi que par des dépôts de matériaux réfractaires, sable et argile.

Ce terrain qui n'est pas d'origine sédimentaire, mais bien d'origine analogue à celle des filons, se retrouve tout le long des collines et des montagnes qui de Vaucluse s'étendent jusqu'au delà de la ville de Neuchâtel (Suisse).

Il renferme le grand amas réfractaire de Bollène, des amas de même nature près de Mormoiron, quelques poches de fer hydraté, les bancs d'ocre rouge et jaune qui entourent Roussillon et un dépôt considérable d'argile et de fer hydraté.

Ce terrain repose dans les dépressions du grès vert, et se rencontre en petites poches dans les fissures des terres néocomiennes.

L'ouest de la Savoie présente exactement les mêmes caractères, avec cette particularité cependant que, dans le Vaucluse, le grès vert est plus ordinairement placé sur le terrain néocomien ou sur le terrain jurassique.

Au-dessus de la couche sidéolitique vient un terrain stratifié, désigné souvent sous le nom de *calcaire d'eau douce du midi de la France*, et que M. Gras, ingénieur en chef, dans son ouvrage sur le département de Vaucluse, dénomme : *terrain lacustre* à *gypse et sextier*.

On en rencontre quelques échantillons au pied du Ventoux, entre Malaucène et le village de Vaucluse. Sur ce point nous trouvons aussi quelques exploitations de gypse, et la mine de Méthamis où trois couches de lignite sont exploitées.

Mais la zone la plus importante est celle qui commençant à Apt, se dirige vers la rive droite de la Durance, et vient acquérir son plus grand développement dans le département des Basses-Alpes.

C'est dans cette zone que se rencontrent :

Le gisement de soufre d'Apt ;

Diverses couches de lignite, sans une grande importance dans le département de Vaucluse, mais de première valeur dans les Basses-Alpes ;

Des couches ou des amas de gypse ;

Une grande variété de marnes à chaux hydraulique.

Ce terrain que nous appellerons simplement *le terrain à lignite*, présente dans les Basses-Alpes, c'est-à-dire là où il est complétement développé, la succession suivante :

A la base : Grès, marne schistoïde avec veines de gypse, couches puissantes de lignites bitumineux.

Au milieu : Calcaires massifs, calcaires à chaux hydraulique avec couches nombreuses de lignite.

En haut : Marnes, grès bleuâtre, peu résistant, avec couches de lignite sec et léger.

A Apt, le calcaire de la couche moyenne contient deux ou trois couches d'un calcaire gypseux imprégné de soufre. Ces couches se dirigent sensiblement du S. S-O. au N. N.-E., avec pente d'environ 20° au S. S.-E. (1).

Elles se rencontrent à environ 20 mètres du sol et lui sont parallèles. Sur les trois, une seule est exploitée ; mais des travaux récemment entrepris vont atteindre les deux autres qui sont placées au-dessous de cette première.

On y découvre le soufre, en veines, en noyaux, et souvent enfin, imprégné dans la marne du calcaire gypseux.

Dans la même couche, la partie minéralisée forme des îles irrégulières autour desquelles la roche est désagrégée et totalement dépouillée de soufre ; on dit alors que la roche *est délavée*.

Cette expression ne rend pas seulement l'aspect de la roche dépouillée de soufre ; elle figure réellement le phénomène qui s'est produit ; car il est certain que le soufre existait dans la roche *délavée* et qu'il en a disparu, ainsi que le constatent les empreintes, les vides laissés par les cristaux et les nodules du soufre.

Afin de donner à nos lecteurs une idée exacte de cette exploitation, et leur faire connaître l'importance du gisement d'Apt, nous avons pensé que nous ne saurions mieux faire que de rapporter ce qui est relatif à cette solfatare dans le remarquable travail de M. Scipion Gras : *Description géologique du département de Vaucluse*, Avignon, 1862.

« Le terrain sextien que nous allons suivre maintenant tout au-
« tour des montagnes du département, occupe un espace considé-
« rable dans l'arrondissement d'Apt. Entre Rustrel et le Luberon,
« ses couches sont dirigées à peu près de l'est à l'ouest et plon-
« gent vers le sud ; leur inclinaison est d'abord de 15° à 20° dans
« le voisinage de la montagne de Lagarde, mais elle diminue en-
« suite beaucoup lorsqu'on se rapproche d'Apt. L'étage inférieur
« est visible au nord près de Rustrel et de Gignac ; il consiste en
« marnes d'un rouge vif, associées à des grès et à des
« sables grossiers, verdâtres ; ces roches arénacées, dont l'é-
« paisseur totale ne paraît pas dépasser 12 à 15 mètres, sont sui-

---

(1) Voir la carte géologique du département de Vaucluse, dont les éléments ont été empruntés par nous à M. Scipion Gras.

« vies d'une longue série de calcaires compactes d'un gris cendré,
« de calcaires schisteux plus ou moins bitumineux, et de marnes
« feuilletées sur lesquelles on marche jusqu'à Apt. On y observe,
« près de Gignac, des bancs de gypse, d'une puissance de plusieurs
« mètres, séparés par des lits minces de marne schisteuse.

« A 5 kilomètres nord-est d'Apt, le même système de couches
« offre, dans sa partie moyenne, tout près du hameau des Tappets,
« un gîte intéressant de soufre pur, jaune citron. Sa richesse
« moyenne est de 20 à 25 pour cent.

On trouve, dans les terrains tertiaires qui recouvrent les terrains
sulfurifères, des empreintes variées de poissons, des troncs d'arbre,
des feuilles. en un mot la même flore que celle que nous rencontrerons en Sicile ; ce qui dénote que la formation s'est accomplie
dans les mêmes conditions.

La base reconnue de ces terrains est le grès et les schistes ; immédiatement au-dessus apparaissent des terrains dans lesquels es^t
renfermé le soufre. Une particularité que nous ferons remarquer
à nos lecteurs, c'est que la superficie est formée par des bancs de
calcaires, cà et là désagrégés, métamorphosés ; ils sont les uns à
l'état de gypse, les autres à l'état de calcaire gypseux.

L'exploitation qui a été faite jusqu'ici ne peut être considérée
que comme un commencement de recherche ; et il est incontestable pour nous, qui avons étudié tout particulièrement la question,
que dans tous ces gypses parfaits ou imparfaits on doit rencontrer
le métalloïde.

Sera-t-il dans des conditions d'exploitation rémunératrice ?

Il est difficile de répondre catégoriquement ; l'inconnu est grand ;
l'action métamorphique n'est pas aussi accentuée que nous la rencontrons en Italie ; elle ne se développe pas sur une étendue aussi
grande ; elle ne paraît pas avoir rencontré non plus, lorsqu'elle
s'est accomplie, une quantité de calcaire aussi considérable que
dans les Romagnes et en Sicile. Cependant les signes révélateurs
de la présence du métalloïde sont nombreux à la superficie ; dans
les calcaires gypseux on le voit ; et lorsque l'on ne le rencontre pas,
c'est dû, comme le fait remarquer M. Scipion Gras, à son entraîne-
ment par les eaux apparues après lui.

Le métamorphisme des roches s'est accompli dans des conditions absolument semblables à celles que nous allons retrouver en Romagne, en Sicile. Après que l'éruption eut traversé les roches primitives, elle vint, s'irradiant en tous sens, créer ces bancs de gypses près desquels on trouve des filons de bitume.

C'est entre les filons de bitume et ces gypses que le soufre doit exister, c'est dans ces terrains qu'il doit être rencontré un jour, et si nos conseils peuvent être entendus, c'est en se conformant à nos observations que les nouvelles recherches doivent être tentées.

La question est des plus intéressantes; elle attiré l'attention des ingénieurs des mines qui dirigent le département de Vaucluse; elle doit fixer celle du gouvernement qui peut espérer voir un jour la France viticole trouver chez elle le soufre indispensable à ses besoins, et ne plus être longtemps, pour cette matière première, tributaire de l'étranger.

LES ALPES

Bien des géologues admettent aujourd'hui que le soulèvement des Alpes et celui des Apennins ont eu lieu à deux époques différentes.

Ils fondent leur opinion sur la disposition des lieux, sur leur caractère propre et singulier, sur la quantité plus considérable dans les Alpes, de terrains paléonzoïques ; sur le nombre bien plus considérable encore de cratères dans les Apennins ; enfin sur cette circonstance toute particulière, que les efforts du soulèvement alpestre se sont effectués dans des directions diamétralement opposées à ceux des Apennins.

Et ce serait ainsi que, d'après les mêmes géologues, les Alpes auraient surgi en même temps que les montagnes méditerranéennes, notamment les Pyrénées ; et les Apennins, et celles de la Sicile et de l'Afrique.

Il y a un fait certain, c'est que les Alpes ne se composent pas de chaînes de montagnes parallèles, mais bien de grands massifs affectant les formes et les dimensions les plus variées, et affirmant ainsi qu'il y a eu une série de soulèvements successifs, de chutes et d'affaissements partiels.

Une des roches les plus caractérisées, qui constitue tout particulièrement les hautes cimes déterminant les versants de l'Adriatique et de la mer Noire, est le Trias ; il se compose ordinairement d'un calcaire argileux, grisâtre, renfermant des *ammonites.*

Si les terrains primitifs sont généralement rares à la surface terrestre, c'est un fait qui est dû dans les Alpes au *métamorphisme* qu'ont subi ces roches.

Nous devons à M. Elie de Beaumont, ainsi qu'aux belles expériences de M. Daubrée, la connaissance des effets produits par le métamorphisme; grâce à ces hautes intelligences, nous nous expliquons les faits les plus surprenants, nous concevons la constitution géologique de notre globe.

Ce métamorphisme a eu mille moyens pour s'accomplir, l'eau, le feu, le contact ou principe d'attraction. Les deux premiers sont assurément les agents principaux que la nature doit avoir employés dans les Alpes.

Ainsi M. Daubrée pense que les eaux, qui ont joué un si grand rôle dans la formation des Alpes, ont pu jaillir du sein de la terre, sous l'aspect de sources thermales, très-chargées de sels minéraux de toute espèce, non-seulement à des températures excessivement élevées, mais encore à des pressions qui devraient atteindre, peut-être, plus de 200 atmosphères. Avec cette puissance, on explique tous les métamorphismes. Et M. Daubrée, en métamorphosant par ces expériences le granit lui-même, a donné un grand éclat à ses théories, et les a appuyées de faits irrécusables.

Les Alpes italiennes se composent de roches stratifiées, qui, bien que séparées les unes des autres, sont cependant cimentées entre elles par l'action des eaux, au milieu desquelles elles ont été formées.

Le sédiment qui relie les roches entre elles se compose de sable, de pierres dont la transformation commencée dans les temps les plus reculés, se continue encore de nos jours pour donner naissance à des bancs d'argile et de calcaire.

C'est dans les roches secondaires et tertiaires que l'on rencontre les métaux, c'est-à dire ces minéraux qui sont employés par l'industrie.

C'est également encore dans ces mêmes roches, que le géologue rencontre les vestiges des êtres qui ont vécu avant notre race, et dont une partie des espèces est énoncée dans notre travail paléontologique.

Le soulèvement des Alpes n'est venu qu'après cette formation; c'est du moins l'opinion de bien des géologues, qui le fixent à l'époque néocomienne ; et aucun doute ne peut exister, si on étudie, avec attention, la structure du *Mont-Viso*, par exemple.

. Ces mêmes géologues renforçant ainsi les arguments sur lesquels ils s'appuyent admettent, que cette partie de l'Europe était émergée à la fin de l'époque jurassique : par conséquent les grands changements organiques n'ont pu avoir lieu qu'après ; c'est alors seulement que le sol s'est affaissé, englouti, soit tout à coup, soit petit à petit, suivant les circonstances locales, formant une innombrable quantité d'îles, qui nous sont représentées par ces pointes de terrains primitifs que nous rencontrons, et qui formaient, lors de l'immersion, les irrégularités les plus élevées de l'écorce terrestre.

L'aspect que nous présentent actuellement les montagnes qui forment le dôme des Alpes, doit être bien différent de celui qu'elles offrirent au moment où elles apparurent ; les effondrements, qui sont survenus depuis, donnent avec raison, lieu de supposer que leur élévation était alors bien plus considérable qu'aujour'hui ; pour quelques-unes, elle devait au moins égaler l'altitude actuelle du Mont Blanc.

Ces effondrements ont-ils demandé des siècles pour s'accomplir ?

Pour se former un jugement sur une question aussi sujette à controverse, il faut observer et constater ce qui se passe de nos jours, et déduire de cette observation les arguments qui en découlent. C'est là le meilleur criterium que l'on puisse prendre.

Les soulèvements qui ont donné naissance aux Alpes, ont produit également les glaciers. Les glaciers étaient, eux aussi, à l'origine beaucoup plus considérables ; ceux qui restent ne sont que des exceptions dues à ce que les localités où on les trouve ont échappé aux causes qui ont amené l'effondrement des glaciers disparus ; car les géologues autorisés, nos maîtres en cette science, admettent que cette disparition n'a eu lieu que du jour où l'affaissement d'une grande partie des Alpes s'est produit. Cet affaissement, ou ces affaissements, est-ce brusquement qu'ils se sont effectués, ou bien faut-il les considérer comme un phénomène analogue à un aplatissement progressif, produit par la pression de ces immenses masses de glace sur des terrains sans points d'appui solides à bases creuses, résultat inévitable des soulèvements ?

On peut encore admettre que des amas de glace se sont tout à coup formés, soit par l'effet du changement des conditions climatériques, soit à la suite de ces premiers affaissements, qui ont placé les glaciers primitifs à des altitudes moins élevées.

Dans cette hypothèse les torrents produits par le dégel ont entraîné les roches et les alluvions, tous les matériaux, en un mot, qu'ils ont trouvés, laissant sur leur passage ces marques indéniables que nous avons baptisées du nom de *Moraines.*

Il y a encore bien d'autres hypothèses : celle, entre autres, qui suppose que, bien avant l'époque où est apparu l'homme, la terre fut couverte durant des siècles d'une couche de glace. Parmi ceux qui la soutiennent, les uns veulent que la terre ait été entièrement couverte, les autres qu'elle ne l'ait été qu'en partie.

La constatation des glaces, comme nous venons de le voir, est chose si évidente, que cette question ne souffre plus les discussions qui, il y a quelques années encore, avaient été soulevées à ce sujet. Nous trouvons des glaciers dans toutes les parties du monde ; nous pouvons les étudier, et par voie d'induction, nous représenter ce qu'était notre globe à cette époque glaciale.

Mais la discussion ne peut être tout à fait épuisée ; tous les systèmes, même les plus opposés, peuvent être soutenus, surtout si le talent s'en mêle ; cependant le plus grand nombre aimera à croire que les glaciers primitifs, dont les moraines se trouvent à des altitudes bien autres que celles de nos glaciers actuels, n'ont disparu que parce qu'ils ont subi des conditions climatériques qui ne leur permettaient pas d'exister plus longtemps.

Et on s'expliquera parfaitement aussi, non-seulement le séjour des glaces aux pôles, mais la formation de nos glaciers actuels et la disparition des glaciers anciens.

D'autres savants attribuent le soulèvement de certaines parties du globe, tel que celui des Alpes, à un soulèvement subit de la croûte terrestre dans une atmosphère éthérée, pareil à celui qui se produit sur nos sens, lorsque nous nous élevons dans les airs en ballon.

D'autres soutiennent que le refroidissement de la terre a été général ; et leur opinion repose sur l'obscurité, qui, pendant une période considérable de temps, a fait du jour la nuit, obscurité produite par des taches survenues au soleil. Ils appuient leur thèse sur le fait bien avéré des taches solaires, et sur cet autre qui ne paraît pas moins exact, que ces taches, dans une proportion moins considérable, il est vrai, ont été constatées en 535 et en 625. Ces phénomènes épouvantèrent tellement notre humanité qu'on crut un instant que notre planète plongée dans une demi-obscurité, allait à jamais disparaître sous une atmosphère polaire.

Une autre opinion qui aurait aussi sa raison d'être et pourrait trouver quelque créance, est celle d'un déplacement de notre planète dans le système du monde ; ce déplacement non-seulement aurait amené le refroidissement des pôles, mais aurait encore changé les saisons.

Malgré tout le charme que l'on puisse avoir à consulter les différentes opinions et quelles qu'en soient la justesse et la vérité, il est un fait, c'est que nous pouvons constater que dans l'Italie du Nord, à une époque, que les géologues fixent, les uns à la fin de la tertiaire, les autres à la quaternaire, une grande partie du pays, aujourd'hui convertie en vallées, était occupée par des glaciers.

Les glaciers actuels des Alpes sembleraient tendre à disparaître à leur tour. On a remarqué, en effet, que les roches qui les encaissent ont à leur surface des parties surélevées polies ; ce qui prouve qu'ils s'élevaient autrefois à des hauteurs bien plus grandes ; et l'on est amené à induire que le Mont Blanc pourra bien être un jour le seul et dernier siége des glaciers.

Une des plus remarquables particularités des Alpes, dont nous devons dire un mot, consiste dans des gisements de terrains carbonifères d'une étendue de 8 à 900,000 hectares carrés.

M. Scipion Gras est l'un des géologues qui ont le plus étudié cette particularité ; il fait remarquer que la constitution de ce bassin houillier ne peut avoir eu lieu à la même période géologique que la constitution des autres bassins situés en Europe. « La flore, dit-il, est différente. »

Or, quoique la flore soit différente, la question n'en est pas moins très-sujette à controverse. L'assertion de M. Gras est fondée, si l'on admet qu'en tous les temps géologiques, de même qu'au nôtre, le climat a dû être différent suivant les latitudes ; mais si on admet au contraire que cet état de choses ne s'est produit qu'à partir de l'époque glaciale, les constatations de M. Scipion Gras laissent notre esprit perplexe.

Les observations de l'éminent ingénieur des mines, n'en restent pas moins acquises ; mais un fait dont on doit tenir grand compte est celui des bouleversements de toute nature qu'ont subis les Alpes, et des actions métamorphiques qui se sont accomplies dans ces masses avec une énergie rare que l'on rencontre seulement sur quelques autres points du globe. C'est cette action qui a rendu cet immense bassin carbonifère tel que nous le voyons. Mais soit à cause de la caléfaction qu'il a subie, soit à cause des failles qui l'ont traversé dans tous les sens, il ne peut faire l'objet sérieux d'une exploitation industrielle. Cependant on l'exploite partout où il présente des points d'affleurement, et ils sont nombreux; mais cette exploitation ne donne qu'un combustible très-imparfait, ne pouvant être utilisé qu'à la cuisson de la chaux, de la brique et aux usages domestiques.

Les Alpes, ainsi que les montagnes situées dans la Haute Italie ne nous offrent pas de bassin sulfurifère ; du moins jusqu'ici il n'en n'a pas été découvert.

Néanmoins la présence du soufre s'y constate dans les sources, dans les métaux.

Ce ne sera que lorsque nous arriverons aux Apennins et dans l'Italie centrale que nous retrouverons les conditions géologiques, à peu près analogues à celles que nous venons de constater dans le petit bassin d'Apt.

En résumé, la formation des Alpes présente deux faits bien caractéristiques :

La formation par soulèvement. — Ce sont ces hautes chaînes de montagnes.

La formation par voie de transport. — Ce sont ces parties planes, ces grandes plaines qui vont se perdre jusqu'aux mers Méditerranée et Adriatique.

Les géologues classent les terrains qui constituent la première formation en terrains des époques liasique, jurassique et néoconienne; et ceux qui constituent la deuxième en terrains appartenant aux époques tertiaire et quaternaire.

Les roches qui constituent la première formation sont des calcaires de toute couleur, des schistes, des grés, et le terrain houillier; celles qui constituent la seconde sont des marnes, des argiles, des calcaires, des limons, des tufs.

Dans cette première catégorie de roches, il se trouve des blocs erratiques.

La science nous en a aujourd'hui expliqué l'origine ; ils furent l'objet de bien des discussions.

Ces blocs sont quelquefois considérables ; ils forment même des montagnes entières ; ils sont cependant le plus souvent discordants, disparates avec ce qui les entoure.

C'est, dit la science, soulevées par un effort volcanique, des profondeurs de la terre, que ces matières sont arrivées au jour. Elles ont été obligées de traverser les roches qui, à leur tour, s'affaissant, s'écroulant et même quelquefois restant debout, les ont laissées néanmoins isolées, pour indiquer ainsi qu'elles sont d'une essence tout autre.

Ces blocs erratiques se présentent sous toutes les formes ; tantôt ils sont entiers, tout d'une pièce ; d'autrefois, ils présentent des roches disloquées ou bien encore des débris informes avec tous les caractères qu'offriraient des roches qui auraient été tourmentées par les eaux, c'est-à-dire qui auraient été roulées et portées à des distances considérables.

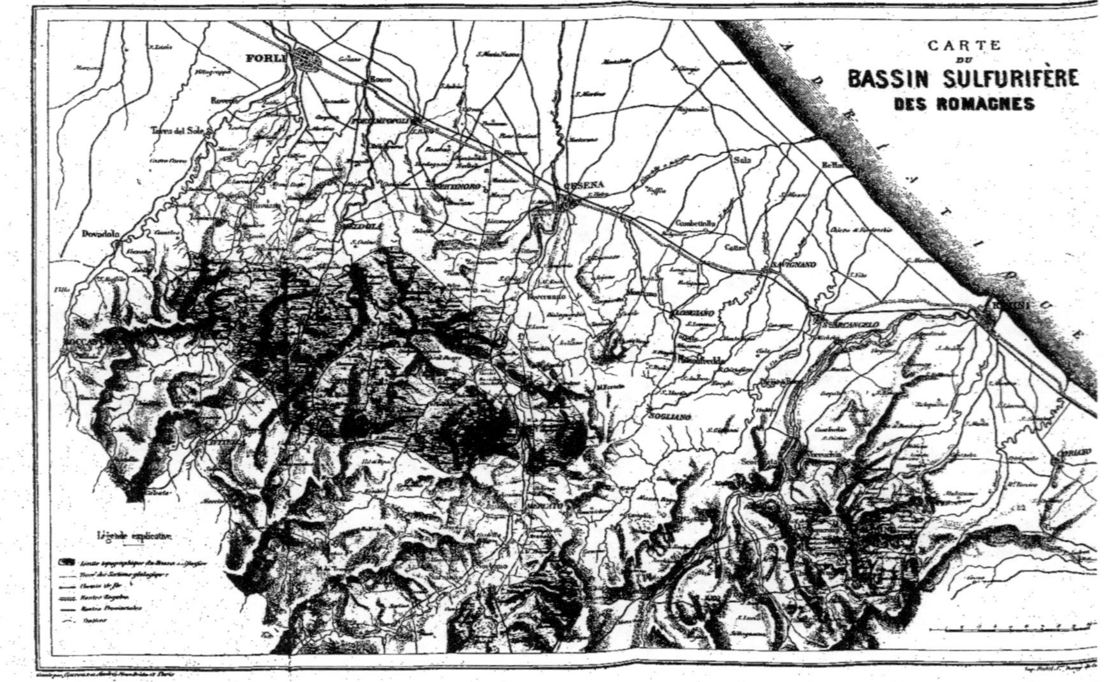

CARTE
DU
BASSIN SULFURIFÈRE
DES ROMAGNES
Légende explicative:
Limite topographique du Bassin sulfurifère
Tracé des Systèmes géologiques
Chemin de fer
Routes Royales
Routes Provinciales
Rivières
MER ADRIATIQUE
FORLI
CESENA
SAVIGNANO
S. ARCANGELO
Dovadola
Terra del Sole

ROMAGNES

Pour mettre de la clarté dans la description que nous allons essayer de faire de la Péninsule italienne, nous passerons successivement en revue les deux zones, dites métalliques, qui se trouvent
sur les deux versants des Apennins; nous nous occuperons ensuite
de la zone dite volcanique, qui embrasse l'Italie méridionale, puis
de la Sicile.

La constitution de la Toscane et des Romagnes, qui forment la
zone métallique, se compose, en majeure partie, de terrains d'une
époque postérieure à celle de la formation des Alpes, qui paraissent contemporaines des âges jurassiques ou crétacés.

Les géologues admettent que ces contrées, jusque vers l'époque
eocène ou miocène, étaient couvertes par les eaux, sauf quelques
petites parties qui appartiennent aux âges paléonzoïques, reconnaissables aux caractères tout particuliers de leurs roches et aux vestiges
d'êtres qu'on ne retrouve que dans ces terrains primitifs.

La zone sulfurifère, dans les Romagnes, s'étend sur le versant
oriental des Apennins, compris dans un périmètre ayant pour points
principaux ; *Forli*, *Rimini*, *Sant' Agata*, *Feltria*, *Civitella*, et
constitue la plus grande partie de la province de Forli, ainsi qu'une
petite partie de celle de Pesaro.

Cette zone, parfaitement reconnue, est placée par 43° 13' de
latitude boréale, et 33° 30' de longitude orientale (méridien de
l'île de Fer).

De nombreux cours d'eau, prenant tous leurs sources dans les

Apennins, sillonnent cette province et la divisent en vallées rapprochées les unes des autres.

A l'entrée de ces vallées se trouvent les principales villes : Forli, Cesena, Savignano, Sant' Arcangelo, Rimini, Pesaro.

Parmi les cours d'eau, les plus importants sont :

La *Marecchia*, qui a sa source dans les Apennins toscans, et qui forme à son embouchure le port-canal de Rimini. Le long de son parcours, la *Marecchia* reçoit les eaux de plusieurs affluents, dont les principaux sont : le *San Marino*, torrent qui tire son nom de la petite république où il prend naissance, et le torrent *Masocco*, qui a son origine près du village de Pogliano, dans la province de Pesaro (1).

Le *Savio*, qui, comme la *Marecchia*, prend sa source dans les Apennins toscans, passe à Bagno, Mercato, Sarsina, Saraceno, Cesena, reçoit les torrents *Paca*, *Janante* et *Borello*, les ruisseaux *Romagnano*, *Montegilli*, *Anuja*, *Cepiola*, *Boratella*, *Fizzola* et *Costa*.

Le *Ronco*, qui passe à quatre kilomètres à l'est de Forli, après avoir pris sa source dans les communes de Remelcore et Santa Sofia, localités situées dans la province de Florence, reçoit les torrents Voltre et Salza ; enfin, la rivière *Montone* qui, grossie par le torrent Rabbi à un kilomètre sud-ouest de Forli, se réunit au Ronco, près de Ravenna pour se rendre ensemble à la mer.

La zône dont nous nous occupons est ondulée, sans offrir de hautes montagnes ; le point le plus élevé est Perticara, qui a 480 mètres d'altitude au-dessus du niveau de la mer.

Un chemin de fer et une route de grande communication suivent tout le littoral jusqu'au Pô, traversant dans toute sa longueur l'étendue de pays qui nous occupe.

Chacune des vallées est parcourue par une route provinciale, reliant entre elles les différentes communes et les villes des montagnes.

Mais tout est à faire, ou à peu près, pour la viabilité de ces centres aux différents points miniers.

C'est ainsi que la route qui conduit de Forli à Castroccaro, Davaldola, Rocca, San Cassiano, suit le cours du Montone.

La vallée du *Ronco* a une voie de communication qui la relie

---

(1) Voir la carte géologique du bassin des Romagnes.

à Mildola, Casercoli, Civitella. — La vallée du *Savio* en a une autre allant jusqu'à Sarsina.

La route la plus importante pour le transport des soufres est celle ouverte dans la vallée de la Marecchia, qui joint le torrent de S. Marino à la route qui passe à S. Arcangelo, Borghi, Sogliano, Montegilli et Rontagnano.

Dans l'état actuel des choses, peu de mines des Romagnes sont situées à proximité de ces voies de communication ; toutes ont pour y arriver des chemins dans des conditions de viabilité déplorables.

Ce sont là, du reste, à quelques exceptions près, les conditions générales de toutes les mines, lorsqu'on en commence l'exploitation. La plupart de celles qui nous occupent n'ont pu se relier aux grandes voies provinciales, faute de capitaux que les travaux d'ouverture ont suffi pour épuiser.

Le climat du pays est tempéré ; la chaleur maxima y atteint 29°33 et elle ne descend pas au-dessous de 9°59'.

Les grandes pluies ont lieu dans les mois d'avril et de septembre. La neige tombe habituellement de la fin de décembre au mois de février.

Pour se rendre compte des séries de dépôts sédimentaires qui entrent dans la stratification des terrains sulfurifères, nous devons les suivre du haut en bas, c'est-à-dire étudier leur ordre descendant de superposition.

Pour cela, nous suivrons la rivière de la Marecchia, pour les dépôts supérieurs au terrain gypseux qui accompagnent d'ordinaire le minerai de soufre, et celle du *Savio* pour les dépôts inférieurs.

En remontant le cours de la Marecchia, on côtoie de petites collines arrondies, peu élevées, qui constituent la formation du pliocène, reconnaissable à ses sables et ses marnes, ainsi qu'à l'abondance des débris organiques qu'on y trouve enfouis.

A six kilomètres du village de Verucchio se présente un dépôt considérable et uniforme d'argiles schisteuses déliquescentes, tombant et se subdivisant en petites écailles luisantes, douces au toucher, et suivant qu'elles sont plus ou moins riches en carbonate de chaux d'une couleur plus ou moins claire ; elles sont les unes

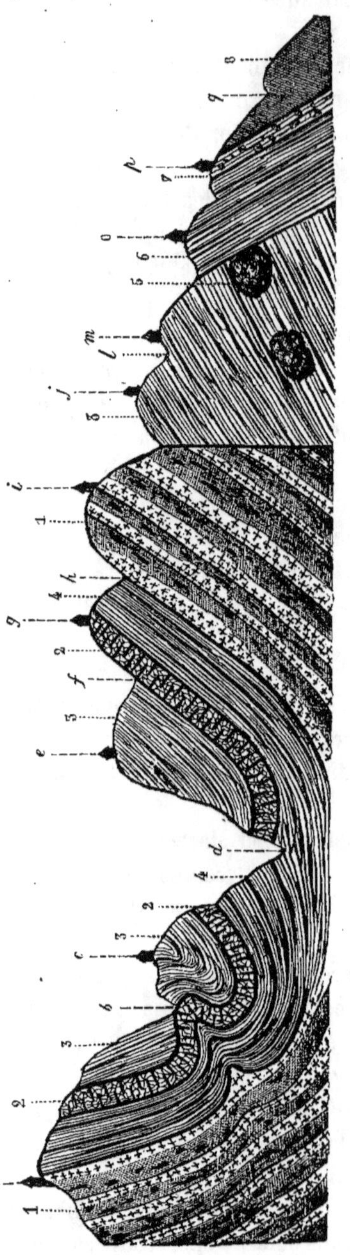

noirâtres, et, si on les examine attentivement, semblant refléter des couleurs variables : d'autres noires, brillantes, d'autres enfin rouges ou bien d'un vert foncé.

Ces argiles sont séparées par de minces couches de grès tendre rapprochées les unes des autres; aussi les eaux ont sur elles une action destructive.

Elles ont, comme roches subordonnées, de rares bancs de calcaire marneux friable, blanc sale, ayant parfois des épaisseurs considérables. Puis viennent des amas éloignés les uns des autres, de gypses séléniteux cristallisés en fer de lance, contenant du soufre natif cristallisé.

Ces amas semblent être les derniers effets des émanations sulfureuses qui donnèrent origine au gypse et au soufre; nous y reviendrons tout à l'heure. Ces bancs se trouvent généralement à la base des argiles schisteuses que nous étudions.

En effet, ces anciens amas, éloignés de quelques kilomètres, suivent une ligne bien nette, comme celle du reste de toute la formation, qui passe près de San Giovani in Galilea, Sogliano, Borghi, Cesena, Massa, où ils se cachent sous la formation du pliocène.

Voir la coupe prise sur la ligne *a*, *b*, *c*, *d*, *e*, et qui passant par

— 237 —

a — Mont Sottone.
b — Ruisseau Boratella.
c — Falcino.
d — Torrent Borello.
e — Luzzena.
f — Ruisseau Cucco.
g — Tormignano.

h — Ruisseau de la Costa.
i — San Mamante.
j — Paderno.
l — Ruisseau S. Mauro.
m — Lizzano.
o — Massa.
p — Montecchio.

rencontre les terrains :

1 — Grès, sables et conglomérats qui sont recouverts
4 — D'argiles et de marnes passant aux calcaires marneux, soutenant
2 — Le gypse mélangé de soufre (pliocène), recouvert d'argiles schisteuses avec calcaires marneux blancs 3.

Paderno est bâti sur des marnes mélangées de grès tendre 5.
Massa, Montecchio sont assis sur des marnes (6, 7, 8).

Au-dessus de cette ligne, on ne rencontre plus de gypse.

A Massa, la sélénite est perforée par des pholadaires, ainsi que cela a été observé dans une carrière ouverte pour l'extraction de cette substance.

Au-dessus des argiles schisteuses paraît un banc de près de 80 à 100 mètres d'épaisseur, qui, par les divers soulèvements survenus, se trouve interrompu et façonné de manière à présenter des crêtes relevées au-dessus du terrain environnant, moins propre à résister à l'action destructive des eaux.

C'est sur ces crêtes que se sont établis les villages de Verrucchio, San Marino, Scorticata et autres.

Le banc de grès est couvert par un conglomérat composé de rognons de calcaire dur et de grès compact micacé, de couleur grise, enchâssé dans un ciment sableux presque désagrégé. Un dépôt d'argile vient recouvrir le tout.

Ces argiles n'ont pas de stratification bien arrêtée ; elles sont de couleur jaunâtre, contenant des proportions plus ou moins considérables de sable, de roches et de matières organiques.

C'est dans ces argiles que furent trouvés les dépôts de lignite qui étaient exploités, il y a quelques années, à Sogliano et à Monte Gelli.

A la base de ces différents dépôts, se découvre le gypse accompagné de soufre, commme nous l'avons dit plus haut.

Nous donnons ici les coupes géologiques prises sur les lignes M. N. et P. Q., de la carte du bassin des Romagnes.

Coupes prises sur le territoire de la petite république de San Marino.

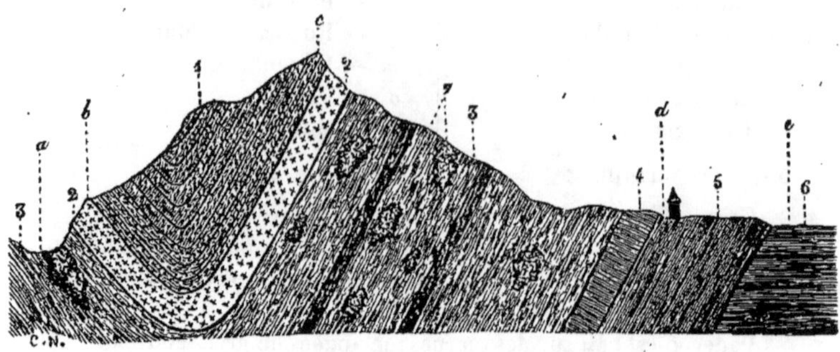

Section sur la ligne M. N.

a — Torrent de San Marino.		*d* — Faetano.	
b — Mont Cucco.		*e* — Torrent Marano.	
c — Mont San Marino.			

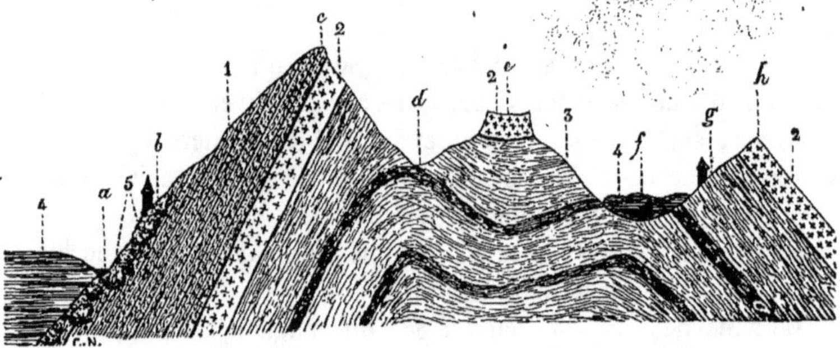

Section sur la ligne P. Q.

a — Rivière Marecchia.		*e* — Mont Maggio.	
b — Biforca.		*f* — Torrent de San Marino.	
c — Mont Faltagno.		*g* — Acquaviva.	
d — Torrent Mazocco.		*h* — Mont Cereto.	

Nomenclature des terrains.

1 — Argiles coquillières à lignite.
2 — Grès calcaire de San Marino.
3 — Argiles schisteuses avec calcaires marneux blancs.
4 — Gypses avec minerais de soufre.
5 — Argiles et marnes.
6 — Marnes subalpines (pliocène).
7 — Blocs de gypse séléniteux.

Le gypse n'apparaît que sur une étendue limitée, parce qu'il est partout entouré par les marnes du pliocène ; mais, dans le périmètre dont il est ici question, les affleurements prennent des développements considérables, ainsi qu'on peut s'en convaincre par le contour représenté dans la carte du bassin des Romagnes.

Un mot, avant de nous occuper du dépôt qui contient le soufre.

En remontant le cours de la rivière du Savio, nous rencontrons les dépôts sédimentaires qui se trouvaient en dessous. Au sud de Parsina, une succession de couches ou marnes sablonneuses micacées alternent avec des bancs minces de faux calcaire argileux, friable, de couleur jaune brun sale, se détachant quelquefois en blocs volumineux, lorsque la marne avec laquelle il se trouvait en contact vient à lui manquer.

Plus haut, d'autres couches en stratification concordante se rencontrent ; alors la marne, au lieu du calcaire, est accompagnée de grès tendre micacé, de couleur vert-clair et d'une épaisseur qui atteint quelquefois 15 à 20 mètres.

Plus loin la marne disparaît ; le terrain ne présente plus que des grès tendres, alternés avec des sables désagrégés et des conglomérats sablonneux, d'une épaisseur quelquefois considérable, dont les rognons de 10 à 30 décimètres cubes se composent de grès dur micacé, provenant du sommet des Apennins.

Dans la région supérieure, ces sables et grès tendres renferment du sel marin en proportion notable ; aussi y trouve-t-on des sources salées — Rio-Boratella, Rio-Acqua-salata, — qui servent aux usages des habitants du pays. C'est surtout à l'époque des chaleurs que s'observent ces efflorescences salines à la surface de ces bancs de grès.

Dans ces dépôts, on ne trouve que de rares débris organiques, particulièrement des empreintes de poissons, ce qui semblerait indiquer qu'ils formaient le fond d'une mer tranquille. Les études et les observations paléontologiques, faites récemment avec beaucoup de soin, ne laissent aucun doute sur la date de la formation, laquelle, ainsi que pour les dépôts longeant la rivière de la Marecchia et précédemment décrits, est rapportée par tous les géologues à l'époque miocène.

Le bassin sulfurifère suit immédiatement ces sables salés ; il prélude généralement par un dépôt, de 80 à 100 mètres d'épaisseur, d'argiles noirâtres, alternant avec des marnes calcaires, dont la composition minéralogique change en quelques endroits — Rio Boratella — et se transforme en terrain marneux blanc terne.

La première couche de minerai de soufre repose, et cela invariablement, sur ce banc de calcaire dont elle est séparée seulement par une mince assise d'argile.

Cette couche est la plus importante.

A 50 ou 60 centimètres, on en découvre une seconde, nommée *segoncello*, qui suit parallèlement la première, et qui, sur plusieurs points, est exploitée en même temps que la couche principale.

Un banc d'argile de 1 mètre à 2 mètres 50 d'épaisseur recouvre la segoncello ; puis vient, suivant la localité, une série de 8 à 16 couches d'assises de gypse, intercalées avec un même nombre de couches d'argile, dont l'épaisseur totale varie entre 30 et 40 mètres.

Ces gypses correspondent à ceux de Faetano indiqués dans la coupe ci-après ; ils sont encaissés au milieu de roches de sédiment non modifiées. Le métamorphisme qui s'est accompli, est, suivant M. Scarabelli, le résultat des réactions produites par les vapeurs du soufre. A l'appui de cette opinion, le savant géologue italien fait remarquer que les marnes, qui recouvrent les gypses, sont altérées, et renferment des cristaux de sulfate de chaux ; ces faits sont non-seulement constatés ici, mais plus particulièrement encore à Cesanarico.

Cette opinion vient confirmer une fois de plus le métamorphisme des roches calcaires si abondantes dans les bassins sulfurifères.

Ces gypses occupent la même place dans la succession des dépôts que nous avons décrits. Leur nature lithologive est presque partout la même ; ils sont amorphes, marneux, compacts ; leur cassure présente une multitude de petites écailles gypseuses, translucides, réunies par un ciment de sulfate de chaux légèrement marneux ; la couleur varie du bleu foncé au bleu clair, suivant qu'ils renferment une proportion plus ou moins grande de bitume, auquel ils empruntent une odeur caractéristique.

Un autre dépôt d'argile, de 10 à 50 mètres de puissance, renfermant des blocs volumineux de sélénite disposés çà et là, recouvre cette alternative de gypse et d'argile, pour se terminer par un banc de gypse schisteux dont l'épaisseur varie entre 2 et 10 mètres.

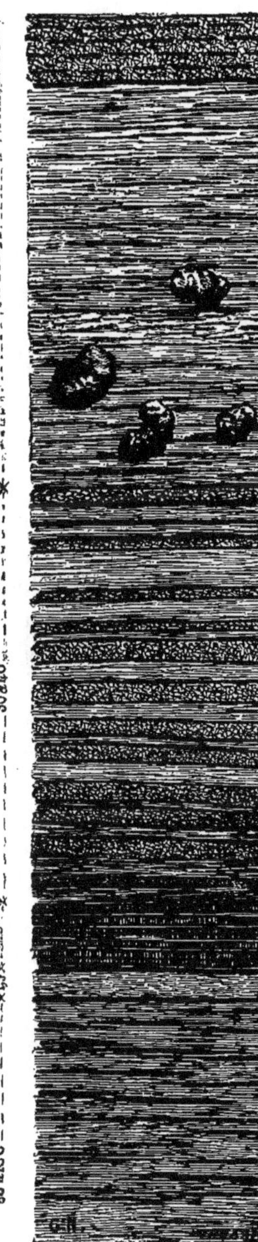

1 — Gypse schisteux.
2 — Argile avec blocs de gypse
 séléniteux.
3 — Argile et gypse.
4 — Segoncello.
5 — Minerai de soufre, couche
 principale.
6 — Calcaire et argile.
7 — Argile noire, passant quelquefois au calcaire marneux.

Cette coupe peut servir de type ; cependant cette disposition varie suivant les localités, soit par le nombre, soit par la disposition minéralogique des gypses. Ainsi, par exemple, dans l'affleurement qui de Monte Aguzzo passe à Monte Cadruzzo, un grand nombre de ces couches manquent.

A Sapigno, cette diversité est plus visible encore ; là, en effet, les gypses sont de nature aréneuse tendre, sans trace de soufre à leur base, et, par une anomalie due peut-être à un soulèvement partiel du bassin, on trouve le soufre au-dessus, alternant, sous forme d'énormes lentilles, avec des couches de calcaire et de gypse.

Voici une autre exception digne de remarque : à Predapio, mine de soufre située à l'ouest, à l'autre extrémité du bassin, on ne retrouve que les assises supérieures de Salpigno, c'est-à-dire les lentilles dont nous venons de parler.

Cette anomalie peut s'expliquer par le fait que le soulèvement du terrain aurait laissé sous les eaux certaines parties du bassin, sur lesquelles seraient venues se déposer de nouvelles assises de minerai et de gypse, tandis que les points qui en sont privés auraient été mis à nu à une époque antérieure. Les mêmes couches d'argile et de gypse sont recouvertes de ces mêmes argiles schisteuses que nous trouvons en suivant le cours de la Marecchia.

Nous ferons remarquer que si les argiles sont noires, grises, d'un vert plus ou moins foncé, elles sont toujours blanchâtres à la surface, mélangées qu'elles sont avec le carbonate de chaux.

Dans ces terrains, on ne rencontre que des traces de végétaux, et très-rarement des débris d'êtres ayant eu vie ; ces végétaux sont réduits à l'état bitumineux : aussi n'est-il pas rare de rencontrer, sous le coup de mine de l'ouvrier, des cavités remplies de bitume, qui en coulant vient tacher le front de taille.

Le soufre se trouve mélangé avec une gangue tantôt gypseuse, tantôt argileuse, présentant dans le premier cas une cassure conchoïde, résineuse, et une couleur brune due à une proportion plus ou moins grande de bitume ; dans le second cas, des rognons plus ou moins volumineux atteignant quelquefois la grosseur d'un œuf de poule, ou bien un soufre jaune, presque pur, distribué en minces filons très-rapprochés les uns des autres. Les géodes se présentent uniquement dans les minerais à gangue dure et gypseuse, et sont remplis de très-beaux cristaux.

Le minerai à gangue gypseuse est le plus riche ; l'analyse constate qu'il renferme de 30 à 45 0/0 de soufre.

Pour compléter tout ce qui a rapport à cette partie de notre travail, il ne nous reste qu'à indiquer les différents genres de dérangements et les profils principaux qu'affecte le bassin soufrier.

Nous avons donné une coupe géologique prise suivant la ligne a, b, c, d, e ; nous en donnons une seconde prise sur la ligne f, g, h, i, du plan indiquant le bassin soufrier.

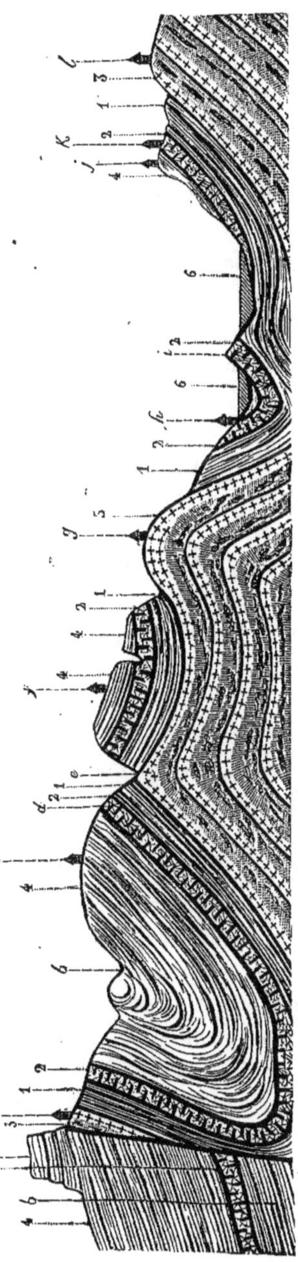

a — Perticara.
b — Torrent Fontanella.
c — Sapigno.
d — Affleurement de Sapigno.
e — Torrent Romagnano.
f — Monte Petra.
g — Coderno.
h — Piaja.
i — Affleurement Cà di Guido.
j — Monte Vecchio.
l — Sancta Lucia.

1 — Argiles et marnes passant
   au calcaire marneux.
2 — Gypse avec minerai de
   soufre (pliocène).
3 — Grès sable, conglomérats.
4 — Argiles schisteuses avec
   calcaire marneux blanc
6 — Alluvions de la rivière
   Savio.

Ce bassin, de forme irrégulière, présente néanmoins des parties dont la direction est bien déterminée. Ainsi l'affleurement, qui du château de Polenta se poursuit et se continue dans la direction de Formignano, Montevecchio, Monte Aguzzo et Monte Cadruzzo, suit à peu près une ligne droite, dirigée à 0.43° nord du méridien magnétique.

De S. Maria du Rio Petra, Fornacro, Perticara, Ugrigno, la direction moyenne est à 0.72 nord du même méridien. La courbe des affleurements du côté opposé est plus sinueuse, plus irrégulière.

Les couches qui partent des affleurements, émergent en sens opposé, pour prendre une disposition générale de fond de bâteau ; cependant cette forme générale a été dérangée sur quelques points. On y rencontre en effet certaines ondulations qui sont évidemment le résultat d'un soulèvement du terrain, qu'on trouve, au reste, complétement dénudé par suite sans doute du passage de puissants cours d'eau descendant des montagnes.

Un soulèvement remarquable est celui dei Monti Sottone, Faibo, Paderno, dont nous venons de donner la coupe, et qui a partagé le bassin en deux portions, dont la plus étendue est comprise entièrement dans la province de Forli, tandis que l'autre fait partie, presque en totalité, du territoire de Monte Feltro.

Un autre soulèvement, suivi d'une dénudation digne de remarque, se montre sur la ligne de Valtinoce, Casalbono, Baciolino ; placé presque au centre du bassin, il forme un axe anté-clinal, dont l'extrémité sud-est tend à se joindre au soulèvement que nous venons d'indiquer précédemment.

Enfin, un exemple plus saillant d'un dérangement s'aperçoit au village de Perticara ; une partie du bassin a été détachée par le soulèvement qui a formé la montagne, et a constitué celui qui affleure à Faetano, dans la vallée de la Marecchia, recouvert par tous les terrains de la formation.

La création de la montagne de Perticara a donné lieu à une grande faille, à un avalement, qui, ayant exercé une pression latérale sur les couches, en a interverti totalement l'inclinaison, comme on le voit dans la coupe précitée.

Cette montagne n'est autre chose qu'un bloc immense, faisant jadis partie du même grès calcaire de San Marino, lequel, dénudé de toutes parts, se trouve assis sur les argiles schisteuses.

Quant aux causes qui ont provoqué ces accidents dans le gisement primitif de ces dépôts, il faut évidemment les attribuer aux forces souterraines, qui ont en dernier lieu réduit la chaîne des Apennins à la forme présente ; mais, contrairement à ce que l'on observe en maints endroits de cette chaîne de montagnes, les causes qui ont produit ces phénomènes ne se sont pas fait jour à la surface du périmètre que nous décrivons, où il n'y a aucune trace de roches éruptives ; et les matières sédimentaires qui ont donné origine à ces dépôts, ont toutes conservé, à peu près, tous leurs caractères minéralogiques primitifs.

La formation *miocène* nous paraît la plus évidente, elle se compose des roches suivantes : la molasse, les argiles, les gypses, le calcaire et les conglomérats.

N'ayant eu d'autre prétention que celle de décrire le bassin sulfurifère reconnu aujourd'hui, nous terminerons par cet exposé succinct la description géologique des Romagnes. Nos lecteurs trouveront des détails plus complets dans les travaux spéciaux qui ont été faits sur ce sujet.

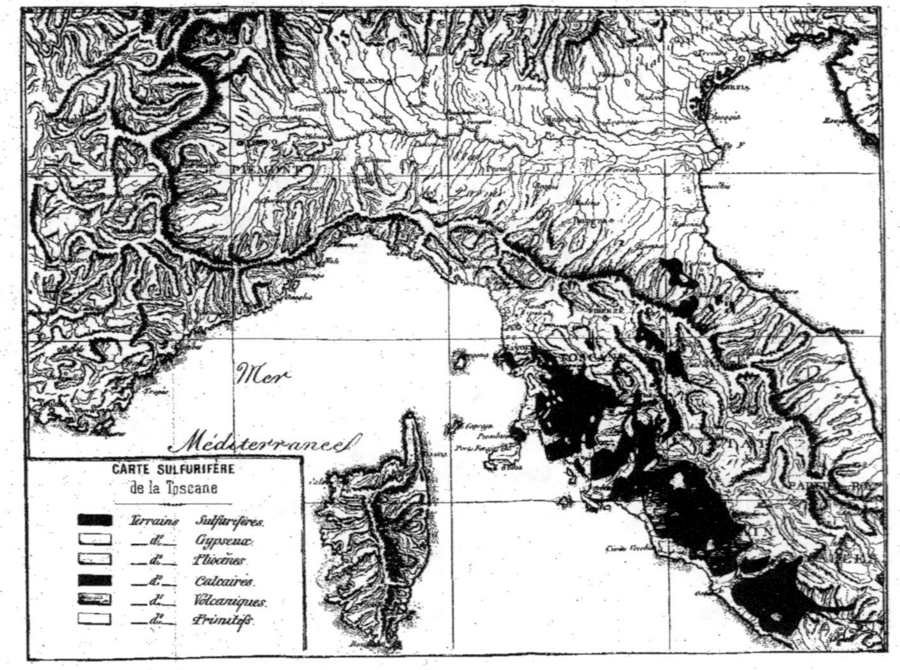

CARTE SULFURIFÈRE
de la Toscane
Terrains Sulfurifères.
d°. Gypseux.
d°. Pliocènes.
d°. Calcaires.
d°. Volcaniques.
d°. Primitifs.
Mer
Méditerranée
PIEMONT
TOSCANE

TOSCANE

Nous venons de parcourir les Romagnes ; nous allons maintenant franchir les Apennins et passer en revue le versant méditerra-
néen.

Les terrains de cette partie de la Toscane offrent cette particularité, que là, plus qu'ailleurs, il est difficile de désigner leur âge
géologique. Ce sol ébranlé, disloqué dans tous les sens, renferme
les métaux dont l'abondance a créé les nombreuses exploitations
que renferme cette contrée et qui lui a fait donner le nom de zône
métallique.

Bien des géologues avouent que ces terrains ont eu une origine paléonzoïque; ils tirent leur opinion de la présence de ces roches qui
se montrent çà et là séparées les unes des autres par de nombreux
filons de cuivre, de fer, etc., et de substances carbonifères, qui à
Monte Marri et *Bamboli*, entre autres, font l'objet d'une exploitation industrielle

M. Pilla a fait l'analyse de ces combustibles ; il a trouvé qu'ils
avaient des propriétés communes avec les houilles anglaises ; c'est
ainsi que pour 100 k. de charbon recueilli, on trouve :

Coke.	58 »
Soufre	3 20
Matières volatiles	30 »
Cendres	6 86

L'analogie la plus grande existe entre la formation de ces houilles et la formation des houilles du Nord, et donne raison à ceux qui rapportent la formation de la zone métallique aux premières époques géologiques ; et cependant ces produits, après une étude attentive du sol, ne se rencontrent pas dans des terrains du même âge géologique ; ce qui prouve, une fois de plus, qu'en géologie les règles générales ne peuvent être appliquées partout.

Dans le Nord, les houilles sont contenues dans les terrains primitifs ; on a formé, pour elles, une section toute particulière, dite carbonifère, et ici elles sont renfermées dans des terrains de l'époque *miocène*.

Leurs caractères, leur composition sont les mêmes ; ce sont les mêmes fougères qui les ont créées, les restes des animaux qui y ont vécu sont identiques, et cependant que de milliers d'années séparent leur formation. Ce qui prouve, répétons-le une fois de plus encore, que les causes qui ont fait notre monde tel qu'il est, ont manifesté leurs effets à toutes les époques géologiques, selon que sur un point ou sur un autre, se produisait une commotion, une révolution terrestre.

En présence de ces anomalies, le géologue a divisé la Toscane en deux grandes régions : la région métallifère et la région des Apennins. C'est à M. Savi qu'on doit les travaux les plus consciencieux et les plus remarquables sur cette contrée, digne à tous égards de l'attention du savant et de l'industriel.

La zône métallifère commence à la *Spezzia*, suit le *Alpi Apuane* qui forme une chaîne bien distincte de celle des Apennins proprement dits, les monts *Pizani* situés entre Pise et Lucques, le mont *Jano* entre San Miniato, Volterra et Poggibonsi, les monts de *Senèse* près de Sienne, de *Gerfalco* et de *Montieri*, entre Sienne et Massa, de *Campiglia* et *Calvi* proche de la mer et de Campiglia, de *Gavarranno*, entre Campiglia, Massa et Grosseto. Après les monts de Montieri, viennent ceux de *Grosseto* situés au N. E. de cette ville ; les monts de l'*Uccellina* ou *Talomone* au S. de la même ville ; le promontoire d'*Argentario* ; les monts de *Capalbio*, et enfin ceux de *Cetona*.

M. Savi désigne les terrains qui constituent cette zône sous le nom de *Verrucano*, tiré de celui du mont Verruca, composé de terrains que les uns rapportent au trias, les autres à l'infralias, au lias, au crétacé et à l'éocène.

Le *Verrucano* renfermè :

Un calcaire plus ou moins blanc, qui représente ces marbres si recherchés et counus sous le nom de marbres de *Carrare.*

Du *cinabre,* du *graphite,* de l'*anthracite,* du *fer* et des houilles.

Les filons et les couches qui représentent ces minéraux si variés, sont plus ou moins puissants, plus ou moins réguliers ; cela tient non-seulement aux bouleversements qu'ont subis les roches qui les encaissent, mais surtout à l'action métamorphique qui s'est accomplie.

Le savant géologue italien appelle *macigno,* tous les autres terrains, qui, du golfe de la *Spezzia* s'étendent en longeant la mer jusque dans les Etats Pontificaux ; ces terrains constituent, dans cette partie de la Toscane, la terre cultivable.

Le macigno renferme des calcaires compactes à grains fins, puis des calcaires dits *Alberese;* et enfin des terrains d'alluvion qui continuent à se former encore de nos jours et sont connus sous le nom de *Marennes Toscanes,*

Dans ces terrains se trouvent *les soffioni,* qui occupent une surface triangulaire entre Volterra, Massa-Maritima et Sienna, région contiguë aux monts Gerfalco et Montieri et qui s'étendent depuis Pise jusqu'au pied de la montagne de Santa Fiora.

Il n'existe pas, industriellement parlant, de bassin sulfurifère ; quelques points cependant ont été l'objet d'exploitations régulières ; les produits qu'ils donnaient, n'ayant pu rivaliser de prix avec ceux de la Sicile et des Romagnes, ne sont aujourd'hui, à notre connaissance, l'objet d'aucune extraction régulière.

Cependant un bassin sulfurifère que nous avons représenté dans la carte ci-jointe existe *géologiquement,* dans toute la zone métallifère; et s'il n'est pas dans des conditions économiques d'exploitation, il fixe néanmoins l'attention, parce que sa présence se constate partout dans les exploitations minérales si nombreuses de cette contrée.

Il est proche des gisements de pétrole que nous avons signalés ; il est voisin des nombreux volcans de boue ; il touche aux gisements de sel gemme de Volterra ; il est donc dans les mêmes conditions que celles qu'il présente partout où nous l'avons rencontré.

Il est exploitable entre une ligne qui côtoyerait le fleuve *Cécina* jusqu'à *Sienne* ; et une autre qui reliant *Civita-Vecchia* au lac de *Bracciano*, rejoindrait Sienne, en suivant la vallée du fleuve Fiora.

C'est dans cette zône entre *Volterra, Sienne, Massa* et la mer, que se recueille et se fabrique un des produits les plus curieux : nous voulons parler de l'acide borique.

Cette région — les Marennes Toscanes — est bien l'endroit le plus lugubre que l'on puisse rêver ; aussi, quand on a traversé ces solitudes sans culture, où le regard même ne trouve pas à se reposer, n'est-on plus étonné que les peintres du moyen âge y soient venus chercher l'inspiration, lorsqu'ils ont voulu représenter les régions infernales, séjour des peines éternelles et des éternels remords.

On y marche sur un sol sillonné de fissures, crevassé de toute part. Çà et là se présentent des monticules qui lancent vers les cieux des gaz mélangés de vapeur d'eau. Ces gaz s'échappent avec un bruit sourd et font bouillonner de petits lacs, des mares fangeuses, aux eaux noirâtres, infectes, remplies d'êtres aux formes bizarres et monstrueuses, à l'aspect repoussant, pareils à ceux que l'on voit dans les peintures du moyen âge, dont la vue seule donne le frisson.

Les lagoni de la Toscane sont aussi uniques dans le monde. La Fable y a placé le séjour de ses monstres les plus hideux. Les plus importants lagoni sont ceux de *Monte-Cerboli*, de *Castel Nuovo*, de *Sasso*, de *Monte Rotondo*, du *Lago del Edifizio* du *Lustignano* de *Serrazzano*.

La température de ces émanations souterraines est de 120° environ.

Le sol par lequel elles s'écoulent, est jonché de limons fangeux qui, analysés, se composent de soufre, de pierres calcaires décomposées ; tous ces produits amenés des entrailles de la terre viennent se condenser à la surface.

Les *soffioni* ont ouvert leurs débouchés souterrains en traversant des calcaires appartenant au *terrain crétacé* et des argiles et des marnes *de formation tertiaire.* Cette couche du sol s'est transformée en calcaire gypseux ; et, dans les endroits où les émanations sont moins énergiques, on retrouve le sol se composant encore et d'argile et de marne d'un gris bleuâtre.

Ces fumeroles attaquant les terrains avec lesquels elles se trouvent en contact, forment avec eux les combinaisons suivantes :

Du gypse,
Du borate de fer, de chaux, de magnésie, d'ammoniaque,
Du sulfate d'ammoniaque, de fer, de magnésie, de soude,
Du soufre cristallisé.

Les vapeurs, qui sortent du sein de la terre, présentent une tension assez considérable ; on ne remarque ni dépression, ni ralentisement ; leur analyse donne :

De l'acide carbonique,
De l'hydrogène sulfuré et carboné,
De l'azote,
Des traces d'oxygène,

D'après *Becchi*, quatre soffioni, qu'il a spécialement étudiés, donnent en vingt-quatre heures :

150^k d'acide borique,
320 de matières organiques,
1500 de sulfate d'ammoniaque,
750 de sulfate de fer,
1750 de sulfate de magnésie,
530 de sulfate de potasse, de chaux, d'alumine de strontiane.
____
Ensemble 5000^k

Les gens du pays désignent ces émissions à travers le sol par les noms :

De *soffioni*, lorsque les vapeurs s'élancent à travers un terrain imprégné d'eau.

De *bulicami*, lorsque le bouillonnement a lieu à travers les eaux d'un lac ;

De *bumacchi*, lorsque ce sont les soufflards qui s'échappent des crevasses du sol.

Les anciens connaissaient ces lieux désolés; un vieux poëte nous dit :

Is locus est Comas apud Etruscos, et montes
Oppleti calidis ubi fumant fontibus aucti.

La Fable n'a pas laissé dans l'oubli cette vallée de désolation.

C'est là qu'elle avait placé une des entrées des enfers dont Cerbère était le gardien vigilant. Ce monstre à trois têtes qui par ses rauques aboiements effrayait les ombres des morts et plus encore probablement les vivants, ne serait-il pas l'image du monte Cerboli, dont les grondements souterrains inspiraient l'épouvante, et écartaient les curieux.

Au moyen âge, les lagoni étaient considérés comme un phénomène qui frappait les esprits d'épouvante et dont on demandait la cessation par des prières publiques ; aujourd'hui, c'est une source de richesse découverte par *Hoefer*, et mise en exploitation par M. *Larderel*, dont les descendants portent le titre de comte de Monte Cerboli.

Cette simple énumération nous fixe sur un des produits les plus remarquables que donnent les volcans ; elle nous fait juger de ce que peut l'industrie humaine, qui a su diriger ces petits cratères.

Le cadre de notre travail ne peut comporter une description plus minutieuse, qui assurément nous aurait été agréable à faire, mais qui nous aurait emporté trop loin des limites que nous nous sommes tracées. Nous dirons seulement que les indices du soufre y sont nombreux et constatés partout, mais qu'ils ne s'y présentent pas dans des conditions suffisantes d'exploitation industrielle. La seule exploitation qui donne de bons résultats, et en promette de meilleurs pour l'avenir, est le recueil de l'acide *borique* et du sulfate d'ammoniaque.

Il existe, en ce moment, dix grandes exploitations, qui forment annuellement plus de dix millions de quintaux d'acide borique. Ce bassin est sulfurifère ; par son étendue, il est un des plus considérables de l'Italie ; çà et là existent des vestiges d'anciennes solfatares, notamment à *Pereta*, près de *Grosseto*, à *Radicondoli*, dans la vallée de la Fiora.

Les gisements se trouvent dans les calcaires et dans les gypses.

Dans ces localités, on peut, une fois de plus, étudier le métamorphisme des roches calcaires par les émanations des gaz sulfureux. En étudiant les *moffetti*, on suit leur transformation, pas à pas ; elle s'effectue sous nos yeux ; on voit la roche calcaire se gercer et présenter un léger gonflement. Si on casse cette roche, on s'aperçoit que les parties les plus voisines des gerçures, présentent des cristaux de *sulfate de chaux*, lorsque à coté, le calcaire n'a pas été décomposé. La couleur de la roche primitive est légèrement bleuâtre ; lorsqu'elle est attaquée par les vapeurs dusoufre, elle devient blanche, et se nuance quelquefois de rouge, ce qui est dû à des émanations entraînant du peroxyde de fer.

C'est pour le géologue, c'est pour le savant, un beau privilége que de pouvoir se rendre compte de la gypsification et dissiper ainsi tous les doutes sur ce métamorphisme.

Les ouvriers qui travaillent à l'extraction de la pierre à plâtre, ne s'y trompent pas ; ils vous expliquent très-bien cette action des vapeurs sulfureuses sur la roche calcaire.

A côté de ces anciennes solfatares, on rencontre, notamment à l'*Edefizio*, des mines et une exploitation de sulfate de fer.

A *Campeiglia*, à *Montrio*, à la *Solfa*, on exploitait l'*anulite*; cette industrie a perdu aujourd'hui toute son importance.

Ces alumines reposent dans le terrain jurassique, comme les soufres reposent dans le terrain crétacé.

Tous les points où le soufre se rencontre sont en éruption ; partout, dans cette contrée métallifère, qu'on creuse un puits plus ou moins profond, on y rencontrera des émanations provenant des entrailles de la terre, qui chasseront bientôt le mineur.

Ces gaz qui s'échappent dans les conditions actuelles, lorsqu'ils arrivent jusqu'à nous n'ont qu'une température de 100° environ; ils représentent, aux yeux du géologue, l'image des dernières convulsions de volcans puissants. Aussi, croient-ils, qu'un jour prochain, ces émanations cesseront et alors ne sera plus possible l'évaporation des eaux renfermant le borax, le soufre et les autres corps ; mais en revanche l'homme pourra creuser le sol, y pénétrer et y prendre ces différents corps à l'état solide.

Dans les conditions actuelles, l'exploitation du soufre ne peut se faire qu'à la superficie, il ne peut se recueillir qu'aux alentours de la fissure par laquelle il s'échappe, où il se présente, soit en poudre impalpable, soit allié avec les roches avoisinantes.

BASSIN SULFURIFÈRE ROMAIN. — En descendant plus au sud, dans les anciens Etats pontificaux, on rencontre :

Le Monte Virgine, situé dans la province de Civita Vecchia ; il renferme des exploitations de soufre au nombre de trois qui portent les noms :

1° de *Canale* ;

2° de *Menziana*, noms des communes dans lesquelles elles sont situées ;

3° de *Fracinetto*, nom du terrain que cette dernière occupe.

Menziana et Fracinetto sont l'une de l'autre à une distance de quatre kilomètres, et Canale à six kilomètres de la dernière. Ces trois gisements de soufre sont situés dans les collines qui entourent la montagne appelée Monte Virgine, la plus élevée de cette région, et dont elles constituent les contreforts et la base.

Ces mines sont si peu exploitées que peu de géologues jusqu'ici ont eu la pensée de s'en occuper.

Le torrent qui prend sa source sur les sommets du mont Virgine, baigne les vallées où se trouve située la mine de Fracinetto, et reçoit les eaux des torrents plus petits qui arrosent les autres gisements sulfurifères désignés sous le nom de Canale.

Le terrain est montueux, tourmenté. Il n'y a pas de partie plate sur le territoire où se trouvent enclavées ces mines. Un chemin, très-commode, conduit du sommet du Monte Virgine à Civita Vecchia, et un autre, qui passe à Bracciano, réunit les terrains des mines à l'ancienne Voie Cassienne qui, d'un côté, conduit à Rome, et de l'autre, à Civita-Castellana.

La formation y est identique à celle de *Pereta* avec cette différence que l'action volcanique paraît ici être éteinte , ce qui permet une exploitation plus facile que pour le bassin occupé par les exploitations de borax.

Le Monte Virgine se trouve à 42° 8′ 28″ de latitude et 29° 46′ 53″ de longitude orientale ; sa plus grande élévation au-dessus du niveau de la mer est de 563 mètres.

Il est situé, comme nous venons de le dire, près des confins territoriaux qui séparent la province de Civita-Vecchia de celle de Viterbe. Les régions qui renferment les mines du Monte Virgine appartiennent : celle du nord à la province de Viterbe, celle de l'est à celle de Rome, celle du midi et de l'ouest à celle de Civita Vecchia. A l'ouest, elles sont dans le voisinage du territoire de Tolfa, où se trouvent des mines d'alun en activité.

Nous devons à l'obligeance de M. de Laire, dont nous aurons occasion de parler au chapitre *fabrication*, des détails sur les solfatares de Latera.

Les mines de Latera sont situées dans la province de Viterbe, dont le sol s'est recouvert partout de déjections volcaniques.

Tout autour de Latera se trouvent des traces d'anciens travaux, dont quelques-uns viennent d'être repris par une Compagnie française.

D'après M. de Laire, les frais de transport pour amener les produits de la mine du chemin de fer à Orviéto, seraient de 10 à 12 francs par tonne ; la population des environs de 15 à 18,000 habitants, suffirait amplement aux besoins de l'exploitation. Le bois de chauffage abonde, il ne vaut guère plus de 5 à 6 francs la tonne ; toutes conditions qui assurent à la société française un avenir prospère.

L'étendue, la puissance des amas sulfurifères de cette partie de l'Italie, ne font donc de doute pour personne ; la seule question douteuse est celle de leur exploitabilité.

Pour nous, nous ne croyons pas à la possibilité d'un pareil travail, et si nous en jugeons par les réflexions de M. Petitgaud, ingénieur de la société de Latera, nous ne pouvons que maintenir notre opinion.

Cet ingénieur, dans une brochure que nous avons sous les yeux
dit : « Si, malgré le nombre de tentatives attestées par des attaques
« et des débris de fours, dont on retrouve presque à chaque pas
« les empreintes, ces mines n'ont pas été exploitées avec plus de
« succès, il faut, à mon avis, l'attribuer uniquement à l'absence
« de méthode et de pratique et, par-dessus tout, à l'insuffisance
« des ressources financières et des moyens propres à vaincre les
« émanations de gaz acide carbonique et sulfhydrique qui se dé-
« gagent sans cesse de ces gîtes. Sans aucun doute, c'est là l'obs-
« tacle qui a fait reculer les exploitants et rendre leurs efforts sté-
« riles ; en effet, partout où les travaux qu'ils ont abandonnés sont
« accessibles, le soufre apparaît constamment avec la même fixité,
« mais aussi les gaz délétères jaillissent avec d'autant plus d'in-
« tensité qu'on s'éloigne davantage du jour et da la surface. »

Toutes les localités où se trouvent ces diverses exploitations,
subissent les influences miasmatiques qui produisent des fièvres
périodiques.

Ces contrées, dont le climat est un des plus beaux de l'Europe,
ne peuvent être débarrassées des exhalaisons fétides d'un sol trop
imprégné d'humidité, et par lequel passent des produits qui font la
richesse de ceux qui les exploitent. Elles ne deviendront salubres,
elles ne seront rendues à l'agriculture, que le jour où le travail souterrain qui continue de s'accomplir aura cessé ; mais alors l'industrie du borax aura disparu ; ces soffioni n'existeront plus ; ils feront
place probablement à l'exploitation de nouveaux produits, qui demandent, pour leur extraction, une sécurité plus grande que celle
qui existe aujourd'hui.

ZONE VOLCANIQUE

Bien des géologues désignent la partie de la péninsule qui s'étend du mont *Amiata* au mont *Vulture*, sous la dénomination de zône volcanique.

En venant de la Toscane, et nous dirigeant vers Rome, nous laissons derrière nous le mont *Amiata* ou S. Jiova, mont conique qui se dresse majestueusement; de ses flancs partent des couches de terrains tertiaires et secondaires qui s'étendent dans les provinces de Sienne, de Grosseto, et des Romagnes.

Tous les terrains que nous allons rencontrer ne sont composés que d'un sédiment volcanique, recouvert par des marnes appartenant au pliocène; brisées quelquefois, mais le plus souvent formant des masses horizontales qui se prolongent vers la mer.

Le mont *Amiata* doit sa majesté à son isolement dans cette contrée ondulée; il est le résultat d'un formidable soulèvement, comme le Radicofani, son voisin; et comme le sont aussi, d'autres monts volcaniques qui hérissent cette région, et dont les principaux sont : ceux de Bolsena, Vico, Bracciano, Latium, Tiechiena, Pofi, les champs Phlégriens, le monte Somma et le Vulture.

C'est par leurs déjections, et aussi par celles produites par d'autres cratères, que toute cette contrée a été inondée de trachites, de laves obscures et compactes, de cendres, etc.

Cette constatation, ainsi que la reconnaissance des terrains, se fait facilement et presque à découvert sur toute la route qui mène de la Toscane à Rome. A partir du mont Amiata jusqu'à Radicofani, on rencontre des terrains secondaires ; les uns appartiennent au lias, les autres à la période crétacée. De Radicofani à Acquapendente, ce sont des terrains subapennins ; d'Acquapendente à Rome, ce sont des scories de toute nature traversées çà et là par des trachytes.

Il est admis aujourd'hui que le soulèvement des Apennins est antérieur à celui des monts que nous venons d'énumérer ; mais ces derniers cratères ont-ils été tous en même temps en activité ?

C'est là une question non résolue ; il est probable qu'ils ont eu chacun des alternatives d'activité et de calme ; et les géologues pourraient bien tous avoir raison : ceux qui prétendent que ces laves et ces trachytes ont surgi à l'époque tertiaire ; comme ceux qui pensent qu'elles sont apparues à l'époque quaternaire. Ce qui se passe encore de nos jours justifie en effet l'une et l'autre opinion. Pour nous il est de toute évidence, que pendant un espace de temps fort long, un espace de plusieurs milliers d'années, peut-être, cette zône volcanique fut le siége de troubles immenses, de bouleversements terribles et de commotions continuelles.

Ce qui est encore incontestable, c'est qu'elle fut, à l'origine, ensevelie sous la mer, sous cette mer qui existait à l'âge jurassique, et qui ne s'est retirée en partie qu'à l'avénement des Apennins, laissant, sur le versant de cette chaîne de montagnes, des vallées qui portent les signes indéniables de grands courants marins. Ces grands courants semblent avoir nivelé des quantités considérables de laves ; d'où l'on est bien obligé d'admettre qu'à une époque antérieure au soulèvement apennin, les volcans étaient déjà en travail.

Cependant, en pareille matière tout est sujet à controverse ; car il peut très-bien se faire encore que ces courants, que nous constatons, ayent été déterminés plus tard, par un exhaussement du sol, par exemple.

Les laves, les scories, les ponces qui recouvrent ces terrains, se sont décomposées sous l'action du temps ; elles ont formé avec les terrains d'alluvion, une des contrées les plus fertiles du monde.

La présence de différents fossiles et la position qu'ils occupent dans les diverses assises dont se compose la zone volcanique, semblerait indiquer que non-seulement la mer a séjourné là pendant des siècles, mais encore qu'elle serait revenue, à plusieurs reprises, envahir son ancienne demeure.

Ce fait n'a été reconnu que dans ces dernières années, grâce aux divers puits qui ont été perforés; car lorsque la sonde fut arrivée dans la couche des débris volcaniques, on y rencontra des argiles et des sables jaunâtres, qui sont d'époques tertiaires, et que quelques géologues classent dans le pliocène; d'où ils concluent que des éruptions auraient eu lieu à cet âge, peut-être aussi à l'époque quaternaire; il y a même quelques auteurs qui les placent aux époques historiques.

Mais la thèse vraie, celle qui fonde sa preuve sur l'existence des fossiles et sur les découvertes de médailles renfermées dans des calcaires, est celle que nous soutenions plus haut, savoir que ces grands courants, qui ont charrié et transporté les débris des volcans, ont été déterminés à bien des époques géologiques différentes et probablement par des causes diverses.

A la liste des cratères que nous venons de mentionner, il faudrait joindre celle de tous les monts, et ils sont nombreux. Pour bien des géologues, ces monts ne sont, eux aussi, que d'anciens cratères, dont on ne peut connaître ni les époques de formation, ni celles où ont eu lieu leurs éruptions.

Les hypothèses de ces savants se changent presque en certitude lorsque l'on étudie de près l'aspect des monts et des lacs qui fourmillent dans cette région; les versants des uns et les rives des autres dénotent des crêtes de volcan, et leurs alentours ne sont que des laves, des ponces, des scories plus ou moins décomposées.

Dans différents endroits existent encore des *mofetti*. Ces émanations sulfureuses annoncent que là, comme au mont Virgine, par exemple, on peut tenter avec espoir de succès la recherche des richesses minérales et même du soufre.

La *vallée del Tevere* appartient au terrain subapennin; elle est recouverte de laves, de scories et de cendres volcaniques, lesquelles sont recouvertes à leur tour par des terrains alluviens; elle est donc de composition identique à tout ce que nous venons de voir.

Voici, du reste, la description qu'en donne *Ponzi*, un des géologues italiens les plus autorisés.

« Les tufs volcaniques, dit-il, sont superposés sur des sables
« jaunâtres de même époque que les plus récents que l'on ren-
« contre dans les dépôts subapennins. Cette constitution démontre
« que ce n'est qu'après la formation des Apennins que sont appa-

« rus ces terrains sous-marins; c'est bien longtemps après, aux
« âges historiques, que sont venues ces cendres, alors que ces pre-
« miers terrains étaient sortis des ondes. »

Et enfin pour compléter et résumer, Tite-Live lui-même raconte qu'en 542 de l'ère de Rome, le mont Albano, un de nos nombreux volcans, lança pendant deux jours une pluie de pierres.

Cette contrée est aujourd'hui peu babitée; elle ne renferme qu'une
population hâve, décimée par les fièvres.

La cause en doit être attribuée à la *mal'aria.*

Tite-Live et Pline nous assurent qu'il fut un temps où la noblesse
de Rome y avait des palais, et qu'on y comptait vingt-trois villes
et une multitude de bourgs.

Aujourd'hui, ces grandeurs n'existent plus; les ruines mêmes
sont peu nombreuses. Cette dépopulation tient-elle au déboisement
fait sans méthode? tient-elle à ce que les eaux pluviales séjournent
sur un sol qui n'est pas assez perméable?

Ou bien est-ce la faute du Gouvernement qui laissait, sans culture, ces belles contrées aujourd'hui complétement en friche?

Nous savons qu'à notre époque il n'y a plus de terrains pestilen-
tiels; que s'il en reste encore, ce n'est que là où on ne fait rien pour
chasser les miasmes putrides, car grâce aux travaux agricoles, aux
percements de routes et de canaux, aux travaux miniers, les contrées qui se trouvaient dans ces malheureuses conditions sont devenues très-rares.

Aucune recherche minière n'a été faite jusqu'ici dans la zône
volcanique, sauf celle que nous avons constatée au mont Virgine.
Le gouvernement papal était peu encourageant pour ces entreprises. Aujourd'hui que des institutions nouvelles régissent les
Etats pontificaux, déjà l'esprit d'initiative commence à se manifester;
et ces contrées deshéritées seront un jour, peut-être, un centre
minier important, s'il est vrai, comme on nous l'assure, que de
nouvelles découvertes viennent d'y être faites.

Le sol de Rome a été l'objet de recherches archéologiques nombreuses, qui ont fait découvrir des vestiges de mastodontes et d'autres animaux appartenant à l'âge quaternaire; d'autre part, l'exploration des catacombes n'a laissé aucun doute sur l'âge et la
constitution des terrains de la zône volcanique.

Les cratères du Latium ont leur histoire, liée à celle de la Rome antique ; c'est ainsi qu'Annibal vint établir son camp dans le cratère d'Albano, pour préparer le siége de la capitale du monde.

Les historiens anciens nous apprennent que, parmi ces volcans, ceux du Latium s'éveillaient quelquefois ; aujourd'hui ils sont tous éteints, et actuellement il faut descendre jusqu'aux *Campi phlégreni*, c'est-à-dire dans l'ancien royaume de Naples, si l'on veut en trouver encore en activité.

Les Campi phlégréens ont été l'objet d'études spéciales comme aussi le sujet des méditations des savants anciens et modernes. Pline désigne cette vaste contrée sous cette appellation : *Champs brûlés.*

Les terrains sont ici encore des élévations successives qui se relient entre elles par des vallées ; elles sont quelquefois, comme le mont Somma, par exemple, considérables. Le terrain le plus ancien, mais qui se montre rarement à la surface, est le calcaire ; il est plus ou moins compacte. D'après les fossiles qu'il renferme, on peut classer sa formation à l'époque crétacée.

Il est recouvert par des assises volcaniques, lesquelles sont parfois considérables. Par l'ouverture de puits qui y ont été creusés, on a pu étudier la direction des couches. Les débris volcaniques ont une épaisseur moyenne de 200 mètres et reposent généralement sur des couches d'argiles ou de marnes bleuâtres. Ces argiles, comme ces marnes, sont le résultat d'alluvions qui se sont déposées sur les calcaires, indiquant un séjour plus ou moins prolongé de la mer.

Cette quantité si considérable de lave frappe l'imagination. Comment a-t-il pu se faire que tant de matériaux soient sortis du sein de la terre ? Quelle est donc l'épaisseur de la croûte terrestre ? Que d'abîmes ne doit-elle pas renfermer ?

M. de Buch, le géologue qui s'est le plus occupé de la recherche des causes qui ont amené les volcans, a consacré, par ses travaux, la thèse qui veut que les montagnes, et notamment les volcans, soient le résultat de soulèvements.

Ici donc, la présence de toutes ces montagnes vient en quelque sorte à l'appui de cette opinion, qui prétend que le sous-sol des *Campi phlegreni* se compose de cavernes immenses, dans lesquelles un jour l'Italie méridionale disparaîtra tout entière.

Quelques auteurs ont voulu établir, par des calculs, le nombre de mètres cubes soulevés; ils ont pris pour base le Vésuve, et en supposant qu'il n'ait été formé qu'en l'an 79 de notre ère, ils ont constaté que pour atteindre le cube total du mont Vésuve, il aurait fallu une déjection continue de produits à partir de l'an 79 jusqu'à nos jours, confirmant par là la théorie de M. de Buch. Cette théorie est d'ailleurs corroborée par les faits.

Non-seulement nous avons vu de nos jours le soulèvement de l'île Julia, mais nous connaissons, par les écrits du dernier siècle, comment s'est formé le Monte Nuovo.

Porzio écrivait dans son *Opera omnia medica philosophica et mathemathica, in unum collecta* 1736 :

« Dans les premiers jours d'octobre 1638, la terre éprouva, de
« jour et de nuit, des secousses terribles. La mer se retira ; les
« poissons n'eurent pas le temps de fuir ; des sources d'eau
« chaude jaillirent. Puis on vit le terrain s'élever, prendre la forme
« d'une montagne, puis tout à coup le haut de la montague
« s'entr'ouvrir pour vomir des flammes, des cendres et des
« pierres. »

Bien d'autres que Porzio relatent le même fait. Capoccio entre autres, dans son ouvrage intitulé : *Nuove ricerche sul noto fenomeno delle colonne perforate delle sole nel tempio di scrapide in Pozzuoli*, fait remarquer que Porzio en disant la mer se retira aurait dû dire que cette partie de la mer se souleva.

De ce qui précède, on doit conclure que cette partie de l'Italie, appelée les *Campi phlégreni*, est assise sur une épaisse couche de lave, ayant une formation identique à celle que nous venons de rencontrer dans les États du pape.

Les montagnes qui entourent Naples se composent de calcaires, les uns appartenant à l'époque crétacée, les autres à l'époque jurassique. La plaine est coupée par les trachites, lesquels constituent une chaîne très-apparente, allant de la solfatare à l'île d'Ischia.

La composition du sol est à peu près partout la même ; ce sont des tufs ponceux, alternés avec des couches de marne ou d'argile. Ces tufs se sont réunis entre eux ; ils ont formé une pâte, qui, soumise à l'analyse, présente un amalgame de débris de roches volcaniques longtemps couvertes par les eaux, et qui ont fini par former du ciment.

Ce ciment constitue une croûte imperméable, qui, heureusement pour la salubrité de Naples et de ses environs, se trouve fendillée de toutes parts, et donne ainsi passage aux eaux, comme le feraient des tuyaux de drainage.

Dans les tranchées opérées pour la construction des chemins de fer, dans les carrières qui entourent la grande ville, il est facile d'étudier la composition de ces tufs, et de se convaincre, une fois de plus, que la mer, à plusieurs reprises, est venue se reposer sur ce sol. Si quelque doute existait, il se trouverait levé par le paléontologiste, qui retrouve à chaque pas des coquilles.

Quelques-uns des géologues napolitains, meilleurs juges que tous les autres en ce qui concerne la nature de leur zône, croient, comme ceux de Rome, que la constitution de l'état de choses actuel a commencé à l'époque quaternaire. — Le fait leur paraît certain ; en effet, ne trouve-t-on pas des silex taillés à côté de débris de mammifères ?

Pour d'autres, ces constatations ne prouvent pas que toutes les éruptions, tous les soulèvements ont dû avoir lieu à cette dernière époque géologique ; elles prouveraient, tout au plus, qu'à cette époque, comme de nos jours, cette terre n'était pas tranquille et qu'elle est le séjour favori des volcans dont les manifestations, se produisant à des reprises diverses et dans des lieux différents, ont fourni ainsi cette accumulation sans pareille de matériaux.

Enfin remarquons que le sol de Naples est identique à celui des États-Romains, avec cette différence qu'à Rome, si les volcans sont aussi nombreux qu'à Naples, leur activité a été moindre. Les périodes de travail ont-elles été les mêmes ? C'est là, lorsqu'il s'agit de formations produites par des éruptions, une question insoluble.

A Rome aussi, il s'est rencontré des fossiles côte à côte avec des silex taillés ; l'homme était donc apparu ; — l'époque est donc toute récente ; cela est possible pour la localité où le fait se constate, mais on ne peut en faire une loi s'appliquant à la généralité.

Un des exemples les plus frappants des soulèvements et des abaissements qu'a subis cette partie de la péninsule, et qui, tour à tour, ont comme aspiré puis refoulé la mer, nous est offert dans le temple de Sérapis.

Quel est le voyageur visitant l'Italie, qui n'ait été à Puzzuoli contempler ce temple romain élevé en l'honneur du dieu Sérapis ?

Ce dieu, dont le culte était devenu d'une immoralité telle, que

Rome le chassa de son enceinte, .fut forcé de porter ses autels aux extrémités de la République. L'édifice subit toutes sortes de vicissitudes ; il fut élevé sur un sol qu'on avait dû assurément reconnaître solide ; et cependant les traces de *pholandaires* constatent que ce terrain a été, pendant des siècles, sous les eaux, et qu'un jour, qu'on fixe à la date du soulèvement du Monte Nuovo, il émergea de nouveau sans avoir éprouvé de dégâts trop sensibles.

Les Campi phlégréens sont d'autant plus intéressants pour nous, qu'ils renferment l'objet principal de nos études ; ils se composent des monts Spaccato, Campana, Astroni, Cigliano, Barbaro, Nuovo, Solfatara, Lucrino, Olibana, Dolce Spina.

Ce sont d'anciens cratères, tous éteints, excepté le mont Astroni, qui s'indique encore par les exhalaisons chargées d'ammoniaque et d'acide carbonique s'échappant de la Grotte du Chien.

Chacun sait que ces lieux servent aux *hécatombes* des pauvres chiens de Naples, comme si on ne pouvait choisir de moyens moins barbares pour constater la présence de l'acide carbonique, et donner satisfaction à la curiosité des voyageurs.

La solfatare, qui y est en activité, est l'objet d'exploitations industrielles ayant pour but de recueillir du soufre et de l'alun.

Les produits formés par ce volcan se composent principalement de sulfures de fer, de cuivre et d'arsenic'; de sulfate de chaux, de soude et d'alumine ; de soufre en cristaux et en poudre.

C'est là un des lieux que le géologue, que le savant étudie et observe avec le plus grand intérêt et la plus vive curiosité, pour essayer d'y découvrir le secret de la formation de ces différentes substances ; car il peut les y voir à leurs différentes phases et les suivre dans leur métamorphisme.

Toutes les autres montagnes dont nous avons indiqué les noms, sont plus ou moins cultivées ; elles sont devenues, depuis la tranquillité de leur sol, l'objet de diverses exploitations ; certaines d'entre elles comme le mont Spina, sont couvertes par de vastes jardins, servant de refuge aux sangliers destinés aux chasses royales.

La zône volcanique s'étend visiblement jusqu'au golfe de Salerne ; là, les alluvions volcaniques sont renfermées dans des brèches calcaires, dans des calcaires crétacés et dans des terrains éocènes. A partir du mont Malèse, les terrains changent d'aspect : ce sont des chaînes de montagnes composées, les unes, de calcaires jurassiques, les autres, de calcaires d'une époque plus récente ; leurs stratification est irrégulière, et suivant la direction de la chaîne, elles ont un aspect tout différent. Quand cette direction a lieu vers la Méditerranée, les assises de ces montagnes sont très-inclinées, s'élevant en aiguilles vers les cieux ; au contraire celles qui se dirigent vers l'Adriatique sont horizontales, ne présentant alors que des monts de peu de hauteur.

Cette partie de l'Italie ne nous offre aucun sujet extraordinaire d'observation pour le point spécial qui nous occupe, aucune particularité à relater ; aussi nous bornerons-nous à en faire une description succincte.

A partir du mont Malèse, les monts qui fixent le plus l'attention du géologue sont ceux : d'Ariano, Carbonaro, San Angelo, Pescopagno, Avigliano, Potenza, Tricarico, Maddalena, Castrovillari, Paola.

Visiter une de ces montagnes, c'est les visiter toutes ; en examinant attentivement leurs roches, on peut les classer de la façon suivante : celles qui forment les sommets appartiennent à l'époque crétacée ; celles qui soutiennent les flancs de ces montagnes se rapportent à l'époque éocène (*macigno*) enfin, c'est à l'époque pliocène qu'il faut attribuer la formation de celles qui tapissent les plaines et les vallées.

Les débris volcaniques sont disséminés ; ils paraissent avoir subi des transports qui les ont amenés principalement vers la Méditerranée. Les géologues qui ont étudié cette partie de l'Italie, croient, qu'après le travail accompli par de nombreux volcans, les terrains se sont affaissés, et que la mer, venant reprendre possession de cette contrée, a comblé pour jamais les cratères ; ce qui nous empêche aujourd'hui de constater *de visu* leur existence.

Si on en juge par les tremblements de terre qui y sont encore si fréquents, on s'explique les causes du chaos que présente la stratification de ces terrains. Ce ne sont que failles sur failles, rendant au géologue, son étude bien aride.

Le sol, dans la partie la plus méridionale, change d'aspect ; il est de constitution bien plus ancienne ; il se compose de roches primitives, ce sont : des granites, des schistes, des micaschistes, etc. On y découvre des filons de cuivre, de plomb argentifère, quelques bancs de gypses, des dépôts de sel gemme, reliés entre eux par des alluvions. Dans ces terrains se rencontrent les mêmes métaux que dans la zône métallifère. Des recherches y ont été faites à diverses époques. Sous la domination de la Maison d'Autriche, l'exploitation des roches métalliques y était sérieuse et on en extrayait le plomb et l'argent. Récemment, une compagnie française a voulu reprendre cette exploitation, mais, après des dépenses considérables, elle a dû abandonner son entreprise, car, si les indices étaient tentants, les filons avaient une telle irrégularité d'allure, qu'ils étaient inexploitables.

On sait que depuis le siècle dernier, les Calabres ont eu des tremblements de terre formidables ; ces commotions ont dû contribuer au dérangement des couches, car à Benevento, dans le terrain pliocène, on constate la présence du lignite, et à Ariano, on trouve la houille ; cette houille a tous les caractères de celle qui est rencontrée dans la zône métallifère, et présente cette particularité qu'ici, comme en Toscane, elle existe dans un terrain postérieur à l'époque carbonifère.

On a tenté de tirer parti des deux gisements que nous venons de désigner ; mais ces deux exploitations ne nous semblent appelées à aucun avenir sérieux ; les terrains sont si repliés, si contournés, qu'il serait bien téméraire d'y aventurer les capitaux, qu'exige l'exploitation des houilles.

Cette partie de l'Italie rappelle, en miniature, ce que sont les Alpes. Une étude attentive du mont Cocuzzo dévoile tous les secrets géologiques de cette contrée. C'est une montagne qui se compose de schiste, et de micaschiste, ayant son sommet formé de calcaire et ses pieds d'argile.

Les fossiles nombreux qu'on y trouve ne permettent pas de douter qu'elle a été, pendant bien des âges, couverte par la mer, qui, lorsqu'elle s'est retirée, a laissé sur des terrains primitifs des couches d'alluvions.

Pour se convaincre des convulsions qu'a subies ce pays, le géologue n'a qu'à descendre le Cocuzzo : il reconnaîtra à chaque pas des déchirures, des failles, qui empêchent toute recherche des métaux ; des précipices, des trous noirs et profonds ; il trouvera là, en un mot, l'explication matérielle des effets produits par les soulèvements et par les abaissements du sol ; et quand, après cela, il franchira le détroit de Messine, il reconnaîtra que les roches qui se dressent des deux côtés du détroit, sont de formation identique, et il en conclura que cette partie de mer était jadis continent, et que la Sicile n'était que la suite de l'Italie.

La nature a créé cette séparation par deux courants inverses, qui rendent la navigation périlleuse ; elle y a placé des gouffres mugissants et de profondeurs différentes ; aussi les anciens croyaient-ils, avec Homère et leurs autres poëtes, que c'étaient de vastes cavernes dont nul mortel ne pouvait approcher, habitées qu'elles étaient par des monstres marins, Charybde et Scylla, dont le nom seul jetait l'épouvante et l'effroi dans l'âme du navigateur.

CARTE SULFURIFÈRE
de la Sicile.
Solfatares
Selsgemmes
Bitumen
Terrain gypseux
d?.. pliocènes
d?.. calcaires
d?.. volcaniques
d?.. primitifs

SICILE

Platon, Sénèque, Pline, Strabon ont tous prétendu qu'il existait à l'ouest du monde une île immense.

Virgile, dans son *Enéide*, dit que le phare de Messine s'est entr'ouvert par suite d'une catastrophe.

Quelle était cette grande île ? Les uns voulaient qu'elle s'étendît jusqu'aux terres américaines, les autres, plus modestes, la rattachaient à l'Afrique, enfin d'autres fixaient ses limites aux Canaries.

Wagner croit que le continent s'arrêtait à la mer de Sahara. Hornes, Anca viennent corroborer les travaux géologiques de Wagner ; ils prouvent, par les ossements de *l'elephas africanus*, de la *hyène tachetée*, de l'*hippopotame*, trouvés dans les grottes siciliennes, qu'il n'y avait pas de solution de continuité dans ces temps anciens, entre le continent actuel et l'Afrique.

La Sicile, géologiquement parlant, paraît ne devoir sa naissance qu'au Gibellino, l'*Etna de nos jours*. Ce serait ce volcan autrefois sous-marin, qui, s'étant élevé du sein des ondes, aurait établi ainsi irrévocablement ses assises et, par ses soulèvements et ses laves, aurait formé l'île dont nous allons nous occuper.

La Sicile est une des plus grandes îles de la Méditerranée. Séparée des côtes de la Calabre par le détroit de Messine, elle forme le prolongement de l'Italie méridionale.

L'analogie entre les roches des deux côtés du détroit atteste, jusqu'à l'évidence, que cette séparation n'a été que le résultat d'une commotion terrestre.

La Sicile a la forme d'un triangle dont les sommets sont le cap del Faro, le cap Marsala et le cap Pessaro. C'est de cette forme triangulaire que lui est venue l'appellation de *Trinacria*, par laquelle elle était désignée dans l'antiquité.

Le côté oriental du triangle a 216 kilomètres, le côté méridional 283, le côté septentrional 320. Sa plus grande longueur est de 300 kilomètres, sa plus grande largeur de 100 ; sa superficie de 25,390 kilomètres carrés.

L'île de Sicile est montueuse ; les Neptuniennes ne sont que la continuation des Apennins. Cette chaîne de montagnes se divise en monts Pelores et en monts Nebrodes. Le point culminant, après l'Etna, est le Pizzo di Palermo, qui s'élève à 1,926 mètres au-dessus du niveau de la mer.

Il existe en Sicile un très-grand nombre de rivières torrentielles, qui toutes, descendant des montagnes, se jettent dans la mer par les trois versants de l'île.

Le nombre des fleuves, en Sicile, est considérable ; ce ne sont, à vrai dire, que des torrents qui se produisent à la saison des pluies et disparaissent avec elles.

Les ravages qu'ils font sont incalculables ; plus que partout ailleurs, ils coopèrent à la destruction ; ajoutez-y l'aide apportée par l'incurie des habitants, et on ne pourra être étonné que dans cette contrée telle partie qui, aujourd'hui encore, est le siége d'une riche culture, ne soit plus le lendemain qu'un désert.

Une particularité, commune à la Sicile et à l'Italie méridionale et qui mérite d'être signalée, c'est l'abondance des cours d'eau souterrains. On voit en effet des rivières disparaître tout à coup sous terre, et s'y perdre de telle sorte, qu'il est impossible de retrouver ailleurs la trace de leurs eaux. Dans d'autres endroits au contraire les sources jaillissent avec une abondance telle, qu'elles constituent de suite de vrais cours d'eau. Ces phénomènes ont été parfaitement reconnus par l'antiquité, et ce sont eux qui ont sans doute inspiré l'imagination des poëtes lorsqu'ils représentaient Diane changeant la belle Aréthuse en fontaine, puis la faisant tout à coup disparaître pour faire de nouveau jaillir ses eaux en Sicile près de

Syracuse, dans l'île Ortygie, afin qu'elle échappât aux poursuites du dieu Alphée.

Le plus important des cours d'eau est la Giarretta, qui est encore désignée sous le nom de *fiume grande*, à cause de son importance relative.

La Giarretta prend sa source au mont Artesino, reçoit les eaux de Nicosia, Capizzi et Aidone, contourne le pied de l'Etna, sépare la vallée de Demina de celle de Noto, et, changeant près de son embouchure son nom de Giarretta en celui de fleuve de Catania, vient se perdre dans la mer, à 8 milles au sud de cette dernière ville.

Vient ensuite la Cantara, qui contourne également l'Etna et se jette dans la mer au sud de Taormina.

Enfin, les rivières le Salso, le Platani, le Calturario, le Belice.

Les sources d'eau chaudes sont abondantes, quelques-unes atteignent la température de 40° ; il y en a de sulfureuses et d'alcalines.

Les eaux thermales les plus anciennement connues, et qui aujourd'hui encore sont employées, sont celles de *Termini*.

La Fable nous raconte qu'Éole pour réparer ses forces, après un travail gigantesque qu'il avait accompli, vint s'y baigner.

Aujourd'hui il est constant pour nous, après les travaux de M. Fouqué, qu'il existe des nappes d'eau souterraines, nappes qui se mettent plus ou moins en contact avec la couche centrale en fusion, et qui arrivent à des températures plus ou moins élevées.

La population de la Sicile est évaluée à 2,400,000 habitants ; la température moyenne est de 13°, 8 Réaumur ; les mois les plus chauds sont juillet et août, les mois pluvieux janvier et février ; rarement il tombe de la neige.

Les premières races qui ont habité la Sicile sont les Phéniciens, puis après eux vinrent les Grecs.

La Sicile est divisée en sept provinces, qui comprennent 351 communes. Ces provinces sont celles de : Palerme, Messine, Catane, Noto, Girgenti, Trapani, Caltanizetta.

Si la Sicile était au temps jadis le grenier d'abondance de Rome, si elle est encore la plus fertile des provinces italiennes, si on est extasié devant les belles récoltes que ce sol privilégié produit sans soins et presque sans sueurs, on se demande ce qu'il en serait si, de nos jours, la culture était moins négligée.

En général, le cultivateur ne possède rien et n'a qu'un faible intérêt à faire produire le sol : aussi, lorsque l'on parcourt l'intérieur de l'île, ne doit-on pas s'étonner de rencontrer une si grande quantité de terres incultes et abandonnées.

Le manque de routes, les mauvaises conditions de celles qui existent, contribuent à entretenir ce malheureux état.

Ajoutez à cela le déboisement presque total de l'île, déboisement auquel l'autorité avait voulu mettre un frein, à en juger par les ordonnances des rois de Naples, et vous comprendrez que les pluies, partout ailleurs si bienfaisantes à la fécondité du sol, sont devenues ici le plus redoutable fléau de la viabilité et de la culture.

En effet, les bancs d'argile, très-abondants dans ce pays, se détachent par blocs immenses, couvrent les routes, détruisent les champs, changent le cours des torrents. — C'est *la frana*, disent les Siciliens, — et devant elle ils reculent, croyant à l'impossibilité de s'en préserver.

Parmi les ingénieurs qui se sont le plus occupés de l'influence des bois sur la mobilité et la consolidation des terrains, l'un des plus autorisés est **M.** *Belgrand*.

Il faut, dit-il, distinguer les deux saisons : celle des pluies, celle de la sécheresse.

Or, en Sicile, ces deux périodes climatériques sont très-marquées, car, sauf quelques orages, la saison d'été est sans pluie, celle de l'hiver au contraire est continuellement pluvieuse. Cette eau, tombant sur un sol nu et desséché, entraîne les terrains marneux et argileux qui sont prédominants en Sicile. D'après **M.** Belgrand il suffira de reboiser l'île pour que les feuilles qui en été couvrent les arbres et en hiver jonchent le sol, arrêtent les effets désastreux des eaux.

Le petit nombre de routes, qui existent, ne sont que peu ou point entretenues ; la plupart des rivières ou des torrents n'ont pas de ponts ; c'est ainsi que le passage à [gué, facile en été, devient dangereux ou impraticable en hiver.

Les villes siciliennes sont moins avancées en civilisation que les plus humbles villages du nord de la France ; la récolte faite, les cultivateurs s'empressent de rentrer dans les villes, d'où ils ne sortent plus jusqu'à la saison prochaine. C'est ce qui fait que,

lorsque le voyageur parcourt la campagne, il est étonné du petit
nombre d'habitations éparses dans les champs :

Rari nantes in gurgite vasto !

C'est encore en partie à cet état de choses qu'il faut attribuer le
peu de sécurité des grandes routes, sur lesquelles les voitures
publiques ne circulent qu'accompagnées par des *compagni d'armi*.

Depuis l'annexion de le Sicile à l'Italie, le Gouvernement a décrété
la création de chemins de fer, il a fait réparer et rectifier des routes ;
mais tout a été conduit avec une lenteur désespérante.

Cependant, comme quelque lentement qu'on aille on avance
toujours, et que, d'un autre côté, l'arrivée des ingénieurs du Gouvernement imprime aux travaux une marche moins lente, il est
certain que non-seulement des améliorations se produisent, mais
encore que, dans quelques années, le vieux sol de la Sicile aura
changé d'aspect.

Deux cents marbres différents, dont on peut juger de la beauté
dans les églises ; l'agate, l'albâtre, la pierre ponce des îles Lipari,
les mines d'alun aux environs de Messine, le sel gemme à Castrò-
giovanni et à Racalmuto, l'ambre jaune près de Catania, les co-
raux sur les côtes de Trapani, les couches de bitume à Leonforte,
à Cefalu, à Castrogironne, des traces de combustible à Nisi, enfin le
soufre partout, sont les principales richesses minérales de la Sicile.

La Sicile peut être divisée en quatre formations géologiques :

La formation schisteuse ;
»   contemporaine aux Apennins ;
»   tertiaire et quaternaire ;
»   volcanique.

Le seul géologue qui ait fait une étude attentive des terrains siciliens est Hoffmann ; nous avons suivi les indications fournies par la
carte qu'il a dressée, et en s'y reportant, le lecteur peut se rendre
un compte exact de la géologie de cette intéressante contrée.

Ceux des géologues qui connaissent la Sicile, estiment, d'après le
peu de profondeur de la mer africaine, d'après le soulèvement récent

de l'île Julia, que si elle n'est plus la continuation de l'Afrique, cela est dû à un accident temporaire.

Pour nous, après avoir franchi le détroit de Messine, abordant la province du même nom, nous retrouvons des terrains identiques à ceux que nous venons de parcourir sur la terre ferme. Ils se composent en effet de gneiss, de micaschiste, de schiste argileux, de calcaire, de granit remontant aux époques siluriennes et triasiques. Si l'on suit la côte entre le cap Faro et le cap Schiso, à partir du chemin de fer actuellement construit, on rencontre les terrains appartenant à ces deux périodes géologiques, alternés avec d'autres terrains d'une époque postérieure, et composés de calcaires plus ou moins métamorphosés qu'Hoffmann et Seguenza classent à l'époque jurassique.

Les tremblements de terre qui ont bouleversé la contrée, ont laissé des déchirures, des failles occupées aujourd'hui par des alluvions tertiaires et quartenaires, alluvions qui se composent d'argiles, de marnes et de débris de roches plus anciennes.

On rencontre également quelques amas de gypses, encore peu abondants, si on en compare le nombre avec celui que nous trouvons dans les autres parties de la Sicile ; leur présence fixe l'attention du géologue, parce qu'elle vient confirmer, une fois de plus, le métamorphisme des calcaires par l'action volcanique.

Ces calcaires appartiennent à l'époque primaire ; leur métamorphisme est principalement produit par les émanations sulfureuses, qui les ont convertis, en partie, en sulfate de chaux. C'est dans ces roches à moitié métamorphosées, que l'on découvre des filons métalliques, qui tous sont sulfurés. A en croire la tradition, ils auraient été déjà l'objet d'une exploitation importante.

D'après la croyance générale en Sicile, tous les métaux précieux y sont abandamment renfermés dans le sol. C'est principalement dans la partie de l'île qui est constituée de terrains primitifs, que cette croyance populaire est la plus vivace.

Cette opinion est établie aussi sur les travaux accomplis en 1720, sous le règne de Charles VI, pour l'exploitation de dix-huit mines de cuivre et d'argent.

On conteste cependant que ces exploitations aient répondu à l'attente du gouvernement d'alors ; ceux qui émettent cette opinion se fondent sur le peu de résultats satisfaisants que donnent les exploitations actuelles, et cela sans tenir compte des vestiges qui restent des anciens travaux, qui paraissent avoir été considérables, si on en juge seulement par leurs ruines.

Mais nous croyons que l'on ne tient pas assurément compte des bouleversements survenus depuis cette époque ; il a dû arriver, en effet, que les nouvelles éruptions de l'Etna et les tremblements de terre qui les ont accompagnées, aient bouleversé la stratification des terrains et les aient rendus inexploitables, d'exploitables qu'ils avaient été. Toutefois, ce qui n'est pas contesté, c'est l'existence de ces minéraux.

Les ingénieurs, qui ont fait des recherches, en ont trouvé des traces; mais les tentatives faites pour exploiter n'ont pas réussi jusqu'ici par suite de l'irrégularité des filons. On ne peut malheureusement guère espérer de continuité dans leur allure ; il n'y a, à cet égard, aucune illusion à se faire ; car ce ne sont partout que failles sur failles, partout que roches bouleversées, suites, accidents, en un mot, qui n'ont laissé au mineur qu'une seule chance, celle de trouver une poche plus ou moins considérable de minerai à extraire.

En 1840, MM. les ingénieurs Juncker et Paillette étudièrent et tentèrent la reprise d'anciennes exploitations, pour le compte d'une Compagnie française.

Ces ingénieurs constatèrent l'existence du plomb, du cuivre et de l'argent ; reconnurent la richesse des gisements, mais, après des travaux et des recherches cependant bien dirigés et qui durèrent plus d'un an, ils durent abandonner leur entreprise.

Du cap Faro au cap Orlando, en suivant les bords de la mer, on rencontre les mêmes terrains, mais plus déchirés, plus tourmentés, ayant subi, par conséquent, des commotions volcaniques plus énergiques.

Au sud, on trouve des grès que les géologues rapportent à l'époque jurassique.

Ces grès s'étendent du cap Céfalis à Castrogiovanni ; ils suivent une ligne presque droite ; de Castrogiovanni, ils viennent se perdre au pied de l'Etna, au milieu des scories vomies par ce volcan.

Ils sont bien reconnaissables à Castelbuono, à Petralia, à Bronte, à Randazzo, à Francavilla, à Albano.

Ces roches s'élèvent progressivement et forment une série de collines, qui donnent un aspect des plus mouvementés à toute cette contrée.

Ces terrains jurassiques s'arrêtent, disons-nous, aux assises du plus grand de nos volcans européens; tout fait croire qu'ils doivent se continuer sous lui, mais on ne peut découvrir aucune trace de roches qui n'aient été métamorphosées, ou qui ne soient couvertes par les laves.

Ces roches, d'époque jurassique, apparaissent encore presque jusqu'à Trapani, quoique, au nord, vers le littoral, elles soient plutôt des roches de l'époque crétacée, accompagnées de roches appartenant à l'époque tertiaire; elles reparaissent ensuite plus au sud, séparées par des calcaires de l'époque crétacée, et ce, jusque vers Licata.

On rencontre, en Sicile, une infinité de collines composées de calcaires tendres, que les géologues du pays appellent calcaires de Palerme, et que l'on peut rattacher au crétacé.

C'est sous ces bancs de calcaires, qu'on trouve des gypses et des albâtres.

C'est dans les vallées qu'elles forment, que le géologue voit les alternatives que présentent ces terrains : ce sont des assises calcaires établies sur des assises de débris volcaniques; ces alternatives se répètent plusieurs fois, notamment dans la vallée de Vizzini. Cela démontre que cette partie de la Sicile était déjà formée, lorsque des éruptions volcaniques sont venues la couvrir, et que les éruptions terminées, la mer est de nouveau revenue, laissant, en se retirant, des dépôts qui, à leur tour, ont été recouverts par de nouvelles éruptions.

De Trapani à Girgenti, de Girgenti à l'Etna, soit à droite, soit à gauche, tout est d'une uniformité désespérante.

Ces montagnes sont toutes riches en fossiles. La liste que nous avons faite, en contient un grand nombre, mais elle est bien loin de donner une idée de ce qu'on y rencontre. Il n'y a pas de doute qu'elles n'occupent, aujourd'hui, une place qui, autrefois, était le domaine de la mer.

Palerme, capitale de l'île, abritée de toutes parts par ces montagnes, est établie sur une plage d'une fertilité sans égale : aussi porte-t-elle le nom de *Bassin d'or*; c'est là, principalement dans des grottes et des cavernes, qu'ont été retrouvés des ossements de mastodontes.

Toutes ces montagnes se présentent plus ou moins élevées, plus ou moins dénudées, parées d'une végétation plus ou moins riche, suivant qu'elles se trouvent couvertes par une épaisseur plus ou moins grande de terre végétale.

Si on en juge par quelques espèces de fossiles, on pourrait croire que les soulèvements, qui ont donné naissance à ces montagnes, n'ont pas tous eu lieu en même temps et qu'ils sont d'époques différentes.

Les terrains qui longent la mer africaine, depuis Agrigente jusqu'à Licata, sont composés d'argiles mélangées de calcaires.

On croit que dans les commotions qu'a subies l'île par les retours et les retraits de la mer, les collines calcaires de l'intérieur ont été entraînées, en débris, par les eaux et ont formé ainsi ces terrains.

Cette opinion est d'autant plus présumable que si on étudie cette formation, en se rapprochant de l'Etna ou des terrains anciens qui l'avoisinent, on trouve, au lieu de débris calcaires, des débris volcaniques qui ne peuvent provenir que de l'Etna ou des volcans de la vallée de Nota.

L'étude des sables de Sicile vient renforcer cet argument; ils ont une origine différente suivant le lieu où nous les rencontrons; ils sont composés de débris de gneiss, de micaschiste, de calcaire, de gypse, débris pulvérisés, impalpables, qui ont été amenés et amoncelés par les eaux.

Les marnes présentent les mêmes conditions et forment des dépôts excessivement importants; elles sont généralement blanches; elles contiennent des fossiles de tous genres; c'est ainsi qu'à Piazza, à Caltagironne, à Agira, on rencontre des bancs d'huîtres ayant une épaisseur de plusieurs mètres; ailleurs, ce sont d'autres fossiles que nous avons indiqués dans nos tableaux paléontologiques. Sur ces marnes se trouvent des masses considérables d'argiles, qui, sous l'action souterraine des eaux, glissent, se détachent de leur base, et forment la *frana*, ce fléau dont nous aurons à reparler.

La puissance de ces trois roches est considérable, elles atteignent souvent, tantôt l'une, tantôt l'autre, une épaisseur de cent mètres et plus. Elles ne se rencontrent pas toujours réunies; parfois, dans une vallée sur les flancs d'une montagne, il n'y en a qu'une seule isolée.

Dans chacune de ces roches on découvre les mêmes espèces fossiles ; de là, la difficulté de leur assigner une période géologique précise ; aussi les géologues les classent-ils indifféremment dans l'une ou l'autre des époques tertiaires.

Dans la zône volcanique, ces roches affectent les caractères d'un ciment qui est venu remplir les inégalités du sol ; il a comblé ainsi les failles, les déchirures, aussi profondes qu'elles pouvaient être, qui avaient été produites par les commotions volcaniques.

De là, cet enchevêtrement, ce chaos, causes de l'incertitude et des divisions parmi les géologues lorsqu'il s'agit d'assigner une date à la formation de la Sicile. De là, la nécessité de tenir compte des causes métamorphiques qui ont bouleversé ici les conditions ordinaires de la géologie.

On ne peut pas davantage reconnaître l'âge de ces terrains à l'aide de la paléontologie. Nous y trouvons en effet, les uns à côté des autres, des êtres qui ont vécu à toutes les époques les plus diverses.

Un terrain particulier, qui accompagne le soufre, terrain dont l'existence a été reconnue près des gisements sulfurifères du Vaucluse, et des Romagnes est le *tuffo*.

Le *tuffo* est un calcaire terreux, mélangé avec des petites quantités d'argiles, imprégné de gaz sulfureux, d'huile et de goudron.

Une autre espèce de *tuffo* est indiquée par *Mottura*, qui le désigne sous le nom de *tripoli* ; c'est alors un amalgame, un composé de débris d'animalcules.

Un rapprochement à faire : c'est que ces dépôts ont des caractères identiques à ceux que l'on rencontre dans les gisements carbornifères. Ceux-ci, pas plus que les terrains sulfurifères, ne contiennent des vestiges d'animaux ; mais à côté d'eux, au-dessus, au-dessous, il y a le *tuffo*.

Ces bancs ne sont que les produits d'alluvions ; ils ont été formés à différentes époques, les uns par des eaux salées, les autres par des eaux vives, les autres enfin par des eaux saumâtres et sont venus, comme toutes les alluvions, remplir les cavités. Ils ont opéré, en un mot, un *colmatage*.

La présence du *tuffo* est un indice des alternatives de soulèvements et des inondations par lesquelles le sol de la Sicile a dû successivement passer ; et d'après les vestiges des poissons fossiles, on peut affirmer que telle partie de l'île a été recouverte par les eaux de la mer, telle autre, au contraire, par des eaux douces.

Mottura a étudié particulièrement cette question, il a analysé les petites veinules blanchâtres renfermées dans le *tuffo*, et c'est ainsi qu'après avoir constaté

0.636 de silice,
0.036 d'alumine et d'oxyde de fer,
0.121 de chaux et de magnésie,
0.160 eau, acide carbonique, et substances organiques ;

qu'après avoir suivi les travaux modernes des paléontologistes, qui sont parvenus à réduire en feuilles excessivement minces les roches que l'on veut soumettre au microscope, Mottura, disons-nous, a cru reconnaître dans son tripoli la présence du

lebias crassicandus cephalopodes
leuciscus oenigensis
libellula dirio

Les *lebias* sont, nous le savons, des poissons de petite taille qui ont leur séjour dans les eaux douces, dans la zône tempérée ou tropicale.

Les *leuciscus* ont la même origine.

Les *libellula* sont des insectes, des névroptères. qu'on retrouve également dans l'ambre ; ils sont plus connus vulgairement sous la dénomination de *Demoiselles*.

Enfin, et pour en finir avec cette roche si intéressante, disons que l'un de nos savants, **M. Cordier**, la nomme *dysodil*, c'est-à-dire une substance composée d'infusoires, qui pour la plupart appartiennent aux *navicules*, qui n'ont pas de représentants fossiles.

La marne et le calcaire accompagnent le gypse ; les argiles sont ordinairement supérieures et absolument exemptes de fossiles.

Les marnes sont blanchâtres, disposées en veines plus ou moins compactes, suivant qu'elles contiennent une quantité plus ou moins grande de calcaires. Elles atteignent quelquefois une puissance considérable.

Tantôt le gypse est pur, cristallisé en fer de lance, formant des masses considérables dont les affleurements se montrent sur les crêtes des collines ; tantôt il se présente sous d'autres aspects, il est granuleux, saccharoïde, il est mélangé avec les calcaires ou les argiles.

D'après M. de Pinteville, le gypse traverse l'île dans une direction inclinant de 25 à 30 ° N. E, 25 à 30° S., à partir de la base du mont Eryx jusqu'à l'extrémité orientale de l'île, entre Pachino et Noto. On peut le suivre sur une longueur de 250 kilomètres environ, sans autre interruption que les montagnes secondaires sur lesquelles il s'appuie, et les terrains tertiaires qui le recouvrent.

Sous ces terrains tertiaires, on rencontre des sables siliceux, des argiles ferrugineuses. Du bitume est le plus souvent au milieu de ces argiles ou des calcaires ; il forme avec eux un amalgame intime ; la puissance des dépôts est quelquefois considérable. Ces bitumes parce qu'ils sont trop chargés de matières sulfureuses, n'ont pu jusqu'ici être l'objet d'une exploitation industrielle. La *creta saponaria*, comme son nom l'indique *le savon du pauvre*, se trouve dans ces mêmes terrains ; les Siciliens lavent leur linge avec ces aluminates siliceux dans lesquels il entre un peu de chlorure de soude et de magnésie.

Bien que les terrains qui composent la province de Catane n'aient pas pour nous un intérêt aussi direct dans le sujet qui nous occupe actuellement, cette contrée n'en est pas moins une des plus intéressantes à étudier.

La province de Catane a été, dès la plus haute antiquité le séjour favori des savants, de tous ceux qui ont voulu arracher à la nature un de ses secrets.

Elle est le siége, en effet, du plus grand de nos volcans européens. On croit que le Mongibillino est le contemporain du Somma, comme l'Etna l'est du Vésuve.

L'un et l'autre de ces deux grands cratères donnent les mêmes produits ; leurs laves, leurs scories, leurs cendres sont de composition chimique identique ; la structure des uns et des autres varie seule, et seulement suivant l'intensité du travail souterrain qui s'accomplit.

La province de Catane n'est, elle aussi, comme les Campi phlégréens, qu'un vaste bassin où sont venus s'accumuler tous les débris rejetés par les cratères qui ont constitué les monts anciens dits Mongibellini.

La province de Catane ne présente aux yeux du voyageur l'aspect de la désolation, que là où l'action des siècles n'a pas eu le temps de convertir ces laves, ces scories, ces cendres en alluvion ; partout ailleurs, le pays offre une végétation luxuriante.

L'histoire de cette partie de notre globe est une des plus anciennes. Platon, Nigidius, Germanicus, Fabricius, se complaisent dans l'opinion que le Mongibellino a surgi du fond des ondes quinze cents ans avant notre ère.

La Fable racontait qu'à la suite de la guerre des Titans, Encelade et Typhée avaient été enchaînés sous l'Etna par ordre de Jupiter, et que les commotions souterraines qu'éprouvait la Sicile, provenaient des efforts que faisaient ces géants pour se retourner sur leur couche. Les poëtes en faisaient aussi le siége des forges de Vulcain et la demeure des Cyclopes.

Homère semble ignorer l'éruption de l'Etna, il ne parle que des prodiges de Polyphème, d'Antiphus, de Scylla ; mais Virgile, dans son *Enéide*, en donne une longue description. Que de commentaires, que de calculs ont été faits, que de discussions ont eu lieu pour établir l'âge de l'Etna. *Recupera*, lui-même a été, en quelque sorte, une des victimes de ce volcan. Il a expié, dans les cachots du roi de Naples, la prétention, par lui émise, que l'Etna avait cinq mille ans d'existence en plus que celle que la *Genèse* attribue au monde.

Les philosophes anciens, entre autres Aristote, croyaient d'après leur étude de l'Etna, que la terre contenait en cet endroit des esprits et du feu. Lucrèce et Strabon opinaient pour du vent qui était, disaient-ils, renfermé dans des cavernes ; Isidore et Servius croyaient à des gouffres de soufre ; Justin aux ondes ; Galini à la décomposition des calcaires par la chaleur.

L'Etna est divisé en trois contrées : d'abord la *regione deserta* — celle qui se rapproche le plus du cratère ;

Ensuite la *regione coperta*, qui comprend les monts formés par le Mongibello ;

Enfin la *regione netta*, c'est-à-dire la plaine, cette partie du pays, où les alluvions volcaniques et marines ont formé, en s'amalgamant, un sol qui par sa richesse, sa fertilité et sa beauté n'avait rien à envier aux climats les plus favorisés.

L'altitude de l'Etna varie, comme celle de tous les volcans ; elle est et sera ce que l'aura faite la dernière éruption ; elle sera un peu plus haute ou un peu plus basse, suivant ce qui se sera accompli. Depuis des siècles, on constate qu'elle n'a varié sensiblement que de quelques mètres au plus ; en ce moment elle est à 3300 mètres au-dessus du niveau de la mer.

La bouche du cratère varie également ; le circuit change, il mesure actuellement 500 mètres environ.

Les neiges n'y sont éternelles que sur un point nommé *Shina dell' Asino*. Tous les voyageurs qui ont fait l'ascension de l'Etna, connaissent les endroits de refuge : ce sont *la Casa inglese*, et *la Torre del filosofo*.

La Casa inglese a été construite au commencement du siècle ; elle est contemporaine à l'occupation de la Sicile par l'armée anglaise. La Torre del filosofo est de construction ou grecque ou romaine ; quelques-uns la font remonter au temps d'Empédocle ; dans tous les cas, ses vestiges sont fort anciens et prouvent que la configuration de l'Etna n'a guère dû changer depuis bien des siècles.

Par ses fissures, l'Etna laisse continuellement échapper des gaz, qui s'allumant au contact de l'air, suivant l'état de la température, forment des flammes bleuâtres, sortes de feux follets, qui atteignent quelquefois un mètre de hauteur, et auprès desquels le voyageur, transi de froid, cherche à se réchauffer.

Ces exhalaisons gazeuses forment une série de sulfate, suivant les roches qu'elles traversent, qu'elles attaquent, et dont nous aurons occasion de parler.

Dans les profondeurs de la montagne, ces émanations font un bruit étrange, analogue à celui du travail d'un haut fourneau à fer ; aussi comprend-on parfaitement que l'imagination des anciens, avide du merveilleux, ait attribué toutes ces rumeurs souterraines aux effets du travail des Cyclopes, dont la fumée des forges s'échappait par les gouffres béants aux sommets du mont. Vus de loin, ces sommets ne semblent être qu'un panache gazeux qui flotte tout autour du volcan.

Ces moffeti qui s'échappent sous les pieds du touriste qui gravit ces hauteurs, dénotent bien que le sol est creux ; si on le frappe avec un bâton, il résonne et il semble, même au son répercuté, que la carapace, sur laquelle on se trouve, ne doit pas avoir une épaisseur considérable ; et, l'imagination frappée de terreur à la pensée du vide qui doit exister, on s'empresse de quitter un pareil lieu.

On peut juger de ces vides, par une grotte, nommée la Fossa della colomba, minutieusement décrite par Ferrera.

L'entrée de cet antre mystérieux mesure 15 mètres environ.

On arrive à une cavité de plus de 125 mètres ; sauf quelques téméraires, on ne s'aventure pas au delà, car de toutes parts on n'aperçoit que gouffres béants.

Nous avons dit que le terrain, sur lequel reposent les laves qui constituent le Mongibello, devait appartenir à l'époque jurassique ; au sud de Catane la formation est tertiaire, peut-être même quartenaire.

Comme nous l'avons fait remarquer déjà, c'est à partir de Centorbi, à l'ouest, que l'on rencontre les premiers terrains sulfurifères sur lesquels nous allons revenir.

Nous venons de passer en revue, sauf la partie sulfurifère, les divers terrains qui composent le sol de la Sicile ; ce qui frappe dans cette constitution, ce sont ces successions de vallées et de montagnes qui donnent à ce pays une monotonie désespérante.

Les géologues, jugeant d'après les laves, concluent que la Sicile, pour sa majeure partie, est l'œuvre de l'Etna ; il y a, il est vrai, d'autres cratères, reposant soit sur l'île même, soit sur les îles avoisinantes, et on ne peut méconnaître que ces cratères aient contribué à cette formation.

Nous avons encore vu des basaltes sur quelques points de la Sicile ; on les rencontre, notamment, à Cattolica, au cap Passaro, dans le Monte Rosso, à Buccheri à Milittelo, à Palagonia. Les géologues croient qu'ils ont une origine identique à celle que nous avons constatée pour l'Italie, c'est-à-dire que ce sont des produits qui ont surgi de l'intérieur de la terre.

Les îles qui entourent la Sicile, ont une formation géologique identique à la sienne ; toutes ont apparu à la suite de soulèvements : quelques-unes sont aussi des foyers de volcans en pleine activité. La plus travaillée par l'action volcanique est l'île de Pantellaria.

Celle-là a sa célébrité ; dès les temps les plus reculés, elle fut habitée par les Phéniciens, puis occupée par les Carthaginois ; et enfin elle rappelle la victoire remportée sur ces derniers par les Romains.

Il y a encore les îles Eole, lieux qui, d'après la Fable, ont été des plus favorisés par la présence des dieux.

Le géologue, qui visite ces îles, juge mieux que partout ailleurs leur formation ; car il n'y rencontre ni route, ni industrie, rien en un mot qui vienne le distraire de ses études ; il peut juger l'action atmosphérique sur les terrains volcaniques et surtout celle des pluies. Les parties cultivées dans ces îles sont identiques à celles du continent ; elles sont naturellement fort peu étendues, en comparaison de la place occupée par les débris provenant des éruptions, mais, par l'effet du temps, ces débris se transforment en alluvions et se couvrent de végétation.

Ces îles renferment des sources nombreuses d'eau de toute nature ; les unes sont sulfatées, les autres alcalines, chaudes, ou froides ; — on y rencontre aussi des maccalubi, ou sources boueuses et gazeuses.

Nous avons donné une description générale de la géologie de la Sicile. Nous avons à aborder maintenant la partie qui nous intéresse plus particulièrement : le bassin sulfurifère sicilien.

Les terrains où se trouvent, en Sicile, les dépôts de soufre, sont généralement occupés par des calcaires que Hoffmann, Constant, Prévost, ont classés les uns à l'époque crétacée, les autres à l'époque éocène, en s'appuyant sur la présence des *nummulites* renfermées dans les roches de Siacca et de Pessaro.

Assigner une époque exacte à la formation de ces roches, présente déjà de bien grandes difficultés ; mais préciser l'âge de la venue du soufre qui s'y est intercalé, n'est pas possible. Nous l'avons déjà fait remarquer : toute formation due à une éruption peut être de tous les âges, et quand Lyell, Pilla, Gemmelaro, la rapportent au pliocène, et d'autres au contraire à l'éocène, ils peuvent avoir tous raison.

Ce qu'on peut inférer, c'est que la formation sulfurifère, ou le métamorphisme des roches dans lesquelles le soufre est renfermé, est incontestablement postérieur à ces calcaires.

Le soufre occupe d'autres roches que les calcaires; on le rencontre aussi dans les grès, les marnes et les argiles.

Le bassin sulfurifère, reconnu à ce jour, est représenté sur les cartes que nous avons dressées; il est compris dans l'espace renfermé entre une première ligne partant de Trapani et se dirigeant sur Centorbi; par une autre partant de ce dernier point et rejoignant Terranova, et enfin, par une troisième qui relierait Terranova à Trapani.

Le nombre des exploitations qui sont renfermées dans ce bassin, peut faire juger de sa valeur minéralogique. La disposition de ces exploitations donnerait à croire que le soufre s'est injecté dans des filons qui, partant de l'Etna, se sont ouvert une route au travers des diverses roches, les soulevant dans la direction de l'Occident, en suivant plus particulièrement les chaînes de montagnes qui se dirigent vers Trapani.

Ces suppositions se confirment, si on suit la direction des gypses; on remarque alors, sur toute cette ligne, des montagnes élevées, s'élançant en aiguilles vers les cieux; leur sommet est généralement constitué par des calcaires renfermant des coquilles; leur base, formée de sulfate de chaux, qui sera plus ou moins parfait suivant la hauteur que les couches auront atteinte, fournira de l'albâtre ou de la pierre à plâtre et marquera le plus souvent par des indices indiscutables, la présence, dans son sein, du métalloïde.

Il y a encore cela de remarquable, c'est que ces gypses présentent une structure de plus en plus parfaite, suivant qu'ils sont plus éloignés du grand volcan : ce fait non-seulement semblerait confirmer le métamorphisme de la roche, mais encore dénoterait le temps qu'il a fallu, les efforts prodigieux que les gaz sulfureux ont dû faire pour arriver à produire cette transformation. Plus nous nous éloignons du volcan, plus ce métamorphisme s'accentue, par la raison bien simple qu'il n'a pu s'accomplir là où les produits gazeux provenant du centre de la terre trouvaient un passage plus facile.

Le terrain sulfurifère occupe donc un espace considérable. Pour dresser la carte ci-jointe, où il est figuré, nous nous sommes appuyé sur les travaux d'Hoffmann, et sur ceux plus modestes et non moins instructifs de M. Senez.

A en juger par les alternatives continuelles de ses larges vallées et de ses hautes collines, ce bassin a dû subir de bien grandes convulsions; pour l'établir tel qu'il est, il a fallu bien des siècles, et des révolutions répétées à des époques différentes.

Car tous les calcaires apparaissent partout dans les marnes, dans les argiles, dans les terres végétales; ils forment tantôt de longues murailles, d'autres fois des groupes de roches, enfin des blocs plus ou moins gros, roulés et dispersés. A ces signes qui attestent les convulsions terrestres produites par les soulèvements, s'en joignent d'autres qui indiquent tous les bouleversements causés par les eaux.

Dans ce moment la Sicile est l'objet d'études, de travaux sérieux de paléontologie; il faut espérer que le talent de ceux qui les ont entrepris établira l'ordre qui n'existe pas encore dans la classification de tous ces terrains.

Les exploitations actuelles des dépôts ou mines de soufre si abondants dans l'île, sont, en général, éloignées de la mer; fort peu font exception; la moyenne des transports est de 50 miglia (65 à 67 kilomètres).

Nous avons dit que le bassin sulfurifère de l'île s'étendait de l'Etna à la côte occidentale; nous ajouterons que les points principaux où se trouvent les exploitations sont : les monts Mannaro, Castrogiovani, Cianivana et Cattolica.

D'après les travaux particuliers, que nous avons pu entreprendre dans notre séjour en Sicile, notre avis est que la plus grande quantité des soufres se trouve dans différents gisements reconnus en partie et placés sur une ligne partant des pieds de l'Etna, et allant se perdre vers Trapani; et que les dépôts les plus considérables doivent être situés vers le Platani; sous les gypses qui composent tout particulièrement les terrains de cette contrée.

Nous l'avons dit, les routes sont peu carrossables; ce qui fait qu'une partie des transports a lieu à dos de mulets, et l'autre par voitures.

Les points principaux d'embarquement sont : Licata, Girgenti, Terranova, Catania, Palermo.

Les tableaux suivants feront connaître exactement l'importance de chacun des lieux d'exportation.

EXPORTATION DES SOUFRES PAR LES PORTS SICILIENS

Quintaux métriques.

ANNÉES	PALERME	GIRGENTI	LICATA	CATANE	TERRANOVA	MESSINE	PALMA	TRAPANI	TOTAL GÉNÉRAL
1866.....	65,516	799,533	488,434	204,913	106,269	56,493	16,904	4,592	1,732,654
1867.....	60,165	574,478	540,028	186,921	133,703	61,341	171,191	4,400	1,472,429
1868.....	23,909	857,003	472,727	172,396	102,134	56,569	212,851	»	1,659,023
1869.....	49,289	812,588	353.357	190,532	135,497	46,047	55,381	»	1,592,848
1870.....	50,919	813,840	386,755	204,070	145,990	51,551	»	»	1,602,645
1871.....	37,593	742,890	345,655	328,181	87,509	44,985	8,806	»	1,595,619

En juillet 1872 on a exporté des ports de la Sicile les quantités de soufre suivantes :

Girgenti. . . . . 11,518,951 kilogr.
Licata . . . . 3,394,726 »
Catane . . . . 2,459,363 »

qui ont été livrées

A l'Angleterre . . . . 5,218,753 »
A la France . . . . 3,149,629 »
A l'Amérique. . . . . 2,200,948 . »
Il restait en dépôt en août 1872. . . . 28,870,106 kilogr.

Dans les terrains qui renferment les dépôts de soufre, on trouve des dépôts de sel par filons ou par masses considérables ; l'exploitation en est peu entreprise, malgré leur puissance, qui atteint près de 60 mètres à Casteltermini.

Ce sel présente une pureté remarquable ; mais précisément à cause de la cherté et de la difficulté des transports, il ne peut lutter avec le produit des vastes salines établies entre Trapani et

Marsala, salines qui font un grand commerce avec l'Orient et l'Amérique, grâce à l'admirable et constante température qui leur permet une production considérable.

Les chemins de fer, qui avant peu, sillonneront l'île, permettent donc de prédire à cet heureux pays, dans un avenir très-rapproché, de nouvelles richesses prenant leur source dans les immenses amas de Ragalmuto et de Casteltermini.

Ce qui devrait appeler l'attention, c'est la pureté phénoménale que ce sel présente quelquefois; mais l'indolence, l'apathie sicilienne et la cherté des transports laissent les gisements à peu près inexploités, et sauf ceux de Ragalmuto, Camarata, Acquaviva, et Casteltermini, dont l'exploitation est entreprise, les autres gisements demeurent improductifs.

Nous avons vu qu'on rencontre en outre, comme dans le bassin des Romagnes, et dans certaines parties de la Sicile, des quantités considérables de bitume, et quelquefois d'asphalte, qui, à Ragalmuto, par exemple, pourraient faire l'objet d'une exploitation particulière.

Or il n'y en a aucune, pour les bitumes du moins; cependant nous sommes convaincu que, sur tel point de la Sicile, il y aurait lieu de créer des travaux qui seraient certainement largement rémunérateurs.

Ces amas se présentent généralement sous la forme de grandes poches; et, lorsque par le travail du mineur on arrive à percer les roches qui les renferment, ces amas s'écoulent par les moindres fissures.

Dans le cours de nos excursions, nous avons rencontré de fort beaux gisements d'asphalte; l'un d'eux, croyons-nous, situé dans la province de Syracuse, fait l'objet d'une exploitation régulière.

Mais quel est l'ingénieur, qui, ayant parcouru cette contrée si riche en minerais, aura assez d'éloquence pour persuader aux capitaux de s'engager dans ces affaires?

Tant que la loi de 1826 régira ces contrées, il est inadmissible de croire que les capitaux consentiront à s'engager dans des affaires dont tout le bénéfice doit revenir au propriétaire du sol.

Que l'on nous permette à ce sujet de citer un fait:

Une maison anglaise nous chargea de faire exécuter des travaux sur un point où nous avions constaté la présence d'un fort beau gisement.

Nous nous adressâmes au propriétaire du sol qui nous fit les conditions suivantes :

Lui donner à titre d'épingle, 1000 ducats, et si les recherches étaient fructueuses, lui payer, à titre de redevance, le 20 0|0 en nature.

Quelle est l'industrie qui pourrait prospérer avec de telles charges ?

Ces terrains bouleversés présentent entre eux de grandes anomalies ; quelquefois les argiles apparaissent sur la marne, quelquefois on trouve la marne et le gypse sans le calcaire, ou bien encore la marne et le calcaire sans le gypse, mais le gypse est presque toujours inséparable de la marne ; la marne est donc la roche dominante et caractéristique des terrains gypseux.

Très-souvent on rencontre le soufre en petits amas superficiels, ayant une direction régulière, et une puissance moyenne d'un mètre ; il se présente aussi en masses considérables.

En résumé, il se rencontre ou en veines ou en masses, ces dernières affectant toutes sortes de formes ; quelquefois ce sont d'immenses poches. On ne le découvre jamais en couches stratifiées ; mais il est toujours disséminé dans la roche qui le renferme ; cette roche est tantôt le sulfate de chaux, tantôt le calcaire, ou bien la marne, ou l'argile.

On le découvre aussi alterné avec des veines de strontiane (sulfatée), et comme chacun de ces corps a une cristallographie différente, leur rapprochement présente des minéraux fort curieux.

A l'état natif, il est toujours d'un jaune brun, (*zolfo grezzo*) d'un jaune verdâtre, translucide, d'un jaune sans translucidité, *zolfo saponaceo*.

Les inclinaisons sont des plus variables ; tantôt elles se présentent à 45°, ou elles se relèvent, comme à Comitini, pour arriver à 25°, ou bien elles atteignent 70°. D'autres fois, comme à la Crocilia, la direction est horizontale ; tantôt enfin, comme à Favara, elle devient verticale.

Partout l'inclinaison est différente, et comme tous les travaux actuels n'atteignent nulle part plus de 100 mètres de profondeur, on ne peut avoir que des indices très-imparfaits ; les exploitations aujourd'hui entreprises ne peuvent servir de guide, puisque le seul but vers lequel jusqu'à présent tendent tous les travaux, est

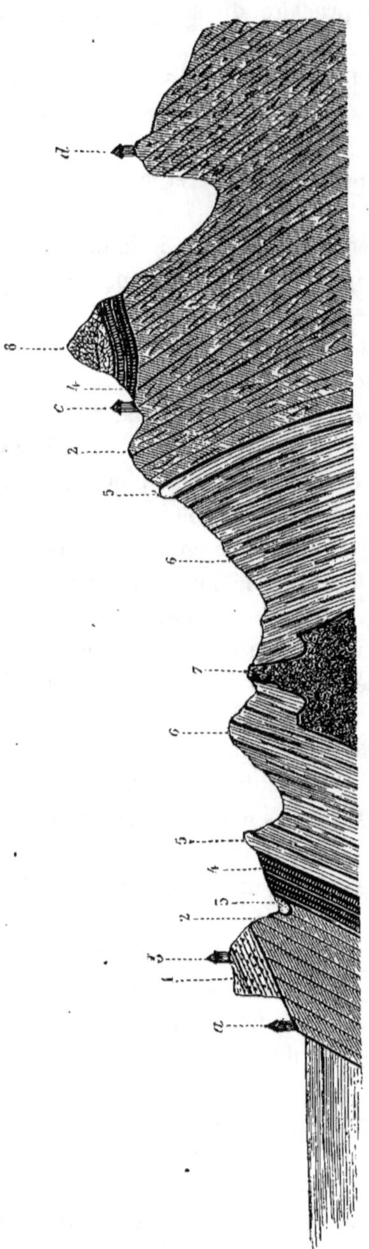

de prendre le minerai de soufre au plus près de la superficie du sol.

En général, le soufre est en amas lorsqu'il se trouve dans les gypses, et en veines lorsqu'il est accompagné par le calcaire.

M. le baron de Cussy admet une puissance moyenne de 19 mètres ; d'après nous, elle est parfois supérieure, comme nous venons de le dire et comme nous le verrons, lorsque nous arriverons à la description de quelques-unes des exploitations siciliennes, où, faute d'avoir employé des moyens suffisants, la puissance exacte n'a pas encore été reconnue.

Mais d'après la puissance rencontrée jusqu'ici, on peut, sans craindre un mécompte, admettre qu'à une profondeur plus grande, cette puissance s'accroîtra. C'est ainsi qu'à Summatino, aujourd'hui, la masse a sur certains points près de 40 mètres, séparés par des bancs stériles de 0,80 à 1 mètre d'épaisseur ; à Gibbia-Rossa, Grotta-Rossa, Trabonetta, les mêmes faits se présentent.

Il nous serait impossible, sans être long et fatigant, de suivre pour la Sicile, l'ordre adopté par nous dans notre description des Romagnes ; mais en mettant sous les yeux du lecteur la carte topographique du bassin sulfurifère de l'île, en indiquant les solfatares en exploitation et les gîtes reconnus dans cette zône de terrains, en donnant diverses coupes, les unes prises par nous, les autres par nos devanciers, nous espérons être assez complet et avoir fourni à nos lecteurs, sur cette importante question, des notions qui asseoiront leur opinion.

La coupe géologique ci-contre, prise suivant la ligne AB du plan du bassin sulfurifère, suit la route du

a — Môle de Girgenti à	*c* — Comitini pour se terminer à
b — Girgenti à	*d* — Grotte
1 — Calcaire jaune, brèche coquillière	5 — Calcaire
2 — Marne grise fossilifère	6 — Argile et marne
3 — Gypse	7 — Craie
4 — Soufre et argile	8 — Gypse

Cette coupe donne, comme assise la plus élevée, une brèche jaune mêlée de coquilles, constituant le terrain sur lequel est bâti Girgenti.

C'est ce même terrain que nous retrouvons à Palerme sur les falaises du mont Pellegrino. Il repose sur des marnes grises remplies également de fossiles identiques aux coquilles marines actuelles.

Au-dessous de ces marnes, se trouve, dans un tuffeau tantôt gris, tantôt jaune, une zône sulfurifère s'appuyant sur une crête de calcaire qui se dirige de l'Est à l'Ouest, et sur laquelle est assis le village de Montaperto. Le gypse s'y trouve, mais en faible quantité et en amas irréguliers.

Au delà on arrive à Comitini et Aragona, et on rencontre des argiles brunes qui forment le terme inférieur de la zône sulfurifère, et qui reposent sur des calcaires dont on aperçoit des affleurements isolés.

En approchant d'Aragona, on trouve une assise calcaire supportant un petit étage de marnes feuilletées, au-dessus desquelles, dans un tuf bleuâtre, se trouve le soufre qui donne lieu aux exploitations de Comitini.

A l'Est et au Nord, le long de la crête qui aboutit au mont Pernice, le gypse, toujours au-dessus du soufre, forme toute la partie supérieure de la montagne de Comitini. Vers l'Est, on peut suivre les mines de soufre et de sel gemme de Grotta et de Ragalmuto jusques à Monte Doro.

On rencontre les mêmes terrains, en suivant, à partir de Girgenti, une ligne droite CD (voir le plan du bassin), se diri-

19

geant sur Macaluba ; nous l'indiquons dans la coupe suivante.

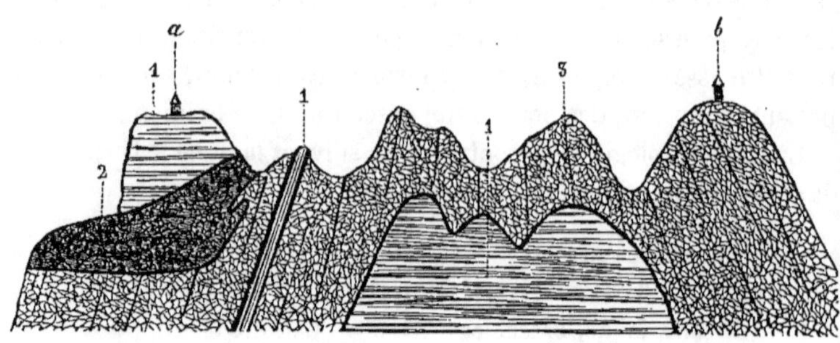

a — Girgenti.	*b* — Macaluba.
1 — Calcaire jaune brèche co- quillière.	2 — Marne grise fossilifère. 3 — Gypse.

De Macaluba à Comitini, on trouve à Aragona un gisement sul-furifère qui est exploité.

En poursuivant la route qui mène à Palerme, on chemine sur les argiles inférieures au soufre, jusqu'au point où la route traverse la rivière Platani, près de Fontana Fredda. On est alors au milieu de masses gypseuses très-bouleversées, au pied desquelles s'exploitent les mines de Casteltermini, mines qui marquent à peu près, dans ce bassin, la limite Nord de la formation du soufre.

La disposition des couches est la même, si on se porte à l'extrémité Est du bassin, comme on peut s'en rendre compte par la coupe géologique prise suivant la ligne IN de Caltagironne à Grammichele.

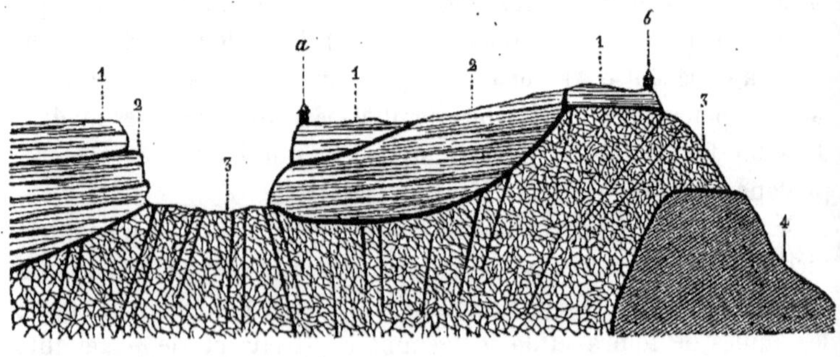

a — Caltagirone.	*b* — Granmichele.
1 — Calcaire jaune, brèche co- quillière.	3 — Terrains gypseux.
2 — Argile subapennine.	4 — Basalte.

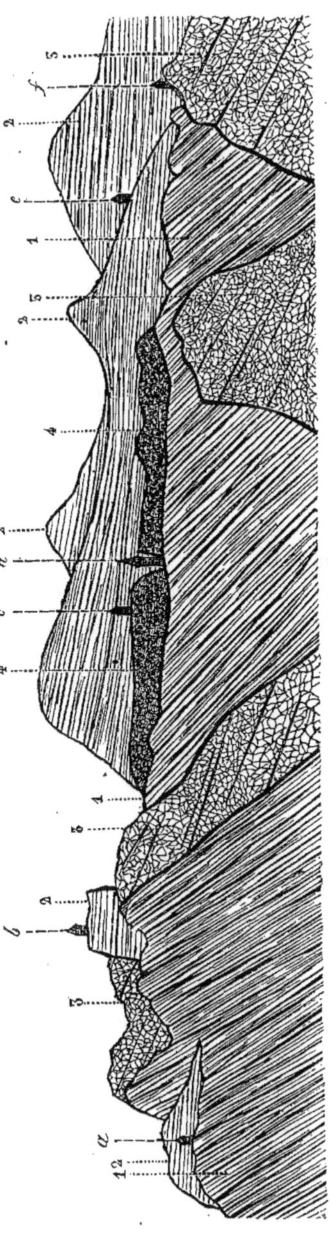

Une autre coupe (MI) prise de Vizini, passant à Caltagirone, Aidone, Piazzà, Caltanissetta, présente les mêmes caractères de terrain. On y rencontre quatre bassins sulfurifères, séparés les uns des autres par d'énormes bancs d'argile surmontés par des calcaires.

Cette uniformité est si remarquable, qu'il est inutile de faire une relation distincte pour chacune d'elles ; ce sont toujours les mêmes terrains, tels que les représente la coupe MI ci-contre.

a — Vizini.
b — Caltagirone.
c — Aidone.
d — Piazza.
e — Calascibetta.
f — Caltanissetta.

1 — Argiles.
2 — Calcaires.
3 — Terrains gypseux.
4 — Basaltes.

Lorsque nous nous occuperons de l'examen de quelques-unes des exploitations siciliennes, nous reviendrons sur diverses particularités géologiques; nous donnerons en même temps de nouvelles coupes et de nouvelles explications. En attendant, nous croyons les exemples que nous venons de relater suffisants pour faire comprendre la véritable nature des terrains qui constituent la zône sulfurifère de la Sicile.

Nous venons de décrire les particularités les plus intéressantes concernant les terrains et les roches qui renferment le soufre. Nous avons indiqué leurs caractères et l'âge géologique auquel on devait les rapporter, comme nous les avions déjà relevés paléontologiquement.

Les roches dont nous venons de parler appartiennent à une formation comprise entre trois périodes bien distinctes, que les géologues les plus autorisés fixent :

Aux périodes jurassique, crétacée, éocène.

Lorsque nous passions à une description plus complète des terrains, nous avons fait remarquer, que çà et là, existent des roches plus anciennes. C'était ainsi que dans l'Italie septentrionale, dans le Vaucluse, au milieu des terrains jurassiques qui y dominent, on rencontre des roches des époques silurienne, du lias, du carbonifère, remontant ainsi à des âges bien plus reculés.

Dans l'Italie méridionale apparaissent très-distinctement des formations magnésifères qui font remonter l'âge de ces terrains au pénéen.

Dans la partie N. O. de la Sicile, dans la province de Messine, du cap Faro au cap Basomalmo, de même qu'au pied de l'Etna et jusqu'à Alcamo, se rencontraient des micaschistes, des gneiss qui font reculer l'âge de la formation aux époques primaires.

Ces différences d'âges ont de tout temps attiré l'attention des géologues, et elles leur ont fourni ainsi matière aux discussions les plus approfondies, sans qu'il ait été apporté de solution à la question, parce que la plupart d'entre eux n'ont pas tenu assez compte des métamorphoses produites par l'action des volcans.

Si on tient compte, comme nous l'avons fait, de ces particularités, l'hypothèse d'une formation neptunéenne, époque de l'âge, comprise entre les époques jurassique, crétacée et éocène, doit être admise.

SIXIÈME PARTIE

EXPLOITATION MINIÈRE

INTRODUCTION

SIXIÈME PARTIE

EXPLOITATION MINIÈRE

INTRODUCTION

Les Etrusques paraissent être les premiers, parmi les peuples de l'Italie ancienne, qui se soient occupés du travail des mines ; il reste de leurs entreprises souterraines de nombreux et magnifiques vestiges ; les travaux qu'ils nous ont laissés dans ce genre sont considérés comme des merveilles, et font encore de nos jours l'admiration des voyageurs et des hommes du métier.

L'histoire nous rapporte que 400 ans avant la fondation de Rome, leur industrie était prospère. Ils travaillaient non-seulement l'or et l'argent, mais encore le plomb, le fer et le cuivre, et de leurs alliages, exécutaient ces produits divers venus jusqu'à nous et qui prouvent que ce peuple connaissait sinon mieux, du moins aussi bien que nous, la mise en œuvre de ces différents métaux.

Ils tenaient, dit-on, cette science de leurs ancêtres, c'est-à-dire des Phéniciens qui, les premiers, vinrent habiter toutes ces contrées et semèrent leurs colonies sur toutes les côtes et dans les îles de la mer Méditerranée. La Sicile ayant été un des premiers points où ils abordèrent, il y a donc lieu de croire que là, notamment, les mêmes travaux d'exploitation des mines et de métallurgie furent connus et exécutés dès les temps les plus reculés.

Les conquêtes de Rome ont amené l'abandon de ces travaux; l'Etrurie, pas plus que les autres provinces romaines annexées à la mère-patrie, ne pouvait, en vertu des lois citées pas Pline, être le siége d'une exploitation minière.

Metallorum omnium fertilitate nullis cedit terris. Sed interdictum in vetere consulto patrum, Italiæ parci jubentium.

Il est assez difficile de dire en quel honneur et en quelle estime étaient tous ceux qui, chez les peuples anciens antérieurs à la fondation de Rome, se livraient au travail des métaux et à leur extraction du sein de la terre; il nous faudrait pour cela connaître et la constitution intime de ces sociétés antiques et dans quelles conditions particulières s'exerçaient, au milieu d'elles, la liberté et la vie des individus. Or, sur ces matières et sur ces temps si reculés, les documents historiques font complétement défaut. Mais ce qu'il y a d'à peu près certain, c'est qu'en Sicile, au IV⁰ et V⁰ siècles avant l'ère chrétienne et par conséquent longtemps avant la soumission de l'île à la domination romaine, les travaux des mines étaient presque exclusivement exécutés par les esclaves ; dans certaines localités même, ils servaient de châtiment et de supplice ; on y condamnait les criminels et aussi les prisonniers de guerre. Pendant la guerre du Péloponèse, les Syracusains, vainqueurs des Athéniens qui, sous les ordres de Nicias et de Démosthènes étaient venus assiéger leur ville, envoyèrent aux mines ceux de leurs ennemis qui étaient tombés entre leurs mains; et la plupart y moururent de fatigue et de misère. — On raconte aussi que Denys le Tyran, mécontent du philosophe Platon, voulut le condamner au supplice des mines.

A Rome, où la carrière des armes et plus tard celle du barreau furent presque les seules dignes de l'attention des citoyens, il n'est que trop certain que tout ce qui regardait le travail des métaux, depuis leur extraction jusqu'à leur conversion en œuvre d'art par les mains de l'artiste, était peu prisé : tout cela était considéré comme ouvrage d'esclave ou d'affranchi.

Ce discrédit attaché aux travaux des mines a dû se continuer bien après la chute de l'empire romain, car il en restait encore des traces à l'époque où Colomb découvrit le Nouveau Monde.

Il paraîtrait cependant qu'au ix° ou x° siècle, l'exploitation des mines fut reprise en Etrurie devenue la Toscane, et avec elle revint l'ancienne prospérité qui disparut, suivant Boccace, le jour où cette contrée fut décimée par la peste.

Cette peste, dont parle Boccace, qui fit périr la majeure partie des travailleurs, paraît être celle de 1348.

A partir de cette époque, l'industrie métallurgique de la Toscane fut comme anéantie ; il n'en est pas question durant de longs siècles et ce n'est que dans ces dernières années qu'elle se réveilla.

Rendons donc justice aux Etrusques, en leur reconnaissant l'honneur d'avoir été un des premiers peuples qui aient su travailler les métaux, qui aient su retirer du sein de la terre les minerais qu'elle renferme. Mais en quoi l'humanité doit être reconnaissante aux peuples toscans leurs successeurs, c'est d'avoir édicté un code pour la conduite et le travail de ces mines.

En effet, on trouve à la bibliothèque de Florence un manuscrit de l'an 1200, renfermant des prescriptions si sages, qu'elles sont encore suivies de nos jours. C'est là incontestablement une des plus pures gloires que revendique avec raison le peuple italien.

A en juger par les travaux anciens retrouvés, l'installation et la conduite des galeries d'exploitation étaient peu différentes des moyens employés de nos jours. Ceux que nous avons ajoutés consistent dans l'usage de la poudre qu'ils n'avaient pas encore ; dans l'emploi des chemins de fer et des puits verticaux agencés avec des machines élévatoires ; mais si les difficultés d'exécution étaient pour eux centuples des nôtres, ils opéraient de la même façon que nous, le travail d'extraction, creusant, boisant leurs galeries, comme cela se pratique encore de nos jours.

Tout cela est attesté par les objets renfermés dans nos musées, tels que leurs instruments de précision : *l'archipendolus*, *l'isquadrea ferrea*, la *calamita*, c'est-à-dire, l'équerre, le niveau, la boussole. Leurs outils étaient : le pic, le levier, la masse, les coins ; pour leur éclairage ils se servaient de l'huile d'olive renfermée dans une amphore.

Le transport du minerai s'effectuait à dos d'homme, ainsi que le constate la découverte, dans d'anciennes galeries, de sacs en peau de buffle, qu'on liait autour du corps, et dans lesquels on le plaçait.

MOYENS EMPLOYÉS ACTUELLEMENT DANS LES EXPLOITATIONS SICILIENNES. — Nous intervertirons, dans ce chapitre, l'ordre de notre travail; au lieu de relater d'abord les procédés d'exploitation adoptés dans l'Italie du Nord, nous commencerons par faire connaître ceux qui sont usités en Sicile; parce que les conditions auxquelles les mines de soufre sont assujetties dans cette île, sont loin d'être arrivées au degré de perfectionnement réalisé aujourd'hui dans les Romagnes, par exemple.

Le naturel propre aux peuples méridionaux se révèle dans son accentuation; cette observation est la plus frappante chez le mineur sicilien.

En effet, ses besoins sont des plus limités, puisque l'heureux climat sous lequel il vit, ne l'oblige pas à chercher, dans un travail opiniâtre, des ressources contre la faim et contre l'hiver.

Il lui faut peu de chose, et comme un rien lui suffit, il travaille le moins possible et, partant, produit peu.

Si le mineur sicilien se fatigue peu, encore moins cherche-t-il dans son esprit à faire mieux que ses prédécesseurs; on dirait qu'il se complaît dans cet état de paresse, méprisant et fuyant avec empressement toute application nouvelle. Non-seulement il ne connaît pas ce qui se tente au dehors de son pays, mais encore il ne se préoccupe pas de ce qui se fait d'une mine à l'autre.

Nous n'avons pas besoin de faire ressortir que notre critique ne s'applique qu'au mineur proprement dit, et que nous tenons grand compte des personnalités remarquables que nous avons rencontrées dans nos pérégrinations. Mais ces individualités, dévouées sincèrement à leur pays, connaissant les richesses immenses qu'il renferme, mais sentant et voyant ces trésors gaspillés, anéantis quelquefois par l'incurie ou l'ignorance des mineurs, sont découragées et, se reposant sur la Providence, attendent du temps seul le remède à tant de maux.

Ces faits, sachons-le bien, sont le résultat inhérent aux mœurs des pays méridionaux; jusqu'à ce jour, la race du Nord est la seule dont l'aptitude pour les pénibles travaux des mines soit parfaitement reconnue; si elle consomme beaucoup, si ses besoins sont grands, en échange elle donne beaucoup.

Par contre, les races du Midi, ayant besoin de peu, trouvent dans les rayons de leur beau soleil, dans l'inépuisable fécondité du sol, le peu qu'elles demandent. Or, ceci établi, peut-on être étonné si les travaux miniers de la Sicile laissent tant à désirer?

L'art du mineur manque complétement à ceux à qui est confiée l'exploitation des solfatares; la plupart du temps, ces gens ne savent ni lire ni écrire. La routine est la seule école qu'ils connaissent; ne leur parlez pas de modifications, de nouveaux moyens, de progrès enfin; ils ne vous comprendraient pas, et n'obéiraient qu'avec une extrême répugnance; ils font ainsi parce que leurs pères faisaient ainsi.

Dans le cours de ces dernières années, quelques mines, ont été placées sous la direction d'ingénieurs capables; aussi, sur ces rares points, est-il survenu de tels changements dans le mode et les conditions générales d'exploitation, que ce que nous venons de dire ne leur est en rien applicable.

Mais, en présence du nombre de solfatares exploitées, ces heureuses et trop rares exceptions sont si peu de chose, que nous les mentionnerons, comme un utile et bon exemple à suivre, lorsque nous les décrirons.

Il y a quelques années à peine, la solfatare était le refuge de ceux qui avaient maille à partir avec l'autorité judiciaire; ils étaient là, comme en un lieu d'asile, à l'abri de toute atteinte, et il faut convenir qu'un pareil contact n'était pas de nature à moraliser le milieu dans lequel ils se trouvaient.

Le gouvernement italien a porté toute son attention sur ces faits; il a voulu que chaque commune tînt un état nominatif de tous les mineurs appartenant à la localité, et ce, en vue de faire cesser un aussi triste état de choses en facilitant les recherches de l'autorité.

Il s'est surtout appliqué à répandre l'instruction, bien persuadé que la principale cause du mal était entièrement dans l'ignorance absolue de ces populations, entretenues par le gouvernement napolitain dans un état de demi-sauvagerie favorable à ses desseins d'arbitraire et d'absolutisme.

Concurremment, il a épuré, autant qu'il a pu, le personnel du service de sûreté, n'admettant dans les cadres que des individus bien connus et dont l'honorabilité n'en était plus à faire ses preuves.

Par ses soins, les diverses branches des différents services ont été revues et renouvelées; de nombreuses écoles se sont ouvertes, répandant autour d'elles les bienfaits de l'instruction. Mais le mal est si invétéré, il a depuis si longtemps jeté de si profondes racines, que bien des années s'écouleront avant qu'il disparaisse.

De nos jours encore, en effet, le bandit embusqué au tournant de la route, et qui, se dissimulant derrière un tronc d'arbre ou un bloc de rocher, attend le malheureux voyageur attardé et le dépouille, après l'avoir prudemment assassiné, ce bandit, disons-nous, cet assassin, qui devrait être l'objet de l'aversion et de la réprobation générales, trouve un asile assuré dans les mines, au milieu des mineurs, qui non-seulement l'accueillent et le nourrissent, mais encore dérobent ses traces, avec le plus grand soin, aux regards de la justice en quête du meurtrier.

Chez ces malheureux, le sens moral est tellement faussé qu'ils considéreraient comme une lâcheté la dénonciation d'un de ces misérables assassins.

A toutes les causes que nous venons d'énumérer brièvement ajoutez que le gouvernement actuel ne se met qu'avec lenteur à appliquer les règlements qui dérivent de la loi de 1859.

Mais il nous faut bien le dire : cette lenteur provient de ce qu'il n'est aidé ni par les propriétaires, ni par les fermiers.

Le législateur sait qu'une mine ne peut être exploitée avantageusement, de façon à donner des bénéfices, et à assurer l'existence de ceux qui travaillent, lorsque son exploitation est morcelée. Or, c'est précisément ce qui existe en Sicile. Chaque mineur ne s'occupe de son voisin que pour contrarier son exploitation. La première conséquence de ce fait est l'impossibilité d'établir les travaux qui assurent l'existence d'une mine et, par conséquent, de protéger une partie de la richesse publique.

C'est justement pour obvier à cette ruine des exploitations minières par suite du morcellement, que le législateur, en rédigeant la loi de 1859, a assigné une étendue *minima* de 400 hectares à toutes les concessions.

Mais, malgré les dispositions de cette loi, et à cause des misérables rivalités des propriétaires et du peu d'entente des mineurs, les mines sont abandonnées aux premières difficultés rencontrées, comme, par exemple, lorsqu'il s'agit de l'épuisement des eaux, de la création d'un chemin, tous frais indispensables dits de premier établissement, qui ne peuvent être assumés que par une grande exploitation, ou par diverses exploitations réunies en syndicat.

En Sicile l'indifférence, l'apathie, le mauvais vouloir sont tels, que du jour au lendemain l'exploitation des mines est suspendue ou même abandonnée complétement au moindre obstacle : l'envahissement des eaux, un écoulement des produits un peu difficile par suite de l'absence de moyens de transport, suffisent ; et l'on ne cherche pas les moyens de remédier à ces inconvénients.

Une autre cause de ruine est la suivante : Les ouvriers mineurs ne logent pas sur le carreau de la mine, ils habitent le plus souvent à de grandes distances ; aussi rien ne les attache à une exploitation plutôt qu'à une autre ; la mine n'est plus ce qu'elle doit être, c'est-à-dire un champ de travail appartenant en quelque sorte à ceux qui l'exploitent ; un champ, en un mot, où le travailleur est né, où il a été élevé, sur lequel, par son travail, il pourvoit à ses besoins et à ceux de sa famille.

Au lieu de cela, l'ouvrier sicilien arrive à son travail fatigué déjà par la longue course qu'il vient de fournir ; il exécute tant bien que mal ses huit heures de tâche, et s'en retourne aussitôt chez lui.

Quelle différence avec les centres miniers du Nord ! N'y voit-on pas, aussitôt qu'une mine commence à produire, des habitations se créer tout à l'entour. C'est la vie, c'est l'activité qui circulent autour de ce point fortuné ; l'ouvrier va y asseoir ses pénates, et y trouver pour lui et sa famille l'existence de chaque jour.

De cet état de choses, il résulte qu'en Sicile les grandes comme les plus humbles exploitations manquent de tout ; il est vrai qu'un très-petit nombre d'entre elles comptent à leur tête, pour conduire les travaux, un homme compétent, un *capo-mastro*. Ce chef-ouvrier ne paraît sur le lieu de l'exploitation qu'un moment, lorsque les mineurs sont à l'œuvre ; il n'y reste que le temps du travail. C'est là ce qui est cause que les mines sont attaquées sans suite, sans méthode et sans précautions. La tâche est généralement de huit heures ; l'ouvrier vient au jour avec ses carruzzi, il s'en retourne avant midi. S'il n'y a pas d'eau à pomper, s'il n'y a pas de tentative à faire, la mine est abandonnée jusqu'au lendemain matin.

En général, aucun plan n'existe dans la direction du travail; aussi quelles ne sont pas les difficultés à vaincre. Nous ne parlerons que pour mémoire de celles qui se rencontreront lorsque, dans quelques années, l'ordre sera rétabli dans l'exploitatoin des mines par les ingénieurs du Gouvernement chargés de leur surveillance.

Signalons encore que les tribunaux de tous les degrés ne sont occupés qu'à juger les différends qui ne cessent de se produire par la confusion et le désordre dans lesquels se trouve tout ce qui a rapport aux mines.

Ici, c'est un exploitant qui est entré dans les travaux de son voisin, et qui exploite ce qui ne lui appartient pas; là, c'est un autre qui trouve commode de rejeter sur l'exploitant d'à côté les eaux qu'il rencontre; en un mot, ce sont toutes les fourberies possibles que ces tribunaux ont à juger.

Aussi, ces procès sont interminables; s'ils finissent, c'est parce que généralement les exploitants ne peuvent plus payer les avocats, avoués, etc., qui ne vivent que de la contestation.

Il faut bien le dire, cette situation déplorable provient de deux causes : d'abord du défaut absolu de plans des terrains miniers, qui permettraient aux juges de statuer promptement, en toute connaissance, et d'après les rapports des ingénieurs de l'Etat; la seconde cause et la principale est la législation sous laquelle vivent ces mines.

Durée très-restreinte; ils atteignent rarement neuf années. Comment veut-on, dans des conditions semblables, que l'avenir de la mine puisse être sauvegardé? Le fermier ne cherche que son intérêt; il faut qu'il recueille vite et le plus possible, en dépensant le moins. Ce qu'il fera ne doit durer que neuf années; il ne s'occupera donc point d'assurer la solidité de ses galeries, de combler les vides que son extraction fait journellement; les heures ne lui sont-elles pas comptées? Qu'importe ce qu'il laissera après lui!

Le propriétaire, qui a affermé, ne s'inquiète que de recevoir la plus forte redevance possible; il mange son patrimoine, comme un enfant prodigue, ne sachant ce que c'est qu'une solfatare, et croyant, comme ses pères et par tradition, qu'elle se reformera avec le temps.

Le fermier de la mine est déppurvu généralement des connaissances les plus élémentaires ; la pratique même lui fait souvent défaut. Lorsqu'il se met à la recherche du soufre, ce n'est qu'avec une extrême timidité qu'il aventure de faibles capitaux, il suivra le filon que des affleurements sont venus lui montrer ; s'il rencontre l'eau, s'il découvre des terrains anciennement remués, s'il se heurte à un banc de roche dont le percement doive être trop coûteux, il renonce à l'entreprise ; mais *en détruisant ce qu'il a fait !* Ce ne sera qu'en présence d'une grande masse qu'il persévérera.

Le propriétaire du terrain élèvera les redevances à lui payer à des proportions ridicules et exorbitantes ; dans les commencements, lorsque le fermier a encore à exécuter les travaux de recherches, le propriétaire lui fera remettre 10 à 15 pour cent du soufre en nature qu'il recueillera, mais si les recherches aboutissent, cette redevance atteindra immédiatement 20, 25, 30 et même 40 pour cent.

On voit donc que l'industrie sulfurifère est la source des revenus les plus considérables pour les propriétaires siciliens ; il n'est pas rare que certains d'entre eux perçoivent annuellement plus de 100,000 francs, il est ordinaire qu'ils en touchent 10, 20, ou 30,000, et cependant, chose pénible à constater, ces opulents possesseurs qui perçoivent indirectement une fortune qui, dans tous les autres pays, appartient à l'Etat, ne font même pas surveiller ce riche patrimoine par un ingénieur, dont les connaissances spéciales assureraient à leur fortune un développement et un avenir illimités ; ils ne songent pas à améliorer les conditions d'existence des pauvres ouvriers qui les enrichissent.

Les mines sont généralement dirigées par un *capo-mastro*, qui, chargé de représenter le propriétaire, est payé par le fermier.

Le capo-mastro est un ancien ouvrier mineur, illettré bien entendu, qui, sous le régime des rois de Naples, recevait son diplôme de l'autorité, et qui, aujourd'hui, ne peut plus même invoquer ce brevet de capacité. Lorsque ses services sont réclamés à la solfatare, où il a travaillé comme mineur, il peut être utile, car il connaît les allures du gisement, à des particularités qui ne sont saisissables que par lui, et que son long séjour dans cet endroit lui a fait reconnaître ; il est dans ce cas plus apte que qui que ce soit à conduire les travaux ; mais si on le place dans une solfatare qu'il ne connaît pas et pour peu que les terrains changent, ses connaissances toutes locales ne servent plus à rien.

Le mineur écoutera ses avis, il les recevra comme des oracles, suivant qu'il aura reconnu son expérience, sinon il ne subira aucunement son empire.

Les fonctions du capo-mastro consistent à donner aux ouvriers les indications des directions à suivre, il arrête les points où les muraillements sont nécessaires, où les aqueducs pour l'écoulement des eaux doivent être entrepris. Mais où ses fonctions sont les plus importantes, c'est dans la réception du minerai, dans son cubage, dans la fixation des prix à payer. C'est lui qui établit ce que gagnera le mineur, c'est lui qui donnera tel ou tel chantier, qui le favorisera ou ne le favorisera pas ; aussi son autorité sera plus ou moins grande, suivant qu'il sera plus ou moins juste et équitable. Il reçoit 1200 francs de solde annuelle.

Un des signes qui dénotent pour lui la présence du soufre est la *briscale*, mère du soufre ; elle se trouve en connexité intime avec le soufre, elle affleure à la surface, tantôt mélangée avec lui, tantôt séparée et dissimulée dans le calcaire blanc, gris ou rose, quelquefois compact, le plus souvent grenu, quelquefois aussi caverneux, couvert de rugosités, comme une pierre qui aurait été rongée par des émanations acides. C'est de la chaux sulfatée.

Cependant si ces indices apportent à l'explorateur la preuve qu'il a sous ses pas un gisement de soufre, ils ne lui indiquent pas si l'exploitation qu'il se propose d'entreprendre sera rénumératrice ou non.

Les terrains sulfurifères n'ont pas d'allures régulières. Les filons suivent-ils les saillies du sol extérieur ? suivent-ils l'inclinaison des roches qui les encaissent ? Non, ils suivent les directions les plus opposées et les plus diverses ; ne sont-ils pas en effet des émanations gazeuses, venant se condenser dans les parties qui leur ont offert les conditions les plus propices ?

Aussi, les mines en Sicile, même lorsqu'elles sont d'une grande richesse, présentent des allures que souvent l'ingénieur avec toute sa science est aussi incapable et insuffisant à suivre et à déterminer que le capo-mastro avec son peu de talent.

Le minerai de soufre doit être, comme nous l'avons vu, classé dans la catégorie des gîtes irréguliers ; les filons qui le contiennent, sont postérieurs aux terrains dans lesquels ils sont renfermés et qui, le plus souvent, sont d'époques différentes. Ils en sont donc indépendants, et les sillonnent dans tous les sens. La direction suivie par les filons est en raison des obstacles qu'ont rencontrés les jets de soufre s'élançant des profondeurs du globe, et du plus ou moins de facilité qu'ils ont eu à les franchir pour arriver à la surface.

Ainsi, dans chacune des localités où le mineur aura constaté la présence du minerai, devra-t-il, s'il veut que ses recherches soient heureuses, tenir compte de certaines considérations et indications locales ; c'est-à-dire que, sans parler des indices que nous avons déjà maintes fois énumérés, il faudra qu'il continue ses recherches dans certaines roches, que la pratique lui aura désignées comme étant plus perméables que telles autres qui se trouveront à côté ; il devra les pousser le plus avant possible, car il est un fait incòntestable, c'est que plus on poursuit un filon, en profondeur, plus on trouve qu'il augmente en puissance.

Il est difficile d'ailleurs d'admettre qu'il puisse en être autrement, il faudrait que, pour le soufre, il y eût une exception ; or, l'ingénieur sait que l'exploitation d'un filon métallifère quelconque, croît en raison de la profondeur, et que malgré les zônes stériles que l'on traverse on retrouve toujours le filon.

Pour nous, qui avons habité longtemps ce pays, qui y avons dirigé des travaux importants, nous ne nous étonnons pas du nombre considérable de mines abandonnées.

Nous reviendrons tout spécialement sur ce fait lorsque nous traiterons l'exploitation particulière de quelques-unes de ces mines ; contentons-nous, pour le moment, de conseiller à l'ingénieur une étude attentive du terrain qu'il se propose d'explorer, de suivre comme cela se pratique, par une galerie de recherche, le filon qui se présente à lui, et puis de juger s'il y a lieu d'y asseoir des travaux de premier établissement.

On doit toujours pratiquer une galerie de recherche d'après un plan incliné, afin de reconnaître l'allure du terrain. Si, lorsque le soufre est atteint, on rencontre en même temps des sources ou des infiltrations, il faudra abandonner le système suivi, système que nous avons précédemment développé, et creuser plutôt un puits vertical qui traversera le gisement dans toute son épaisseur en l'attaquant de bas en haut, suivant les données pratiquées dans les exploitations minières. Mais il en est bien autrement en Sicile. Dans la plupart des solfatares, l'orifice de la galerie se trouve au niveau du sol ; les capo-mastri, qui conduisent les travaux, ne prennent pas même la précaution d'entourer cette ouverture d'une maçonnerie ou d'un muraillement destiné à la mettre à l'abri de l'écoulement des eaux pluviales, qui, bien souvent, descendent des montagnes voisines, envahissent et inondent les travaux, ou, tout au moins, ramollissent le terrain et déterminent des éboulements.

Cependant la *Scala*, ce chemin de descente, est protégée par des muraillements dans les parties où elle traverse des terrains peu solides, tels que les tuffo, les argiles, les sables.

Ces muraillements se font avec les matériaux que fournit la roche la plus voisine ; c'est ordinairement du calcaire ou du gypse, quelquefois de la marne cimentée avec le plâtre. Ces constructions nécessitent, il est vrai, de nombreuses réparations, mais elles ont l'avantage d'être peu coûteuses, de s'établir avec une grande rapidité, tandis que le boisage, dont elles tiennent lieu, entraînerait des dépenses fort élevées. puisque la Sicile dépourvue de forêts est obligée de faire venir le bois des Calabres, et même de pays plus éloignés.

Une des causes qui font que ces réparations sont continuelles, c'est la nature des assises des terrains traversés : ces marnes et ces glaisés glissent les unes sur les autres, et obstruent continuellement les galeries.

Nous avons substitué, dans beaucoup de travaux dirigés par nous en Sicile, la chaux au plâtre, et ce, sur tous les points où l'humidité dominait, afin d'éviter ainsi de continuelles et coûteuses réparations.

Mais cette façon de procéder n'est malheureusement pas à la portée de tous, car la fabrication de la chaux rencontre beaucoup de difficultés par suite du manque de combustibles nécessaires à la cuisson. Les seuls combustibles que l'on ait sont : la paille, et les résidus de féveroles, ou d'herbes parasites, qui poussent sur les terres en jachère.

Ces produits, nous les utilisions pour fabriquer le plâtre, qui se fait dans des conditions à peu près identiques à celles en usage dans les carrières des environs de Paris. Mais la fabrication de la chaux ne saurait avoir lieu avec de la paille; il faut de la houille. Or, si une association peut installer, sur une exploitation minière, des fours à chaux, la plupart des exploitants, en Sicile, sont hors d'état de suivre cet exemple. La houille, dont ils auraient besoin, leur coûterait fort cher, et les connaissances pour cette fabrication leur font complétement défaut.

Aux mines de Frapaolo et de Chimento, nous avions installé un petit fourneau coulant à chaux, contenant quelques mètres cubes; on y traitait la marne blanche, avec laquelle on fabriquait un ciment de première qualité.

Ce ciment, bien broyé et mis à couvert, se conserve indéfiniment; il se pétrit comme le plâtre; il est hydraulique et se coule facilement sous l'eau, où il acquiert la dureté de la pierre.

La hauteur des galeries varie entre 1^m 50 et 1^m 75, la largeur est de 1^m à 1^m 50.

Le prix du mètre courant, dans les terrains argileux est de 6 à 12 francs; dans le calcaire de 18 à 20; dans le gypse compacte de 25 à 40.

Ces prix varient, non-seulement en raison de la nature de la roche, mais surtout, selon les modes de transports, et selon la profondeur à laquelle on est arrivé.

MM. de la Bretoigne et Reichter, qui se sont occupés de la question soufrière, fixent ainsi le prix de revient d'une galerie ayant une section de $1,70 \times 0,96 \times 1,21$ et 1,940 mètres de longueur, construite aux mines de Lercara.

La traversée, dans les argiles marneuses et les sables à grains serrés, a coûté, le mètre courant . . . . 12 fr. 75

Dans le calcaire tendre. 22   35

»   »   à grains durs. 25   50

»   le gypse compacte 31   90

Le prix du boisage était de 32 fr. 70 par canna ou 16 fr. 35 par mètre.

Ces mêmes ingénieurs font suivre ces prix, des réflexions suivantes :

« Dans le gypse compacte, l'avancement était très-lent, bien que « le terrain ne présentât pas une grande dureté. Le pic s'enfonçait

« trop facilement et on ne parvenait qu'à détacher des fragments
« imperceptibles.

« Le boisage était aux frais de l'administration ; le bois employé
« était le châtaignier ; il venait de la Calabre

« Les bois ronds, servant pour les cadres, avaient 12 centimètres
« d'équarrissage. Ils avaient 3 à 4 mètres de longueur. Rendue à
« Lercara, la pièce revenait à 2 fr. 90.

« Les planches jointives étaient aussi en châtaignier ; leur lar-
« geur était de 35 à 55 centimètres, leur longueur de 3^{m}75 et leur
« épaisseur de 4 à 5 centimètres. Rendues à Lercara, ces planches
« revenaient de 2 fr. 10 à 2 fr. 50 pièce.

« Les cadres étaient distants de 1 mètre. »

Ces prix ont été relevés en 1860 ; ils n'avaient pas changé en 1869,
car dans l'installation des mines de Frapaolo et de Chimento, des
travaux de quelque importance ayant été entrepris, notamment l'ouverture d'un puits à Frapaolo et d'un autre à Chimento, la Société
fit venir de la Toscane les bois nécessaires.

C'étaient des traverses, laissées pour compte par le chemin de
fer, et des planches de peuplier. Les prix de revient étaient sensiblement les mêmes que ceux que nous venons de citer pour Lercara.

Dans les travaux dont nous parlons ici, le prix du mètre d'avancement a varié suivant la nature du terrain, et suivant que les travaux s'effectuaient à sec ou dans l'eau.

La Société de Girgenti n'était pas outillée pour pouvoir lutter ef-
ficacement contre les infiltrations des eaux ; nous ne pouvions utiliser que des pompes à bras, en attendant l'arrivée de machines à
vapeur qui ne venaient jamais.

On peut cependant admettre le chiffre que nous venons de signaler, comme représentant pour toute la Sicile, le prix de revient dans
les conditions ordinaires.

Le soufre trouvé, on exploite sans travaux préliminaires ; on suit
la masse ; et, s'il arrive un rétrécissement ou un appauvrissement
du minerai, il est bien rare que le travail se poursuive.

Dans les exploitations où les travaux souterrains acquièrent un
assez grand développement, le mode de soutien des voûtes consiste
en des piliers naturels laissés de distance en distance et taillés dans
la roche ; malheureusement, ils sont établis dans des conditions tel-

les, qu'il est rare que les terrains ne s'éboulent pas, après quelques années d'exploitation. Le mineur ne trouve alors rien de mieux à faire que de recommencer une nouvelle scala, à quelque distance de la première.

Quelquefois, deux ou trois ans après l'abandon de la mine, et lorsque l'on juge que les éboulements ont acquis un certain degré de cohésion, l'exploitation est reprise, la direction des travaux est confiée à des ouvriers spéciaux, nommés *picconieri di cadute*, qui se frayent un chemin à travers les terres effondrées.

Ces travaux si dangereux, entraînent de fréquents accidents qu'il eût été facile d'éviter en laissant, dès le commencement des fouilles, des piliers assez solides et assez rapprochés les uns des autres pour éviter ces éboulements ; mais la coutume prévaut, et la coutume est de ne laisser à ces piliers que 3 mètres à 3 mètres 50 de côté, et de les distancer entre eux de 12 mètres, si ce n'est plus, car quelquefois l'excavation présente des hauteurs de 10 à 30 mètres.

Si la masse n'offre qu'une puissance de 2 ou 3 mètres, les éboulements deviennent naturellement moins fréquents, mais ils sont inévitables lorsque les galeries atteignent des dimensions pareilles à celles de Sommatino, par exemple, où elles mesurent 15 et même 30 mètres.

Il est vrai que l'on procède par étages, et en descendant ; mais les massifs, qui séparent ces étages, n'ont pas en général plus de 2 à 3 mètres d'épaisseur, et comme il n'existe aucun plan des travaux, le capo-mastro ne sait pas garder ses piliers sur les points voulus.

La solidité comme la conservation d'une mine dépendent surtout de la régularité des travaux souterrains ; or, nous venons de le dire, le capo-mastro n'a aucun plan de la solfatare. Il ouvre ses galeries et laisse les piliers sans en relever la position d'une façon rigoureusement exacte. Que résulte-t-il de cette manière de procéder ? c'est que bien souvent le pilier de l'étage supérieur, au lieu de s'appuyer sur le pilier inférieur immédiatement correspondant, pèse de tout le poids des terres qu'il supporte sur une voûte qui n'a jamais plus de 2 à 3 mètres d'épaisseur. Il n'est pas difficile de comprendre que, dans ces conditions, des affaissements se produisent d'abord partiels, sur les points les moins bien étayés, mais bientôt l'effondrement s'étend, la chute d'un pilier entraîne celle de plusieurs autres, les étages s'abaissent, les galeries s'obstruent; le chaos devient inextricable, et la mine ne tarde pas à s'engloutir.

En général, dans les mines, en Sicile, on ne fait jamais usage de la sonde, de la boussole, des machines d'épuisement, des rails et de leurs wagonnets; voici, à peu de chose près, comment on procède :

Le mineur commence par creuser le terrain sur lequel on a rencontré l'un de ces signes caractéristiques qui annoncent la présence du soufre; nous avons dit que ces signes particuliers, auxquels on ne saurait se méprendre, consistent d'abord dans des calcaires imprégnés de soufre, ensuite dans des sources sulfureuses, appelées dans le pays *acqua mintima*.

Si ces recherches s'effectuent en creusant une galerie sous le *briscale*, ce qui a lieu généralement, le mineur sait, par expérience, que le soufre se rencontrera à un étage inférieur.

Mais lorsqu'il n'y a aucun de ces indices superficiels et apparents, à quoi le mineur reconnaîtra-t-il la présence du soufre?

Il y a là une difficulté bien grande pour lui, et, disons-le, pour tous ceux qui ont étudié cette question ; les connaissances que les ingénieurs des mines possèdent ne suffisent pas toujours, et leur sont dans ce cas d'un mince secours. Ce ne sera que par des tentatives faites à droite et à gauche de la galerie de recherche, que le mineur parviendra à saisir la présence du soufre; le moindre indice, une *mouche*, la désorganisation de la roche, quelques parties de gypse, lui indiqueront le chemin à prendre.

Mais si les eaux viennent à couvrir ses recherches, si elles arrivent en trop grande abondance, il abandonnera le travail commencé et pratiquera une nouvelle galerie sur un autre point ; il choisira cet endroit, en tenant compte de la direction et de la profondeur du filon qu'il vient d'abandonner ; si le soufre, dans cette nouvelle tentative, est trop lent à se montrer, le mineur fera une seconde tentative, puis une troisième, puis une autre encore. Sa persistance est grande, il enfouira ses derniers écus dans ces essais infructueux.

Quand enfin le soufre est apparu, on épuise les eaux, qui ne sont pas trop abondantes, avec des *quartare*, ou brocs; si elles le sont un peu plus, avec une pompe manœuvrée à bras d'homme, et dont le conduit d'aspiration est formé de quatre planches clouées ensemble. Mais si l'eau devient plus abondante, la tentative est abandonnée, et le mineur va un peu plus loin en recommencer une autre ; mais alors il arrive assez fréquemment que le malheureux chercheur est à bout de ressources.

C'est là le seul mode d'exploration employé en Sicile ; dans la recherche du soufre, on n'a qu'un but, qu'une pensée: rencontrer le minerai à une profondeur qui soit au-dessus du niveau des eaux ; et en cela, c'est le hasard qui sert de guide, et la chance qui couronne les efforts du pionnier.

Cette galerie de recherche, la *Scala*, est, comme son nom l'indique, pratiquée sur une inclinaison de 40 à 70° ; lorsqu'elle dépasse 45°, on y ménage des gradins qui en font un véritable puits à escaliers ; si l'inclinaison atteint 50 à 70°, on dispose deux escaliers à côté l'un de l'autre, en ayant soin que les gradins de l'un soient un peu moins élevés que ceux de l'autre, de telle sorte que la descente et la montée puissent s'effectuer.

Il est facile de comprendre quelle énorme dépense de force doit être employée pour remonter à la surface du sol les produits extraits de ses profondeurs. Pourtant ce sont généralement de pauvres enfants que l'on charge du transport du minerai, et l'on peut se rendre compte du rude labeur qui leur incombe, et de la dure situation qui leur est faite, quand, au poids qui pèse sur leurs faibles épaules, viennent encore s'ajouter la fatigue et les périls d'une ascension aussi laborieuse.

Dans la saison pluvieuse, l'eau et les boues, apportées du dehors par les pieds des travailleurs, détrempent le terrain par l'effet du piétinement ; ces gradins, forcément petits et étroits, se détruisent bien vite, et, en se déformant, créent de nouvelles difficultés ; bientôt ce n'est plus qu'un gâchis impraticable au point de rendre le passage tout à fait impossible.

Ces cheminements, nous n'avons pas besoin de le faire remarquer, ne sont pas établis au point de vue de la commodité des transports ; l'unique but est le minerai ; la question humanitaire ne vient qu'en second ordre ; et cependant, c'est non-seulement par cette galerie que sortiront les produits de la mine, mais encore par là qu'arrivera l'air nécessaire à la ventilation, et duquel, selon qu'il pénétrera avec plus ou moins d'abondance, avec plus ou moins de pureté, peut dépendre la vie des malheureux qui travaillent dans ces gouffres. Si plus tard cet air venait à manquer, cette galerie serait abandonnée et une nouvelle descenderie serait creusée dans des conditions identiques; mais en attendant, l'exploitation est commencée.

Dans toutes les excavations souterraines, l'air est altéré : c'est une règle générale. Cette règle trouve sa démonstration d'autant plus rigoureuse en Sicile, que les excavations sont pratiquées dans des terrains qui renferment, plus que partout ailleurs, les germes les plus actifs et les plus propres à vicier l'air.

Dans les exploitations les mieux ordonnées, l'air nécessaire à la ventilation des galeries est amené par un *bucco di reflusione*, c'est-à-dire par une galerie qui vient de temps en temps rejoindre les galeries de travaux; mais la ventilation dans les mines de la Sicile n'est pas faite partout dans ces conditions; aussi allons-nous les énumérer aussi brièvement que possible.

L'insuffisance d'aération amène, sans que le mineur s'en doute, un air dans lequel, il est vrai, sa lampe brûle, mais qui contient moins de 15 0|0 d'oxygène; c'est à cette cause qu'il faut attribuer ce teint blême et pâle du mineur, qui le distingue du reste de ses concitoyens et fait de suite reconnaître à quel travail il se livre.

Dans les mines de soufre l'air est altéré :

1° Par la décomposition chimique de substances, qui se trouvent dans les fissures, dans les cavités du terrain ;

2° Par la respiration des ouvriers et par la fumée des lampes.

Les gaz qui se dégagent du sol, sont :

Le gaz acide carbonique,

— hydrogène sulfuré,

— sulfureux.

Et quelque peu d'hydrogène proto-carboné.

D'après cette nomenclature, on peut juger que les mines de soufre sont incontestablement les plus chargées, entre toutes, de gaz irrespirables.

La présence de ces gaz est reconnue par le mineur sicilien. L'acide carbonique est celui qu'on rencontre le plus fréquemment ; sa

pesanteur spécifique, qui est de 1,524, fait qu'avec quelques précautions, on s'en préserve ; cependant il n'est pas rare de voir les
galeries de travail remplies d'air vicié par cet acide, on ne peut plus
délétère, et qui asphyxie autant qu'il se trouve dans une propor-
tion de 8 0|0.

Il se dégage en très-grande abondance des anciens travaux ; il se
trouve notamment dans les galeries immergées; aussi y occasionne-
t-il souvent des accidents.

L'hydrogène proto-carboné se rencontre rarement dans les mines siciliennes ; il n'est apparent que là où le front de taille laisse
découler des goudrons et des bitumes.

Il n'en est pas de même de l'hydrogène sulfuré, qui décèle
sa présence par son odeur nauséabonde d'œufs pourris, fait constater son existence en noircissant l'argent et le plomb, et
exerce sur l'économie humaine une influence des plus perni-
cieuses.

L'acide sulfureux l'accompagne toujours; son action, tout aussi
délétère, est pourtant atténuée par l'humidité dont sont imprégnées le plus souvent les galeries qui le renferment; aussi, fait
caractéristique, attaque-t-il principalement les ouvriers aux pompes, qui sortent de leur travail, les yeux rouges et sanguinolents.

Vient ensuite l'acide sulfhydrique, dont l'action sur les bronches
n'est que trop morbide. Puis enfin ce sont ces dégagements d'acide
carbonique qui, à l'improviste, s'échappent d'une fissure, sous le
choc du *piccone*, asphyxiant instantanément le mineur.

Nous faudra-t-il mentionner encore les miasmes, ces gaz insai-
sissables, résultat du séjour de l'homme ?

Non, car cette énumération suffit pour faire comprendre toutes
les difficultés que rencontre le travail dans ces mines. Il est donc nécessaire que tous les éléments dangereux soient expulsés, pour que
l'exploitation soit possible. Pour arriver à ce but, on procède, en
Sicile, de la manière suivante :

Lorsque le mineur se trouve dans une des conditions dangereuses d'aérage que nous venons d'énumérer, il établit tout le
long de la galerie, dans un de ses angles, une conduite en bois,
rectangulaire, formée de planches mises bout à bout, et qui
forment une espèce de tuyau; il ferme les joints au moyen d'une
couche de plâtre. Cette conduite est mise en communication avec

l'air atmosphérique, du dehors de la galerie, par une petite cheminée ayant quelques mètres de hauteur. A l'intérieur de la mine, elle est conduite au front de taille, ou dans la partie qui renferme la plus grande quantité de gaz délétères.

Ces conduites rendent quelques services ; mais on conçoit que, pour peu que le cheminement soit long, que la galerie soit accidentée, elles perdent bientôt toute leur efficacité. C'est alors qu'on établit, comme nous le disions plus haut, une galerie dite *refluxa*, qui remplace les conduites en bois.

En Sicile, nous sommes obligé de le relater pour rester autant que possible dans la vérité, un homme écrasé, noyé, asphyxié, n'est qu'un accident dont personne n'est responsable, et dont fort peu de gens s'occupent. Depuis que le nouveau gouvernement à succédé à la domination napolitaine, quelques changements, heureux avant-coureurs de réformes plus radicales, ont été cependant introduits. Les ingénieurs venus du continent ont compris quel crime de lèse-humanité il y a à laisser la vie des ouvriers entre les mains d'un homme dépourvu de toutes connaissances, qui n'a d'autre sentiment que le désir d'arriver à la fortune et qui, pour satisfaire cette soif de lucre, s'inquiète peu de la vie d'un homme.

Mais c'est au Gouvernement à se préoccuper sérieusement de cette question, à éditer une législation et des règlements de police spéciaux pour l'exploitation des mines de soufre, et surtout à les faire observer ; il doit être impitoyable pour assurer une ventilation convenable à ces travaux souterrains ; alors seulement on n'entendra plus parler de ces catastrophes sans cesse renaissantes ; on ne verra plus cette population, qui ne peut trouver que là ses moyens d'existence, s'étioler, s'épuiser et être sans cesse menacée de disparaître. Répétons-le une fois encore, les causes d'asphyxie ne sont que trop multiples ; il se produit dans toutes ces galeries un dégagement considérable d'acides dont la présence, bien que se dénotant facilement, est un perpétuel danger pour la vie des mineurs.

Nous avons parlé d'asphyxie immédiate, hé bien, ce cas s'est présenté sous nos yeux, alors qu'une lampe à la main, nous visitions une galerie pour reconnaître d'anciens travaux ; tout à coup, à un coup de pioche, un ouvrier fut asphyxié ; l'effet fut aussi rapide que s'il eût été le résultat d'une décharge électrique.

Les dangers sont donc nombreux ; on ne saurait assez les prévenir par une ventilation constante et énergique. Nous reviendrons
en temps et lieu sur cette question si intéressante pour l'exploitation des mines, mais en attendant laissons la parole à M. l'ingénieur
Toussaint :

« Joignez, dit-il, à ces cas si multiples d'asphyxie, ceux produits
« par les gaz renfermés dans les fissures de la zône sulfurifère,
« qui, d'après mon système de formation *existent*, c'est-à-dire l'hy-
« drogène carboné, le sulfure de carbone, le bi-sulfure d'hydro-
« gène, et vous aurez tout ce que le laboratoire le mieux fourni
« peut réunir en poisons subtils et foudroyants. »

Cela est malheureusement vrai ; on ne peut douter un seul instant de l'existence de ces nombreuses causes de mort. Aussi ne sau-
rions-nous assez le répéter : il faut que les ingénieurs du Gouvernement aient en mains le pouvoir de contraindre, au besoin, les
propriétaires des mines à exécuter les travaux nécessaires à une
ventilation efficace et sérieuse, de façon à protéger davantage l'existence des ouvriers, à détruire les causes de catastrophes, et à
faire disparaître le triste état de choses que nous avons signalé.

L'*abatage* se fait au moyen du pic ; les contrats de location
défendent l'emploi de la poudre ; cependant, dans beaucoup de
mines, si ce n'est dans toutes, cette défense est éludée. Il arrive
même que justement à cause d'une défense qui ne devrait avoir
lieu que là où la roche ne présente pas les conditions de résistance
voulue à l'emploi de la poudre, le *picconier* abuse de cette substance ; le capo-mastro, qui représente les interêts du propriétaire,
ferme les yeux ; or, comme l'ouvrier ne sait pas toujours disposer
ses trous de mine, qu'il n'a aucune idée du *havage*, qu'il n'a pas le
temps de l'exécuter, ou n'en a pas la volonté, le résultat de l'explosion est d'ébranler et de compromettre la sécurité des travaux.

Les frais d'abatage, lorsqu'ils se pratiquent dans une roche ordinaire, pour une cassa transportée à 150 mètres environ, reviennent
de 8 fr. 50 à 10 fr. 60 ; ce même minerai qui aurait l'argile pour roche
encaissante, descendrait au prix de 6 fr. 30 ; et dans le gypse il atteindrait 13 fr. 50.

Ces chiffres n'ont rien de bien précis, ils ne peuvent tout au plus
être acceptés que comme une moyenne ; chaque exploitation a sa

manière propre d'exécuter les travaux, aussi ces prix diffèrent et varient suivant les conditions de l'entreprise.

Si l'on tient compte que la cassa est de deux mètres cubes, comme elle est aussi de quatre et cinq mètres, on peut établir que la moyenne dans toute l'île, est de 5 francs par mètre cube mis à jour et empilé près des calcaroni.

Nous avons été à même de l'établir nous-même. Le prix moyen de la caisse de minerai de soufre contenant quatre mètres cubes, mis à pied d'œuvre du calcarone, revenait de 18 à 20 francs suivant la distance parcourue, soit donc une moyenne de 4 fr. 50 par mètre cube.

Le mètre cube de minerai mis en tas pèse en moyenne 1,360 kilogrammes ; nous aurons donc pour un quintal de minerai extrait un prix de revient de 0,37 auquel il y aura à ajouter, bien entendu, les autres frais accessoires, tels qu'épuisement des eaux, entretien des travaux, frais de recherche, etc., etc.

En Sicile l'extraction du minerai de soufre se fait généralement à la tâche.

Quant au mode de transport du minerai hors de la mine, il est encore le même que celui qui était usité en Etrurie avant l'occupation romaine, avec cette différence essentielle toutefois, qu'en Etrurie, les transports s'effectuaient à dos d'homme, à en juger du moins par les sacs en buffle retrouvés dans les anciennes galeries, tandis qu'aujourd'hui, en Sicile, ils se font à dos d'enfant.

Suivant le plus ou moins de profondeur des travaux, suivant le trajet plus ou moins long entre les chantiers et la sortie, le mineur a sous ses ordres un nombre plus ou moins grand de porteurs, *caruzzi*.

Les caruzzi sont presque toujours des enfants, dont l'âge varie entre sept et seize ans.

Ces malheureux sont tous *in naturalibus* ; les uns transportent sur les épaules du minerai en morceaux, les autres des menuailles renfermées dans un panier, *stercature* d'une capacité de douze décimètres environ.

Il n'est guère de spectacle plus curieux et plus douloureux à la fois pour le voyageur, ignorant des mœurs et des habitudes minières de la Sicile, que celui qui à chaque pas s'offre à lui. Quelle différence avec ces exploitations si bien agencées, si bien dirigées du Nord, où la vie de l'homme est comptée pour quelque chose !

S'il descend dans une de ces solfatares, le visiteur étranger reportant malgré lui son souvenir au plus émouvant des contes dont sa nourrice berçait son enfance, verra défiler devant ses yeux la réalité des récits fantaisistes d'autrefois. Il verra tous ces pauvres petits êtres grimpant en longue file, nus, un lampion à la main, pleurant, soufflant, parcourir ces galeries étroites, boueuses, dangereuses ; si l'un d'eux venait à tomber, la charge trop lourde, échappant à ses faibles forces, ne causerait-elle pas la mort de ceux qui le suivent ?

Ce spectacle attristant, nous l'avons eu nous-même de longues années sous les yeux, pendant notre séjour dans les exploitations minières de la Sicile : et cependant, malgré tous les sentiments d'humanité et de pitié qui s'élevaient en nous, nous avons dû les employer ces malheureux enfants ; car nous ne pouvions changer brusquement des conditions de travail existant depuis des siècles. En ces pays et sur ces points surtout, l'initiative individuelle est sans force ni influence. Le Gouvernement seul peut y faire appliquer la loi protectrice sur le travail des enfants.

Dans l'état actuel des choses, l'exclusion de ces pauvres êtres rendrait impossible toute exploitation ; ce n'est qu'avec leur aide que le minerai peut être transporté au dehors. D'ailleurs ils sont faits à cette existence, ils savent dès leurs jeunes années, qu'ils y sont, pour ainsi dire, fatalement destinés ; et malgré tout ce qu'elle a de dur et de pénible, ils s'y prêtent avec l'insouciance naturelle à leur âge. Aussi, arrivés à la sortie, ils essuient leurs larmes, et ils se hâtent de redescendre ; car il faut recommencer : le mineur attend, il est à la tâche, il n'est payé qu'à la cassa, et cette cassa ne se remplira qu'autant que les porteurs auront fait preuve de célérité. S'ils sont fatigués, si, n'en pouvant plus et les membres épuisés ils demandent grâce, on les bat !.....

De pareilles infamies existent, et malheureusement, nous ne le savons que trop, elles se retrouvent un peu partout. Et en France même, les lois protectrices de l'enfance aussi bien que celles qui tout récemment édictées défendent aux patrons de faire travailler outre mesure leurs apprentis, ne sont que trop souvent éludées et violées, mais les soins et le respect dus à l'enfance, sont encore moins compris et pratiqués en ces pays, où la civilisation est moins avancée ; aussi faut-il admettre pour l'honneur du gouvernement italien, forcé de tolérer une situation aussi triste, qu'il s'empressera, aussitôt qu'il le pourra, d'appliquer énergiquement la loi sur le travail des enfants.

Ces conditions malheureuses, au point de vue de l'humanité, dans lesquelles se trouvent les exploitations, ont pour cause en grande partie, le peu de durée des baux, qui n'allant jamais au delà de neuf années, ne sauraient permettre une installation sérieuse de travaux préparatoires, et, en second lieu, les marchés passés à forfait entre le fermier et les capo-mastri, qui, ne travaillant qu'au jour le jour, payent l'ouvrier suivant le nombre de casse extraite.

La charge d'un caruzzo varie de 50 à 100 rotoli (100 rotoli = 79 kilos 1\[2) ; la moyenne est de 70 rotoli. Un enfant de douze ans gagne 2 tari ; à dix-huit ans 4 tari ; la moyenne est de 3 tari.

On calcule que le caruzzo fait vingt voyages par journée ; il transporte donc 1,400 rotoli par jour, soit 1,100 kilos environ.

La cassa de Lercara pesant 2,720 kilos, reviendrait à 3 fr. 37 de transport, soit 0,22 les 100 kilos.

La cassa sicilienne varie ; il y en a :

$$\text{De } 2^m \quad \times \quad 2^{me} \quad \times \quad 1, \quad = \quad 4^m,3$$
$$\text{»} \quad 2,20 \times 2,20 \times 0,80 = 3,872$$
$$\text{»} \quad 1,90 \times 1,90 \times 0,95 = 3,429$$
$$\text{»} \quad 1,60 \times 1,60 \times 0,70 = 1,792$$

Le surveillant qui est chargé de recevoir la cassa — *le cadastiere* — est l'homme qui devrait représenter, tant aux yeux de l'exploitant qu'à ceux des picconieri, les conditions les plus rigoureuses de probité ; en effet, suivant l'arrangement du minerai, la cassa aura plus ou moins de poids. Malheureusement, ce qui devrait être la règle n'est que l'exception ; dans beaucoup de mines le cadastière est le capo-mastro lui-même ; ce n'est guère que dans les grandes exploitations, que cet employé existe ; or le rôle qu'on lui donne et la situation qu'on lui fait, le poussent le plus souvent à des actes de malversation.

Son traitement est si peu élevé, 50, 60 francs par mois, qu'il ne peut vivre qu'autant que les mineurs lui viennent en aide ;

aussi est-il d'usage, parmi eux, de lui donner quelques sous par cassa, sous prétexte qu'il garde leurs outils.

Trois modes de règlement sont employés :

Dans le premier mode, les mineurs sont payés à tant la cassa, et l'exploitant garde pour son compte le travail de liquéfaction du soufre, les frais d'entretien de la mine, l'épuisement des eaux et les dépenses de surveillance.

Dans le second mode, les mineurs sont payés par cantare de soufre produit, ils assument en plus, pour leur compte, le travail général de l'extraction du minerai; l'exploitant n'a, à sa charge, d'autres frais que ceux dont nous venons de parler, c'est-à-dire l'entretien de la mine et la surveillance.

Enfin dans le troisième mode, le travail est remis au capo-mastro, qui étant déjà chargé de la surveillance des travaux, se trouve être le vrai exploitant. Ce dernier mode est généralement celui que préfèrent les propriétaires ou petits exploitants, qui n'ont ainsi aucun souci de choses qu'ils ne connaissent pas ; mais aussi, par contre, les travaux n'ayant plus leurs surveillants naturels ne sont plus sauvegardés; de là des accidents et la ruine des exploitations.

Dans le premier cas, le mètre cube de minerai coûte de 4 fr. 50 à 5 fr. 70 ; dans le deuxième et le troisième cas, la tonne de soufre revient de 40 à 70 francs.

Dans les mines, le travail progresse tous les jours. Suivant un relevé fait par M. le baron de Cussy en 1846, on comptait sur les exploitations des solfatares de l'île.

3,000 hommes
4,000 enfants
3,000 muletiers
10,000 mulets.

Suivant le relevé du Gouvernement, ce nombre de 10,000 ouvriers, qui existait en 1846, s'est élevé en 1864, à 21,510.

Avec un pareil nombre de bras, il serait facile d'augmenter considérablement la production de l'île, et d'amener un accroissement de richesse encore plus grand, mais pour atteindre ce but, il faut, comme nous le développerons en terminant cette partie de notre travail, changer tous les modes d'exploitation que nous venons de relater très-sommairement.

Malgré cet état déplorable, les mines de soufre de la Sicile ont une très-grande importance; leur production totale comporte un chiffre si élevé qu'il ne peut tarder à fixer l'attention.

On en jugera par le tableau suivant, représentant les chiffres de l'exportation des soufres par les ports siciliens, pendant les années 1855 à 1871.

EXPORTATION DES SOUFRES DE LA SICILE

(Quintaux métriques)

ANNÉES	ANGLETERRE	FRANCE	AUTRES ÉTATS y compris L'ITALIE CON-TINENTALE	CABOTAGE	TOTAUX	PRIX MOYEN du quintal métrique
1855	551,561	293,175	157,668	11,418	1,013,822	»
1856	786,485	525,266	265,898	38,680	1,616,329	»
1857	606,587	580,122	258,158	21,455	1,466,322	»
1858	661,633	367.703	.360,130	32,060	1.421,526	»
1859	678,780	588,234	433,105	11,155	1,711,274	»
1860	564,850	395,790	454,100	23,130	1,437,830	»
1861	493,340	601,340	435,390	35,380	1,566,450	»
1862	541,680	377,050	581,020	53,630	1,553,380	»
1863	426,051	522,928	569,902	50,814	1,569,695	»
1864	520,889	425,642	559,089	51,167	1,556,787	11 74
1865	473,614	362,371	710,208	50,379	1,596,572	11 29
1866	661,659	384,369	728,255	67,450	1,341,733	10 85
1867	746,071	468,547	713,752	(1) »	1,930,370	12 05
1868	559,051	466,980	740,709	»	1,766,741	12 33
1869	555,785	360,553	788,233	»	1,704,592	13 05
1870	651,008	292,055	789,125	»	1,732,188	12 01
1871	310,362	169,017	1.242,981	»	1,712,360	12 30

D'après les données fournies par le ministère de l'Agriculture, de l'Industrie et du Commerce, cette quantité de soufre exporté proviendrait dans les proportions suivantes des diverses provinces de la Sicile :

Caltanissetta.	50,56
Girgenti	38,10
Palerme	3,75
Catane.	7,52
Trapani	0,07

---

(1) Le gouvernement italien ayant supprimé les droits sur les soufres siciliens destinés à l'Italie continentale, les douanes n'ont plus tenu compte de ces expéditions; elles se trouvent comprises dans les colonnes d'*autres États*.

MOYENS EMPLOYÉS OU ACTUELLEMENT EN USAGE DANS LES EXPLOITATIONS ROMAGNOLES. — Dans le bassin des Romagnes, où nous nous transportons à présent, nous allons trouver la perfection comparativement à ce que nous venons de voir en Sicile. Là, en effet, depuis déjà quelques années, on a commencé à adopter et à mettre en œuvre les procédés et les moyens actuellement employés dans les mines des pays septentrionaux où ces exploitations ont atteint un degré de prospérité jusqu'ici inconnu.

C'est ainsi que les galeries inclinées, les scala, sont remplacées par des puits, les galeries souterraines par des galeries de roulage, dans lesquelles le transport du minerai s'effectue à l'aide de brouettes ou de wagonnets.

Ces améliorations sont dues aux ingénieurs chargés de la conduite des exploitations. Grâce à leur initiative, les moyens surannés, dont la Sicile fait encore usage actuellement, vont disparaissant tous les jours des exploitations romagnoles.

On concevra, nous l'espérons, la raison qui nous a guidé en nous occupant d'abord du bassin sicilien : n'était-ce pas faire un cours rétrospectif, et donner à ceux qui nous liront les indications à suivre ?

Dans les Romagnes, les améliorations se poursuivent et progressent tous les jours ; l'exploitation, en réalisant les nouveaux avantages qui lui sont donnés par des travaux mieux entendus, ne s'arrête plus et abandonne les errements anciens.

Nous trouvons ici les puits soutenus par des revêtements boisés ou par de la maçonnerie, ainsi que le treuil et le baritel employés.

Cependant le degré de perfection est tout à fait relatif ; le progrès obtenu est grand assurément, si nous établissons un parallèle avec ce que nous voyons dans la Sicile ; mais, si nous prenons pour point de comparaison les exploitations du Nord de l'Europe, nous reconnaîtrons bientôt que le chemin parcouru arrive à peine à la première étape du but à atteindre.

L'exploitation, en effet, n'a pas de caractère uniforme ; la bonne conduite des mines ne se distingue guère que par le plus ou moins de régularité apportée dans les travaux, et par les soins donnés aux voies de roulage.

En général on ne fait pas de travaux préparatoires, on poursuit le minerai rencontré, en s'éloignant de plus en plus du premier point

21

d'extraction, ce qui donne lieu à une perte de minerai nécessaire à la consolidation du toit.

L'exploitation bien entendue d'une mine doit se faire de *bas en haut*.

Pour n'avoir pas atteint dès le commencement la profondeur nécessaire, le transport actuel du minerai occasionne une dépense considérable, pour le transport obligé du minerai de bas en haut.

Les remblais, qui restent dans l'intérieur, sont soutenus par un solide boisage. Cette absence de travaux préparatoires, fait. que presque partout, la *segoncello* n'est pas extraite, et cependant, dans nombre de cas, son exploitation pourrait être utilement entreprise ; mais à cause de ce mode de procéder, elle doit être abandonnée, car il faut avant tout, assurer la sécurité des travaux, en écartant le danger des éboulements.

L'aérage est également très-défectueux ; avant d'arriver aux chantiers, l'air circule dans les galeries ordinairement très-étendues, où il prend une température fort élevée et où il se charge de miasmes délétères, dégagés par la fermentation des remblais et des bois enfouis.

Ces défauts capitaux qui marquent le commencement d'une exploitation mal entendue, sont presque de règle générale dans les Romagnes ; aussi ne devons-nous pas être étonnés du prix du minerai amené au jour, prix très-élevé, comme nous le verrons plus loin.

L'exploitant n'ignore pas qu'un changement de système diminuerait considérablement le prix de revient, mais il n'a pas l'argent assez abondant pour pouvoir l'immobiliser en des travaux préparatoires, et, dans les Romagnes, les ressources de l'association n'ont pas encore été parfaitement comprises, puisqu'elles ne font que commencer à prendre pied dans le pays.

Dans les mines où la couche de soufre a peu de puissance, mais où elle présente une allure régulière, l'exploitation a lieu par grandes tailles, en remblayant au fur et à mesure de l'avancement des travaux. La partie de remblais, qui ne peut être contenue dans l'intérieur, est rejetée au dehors.

L'importance du remblai peut être évaluée au tiers du minerai extrait, tandis que la perte produite par les piliers est estimée au dixième environ de la couche exploitable.

Dans les mines où la couche est puissante, et où les remblais sont insuffisants pour prévenir le danger des éboulements, l'exploitation a lieu par galeries et piliers abandonnés.

La perte, dans ce cas, peut être évaluée au sixième environ du minerai extrait. Mais le défaut de surveillance des ingénieurs des mines du gouvernement est cause que là, comme partout du reste, l'avidité, la fièvre d'obtenir une quantité plus grande de produits, a fait dépasser les proportions commandées par la prudence : d'où il suit des éboulements considérables, éboulements qui compromettent aujourd'hui l'avenir de ces mines.

Nous résumerons cette partie de notre travail par l'examen des opérations suivantes.

HAVAGE ET PLACEMENT DES REMBLAIS DERRIÈRE LES FRONTS DE TAILLE, AVEC BOISAGE. — Dans les couches de grande épaisseur cette opération n'a jamais lieu. Avant d'abattre le minerai, on pratique le havage du banc d'argile qui est directement en contact avec lui. Cette argile, qui est tendre, est attaquée facilement au pic par un ou deux ouvriers, *sghiolatori* (1).

Suivant que le front de taille présente une plus ou moins grande largeur, le même nombre d'ouvriers taillent les piliers laissant entre chacun d'eux un vide de 2 à 3 mètres.

Si la couche présente une inclinaison de plus de 25°, afin de ménager la voie de roulage inférieure, on appuie les matériaux sur un boisage solide, généralement composé d'une rangée de rondins de bois brut fendu, espacés les uns des autres de 50 à 80 centimètres, et au milieu, des branchages qui servent de garnissage.

Si la voie doit servir de roulage à l'exploitation de certaines parties de la couche, le boisage est fait avec plus de soin ; on emploie alors des cadres sur lesquels vient s'appuyer le remblai, et on a soin de faire un muraillement avec les plus gros morceaux.

Cette importante opération est dirigée par le capo-mastro, qui place lui-même les bois. Si le remblai est trop abondant, on en transporte le surplus au puits d'extraction, qui le rejette au dehors.

---

(1) *Sghilatori*, dérivation de *sghioio*, nom de cette argile.

Le havage et les opérations qui en découlent, sont payés aux ouvriers soit à la tâche, soit à la journée.

Le prix de la journée de huit heures, est de 1 fr. 40 cent; à la tâche, le prix moyen est de 3 fr. 20 c. le mètre cube. Cependant ce prix varie suivant les conditions dans lesquelles se trouve l'exploitation, et suivant aussi que le transport a lieu par brouettes ou par wagonnets.

Si la couche présente une inclinaison approchant de la verticale, et si l'espace nécessaire au transport du minerai jusqu'au puits d'extraction est restreint, on jette les remblais entre deux piliers, où ont été construits des radeaux qui ferment l'espace entre eux.

Cette opération s'effectue sur le plan des chantiers, et occupe les parties que le capo-mastro juge convenable de ne pas attaquer, après avoir eu le soin de tenir compte de la richesse plus ou moins grande de cette partie qu'il abandonne, et qui doit former les piliers destinés à soutenir la pression du toit.

Dans les couches à découvert, on ouvre les tailles ou puits, pour attaquer une nouvelle portion de couche située à un niveau plus bas.

Dans ce cas, le déblaiement se fait généralement à la journée.

Nous n'avons pas les éléments propres à établir le prix du travail à la tâche, à cause de l'inégalité de distance pour les transports, et des difficultés qu'on trouve à fermer avec des bois, des ouvertures présentant quelquefois des largeurs très-différentes entre elles.

ABATAGE. — Le trou de mine se fait au moyen d'un rondin de fer, de 18 à 20 millimètres de diamètre, long de 1 mètre 50 centimètres, dont les extrémités présentent l'une la forme d'un ciseau acéré, l'autre d'un refouloir également acéré. Le poids de cet outil, que l'on nomme *aguichie*, varie entre 2 et 3 kilog.

L'ouvrier le manie à la main avec une dextérité particulière, et sans jamais employer le maillet.

Chaque ouvrier possède, en outre, deux ou trois fleurets, une cuillère, une épinglette en fer, un pic court et pointu à ses deux extrémités.

Les trous des mines ont habituellement 0,50 à 0,60 de profondeur, sur 0,03 à 0,035 de diamètre, et portent une charge de poudre de 140 à 180 grammes.

La poudre, l'huile, les mèches, le papier sont fournis par l'ouvrier; la réparation des outils est à la charge du propriétaire.

Dans quelques mines, l'ouvrier travaille huit heures consécutives, dans d'autres, la journée est de douze heures.

Les mineurs logent loin de la mine; nulle part on ne voit de logements sur le lieu même de l'exploitation.

Pendant les douze heures de travail, l'ouvrier fait ordinairement trois coups de mine, et débite les gros morceaux en volumes convenables pour le transport. Si le front de taille est large, élevé, il détaille 1500 à 1760 kilogrammes de minerai; si au contraire la couche est peu considérable, le mineur n'abat guère plus d'un mètre cube de minerai.

Le prix moyen de l'abatage d'un mètre cube de minerai varie de 2 fr. 20 à 2 fr. 31.

PLANS INCLINÉS INTÉRIEURS. ROULAGE. — Lorsque les chantiers, ou les fronts de taille, sont situés en aval de la galerie de roulage, le minerai qui est au fond du puits d'extraction en est tiré, à l'aide d'un treuil, sur un plan incliné pourvu d'une double voie de longerines, placées sur des planches de chêne, et sur lesquelles circulent deux petits chariots.

Ces chariots ont une capacité d'une 1|2 benne ou 1|12 de mètre cube.

Au fond de ce plan incliné se trouve la galerie de roulage, dans laquelle, si le parcours est petit, le transport du minerai a lieu par brouettes; s'il est long, par des wagonnets roulant sur des rails.

De telle sorte que le minerai arrivant de la taille par des cheminées construites en madriers, ou directement dans la galerie du fond, est chargé et transporté au plan incliné, déchargé et rechargé sur les chariots, pour arriver à la galerie principale de roulage, déchargé encore pour être placé dans les wagonnets qui l'amènent au puits, pour être déchargé encore une fois dans les bennes qui le vident sur le carreau de l'exploitation.

Non-seulement ces transbordements continuels exigent un matériel considérable, mais encore un travail coûteux, et si le minerai était friable, comme en Sicile, il se réduirait en menuailles. Heureusement pour les exploitants romagnols, la roche est dure; nous en exceptons cependant les rognons de soufre natif (*virginello*) qui se détachant de la gangue, occasionnent des pertes sensibles pour le rendement ; car il faut remarquer que la liquéfaction des rognons de soufre natif par le calcarone se fait peu ou ne se fait point.

Les chemins de fer intérieurs ont ordinairement 0,60, d'entre-voie ; les rails ne sont que des bandes de fer plates, de $0,07 \times 0,015$ et longues de 4 à 5 mètres, fixées dans des traverses par des coins en bois.

La paye se fait au volume, ou à la benne, ou au chariot.

Les chariots ont une capacité de 1|2 à 2 2|3 de mètres cubes ; ils sont armés de quatre roues en fonte. Leur prix de revient est 125 francs.

Le prix du roulage du minerai varie, suivant la distance à parcourir du point d'extraction au *calcarone*, de 0 fr. 75 à 0 fr. 85 pour le transport intérieur, et de 1 fr. 29 à 2 fr. 80 pour l'extérieur, soit que ce travail s'effectue partie par brouettes, partie par chemins de fer, ou uniquement par ce dernier mode.

REMPLISSAGE DES BENNES ET TRANSPORT DU MINERAI A LA SURFACE. — Ces deux manipulations sont ordinairement faites par une même équipe d'ouvriers, car on doit avoir soin de distinguer le minerai de chaque atelier, de telle sorte qu'il ne puisse y avoir confusion, et que chaque chantier, qui est à la tâche, ait son compte séparé et parfaitement distinct de celui d'un autre atelier. Aussi lorsque les mineurs sont à la tâche, a-t-on soin de choisir les ouvriers les plus honnêtes, afin d'éviter toute occasion de mécontentement ou de rixe.

Ne leur est-il pas facile, en effet, de favoriser un atelier aux dépens d'un autre, et même de frustrer les intérêts de l'exploitant, en chargeant avec le minerai des morceaux qui ne doivent servir qu'aux remblais ?

Afin d'éviter ce préjudice si grave pour le propriétaire, on ne reconnaît, dans quelques exploitations, la quantité et la qualité du minerai qu'au *calcarone*. Cette manière d'opérer non-seulement est facile, mais évite les inconvénients que nous venons de signaler.

Dans d'autres mines, on donne à la tâche non-seulement le travail qui vient d'être décrit, mais encore l'opération de la liquéfaction du minerai, et on ne paye que d'après le soufre produit.

Seulement ce dernier mode de procéder ne peut être adopté que lorsque le minerai est d'une richesse à-peu près constante. Les ouvriers ayant alors le même intérêt que l'exploitant, mettent tous leurs soins à ce que le minerai extrait soit dans les meilleures conditions possibles.

Cependant le système généralement suivi consiste à payer le mineur d'après le nombre de mètres cubes extraits ; dans ce cas, le remplissage des bennes et leur transport coûte de 0, 25 à 0, 35.

EXTRACTION PAR PUITS OU PAR GALERIES. — Il ne sera pas hors de propos de dire quelques mots sur les forces dynamiques à employer au service des mines, données qui trouvent leur place dans cette occurrence.

Les résultats fournis par la pratique établissent qu'un homme employé au fonctionnement d'un treuil pendant huit heures, produirait un chiffre utile de 172,800 kilogrammes élevés à 1 mètre. Dans ces conditions, la dépense serait, dans les Romagnes, de 1 franc 20.

Un cheval attelé à un manége pendant huit heures, procurerait 1,166,400 kilogrammes élevés à 1 mètre ; ce qui reviendrait dans les Romagnes à 2 francs.

Un cheval vapeur fournirait pendant le même laps de temps 2,160,000 k. élevés à 1 mètre.

Calculant sur les données existantes dans les Romagnes, une machine à vapeur de dix à vingt chevaux, dont on n'utiliserait que les 2|3 de l'effet théorique que produit 1 kilogramme de vapeur à trois atmosphères, en tenant compte que le kilogramme de houille ne produit que 4 kilogrammes 1|2 de vapeur, coûterait 5 fr. 62 c.

En résumé :

2,160,000 k. élevés à 1 mètre, reviennent par la vapeur à 5 fr. 62
    id   »   » » »   »   » cheval à 3   70
    id   »   » » »   · »   » homme à 15   »

Ces prix de revient ne sont qu'approximatifs, mais cependant ils peuvent être pris plutôt comme un *maximum* que comme un *minimum*, et doivent servir de règle en Sicile, aussi bien que dans les Romagnes.

Ceux qui nous lisent, verront par ces quelques données combien d'améliorations ils peuvent introduire dans leurs exploitations.

Dans les mines des Romagnes, l'emploi du cheval a lieu jusqu'à la profondeur de 120 mètres ; jusqu'à cette limite il constitue le moyen le plus économique à employer.

Qui ne sait qu'au delà, la force effective diminue ? et, si l'on y supplée par le nombre de chevaux, qui ne sait encore que l'effet utile n'est plus en raison du nombre de chevaux attelés ?

Leur effort de traction n'étant pas constant, uniforme, le travail acquis n'est plus en rapport avec la dépense.

En voici deux exemples :

Avant 1848, à la mine de Perticara, pour l'extraction dans un puits de 211 mètres de profondeur, on employait un baritel à tambour conique, auquel étaient attelés quatre chevaux.

Chaque journée de travail nécessitait l'emploi de quatorze chevaux, dont deux de réserve. L'effet utile ne s'élevait par journée qu'à 596,824 kilogrammes élevés à 1 mètre, c'est-à-dire à la moitié du travail qui aurait dû être développé.

A la mine de Formignano, pour un puits de 150 mètres, l'effet utile était de 521,042 kilogrammes élevés à 1 mètre.

La solution de la question est donc que, pour des profondeurs atteignant cette limite, il faut employer la force vapeur.

Nous ne connaissons aucun emploi fait jusqu'à présent du moteur hydraulique ; et cependant, dans maintes circonstances, le pays se prête à l'application de cette force naturelle, soit que l'on veuille l'utiliser par des réservoirs artificiels, soit que l'on profite des cours d'eau si abondants dans la contrée.

Avec l'emploi des chevaux, le coût de l'extraction varie pour une tonne de minerai, de 0, 35 à 0, 70 ; dans d'autres cas, il atteint 1 fr. 55 à 2 fr. 10. Cette grande différence provient de la quantité plus ou moins grande de remblais à sortir de la mine, quantité qui, de presque nulle qu'elle est quelquefois, peut devenir considérable.

En employant les machines à vapeur, l'extraction atteint, à la mine de Perticara, le prix de 1 fr. 30 c. ; on n'amène cependant au jour aucun remblai.

Comme déjà nous l'avons expliqué, tout dépend des travaux préparatoires. Telle mine, qui aura été ouverte dans des règles bien entendues, arrivera à produire au jour son minerai dans des conditions raisonnables, tandis que telle autre exploitation, dans laquelle on n'aura tenu aucun compte de l'avenir, deviendra, dans un temps donné, absolument inexploitable à cause du prix élevé de ses transports et de son extraction.

EPUISEMENT DES EAUX. — Le terrain dans lequel se trouve la couche sulfurifère est sec par nature ; c'est ainsi que nous rencontrons dans les Romagnes des mines dépourvues d'eau, bien que leurs travaux soient situés au-dessous du niveau des cours d'eau voisins.

Cependant il y a dans la plupart des mines des infiltrations souvent très-abondantes, provenant soit des anciens travaux dont aucune trace ne subsiste, soit des failles qui sont venues déranger le gisement naturel des couches.

Dans certaines exploitations, on observe que les eaux arrivent abondamment en hiver, lorsque dans d'autres, cet accident se produit au printemps ou en été.

Cette différence semble indiquer que tantôt les eaux sont le produit d'infiltrations, tantôt celui de sources naturelles. Dans ce dernier cas, elles sont moins abondantes, et n'atteignent jamais plus de dix-huit litres par heure, et par arc exploité, tandis que dans le premier cas les infiltrations s'élèvent jusqu'à soixante-dix litres.

Les moyens d'épuisement adoptés sont : les tonneaux amenés par des treuils, les pompes mues à bras ou par manéges à engrenages.

La nature des eaux n'est pas destructive pour les pompes ; le minerai sur lequel elles séjournent est, comme on le sait, insoluble. Les pompes et les tuyaux ont donc une durée convenable. Le système généralement adopté est la pompe aspirante et foulante.

Celles qui existent dans les exploitations de la Compagnie des soufres des Romagnes, sont manœuvrées par deux ou trois hommes et débitent trente-neuf litres par minute ; elles sont munies de soupapes métalliques, placées dans une chapelle latérale; les pistons plongeurs reçoivent leur mouvement par un axe courbé muni d'un volant. Cet appareil occupe peu de place.

Les pompes mues par des chevaux se composent d'un arbre vertical en fer forgé, auquel sont attelés deux ou quatre chevaux.

Cet arbre, à sa partie supérieure, est armé d'une roue d'angle horizontale, mesurant 1 mètre 80 de diamètre, engrenant avec un pignon de 0,25 calé à un arbre horizontal à volant. A l'extrémité de cet arbre est placée la manivelle qui fait agir, trente à trente-cinq fois par minute, le piston de la pompe.

Enfin, on adopte encore des manéges, mus par des chevaux élevant des tonnes. C'est le système le plus économique.

Par le premier mode, le mètre cube d'eau, élevé à la hauteur d'un mètre, coûte 2 centimes ; il revient à 3 centimes pour le second cas, et à 1 centime pour le troisième.

La hauteur verticale à laquelle les eaux sont généralement amenées est dans le premier cas de 30 mètres, dans le deuxième de 50 mètres.

La question de l'épuisement a été peu étudiée dans les Romagnes ; nulle part on n'a fait usage de la machine à vapeur. On comprend aujourd'hui qu'il faudrait arriver à employer les systèmes perfectionnés, existant à présent partout ailleurs qu'en Italie ; mais le plus grand obstacle provient du manque de capitaux, joint au défaut d'entente entre les divers exploitants.

AÉRAGE. — L'aérage est la partie la plus négligée ; il semble que la santé et la vie des ouvriers ne méritent pas la sollicitude des exploitants. Cependant, et nous sommes certain de ne pas être contredit, au nombre des mines qui exigent un aérage convenable, il faut placer en première ligne les mines de soufre.

Nous avons à tenir compte des différentes causes, qui produisent, non-seulement une élévation de température, mais une production continuelle de gaz délétères.

La chaleur est la conséquence naturelle du défaut d'aérage ; il se forme des émanations putrides qui ont leur source dans la décomposition des bois et des remblais. De là une production constante d'hydrogène sulfuré, dont une partie se dissout contre les parois humides et coule avec les eaux d'infiltrations qui demeurent stagnantes, et qui, tout à coup troublées par le va-et-vient des travaux, produisent des cas d'asphyxie instantanée.

N'y a-t-il pas en outre production d'acide carbonique, d'hydrogène carboné et d'acide sulfureux ?

Les causes qui donnent naissance à ces derniers gaz sont complexes ; le gisement, comme nous l'avons dit, est imprégné de bitume ; chaque coup de mine fait sortir des cavités l'acide carbonique ainsi que l'hydrogène carboné, et la combustion de la poudre sur les parois de la roche produit de l'acide sulfureux.

Il faut tenir compte en outre des gaz dégagés par l'inflammation de la poudre elle-même, c'est-à-dire l'acide carbonique, l'azote, l'oxyde de carbone, l'acide sulfhydrique.

Les ouvriers du pays donnent à la présence du premier fléau le nom énergique de *tufo mortale.*

En effet, ces émanations sont, pour ces malheureux, une cause de mort certaine, lorsqu'ils ne s'aperçoivent pas assez tôt de leur présence aux maux d'yeux et aux douleurs de tête qu'elles leur occasionnent.

L'hydrogène proto-carboné s'enflamme fréquemment et n'entraîne généralement aucun accident grave ; cependant un cas d'explosion eut lieu en 1864 à la mine de Boratella, où quelques ouvriers furent engloutis. La force de l'explosion fut telle que la maisonnette bâtie à la bouche de la galerie, fut fortement endommagée.

Dans les exploitations romagnoles, il n'y a aucune installation de moyens d'aérage proprement dit. Nous avons vu quelquefois activer le courant d'air par des feux installés dans les galeries, ou au fond du puits. Quelquefois encore on allume des brasiers aux orifices de sortie.

Les cas d'accidents sont nombreux, et devraient appeler l'attention de l'administration ; on compte annuellement quatre cas de mort et 200 blessés ; ce qui équivaut à 0,3 0⟋0 pour le premier cas, et 15 0⟋0 pour le second.

Sur un certain nombre d'exploitations, les propriétaires ont institué une caisse de secours mutuels, qui est alimentée par le prélèvement du 1 0⟋0 sur le montant du salaire des ouvriers et employés. On trouve même, à Perticara, les médicaments et les instruments nécessaires pour secourir les blessés.

DROITS PERÇUS A LA SORTIE DES SOUFRES PAR LES PORTS DES ROMAGNES

Années.	Quintaux mét.	Droits perçus.	Années.	Quintaux mét.	Droits perçus.
1868	7761 56	8537 71	1870	32,367 93	35,604 72
1869	7971 08	8768 19	1871	52,980 22	57,178 25

EXPORTATION DES SOUFRES PAR LES PORTS ROMAGNOLS

Années.	Quintaux mét.	Valeur en fr.	Années.	Quintaux mét.	Valeur en fr.
1868	7761 56	183,765 »	1870	32,367 93	608,446 »
1869	7971 08	191,530 »	1871	51,980 23	1,240,661 »

Jusqu'en 1868, comme l'indiquent les chiffres relevés auprès des administrations locales, l'industrie du soufre dans les Romagnes atteignait à peine une production annuelle de 6,000 tonnes. Tout à coup, à partir de cette époque, elle augmente, elle se développe et nous la voyons portée à 7,000 puis à 8,000, à 32,000 et enfin à 51,000 tonnes.

A quelle cause attribuer cette prospérité soudaine ?

Dans le cours de ces dernières années, l'attention des capitalistes s'est portée sur les Romagnes ; on a étudié et donné raison aux calculs comme aux recherches des ingénieurs qui signalaient à l'attention des capitaux les immenses sources de fortune enfouies dans ces exploitations.

Quelques associations se sont créées, et parmi elles, nous en remarquons une à la formation de laquelle les capitaux anglais ont contribué pour une large part.

Cette association vient de reprendre les mines appartenant à MM. Dellamore, et a imprimé à ces exploitations l'activité qui leur avait toujours fait défaut. D'autre part, la Société anonyme des Romagnes a pu triompher des difficultés qui se dressaient devant elle, et parvenir à retrouver les gisements signalés par M. l'ingé-nieur en chef Giordano.

Mais ces heureux changements ne se seraient certainement pas produits, si les provinces romagnoles n'avaient pas bénéficié des sages prescriptions édictées par la loi de 1859.

Par l'application de cette loi, les mines se sont trouvé placées sous la surveillance directe et immédiate des ingénieurs de l'Etat ; l'étendue des concessions a été réglée, tandis que les déchéances sont venues frapper tous ceux qui, dans les délais prescrits, ne s'étaient pas conformés aux règlements.

Dès lors, les industriels, les capitalistes, plus certains de la rémunération due aux fonds qu'ils aventuraient, n'ont plus montré, dans les avances à faire, les hésitations si bien justifiées par l'exemple du passé. — Enfin, la mise en vigueur de cette loi est venue mettre un terme aux exigences des propriétaires du sol, qui n'autorisaient les recherches que sous le bénéfices de conditions tellement exorbitantes qu'elles paralysaient les efforts des mieux intentionnés.

MOYENS EMPLOYÉS, OU ACTUELLEMENT EN USAGE DANS LES BASSINS TOSCANS, ROMAINS ET VAUCLUSIENS. — Le peu d'importance actuelle des autres bassins sulfurifères ne comporte pas une description générale ; nous nous réservons d'en parler au chapitre suivant, dans lequel nous décrirons quelques-unes de ces exploitations. Nous remarquerons, cependant, que si, au moyen-âge, les exploitations toscanes et romaines pouvaient être citées comme modèles à suivre, il n'en est plus ainsi aujourd'hui. Le siècle a marché, le progrès constant a amené avec lui des améliorations utiles, mais, pour la plupart, restées lettre morte dans les provinces de l'Italie centrale. La grande routine, qui écarte avec un soin jaloux toute innovation et déclare suspecte toute tentative, y a prévalu jusqu'à présent. L'*Oculos habent et non videbunt,* a donc trouvé, là encore, une de ses trop nombreuses applications.

Nous ne parlerons pas non plus ici, de l'exploitation vauclusienne, couverte et protégée par la loi française. — Les ingénieurs de l'État ont la haute surveillance sur ces travaux, et nous savons tous avec quel zèle et quelle intelligence ils s'acquittent de fonctions toujours délicates et souvent périlleuses. Aussi, lorsque les travaux du petit bassin d'Apt auront atteint tout le développement auquel ils sont appelés, ils seront certainement conduits avec cette prudence qui préside à l'exploitation de toutes les mines et carrières ouvertes dans nos pays.

DESCRIPTION PARTICULIÈRE DE QUELQUES EXPLOITATIONS

SICILE

En prenant pour base la statistique officielle, comme nous venons de le faire pour les Romagnes, nous trouvons que dans les provinces de Catane et de Caltanissetta, sur les trois cent vingt-deux gisements reconnus, cent soixante-dix seulement sont exploités. La moitié des solfatares est donc improductive.

Il faut à ces chiffres ajouter cent trente-cinq gisements nouvellement découverts ; cela porte à quatre cent cinquante-sept le nombre de ceux qui sont relevés dans les seules provinces de Catane et Caltanissetta. Les documents qui nous sont fournis sur les provinces de Girgenti, de Trapani, et de Palerme, sont très-imparfaits ; cependant ils révèlent cinq cent soixante-trois solfatares constatées et classées. Dans ce nombre, soixante-sept sont abandonnées à cause de l'abondance des eaux, et cent cinquante sont à peine exploitées.

Nous ne pouvons entreprendre la description minutieuse de toutes les exploitations qui existent en Sicile ; leur nombre est trop considérable ; d'un autre côté, les procédés étant partout les mêmes, cette description, si nous l'entreprenions, nous entraînerait dans de continuelles redites complétement dépourvues d'intérêt.

Au reste, les éléments nous manqueraient pour conduire à bien un semblable labeur ; nous n'examinerons donc que les solfatares

qui présenteront des conditions dignes de fixer l'attention, de telle
sorte que nos lecteurs puissent se former une idée précise de l'état
dans lequel se trouve actuellement l'exploitation du soufre dans
cette grande île, qui en est si richement imprégnée.

Province de Palerme.

La province de Palerme est, grâce à ses productions agricoles,
la plus riche contrée de la Sicile ; elle renferme de grosses bour-
gades ; son sol est montueux ; sa capitale, assise au fond d'un golfe
splendide au pied du Mont-Pélégrino, se présente dans une position ravissante, entourée de toutes parts par des jardins d'orangers,
de citronniers et des champs excessivement fertiles renfermant
tous les arbres, tous les arbustes et toute la flore des pays méridionaux. Le climat est tempéré. Elle est séparée de la province
de Messine par le fleuve Pollina ; un des affluents de l'Imeta la sépare des terres de Catane ; au midi elle confine à la province
de Caltanissetta ; au couchant elle est séparée de celle de Trapani par un des affluents du Flotti. — Les principales villes
sont : Termini, Cefallu et Corleone. Sa population est de 550,000
habitants.

En partant de Palerme, il faut parcourir environ 56 kilomètres
pour arriver à *Lercara Degli Freddi*, où se trouve le bassin sulfurifère exploité que renferme cette province ; la route, qui est
bonne, conduit à Roccapalumba, où elle se bifurque en deux
tronçons, dont l'un va à Caltanizetta, l'autre à Lercara et à Girgenti.

Lercara est aujourd'hui relié par un chemin de fer au port de
Palerme.

Ces chemins de fer dont la construction fut décrétée en 1860,
auraient dû être terminés depuis longtemps ; c'est à peine, cependant, si le quart du parcours est ouvert à l'exploitation.

La faute n'en est pas aux Siciliens, mais bien à la première compagnie concessionnaire, celle des Calabro-Sicules qui,

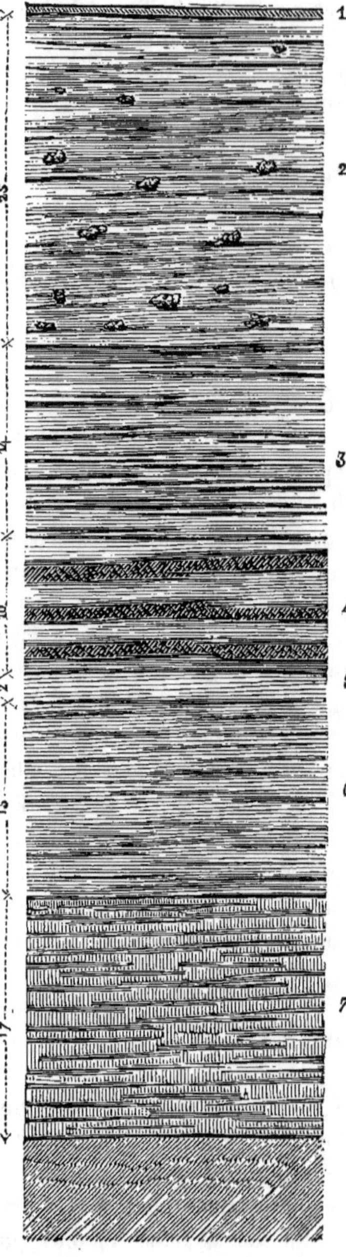

pourtant n'avait fait preuve que d'une chose : l'impossibilité financière dans laquelle elle se trouvait de remplir ses engagements.

Il est fâcheux que le Gouvernement n'ait pas plutôt retiré son décret de concession à cette société dont l'impuissance était si notoirement affirmée, il l'eût facilement remplacée et aurait trouvé, ainsi qu'il l'a fait depuis, des éléments assurés de succès et de rapidité d'exécution ; il aurait de la sorte échappé au reproche de n'avoir rien voulu faire pour la Sicile.

Le bassin sulfurifère de Lercara est d'une grande richesse, le gisement est renfermé entre quatre collines appelées : *della Croce, della Madonna, degli Freddi et di Col di Sevio.*

La nature des terrains qui couvrent les gypses sous lesquels se trouve le soufre, appartient au calcaire, à la marne et à l'argile.

Le calcaire est tantôt compacte, tantôt persillé ; il est toujours précédé par la marne qui, à son tour, fait suite à des argiles également compactes, d'une couleur gris noirâtre.

Pour faciliter l'intelligence de notre description, nous don-

nons ici la coupe géologique d'un puits creusé dans le bassin de
Lercara.

<table>
<tr><td>1</td><td></td><td>Terre végétale d'une puissance qui atteint, comme partout ailleurs en Sicile, quelquefois plusieurs mètres.</td><td>4</td><td>—</td><td>de 10 mètres de marne séparés par des lits de calcaires avec matières bitumineuses.</td></tr>
<tr><td>2</td><td>—</td><td>de 25 mètres argile, renfermant çà et là, des blocs de calcaires friables.</td><td>5</td><td>—</td><td>de 2 mètres de calcaire.</td></tr>
<tr><td>3</td><td>—</td><td>de 15 mètres d'argile, avec pochès de bitume.</td><td>6</td><td>—</td><td>de 15 mètres d'argiles schisteuses noirâtres.</td></tr>
<tr><td></td><td></td><td></td><td>7</td><td>—</td><td>de 17 mètres reconnus de soufre.</td></tr>
</table>

Les constatations géologiques qui précèdent sont conformes à
celles relevées par MM. de la Brétoigne et Reichter qui ont été
longtemps à Lercara. Ce sont, à notre connaissance, les premiers
ingénieurs qui ont étudié ce bassin, aussi nous ne pouvons mieux
faire que de transcrire sommairement ce qu'ils en disent :

« La couche d'argile bleue ou noire (tuffo) recouvre toute la
« partie du pays qui sépare les quatre collines, et la division du
« terrain gypseux et de l'argile est très-sensible en plusieurs points.
« A la colline della Croce, les travaux déjà assez étendus de la
« minière Sartorio ont fait reconnaître l'existence d'un plan de divi-
« sion presque vertical. Sa grande inclinaison fait croire à une faille
« immense qui rejette très-loin le calcaire *solfifère*. La découverte
« du calcaire dans le puits, dont nous venons de parler, fait voir
« la fausseté de cette hypothèse, d'ailleurs assez peu ad « missible.

« Il serait difficile, à cause des travaux encore peu considérables,
« exécutés aux collines *della Madonna* et *degli Freddi*, de préciser
« l'existence d'un semblable plan de division. La même raison ex-
« plique comment les allures du terrain gypseux à Lercara ont été
« si peu étudiées et comment l'on est encore réduit à cet égard aux
« probabilités et aux conjectures.

« A la colline des *Freddi*, les couches de gypse sont supérieures
« au banc de calcaire. Le briscale y existe en grande quantité.
« Bien que décomposées, et se réduisant en poussière au moindre
« contact, les marnes de briscale conservent cependant une assez
« grande cohésion pour que les galeries creusées au milieu d'elles
« se soutiennent d'elles-mêmes.

« La colline du *Col di Sevio*, assez éloignée des trois autres, pré-

« sente diverses particularités et des phénomènes géologiques assez
« intéressants.

« Le terrain gypseux est traversé brusquement, à la profondeur
« de 100 mètres environ du sommet de la montagne, par une faille
« peu inclinée. Cette faille est un banc de schiste ardoisier, bitu-
« mineux, dont la puissance est encore inconnue.

« Les schistes, appelés *Balatini*, dans le pays, renferment quel-
« ques débris de végétaux et quelques pétrifications d'arbres. La
« structure fibreuse du bois est très-visible, mais il serait plus
« difficile de reconnaître la famille, car ces débris ne sont pas assez
« bien conservés.

« Le plan de division de la faille et du terrain gypseux est très-
« bien indiqué. Tous les travaux exécutés dans la colline sont supé-
« rieurs à cette faille, car l'eau est à un niveau assez élevé, et a
« empêché d'approfondir beaucoup.

« Les affleurements de briscale sont très-nombreux. En plu-
« sieurs points ces briscales sont *inzolforati*. — Le soufre ne se
« présente jamais en masse ; mais plutôt en poches ou veinules ir-
« régulières, disséminées dans les bancs de calcaire et d'argiles
« noires bitumineuses, et toujours près du sol ; toutes raisons qui
« ont rendu assez difficiles et très-peu productifs les travaux entre-
« pris jusqu'à ce jour.

« Le terrain *sulfifère* se retrouve probablement au-dessous des
« schistes bitumineux, si ce n'est sous la colline même, au moins
« dans la vallée où il a pu être rejeté par la faille. En effet, les
« affleurements de calcaires blancs sont assez nombreux au fond de
« la vallée. »

Par la coupe géologique ci-dessus, on a une idée complète dé la
formation du bassin de Lercara, dont les caractères sont les mêmes
que ceux que nous avons déjà signalés, notamment dans les Romagnes.

Nous trouvons là une preuve de plus de ce que nous disions,
c'est-à-dire que c'est dans les mêmes conditions de commotion terrestre que le soufre a été amené en Sicile et dans les Romagnes ;
seulement dans l'île les effets ont été bien plus puissants ; les
masses soufrières y ont pris des proportions gigantesques, tandis
qu'il semble que l'effort de la nature soit venu mourir au pied des
Apennins toscans.

Le doute, dirions-nous, n'est pas permis ; n'est-ce pas en effet la même nature de terrain ?. Et, ce qui doit lever toute incertitude, ne constate-t-on pas la présence, dans l'un comme dans l'autre bassin, des mêmes argiles imprégnées de bitume ?

Nous retrouvons, ici comme là, la gangue contenant le soufre imprégné de bitume, et donnant, à la fabrication, un soufre noir. Il y a pourtant cette distinction, qui ne change rien à nos constatations géologiques, que dans les Romagnes le minerai est partout imprégné de bitume, et que dans la Sicile le soulèvement ayant amené des quantités plus abondantes de soufre, la masse sulfurifère se trouve sur beaucoup de points et par sa grande puissance, à l'abri direct des infiltrations bitumineuses.

La ville de Lercara, Alcara degli freddi, compte aujourd'hui 12,000 habitants tirant leurs moyens d'existence uniquement de l'exploitation des mines.

La prospérité de cette petite ville, dont une partie est bâtie sur les terres sulfurifères, est toute récente ; car il n'y a guère que cinquante ans que les premiers travaux ont été entrepris.

La mine la plus importante est celle de *Madore*, appartenant à M. Sartorio et à divers autres propriétaires qui ont mis leurs intérêts en commun.

Les travaux sont parvenus à une profondeur de 75 mètres ; lors de notre dernière excursion, l'exploitation était arrêtée, noyée sous des masses d'eau considérables.

M. Sartorio a confié aujourd'hui la direction des travaux à un ingénieur français, M. Moris, fort au courant de l'exploitation des mines siciliennes.

A l'époque de notre dernière visite, cet ingénieur mettait la main à l'érection d'une machine à vapeur à haute pression de la force de quarante chevaux, qui à l'heure où nous écrivons, doit triompher de l'envahissement des eaux et servir puissamment à l'exploitation.

Elle a été installée sur un puits vertical, ouvert en 1860, et présentant 2 mètres 85 de section intérieure. Deux pompes aspirantes à mouvements alternés épuisent les eaux.

En 1860, la production de la mine de M. Sartorio, était évaluée à 5135 tonnes de soufre, ce qui donnerait une extraction moyenne de 30,000 tonnes de minerai.

Comme nous venons de le dire, les eaux ont envahi la mine et y ont occasionné des éboulements considérables, que les nouvaux travaux auront à traverser pour ramener l'exploitation à sa splendeur première.

Il faudra donc peu de temps, pour que cette mine devienne incontestablement, en Sicile, une des premières entre toutes.

On compte, sur ce même point, bien d'autres exploitations dont les principales sont :

La mine *du prince Palagonia*, qui fournissait annuellement 2,000 tonnes de soufre ;

La mine *Anzalane*, qui en produisait 4,500 ;

La mine *Piraino*, dont l'exploitation était, au moment de notre visite, arrêtée par l'incendie.

A première vue, le fait d'incendie d'une solfatare paraît insolite ; nous le constaterons cependant dans d'autres exploitations, car il n'est pas aussi rare qu'on pourrait le croire.

Pour brûler une mine, il faut que les galeries renferment une quantité considérable d'air atmosphérique ; le soufre, par lui-même, est fort peu combustible ; pour amener une combustion permanente, il est indispensable que l'air se renouvelle continuellement. Or ce ne sont pas là les conditions habituelles dans lesquelles se trouvent les mines de soufre ; et pourtant, devant l'incendie qui s'est produit à Piraino, cette solfatare a dû être abandonnée.

Il est probable que l'air nécessaire à la combustion aura été attiré de l'extérieur grâce à quelques fissures produites sous la haute température dégagée par l'incendie, qui trouve de la sorte à s'alimenter.

Pour en arrêter les effets, on a muré les principales galeries, et on attend du temps seul la cessation du fléau.

L'incendie de la solfatare a déterminé une liquéfaction en grand ; le soufre contenu dans le minerai, s'en est séparé sous l'action de la température développée par la formation de l'acide sulfureux ; cette température est d'au moins 250°, et par conséquent plus que suffisante pour produire la liquéfaction du soufre, qui est venu couler dans les galeries des anciens travaux.

La mine *Giordano* n'offre rien de particulier.

La mine *Sociale* est aujourd'hui dans un état désespéré, par suite des éboulements considérables occasionnés, soit par l'infiltration des eaux, soit par la mauvaise direction qui a présidé à la conduite des travaux.

Au reste, la production de cette solfatare n'a jamais été bien grande, si l'on en juge par le chiffre qui est accusé.

L'exploitation de la mine *Romano* est poursuivie par MM. *Gardice, Rose et Sartorio*. On arrive aux chantiers par des entrées qui s'ouvrent dans la vallée formée par les collines *La Croce* et *Gli Freddi*.

Cette solfatare, autrefois la plus importante du groupe de Lercara, est aujourd'hui réduite à de très-petites proportions; l'envahissement des eaux, l'incurie apportée dans la surveillance des travaux, occasionnèrent de tels éboulements, qu'il ne reste plus guère que les traces de l'ancienne exploitation ; pour la reprendre, il faudra ou attaquer la couche sur un nouveau point, ou se faire jour au travers des travaux abandonnés. Comme on le voit, c'est un travail à recommencer complétement.

La ruine, contre laquelle se débat le bassin de Lercara, ne cessera que lorsque tous les propriétaires s'entendront pour triompher des eaux ; sans cette entente, l'industrie minière de ce bassin est destinée à périr.

Depuis que nous avons constaté ces faits, nous avons appris que, comme à Madore, ce travail de résurrection avait été confié à M. l'ingenieur Moris, qui établit en ce moment, à *Romano*, un puits de 3 mètres 50 de section, profond de 60 mètres. Ce puits est armé d'une machine Cornouailles de la force de soixante chevaux. Les dépenses sont considérables.

Les travaux que nous avons vu commencer et qui doivent être aujourd'hui en pleine activité à la mine de Madore et à celle de Romano, indiquent un commencement de fédération ; seulement, comme la loi de 1859 n'est pas encore appliquée aux provinces siciliennes, nous craignons bien que le peu d'entente qui existe entre les exploitants, ne parvienne pas à suppléer les prescriptions renfermées dans cette loi. Cependant le salut des mines est là.

Les solfatares *Sinadria* et *Catalana*, s'ouvrant sur la colline des Freddi sont peu importantes.

Ozlando est située au pied de la colline della Madonna ; l'eau a atteint le niveau des chantiers ; on cherche à s'en débarrasser par les moyens insuffisants que nous avons décrits ; on n'y parviendra pas, et en attendant la mine végète.

Les autres solfatares : *Loria, Peccoraro, Curitano, Buon-Giovanni, Rotolo*, voient leurs exploitations arrêtées, ou à peu près ;

en ce moment elles donnent toutes peu de produits, surtout si on les compare aux quantités qu'elles fournissaient avant 1860 ; ce fut une année désastreuse, qui marquera dans l'histoire de ces mines, car il se produisit de tels éboulements que tous les terrains environnants en furent ébranlés.

La cause première de cette catastrophe a été partout la même : les eaux d'abord, et ensuite le mauvais aménagement des travaux.

La méthode généralement employée pour l'exploitation de ces mines, est celle que nous avons décrite, c'est-à-dire par piliers abandonnés. Partout on s'est abstenu de construire des remblais, on a attaqué la masse au hasard et sans ordre ; l'exploitant n'a jamais eu qu'un but : faire sortir le plus promptement possible la plus grande quantité de produits, sans prendre souci du lendemain.

Nous ne trouvons que des piliers mal placés, des naves ou vides presque toujours en proportions contraires à toutes les règles et à tout bon sens ; or, avec des infiltrations d'eau un peu importantes, comment un semblable travail pourrait-il résister ?

La poudre n'est pas employée, ou du moins l'est fort peu.

Les galeries de roulage étaient telles que nous les avons décrites, et avant l'arrivée de M. Moris, on ne savait guère ce que c'était qu'un puits, on n'avait aucune notion de l'usage des bennes et des chemins de fer pour le roulage intérieur.

Les moyens employés étaient marqués au coin de la plus complète insuffisance ; ainsi lorsqu'il s'agissait de lutter sérieusement contre l'envahissement des eaux, comme à Romano, on installait une machine de six chevaux, alors qu'une machine de vingt chevaux aurait à peine pu suffire.

Nous voyons aujourd'hui quel parti l'on a su tirer de cette immense richesse minérale, et quelles sont les conséquences de l'ignorance qui a présidé autrefois aux travaux.

L'aérage se trouve dans des conditions déplorables, la température y est suffocante, et le peu d'air qui croupit au fond de ces galeries est tellement chargé de miasmes délétères, que les malheureux ouvriers sont presque continuellement placés sous une menace d'immédiate asphyxie.

Le travail de l'extraction du minerai se fait toute l'année sans interruption ; il n'en est pas de même de la fabrication du soufre, qui n'a lieu que de juillet à janvier, c'est-à-dire à l'époque où la terre est débarrassée des récoltes.

La caisse de minerai cube 2 mètres 75 ; à la tâche, elle revient au propriétaire à 24 tari environ, soit 11 francs 98, ou 4 francs 25 par mètre cube.

Tout est à faire dans ce bassin ; mais grâce à la tâche entreprise par M. Moris, nous devons nous attendre à trouver de grands changements, le jour où il nous sera permis d'aller le visiter de nouveau ; nous ne formons qu'un vœu, c'est que les louables efforts de cet ingénieur soient secondés par le Gouvernement, et ses qualités mises de la sorte à même de se déployer pleinement.

Dans la province de Palerme nous ne connaissons après Lercara que *Villafrate* où aient été observés les indices d'un gisement sulfurifère.

Province de Girgenti.

La province de Girgenti occupe la partie méridionale extrême de la Sicile.

Elle est le siége des exploitations sulfurifères les plus importantes de l'île.

Elle est bornée au Nord par la province de Palerme, au Sud par la mer Africaine, au levant par la province de Caltanissetta ; le fleuve Belici et la rivière Sinera la séparent de la province de Trapani ; sa population est de 260,000 habitants.

Les principales villes sont : Girgenti, Sciacca, Bivona, Licata.

Les ports de cette province sont ceux d'Empédocle, de Sciacca, et Palma.

La citadelle de l'ancienne Agrigente est une des cités les plus anciennes ; elle date de bien avant l'occupation de l'île par les Grecs ; elle était connue sous les noms d'*Agragno*, *Agrigentum*, *Agrigento*, et enfin *Girgenti*, qui est celui qu'elle porte actuellement. Aux époques primitives ce n'était qu'une montagne entourée de murailles avec une citadelle à la cime.

C'est cette citadelle qui seule est restée de l'antique et opulente Agrigente ; hors de cela il n'est rien demeuré que des vestiges et les ruines splendides de quelques-uns de ses temples. Il paraîtrait, au dire de certains écrivains de l'antiquité, que de cent lieues à la ronde on venait demander à l'eau de ses fontaines la guérison de de tous les maux dont est affligée notre humanité. Girgenti est une des localités siciliennes que nous avons habitées ; or, à notre connaissance, il n'y a aujourd'hui qu'une seule source délicieuse par la fraîcheur et la limpidité de ses eaux, qui servent à l'alimentation des habitants.

Girgenti est assise sur le terrain calcaire jaune, tel qu'on peut s'en convaincre en examinant la coupe géologique page 294.

Il y existe quelques mines dont la production atteint 8,000 cantares de soufre. Parmi ces exploitations, la plus grande importante est la *Pétrusa.*

Le port principal d'embarquement est le Môle (1) qui n'est éloigné de Girgenti que de quatre miglia (6 kilomètres environ), et qui est absolument insuffisant à contenir les nombreux navires qui viennent y charger le soufre ; lorsque souffle le Siroco, le peu de profondeur des eaux empêche les navires, jaugeant plus de 300 tonneaux, d'y venir jeter l'ancre.

Du mois de janvier, au mois de mars, le Siroco règne sur ces parages d'une manière en quelque sorte permanente, et c'est précisément l'époque où les demandes de soufre sont le plus nombreuses.

Le Gouvernement a fait exécuter dans ce port des travaux de dragage, mais il est urgent d'y construire des jetées pour empêcher les dépôts considérables de sable que le mouvement des flots y apporte des rivages africains.

Les études sont faites ; commencées sous la domination des rois de Naples, elles ont été complétées par le gouvernement italien,

---

(1) Le môle que nous appelons de nos jours *Empédocle*, rappelle la mémoire de ce philosophe qui voulant, dit-on, se faire admettre au rang des dieux, monta sur le sommet de l'Etna, et se précipita dans le cratère enflammé, s'imaginant que, s'il ne laissait de lui-même aucune trace, les hommes croiraient qu'il s'était élancé dans les cieux. L'Etna, dit la Fable, ne voulut pas se rendre complice de la supercherie et rejeta aux humains les sandales de l'orgueilleux imposteur.

mais l'argent manque pour mener rondement à bonne fin ces travaux de première nécessité.

Le port actuel ne peut contenir que quelques navires ; ceux qui arrivent se mettent en rade, et attendent, quelquefois des mois entiers, que leur tour d'entrée soit venu.

Lorsque la mer est calme, ils chargent en rade même et à tour de rôle ; les bâteaux à vapeur jouissent seuls du privilége de passer avant tous. Les frais de chargement sont de 4 francs par tonne.

Lors de notre dernière visite au Môle, les travaux du port étaient commencés ; une jetée de quelques centaines de mètres était formée par un enrochement dont les matériàux, pris à une montagne se trouvant sur la gauche de la route du *Môle* à *Girgenti*, étaient amenés par un chemin de fer. Le travail était exécuté par des forçats.

Dans la coupe géologique que nous avons relevée du Môle de Girgenti à Comitini, nous avons indiqué le banc de marne qui recouvre le gypse.

Un fait particulier et qu'il est intéressant de noter, c'est la présence dans ces marnes de petits rognons de fer se présentant sous différents aspects : tantôt sous la forme d'un clou que l'on aurait introduit dans la marne, tantôt sous celle d'un petit tube.

Un professeur attaché au lycée de Girgenti, M. Terachini, a fait une étude spéciale de cette singulière formation, et, d'après lui, elle ne saurait être attribuée qu'à une pluie d'aérolithes, qui aurait eu lieu, au moment même du soulèvement ou de la formation de ces terrains.

Comment en effet expliquer la présence de ces morceaux de fer disséminés çà et là dans la marne, et qui n'étaient rencontrés jusqu'alors que dans cette seule partie de l'île ?

Cependant plus tard, en continuant nos explorations dans d'autres contrées de la Sicile, nous avons relevé le même fait, notamment dans le bassin de Racalmuto ; seulement ces petits aérolithes étaient accomgnés çà et là de morceaux plus volumineux.

Nous en avons recueilli une quantité assez grande ; les uns présentent la forme de clous munis de leur tête, les autres de morceaux de barres de fer de 1 à 2 centimètres de circonférence, d'autres encore ont la forme de petits cylindres, dont l'intérieur est plein de marne, ou bien, enfin, de petites sphères de 3 à 4 centimètres de diamètre.

L'analyse, à laquelle nous avons soumis quelques-uns de ces morceaux, a indiqué qu'ils sont à l'état de sulfate de fer, et le plus souvent à celui de peroxyde. Mais en définitive cette analyse ne nous fournit pas de données positives sur l'origine de ces parcelles de fer, ou sur leur mode de formation au milieu des terrains où on les rencontre ; l'explication des aérolithes reste donc une pure hypothèse.

A ce propos, disons en passant, que longtemps on a cru que les aérolithes se formaient dans l'atmosphère dont est entourée notre planète ; mais depuis les travaux de Laplace, on admet aujourd'hui qu'ils nous viennent de la lune ; et quelques-uns de nos savants prétendent même voir les volcans d'où ils proviennent, et, par des calculs arrivent à mesurer le temps qu'il faut à ces aérolithes pour percer et traverser notre atmosphère.

ARAGONA. — Aragona est une cité sicilienne bâtie sur le flanc d'une colline, et renfermant 8,500 habitants environ. On y arrive de Girgenti, en remontant la route qui va à Palerme, après avoir laissé à droite la *Petruzza*, à gauche le volcan boueux de *Macalubi*.

On y trouve un grand nombre de solfatares en pleine activité ; la majeure partie appartenait autrefois au prince d'Aragona.

Sans contredit, ces mines étaient, lorsque le prince vivait, les mieux exploitées de la province de Girgenti ; on remarque même encore dans l'une d'elles, des galeries pourvues de rails et un certain soin apporté à la direction des travaux, mais ces améliorations étaient loin cependant d'avoir atteint le degré de développement que nous avons décrit en parlant des exploitations romagnoles.

Le soufre est transporté à dos de mulets jusqu'à Aragona, de là, par la route de Palerme, il est conduit en charrette jusqu'au Môle de Girgenti.

Ces mines sont d'une très-grande valeur, surtout en raison de la modicité du prix de transport de leurs produits.

La moyenne de ce prix est en effet de 3 tari 1|2 par charge de 110 kilogrammes, soit 1 franc 48 ; si en outre on fait ressortir l'avantage que présente une couche régulière, exempte d'eau, on ne sera pas surpris que la production atteigne en moyenne 60,000 cantares.

Telles étaient, du moins autrefois, leur situation et leur prospérité. Mais aujourd'hui elles ont bien perdu de leur valeur par suite de la mauvaise gestion et de la maladroite direction donnée aux travaux par des gens inhabiles et ignorants. Et de tout ce qu'avait fait le prince, il ne reste aujourd'hui que le souvenir.

C'est sur le territoire d'Aragona, entre cette ville et Girgenti, qu'on rencontre les *Maccalubi*, sorte de volcans boueux qui, tranquillement, continuellement, sans relâche, accomplissent leur œuvre. Ce nom de maccalubi leur a été donné par les Arabes à l'époque de leur occupation des points principaux de l'île, et il est resté depuis.

Il en existe d'autres pareils en Sicile ; mais ceux d'Aragona sont les plus connus du monde savant. Leur travail se révèle quand on s'en approche, par un bruit semblable à un *gargouillement* qui se produit sous les pieds ; c'est le résultat des efforts et de la pression des bulles d'air vicié, qui s'échappent d'un fond marécageux.

Ces gargouillements sont plus ou moins violents, suivant l'abondance ou la rareté des pluies. Ces maccalubi couvrent de leurs déjections boueuses un emplacement d'un demi mille environ ; ils forment comme des petits cratères, et s'élèvent en petits cônes ayant deux pieds et demi de hauteur.

Le sol sur lequel ils sont établis est composé d'argile et de sable quartzeux, détrempé par des eaux stagnantes et salées.

L'approche en est dangereuse ; ce n'est guère que dans les grandes chaleurs, lorsque la croûte du sol s'est durcie, que l'on peut y arriver.

L'analyse de ces boues donne de la silice, de l'alumine, de la chaux, de la magnésie, du fer.

Les gaz qui s'échappent des *Maccalubi* sont, à leur arrivée à l'orifice du cratère, emprisonnés dans une bulle qui s'élève en l'air d'un pied ou deux ; cette bulle crève et met en liberté les gaz, en déversant la partie liquide.

Il est une expérience que ne manquent pas de faire tous ceux qui visitent ces volcans boueux ; ils enfoncent aussi profondément que possible un bâton au centre d'un des cratères ; bientôt ils l'en revoient sortir, mais par saccades, comme par petits coups qui chaque fois repoussent le bâton de quelques centimètres. Si on ferme avec des pierres, par exemple, l'une des bouches de ces petits volcans, on verra, au bout de quelques moments, une ouverture nouvelle se faire à quelques pas de là, et l'opération volcanique se continuer.

Dolomieu nous rapporte que ces petits volcans inoffensifs ont quelquefois leurs détonations et leurs éruptions. C'est ainsi qu'en 1777 et 1779, ces maccalubi ont rejeté de la fumée, des pierres et des quantités considérables de boues, qui renversaient tout ce qu'elles rencontraient sur leur passage.

Ces lieux présentent un aspect désolé et sinistre ; on y sent planer, pour ainsi dire, l'image de la mort, et d'une mort hideuse et dégoûtante ; en effet, nul être n'y peut subsister, car les gaz qui s'en échappent sont mortels.

Un peu plus loin, vers l'Est, on aperçoit :

COMITINI. — Comitini n'est peuplée que de 1,100 habitants environ, vivant pour la plupart de l'exploitation des mines ; la ville est bâtie au pied de la montagne, c'est un des points de la Sicile qui offre la plus grande richesse en soufre ; la production actuelle est évaluée à 250,000 cantares qui, pour être rendus au port de Girgenti, n'ont que douze miglia siciliens à parcourir.

Aussi, en tenant compte de la situation plus au moins heureuse de l'une ou de l'autre des exploitations qui composent le bassin de Comitini, le transport ne revient-il qu'à 1 franc le cantare de soufre rendu dans les magasins du Môle de Girgenti.

La montagne située à l'Est, et qui domine le village de Comitini, est criblée de tous côtés par les trous des galeries de recherches, de roulage et d'aérage.

Devant tous ces hiatus béants s'ouvrant aux flancs de la montagne, l'imagination du passant évoque facilement ses souvenirs mythologiques, et croit voir autant d'yeux ouverts par la curiosité maligne du dieu des enfers.

Les plus importantes exploitations de ce bassin sont situées aux quartiers de *Felicia*, *Crocila*, *Balata*, *Liscia* et *Mandrazzi*.

La richesse du gisement nous a semblé variable ; mais nous ne pouvons en juger sûrement, l'abondance des eaux n'ayant, jusqu'à présent, permis d'exploiter que la couche supérieure ; or on n'en compte pas moins de sept superposées les unes au-dessus des autres, et atteignant une épaisseur de 20 à 30 mètres !

A *Crocila*, la première couche est formée par le *gypse*, puis vient la marne bleue (tuffo). On a attaqué d'abord la première couche sulfurifère ; aujourd'hui on exploite la seconde naturellement plus

riche que la première, car elle, présente une puissance de 4 mètres, et atteint, dans certains endroits, 8 mètres ! L'inclinaison est
régulière.

L'exploitation de cette couche avait été entreprise anciennement
à l'aide d'une mine appartenant à M. Guibert. Mais cette mine était
située à une altitude beaucoup plus élevée que celle de Crocila,
aussi les produits étaient-ils de beaucoup inférieurs.

La couche sulfurifère est traversée dans tous les sens par des
filons de gypse d'une cristallisation magnifique, affectant la forme de
fer de lance.

L'exploitation a lieu, comme dans les autres mines, c'est-à-dire
par piliers et par galeries ; les eaux sont réunies au plan le plus
bas pour être transportées au dehors par les caruzzi ; quelquefois
des puisards, des pompes grossières dont nous avons déjà parlé,
les élèvent jusqu'aux descenderies, d'où elles sont portées au jour
au moyen de brocs.

L'usage de la poudre pour l'abatage est peu répandu ; une espèce de havage est fait par le mineur qui, pour ce travail, est armé
d'un gros pic, *piccone* qui pèse de 5 à 6 kilogrammes.

Crocila appartient à M. Genuardi, l'homme qui, par la seule
exploitation de quelques solfatares, a fait en Sicile la fortune la plus
considérable.

Crocila donne, dit-on, plus de 120,000 cantares de soufre, ce
qui est bien près de 10,000 tonnes. On y emploie plus de cent mineurs.

En suivant la montagne vers le N. E., nous rencontrons des terrains gypseux qui ne sont pas exploités, et qui appartiennent à divers propriétaires ; plus loin, et toujours dans la même direction,
nous trouvons les exploitations de *Balata, Liscia* et *Sfundato*, appartenant à MM. Vella.

La formation du terrain est identique à celle de Crocila ; seulement, l'exploitation y est plus avancée, car on y compte près de
deux cents ouvriers qui travaillent six filons superposés les uns aux
autres.

Puis viennent quelques petites exploitations qui séparent Sfundato de Mandrazzi, solfatare appartenant à M. Genuardi.

Dans cette mine, nous signalerons l'existence d'une machine à vapeur de la force de vingt-cinq chevaux, qui servait autrefois à un épuisement imparfait des eaux et qui aujourd'hui ne sert plus à rien, attendu que le puits sur lequel elle était assise s'est écroulé à cause de sa mauvaise construction . . . .

. . . .

Cette machine de vingt-cinq chevaux avait été installée sur un puits mi-incliné jusqu'à 50 mètres, et devenant vertical à partir de cette profondeur pour atteindre les 65 mètres où étaient arrivés les travaux.

Construite par M. Florio, de Palerme, elle avait pour objet de porter, au moyen de tuyaux en gutta-percha, de l'air à 1 atmosphère 1|2 ; cet air, arrivé aux 65 mètres de profondeur, faisait manœuvrer deux pompes aspirantes et refoulantes, qui rejetaient l'eau au dehors par des conduits en fonte.

Un pareil système a beaucoup contribué à faire abandonner par l'exploitant l'usage des moteurs mécaniques. En effet, il faut bien le dire, peut-on imaginer un système plus déplorable pour obtenir l'épuisement des eaux d'une mine?

A cette même mine on construit en ce moment un aqueduc.

Dans ce bassin nous mentionnerons encore la *Felicia*, située dans la vallée formée par la montagne de Comitini et par celle d'Aragona.

L'entrée de l'exploitation, ou plutôt la galerie des caruzzi, a, dans quelques-uns de ses rempants, une inclinaison qui approche de 80°. 160 mètres environ l'amènent aux fronts de taille.

Au moment de notre visite, il y avait deux ateliers de mineurs ; l'abatage y était pratiqué avec si peu de soins, que la grande quantité de menuailles produite, devait être un des principaux vices de l'exploitation. C'était à grands coups de *piccone* que s'abattait la roche.

Les galeries ont une hauteur de 2 mètres 50 environ ; la couche supérieure était seule exploitée, et on ne pouvait songer à atteindre une profondeur plus grande, à cause des eaux qui jaillissaient partout sous les pieds.

L'exploitation était entreprise par MM. Maganzi, Poli et Giudice.

Cette solfatare est d'avance vouée à la ruine ; les eaux ne lui laisseront pas de longs jours d'existence, et les travaux ne sont évidemment conduits que dans le but de faire rendre le plus possible, sans s'inquiéter de l'avenir.

Dans cette exploitation, tout est remis à la tâche ; les fermiers payent 25 francs la caisse de minerai, qui, mesurée par nous, présentait : $1.08 \times 2.25 \times 2.25 = 5.467$.

Si nous admettons la densité de 1340 kilogrammes pour le mètre cube, nous trouvons que les mille kilogrammes de minerai reviennent à 2 francs 94, ou le mètre cube à 4 francs 56.

Il faut encore ajouter à ce prix les frais de mise au calcarone, les frais d'administration, ceux de l'usine, de l'entretien de la mine, toutes choses bien difficiles à évaluer dans des exploitations comme celle-ci.

Cependant, on compte que chaque caisse de minerai placé dans le calcarone, coûte 2 francs, que le retrait des débris de cette caisse, après la fabrication, coûte 1 franc 25.

Supposons un calcarone de 200 caisses, et une fabrication annuelle de 30 calcaroni, le prix de revient serait le suivant :

FABRICATION

Extraction de 200 caisses à 25 francs.................... fr.	5,000	»
Chargement............ à 2 francs.................... »	400	»
Déchargement......... à 1 franc 25.................... »	250	»
Travail du calcarone, 30 jours, 1 heure 1|2 par jour...... »	133	90
Pour un calcarone...... fr.	5,783	90
Pour 30 calcaroni.................... fr.	173,517	»

A AJOUTER :

Entretien de la mine (évaluation)........................ fr.	12,000	»
Usure du matériel....................................... »	2,500	»
Un capo-mastro... »	1,500	»
Trois employés... »	2,500	»
Impôt... »	1,000	»
Frais généraux.. »	6,000	»
Ensemble.................... fr.	25,500	»

PRODUCTION

14 balates par caisse.

6,000 caisses = 84,000 balates à 55 kilogrammes.......... kil.	4,620,000
Réserve au propriétaire, 30 pour cent.................... »	1,386,000
Reste........... kil.	3,234,000

PRIX DE REVIENT AU PORT

Transport de 3,234,000 kilogrammes de soufre, deuxième
avantageuse, à 1 fr. 25 les 100 kilogrammes............ fr. 40,425 »
Perte de 2 pour cent pour magasinage sur 231,442 fr...... »   4,788 »

Ensemble .... fr. 45,213 »

Total général....... fr. 244,230 »

PRIX DE VENTE

3,234,000 kilogrammes, deuxième avantageuse, à 10 fr. 70
les 100 kilogrammes................................. fr. 346,038 »
A diminuer les frais................................. »   244,230 »

Bénéfices........ fr. 101,808 »

Ces bénifices, qui donnent deux capitaux par an, sont évidemment
exagérés. Nous avons établi ce compte suivant les données qui nous
ont été remises, données qui ne prévoient aucun mécompte de la
part des propriétaires.

Les frais d'extraction, ceux de chargement et de déchargement
au calcarone, sont pour nous, évidemment l'expression de la vérité,
mais n'oublions pas que les frais varient d'une année à l'autre, surtout lorsqu'un accident quelconque arrive aux travaux, et comme
en général il n'y a eu aucun aménagement préparatoire, s'il faut
avoir à parer aux envahissements des eaux, aux éboulements qui
se produisent, cette somme de 12,000 fr. nous paraît devoir être souvent dépassée.

Il faut penser aussi à l'entretien des calcaroni, à celui des gavites. 2,500 francs peuvent être là encore insuffisants ; or, une chose
qu'il importe de ne pas oublier, c'est que les calcaroni, dont le minerai
n'est pas à l'abri de l'intempérie des saisons, ne donneront un rendement de 14 balates par caisse, qu'autant qu'il ne viendra pas à
pleuvoir pendant le moment de la fabrication.

Tous ces aléas peuvent cependant être conjurés par une bonne
direction, par une installation convenable, et ainsi, il peut arriver
que le prix de revient que nous venons d'établir soit l'expression
de la vérité.

Mais les choses ne se passent pas de la sorte en Sicile; ces bénéfices se réalisent rarement. Il y a malheureusement un obstacle trop

fréquent qui s'oppose à ce qu'il en soit autrement, c'est que l'exploitant, n'ayant qu'un capital insuffisant, est obligé de se procurer des fonds à tout prix ; il emprunte à 10, à 20, à 30 pour 0|0, s'engageant à rembourser sur le soufre qu'il a espoir de fabriquer. Que résulte-t-il de tout cela? c'est que le plus souvent, faute non-seulement de capital, mais encore de connaissances nécessaires pour la bonne direction des travaux, l'exploitant, au lieu de la fortune rêvée, a peine à gagner le pain qui le fera vivre lui et sa famille.

Nous comptons revenir en temps et lieu sur ces diverses questions que nous ne faisons qu'effleurer ici, car d'après les observations que nous avons recueillies, et par nos propres études, il nous est prouvé que des bénéfices considérables peuvent être recueillis par une exploitation raisonnée des mines de soufre en Sicile, à la condition, toutefois, que des capitaux relativement considérables y soient préalablement appliqués.

GROTTE est séparé par trois miglia et demi de Comitini ; sa population est de 5,000 habitants environ, tous occupés aux travaux des mines et à la fabrication du cuir. Avant d'arriver aux solfatares, on rencontre sur la gauche la montagne où sont situées les exploitations du marquis de San-Gabriel, de la princesse de Carini, de MM. Vassala et Terrana.

Ces mines sont affermées en moyenne à 25 pour cent.

Le soufre que l'on y recueille est de troisième bonne Girgenti, soufre sali par la gangue bitumineuse.

Les frais d'exploitation sont les mêmes que ceux que nous avons indiqués en parlant des mines de Comitini ; il est vrai que la fabritation ne donne que des produits d'une qualité inférieure à ceux de ces premières mines ; mais ce désavantage est grandement compensé par l'absence des eaux, aussi les mines de Grotte trouvent-elles très-facilement des entrepreneurs.

Le rendement est également évalué à 14 balates par caisse.

Lorsque l'on a dépassé cette montagne, en la laissant sur la gauche, et tournant le dos à la vallée de Grotte, on a devant soi le mont *Pernice*.

C'est là que, sur un versant ondulé et très-vaste, borné au bas par le ruisseau *Salinella,* se trouvent les mines de *Buscamento,* de *Sinatra*, de *Sciacia*, et de *Rametta*.

23

L'exploitation n'a lieu que dans les parties les plus voisines de la surface. Sinatra donnait, il y a quelques années, 30,000 cantares de soufre ; mais, en voulant pousser les travaux dans les régions plus basses, on a naturellement rencontré l'eau qu'il a fallu combattre.

Les fermiers construisirent des puits, mais leur inexpérience ne pouvait assurer à de semblables travaux qu'une existence éphémère ; ils établirent même une machine à vapeur qui est aujourd'hui abandonnée, et les travaux sont tombés en ruine.

Le même sort était réservé à l'aqueduc que l'on entreprit de construire, et qui partant du plus bas des chantiers devait rejoindre les travaux de Sinatra.

Tous ces désastres proviennent non-seulement de la mauvaise direction imprimée, mais aussi de la formation des terrains dans lesquels ces mines sont ouvertes, et dont nous allons donner une description rapide.

Là, comme partout, la roche que l'on rencontre la première est l'argile ; vient ensuite un banc de marne présentant une puissance de 12 mètres, et recouvrant un banc de tuffo (argile noirâtre) de 6 mètres.

L'exploitation actuelle de ce bassin sulfurifère a lieu dans ces premiers terrains ; mais au-dessous l'éruption a traversé un banc de calcaire, qu'elle a décomposé en sulfates alternés de veinules de soufre natif, ayant une puissance moyenne de 22 mètres.

C'est lorsque, arrivée à cette profondeur, l'exploitation a voulu atteindre réellement la véritable région où commence à se trouver la plus grande quantité de soufre, que se sont montrées les eaux, contre lesquelles les exploitants ont cherché à lutter par les moyens que nous avons indiqués plus haut.

Les travaux, disons-nous, se font dans des argiles imprégnées de soufre ; or, dans quelques parties de ce bassin, notamment à *Rametta*, cette argile renferme de véritables richesses, et **MM.** Queirel, qui en ont entrepris l'exploitation, ont su en retirer de très-grands profits.

Jusqu'ici nous n'avons pas encore montré ce genre de travail, qui, cependant, mérite de nous arrêter.

Les argiles composent la première roche rencontrée, ce qui fait que c'est à peine si les travaux de descente atteignent une profondeur de 12 mètres.

On pratique, comme dans les autres solfatares, une scale ou descenderie par un cheminement fort étroit, car on est en présence d'une roche qui n'offre aucune condition de solidité ; aussi, comme les galeries ne sont points muraillées et encore moins boisées, les éboulements sont-ils très-fréquents. Il est vrai qu'aussitôt que ces éboulements ont acquis, par l'effet du tassement, un certain degré de consistance, ils sont immédiatement traversés à nouveau. En attendant, on ouvre un autre passage tout à côté.

La matière est extraite au moyen de la pelle, et sans qu'il soit besoin d'employer le *piccone*, ce qui fait que l'exploitation n'est pas coûteuse.

Cette argile sulfurifère ne saurait, dans l'état pulvérulent où elle se trouve, être traitée comme le minerai ordinaire; il faut lui faire subir une manipulation. A cet effet, elle est pétrie avec un peu d'eau et on en forme des sortes de pains, ayant environ un pied de diamètre, que l'on laisse ensuite durcir au soleil. Lorsqu'ils sont parfaitement secs, ils sont portés au calcarone et traités par les procédés ordinaires. Mais si par malheur des pluies surviennent tout est compromis : car les *panotes* contenus dans des calcaroni non couverts, se désagrègent au contact du feu, et ne donnent aucun rendement.

MM. Queirel ont remis tout le travail à la tâche, à raison de 12 tari par charge, soit : 5 francs 10 par 111 kilogrammes.

Au moyen des notes que l'amabilité de ces messieurs a bien voulu nous fournir, nous allons tenter d'établir le prix de revient de cette nouvelle fabrication.

Dans les bonnes années, c'est-à-dire lorsque les pluies ne viennent pas contrarier la mise en pain du minerai, MM. Queirel comptent sur une production de 1 million de kilogrammes de soufre deuxième avantageuse.

PRIX DE REVIENT

111 kilogrammes coûtent 5 fr. 10. Pour 1 million..... fr.	46,000	»
Transport de 1 million de kilogrammes au môle de Girgenti, à 1 fr. 35 .... »	13,500	»
Un employé sur la mine............................ »	900	»
Droits payés au Gouvernement...................... »	200	»
Frais généraux.................................... »	3,600	»
Ensemble.......... fr.	64,200	»

La redevance au propriétaire étant de 19 pour cent, sur
1 million de kilogrammes = 190,000 kilogrammes.
Il reste à MM. Queirel 810,000 kilogrammes, leur coû-
tant, rendus au môle de Girgenti, 64,200 francs.

Ou pour les 100 kilogrammes......................	fr.	7,97
Le prix de vente est actuellement de 20 tari, soit 8 fr. 50 par cantare, et par 100 kilogrammes..............	»	10,75
Bénéfices..............	»	2,78

Sur ce chiffre de 2 fr. 78 il y a cependant lieu de diminuer le 2 pour cent de perte occasionnée par le magasinage.

Comme nous le voyons, l'exploitation de ces minerais paraît avantageuse, mais là, plus qu'ailleurs, les bénéfices sont subordonnés aux circonstances climatériques.

Depuis que nous avons été à même de recueillir ces observations, et plusieurs années après notre départ de Sicile, nous avons revu MM. Queirel; ils étaient revenus en France, désillusionnés, ayant perdu leur fortune. Il n'avait fallu qu'une année mauvaise, c'est-à-dire exceptionnellement pluvieuse pour les ruiner.

RACALMUTO. — La RAHALMUTUM des Arabes, contient une population de 2,200 habitants environ. Les solfatares qui s'ouvrent au N. E de Grotte, sont, d'après la tradition, situées sur un des points de l'île le plus anciennement exploité.

Les nombreuses trouvailles de lampes et d'amphores antiques, faites dans ces mines abandonnées depuis un temps immémorial, viennent, sinon confirmer, du moins donner une grande apparence de vérité à cette assertion.

Dans ce bassin sulfurifère, dans les diverses zones de soufre où le mineur a pénétré, on, rencontre des poches, des veinules remplies de beaux cristaux de sulfate de chaux et de strontiane, de sel gemme et de gros morceaux de soufre natif, qui forment, sans contredit, les plus beaux ornements de nos cabinets de minéralogie.

Dans beaucoup de mines de Sicile on rencontre la strontiane. Quelquefois la proportion avec les cristaux de soufre qui l'accompagnent atteint 10 pour cent.

La strontiane se trouve toujours à l'état de sulfate ; elle est rarement pure ; elle contient des quantités variables de chaux, de sulfate de barite ; enfin sa cristallisation n'est pas uniforme et prend des aspects différents, suivant que ces corps étrangers sont en plus ou en moins grande quantité ; elle n'a, jusqu'ici, aucun emploi industriel. Il est probable qu'un jour viendra où la Sicile, devenue plus ingénieuse et active, cherchera à en tirer profit, en la réduisant, par exemple, à l'état de carbonate et en l'utilisant comme blanc pour la peinture.

Le bassin de Racalmuto renferme un des plus importants gisements de l'île de Sicile. Cette conviction est le fruit de l'étude toute particulière que nous en avons faite.

En effet tout y est soufre, c'est comme un immense dépôt, sur les confins duquel la ville de Racalmuto elle-même est bâtie.

Passons en revue les diverses exploitations qui couvrent la montagne située en face de Racalmuto, exploitations encore superficielles et qui, pour nous servir d'une heureuse expression du pays, n'a encore touché que les cheveux, *non ha ancora toccato che gli capelli*.

Les solfatares que nous trouvons sur notre droite, sont les vieilles exploitations de *Canotoni*, où il se fait encore du soufre ; mais elles en ont déjà tant donné que les *capelli* ne suffisent plus, et qu'il devient nécessaire d'atteindre les régions inférieures ; malheureusement, dans ces couches inférieures, il faudrait combattre les eaux qui y existent en grande abondance ; aussi a-t-on renoncé à creuser davantage, et on se borne à pratiquer de nouvelles ouvertures permettant de continuer l'exploitation dans les parties superficielles ; de recueillir çà et là les piliers, les colonnes, les quelques parties de toits ou de murs laissés par les anciens exploitants ; et, comme ce terrain sulfurifère est de grande étendue, on s'en contente.

En se dirigeant vers la gauche, on trouve d'abord *la Pernicia*, qui est couverte par une multitude de petites exploitations affermées à des *picconieri*. Ces malheureux sont dans un tel dénûment, qu'ils sont en quelque sorte forcés de vendre au jour le jour les produits qu'ils recueillent, et d'en retirer immédiatement le montant, sous peine d'être, le lendemain, dans l'impossibilité de continuer les travaux. Malgré cet état précaire, ces picconieri ont extrait, en 1867, plus de 250,000 cantares de soufre.

L'exploitation de la montagne de la *Pernice* est de date récente. Elle fut commencée il n'y a pas cinquante ans. Au dire des vieillards du pays, c'était autrefois une oasis délicieuse, formée de tous les arbres fruitiers originaires de la Sicile et remplie de perdrix. Aujourd'hui ce n'est plus, hélas! qu'une de ces montagnes dénudées sur lesquelles il ne pousse rien, de tous côtés percées de bucchi, et ravagées par les eaux pluviales.

Le prince d'Aragona était, d'après notre vieil ami *Il sole* (ce vieux de la montagne dont nous reproduisons les souvenirs), le prince d'Aragona était un homme d'un profond mérite, et, c'est sur son initiative que cette oasis a disparu pour faire place à un des bassins sulfurifères les plus importants de la Sicile.

Tel il était, du moins autrefois, car aujourd'hui c'est l'un de ceux qui produisent le moins, quoiqu'il soit affermé à un grand nombre de picconiers.

Les solfatares de la Pernice sont situées sur le point le plus élevé de la montagne; le soulèvement a fait affleurer le soufre de tous côtés; aussi depuis plus de cinquante ans, que de bras ont été occupés à fouiller et rechercher toutes ces richesses minérales!

On peut dire qu'à 25 mètres de profondeur, tout a été enlevé, et si aujourd'hui on en tire encore quelque chose, ce n'est plus que des colonnes, des *sterres* que les anciens avaient laissés.

Le sol de la Pernice se compose de terrains gypseux occupés par des veinules et des poches de soufre; mais on n'y a pas encore reconnu exactement la puissance du gisement, et d'après nous, c'est précisément sous ces terrains gypseux que l'on doit trouver l'exploitation sérieuse.

La société des soufres de Girgenti avait commencé ce travail, mais elle a été obligée de l'abandonner à cause du manque de capitaux.

A *Donafale*, une des contrées de la Pernice, le percement des gypses a été mené presque à fin, mais il a fallu l'interrompre; l'air manquait. Il s'agissait de compléter ce premier travail par le creusement d'une seconde galerie; c'était une entreprise aussi importante que la première. M. Castellane qui l'avait exécutée fut, faute d'argent, obligé d'abandonner ses recherches.

Ce serait ici le cas, abandonnant le point de vue industriel, de reprendre nos recherches géologiques pures, et de discuter si la formation des gypses est antérieure ou postérieure à la formation sulfurifère.

Nous avons vu des géologues, et des mieux autorisés, avancer

que, les gypses se trouvant au-dessus des soufres, la formation sulfurifère était antérieure ; nous avons dit que d'autres ne partageaient
pas cet avis ; or, d'après nous, si on fait l'étude des terrains qui
nous occupent en ce moment, la discussion sera close.

Car à la Pernice, le soufre qui a été extrait jusqu'à aujourd'hui,
provient de dépôts ayant pour toits et pour murs le gypse ; ce ne sont
donc que des poches, que des stries encaissées dans cette roche.

L'année 1868 a été désastreuse pour tous les malheureux petits
exploitants de cette contrée ; l'abondance des pluies, en gonflant les
sources, est venue élever le niveau des eaux et enrayer l'extraction qui n'a pu s'opérer que sur une très-petite échelle. Il en est
résulté que cette année-là, la Pernicia n'a donné que fort peu de
chose.

Aujourd'hui le sol est partagé entre un certain nombre de propriétaires, mais la majeure partie appartient encore au prince
d'Aragona, qui y comptait en 1867 dix-sept solfatares en activité.

Immédiatement après la Pernice nous rencontrons le territoire
de *Garano*, qui, sans avoir une importance aussi grande que la
Pernice, se trouve être cependant dans des conditions identiques
à celles que nous venons de décrire.

Ces trois territoires sont assis sur la partie la plus élevée de la
montagne, et forment un plateau qui descend vers Racalmuto en
une succession de vallons très-accentués. Ces vallons sont séparés les
uns des autres par des ravins creusés par le passage des eaux qui,
s'écoulant des hauteurs, viennent se jeter dans le torrent Frapaolo.

En parcourant ces terrains, on reconnaît bien vite que l'inclinaison des masses a lieu de droite à gauche, et en suivant une stratification se dirigeant vers le Frapaolo. Mais sur bien des points
cependant, des bouleversements sont venus déranger cette disposition générale, de sorte que l'harmonie de cette stratification se
trouve parfois entièrement détruite.

Comme partout, c'est l'argile qui forme la roche dominante ; l'argile est suivie par la marne, et toutes deux reposent sur le gypse.

Malgré les dérangements que nous venons de signaler, la masse
sulfurifère se dirige de Canatoni à Frapaolo, qui forme l'extrémité
du gisement venant se joindre à Garano.

FRAPAOLO est situé sur le versant de la montagne, sur un plan d'inclinaison qui atteint parfois 45°, coupé dans toute son étendué par le passage du cours d'eau, et se relevant sur l'autre bord en un vallon mamelonné.

Dans la partie de Frapaolo, la puissance du gisement est considérable. A gauche du torrent, la montagne, comme nous l'avons dit, est sur certains points presque à pic ; et là, en maint endroit, les argiles qui recouvrent les sommets, enlevés soit par les eaux, soit par l'action du temps, montrent à découvert le gypse d'une structure parfaite.

Les argiles, accompagnées d'un petit banc de tuffo, ont en général 10 mètres de profondeur et quelquefois 14 ; au-dessous apparaît le gypse, mesurant de 4 à 6 mètres ; mais l'éruption de la matière sulfureuse a été si abondante et en même temps si violente que le *briscale* se montre de tous côtés ; les roches dénudées renferment souvent des rognons de soufre natif et cela à la superficie, car pour le recueillir il suffit de briser la roche. Aussi les petits entrepreneurs abondent-ils, c'est à qui tentera l'ouverture d'un puits qui n'atteint jamais que les parties supérieures, *i capelli* ; car ils ne peuvent songer à attaquer le véritable gisement : la masse d'eau qu'ils rencontreraient aurait bientôt épuisé leurs faibles ressources.

Cet envahissement des eaux que nous signalons inévitablement presque partout, ne constitue pas cependant un obstacle insurmontable à l'exploitation des solfatares, mais il faudrait, pour s'en rendre maître, faire quelques dépenses et installer de puissants appareils capables de triompher de cet ennemi toujours renaissant ; malheureusement des installations de cette nature sont coûteuses, et l'existence même des exploitations est déjà si précaire ! Qui osera faire cette dépense ?

Ceci nous amène à conclure que dans l'état présent des choses, et combien de temps cet état se prolongera-t-il encore, l'exploitant ne peut songer sérieusement à entreprendre et mener à bien un pareil travail.

En effet, le morcellement de la propriété ne permet pas les lourdes charges de l'achat et de l'aménagement des machines.

En général, un fermier exploite rarement plus d'une *salme de terrain* ; le plus souvent, il ne possède qu'une des divisions de la salme ; notez encore que le terrain est loin d'être régulier, qu'il pré-

sente généralement les angles les plus inattendus, et que parfois
même, telle propriété se trouve coupée dans son périmètre par une
parcelle de terrain appartenant à un tiers.

Si l'un des fermiers veut rallier à lui tous ces intérêts divers, il
ne peut y parvenir; car il suffit, pour tout empêcher, et cela arrive toujours, que tel propriétaire d'un terrain qui ne rapporte rien,
élève des prétentions exorbitantes. Il en résulte que la partie
riche du territoire reste inexploitée.

Il y a quelques années la société des soufres de Girgenti devint
fermière des mines de Frapaolo, mais, dans un rapport que nous
avons sous les yeux (1), cette solfatare a été abandonnée depuis,
comme tant d'autres, à la suite des frais énormes qu'exigeait l'expulsion des eaux qui les inondaient avec une abondance extraordinaire. Ici ce mal a deux causes : d'abord les infiltrations naturelles,
ensuite le voisinage du torrent de Frapaolo qui divise la propriété.

En 1839, la société Taix-Aycar et Cie ayant acquis le monopole
des soufres de la Sicile, avait, parmi les solfatares de l'île, choisi
les meilleures pour être exploitées à son compte ; celle de Frapaolo
avait été naturellement remarquée. L'un des premiers soins des
ingénieurs chargés de la conduite des travaux, avait été de nettoyer et d'entretenir le torrent.

Malheureusement la société succomba en 1842 sous les menaces
de l'Angleterre, et Frapaolo fut abandonné ; mais de nombreux
vestiges restent encore des travaux qui furent exécutés alors.

Ceux qui reprirent plus tard l'exploitation allèrent en attaquant
le gisement au plus facile et au moins coûteux ; et, comme la
couche de soufre suit le relief de la montagne, et passe sous le torrent à une profondeur de quelques mètres, leurs travaux eurent
lieu surtout aux abords de la rivière.

Pendant les premières années, grâce aux travaux préparatoires
de la société Taix-Aycar et Cie, les résultats furent brillants ; la fortune de M. Restivo de Racalmuto l'atteste ; mais on négligea de
suivre les exemples donnés par les premiers ingénieurs de cette
société, et surtout d'entretenir le bon état des rives du torrent et,
un beau jour, ses eaux arrivèrent dans la mine ; à partir de ce mo-

---

(1) Rapport sur la situation de l'exploitation des mines de la société (novembre 1869).

ment, c'en fut fait de la prospérité de Frapaolo. Plus tard la société de Girgenti essaya de le relever et s'inspira de la tradition et des procédés mis en œuvre par la société ancienne; elle creusa en plus le puits Saint-Philippe.

Ce puits, malheureusement, n'a pas été achevé, faute d'argent; il avait déjà, lorsque nous avons quitté la Sicile, traversé 26 mètres d'argiles imprégnées de bitume, 13 mètres de gypses compactes, 21 mètres de tuffo, et était arrivé à l'albâtre.

Or, simultanément à la construction de ce puits, on reprit les travaux anciens; on épuisa d'abord les eaux qui les encombraient, on remit le torrent en bon état, et on reconnut que la couche de soufre qui avait été attaquée précédemment se trouvait placée entre le banc de gypse traversé au puits Saint-Philippe, et le banc d'albâtre où on s'était arrêté.

La société de Girgenti a, dit-on, continué ses recherches; elle a traversé l'albâtre, évalué par nous à une épaisseur de 3^{m}50, et elle a trouvé un second gisement de soufre d'une excessive pureté, jaune citron, dont l'exploitation assure à cette société de longues années d'une grande prospérité.

Ces faits prouvent une fois de plus que, en profondeur, les gisements de soufre doivent être plus considérables que ceux qui n'ont été exploités jusqu'ici, pour ainsi dire, qu'à la superficie du sol; ils démontrent encore que lorsqu'on a une fois et sûrement reconnu que la roche encaissante est le gypse, il faut persévérer dans ses recherches, quels que soient les frais et les difficultés, car on a les plus grandes chances d'en être à la fin amplement dédommagé et récompensé.

Nous pourrions mettre sous les yeux du lecteur le plan topographique et les différentes coupes des divers terrains que nous venons de passer rapidement en revue; mais nous croyons devoir nous en abstenir afin de ne pas être plus long qu'il ne faut, car nous n'en avons pas encore fini avec la Sicile; nous nous bornerons donc à dire que le territoire de Racalmuto est bien en effet le plus important parmi les points sulfurifères de l'île. Si cela était nécessaire, n'aurions-nous pas, pour affirmer notre opinion, l'histoire de l'antiquité? N'était-ce point là même que les Romains venaient s'approvisionner?

Pouvait-il, au reste, en être autrement, puisque le soufre apparaît à la surface du sol, et que, selon l'expression vulgaire, il n'y avait, pour ainsi dire, qu'à se baisser pour en recueillir ?

On rencontre dans les mines de Racalmuto, des troncs d'arbres et des débris de végétaux ; nous en avons nous-même personnellement découvert ; il en a été également trouvé dans d'autres exploitations de l'île. Ces troncs ont quelquefois un pied de diamètre ; ils sont admirablement conservés dans le tuffo qui les recèle et les protége. Mais en général ils n'ont pas de grandes dimensions et ont été brisés dans le sens de leur longueur. Avant nous, déjà d'autres personnes assurent avoir aussi rencontré des feuilles semblables à celles trouvées dans les gisements gypseux du Piémont.

Ce que l'on peut certainement conclure de la présence de ces vestiges, c'est qu'une flore puissante existait sur ces quelques points de la Sicile, lors de la formation sulfurifère.

C'est encore dans ces mines que nous avons pu recueillir les cristaux de soufre dont nous donnons le dessin.

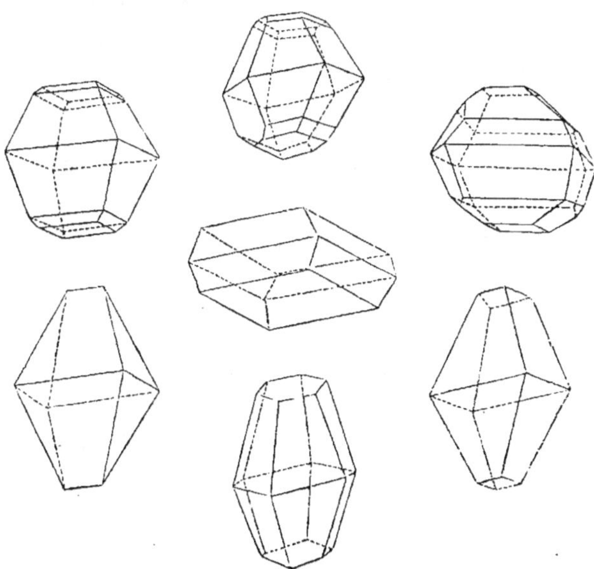

Ceux qui étudient les secrets de la nature, ne peuvent se défendre d'un sentiment d'admiration, lorsqu'ils notent les nombreuses formes présentées par la cristallisation des corps.

Les cristaux qui se produisent de nos jours, soit dans les solfatares du centre de l'Italie, soit dans les éruptions du Vésuve ou de l'Etna, sont loin d'avoir ce parfait état de cristallographie qui distingue les produits anciens. Nous en concluons que les causes auxquelles ils doivent leur formation, ont dû changer de nature ou d'intensité.

Nous avons vu, en effet, que les volcans qui, de nos jours, fournissent encore du soufre, ne le produisent plus que mélangé avec les roches qu'ils traversent, ou en solution dans les eaux qu'ils rencontrent, ou en poudre impalpable, mais jamais en cristaux.

Il y a, entre les effets qu'a produits la nature dans ces âges éloignés, et ceux qu'elle produit aujourd'hui, une différence aussi sensible qu'entre ces mêmes productions *actuelles* de la force physique et les substances que nous obtenons dans nos laboratoires par les moyens d'investigation que la science met à notre disposition.

A ces époques lointaines, les effets volcaniques étaient centuples de ce qu'ils sont actuellement ; les éruptions modernes créent bien les mêmes combinaisons chimiques, donnent naissance aux mêmes phénomènes ; la différence est seule dans la cristallisation.

Les causes de cette différence sont les mêmes que celles existant entre les œuvres enfantées par la nature, et celles qui l'ont été par la science.

A quelques exceptions près, l'homme arrive, par le travail du laboratoire, à créer des cristaux ; mais, quelque perfectionné que soit son ouvrage, il sera toujours loin d'avoir le fini, le parfait des productions naturelles, ce ne sera qu'une copie, une imitation toujours inférieure à l'original.

Donc, les lois, les conditions, les forces n'étant plus les mêmes, ces magnifiques cristallisations que nous retrouvons ne peuvent pas plus être produites par les forces physiques actuelles que par le pouvoir de la science, et ce n'est que par voie d'induction que nous parvenons à nous expliquer le travail accompli dans le passé.

Mais revenons à notre sujet, et continuons nos explorations autour de Racalmuto. Dans Frapaolo, le plus grand propriétaire est le prince d'Aragona ; mais lui, comme les petits propriétaires qui l'entourent, ne retire que des sommes insignifiantes des tentatives d'exploitation qui y existent.

Un torrent, qui se jette dans le Frapaolo, entoure en partie la montagne qui se relève immédiatement pour former la colline de la

Cimicia, ancienne possession des dominicains de Palerme, devenue aujourd'hui propriété de l'Etat.

Le territoire de la *Cimicia* embrasse une étendue considérable ; presque partout le gypse y est dénudé des roches qui jadis le recouvraient. Il y a vingt ans environ, la *frana* a occasionné, sur une partie de la montagne, un énorme bouleversement intérieur qui, entraînant au loin d'immenses blocs de gypse, a mis le soufre à découvert.

Les affleurements se montrent partout. Les 1200 hectares environ de la *Cimicia*, qui ne produisent rien, comme récolte, ont été affermés jusqu'en 1872. — Dans le courant de l'année 1867, on a retiré de cette mine 70,000 cantares de soufre de 1re 2e et 3e qualité, et on aurait pu quadrupler facilement cette production.

Sur cet immense territoire, borné par un autre fief, l'*Aquilea*, on rencontre des amas considérables d'un sel gemme très-peu exploité, dont nous avons parlé dans notre chapitre : *du soufre et des roches qui l'accompagnent.*

En se dirigeant vers le Nord, et en suivant la route de Comitini à Palerme, nous rencontrons *Castel-Termini*, le Castrum Thermarum des anciens, habitée aujourd'hui par 5,500 habitants environ, qui ne s'occupent que d'agriculture.

Un grand nombre d'exploitations, de grandes quantités de terrains renfermant du soufre, terrains dont les propriétés sulfurifères ont été reconnues par des tentatives récentes ou anciennes, et dont les parties encore inexplorées montrent de tels affleurements, que le doute est inadmissible, font de ce point un des bassins sulfurifères les plus importants de l'île.

Les exploitations les plus remarquables appartiennent à M. le comte Lebue. On nous assure qu'il fabrique annuellement 100,000 cantares de soufre.

La masse exploitée présente une richesse atteignant quelquefois 15 mètres de puissance.

Dans de telles conditions de fortune, il semble que la simple prudence commandait de borner ses désirs à une exploitation sage et bien ordonnée ; malheureusement il n'en a pas été ainsi ; là, comme presque partout, on a voulu abuser ; les effrayantes naves qui avaient été creusées, ont amené des éboulements, qui empêcheront pour longtemps de reprendre l'exploitation sur les points où ces éboulements ont eu lieu.

M. le comte Lebue a entrepris, depuis, quelques travaux, qui sembleraient démontrer chez lui une tendance à adopter des moyens d'exploitation plus économiques et plus rationnels ; çà et là quelques chemins de roulage sont armés de rails.

Il est facile à M. le comte Lebue de venir en aide à son pays en lui montrant la route à suivre, en faisant de ses exploitations des chantiers modèles. La richesse du gisement et la fortune considérable du comte lui permettent de prendre le beau rôle d'initiateur du progrès; son intérêt propre, autant que celui du pays, lui en font une loi — voilà pourquoi nous espérons.

— A la mine de *San Giovanello* il existe quatre cents mètres de galeries horizontales de roulage ; ces galeries ont 1 mètre 40 à 2 mètres de largeur, le chemin de fer a 0,64 d'entre-voie, il y circule des wagonnets mesurant sept décimètres cubes. On transporte par jour 25 mètres cubes de minerai, revenant environ à 2 francs 60 le mètre cube.

Mis en caisse, (la caisse cubant 5 mètres 467, et pesant 7,325 kilogrammes) le transport à 400 mètres, distance du front de taille à la sortie de la mine, serait de 14 francs 21.

Le transport par caruzzi ne peut être calculé pour un trajet de 400 mètres qui ne se rencontre dans aucune exploitation de l'île ; si nous admettions un transport ordinaire se faisant par des *scale* qui auraient été ménagées comme partout, le transport reviendrait, comme déjà nous l'avons exposé, à 25 francs la caisse, abatage et transport compris. Or on compte que le picconniere qui a accepté ce prix à la tâche, a une dépense effective de 24 à 25 tari pour ses caruzzi, soit 10,62.

Nous voyons par ces chiffres que le transport coûterait par caisse à San Giovanello 3 francs 59 de plus qu'à Comitini. Ce rapprochement prouve que le roulage, qui est une excellente chose lorsqu'il est appliqué dans des conditions raisonnables, est évidemment mal compris à Castel-Termini ; car on ne saurait admettre un prix aussi élevé de 14,21 pour 7,325 kilogrammes transportés à 400 mètres, mais il faut observer que l'on a conservé l'emploi des caruzzi en y joignant, en plus, les frais d'un transport par voie ferrée. Tout se tient et s'enchaîne ; de l'absence de travaux préparatoires bien connus, il résulte que la galerie de roulage sera une superfluité tant qu'elle ne se rapprochera pas davantage des travaux ; pour cela il faut changer tout le mode actuel d'exploitation, ce qui malheureusement n'arrivera pas de longtemps ; car depuis deux ans déjà San Giovanello est en feu. On assure que la malveillance n'est pas étrangère à ce sinistre, qui empêche l'exploitation de la majeure partie de la mine.

Le relevé que nous avons fait, en 1869, de la production de San-Giovanello, accusait 15,000 tonnes environ ; ce qui prouve que ces exploitations, sans travaux préparatoires, tendent toutes à diminuer d'importance.

Dans le courant de 1869, une catastrophe est venue détruire une grande partie des travaux de San Giovanello, et y ensevelir en même temps, tout vivants, quarante-deux mineurs et enfants.

Qui sait si, pendant de longues heures, ces malheureux n'ont pas attendu la mort? Un pareil fait, qui malheureusement n'est que trop fréquent en Sicile, nous amène à dire, comment, en cette occurrence, les choses se passèrent.

La sinistre nouvelle fut portée par le télégraphe en même temps à Palerme, à Girgenti et à Caltanizetta.

Aussitôt, le général Medici fit partir une compagnie du génie ; les ingénieurs de Caltanizetta, et M. le préfet de Girgenti, se rendirent en hâte sur les lieux, et tous, il faut leur rendre cette justice, déployèrent en cette circonstance le zèle le plus louable et la plus grande activité.

De la part de l'autorité, ce n'est là remplir qu'un devoir, et nous devons dire qu'elle n'y manque pas dans tous les pays civilisés.

A peine arrivés sur les lieux, officiers, ingénieurs, soldats du génie, descendirent dans les galeries de la mine. Mais alors se manifesta une incertitude désastreuse, poignante et irrémédiable.

De quel côté fallait-il diriger les recherches et les travaux? Personne ne pouvait le dire d'une manière bien précise. Ce n'étaient certes pas ceux qui arrivaient des localités environnantes et réclamant, l'un un parent, l'autre un ami ; ce n'était pas davantage le propriétaire. Un seul homme eût été alors réellement utile et même indispensable, c'était le capo-mastro, mais il avait aussi disparu ; on ne pouvait donc que suivre les indications de mineurs qui avaient déjà travaillé dans cette mine.

C'est ce qu'on fit ; mais on dut bientôt abandonner l'entreprise, car les uns désignaient la droite, les autres la gauche ; l'incertitude et l'embarras ne faisaient que croître d'heure en heure ; d'ailleurs on manquait de tout ; il n'y avait pas de bois pour étançonner ; rien en un mot qui permît de faire espérer que les recherches dussent être couronnées de succès ; aussi furent-elles abandonnées après quelques efforts infructueux.

Et si l'on songe que quarante-deux malheureux ont été ensevelis vivants, qu'ils ont peut-être vécu plusieurs jours, attendant et espérant un secours qui ne devait jamais leur arriver, que dans nos pays ils eussent été probablement sauvés, avec quelle insistance et quelle force et quel droit, ne doit-on pas demander au gouvernement italien d'imposer, et de faire rigoureusement exécuter, les réglements sur les mines, à tous les propriétaires et exploitants siciliens.

Or, notez bien que la plupart du temps, les choses ne se passent pas encore aussi bien que nous venons de le raconter, puisque souvent aucun effort n'est tenté. De temps en temps, dans les pays miniers, la nouvelle circule que dans tel endroit un éboulement a eu lieu, et qu'il y a eu des travailleurs ensevelis ; mais tout au plus cela émeut-il les plus proches voisins, et en maintes circonstances l'autorité n'est pas même avertie. On ne saurait donc trop protester, au nom de l'humanité, contre un tel état de choses.

Les exploitations qui entourent celles de M. le comte Lebue, travaillent des filons ayant de 2 à 4 mètres de puissance.

Ces mines sont à une distance de vingt-quatre miglia de Girgenti. Elles payent le transport par cantare de soufre à raison de 2 francs 55 ; or, comme les prix d'extraction et de fabrication sont les mêmes que ceux des solfatares plus rapprochées de la mer, elles sont loin d'offrir les mêmes bénéfices.

Lorsque le chemin de fer qui doit relier Girgenti à Palerme sera terminé, ces mines sortiront de leur degré d'infériorité relative, puisqu'elles pourront facilement transporter leurs produits soit à Palerme, soit à Girgenti.

Après le comte Lebue, le prince de Campo-Franco est un des propriétaires les plus considérables de cette importante zone sulfurifère. Cependant il n'a ouvert qu'une seule solfatare affermée à 18 pour cent, et qui ne produit guère au delà de 10 à 12,000 cantares de soufre.

La première roche que l'on rencontre sur ce terrain est la marne argileuse mesurant 10 à 12 mètres; la seconde est le *Balatino* calcaire désagrégé ayant 14 à 16 mètres; puis vient le calcaire d'une puissance de 2 à 3 mètres, le tuffo de 1 mètre, 2 mètres de calcaire, et enfin le soufre. La profondeur totale est donc de 32 à 35 mètres en moyenne.

Sur la gauche de Castel-Termini on aperçoit *San Blasi*, où existent quelques petites exploitations sans grande importance.

Beaucoup plus à l'Ouest, on rencontre les exploitations de *Bivona* et d'*Alessandria* que les difficultés de transports rendent moins importantes que celle de San Blasi.

En poursuivant vers le Nord, dans la direction du bassin de Lercara, nous rencontrons les exploitations de *Camerata* qui n'auront une certaine importance qu'après l'ouverture des routes et du chemin de fer.

Nous aurions dû commencer par dire qu'à peu près tout le territoire de la province de Girgenti pouvait être considéré comme un immense réservoir de soufre; nous venons de le parcourir au Nord à l'Est et à l'Ouest, partout nous y avons trouvé des exploitations, et si nous revenons sur nos pas, nous rencontrerons encore la même nature de terrains.

En sortant de Girgenti dans la direction du Sud-Est, on chemine continuellement sur les argiles, ce sont d'immenses plaines, ondulées, et livrées à la culture. Ces plaines sont bornées d'un côté par la mer, de l'autre par les montagnes de *Favara*, par où nous reviendrons.

A dix-huit miglia environ, et dominant toute la contrée, se dresse la roche *du corbeau*, sorte de pointe de calcaire blanc coquilleux, indice certain pour nous du voisinage des terrains sulfurifères. En effet nous apercevons vers la mer les montagnes de *Monte Grande* qui recèlent les mines de *Lampedusa*, de *Baucina* et de *Finaita*, les deux premières appartenant aux princes de Lampedusa et de Baucina et la troisième au Gouvernement.

Ces mines sont peu exploitées; elles sont cependant situées dans d'excellentes conditions pour le transport des produits, car le cantare de soufre amené à la rade de Palma ne coûte qu'un tari, ce qui compense grandement la perte résultant du prix supérieur du fret exigé par les navires qui viennent prendre charge dans cette rade.

Palma est à une distance de dix-huit miglia de Girgenti ; sa population est de 11,000 habitants environ ; la ville est bâtie sur le flanc d'une montagne de gypse : ce qui rend son accès très-difficile.

Le port de cette ville n'a pas, comme la plupart des ports marchands, cette flotille de petits bateaux de transport qui viennent apporter aux navires les marchandises qu'ils ont à charger ; c'est là un véritable désavantage, d'autant plus grand que les chalands des ports de Girgenti et de Licata ont assez à faire chez eux, pour ne pas aimer à se déranger.

D'après les données administratives, l'exportation qui s'est faite par le port de Palma pendant les années 1864, 1865 et 1866, est la suivante :

EXPORTATION		PAR CABOTAGE	
1864	8,338 quintaux	3,229 quintaux	
1865	11,798 id.	1,991	id.
1866	16,094 id.	»	»

Ces chiffres prouvent le peu d'importance commerciale des mines que nous avons nommées plus haut.

Ce qui leur manque, c'est une organisation intelligente, non-seulement au point de vue de la direction des travaux, mais surtout au point de vue financier ; il faut aussi que la rade ou le port de Palma soit approprié aux exigences du commerce. Un industriel français cherche, dit-on, à résoudre le problème ; y parviendra-t-il ? Nous faisons des vœux pour sa réussite.

Les diverses exploitations que l'on rencontre sur la montagne de *Monte Grande* sont, outre Lampedusa, Baucina et Finaita, celles de *Baffo*, *Tre Robe*, *Azaretta* et *Sotte*. Ces dernières se trouvent sur le versant sud et regardent la mer qui vient se briser à leurs pieds.

Toutes ont fourni d'importantes quantités de minerai, et si elles ne donnent plus aujourd'hui qu'une pauvre idée de leur antique splendeur, la cause est encore celle que nous avons déjà cent fois exposée. Le soufre n'apparaissant plus à la surface, on a dû creuser, ce qui à amené l'invasion des eaux devant lesquelles il a fallu se retirer.

Baffo a eu une importance très-grande, le filon exploité a une inclinaison moyenne de 30° en direction Est ; sa puissance est de 10 mètres ; sa gangue est du calcaire ; les roches dominantes présentent le calcaire sulfaté et la marne.

Aujourd'hui, quelques ouvriers attaquent encore le front de taille qu'ils disputent aux eaux, et emploient tous leurs efforts à reprendre aux piliers de soutènement le minerai qu'ils contiennent.

Le travail est fait pour le compte du propriétaire, qui fournit aux ouvriers ce dont ils ont besoin pour leur subsistance, et sur lesquels il prélève un bénéfice exagéré.

Tre Robc a été pendant quelques mois exploitée par un Français, M. Saunier, qui a dû se retirer devant les tracasseries suscitées par le propriétaire.

Azaretta est affermée par un petit groupe d'associés, qui, lors de notre visite, recherchaient le filon anciennement exploité, et qui était, paraît-il, d'une richesse exceptionnelle.

Sotte est sans contredit le point le plus riche de *Monte-Grande* ; mais abandonnée depuis un grand nombre d'années, la mine est aujourd'hui noyée.

Une partie de ces mines est aujourd'hui affermée à des spéculateurs français, à raison de 25 pour cent comme redevance et une offrande au propriétaire de 25,000 francs, comme épingle ou pot de vin.

Le minerai y est de bonne qualité ; la direction du gisement plonge vers la mer. Mais à quelle profondeur et sous quelques roches s'y trouve-t-il ? peut-on l'y suivre et espérer faire une exploitation sérieuse ? ce ne sont que des travaux préparatoires habilement conduits qui pourront seuls résoudre la question.

D'après ceux qui ont étudié, plus particulièrement que nous, ce gisement, on parviendra à vaincre toutes les difficultés ; à leur avis, elles sont loin d'être insurmontables ; toutefois, ceux qui tenteront une pareille entreprise, doivent bien se pénétrer de cette vérité : qu'ils ne pourront songer à la réussite que s'ils se font les maîtres absolus de toutes les exploitations qui constituent ce groupe.

Or ce n'est pas là un résultat facile à obtenir ; car, comme la couche à exploiter est incontestablement la même, tous ceux qui en ont un morceau, l'exploiteront tant bien que mal, et ne tiendront pas à céder leur propriété. On se fait difficilement une idée des rivalités acharnées qui existent entre les propriétaires, et des interminables procès qui en résultent. Ces mœurs rendront toute entente, et par suite, toute entreprise sérieuse et importante impossible, tant que le Gouvernement n'aura pas étendu à la Sicile les lois qui régissent les mines sur la terre ferme. Or il peut arriver que d'ici là, soit par incurie, soit par défaut de capitaux pour entretenir convenablement les travaux de défense, soit par suite d'un acte de malveillance et en haine de la prospérité d'autrui, il peut arriver, disons-nous, qu'un beau jour la mer vienne s'engouffrer dans les galeries et, détruisant tous les travaux, anéantisse à jamais tous les projets et toutes les espérances. Ce sont là autant d'éventualités qui empêcheront peut-être, pour longtemps, une reprise efficace et importante de l'exploitation d'un gisement.

Le bassin sulfurifère de Palma, ne consiste pas, à notre avis, dans le seul gisement de Monte Grande ; c'est là assurément un des points les plus intéressants du bassin, mais la zone est bien plus étendue ; il est vrai qu'elle ne se trouve pas en toutes ses parties attenante aux rivages de la mer, et qu'elle ne jouit pas de tous les avantages de transports ; mais en revanche, elle en possède un qui est des plus appréciés, c'est-à-dire l'emplacement convenable pour établir une exploitation considérable.

Il y a bien des gens qui parlent d'exploitation de mines de soufre, et qui calculent sur le papier des quantités de 10, 15, 25,000 tonnes à extraire par an ; mais leur défaut de pratique les empêche de se rendre compte de la place qu'occupent 10 et 25,000 tonnes ; ils oublient que 10 ou 25,000 tonnes de soufre sont la représentation de 70 et 100,000 tonnes de minerai ; or, on n'en logerait pas la dixième partie à Monte Grande.

Il faut espérer qu'un jour Palma verra s'organiser autour d'elle des exploitations qui se grouperont en un seul faisceau ; alors la prospérité existera, car il y aura des mines dans la plaine et dans la montagne ; on attaquera le gisement au plus bas ; on ramènera toutes les eaux ; et par un réseau de chemins de fer de mines, on conduira le minerai, des puits aux ateliers de réduction, et de ces ateliers à un point de la côte choisi pour leur embarquement.

Voilà une des grandes entreprises à réaliser en Sicile ; conçue sur ces bases, elle donnerait certainement les plus beaux résultats.

Après avoir dépassé la roche du Corbeau, et en poursuivant la route dans la direction de *Palma di Montechiaro*, nous rencontrons des marnes bleuâtres, déchaussées, par les torrents, des argiles qui les recouvraient. Le terrain gypseux est partout mouvementé et bouleversé ; il se relève vivement à droite vers Palma.

A *Mentina di Palma*, on extrait des argiles imprégnées de soufre, et on les traite comme celles dont nous avons fait déjà mention en parlant de Grotte.

Toutes ces exploitations ne touchent que les bancs les plus rapprochés de la superficie, aussi ne sont-elles que de médiocre importance.

Palma est située à dix-huit miglia de Girgenti ; il n'existe aucune route pour relier ces deux points, à peine un sentier vague dont le tracé change suivant la saison, et suivant que les pluies permettent de franchir sur tel ou tel point les torrents *San Biagio* et *Naro* qui arrosent le territoire de ces deux villes.

Palma, nous l'avons dit, est bâtie sur le versant d'un amas considérable de gypse, présentant une cristallisation parfaite ; sur le versant extrême, et dans la direction de la mer, on peut suivre distinctement les indices certains d'un gisement sulfurifère recouvert par le gypse.

Le *briscale* y est des plus apparents ; aussi voit-on là quelques petites exploitations recueillant le soufre qui, après avoir traversé ce banc de gypse, est venu s'infiltrer dans les argiles qui le recouvrent.

D'après nos observations, nous croyons que ces gypses ont une épaisseur de 30 mètres environ, et qu'un puits vertical atteindra un amas de soufre considérable et de facile exploitation.

C'est un des points le plus avantageusement situés de toute l'île ; il se trouve en effet à deux miglia, à peine, du port de Palma, sur les confins mêmes de la ville, ce qui donne un immense avantage dans l'abaisement du prix de main-d'œuvre. N'oublions pas, que les exploitations de Monte Grande, les plus voisines de Palma, sont à quatre miglia, et pour nous qui connaissons les habitudes siciliennes, nous savons bien que lorsque des solfatares seront ouvertes à Palma, il ne sera pas possible d'espérer pouvoir recruter beaucoup d'ouvriers pour ces lointaines exploitations.

En nous dirigeant vers l'Est nous rencontrons le fleuve *Salso*, puis le lac de *Bifara* qui donne son nom à la mine ouverte sur ses bords.

D'après les recherches faites, le lac recouvrirait une importante couche de soufre, dont les affleurements se montrent sur les collines voisines.

Une galerie d'écoulement, ayant pour but le dessèchement du lac, avait reçu un commencement d'exécution ; mais au moment où on pouvait espérer un résultat satisfaisant, un violent orage vint anéantir tous les travaux.

Huit miglia séparent *Bifara* de *Licata*.

A six miglia de Girgenti, et dans la direction Est, nous trouvons un groupe important de mines, dépendant de la commune de Favara, qui n'en est éloignée que de trois miglia environ.

Favara est habitée par 10,659 individus, qui jouissent d'une fort mauvaise réputation. Ils sont fort enclins, dit-on, à ne respecter ni la propriété ni la vie de leurs semblables ; pour la majeure partie, du reste, cette population est occupée aux travaux des mines.

Les principales exploitations de ce groupe sont : Ortata, Chimento, Milione, Monteleone, Bernardi, Canatazzo, Lucia, Palermitana, Salamone.

Ces mines sont sans route carrossables pour conduire leurs produits au port de Girgenti ; le transport a lieu à dos de mulets ; le coût est en moyenne de 1 franc 25 par cantare.

M. Giudice est le principal exploitant de cette contrée ; de simple commis aux écritures chez M. le duc de Monteleone, il a su s'élever, par son travail et son intelligence, à la fortune considérable qu'il possède.

Nous ne citons cet exemple que pour répondre à certains esprits pessimistes, qui prétendent que l'on ne saurait trouver de beaux bénéfices dans l'exploitation des richesses minérales de la Sicile.

M. Giudice a pris à ferme les plus importantes mines de ce groupe, telles que *Monteleone*, *Lucia*, *Palermitana*, *Santa Rosalia*, etc., appartenant au duc de Monteleone.

La production annuelle retirée de son fermage, serait d'environ 100,000 cantares, sur lesquels il donnerait au duc le 20 pour cent.

Par le mode d'aménagement des travaux, par la facilité de l'allure des couches qui sont en direction verticale, par leur grande puissance, et enfin par suite de la bonne qualité du minerai, M. Giudice a fait de ces solfatares des exploitations importantes.

Il remet une grande partie des terrains qu'il a affermés à des sous-traitants, qui lui payent 30 pour cent de redevance, alors qu'il ne paye lui-même que le 20 pour cent.

Les travaux, parvenus à une profondeur de 70 mètres environ, ont exigé des moyens mécaniques pour l'expulsion des eaux.

La *Lucia* est munie d'une machine à vapeur de la force nominale de seize chevaux, qui manœuvre quatre pompes élevant environ 500 litres d'eau par minute, soit, pour un travail de vingt-quatre heures, 72 mètres cubes.

Cette machine commande les quatre pompes installées sur deux puits verticaux. Dans le premier, qui mesure 70 mètres de profondeur, sont établies les deux pompes aspirantes qui, élevant l'eau à 14 mètres, la déversent dans le second puits qui n'a que 56 mètres de profondeur. Dans ce deuxième puits sont installées les deux autres pompes aspirantes et refoulantes, qui rejettent à l'extérieur les eaux amenées par les deux premières pompes.

La machine est horizontale, à moyenne pression et condensation, marchant à deux atmosphères.

Dans la mine de *Chimento*, appartenant à M. Cafisi, il existait également une machine à vapeur, de la force de huit chevaux, armant un puits vertical et qui fonctionnait trois heures par jour.

L'installation de cette machine présente les mêmes anomalies que celle que nous venons de décrire précédemment; M. Giudice a cru avoir besoin de deux puits pour le service des pompes; M. Cafisi, qui n'avait qu'un seul puits, n'en a pas moins voulu faire comme son voisin, il a déversé ses eaux en les faisant passer par deux séries de pompes. Ce moyen (avons-nous besoin de le faire remarquer?) laisse à désirer au point de vue mécanique; un seul puits et un seul jeu de pompe feraient mieux, produiraient une plus grande quantité d'eau, sans compter la dépense du combustible qui serait de beaucoup diminuée.

La solfatare de Chimento est une des plus anciennes exploitations de Favara, et une des plus rapprochées de Port-Empédocle.

Elle paye pour le transport de ses produits, qui se fait à dos de mulets, 1 franc 05 par quintal métrique.

Il ne faudrait que peu de frais pour y établir une route ou un chemin de fer américain, qui réduirait le coût du transport au 50 pour cent de son prix actuel.

L'exploitation de Chimento a lieu sur deux points bien distincts s'ouvrant sur les deux flancs de la montagne: Les affleurements de soufre s'y montrent nombreux ; à la *Maestra* quatre veines ont été coupées, et les travaux ne sont encore parvenus qu'à 80 mètres de profondeur. A la *Cucca* quatre veines, ou pour mieux dire une seule veine alternée de calcaire bitumineux, est reconnue ; cette veine offre quelquefois jusqu'à 8 mètres de puissance, et cependant les travaux n'atteignent encore que 29 mètres de profondeur.

Ces gisements importants attendent aujourd'hui que des travailleurs viennent cueillir les bénéfices qu'ils offrent.

La société anonyme des soufres de Girgenti avait affermé, en 1869, les mines de Chimento, moyennant une redevance de 17 pour cent. Comme nous y avons conduit les travaux, quelques mots trouveront leur place ici pour renseigner nos lecteurs, non-seulement sur l'importance du gisement sulfurifère, mais sur les habitudes des mineurs et le coût du travail.

La société, [en affermant les mines de Chimento, avait pour but de s'installer dans la contrée, d'étendre petit à petit ses exploitations et d'arriver à les joindre, à la mer, à Palma, dans l'intérêt de ses expéditions.

C'était là un grand projet, un de ceux qui, nous l'espérons pour l'avenir de la Sicile, se réalisera un jour ; mais la société, atteinte par le contre-coup de la dernière guerre, n'a pu le mettre à exécution.

Les mines de Chimento ont pour périmètre une montagne, au faîte de laquelle on rencontre le gypse très-pur, en fer de lance, formant un cône dont tous les côtés descendent presque à pic vers les plaines qui s'élèvent par gradins dans la direction de Favara et qui s'abaissent, dans l'autre sens, vers la mer. C'est dans les flancs de cette montagne que les travaux ont été exécutés ; ils comprennent la solfatare de la *Madona* et celle de la *Cucca*.

Des analyses faites, il résulte que le minerai de la Madona donne au calcarone 150 kilogr. de soufre par mètre cube de minerai, à Cucca 104 kilogr.

Des essais qui ont été entrepris avec des machines à vapeur surchauffées, et dont nous rendrons compte dans un chapitre spécial où nous nous occuperons des diverses modes de fabrication, portent les chiffres de rendement à 20 pour cent en plus.

Les travaux, tant à Cucca qu'à la Madona, furent repris par la société de Girgenti. On établit à ce dernier point un nouveau puits, celui qui existait ne pouvant être utilisé, on se proposait de l'armer d'un baritel à l'aide duquel les eaux seraient évacuées. Tout cela

fut commencé, mais rien ne put être terminé à cause du manque
d'argent. A Cucca, l'exploitation fut attaquée sur deux points et, pendant plusieurs mois, présenta toutes les apparences de réussite, le
filon avait, il est vrai, perdu en puissance ; il n'y avait pas plus
d'un mètre en moyenne ; mais attaqué à divers étages, il permettait
d'y installer quinze mineurs, accompagnés de quarante-cinq caruzzi.
Cet état de choses ne dura pas longtemps ; bientôt le filon changea
d'allure ; il existait bien toujours, mais ce n'était plus que de la
roche mouchetée de soufre qui ne pouvait être traitée industriellement ; partout se présentait le tuffo très-bitumineux, parcellé, de
temps en temps, de mouches et de petits rognons de soufre d'un
blanc citron, d'une densité aussi légère que l'eau.

Dans ces conditions, on renonça à poursuivre le minerai. Pour
bien faire, il aurait fallu le chercher en profondeur au moyen de
nouveaux travaux, ou bien encore attaquer un autre point.

Nous poursuivrons notre rapide examen de la province de Girgenti en citant brièvement quelques autres exploitations.

Campobello di Licata, située sur le versant d'une montagne surnommée le Campus Bellus, est habitée par 5,200 habitants environ.
Les terres appartiennent pour la majeure partie au prince de Campobello.

Il existe encore quelques petites mines disséminées sur le territoire
de Licata, mais elles n'ont aucune importance.

Parmi les mines qui, dans les environs de Girgenti, s'ouvrent
sur le banc sulfurifère signalé par une de nos coupes (voir page
292), nous trouvons la Petrussia appartenant au Gouvernement, les
terrains à soufre du marquis Giambertoni, la vieille solfatare Car-
carelli etc., sur lesquelles on a récolté et on récolte encore, chaque
année, quelques cantares de soufre, mais qui, à cause du peu d'am-
pleur et du peu de richesse des filons, sont dans un état voisin de
l'abandon.

Il est probable que de l'autre côté du *Mont'Aperto*, nous croyons
du moins pouvoir l'avancer d'après les affleurements que nous avons
examinés, une exploitation bien entendue serait couronnée des meilleurs résultats. C'est un essai à tenter, sans trop de risques ; la position topographique est excellente, car elle est fort voisine de la

mer, et, avant peu, elle verra passer à quelques centaines de mètres le chemin de fer de Port-Empédocle à Palerme.

Au Nord de Girgenti sont encore les mines de *Cattolica* qui tirent leur nom de la ville voisine, habitée par 6,500 habitants environ, et dont les principales exploitations appartiennent au prince de Cattolica.

La plus grande solfatare est ouverte à 70 mètres environ de profondeur ; l'aérage y est si difficultueux que la température est excessive. La roche encaissante est le gypse imparfait. — Six veines ont été reconnues.

Dans cette mine, on trouve une notable quantité de strontiane.

A seize miglia de Girgenti, on rencontre la solfatare du marquis de *Montallegro* le soufre s'y trouve disséminé dans le grès, et proche se montrent de gros blocs de basalte.

Collo Rotondo est une des plus anciennes parmi les mines de l'île ; les travaux y deviennent aujourd'hui très-difficiles, parce qu'ils ont atteint le niveau du fleuve Platani, et que les infiltrations sont très-abondantes.

Virzi est placée dans une situation exceptionnelle ; comme la solfatare de Monte Grande, elle s'ouvre au bord de la mer, et, grâce à cette position géographique, elle peut, sans frais, embarquer ses produits.

Raffadali, ou Reffada'li, en outre d'un bassin sulfurifère, a à exploiter de très-beaux affleurements d'asphalte, pour lequel il n'a été fait jusqu'ici aucun travail de reconnaissance.

Nous terminerons cette rapide revue du bassin sulfurifère de la province de Girgenti, en plaçant sous les yeux du lecteur le tableau suivant.

Nous devons, en effet, à l'obligeance de M. l'Intendant des Finances de la province de Girgenti, auquel nous adressons ici nos sincères remerciements, de pouvoir présenter le relevé de la production du soufre dans cette province pendant la période 1861 à 1872, et cela par localités exploitées.

DÉTAIL DE LA PRODUCTION DU SOUFRE DANS LA PROVINCE DE GIRGENTI

DE 1861 A 1872

PROVINCE DE GIRGENTI	1861	1862	1863	1864	1865	1866	1867	1868	1869	1870	1871	1872
1. Aragona	57.342	688.104	292.871	66.664	799.968	332.320	84.380	1.051.210	378.519	48.020	594.063	252.422
2. Bivona	»	»	»	»	»	»	»	»	»	»	»	»
3. Cammarata	»	»	»	»	»	»	»	»	»	»	»	»
4. Campobello	3.808	45.696	35.665	25.830	357.745	110.275	25.830	357.745	110.275	12.054	155.014	53.725
5. Casteltermini	56.886	682.632	219.365	51.470	617.640	229.393	77.724	1.023.788	284.910	62.302	784.503	209.337
6. Cattolica	33.810	405.720	168.624	35.400	424.800	177.000	33.000	417.525	140.700	32.220	402.750	160.249
7. Cianciana	78.952	947.424	305.685	71.520	858.240	321.840	89.950	1.187.540	417.824	83.383	1.079.788	289.530
8. Comitini	209.385	2.512.520	900.768	169.200	2.030.400	761.400	209.550	2.787.197	852.800	249.571	2.927.623	1.040.135
9. Favara	169.915	1.926.906	692.737	200.155	2.526.813	804.102	94.687	1.121.265	431.700	89.858	1.056.180	337.731
10. Girgenti	27.268	327.216	173.572	34.560	415.320	155.520	20.100	215.436	119.678	19.976	210.023	121.628
11. Grotte	73.212	844.395	397.185	47.155	565.860	214.717	63.700	817.669	248.805	96.278	1.173.240	356.807
12. Licata	5.088	53.559	21.888	1.830	25.345	7.195	1.830	25.345	7.195	»	»	»
13. Monteallegro	4.930	59.160	20.839	6.080	72.960	27.360	3.650	46.720	14.960	3.780	31.275	14.318
14. Naro	28.588	343.044	134.600	7.680	86.400	20.937	7.680	86.400	20.937	7.680	86.400	-20.938
15. Palma	32.095	385.140	140.432	33.670	428.040	160.515	25.000	312.000	120.390	26.520	310.500	120.390
16. Porto Empedocle	»	»	»	»	»	»	100	1.280	222	»	»	»
17. Racalmuto	31.127	456.549	228.776	56.404	485.194	232.226	89.651	1.023.702	469.342	93.360	1.050.300	335.185
18. Raffadali	»	»	»	900	10.800	4.050	873	8.345	4.500	1.920	21.420	8.600
19. Ravanusa	9.030	122.670	59.410	3.680	46.809	10.602	3.680	46.706	10.602	3.680	46.809	7.375
20. Siciliana	»	»	»	»	»	»	»	»	»	»	»	»
Total	821.436	9.801.835	3.792.417	811.598	9.762.334	3.570.452	828.385	10.539.873	3.633.359	833.602	9.929.588	3.330.370

Province de Caltanissetta.

La province de Caltanissetta occupe le centre de l'île ; elle est bornée au Nord par la province de Palerme, au couchant par celle de Trapani, au Sud, par les provinces de Girgenti et de Noto, au levant par les provinces de Catane et de Messine.

La population est de 190,000 individus.

Les villes principales sont : Terranova et Piazza.

Les macalubi de Terrapilata (terre pilée) sont situés proche de Caltanissetta, c'est Hoffman qui les a décrits, pour la première fois ; ils ont la même origine que ceux de Girgenti.

Sainte Claire Deville a fait l'analyse des gaz qui s'en échappent ; ils se composent :

Acide carbonique.	0 4
Oxygène	0 9
Hydrogène carboné	99 6
Azote	traces

Hoffmann rapporte que les tremblements de terre sont toujours signalés à l'avance à Terrapilata par un dégagement inusité de gaz et par la formation de nouveaux macalubi.

Les solfatares, en exploitation dans cette province, sont en nombre au moins égal, sinon même supérieur, à celles qui couvrent la circonscription de Girgenti.

Nous emploierons pour les décrire la même méthode que nous avons suivie jusqu'à présent.

Nous avons relevé sur la carte géologique la coupe suivante, passant par :

a — Canicati.	*e* — Summatino.
b — Delia.	*f* — Solfatare de *Grotille*.
c — Solfatares de *Gibbia-Rossa, Grasta, la Traziera*.	*g* — Solfatare *la Zolfarella*.
	h — Fléuve Salso.
d — Ruines.	

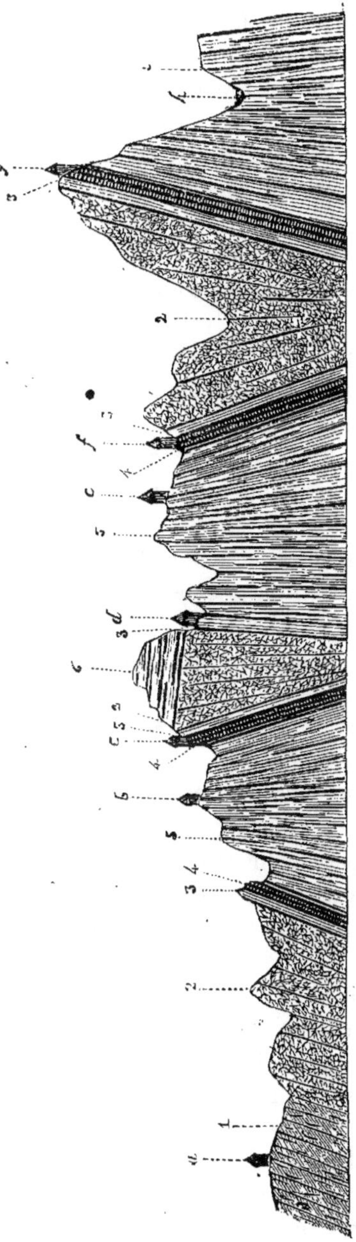

1 — Calcaire coquillier.
2 — Gypse avec soufre.
3 — Calcaire marneux.
4 — Soufre mélangé avec les
    argiles.
5 — Argiles et marnes.

Les terrains que nous rencontrons ici, sont pareils à ceux que déjà nous avons décrits précédemment. A l'approche des gisements sulfurifères, on voit s'élever partout des crêtes de calcaire coquillier ; les plaines qui s'étendent de Canicati à Delia sont marécageuses ; viennent ensuite des relèvements de terrains, l'un suivant le tracé de notre coupe, l'autre se dirigeant à gauche et au Nord pour venir rejoindre les exploitations de *Grotta-Rossa* et *Monte-Doro*, vers lesquelles nous reviendrons. Ce n'est qu'en nous approchant de ces relèvements, que nous rencontrons les terrains gypseux sous des assises de marne grise-jaunâtre ; c'est là que sont les affleurements par lesquels on a découvert les mines de *Gibbia-Rossa*.

Le soufre a été à peiné recherché dans cette vallée, à en juger par l'aspect des terrains, et par le briscale qui se montre partout ; l'existence de la couche sulfurifère ne laisse pourtant aucun doute.

Les mêmes probabilités se retrouvent au Nord, à trois kilomètres environ sur le territoire de *Mercato-Bianco* où est située l'exploitation de *Varticello*, qui produit annuellement 5,000 cantares de soufre.

Delia comme *Summatino*, s'élève au milieu des argiles jaunes inférieures; et avant d'atteindre les couches plus récentes de Canicati, on doit s'attendre à retrouver la formation sulfurifère dont l'existence a été démontrée par des travaux de recherche, entrepris dans la propriété de la princesse Petrulla.

La mine de *Speliella* se trouve être la seule qui y soit sans exploitation.

Les mines de la *Belia* appartiennent au baron Lalumia; mais elles sont peu importantes, malgré la richesse de la couche sulfurifère.

L'eau vient contrarier l'extraction, mais une pompe à bras suffit pour étancher les infiltrations; on y avait, dans le temps, installé un baritel; nous ignorons les motifs qui firent abandonner cet appareil.

La mine de la *Grasta*, appartenant à la baronne Lalumia, en activité pendant quelques années, avait une grande importance; mais un jour l'invasion subite des eaux détruisit tous les travaux entrepris, et engloutit quarante-quatre mineurs; c'est à peine si quelques cadavres purent être retrouvés. Avec le système d'exploitation généralement suivi, nous sommes à nous demander comment nous n'avons pas plus souvent à enregistrer de semblables catastrophes.

Les travaux de la Grasta s'ouvrent dans un bas-fond, où on n'arrive qu'en franchissant les crêtes des montagnes voisines; l'affreux accident dont nous venons de parler, fut le résultat d'une de ces pluies torrentielles si fréquentes en Sicile; l'eau vint s'engouffrer dans le trou de mine, comme dans un entonnoir, et emplit tous les travaux.

A cette époque, l'épuisement des eaux se faisait à l'aide de pompes manœuvrées à bras; mais, après l'accident, la baronne Lalumia fit installer une pompe à vapeur de la force nominale de six chevaux; cet appareil fut placé sur un puits vertical de 44 mètres, et imprime le mouvement à deux pompes.

La machine, qui sort des ateliers de M. Florio de Palerme, est munie de deux chaudières; elle est à expansion et condensation.

L'exploitation de la Grasta est réduite aujourd'hui à bien peu de chose, non que la richesse minérale manque, le vice est dans la mauvaise direction imprimée aux travaux.

La machine marche toujours, mais elle ne parvient pas à triompher des infiltrations.

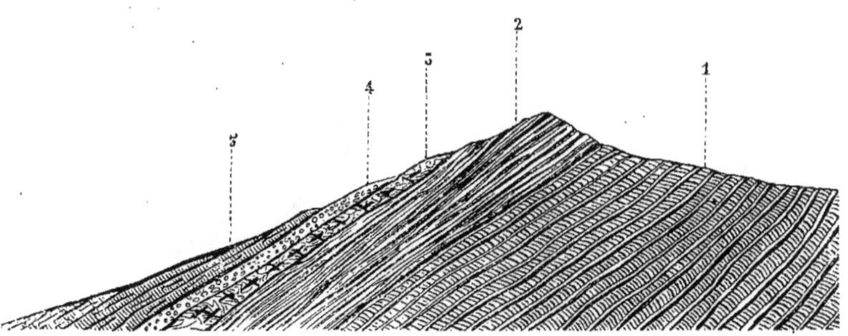

Nous remettons ci-contre une coupe de ces terrains. Les argiles (1) et les marnes (5) les recouvrent, le soufre (3) se trouve encaissé d'une part dans le calcaire (2) et de l'autre dans le tuffo (4).

Gibbia-Rossa est plus important, et appartient à M. Bordonara de Canicati ; cette mine a produit jusqu'à 40,000 cantares de soufre.

L'une des plus grandes exploitations de l'île, est sans contredit *Summatino*, qui est placé à cheval sur le fleuve *Salso*, ayant à droite la *Solfarella* et à gauche la *Solfara-Grande*.

Le bouleversement du sol est ici si apparent, que nous ne pouvons faire moins que de nous y arrêter un instant, et de passer rapidement en revue les diverses couches de terrain qui accompagnent la zône sulfurifère.

Grottille se trouve dans des marnes brunes ou bleuâtres ; au delà, vers *Summatino*, on découvre une masse de gypse cristallin blanc, s'étendant du Nord au Sud, et à peine recouverte, dans le creux des vallées, par une couche d'argile et de terre végétale.

C'est au milieu de ces gypses que se trouvent les mines de *Summatino*.

Le Salso se dirige vers le Sud-Ouest et court dans les masses gypseuses, ayant à l'Est les couches de soufre de *Riesi*, et à l'Ouest celles de la *Solfara-Grande*.

A partir de ce dernier point, le fleuve coule au pied d'un escarpement calcaire à crête perpendiculaire ; sur l'autre rive se montre la *Solfarella*.

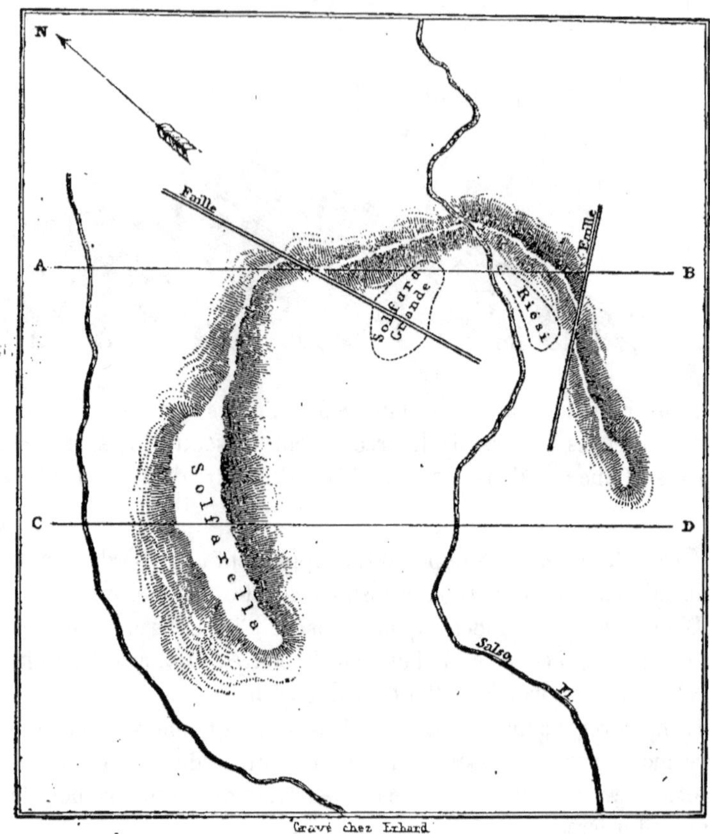

A *Riesi*, à *Solfara Grande*, à *Solfarella* la couche est la même ; c'est une sorte de bassin circulaire traversé par le Salso.

La couche de calcaire plonge de tous côtés verticalement vers le Sud, et supporte trois veines de soufre.

La *Venella dolce*, qui est d'une puissance de 1 mètre 50 à 2 mètres, repose sur le calcaire, ayant une couche de 1 mètre d'argile (*partimento*) alternée de soufre et de marne bleue, ou même quelquefois de calcaire blanc.

La *Bianca* présente une puissance de 4 à 5 mètres ; le soufre s'y trouve dans de la marne bleue.

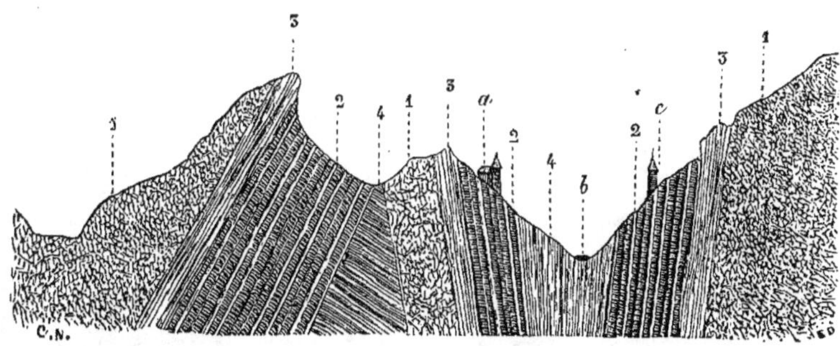

1 — Terrain gypseux et sulfurifère.   3 — Calcaire.
2 — Argiles.   4 — Argiles et marnes.

L'*Empetrata*, séparée de la seconde couche par un banc d'argile, a une puissance de 3 mètres 50 à 4 mètres. L'inclinaison est à peu près de 45°.

Sur le plan que nous venons de donner, nous avons tracé deux failles, l'une traversant la *Solfara-Grande* et se contournant vers *Riesi*, l'autre au-dessous de *Riesi*.

La coupe prise sur la ligne *A. B.* donne un aperçu aussi exact que possible de la stratification des couches.

Cette coupe traversant toute la *Solfara-Grande*, *a*, se dirige de *Riesi*, *c*, à la *Solfarella*.

La deuxième coupe, prise suivant la ligne *C. D.*, part du fleuve, *b*, et traverse toute la *Solfarella*, *c*.

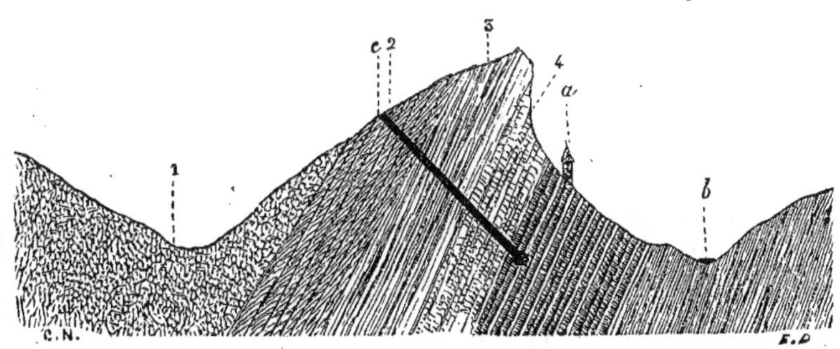

Les terrains sont les mêmes :

1 — Gypse et soufre.   3 — Calcaires.
2 — Argiles.   4 — Argiles marneuses.

Une troisième coupe suit le cours du Salso, entre la Solfara-Grande et Riesi.

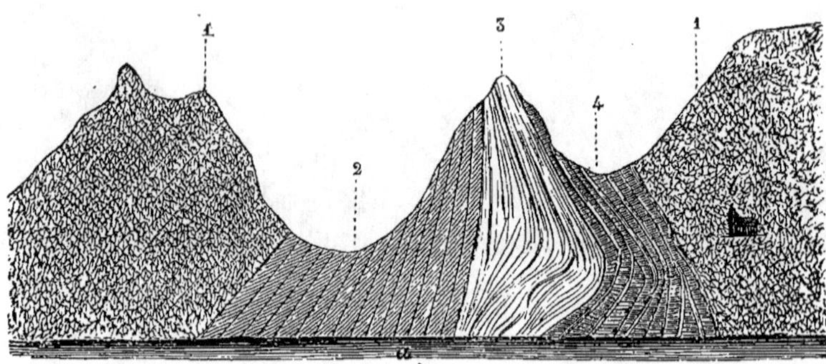

a. — Fleuve Salso.	2. — Argiles.
1. — Terrains gypseux et sul-	3. — Calcaires.
furifères.	4. — Argiles et marnes.

Les coupes que nous donnons ici, permettent bien mieux de se rendre compte de la nature des terrains, que toutes les descriptions que nous en pourrions faire.

Le toit des couches exploitées à Solfara-Grande, est formé d'un calcaire compacte, sur lequel se trouvent le tuffo et la marne grise bleuâtre.

Cette même disposition est également visible à la Solfarella ; ainsi les couches se sont en quelque sorte contournées ; et, tandis que vers le Nord elles plongent sous le gypse avec interruption de marne, elles plongent au Sud sous les couches de soufre qui leur sont inférieures. Il est probable que dans le sens de la profondeur on retrouverait l'inclinaison normale, c'est-à-dire celle que nous observons au Nord.

La Solfara-Grande est une des exploitations de la Sicile, la plus anciennement connue ; la version générale lui donne plus de deux cents ans d'antiquité.

La proximité du fleuve rend l'exploitation difficile et coûteuse à cause du travail de l'épuisement des eaux ; les trois machines à vapeur qui fonctionnent sur cette solfatare, sont spécialement affectées à ce travail. Mais ces trois machines, qui en totalité ne représentent pas neuf chevaux, ne parviennent pas à triompher des infiltrations, que le voisinage du cours d'eau rend plus abondantes qu'ailleurs, les travaux étant placés au-dessous du niveau du fleuve.

Dans l'intérieur des chantiers, l'extraction des eaux se fait au moyen des pompes manœuvrées à bras. L'installation des machines à vapeur n'a eu d'autre but que de diminuer les frais considérables de la main d'œuvre employée au service des pompes.

Un puits, de 18 mètres de profondeur sur un mètre 80 de diamètre, a été ouvert sur un ancien aqueduc, où les pompes à bras amènent l'eau. Ce puits est armé de trois machines (dont deux à grande vitesse, système Flaud), qui, par un engrenage, communiquent le mouvement aux pompes.

On calcule que, par chaque seconde, on extrait cinq litres d'eau.

Une des machines, qui n'est qu'une locomotive dont on a supprimé les roues, remplace, en cas de réparation, l'une des deux machines Flaud, de sorte que cette toute petite quantité d'eau est amenée au jour par deux machines consommant, par vingt-quatre heures, 1,000 kilogrammes de houille.

Malgré la mise en œuvre de tous ces moyens mécaniques, il faut, pour les alimenter, soixante-douze hommes occupés à manœuvrer les pompes ou à porter les eaux au réservoir des machines. Comme on le voit, ce système est le même que nous avons déjà rencontré ailleurs.

Nous n'avons que des données imparfaites, et pour cause, pour établir le coût de l'extraction des eaux ; cependant, en calculant comme suit, nous ne croyons pas nous éloigner sensiblement de la vérité.

1000 kilogrammes de houille.........	Fr.	80	»
72 ouvriers à 1 franc 70..............	»	144	»
1 mécanicien.......................	»	10	»
3 chauffeurs.......................	»	15	»
Huile, entretien, menus frais, etc.....	»	10	»
Ensemble.......	»	259	»

M. Moris a été pendant quelques années l'ingénieur chargé de ces importantes exploitations ; il est évident que les idées de cet homme pratique n'ont pu prévaloir, et qu'il a dû se retirer ; nous le croyons du moins, car, s'il n'en était ainsi, nous n'eussions jamais rencontré à Summatino un aussi grand déployement de forces dynamiques pour épuiser une si petite quantité d'eau.

A l'heure où nous écrivons ces lignes, on commence à ouvrir un nouveau puits de 40 mètres de profondeur sur 3 mètres 15 de diamètre, dans le but de supprimer, sinon tout, du moins une partie de ces dépenses.

La mine fut incendiée il y a déjà un certain nombre d'années, et l'incendie n'a pu encore être éteint. Comme l'expliquent MM. de Labretoigne et Rechter, auxquels nous empruntons les lignes suivantes, cet accident est loin d'être défavorable aux propriétaires.

« On a, disent ces ingénieurs, par des muraillements assez forts, cerné toute la partie incendiée, de manière à diminuer autant que possible l'aérage. Une grande partie du soufre en fusion n'a pu ainsi se volatiliser, et s'est solidifiée. Le feu s'éloigne peu à peu, la muraille se refroidit, on l'éboule pour en construire une autre plus en avant, et on n'a plus qu'à retirer de la mine la masse de soufre fondu. Ce soufre, appelé *Pezzame*, ne subit aucun traitement. Il est dirigé immédiatement sur Licata. La mine produit par an 6 à 7,000 cantares de pezzame. Les frais d'exploitation ne s'élèvent qu'à deux tari le cantare (85 centimes les 79 kilogrammes).

Ces mines sont situées à quatre miglia de Summatino où il y a une population de 2,500 âmes environ ; le soufre est transporté à dos de mulets jusqu'à Campobello, où il trouve la route de Licata.

En 1860 la production totale de Summatino était d'environ 100,000 cantares, soit 8,000 tonnes de soufre, dont 2,000 appartenaient aux propriétaires à titre de redevance.

Le rendement moyen du minerai au calcarone, était évalué du 16 au 20 pour cent.

La mine recevait la houille nécessaire à la consommation des machines à vapeur, à raison de 80 francs la tonne.

Les frais d'entretien, de travaux, de recherches, sont évalués à 30,000 francs par an.

Malgré ces dépenses excessives, la mine de Summatino donne des bénéfices ; mais il est devenu urgent d'entreprendre des travaux très-importants ; ils sont commencés et peut-être même achevés en ce moment.

Mais ce qu'il lui manque encore, c'est une route qui lui permette d'amener ses produits au port d'embarquement dans des conditions moins onéreuses que celles qu'elle subit aujourd'hui. En effet le transport depuis la mine jusqu'à Licata est évalué entre

21 francs 50 centimes et 30 francs par tonne, suivant la saison et suivant les demandes.

En se dirigeant de Summatino vers Riesi, on rencontre des argiles brunâtres qui forment les montagnes de cette partie de l'île.

Le bassin de Riesi n'est exploité que depuis une trentaine d'années ; la solfatare Riesi-Fiume était anciennement travaillée par M. Guibert, de Palerme. Sa production annuelle est estimée à 2,000 tonnes environ, malgré la présence des eaux qui rendent son exploitation difficile.

Dans le courant de ces dernières années, on y a ouvert une galerie horizontale venant déboucher au fond de la vallée, et qui, tout en favorisant l'écoulement des eaux, facilite encore la sortie des produits.

Deux machines de la force nominale de quatorze chevaux, font manœuvrer deux pompes qui viennent prendre l'eau dans un puits vertical de 17 mètres de profondeur, mais ces deux appareils rendent un service insignifiant : il faudrait creuser encore le puits, afin de recueillir les infiltrations provenant du voisinage du fleuve Salso.

D'après les données qu'a bien voulu nous fournir M. L. Ingria, qui exploite dans le bassin de Summatino la mine *Galitano* appartenant à M. le marquis Spedalotta, le prix de revient des 1,000 kilogrammes de minerai extrait, pourrait être établi comme il ressort du calcul suivant :

M. L. Ingria établit son compte sur trois cents caisses de minerai, qui, dans ces localités, formeraient la capacité d'un calcarone.

Ces trois cents caisses coûteraient à forfait 16 francs l'une, soit :

Pour les 300 caisses à 16 francs.............................	4,809 »
Travail au calcarone, moulage du soufre, etc...............	630 »
Ensemble....................	5,430 »

La caisse de minerai pèserait environ 3,160 kilogrammes.

3,160 + 300 = 948,000 kilogrammes, pour francs 5,430.

Pour 1,000 kilogrammes, en chiffres ronds, = francs 5,43.

Tel serait le prix moyen de l'extraction dans cette partie de la Sicile.

La caisse de minerai donnerait en moyenne 7 cantares de soufre, soit 533 kilogrammes, ce qui fournirait pour trois cents caisses 159,900 kilogrammes de soufre.

Il y a encore à ajouter : 1° La redevance au propriétaire, qui est de 26 pour cent à la mine de Galitano ; 2° Les frais d'administration, forcément en rapport avec l'importance de l'exploitation ; 3° Les frais d'entretien de la mine ; ceux qu'entraîne l'épuisement des eaux, frais des plus variables suivant les conditions dans lesquelles l'épuisement a lieu.

La mine de Galitano, qui fournit journellement dix-sept caisses de minerai, doit se préoccuper des eaux, si elle veut continuer à produire.

Dans les conditions normales, le transport jusqu'à Licata est de 2 francs par 100 kilogrammes de soufre.

À gauche, et en se dirigeant de la Delia vers Serra di Falco, on trouve les exploitations de *Grotta-Rossa*.

Ces mines appartiennent à Mme la princesse de Montevago, un des plus anciens noms de l'île.

La princesse de Montevago résidait en France, et, depuis nombre d'années, l'exploitation de Grossa-Rossa était affermée à M. San Marco, ancien notaire, habitant Canicati.

M. San Marco a été, dit-on, un des plus heureux spéculateurs de la Sicile ; il avait, paraît-il, réalisé une brillante fortune à laquelle l'exploitation de Grotta-Rossa contribuait pour une large part ; malheureusement les habiles combinaisons de M. San Marco n'étaient pas infaillibles ; la médaille avait un revers, M. San Marco le sait bien, car la désastreuse situation des travaux de Grotta-Rossa n'est que la conséquence de la position de fortune de cet honorable exploitant.

Comme presque toujours, l'état fâcheux des travaux de Grotta-Rossa a pour cause une regrettable absence des connaissances spéciales, qui seules peuvent conduire à une sage administration.

La mine de Grotta-Rossa est située à quatre miglia environ de la route provinciale reliant Canicati à Caltanissetta. On y arrive au moyen d'un sentier tracé à travers champs.

Dans la saison d'été les charretiers viennent charger à la mine même ; en hiver les charrettes font place aux mulets, et c'est à Canicati que s'effectue le transbordement des produits qui sont destinés au port de Girgenti ou de Licata.

Le prix du transport de la charge (120 kilogrammes) jusqu'à Licata, est généralement payé à raison de 6 tari 1|2, ce qui donne 2 francs 30 pour les 100 kil. Le prix du transport à Girgenti est un peu plus élevé.

Cette sorte de sentier battu qui relie la mine à la route provinciale, n'offrirait aucune difficulté pour être converti en un chemin carrossable ; l'élément primitif, c'est-à-dire la pierre, est à proximité. Il serait cependant préférable pour une grande administration comme celle des mines de Grotta-Rossa, de construire, ainsi que son importance le comporte, un chemin de fer de 0,64 à 0,66 d'ouverture et à traction par chevaux.

Dans l'un ou l'autre mode, les dépenses seraient, en peu de jours, couvertes, et au delà, par l'économie que l'on réaliserait ainsi sur le prix actuel des transports.

On peut dire que l'exploitation est aujourd'hui très-petite, vu l'étendue de la propriété, qui est de 2,800 hectares environ, et si on la compare à la richesse du gisement et aux indices d'affleurements qui trahissent sur divers points la présence de la couche sulfurifère.

Cette exploitation, qui se développe sur une étendue de plus de 300 mètres, présente une puissance de 5 à 10 mètres, suivant qu'on la mesure sur les points les plus anciennement exploités, ou sur ceux qui furent récemment ouverts au travail.

L'inclinaison est de 45° environ ; l'allure régulière tend à prendre une plus grande puissance dans la direction de l'exploitation actuelle. La couche sulfurifère n'est pas en stratification concordante avec la superficie, qui ne présente qu'une inclinaison de 25° environ.

Les travaux sont parvenus à une profondeur de 60 à 100 mètres.

Il y a quelques années, la mine de Grotta-Rossa procurait du travail à cent mineurs et à deux cent cinquante manœuvres ou *caruzzi* ; ce qui, incontestablement, la plaçait au rang des premières solfatares de l'île.

Il y a à peine quelques mois, elle fournissait chaque semaine cent caisses de minerai ; aujourd'hui elle ne produit plus rien. Disons-en les causes.

Le premier obstacle rencontré par M. San Marco a été les eaux ; il fallait pousser les travaux plus bas afin de recueillir une plus grande quantité de soufre ; or, creuser profondément et ne pas rencontrer les eaux, est une chose (avons-nous encore besoin de le signaler ?) impossible en exploitation minière.

M. San Marco fut obligé d'installer des pompes à bras; mais s'apercevant bientôt, non-seulement de leur insuffisance, mais encore de l'énorme et inutile dépense que ce système entraînait, il établit une machine à vapeur construite par M. Florio.

A dire vrai, nous n'avons jamais été mis à même de juger de ce qu'elle était dans les premières années de son installation, mais nous pouvons constater dans quel déplorable état elle se trouve aujourd'hui.

Les pertes de vapeur sont nombreuses ; les coussinets et les autres pièces destinées à subir le frottement sont grippés ; les conduits qui relient les manomètres aux chaudières, leurs robinets, les indicateurs d'eaux ne fonctionnent plus, et nous nous demandons avec une appréhension justifiée, si, un jour ou l'autre on n'aura pas à déplorer une catastrophe par suite de l'explosion d'un des générateurs.

Ici, une interrogation se trouve sous notre plume ; et nous ne pouvons nous empêcher de la poser : Comment se fait-il que messieurs les ingénieurs des mines, qui voient un semblable état de choses, puissent le tolérer ?

Cette machine placée à Sorgiva, qui est située entre Saint-Janvier et Graziella, a pour but d'enlever les eaux de la mine de Saint-Janvier; plus tard, et à l'aide de travaux de raccordement, elle devait prendre également les eaux de Graziella.

La machine, de la force nominale de huit chevaux, donne le mouvement à l'aide d'un engrenage, à deux pompes placées sur un puits incliné mesurant 60 mètres.

Elle fonctionne quinze heures par jour et consomme 632 kilogrammes de houille ; elle fait quarante-six révolutions par minute, imprimant aux deux pompes, dans le même espace de temps, douze révolutions, soit vingt-quatre pour les deux appareils.

D'après les calculs faits, on élève en une minute environ 100 litres d'eau.

Six pompes en bois, manœuvrées par treize hommes, en moyenne, prennent les eaux au fond des travaux, et les déversent dans les puisards. Dans ces conditions, la dépense journalière de la machine est la suivante :

8 cantares de houille à 5 francs 85........................	46 80
4 ouvriers pour la conduite de la machine et des pompes, à 5 tari, soit ensemble 20 tari à 42 5......................	8 50
13 ouvriers aux pompes à 4 tari $= 13 + 4 = 52 + 42, 5$....	22 10
1 capo mastro	2 12
Huile, cuir pour les soupapes, éclairage, etc...............	4 25
Total par journée de 15 heures, fr.......	83 77

On trouve, à Graziella, quatre pompes placées par étages sur un plan incliné, et qui sont manœuvrées par neuf hommes. La quantité d'eau extraite est de quatre-vingt-un litres par chaque minute, et la dépense journalière s'élève à 16 fr. 20.

Si nous réunissons les deux résultats obtenus, nous trouvons pour 190 litres par minute et pour quinze heures de travail : 190 $+ 60 + 15 = 171,000$ litres nécessitant une dépense de 99,97.

Grâce à cette dépense, M. San Marco parvient à maintenir les eaux de la mine à un niveau constant, c'est-à-dire que l'eau arrive au niveau [du point où sont parvenus les travaux (environ 90 mètres de profondeur) sans jamais augmenter ni diminuer.

Dans cet état de choses, il faut, changeant le mode de travail suivi jusqu'à ce jour, rejoindre les chantiers par une galerie, qui au reste est déjà commencée, amener les eaux en un puisard commun, et ouvrir un puits vertical de 100 mètres environ, qui permettra d'extraire les eaux, soit au moyen d'une machine à vapeur en bon état, soit par l'emploi d'un baritel à chevaux.

Or, ce travail doit être fait le plus tôt possible, sous peine, pour madame la princesse de Montevago, d'assister, avant peu de temps, à l'écroulement complet de tous les chantiers d'attaque.

Nous ne parlons pas des galeries, et pour cause, comme nous allons le voir.

Les travaux souterrains sont dans le plus déplorable état ; les ouvriers sont ici des entrepreneurs à forfait, c'est-à-dire ils sont *a partito* ; or, nous avons déjà exposé, dans un de nos précédents chapitres, combien ce système était ruineux pour la conservation des solfatares, et par conséquent ce qu'il avait de préjudiciable aux intérêts des propriétaires.

Les ouvriers se réunissent en groupes plus ou moins nombreux ;

il y a des sociétés de quatre hommes, Grotta-Rossa compte une de ces sociétés s'élevant à treize hommes ; chaque association prend un coin, une partie de l'exploitation, les carruzzi, les arditori sont à leur charge ; le cantare et demi (la charge) de soufre, mis en voiture ou sur le dos des mulets, leur est payé sur le pied de 4 francs 25.

Naturellement les *partecipanti* prennent le soufre là où il est de plus facile extraction, où il est le plus rapproché du jour, afin d'avoir moins de travail et plus d'économie sur le transport ; or, aujourd'hui que les eaux sont venues établir une barrière infranchissable à l'avancement des travaux, on attaque faute de mieux, les colonnes de soutènement, ce qui, (avons-nous besoin de le faire observer ?) entraîne la destruction prochaine des galeries de transports.

Dans la mine de Graziella, il reste un seul pilier ; dans celle de Saint-Janvier, il n'en reste plus. Le retrait des colonnes ou piliers de soutènement a amené, partiellement d'abord et totalement aujourd'hui, l'effondrement et la destruction complète des travaux de galeries ou de cheminement.

Les *partecipanti*, n'ayant à leur charge que les frais d'extraction et de fabrication, changent de rôle lorsque l'éboulement se produit ; de *partecipanti* ils passent *au compte de M. San Marco*. Les uns deviennent maçons (*muratori*), les autres picconieri ; ils refont une galerie de transport à travers les éboulements qu'ils consolident avec des pierres et des muraillements en plâtre, quelquefois même à l'aide de piliers en bois, comme nous l'avons constaté.

M. San Marco paie, et comme il n'a malheureusement pour lui, aucune connaissance de la matière, et qu'il ne descend jamais dans les chantiers, il ne s'aperçoit pas qu'un semblable travail le ruine sans merci, et que ce coût de 4 francs 25, si séduisant à première vue, s'augmente en réalité du double.

Nous avons relevé minutieusement les dépenses faites, tant pour la consolidation que pour les cheminements, et voici ce que nous trouvons comme dépenses mensuelles.

3 maçons, 25 journées à 2 55...................	francs	191 25
21 manœuvres, 25 id. à 3 tari.................	»	669 27
1 capo-mastro...............................	»	102 »
4 mineurs, 25 journées à 7 tari.................	»	297 »
8 manœuvres, 25 id. à 3 —.....!.............	»	254 »
Plâtre......................................	»	312 50
Pierres.....................................	»	180 60
Ensemble..................	»	2,006 62

Les frais d'administration, sur la mine, comportent trois employés à raison de 204 fr. par mois; quant aux frais de l'administration proprement dite, comme elle a son siége à Canicati, nous n'en connaissons pas le chiffre.

Tous ces documents vont nous servir, dans quelques instants, pour établir le compte d'exploitation de cette mine.

Les lois et réglements qui régissent l'exploitation des mines ne sont, il est vrai, nullement appliqués en Sicile; mais cependant, lorsqu'ils concordent avec l'intérêt même des propriétaires et des fermiers, il devrait être, nous semble-t-il, naturel d'espérer les voir appliquer par M. San Marco.

Nous voulons parler de la fabrication et du réglement concernant les calcaroni.

Sur lés mines de Grotta Rossa il n'y a pas de calcarone mais des *calcarelles* grandes, qui ne sont, à vrai dire, que des diminutions de calcaroni (1).

Nous demanderons volontiers pourquoi on ne fait pas à Grotta Rossa ce qui se fait partout ailleurs?

Comme nous venons de le dire, l'exploitation se fait *a partito*; or, les *partecipanti*, ayant encore moins de capitaux que les fermiers, doivent, par nécessité, convertir en soufre, le plus vite possible, le minerai qu'ils extrayent, puisqu'ils ne reçoivent de l'argent qu'autant qu'ils ont livré du soufre; or, comme le calcarelle n'emploie que quinze jours à convertir le minerai en soufre, tandis que le calcarone exige deux et trois mois pour cette même liquéfaction, il s'ensuit qu'à Grotta Rossa la fabrication ne se fait que par les calcarelli.

Et maintenant si nous examinons les calcarelli, nous les trouvons dans un état pour le moins aussi déplorable que celui des travaux souterrains, qui sont mal entretenus, dont les remblais, formés par les débris enlevés aux galeries de cheminement, présentent les sinuosités, les soubresauts les plus disparates et les plus inattendus.

---

(1) Lorsque nous aborderons le chapitre de la fabrication, nous examinerons la grande différence qui existe, quant aux résultats à obtenir, entre l'emploi des uns et des autres, et nous reproduirons les réglements administratifs défendant l'emploi des *calcarelli*, qui, à l'inconvénient de répandre dans l'atmosphère des quantités considérables d'acide sulfureux détruisant toutes les récoltes, joignent encore le désavantage de ne donner qu'un rendement de 7 à 9 pour cent lorsque le calcarone atteint au contraire une moyenne de 15 pour cent.

Aucune règle n'a été observée, et c'est à l'intérieur comme à l'extérieur un désordre inextricable.

Nous ne pouvons donner le rendement pour cent du soufre extrait du minerai, car on ne compte pas la quantité sortie, et on n'a pas le soin, que nous avons vu prendre partout, de la mesurer d'abord.

Le minerai de Grotta Rossa est riche, il doit varier à l'analyse chimique entre 35 et 40 pour cent et fournir du soufre de première qualité (1).

Examinons maintenant la valeur commerciale de cette exploitation. Nous prendrons pour base le rendement qui s'obtenait il y a quelques mois, car aujourd'hui la mine est abandonnée.

Il y avait alors quarante-deux *picconicri* et cent vingt-six *caruzzi*. En admettant que chaque mineur produise un mètre cube de minerai de soufre par jour, cela nous donnerait pour 250 journées de travail : 42×250 jours $\times 1$ m. $= 10,500$ m. Le mètre cube pesant environ 1340 kilogrammes donne 14,000,000 kilogrammes qui à un rendement de 14 pour cent fournit 1,969,800 kilogrammes de soufre.

COUT

Travail à forfait à fr. 4,25 la charge de 119 kilogrammes pour 100 kilogrammes 3,57 pour 19,698 quintaux............................... fr.   70,321 86

Sur lesquels il y a à déduire la redevance à Mme la princesse de Montegavo 25 pour cent en nature, soit 4,924,5 quintaux.

Dépenses pendant 250 jours de travail pour l'épuisement des eaux à raison de 99 fr. 97 par jour.. »   24,992 50

Frais lui incombant pour l'extraction 2,006 62 par mois et pour l'année.   24,079 44

Transport à Licata de 15,773,5 quintaux à raison de 1 fr. 84 le cantare ou 2,32 par quintal... »   34,274 52

2 pour cent pour frais de magasinage à Licata sur un prix de vente de 8,50 le cantare, ou 11 fr. 20 pour 14,773,5 quintaux à 0,22.............. »   3,260 27

Ensemble................ fr.   156,948 49

PRODUIT

Vente de 14,773,5 cantare de soufre 2me avantageuse, au prix moyen de 11.20 le quintal.. fr.   165,423 20

Le bénéfice réalisé par **M. San Marco**, soit 8,474 fr. 71, ne couvre maintenant pas ses frais.

---

(1) Le manque d'instruments nous a empêché d'en faire une analyse chimique ; mais la nature du minerai et sa gangue, qui est calcaire, nous portent à croire que, malgré les moyens si imparfaits mis en œuvre à Grotta Rossa, le rendement doit atteindre 14 pour cent. Par l'emploi de moyens plus intelligents on devrait facilement atteindre le 20 pour cent.

Mais aussi dans quel état se trouve cette mine ?

Lorsque nous dirons ce qu'il y a faire pour améliorer l'exploitation des mines de Sicile, nous reviendrons sur ces résultats dont il serait si facile de démontrer la pauvreté par des chiffres encore plus éloquents.

En nous dirigeant de Racalmuto à Grotta-Rossa, nous rencontrons un bassin très-important, celui de *Monte-Doro*, où se montrent partout de petites exploitations et des tentatives d'exploitation. Là, en effet, le minerai donne au calcarone un produit majeur au rendement de presque toutes les autres mines que nous venons de décrire, sans en excepter celles de Racalmuto.

Le terrain est ici très-mouvementé, aussi les exploitations ne peuvent être assises sur des données régulières, ayant la certitude fondée de rencontrer à droite ou à gauche du point exploré la zône de soufre que l'on recherche.

D'un autre côté, l'extrême perméabilité du sol facilitant les infiltrations, la quantité d'eau à extraire est le plus souvent considérable.

L'exploitation la plus importante de ce groupe est celle de MM. Caïco-Stazzone.

On a ouvert en 1865 un puits vertical revêtu de maçonnerie formée de mortier et de plâtre, et présentant 40 mètres de profondeur sur 2 mètres 50 de diamètre.

Ce puits était desservi par un baritel à chevaux, faisant monter et descendre deux plateaux, sur lesquels était amené le minerai que les caruzzi apportaient de l'intérieur des chantiers. A son arrivée au dehors, ce minerai était transporté aux calcaroni par d'autres caruzzi.

Il devait infailliblement arriver que l'exploitation, dans de semblables conditions, ne pouvait donner aucune économie sur le transport à épaules.

Il fallait avoir en même temps une galerie de roulage qui, au moyen des wagonnets, amenât le minerai au puits, et il fallait se servir en même temps des bennes qui, après avoir extrait le minerai pendant le jour, épuiseraient les eaux pendant la nuit suivante.

Le puits fut condamné et l'on a construit à 43 mètres plus bas, à son ouverture extérieure, un aqueduc par lequel s'écoulaient les eaux. Lorsque les travaux parvinrent à 15 mètres de plus en profondeur, on se mit à construire un second aqueduc à 10 mètres en contre-bas. Malheureusement ce second travail n'arriva pas à destination, car au moment où il allait être achevé toute la construction s'écroula.

À partir de Serra di Falco, et en se dirigeant vers le Nord, laissant le Salso sur la droite, on trouve les mines de *San Cataldo*.

La solfatare du duc de Serra di Falco produit à peu près 2,500 tonnes de soufre ; celle de la princesse de San Cataldo en fournit environ 4,000.

La mine *Bosco* et *Nabbione* possède une machine à vapeur de huit chevaux, placée sur un puits vertical de 52 mètres de profondeur.

La machine travaille de quatre à cinq heures par jour ; là, comme partout en Sicile, elle est alimentée par soixante à soixante-dix ouvriers attelés à des pompes à bras placées dans l'intérieur des galeries.

Dans ce même arrondissement, nous trouvons un grand nombre d'exploitations ; les unes, datant d'une époque déjà ancienne, sont aujourd'hui sans importance ; les autres plus récentes et en pleine activité, travaillent les couches les plus faciles jusqu'à ce que, comme leurs devancières, elles abandonnent le gîte.

Dans le travail aride que nous avons entrepris, nous n'avons le plus souvent parlé que des choses que nous connaissions *de visu* ; mais pour en donner une notion encore plus exacte, nous croyons que nous ne pourrions mieux faire que de relater les idées mêmes de ceux dans les mains desquels se trouve la richesse minière de l'île.

Après une visite minutieuse des mines de San Cataldo, après avoir bien constaté dans quelle position elles se trouvent, un ingénieur, que l'on nous permettra de ne pas nommer, disait à un prince : « Il faut changer votre manière de faire, vous devez sérieusement songer à vous débarrasser des eaux. »

La réponse faite est curieuse : « Les eaux, fut-il répondu, viennent en hiver ; hé bien ! nous n'avons pas besoin de votre science, ni de vos machines ; nous ne travaillerons plus pendant l'hiver, et lorsque l'été sera venu, nous travaillerons le double — et voilà tout ! »

Est-il besoin d'insister ? Si dans les rangs de la haute société nous nous heurtons à une semblable ignorance, que rencontrerons-nous donc dans les classes moins favorisées par l'aveugle déesse?

Les soufres sont amenés à dos de mulets jusqu'à Serra di Falco, et de là jusqu'à Licata, où se trouve le port d'embarquement qui reçoit les produits de ces différentes exploitations. Une route carrosable de quarante milles y conduit. Ce transport, qui est considérable, ne permet pas de tirer parti d'un gisement de sel gemme qui est là très-abondant.

SANTA CATARINA. — Là le gisement de soufre est très-accusé, les affleurements ne sauraient laisser aucun doute sur son importance : mais ce bassin est à quarante-huit, milles de Licata.

Santa Catarina renferme une population de 4,200 habitants Proche des solfatares qui l'entourent, se rencontre le macalubi de Xirbi, d'où se dégage une eau très-salée, renfermant les mêmes gaz que ceux qui sont rejetés par les volcans de Girgenti et de Caltanissetta ; à Xirbi ces émanations sont de plus accompagnées de gaz bitumineux.

CALTANISSETTA. — C'est la Caltaniscetta antique. Bâtie sur le dos d'un mont, elle est située à peu près au milieu de l'île, et elle renferme aujourd'hui le siége de l'administration des ingénieurs des mines. La population est de 17,500 habitants environ.

La coupe géologique, que nous avons donnée dans le chapitre *description topographique et géologique*, montre que Caltanissetta est entourée d'un bassin sulfurifère d'une grande importance.

Les exploitations les plus rapprochées se trouvent à quatre kilomètres environ ; le minerai est d'excellente qualité, et le rendement est supérieur à celui que nous avons déjà constaté dans presque toutes les localités de cette province.

La plus importante exploitation est, sans contredit, celle de *Trabonella*, qui fournit 80,000 cantares de soufre.

L'exploitation est faite sur quatre veines découvertes jusqu'à ce jour, ayant toutes réunies ensemble une puissance d'environ 15 mètres.

Ces veines n'en forment pour ainsi dire qu'une, n'étant séparées, les unes des autres, que par une épaisseur insignifiante de calcaire ; le minerai est lui-même un mélange de soufre et de calcaire.

On rencontre quelquefois dans ces mines, des cristaux de stron-
tianef ort beaux ; ils sont alliés à des globules de soufre rouge.

On y a trouvé notamment des troncs d'arbres parfaitement conservés.

Nous reproduisons ici une coupe des terrains dans lesquels s'ex-

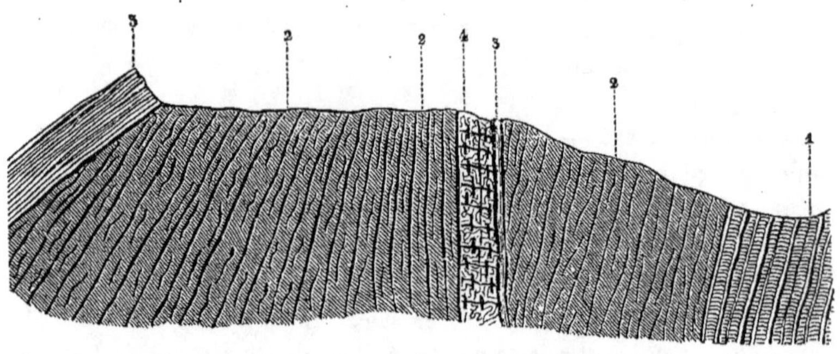

1. — Argile.   3. — Calcaire.
2. — Marne.   4. — Soufre.

ploite le soufre à Trabonella. Les deux roches encaissants dans la
marne, les veinules de calcaires qui divisent le gisement, sont probablement un métamorphisme, ce qui doit faire présumer, sous
les calcaires, l'existence du métalloïde.

La distance moyenne de ces exploitations au port de Licata est
de quarante-quatre miglia ; au port de Girgenti de cinquante.

Le prix du transport de 1 1\|2 cantares de soufre au port de Li-
cata est de 2.76.

A l'exploitation *Giordano* existe une machine à vapeur de la force
de huit chevaux, faisant manœuvrer trois pompes et venant épuiser
les eaux dans un puits incliné mesurant 32 mètres de profondeur.

C'est un des gisements les plus riches sous le rapport des substances bitumineuses.

La couche bitumineuse contient une quantité notable de goudron ;
aussi les propriétaires de la mine avaient-ils songé à s'en servir
en guise de combustible pour alimenter leur machine à vapeur,
mais ils y renoncèrent, non que le calorique manquât, mais à cause
de l'action corrosive du soufre que ces matières contiennent, et
qui, en peu de temps détruisit les chaudières.

Il nous semble croyable que ces marnes bitumineuses imprégnées de soufre, si elles pouvaient être distillées, donneraient de bons résultats; c'est une expérience à faire.

Cette coupe de terrain ne présente rien de bien remarquable;

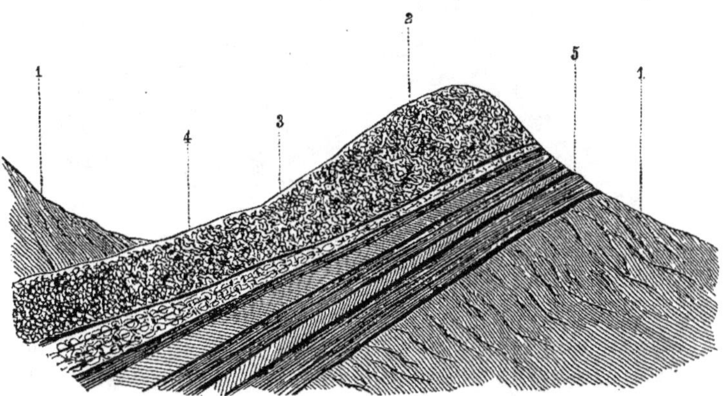

1. — Marne.
2. — Gypse.
3. — Soufre.

4. — Matières bitumineuses.
5. — Calcaires divers.

c'est toujours le soufre qui se révèle à la surface par des briscales fort riches; et la veine, en descendant, croît en puissance et se trouve encaissée dans des marnes et des calcaires.

L'exploitation de *Zerbi* possède également une machine à vapeur de la force de huit chevaux, qui prend les eaux à 69 mètres de profondeur au moyen de deux pompes placées sur un puits incliné. La machine fonctionne six à sept heures par jour au profit de la mine; le reste du temps est employé à la mouture du blé.

Le soufre, à *Messana*, mine ouverte près de Summatino, se trouve sur les gypses, qui y sont d'une puissance de 10 mètres environ, et d'une cristallisation parfaite.

La coupe, que nous donnons à la page suivante, caractérise bien le métamorphisme des calcaires et guidera l'ingénieur qui, plus tard, dirigera ces exploitations de soufre.

Le soufre est généralement à une profondeur moyenne de 60 à 70 mètres.

La fabrication par les calcaroni se fait toute l'année. Cela tient à ce que les propriétaires préfèrent tirer de leurs exploitations toute la quantité de soufre qu'elles sont susceptibles de rendre, et abandonner les revenus de la culture des campagnes.

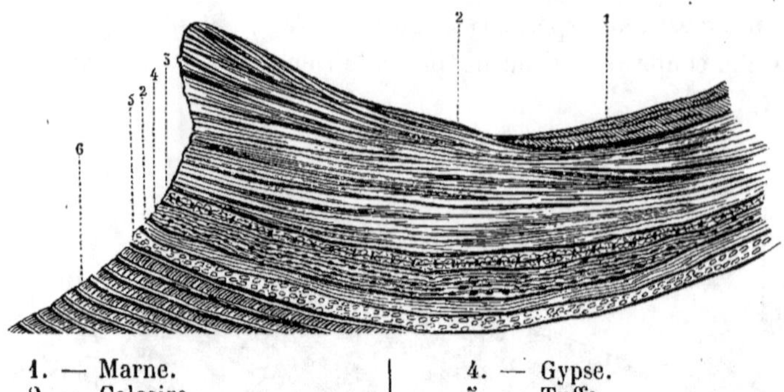

<table>
<tr><td>1. — Marne.</td><td>4. — Gypse.</td></tr>
<tr><td>2. — Calcaire.</td><td>5. — Tuffo.</td></tr>
<tr><td>3. — Soufre.</td><td>6. — Argile.</td></tr>
</table>

Nous terminerons notre description de la province de Caltanissetta, en indiquant la production des solfatares du district de cette ville ; elle était en 1851 de 27,931 cantares, et, comme l'indique le tableau ci-après, atteignait, en 1860, 660,260 cantares.

PRODUCTION POUR LE DISTRICT DE CALTANISSETTA

ANNÉES	MINES						NOMBRE de calcaroni de 75 caisses en moyenne	PRODUCTION approximative en cantares
	RECHERCHÉES			EXPLOITÉES				
	actives	inactives	TOTAL	actives	inactives	TOTAL		
1851	4	50	54	69	26	95	418	27.931
1852	»	46	46	59	45	104	452	378.575
1853	»	49	49	43	65	108	571	318.939
1854	»	44	44	36	81	117	699	428.898
1855	2	44	46	40	83	123	778	337.885
1856	2	44	46	41	83	124	804	353.911
1857	»	42	42	64	65	129	866	394.410
1858	»	41	41	71	60	131	922	503.630
1859	2	38	40	75	58	133	1.001	620.500
1860	4	48	52	77	70	147	1.046	660.260

N. B. (Après l'annexion de la Sicile à l'Italie, ces comptes-rendus n'ont plus eu lieu.) Un fait, c'est que la production ainsi que les recherches ont augmenté.

Malgré nos recherches, il ne nous a pas été possible de connaître la production obtenue de 1861 à 1868, l'administration actuelle n'ayant pas recueilli les données qui nous auraient facilité ce travail.

Nous venons de passer en revue les principaux centres d'exploitation situés sur la rive gauche du Salso; ces mines peuvent arriver à vendre leurs produits dans des conditions convenables dans les ports de Licata ou de Girgenti et donner un bénéfice ; aussi, sur un certain nombre de points, l'avidité des propriétaires est très-grande et le droit de fermage qu'ils prélèvent est exorbitant.

Les exploitations qui s'ouvrent sur la rive droite du Salso sont dans des conditions désavantageuses : telle mine qui, pour amener ses produits à Licata, paye en moyenne 2 fr. par quintal, va se trouver obligée de payer 4 et 5 fr., c'est-à-dire plus que la valeur des produits.

Aidone l'ancienne *Ædonum*, située à six miglia de Piazza, possède 5,000 habitants; elle renferme dans son territoire de 12,000 salmes, quelques exploitations de peu d'importance.

Bonafranca fief, et *Calascibetta* ville, renferment 5,000 habitants ; elles ont quelques solfatares en activité. Les affleurements sont rares.

Castrogiovanni, l'antique *Castrum Joannis*, la Enna décrite par Cicéron, et que les premiers auteurs avaient surnommée l'*umbilicus Siciliæ*, sans doute parce que ce point, qui forme une petite éminence, marque le centre de l'île, appartient également au diocèse de Piazza.

On ne saurait visiter la Sicile, sans être placé à chaque instant en face de quelque lointain souvenir des temps mythologiques. N'est-ce pas au milieu des bois, des prairies verdoyantes de ce séjour enchanteur que la blonde Cerès avait choisi sa retraite favorite ? N'est-ce pas sur les flancs de cette même colline, de cet *umbilicus Siciliæ*, que s'ouvrait le gouffre par lequel s'élança Pluton enlevant Proserpine ? Mais laissons un sujet qui se présente à chaque pas sur la vieille terre italienne, et revenons à l'objet qui nous occupe.

La ville renferme près de 14,000 habitants, elle forme le point central de l'île, et possède une quantité prodigieuse de solfatares, de trous de recherches, de tentatives ; ce qui indique que le minerai de soufre n'y manque pas.

Mais la distance qui sépare ces points des ports d'embarquement, fait que tant qu'on n'aura pas ouvert des routes et des moyens de communication faciles, les richesses du centre de l'île ne pourront être exploitées sur un pied en rapport avec leur importance.

Cependant, et malgré cet état de choses, Castrogiovanni donnait, en 1845, un tiers de la production totale de l'île ; ce tiers de production était alors évalué à 23,802,000 kilogrammes de soufre. En 1860 on ne comptait plus que quarante mines en activité (vingt solfatares étant abandonnées), et la production de soufre ne s'élevait plus qu'à 205,207 quintaux.

Piazza est une ville si ancienne, qu'on ne peut fixer de date certaine à sa fondation. Elle était déjà connue sous les noms de Plutea Platea, au temps de la domination romaine.

Elle renferme 15,000 habitants environ, et est un des chefs-lieux de district de la province de Caltanissetta.

A neuf milles de cette ville, se trouvent les mines de *Grotta-Calda* et de *Pietra-Grossa* ; l'une et l'autre sont la propriété du prince de Sant'Elia ; ces solfatares sont bien connues de tous ceux qui ont étudié la question si intéressante des exploitations siciliennes.

Le prince de Sant'Elia est un des grands propriétaires de l'île, et une des personnalités les plus influentes et les plus distinguées de cette partie de l'Italie.

Nous avons visité les mines de Grotta-Calda et de Pietra-Grossa, et les agents du prince ont mis à notre disposition tous les documents nécessaires.

A l'époque de notre visite, le soufre fabriqué était la propriété de M. Florio, riche armateur de Palerme, mort tout récemment, et, sans contredit, une des individualités les plus originales à étudier.

M. Florio est, dit-on, le fils de ses œuvres, un parvenu, un autre Laffitte ; ce point de départ obscur relève encore à nos yeux le mérite de l'homme qui rendit de si grands services au commerce de son pays.

Et lorsque nous disons « de si grands services, » ne croyez pas que nous employons ici un cliché banal, appliqué si facilement de nos jours à la plupart de nos célébrités vraies ou fausses ; non certes, et tous les voyageurs, tous les chercheurs qui depuis trente ans ont débarqué sur les côtes de Sicile, rendront témoignage à la vérité de notre dire.

C'est M. Florio qui établit le premier service régulier de bateaux à vapeur entre l'île et le continent ; c'est lui qui a fait sortir la pêche du thon de l'état de langueur dans lequel elle végétait ; nous le voyons à Palerme s'occupant de salaisons ; à Trapani et à Marsala, fabriquant et exportant le vin de Marsala ; ici, créant des mines ; plus loin constructeur de machines ; ailleurs, fabricant de produits chimiques et pharmaceutiques. Comme vous le voyez, c'est Florio partout, c'est Florio toujours ; il répond à tous les besoins, à toutes les exigences, et, faisant hardiment mentir le vieux proverbe : Qui trop embrasse mal étreint, réussit dans cette série d'entreprises si disparates entre elles ; et, à l'aide d'éléments si divers, édifie une immense fortune.

Or, connaissant le caractère aventureux de cet esprit multiple, comment s'étonner de le retrouver à Grotta-Calda fabricant de soufre et banquier ?

L'administrateur de M. Florio habite Grotta-Calda, et au fur et à mesure des besoins avance les fonds nécessaires. Quant aux arrangements financiers intervenus entre le prince et le spéculateur nous n'avons pas à les examiner.

Anciennement cette exploitation était affermée ; mais déjà depuis quelques années, le prince l'a reprise pour son propre compte.

La surveillance en est confiée à un administrateur qui habite le palais de Piazza ; les employés placés sous ses ordres, sont logés dans une vaste habitation construite sur le carreau de la mine.

Ce personnel est composé de la manière suivante :

1 directeur . . . . . recevant par jour.	10	tari
1 comptable	10	»
1 employé	6	»
1 peseur.	5	»
2 capo mastro	5	»

Ensemble six personnes qui reçoivent 36 tari par jour ou soit 15 francs 30 centimes, et pour l'année. . . . Fr. 5,584 50

Il faut y ajouter les appointements de l'administrateur que nous fixons par an à. . . . . . . » 6,000 »

Soit pour toute l'administration . . . . . Fr. 11,584 50

La machine à vapeur représentant une force nominale de douze chevaux, fait manœuvrer une pompe qui amène au jour trois litres d'eau par l'', et consomme 750 kilogrammes de houille. C'est une machine horizontale à moyenne pression, à expansion et condensation ; le puits, qui n'est autre chose qu'une ancienne scala appropriée pour ce nouveau service, est incliné et tortueux. L'agent propulseur de transmission pour donner le mouvement aux pompes est l'air comprimé.

Le constructeur, M. Florio, n'a pas jugé qu'en Sicile les difficultés fussent assez grandes pour nécessiter ici l'application d'un autre agent de force.

La machine donne le mouvement par traction directe, à un piston qui se meut dans un cylindre éolique, comprime l'air et l'amène dans un tuyau de gutta-percha de 0,15 de diamètre d'où l'air passe dans un cylindre à double effet situé dans le fond du puits, c'est-à-dire à une profondeur de 75 mètres.

Cet air fait manœuvrer les deux pompes aspirantes et foulantes, qui chassent l'eau jusqu'à la superficie du sol au moyen d'un tuyau de fonte de 0,10 de section qui suit toutes les sinuosités du puits.

Ce système, que nous avons essayé de faire comprendre en quelques mots, ne donne qu'une minime partie de l'effet utile ; il est certain, en effet, que l'on ne doit pas utiliser plus de 20 pour cent de la puissance effective développée par la machine à vapeur.

Les pompes à bras qui prennent l'eau au plus bas des travaux, et l'amènent au puisard de la machine, sont manœuvrées par huit hommes.

Dans ces conditions, l'extraction des eaux à Grotta-Calda, revient au prix suivant :

750 kilogr. de houille à fr. 80 les 100 kilog. .	Fr.	60 —
1 mécanicien	»	9 —
2 chauffeurs	»	9 55
12 ouvriers aux pompes (dont 4 de rechange) à 1 70. . . , ...	»	20 40
Huile, éclairage, entretien de la machine. . .	»	10 —
Ensemble.	Fr.	108 95
et par an : soit 250 journées de travail. . . .	»	27,237 50

Les frais pour les travaux de consolidation, qui, hâtons-nous de le dire, sont ici parfaitement entendus, et les frais de recherche sont très-variables ; mais nous manquons des données nécessaires pour en établir le compte avec exactitude (1); nous tâcherons cependant de suppléer aux données officielles par les chiffres suivants qui nous semblent devoir ne pas s'éloigner sensiblement de la vérité.

```
2 maçons travaillant 250 jours par an, à raison de 5 tari ...........  Fr.   1,062 50
3 aides maçons à 2 tari 1{2.......................................  »     796 75
Le bois, car on s'en sert sur quelques points pour la consolidation des  ⎞
chemins.................................................................  »  ⎟
Le plâtre, dont là, comme ailleurs, on fait abus.....................  »  ⎟
La pierre............................................................  »  ⎬ 10,000 00
Les réparations des calcaroni, qui sont admirablement entretenus.....  »  ⎟
Enfin, — et c'est là la plus grosse dépense, —les journées des picconieri  ⎟
qui ont non-seulement à continuer les travaux, mais encore à poursuivre les  ⎟
recherches...........................................................  »  ⎠
                                  Ensemble ................  Fr.  11,859 25
```

Nous pouvons, sans crainte d'être taxés d'exagération, porter tous ces différents frais à 12,000 francs par an, car nous sommes bien près des données fournies par les employés eux-mêmes de l'administration.

En effet, en 1863, Grotta-Calda avait fourni 47,127 cantares de soufre, ce qui équivaut à 37,702 charges à 0,42, 5 = 16, 023,35 au lieu de 23,514, 50.

Cette différence provient évidemment des 6,000 francs d'appointements dont nous venons de gratifier l'administrateur. Nous maintiendrons donc notre chiffre que nous estimons plutôt au-dessous qu'au-dessus de la vérité.

Les travaux de l'exploitation sont remis à la tâche.

Les ouvriers, travaillant à leur convenance, font habituellement de sept à huit heures de travail par jour.

Ils quittent leur tâche, ou travaillent en dehors des heures ordinaires, lorsque le capo-mastro de la direction leur en donne l'ordre, soit qu'il s'agisse d'exécuter des travaux de consolidation ou de recherches.

Pour ces ouvrages, et pour six heures de travail effectif, ils reçoivent :

```
Le picconier . . . . . . . . . . . . . Fr.  3 40
Le carruzzo, homme . . . . . . . . .  »  1 80
   Id.      adolescent . . . . . . . .  »  1 10
   Id.      enfant . . . . . . . . . .  »    45
```

---

(1) D'après l'administration, ces frais ainsi que ceux de l'administration proprement dite que nous avons vu figurer pour 11,584 50, seraient d'un tari, ou soit 42 centimes 1{2, par chaque charge de soufre de 120 kilogrammes.

Le nombre des travailleurs est fort restreint, et comme ils sont obligés de venir de loin, les mines qui s'ouvrent à proximité de leur habitation, font à Grotta-Calda une concurrence sensible. Si l'on veut, dans l'avenir, donner à cette exploitation une plus grande activité et l'importance qu'elle mérite, il faut tout d'abord combattre le désavantage de l'éloignement ; pour cela, le seul, l'unique moyen est de construire, à proximité des mines, des maisons d'habitation pour ces travailleurs, contraints d'aller si loin chercher les quelques heures d'un repos indispensable.

Les travaux sont parvenus à une grande profondeur, si nous les comparons à la plupart des mines italiennes, aussi le transport à l'épaule devient d'autant plus onéreux que le nombre des porteurs est plus restreint, et chaque picconier doit avoir à sa disposition trois porteurs. Sous ce rapport encore, il faut changer complétement le mode de travail. Quant à la manière d'obtenir ce changement, comme nous ne voulons pas nous exposer à de continuelles redites, nous renvoyons notre lecteur à la description que nous avons faite des autres exploitations de l'île.

Les chantiers d'abatage sont situés à 100 mètres de profondeur; les galeries, fort bien entrenenues et parfois même consolidées par des bois, présentent une ouverture de 2 mètres 30 à 2 mètres 50 de hauteur et sont soutenues par des piliers, sans remblais.

Lors de notre visite, il existait trois étages d'abatage superposés.

Comme nous venons de le dire, tout est remis à la tâche. On paie 7 tari (3 fr. 17,5) pour 1 cantare 1|2 et 1 rotolo de soufre, soit 119 kilogrammes 1|2. C'est le système *a partito*, mais seulement beaucoup mieux entendu qu'ailleurs, en ce sens que la surveillance des travaux est effective, et que les picconieri n'ont pas, comme à Grotta-Rossa, la liberté de faire ce qui leur plaît.

Les agents du prince ont soin de faire mettre en caisse le minerai extrait ; de telle sorte qu'ils peuvent facilement se rendre compte de l'extraction, comme du rendement en soufre par les calcaroni.

La caisse a $1,75 + 1,75 + 0,75 = 3$ mètres 06.

Dans ces solfatares on ne se sert pas de poudre, le travail se fait uniquement à l'aide du pic ; le défaut de havage occasionne de grands déchets, car on peut calculer qu'un tiers de la production est réduite en menuailles, ce qui entraîne une grande perte dans la fabrication au calcarone.

Il faut ajouter au prix de **3 fr. 06**, les frais de la mise en calcarone, du déchargement des débris et des dépenses de coulée, tous frais que nous pouvons évaluer, en prenant pour base ceux de Grotta-Rossa, à 1 fr. 50 par charge de soufre.

Le rendement du minerai en soufre est évalué par l'administration à 20 pour cent ; d'après nos calculs et nos renseignements, nous trouvons :

. Que la caisse cubant 3 mètres 063, à la densité de 1,340 kilogrammes, donne 4, 004 kilog. et qu'elle fournit en moyenne au calcarone 9 cantares de soufre ou 711 kilogrammes. Ce qui établit le rendement à 17 pour cent

Les analyses chimiques de ce minerai, soigneusement faites par nous, constatent une richesse moyenne de 35 pour cent.

En Sicile, cette exploitation est considérée comme la première de l'île ; à notre avis, cette appréciation serait incontestablement vraie, si nous ne considérions que l'extension donnée aux travaux et la richesse minérale de la solfatare ; mais malheureusement nous devons tenir compte de sa position topographique. En effet, tant qu'un chemin de fer, ou tout au moins des voies de communications commodes, ne viendront pas rendre facile et peu coûteux, le transport des produits jusqu'au port d'embarquement, ces mines ne pourront pas rivaliser avec les exploitations de la province de Girgenti.

De cette mine à Piazza, la distance est de neuf miglia, qu'il faut franchir à dos de mulets. Le coût du transport est de 2 tari au moins, soit 0,85 centimes pour les 110 kilogrammes, représentant la charge ordinaire d'un mulet, ce qui fait au bas mot 0,77 centimes par 100 kilogrammes.

Si les mulets ne transbordent pas leur charge à Piazza, et s'ils se rendent directement à Terranuova, le prix du transport des 100 kilogrammes est alors de 4 fr. 25 cent. S'ils transbordent, comme le prix est un peu moindre par les charrettes, il devient possible de réaliser une économie de 0,25 centimes par 100 kilogrammes, sans qu'il soit possible de pouvoir restreindre ce prix qui, s'il est parfois dépassé, n'est en revanche jamais diminué.

Il nous reste à établir le prix de revient du soufre en suivant la méthode employée jusqu'à présent par nous, c'est-à-dire le compte de frais d'une année entière.

Nous devons observer qu'ici nous n'avons pas à décompter la gabelle que M. le prince de Sant'Elia pense devoir être du 25 pour cent, chiffre évidemment exagéré en présence d'aussi mauvaises conditions de transport.

FRAIS

Administration de la mine.. Fr.	11,584	50
Id. à Palerme (pour mémoire)....................... »		
Epuisement des eaux.. »	27,237	50
Travaux de consolidation, de recherches, etc.................. »	12,000	—
Transport, de la mine à Terranuova, de 47,127 cantares de soufre (production de 1863) à raison de 4 fr. le quintal, ou 3 fr. 18 par cantare »	149,863	86
Fabrication de 47,127 cantares, à raison de 4 fr. 50 par 1 cantare 1⎸2 »	141,441	—
Ensemble............. Fr.	342,126	86

VENTE

Il est remis 2 pour cent pour frais de magasinage sur 47,127 cantares, il y a donc à déduire 942 cantares; reste alors pour la vente 46, 185 cantares au prix moyen de 20 tari, au 9 fr. 50 le cantare........ »	438,757	50

Le bénéfice pour le prince de Sant'Elia serait donc de 96,630 fr.; mais si la mine avait à supporter une redevance de 25 pour cent le bénéfice serait absolument nul.

Ces lignes étaient écrites dans notre première édition. Depuis, le prince de Sant'Elia a affermé ses mines à la société générale de Paris, à raison dit-on, de 25 pour cent de redevance. Nous n'avons pas besoin de dire que ce fait ne change rien à nos calculs.

Les résultats indiqués comme absolument négatifs si le fermage est à 25 pour cent, peut être modifié, si la société change le mode actuel de l'exploitation, améliore les procédés de fabrication, et introduit de grandes économies. Elle peut donner à l'exploitation un essor beaucoup plus grand.

Nous mettons sous les yeux de notre lecteur une coupe de la mine de Grotta-Calda.

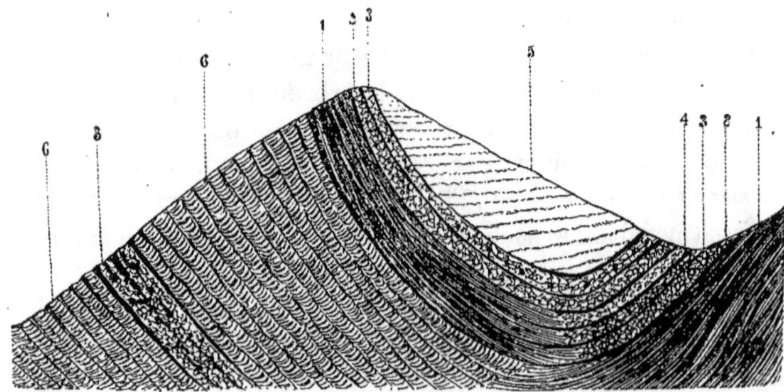

1. Calcaire. — 2. Gypse. — 3. Soufre. — 4. Tuffo. — 5. Marne. — 6. Argile.

On voit, par cette coupe, que les terrains sont les mêmes ; aucune différence n'existe avec tous ceux dont nous venons d'entretenir nos lecteurs. Les travaux exécutés à Grotta-Calda ont reconnu le soufre sur trois points différents ; tout doit faire supposer l'existence en profondeur d'un amas considérable.

Dans deux endroits le métamorphisme du calcaire est complet, la roche encaissante inférieure est du gypse parfait à grandes lamelles ; la roche supérieure est la marne qui, en maints endroits, est devenue tuffo.

Près de Grotta-Calda s'ouvre la solfatare de Pietria-Grossa ; on y exploite deux couches d'une épaisseur moyenne de 4 mètres, séparées, l'une de l'autre, par un banc de calcaire de 2 mètres. Leur allure est régulière, N, avec inclinaison de 25°.

La teneur du minerai est de 25 pour cent ; il ne rend au calcarone que 9 kilog. soufre par cent.

La production est de 1000 tonnes.

Dans le district de Piazza, se trouvent encore les exploitations de *Gallizi* et *Floristella*.

Enfin nous arrivons à examiner les exploitations de *Villarosa*, mais le grand éloignement des côtes leur enlève la majeure partie de leur importance. Les principales solfatares appartiennent au baron de Valguenera.

Le gisement est formé de filons présentant 2 à 3 mètres de puissance ; ces filons très-réguliers, sont peu inclinés. L'exploitation en est facile, et a, en plus, l'avantage immense de n'être que fort peu contrariée par les eaux.

Le travail se fait à la tâche ; les entrepreneurs reçoivent, en avance, 40 tari par caisse de minerai ; quant au décompte, il a lieu lorsque le soufre quitte l'exploitation.

Pour compléter notre revue des mines de soufre de la province de Caltanissetta, nous plaçons ici un relevé de la production depuis 1851 juaqu'en 1860. Nous aurions bien voulu faire également connaître les chiffres de l'exploitation de 1861 à ce jour, mais il nous a été impossible de nous les procurer, et nous avons dû nous contenter des documents recueillis par l'ancien gouvernement napolitain.

PRODUCTION DE LA PROVINCE DE CALTANISSETTA

ANNÉES	MINES						NOMBRE de calcaroni fabriqués de 79 *casse* en moyenne	PRODUCTION approximative du soufre en quintaux
	EN RECHERCHES			EN PRODUCTION				
	actives	inactives	TOTAL	actives	inactives	TOTAL		
1851	8	92	100	124	73	197	809	229.787
1852	11	95	106	112	97	209	972	756.633
1853	2	115	117	103	114	217	1.192	746.391
1854	3	111	114	91	135	226	1.341	793.572
1855	5	109	114	95	139	234	1.424	578.533
1856	5	109	114	80	156	236	1.452	526.935
1857	1	111	112	122	119	241	1.551	671.728
1858	2	109	111	128	115	243	1.614	801.303
1859	5	108	113	136	123	259	1.903	886.614
1860	5	114	119	149	130	279	1.963	1.122.441

NOMS des Communes	NOMBRE D'EXPLOITATIONS		PRODUCTION en quintaux	OBSERVATIONS
	en activité	en repos		
Aidone	6	4	35.442	
Barrafranca	4	3	14.264	
Boupensiere.....	1	2	2.940	
Butera..........	2	3	3.332	
Delia	»	1	»	
Leonforte.......	»	2	»	
Mazzarino	3	1	30.000	
Montedoro	9	17	35.750	
Summatino	4	1	81.070	
San Cataldo.....	10	12	80.550	
Villarosa........	8	5	52.750	
Santa Catarina..	4	6	54.750	
Serradifalco	1	1	30.190	
Piazza	2	»	55.116	
Riesi	3	3	28.650	
Calascibetta.....	4	6	34.563	
Castrogiovanni..	40	24	205.267	
Caltanissetta	42	28	364.030	

Des tableaux précédents, il ressort, qu'en 1860, dernière année de la domination des rois de Naples, la production du soufre dans la province de Caltanissetta était de 1,122,441 quintaux.

De 1861 à 1866, les renseignement nous manquent ; l'administration publique avait surtout à maintenir l'ordre, à pacifier le pays.

Nous pouvons, pour les années 1866, 68, 69, 70, donner les relevés pris dans vingt-deux communes de cette province ; il en résulte que la production a continuellement baissé, circonstance due, comme nous l'avons fait remarquer, à ce que la plupart de ces mines ont à subir, pour l'écoulement de leurs produits, des prix de transports trop coûteux.

STATISTICA MINERARIA PER GLI ANNI 1866-68-69-70

COMUNI in cui sono aperte LE MINIERE DI ZOLFO	ANNO 1866			ANNO 1868			ANNO 1869			ANNO 1870		
	PRODUZIONE in quintali metrici	VALORE in lire	SPEZA in lire	PRODUZIONE in quintali metrici	VALORE in lire	SPESA in lire	PRODUZIONE in quintali metrici	VALORE in lire	SPESA in lire	PRODUZIONE in quintali metrici	VALORE in lire	SPESA in lire
PROVINCIA DI CALTANISSETTA												
1. Acquaviva	1.904	22.277	11.667	»	»	»	»	»	»	»	»	»
2. Aidone	44.446	533.352	140.515	23.514	282.168	101.901	21.892	294.121	110.453	20.042	242.044	107.438
3. Barrafranca	2.590	31.080	9.010	4.050	52.650	15.726	3.780	49.140	17.104	8.460	108.795	46.564
4. Buonpensiere	»	»	»	»	»	»	»	»	»	»	»	»
5. Butera	191	2.290	6.611	5.625	73.125	21.114	5.600	72.810	21.300	»	»	»
6. Calascibetta	»	»	»	8.100	105.300	34.386	3.121	40.815	22.950	4.526	52.053	31.636
7. Caltanissetta	150.454	2.093.085	779.584	157.949	1.992.585	661.222	157.497	2.096.436	831.539	144.706	1.764.102	834.182
8. Campofranco	»	»	»	»	»	»	»	»	»	»	»	»
9. Castrogiovanni	229.204	2.750.448	986.415	111.253	1.446.289	-475.058	153.656	2.076.561	609.336	176.398	2.034.732	728.000
10. Delia	»	»	»	»	»	»	»	»	»	»	»	»
11. Mazzarino	2.778	30.558	8.638	10.000	130.000	45.000	2.058	28.754	13.693	5.360	64.750	38.285
12. Montedoro	25.119	291.334	66.084	31.500	401.625	78.566	9.480	129.876	38.782	19.980	244.954	66.527
13. Mussomeli	»	»	»	»	»	»	»	»	»	»	»	»
14. Piazza Armerina	36.000	432.000	176.692	102.855	1.337.115	315.844	64.010	832.128	225.218	64.800	810.000	295.627
15. Pietraperzia	»	»	»	»	»	»	»	»	»	»	»	»
16. Riesi	15.000	18.000	113.365	45.750	394.750	117.619	24.000	327.281	84.651	6.300	60.984	27.029
17. San Cataldo	69.286	699.823	211.948	154.988	1.960.050	578.371	104.640	1.411.240	549.427	89.155	1.064.987	526.784
18. Santa Catarina	9.713	116.556	35.000	44.094	573.222	157.391	33.505	434.654	181.058	39.650	473.416	178.527
19. Serradifalco	7.776	105.520	40.525	8.400	107.100	37.785	7.776	105.520	40.425	3.456	43.234	22.022
20. Sutera	»	»	»	»	»	»	»	»	»	»	»	»
21. Sommatino	205.656	2.467.048	171.254	120.156	1.548.384	266.292	101.198	1.352.366	316.390	103.664	1.333.119	405.758
22. Terranova	»	»	»	»	»	»	»	»	»	»	»	»
23. Villarosa	31.620	379.440	96.509	29.362	381.706	104.798	16.676	215.829	83.118	17.796	209.277	97.267
TOTALE	831.737	10.134.811	2.853.817	857.596	10.786.069	3.011.070	708.898	9.467.531	3.145.544	704.294	8.526.447	3.405.846

Province de Catane.

La province de Catane est située au Sud de la province de Messine dont elle est séparée par l'Etna ; le fleuve Cantara la traverse dans sa partie septentrionale ; c'est, sans contredit, la province la plus fertile de la Sicile. Les principales villes sont : Assaro, Caltagirone, Nicosi ; sa population est de 400,000 habitants.

Le commerce de Catane comporte les produits de l'agriculture, les soies et les cotons ; cette ville fait avec la France un grand trafic de fruits secs. Son port est large et parfaitement approprié aux besoins du commerce. Quant à la ville, elle est de reconstruction récente ; les quelques vieux quartiers qui restent à Catane sont aujourd'hui peu populeux ; elle renferme 56,500 habitants. Le port de la ville de Catane est un des résultats heureux des éruptions de l'Etna ; ce qui n'avait pu être exécuté par les différents peuples qui ont habité la Sicile et particulièrement Catane, le grand cratère le fit. En 1669, on sait que les laves s'avancèrent jusqu'aux portes de la ville ; les habitants s'étaient enfuis, emportant ce qu'ils avaient de plus précieux et ne doutant pas un instant que leur ville ne dût subir le même sort qui, quinze siècles auparavant, avait frappé Herculanum, lorsque, tout à coup et après l'invocation faite à Dieu, le fleuve de feu s'arrêta vis-à-vis de la croix qui avait été apposée au couvent des Bénédictins. Là, il se divisa en deux courants, se précipita dans la mer et forma ainsi le port de Catane.

Nous avons peu de choses à dire des exploitations de cette province ; nous n'en voyons nulle part d'assez importantes pour arrêter l'attention du lecteur. Cependant, comme nous ne voulons pas paraître ignorant de ce qui se fait dans cette partie de l'île, nous en donnerons un aperçu dans le tableau suivant :

NOM de la Commune	NOMBRE D'EXPLOITATIONS		PRODUCTION en quintaux	OBSERVATIONS
	en activité	en repos		
Acquaviva	5	»	5.830	
Aggira.........	2	6	13.068	A 50 milles de Catane, soufre de médiocre qualité.
Assoro.........	8	2	45.796	Toutes sont envahies par les eaux, elles sont à 50 milles de Catane.
Caltagirone	6	5	38.198	
Leonforte.......	»	2	»	
Mussumeli	1	1	5.330	
Terranova.......	8	8	61.982	
Nicosia	15	17	131.854	Affleurements nombreux, il y a du sel, des traces de lignite, à 24 milles de Catane.
Pietrapezia......	»	10	»	
Raduzza	6	1	38.190	
Centorbi........	5	6	72.810	A 34 milles de Catane, l'extraction a rencontré les eaux.
Aderno	1	»	»	Mine très ancienne, à 24 milles de Catane.
Catenuova	»	2	»	A 42 milles de Catane.
Cerami.........	»	2	»	A 48 milles de Catane.
Rimmaca	5	»	»	Exploitation difficile à cause des eaux, à 40 milles de Catane.

Comme on le voit, ces mines sont situées pour la plupart, à une grande distance de Catane; suivant les données fournies par la douane de ce port, elles produisent ensemble, pour l'exportation, les chiffres suivants :

En 1864 . . . . 188,572 quintaux
» 1865 . . . . 153,223 id.
» 1866 . . . . 204,913 id.

Telle serait la production annuelle de toute la province de Catane ; comme le lecteur peut le remarquer, ces chiffres montrent éloquemment le peu d'importance des solfatares qui y existent.

La caisse de minerai cube, dans ces diverses exploitation, 2 mètres 50 et fournit environ 8 balates de soufre, en été, et 7 en hiver ; soit, en moyenne, 7 balates 1|2 qui, à raison de 55 kilogrammes, donne 412 kilogrammes 5 de soufre, ce qui aboutit à un rendement d'environ 10 ou 11 pour cent. C'est un rendement peu satisfaisant.

Le prix du transport, par quintal, est :

de Leonforte à Catane	Fr.	3	»
de Nicosia id.	»	2	12
de Agira id.	»	2	80

Nous n'avons pas pu nous procurer des renseignements plus récents sur la vitalité de ces mines.

Cette province, ne l'oublions pas, possède l'Etna ; et, comme nous l'avons fait remarquer, plus on s'en approche, moins on doit s'attendre à rencontrer le métalloïde à un état qui permette son exploitation.

Avant de quitter la province de Catane, signalons-y la présence de l'ambre et disons-en quelques mots.

L'ambre se rencontre dans certaines parties de la Sicile, entre autres :

A Mistretta, province de Messine,

A Nicosia, id. de Catane,

A Petralia Sottana et à Petralia Soprana, territoire traversé par le fleuve qui donne son nom à la contrée, et qui coule dans la province de Palerme.

A Castrogiovanni, province de Caltanissetta.

Les torrents, les rivières, les fleuves, si nombreux dans cette contrée, en entraînent d'innombrables fragments jusqu'à la mer.

Le succin, ou ambre-jaune, l'*electrum* des Grecs, là, comme en Prusse, se rencontre dans le voisinage des couches de bitume, près des sources d'huiles minérales, et souvent même mélangé avec elles.

Les cours d'eau de la province de Catane en lavant les terrains qu'ils traversent, emportent avec eux jusqu'à la mer les débris et fragments d'ambre ; à son tour la mer roule et rejette sur le rivage ces fragments, ces débris, qui deviennent l'objet d'un commerce très-important pour les habitants des côtes de Catane.

L'ambre est connu depuis les temps les plus reculés ; l'électricité résineuse qu'il dégage par le frottement, est cause que les Grecs lui attribuaient des qualités thérapeutiques approchant du merveilleux. Quant à la quantité produite, elle est évidemment considérable, puisque depuis une longue suite de siècles, les rivières siciliennes charient cette précieuse matière, sans en épuiser les filons ou le dépôt.

Berrendt assigne la formation de l'ambre au *pinus succinifer*, espèce aujourd'hui perdue. Les morceaux d'ambre contiennent souvent des insectes, des animalcules, voire même des traces de végétaux, qui ont été englués au moment de la formation.

Différents auteurs fixent à l'époque tertiaire la période correspondante à la formation de l'ambre,

La présence de l'ambre en Sicile nous dit que les terrains qui le renferment présentaient alors une végétation luxuriante et étaient couverts de forêts considérables. Nous nous trouvons raffermis dans cette opinion par la découverte d'énormes troncs d'arbres à l'état fossile, et comme ces forêts, dont l'existence est attestée par les troncs d'arbres, ne pouvaient donner la subsistance aux insectes que nous retrouvons dans l'ambre, il faut en déduire que la flore de cette époque se composait et de fleurs et de plantes.

Mais cette abondance de l'ambre n'est qu'une des moindres singularités de ce pays. Cette province de Catane regorge, on peut le dire, de curiosités naturelles les plus étonnantes. Nous citerons entre autres la saline qui se trouve sur le territoire de Paterno, ville de 11,600 habitants, située au pied de l'Etna.

Cette saline a été de tout temps célèbre et fort visitée ; il n'est aucun touriste, aucun savant surtout, en tournée d'exploration dans la Sicile, qui quitte l'île sans être venu observer les phénomènes bizarres et terribles qui s'y manifestent.

M. Silvestri, dans un ouvrage paru à Catane en 1867, décrit minutieusement toutes les particularités de cette saline qui devient, suivant les circonstances, tantôt un lac d'eau bouillante, tantôt un foyer d'émanations de vapeurs d'eau, de soufre et de bitume qui s'élèvent à 10 mètres de hauteur, et atteignent des températures variant de 26° à 46°.

M. Silvestri a fait des analyses minutieuses de ces eaux et de ces vapeurs, ainsi que des diverses matières produites par les éruptions de cette sorte de volcan.

Les détritus boueux, filtrés, ont laissé de l'argile, d'une couleur noire, comme si elle avait été au contact du feu, et que ne présentent pas les argiles ordinaires. — Cette argile incinérée a dégagé des gaz sulfureux, des acides sulfhydriques et carboniques, ainsi que des vapeurs bitumineuses.

En la traitant par le sulfure de carbone, M. Silvestri a réservé sur cent parties

> 0,101 de soufre.
> 0,079 bitume.
> 0,820 matières solides.

M. Sainte-Claire Deville a visité Paterno ; voici les analyses qu'il donne :

Acide carbonique.	92,52	90,70
Oxygène.	0,12	1 »
Azote.	4,70	3,30
Hydrogène protocarboné.	1,49	» »
Acide sulfurique	0,30	» »
Hydrogène.	0,99	5 »

Ces deux analyses présentent des différences ; cela tient à ce que la production des gaz, à Paterno, suit les lois qui régissent le jeu des volcans ; les produits éruptifs, nous le savons, sont loin d'être uniformes et constants ; et tel élément qui, à un moment donné, domine dans les produits, disparaîtra et sera remplacé par un autre un peu plus tard.

Près du *Mineo*, plus connu dans l'antiquité, sous le nom de *Menacum* qu'elle ne l'est aujourd'hui, on remarque encore le lac de *Palici*, situé dans un vallon au fond duquel sont venues s'accumuler les eaux pluviales des alentours ; ce lac est assis sur un sol boueux, d'où s'échappent des gaz qui font bouillonner les eaux et viennent crépiter à leur surface. Dans l'antiquité, on avait bâti, au milieu du lac, un temple dont la réputation était extraordinaire, et qui était entouré d'une vénération pleine d'horreur et de crainte, à cause de la redoutable puissance divine que l'on disait habiter dans son enceinte. C'était le temple des épreuves, c'était là que l'on conduisait et que l'on enfermait ceux qui, accusés de grands crimes et protestant de leur innocence, demandaient à subir les arrêts de la justice des dieux.

Or il arrivait que tantôt l'accusé sortait de ces épreuves, sans avoir subi le moindre mal, tantôt, au contraire, il tombait mort aussitôt entré.

Un savant sicilien, l'abbé Ferrera, fut frappé à la fois et des singuliers phénomènes qui se produisaient à la surface des eaux du lac de Palici et de l'étonnante légende qui s'attachait encore de son temps aux ruines du temple ; il voulut connaître quelle était cette redoutable puissance occulte qui, d'après les dires de la superstitieuse antiquité, se chargeait de punir de mort le coupable et respectait la vie de l'innocent.

Ferrera se livra donc à une étude attentive et sérieuse ; il recueillit les eaux, le gaz et la terre qui forment le fond du lac, les analysa et se convainquit que les gaz qui devaient déterminer la mort n'étaient autres que de l'acide carbonique. Mais il ne put s'expliquer comment parmi les patients soumis aux épreuves, quelques-uns avaient pu échapper.

Il était dû seulement à notre époque d'expliquer ce que n'avait pu comprendre M. Ferrera ; les progrès scientifiques réalisés au XIXe siècle laissent peu de choses dans l'ombre, surtout lorsqu'il s'agit d'analyses chimiques.

Ferrera, qui avait trouvé l'acide carbonique, savait bien que de l'acide pur ne brûlait pas ; or, celui qui se dégageait des eaux du lac de Palici avait cette particularité, que, si on l'approchait du feu, il *décrépitait*. Cette action insolite mettait tout à fait la confusion dans son esprit.

M. Sainte-Claire Deville, lorsqu'il vint en Sicile, visita Palici, et s'y livra à de nombreuses analyses ; il trouva que de ce lac se dégageait tantôt de l'azote, tantôt de l'acide carbonique, tantôt de l'hydrogène, et quelquefois des gaz carburés.

De ce jour, les mystères de Palici furent expliqués ; et c'est ainsi que la malignité des savants dévoila les secrets de l'aveugle justice qui, pendant tant de siècles, a été dévolue à la clairvoyance et à la perspicacité des dieux de l'Olympe.

Province de Trapani.

La province de Trapani occupe la pointe occidentale de l'île de Sicile, elle est baignée par deux mers ; les fleuves Flotti et Belici la séparent de la province de Palerme et de celle de Girgenti. Sa population est de 210,000 habitants ; ses villes principales sont Trapani, Alcamo, Mazzara, et n'oublions pas Marsala, à laquelle les récents événements ont donné une réputation européenne.

Trapani est encore une des villes anciennes de la Sicile, c'est la *Drepanum* de Virgile ; elle renferme 25,000 habitants ; son commerce principal est alimenté par la pêche du poisson, qui est des plus abondants sur ses côtes. La pêche du corail fut autrefois une source de travaux et de richesses pour ses marins ; mais aujourd'hui cette branche d'industrie y est abandonnée, depuis que la pêche s'est portée au Sud vers les côtes africaines.

C'est à Trapani que se trouvent les marais salins de l'île. Les bâtiments qui s'en vont en Orient, en Amérique, viennent dans ce petit port prendre, comme lest, du sel, et vont compléter leur chargement à Palerme avec des fruits.

Les terrains gypseux continuent à se montrer dans une grande partie de la province de Trapani ; d'après les indices et les affleurements qu'on y découvre, il y aurait là probablement des gisements importants ; mais la grande difficulté que présente le transport des produits, rend, quant à présent, les exploitations à peu près impossibles. La Sicile est, au reste, assez riche en soufre pour qu'il ne soit pas absolument nécessaire de s'occuper à créer de nouvelles exploitations, surtout dans d'aussi mauvaises conditions de réussite.

Nous trouvons dans le mouvement des ports de Marsala et de Trapani, une idée exacte de l'importance de l'exploitation minière de cette province.

Année 1864 le port de Trapani exporte 79,689 cantares.
    »   1865   »   »   5,446   »
    »   1866   »   »   4,594   »

Année 1864 le port de Marsala exporte 908 cantares
»   1865   »   »   215   »
»   1866   »   »   »   »

On devrait ajouter au mouvement des ports de Marsala et de Trapani, les chiffres fournis par le port de Castellamare ; pour cela, nous ne saurions mieux faire que de copier ce que deux ingénieurs, déjà cités par nous, rapportent de l'importance de deux mines situées dans le district d'Allamo.

« *Salapanta.* Il n'y avait qu'une seule mine en exploitation. Le
» filon exploité, a 1 m. 50 à 2 mètres de puissance et est assez ré-
» gulier. Il est presque vertical, de sorte que les travaux sont arri-
» vés assez rapidement au niveau de l'eau. Ils furent alors arrêtés
» et le sont encore actuellement. Le transport se fait à dos de mu-
» let ; l'on paie à raison de 6 tari par cantare.

» *Gibellina* est située à deux miglia environ de Salapanta. On y
» trouve une mine en activité dont la production atteint environ
» 4 à 5000 cantares. Cette mine exploite un filon de 2 mètres à
» 2 m. 50 de puissance, s'ouvrant par 45° d'inclinaison.

Provinces de Syracuse, Noto, Messine.

Dans la province de Syracuse, dans celle de Noto, comme dans celle de Messine, on n'a pas rencontré jusqu'ici trace de bassins sulfurifères.

Le sol formant les hauteurs dont est environnée Syracuse, est bouleversé ; il semble avoir été dénaturé par les différents peuples qui l'ont occupé, ce sont de vastes champs remplis de débris de toutes sortes ; les diverses peuplades qui ont résidé sur ce sol, l'ont transformé, selon leur fantaisie, ou les besoins de leurs fortifications ; aussi est-il miné de tous côtés ; de telle sorte qu'on peut dire que c'est un terrain des plus difficiles à classer.

Nous avons vu que les géologues rapportent l'époque de la formation des terrains de la province de Syracuse et de la province de Noto à des périodes tertiaires.

C'est dans la province de Messine qu'au moyen âge on exploitait les métaux précieux. Nous avons dit que les recherches ne permettent pas de tenter la reprise de ces anciennes exploitations qui ont dû avoir une certaine importance, si on s'en rapporte aux relations qui en sont faites.

Nous savons en effet que dans nos siècles modernes, lorsque la Sicile se trouvait sous la domination autrichienne, des ouvriers saxons frappèrent de la monnaie dans la fabrique royale de Messine.

Ce travail s'exécutait encore sous le règne de Charles III ; et dans une sorte de mémoire ou facture qui porte la date de 1747, nous trouvons raconté que, pour la caléfaction des creusets, on employait des schistes bitumineux de Fuimedinisi et de Castrogiovani.

Avant de quitter cette province, constatons qu'à Valdenoto, il existe un petit lac d'une profondeur de 4 mètres, que les habitants de l'endroit désignent sous le nom de *Lago Naftia* et qui n'est qu'un macalubi, à travers les eaux duquel s'échappent des émanations continuelles, pareilles à celles que lancent les volcans de boues ; les eaux y sont si troublées qu'elles semblent être en ébullition. D'après une légende qui a cours dans le populaire, ce lac servait, dans l'antiquité, de lieu de supplice pour les grands coupables, que l'on y précipitait en les vouant aux dieux infernaux.

Nous venons de faire visiter à nos lecteurs les diverses solfatares siciliennes, il nous reste maintenant à établir des conclusions d'après ce que nous venons de voir, comme nous le ferons pour les exploitations romagnoles.

Parvenus à ce point de notre tâche, nous éprouvons un grand embarras. Comment conclure, en effet, lorsque nous nous trouvons en présence d'exploitations où tout est à faire, tout à changer?

Nulle part, nous n'avons rencontré des travaux compris, conçus, appropriés, ou conduits comme ils devraient l'être ; nulle part, nous n'avons pu établir un point avantageux de comparaison avec les exploitations des Romagnes, exploitations auxquelles cependant nous n'avons pas épargné notre critique.

Ici, nous le répétons, tout est à faire. Peu importe, en effet, que sur quelques points des essais isolés se soient produits ; les hardis innovateurs, qui, bien timidement, ont tenté de rompre avec la tradition, n'ayant eu en vue que leur intérêts propres, nous ne croyons pas leur devoir des éloges.

Nous eussions été heureux, et notre tâche nous eût semblé moins dure, si nous avions pu signaler une exploitation offrant les conditions requises pour assurer le bien-être et la sûreté des ouvriers, la prospérité, la richesse du pays, enfin l'intérêt véritable et bien entendu du propriétaire. Mais nous n'avons rien de semblable à présenter.

Dirons-nous que la première machine à vapeur ne s'installait à Riesi qu'en 1838, signalerons-nous à l'admiration de nos lecteurs tous ces moteurs, ces puits, ces pompes? A part cela qu'avons nous rencontré... rien.

Afin de compléter autant que possible notre travail, nous indiquons dans le tableau ci-après, celles des mines siciliennes qui appartenaient en 1860 aux congrégations religieuses et qui ont été, en vertu des lois nouvelles, vendues par l'Etat.

Ce qu'il y a de déplorable, de la part de l'Etat, c'est qu'il ait vendu le fond avec droit au tréfond ; agir ainsi c'est continuer tous les abus de l'ancien régime, et reconnaître la loi de 1826. (Voir le tableau, page 428.)

TRANSPORTS. — Lorsqu'il s'est agi des mines des Romagnes, nous avons pu terminer notre revue par un tableau synoptique indiquant les frais de transport, de chargement, etc. Il était naturel qu'en achevant notre travail sur la Sicile, nous placions sous les yeux de nos lecteurs un résumé de la même nature. Aussi, pleins de confiance, nous nous adressâmes aux propriétaires, aux producteurs, aux autorités locales ; mais là, nous nous sommes heurtés contre le seul obstacle qui n'entrait pas et ne pouvait entrer dans nos prévisions, c'est-à-dire le mauvais vouloir systématique aussi obstiné qu'inexplicable, car à nos yeux il n'a aucune raison d'être.

Nous donnons donc à nos lecteurs un tableau synoptique fort incomplet ; nous les prions instamment de ne pas nous imputer à mal les lacunes trop nombreuses qu'ils ne manqueront pas d'y remarquer, et dont nous venons de déclarer la cause. Seule, la province de Girgenti a pu être traitée avec quelque exactitude, et cela grâce à notre présence sur les lieux et à la persévérance de nos efforts.

TABLEAU DÉMONSTRATIF [

SITUÉES DANS LES DEUX PROVINCES DE GIR[

(d'après les documents fourn[

NUMÉROS	PROVENANCE	COMMUNES	DÉNOMINATION des SITES	REVENU IMPOSABLE		ÉTAT	N[FER[
1	Evêché de Caltanissetta..	Caltanissetta.....	Stretto di Sopra	967	64	Non affermé.	
»	Id..............	Id.........	Id...........	3222	22	Id.....	
»	Id..............	Id........ .	Id..............	1494	17	Id.....	
»	Id..............	Id.........	Id...........	1004	97	Id.....	
2	Eglise collégiale de Piazza	Id.........	Panicassi...........	1228	97	Id.....	
3	Monastère de l'Assunta de Palerme..............	Id.........	Deri	»	»	Id.....	
4	Eglise collégiale de Serra di Falco..............	San Cataldo.....	Mandra di Russo.....	»	»	Id.....	
5	Monastère Sainte-Rosalie de Palerme...........	Buonpensieri.....	Montagna-Grande....	»	»	Id.....	
6	Id..............	Id.........	Mintinelli	»	»	Id.....	
7	Evêché de Cefalu........	Santa-Catarina ...	San Antonio sotto Caldaja..............	»	»	Id.....	
8	Id..............	Id.........	Sancinella et Pozzo della Casa.........	»	»	Id.....	
9	Id..............	Id..	Tenuta Gessi	»	»	Id.....	
10	Id..............	Resultana........	San Nicolo..........	»	»	Id.....	
11	Monast. de San Martino delle Scale in Palermo.	Sutera...........	Cimicia Giona	3172	92	Affermé.....	Mantia ou l[logero....
12	Id..............	Id..........	Aquilea............	1942	37	Non affermé.	
13	Id..............	Id..........	Pozzo rotondo.......	3290	73	Id.....	
14	Id..............	Id..........	Tenuta.	2106	81	Id.....	
15	Id..............	Id..........	Cimicia............	116	03	Id.....	
16	Id..............	Id..........	Id............	921	70	Id.....	
17	Id..............	Id..........	Milocca............	1023	40	Affermé.....	Cipolla, Ma[
18	Couvent del Carmine de Castrogiovanni........	Castrogiovanni ...	Salerno	1942	37	Id.....	Castagna, F[
19	Couvent de St-Augustin de Castrogiovanni.....	Id.........	Santa-Catarina.......	706	90	Id.....	Rosso, Jose[
20	Monastère del Popolo et couvent del Carmine..	Id.........	Nizza Salin..........	5261	33	Id.....	Capiri, Jean[
21	Monastère del Popolo ...	Id.........	Caliato.............	4	85	Non affermé.	
»	Id..............	Id.........	Salvatorello .:........	1	05	Id.....	
22	Monastère Santa-Catarina de Palerme...........	Mazzarino........	Finocchio	2095	25	Id.....	
»	Id..............	Id.........	Bigiuffio	5261	33	Affermé......	Don Angelo[
23	Mense épisc. de Girgenti.	Girgenti.........	Gibisa..............	10340	93	Id.....	Destefano, [
24	Id..............	Id.........	Id............	1946	07	Id.....	I[
25	Id..............	Id.........	Finaita.............	6050	43	Id.....	Macalusso, [
26	Id..............	Porto Empedocle.	Fauna-Vecchia.......	765	»	Id.....	Tatino, Vinc[
27	Monastère coll. de Mussomeli..................	Favara..........	Vicino - Favara - Pericate..............	386	»	Id.....	Bellavia, Jos[
28	Mense épisc. de Girgenti.	Girgenti.........	Fanna-Nuova........	»	»	Id.....	Bonnano, F[
29	Id..............	Id.........	Punta-Bianca........	«	»	Id.....	Bosio La Co[
30	Id..............	Id.........	Salum.............	»	»	Id.....	Sortino, Fra[
31	Id..............	Id.........	Americo-Infaune....	»	»	Id.....	Carrano, Ga[
32	Id..............	Id.........	Petrusa.............	»	»	Id.....	Vassalo, Pa[
33	Monastère San Spirito...	Id.........	Monteaporto.........	»	»	Id.....	Zurcone, Jos[
34	Bénédictines du Santissimo..................	Naro	Fico................	»	»	Id.....	Celauro, Ber[
35	Saint-François d'Assise ..	Racalmuto.......	Pernice	»	»	Id.....	Chiaraldi. L[
36	Carmélites de Licata	Licata	Vallone-Secco	»	»	Id.....	Chiaramonte[

APPARTENANT AU DOMAINE

...ETTA (SUPPRESSION DES CORPORATIONS RELIGIEUSES)

...culture, Industrie et Commerce)

ARRONDISSEMENT du RECEVEUR	DURÉE de la FERME	PRODUCTION en 1866 (Quintaux)	INDICATIONS sur la prise de possession	OBSERVATIONS
Caltanissetta..	»	»	»	Nos 1 à 10. Terrains à soufre. No 17 Quant au rendement, on sait seulement qu'il offre le 19 pour cent de profit. No 22. Le fermage est de 3,826 fr. 50 jusqu'à la production de 3,000 quintaux et le 17 pour cent sur l'excédant. Cette solfatare. exige de grandes dépenses à cause de l'infiltration des eaux et nécessite la construction de nombreux aqueducs. No 24. L'administration du Domaine se trouvant en possession de la solfatare, même avant la loi de suppression, a pris possession. Même chose pour les nos 25, 26, 27, 28, 29, 30, 31, 32. No 25. Sous procès avec le baron Licata Bragio. No 26. Ancienne solfatare toujours encombrée par les eaux. — Presque abandonnée. No 28. Le soufre n'a pas encore été rencontré. No 29. Fermage annulé par le tribunal. — Pas de soufre. No 30. Fermage à commencer du jour où se découvrira le soufre. — Abandonnée. No 31. Fermage à commencer du jour où se découvrira le soufre. No 34. Comme pour le no 30. No 36. Travaux suspendus par la mort du fermier.
Id......	»	»	»	
Id......	»	»	»	
Id......	»	»	»	
Id......	»	n	»	
Id......	»	»	»	
San Cataldo ..	»	»	"	
Id......	»	»	»	
Id......	»	»	»	
Caltanissetta..	»	»	»	
Id......	»	»	»	
Id......	»	»	»	
Id......	»	»	»	
Mussomeli....	Echéant le 31 déc. 1872..	»	En possession	
Id......	»	»	»	
Id......	»	»	»	
Id......	»	»	»	
Id......	»	»	»	
Id......	»	»	»	
Id......	»	»	»	
Castrogiovani.	Echéant le 31 août 1874..	»	»	
Id......	Id.	»	»	
Id......	Id.	»	»	
Id......	»	»	»	
Id......	»	»	»	
Mazzarino....	»	»	»	
Id......	Echéant le 31 août 1873..	»	»	
Girgenti......	6 ans (du 26 mai 1866)..	185 83	»	
Id......	Comme dessus.........	»	»	
Id......	6 ans (du 26 mars 1866)..	8 60	»	
Id......	9 ans (de septembre 1865)	30 41	»	
Id......	9 ans (de septembre 1865)	»	»	
Id......	9 ans (d'octobre 1865)...	»	»	
Id......	9 ans............	»	»	
Id......	4 ans............	17 00	»	
Id......	6 ans............	»	»	
Id......	12 ans............	»	»	
Id......	9 ans (de mars 1861)....	»	En possession	
Naro.........	6 ans............	»	Id.	
Racalmuto....	15 ans............	»	Id.	
Licata........	»	»	Id.	

Caltanissetta, 30 novembre 1867.

Pour les observations,

Le Directeur,

Signé : CASTAGA.

Pour compilation conforme aux originaux,

Florence, 24 mars 1868,

ALEXANDRE CANE.

FABRICATION ET TRANSPORT DES SOUFRES (ANNÉE 1869)
PROVENANT DES DIVERSES SOLFATARES SITUÉES DANS LA PROVINCE
DE GIRGENTI

Longueur de lu route parcourue jusqu'à Port-Empédocle.

NOM de la Solfatare.	NOM du Propriétaire.	NOM de la Commune	à dos de mulet		par charrette		Total		Quantité produite	OBSERVATIONS
			kil.	m.	kil.	m.	kil.	m.	tonnes	
Crocilia	Genuardi	Comitini	»	»	21	»	21	»	2.400	
Id	Vella	Id	»	»	21	»	21	»	560	
Id	Bongiorno	Id	»	»	21	»	21	»	960	
Pizzo	Galili	Id	1	500	18	»	19	500	24	
Rocca di Conte	Papia	Id	»	»	18	»	18	»	1.820	
Id	Salamone	Id	»	»	18	»	18	»	480	
San Vicenzo	Favara	Id	1	500	16	500	18	»	»	Travaux noyés
Id	Fantanzzo	Id	1	500	16	500	18	»	79	
Id	Salamone	Id	1	500	16	500	18	»	160	
Id	Volpe	Id	1	500	16	500	18	»	1.120	
Id	Porselli	Id	»	»	18	»	18	»	160	
Id	Maggiordono	Id	»	»	18	»	18	»	240	
Id	Papia	Id	1	500	16	500	18	»	120	
Id	Vicari	Id	1	500	16	500	18	»	160	
Aria Bruscata	Macera	Id	3	»	21	»	24	»	80	
Id	Fantanzzo	Id	3	»	21	»	24	»	160	
Id	Comiglio	Id	3	»	21	»	24	»	120	
Id	Agnello	Id	3	»	21	»	24	»	640	
Id	Mazarella	Id	3	»	21	»	24	»	24	
Balataliscia	Curreri	Id	1	500	22	»	23	500	»	Id.
Id	Vella	Id	1	500	22	»	23	500	4.400	
Id	Caratozzolo	Id	1	500	22	»	23	500	480	
Cuba	Mazara	Id	1	500	21	»	22	500	»	Id.
Id	Chierubino	Id	3	»	21	»	24	»	160	
Cavello	Gueli	Id	4	500	21	»	25	500	2.100	
Felicia	Caratozzolo	Id	»	»	19	500	19	500	1.200	
Giampietro	Carini	Id	6	»	21	»	27	»	»	Id.
Passo	Curreri	Id	1	500	22	500	24	»	»	Id.
Id	Bongiorno	Id	1	500	22	»	23	500	240	
Rametta	Sciascia	Id	4	500	21	»	25	500	»	Id.
Id	Azonti	Id	1	500	21	»	25	500	»	Id.
Id	Gueli	Id	1	500	21	»	25	500	320	
Id	Messana	Id	1	500	21	»	25	500	»	Id.
Id	Infantino	Id	4	500	21	»	25	500	240	
Salamone	Curreri	Id	1	500	18	»	19	500	240	
Id	Genuardi	Id	1	500	18	»	19	500	800	
Senatra	Lopresti	Id	3	»	21	»	24	»	»	Id.
Id	Ingrao	Id	3	»	21	»	24	»	480	
Id	Cavallero	Id	3	»	21	»	24	»	»	Id.
Stretto	Gueli	Id	4	500	21	»	25	500	2.400	
Mandrazzi	Genuardi	Id	»	»	24	»	24	»	4.800	
Transport moyen			2	070	19	540	21	610		
TOTAL pour la commune de Comitini									27.507	

FABRICATION ET TRANSPORT DES SOUFRES (ANNÉE 1869)

PROVENANT DES DIVERSES SOLFATARES SITUÉES DANS LA PROVINCE

DE GIRGENTI

NOM de la Solfatare.	NOM du Propriétaire.	NOM de la Commune	à dos de mulet		par charrette		Total		Quantité produite	OBSERVATIONS
			kil.	m.	kil.	m.	kil.	m.	tonnes	
Longueur de la route parcourue.										
Pizzo..........	Sciortino......	Aragona .	1	500	16	500	18	»	»	Abandonné.
Rocca.........	Genuardi......	Id.....	1	500	16	500	18	»	»	Id.
Id..........	Bussemi........	Id.....	1	500	16	500	18	»	»	Id.
Bucale.........	Licata.........	Id.....	4	500	24	»	28	500	320	
Id..........	Gradia........	Id.....	4	500	24	»	28	500	240	
Id..........	Aragona......	Id.....	4	500	24	»	28	500	320	
Id..........	Marterana.....	Id.....	4	500	24	»	28	500	160	
Id..........	Graceffi........	Id.....	3	»	22	500	25	500	»	Travaux noyés
Id..........	Scifi..........	Id.....	3	»	22	500	25	500	»	Id.
Id..........	Bono..........	Id.....	3	»	22	500	25	500	»	Id.
Id..........	Maggiordono ..	Id.....	3	»	22	500	25	500	80	
Montagna.....	Aragona.......	Id.....	4	500	24	»	28	500	2.080	
Mintini........	Id.	Id.....	4	500	24	»	28	500	1.280	
Mana.........	Salamone.....	Id.....	4	500	24	»	28	500	160	
Mintini........	Cacci.........	Id.....	4	500	24	»	28	500	960	
Pompella......	Aragona.......	Id.....	4	500	24	»	28	500	1.460	
Transport moyen...................			3	370	22	220	25	590		
TOTAL pour la commune d'Aragona............									7.060	
Route parcourue jusqu'au port.										
Burgio........	Marrelli.......	Grotte ...	6	»	19·500		25	500	»	Travaux noyés
Id...........	Di Calli.......	Id.....	6	500	24	»	30	500	1.200	
Bruscamento ..	Preti..........	Id.....	3	»	24	»	24	»	160	
Id	Napoli.........	Id.....	3	»	21	»	24	»	160	
Casino........	Vella.........	Id.....	3	»	19	500	22	500	40	
Id..........	Simone........	Id.....	3	»	19	500	22	500	»	Id.
Canatouc......	Vella..........	Id.....	3	»	24	»	24	»	320	
Cucca.........	Decali.........	Id.....	6	»	21	»	27	»	1.920	
Cicero........	Gabriele.......	Id.....	1	500	19	500	21	»	640	
Tana.........	Id..........	Id.....	1	500	19	500	21	»	1.120	
Pizzo.........	Bertolino......	Id.....	1	500	19	500	21	»	400	
Id..........	Terrana.......	Id.....	1	500	19	500	21	»	1.280	
Id..........	Vassallo.......	Ids....	4	500	21	»	25	500	»	Id.
Sinatra........	Lo Presti......	Id.....	3	»	21	»	24	»	480	
Tenebra.......	Di Cali........	Id.....	6	500	24	»	30	500	1.120	
Transport moyen...................			3	560	20	700	24	260		
TOTAL pour la commune de Grotte............									8.840	

FABRICATION ET TRANSPORT DES SOUFRES (ANNÉE 1869)
PROVENANT DES DIVERSES SOLFATARES SITUÉES DANS LA PROVINCE
DE GIRGENTI

NOM de la Solfatare.	NOM du Propriétaire.	NOM de la Commune	à dos de mulet		par char-rette		Total		Quantité produite	OBSERVATIONS
			kil.	m.	kil.	m.	kil.	m.	tonnes	
Route parcourue pour arriver au port										
Pernice grande	Aragona.......	Racalmuto	3	»	27	»	30	»	230	
Pernice petite.	Di Loro.......	Id......	3	»	27	»	30	»	228	
Id...........	Venci.........	Id.....	3	»	27	»	30	»	1.008	
Id...........	Aragona.......	Id.....	3	»	27	»	30	»	28	
Id...........	Martino.......	Id.....	3	»	27	»	30	»	1.000	
Id...........	Messana.......	Id.....	3	»	27	»	30	»	160	
Id...........	Lo Bruto......	Id.....	3	»	27	»	30	»	22	
Id...........	Scime.........	Id.....	3	»	27	»	30	»	17	
Damaso.......	Aragona	Id.....	3	»	27	»	30	»	»	Abandonné.
Id...........	Burroano	Id.....	3	»	27	»	30	»	.336	
Garanno,......	Aragona	Id.....	3	»	27	»	30	»	28	
Id...........	Giancana......	Id.....	3	»	27	»	30	»	»	Id.
Roca Tenebra..	Mansia........	Id.....	3	»	27	»	30	»	»	Id.
Id...	Giancana......	Id.....	3	»	27	»	30	»	»	Id.
Id...........	Gana..........	Id.....	3	»	27	»	30	»	»	Id.
Giacuzzo	Aragona	Id.....	3	»	27	»	30	»	»	Id.
Id...........	Scibetta.......	Id.....	3	»	27	»	30	»	»	Id.
Oliva.........	Aragona	Id.....	3	»	27	»	30	»	22	
Id...........	Alaimo........	Id.....	3	»	27	»	30	»	»	Travaux noyés
Id...........	Messana.......	Id.....	3	»	27	»	30	»	»	Id.
Frapaulo......	Salvo	Id.....	2	»	27	»	29	»	320	
Id...........	Matrona.......	Id.....	2	»	27	»	29	»	32	
Id...........	Aragona	Id.....	2	»	27	»	29	»	44	
Piano di Corso.	Messana.......	Id.....	3	»	27	»	30	»	32	
Id...........	Messagna	Id.....	3	»	27	»	30	»	»	Abandonné.
Marcatello.....	Aragona	Id.....	3	»	27	»	30	»	»	Id.
Vircico........	Crilla	Id.....	3	»	27	»	30	»	»	Travaux noyés
Id...........	Azzano........	Id.....	3	»	27	»	30	»	16	
Id...........	Pircei.........	Id.....	3	»	27	»	30	»	160	
Id...........	Borzellino.....	Id.....	3	»	27	»	30	»	24	
Cimicia........	Mendola.......	Id.....	4	500	27	»	31	500	160	
Id...........	Gouvernement.	Id.....	4	500	27	»	31	500	2.400	
Pietra Bianca..	Mantia........	Id.....	4	500	27	»	31	500	240	
Id...........	Marchesa......	Id.....	4	500	27	»	31	500	»	Abandonné.
Transport moyen			3	050	27	»	30	050		
Total pour la commune de Racalmuto.........									6.507	
Miloca........	Gouvernement.	Miloca	7	500	27	»	34	500	160	
Bonpensiere...	Mietretta......	Bonpensier	7	500	27	»	34	500	»	Abandonné.
Id...........	Jacone	Id.....	7	500	27	.»	34	500	»	Id.
Montedoro	Tulumello.....	Montedoro	9	»	27	»	36	»	»	Id.
Id...........	Commune.....	Id.....	9	»	27	»	36	»	320	
Id...........	Monteleone....	Id.....	9	»	27	»	36	»	»	Id.
Id...........	Caico..........	Id.....	9	»	27	»	36	»	1.600	
Gibellini	Loco	Id.....	7	500	27	»	34	500	»	Id.
Transport moyen.................			8	700	27	»	35	710		
Total de la production									1.920	

FABRICATION ET TRANSPORT DES SOUFRES (ANNÉE 1869)
PROVENANT DES DIVERSES SOLFATARES SITUÉES DANS LA PROVINCE
DE GIRGENTI

NOM de la Solfatare.	NOM du Propriétaire.	NOM de la Commune	à dos de mulet	par charrette	Total	Quantité produite	OBSERVATIONS
			Route parcourue pour arriver au port.				
			kil. m.	kil. m.	kil. m.	tonnes	
Carne Salata ..	Chiusalo.......	Acquaviva.	9 »	48 »	57 »	»	Travaux noyés
Gallinica	Caffaro........	Camarata..	7 500	48 »	55 500	1.760	
FontanaVecchia	Di Angeli......	Castel Termini	3 »	40 500	43 500	2.400	
San Giovanello.	Lo Bue........	Id.....	» »	39 »	39 »	14.976	
Gagliano	Santa Maria...	Id.....	1 500	54 »	55 500	»	Id.
Giarri	Scozzari.......	Id.....	6 »	51 »	57 »	»	Id.
Mandra Vecchia	Divers propr...	Id.....	1 500	46 500	48 »	1.320	
Montelungo ...	Lo Bue........	Id.....	» »	39 »	39 »	14.541	
Manzanaro	Divers propr...	Id.....	1 500	46 500	48 »	3.600	
Piscaria	Saverino	Id.....	1 500	46 500	48 »	»	Id.
Transport moyen			3 200	45 500	48 700		
Total de la production						38.397	

Il résulte donc de nos observations qu'en 1869 :

le bassin de Comitini   fournit . . . . .   27,507 tonnes
   »   Aragona   »   7,060   »
   »   Grotte   »   8,840   »
   »   Racalmuto   »   6,507   »
   »   Montedoro   »   1,920   »
   »   Castel Termini »   38,597   »

            Ensemble. . .   90,431   »

Le transport moyen est :

	à dos de mulet	par charrette
pour Comitini ....de	2 07 kilom.	19 54 kilom.
» Aragona .... »	3 37 »	22 22 »
» Grotte .... »	3 56 »	20 70 . »
» Racalmuto ...... »	3 05 »	27 » »
» Montedoro ...... »	8 70 »	27 » »
» Castel Termini .... »	3 20 »	45 50 »

Les 90,000 tonnes de soufre produites par les calcaroni, sont transportées dans le port le plus rapproché, et arrimées dans des magasins.

En général le transport à dos de mulet coûte 50 centimes la charge de 150 rotoli, équivalant à 119 kilogrammes 1[2.

Si la mine est située trop loin du port, le soufre est déposé sur un point voisin de la route, il y est gardé nuit et jour jusqu'au moment où il sera chargé sur les charrettes.

Si la mine est rapprochée du port d'embarquement, le transport s'exécute directement à dos de mulet, mais alors le poids de la charge descend à 112 kilogrammes au lieu de 119 kilogrammes 1[2. Ce poids représente 2 balattes, qui ont ordinairement 55 kilogrammes: si elles n'atteignent pas le poids voulu, on le complète par l'adjonction de morceaux.

Le prix du transport par charrettes est fixé par 100 rotoli, ou soit 79 kilogrammes 1[3.

Le soufre est pesé par le magasinier devant le muletier ou le charretier, auquel il est remis une lettre de voiture.

A l'arrivée au lieu de destination, on contrôle le chargement par un nouveau pesage, et le charretier est responsable du déficit, qui lui est retenu en argent au cours du jour. Dans la lettre de voiture, on a le soin de déclarer les qualités du soufre, car, si cette précaution n'était pas prise, le magasinier recevrait à coup sûr de la marchandise changée en route.

On tient compte au charretier ou muletier de la fragilité du produit qu'il transporte ; la chute du mulet, le renversement de la charrette peut amener une perte ; aussi accorde-t-on une tolérance de 1 à 2 pour cent suivant la longueur de la distance à parcourir.

Cette tolérance amène des abus contre lesquels le producteur cherche, mais en vain, à se prémunir.

Les mulets et les charrettes ne se renversent pas toujours, et même quand ces accidents ont lieu, la perte n'atteint pas 2 pour cent.

Que devient ce 2 pour cent accordé au voiturier?

Si vous parcourez une route, comme celle par exemple qui conduit de Commitini au Port-Empédocle, où il y a une circulation considérable, vous apercevrez des masures où les muletiers s'arrêtent. C'est là qu'ils ont leurs magasins, qu'ils déposent et vendent la bonification qui leur est accordée, le tout avec une perte de 2 pour cent.

Le soufre est considéré par ces malheureux comme étant leur bien propre : car chez eux le sens moral est absent au point que, loin d'avoir conscience du vol qu'ils commettent, ils croient ne faire usage que d'un droit légitimement acquis.

Tout les aide à accomplir leur commerce illicite.

Les soufres sont généralement consignés à des maisons de commerce, qui font un métier ayant beaucoup d'analogie avec celui des usuriers.

Un exploitant de mines calcule, au mois de janvier, que, dans la saison, il fabriquera une quantité de 10,000 cantares.

Il s'adresse alors à un de ces négociants. et souscrit une promesse à ordre de fournir ces 10,000 cantares, du mois d'avril au mois d'octobre.

Cette promesse faite, le négociant l'escompte en avançant à son exploitant la moitié du prix de vente. Ce prix est établi sur le cours du jour des 10,000 cantares ; en plus, le négociant s'engage à payer le transport de la mine à son magasin.

Comme, en général, l'exploitant présente par lui-même peu de solvabilité, le négociant courrait un gros risque ; aussi n'escompte-t-il que la réputation de la mine qui doit fournir le soufre, et prélève-t-il un intérêt, qui rarement est moindre de 10 à 12 pour cent, plus un droit de magasinage de 2 pour cent.

Les 10 à 12 pour cent sont prélevés en argent. Les 2 pour cent le seront en nature.

Les profits du négociant magasinier ne s'arrêtent pas là. Il a soin de s'entendre avec les charretiers et les muletiers, pour qu'ils lui remettent les 2 pour cent qui, sous prétexte de déchet, leur ont été alloués à la mine.

Quelques producteurs, — mais le nombre en est restreint, — n'ont pas besoin d'emprunter ; ils font leurs affaires par eux-mêmes, et ont des magasins tenus par leurs employés ; ils s'affranchissent, en partie, par ce moyen des 2 pour cent de redevance ; mais s'ils veulent que ces 2 pour cent n'aillent pas se remiser dans les magasins voisins, dans les dépôts bordant la route, il faut que les employés fassent eux-mêmes ce trafic.

En général, l'employé magasinier fait un forfait avec son patron, partageant avec lui par moitié l'excédant des soufres trouvés.

Nous nous abstiendrons de toutes réflexions, laissant à nos lec-

teurs le soin de tirer de cet ensemble de faits les conclusions inévitables; mais nous croyons nécessaire que l'on sache que, des
classes les plus basses aux plus élevées, ces honteux contrats existent, qu'ils sont connus de tous, et que personne ne se lève pour
infliger un blâme et protester.

Le négociant qui 'a consenti un prêt sur une fourniture à venir
s'est exposé à bien des déboires. Le prêteur suppose que l'argent
par lui avancé servira aux besoins des travaux; le contrat l'exige;
mais il suffit d'un orage, d'un coup de vent, venus mal à propos
au moment de la fusion des calcaroni, pour que le mineur ne puisse
faire honneur à ses engagements, et c'est là le cas le plus hon-
nête.

Dans le cours de ces dernières années, les désastres sont tellement venus atteindre les spéculations, qu'aujourd'hui il est difficile aux petits entrepreneurs de trouver à emprunter.

Le prix de transport par charrette varie suivant les saisons. Il
est plus élevé l'été, à cause du travail nécessité par les moissons,
et meilleur marché l'hiver, c'est-à-dire lorsque les travaux des
champs sont suspendus; cependant, même alors, le voiturier fait
parfois payer le même prix, sinon davantage, bien qu'il soit, par
suite du mauvais état des routes, obligé de diminuer sa charge, et
qu'il fasse moins de voyages dans la semaine. Heureusement que la
fusion qui se fait de juillet à décembre, vient maintenir le tout dans
un prix moyen.

Le coût du transport peut être calculé en moyenne comme il
suit :

Transport de la mine au port à dos de mulet 0 fr. 70 le kilom.
    Id.   mixte à dos de mulet et par charrette 0 fr. 55   »
    Id.   par charrette . . . . 0 fr. 40   »

Le prix de 0 fr. 70 à 0 fr. 40 par tonne et par kilomètre, suivant que le transport s'est effectué, tout ou partie, par mulet ou
par voiture, tend à subir une réduction notable; les routes s'établissent, lentement il est vrai, mais enfin elles se construisent, et
chaque année le mal devient moindre.

Il est certain que les routes nouvelles s'ouvrent dans de meilleures conditions; elles sont mieux conçues, infiniment mieux tracées, beaucoup mieux construites; les anciennes sont rectifiées;

et on peut, grâce à ces innovations, prévoir le moment où la moyenne du transport descendra à 0 fr. 40.

En France, on calcule que le transport par charrettes coûte 25 centimes.

Pour arriver à ce prix de 0 fr. 25, il est absolument indispensable que les charretiers siciliens abandonnent le système de construction de leurs véhicules.

Ces charrettes, agrémentées de peintures aux tons crus et heurtés, représentant soit des saints, soit les exploits de Garibaldi, nous donnent une idée exacte des moyens de transport usités du temps de nos aïeux. Il faut que le voiturier sicilien adopte nos tombereaux, nos charrettes, nos freins, nos moyeux tournés et nos boîtes à moyeux.

Le port naturel de la province de Girgenti est le Port-Empédocle, distant de six kilomètres de cette ville ; mais ce port est si peu assuré contre les vents, qu'il ne se passe pas d'année sans que quelque bâtiment vienne s'échouer sur la plage.

Aujourd'hui, on a commencé les travaux d'une jetée qui doit parer à ces graves inconvénients.

Des chalands s'amarrant devant les magasins, et le plus près possible du rivage, reçoivent le soufre qui leur est apporté par des hommes entrant dans la mer jusqu'à mi-jambe ; puis, lorsque le chargement est complet, ils viennent accoster les navires qui attendent au large.

A Palma, comme à Siculiana, sont des plages où, dans la bonne saison, les navires peuvent tout aussi bien charger qu'à Port-Empédocle ; les seuls inconvénients, comme nous l'avons dit déjà, sont le manque de barques et le petit nombre d'individus travaillant au chargement.

C'est à Catane que sont apportés tous les soufres de cette province ; le port est sûr, mais les transports sont longs et par conséquent coûteux.

A Terranova, à Licata, nous rencontrons des ports naturels, qui ne demandent que quelques travaux pour devenir des points maritimes très-importants.

Les solfatares les plus éloignées de la mer sont : Villarosa, Santa Cattarina, Castrogiovani, qui sont à cent et cent-vingt kilomètres de Catane ou de Licata.

De Caltanissetta, on a soixante-dix kilomètres à parcourir pour atteindre Licata.

Grotta-Calda, Florestella sont à soixante kilomètres de Terranova.

Lercara est à soixante kilomètres de Palerme.

Les solfatares les plus rapprochées de la mer, celles qui, par conséquent, se trouvent dans les meilleures conditions, sont : Girgenti, Favare, Commitini, Aragona, Grotte, Racalmuto, d'où la distance moyenne est vingt-cinq kilomètres à parcourir.

En dehors de la taxe qu'il fait peser sur les mines, et qui peut être calculée à 0,15 environ par quintal, le Gouvernement prélève encore un droit d'exportation de 10 francs par tonne. Un employé de la douane contrôle, dans le magasin, le pesage de la marchandise. Comme le personnel des douaniers est souvent peu nombreux, ces MM. ont établi que chacun des exploitants attendrait son tour ; il résulte d'un pareil état de choses que le commerce est livré au bon plaisir de l'administration, et que le coût du fret est d'autant plus élevé que le bâtiment a dû rester plus longtemps à attendre son chargement.

DESCRIPTION PARTICULIÈRE DE QUELQUES EXPLOITATIONS

ROMAGNES

Nous venons d'exposer les procédés et les moyens mis en usage en Sicile et dans les Romagnes pour l'extraction du minerai de soufre. Nous allons maintenant passer en revue quelques-unes de ces exploitations, afin que le lecteur puisse mieux juger de la portée et de la valeur de ce que nous avons entrepris de décrire.

D'après la statistique administrative, relevée dans notre première édition, le nombre des exploitations sulfurifères comprises dans le district d'Ancône, serait de 35, dont 23 pour la province de Forli, et 12 pour celles d'Urbino et de Pesaro.

Dans ce nombre, 17 mines seulement sont exploitées ; les 18 autres sont abandonnées, savoir :

6 pour insuffisance de capitaux ;
4 par suite de l'invasion des eaux ;
1 pour cause d'éboulement ;
7 pour des causes indéterminées.

La quantité de minerai extrait, en 1865, avait été de 675,872 quintaux métriques.

Parmi les exploitations qui fournissent les plus gros contingents, nous remarquerons Perticara di Talamella qui donne 208,000 quintaux métriques, Formignano et Marazzano qui produisent 90,000 quintaux chacune.

Le nombre d'ouvriers employés était de 1425, savoir :

1075 pour les travaux intérieurs ;
350 pour les travaux extérieurs.

Nous devons à la bienveillance de M. le commandeur, sénateur du royaume d'Italie, Nicolas de Luca, actuellement préfet d'Ancône, de pouvoir mettre sous les yeux de nos lecteurs les documents officiels arrêtés en 1870.

Le nombre des solfatares dans les Romagnes était à cette dernière époque :

Pour la province de Forli :

De 7 en exploitation,
10 en recherche,
18 abandonnées.

Pour les provinces d'Urbino et de Pesaro :

De 5 en exploitation,
4 en recherche.

Sur les 18 mines abandonnées :

10 le sont pour insuffisance de capitaux,
3 pour cause d'inondation,
5 pour manque de matériel.

Quant au minerai extrait, il atteint 1,549,044 quintaux métriques, d'où on a retiré 196,541 quintaux de soufre, divisés comme suit :

148,711 quintaux par le calcarone,
47,830 par le doppione.

Cette quantité de soufre représente une valeur de 2,264,960 fr. Parmi les mines les plus productives, il faut noter :

Boratella 1re qui a donné 476,000 quintaux de minerai ;
Perticara . . . . . . 277,560 —
San-Lorenzo solfinelli. . 217,500 —
Boratella 2e. . . . . 191,578 —
Formignano. . . . . 118,988 —
Busca . . . . . . 112,291 —

Perticara et San-Lorenzo appartiennent à l'arondissement d'Urbino ; les autres solfatares à celui de Cesena.

Le nombre des ouvriers employés en 1870 s'élevait à 1881. Ce chiffre se répartit comme suit :

1386 pour les travaux intérieurs,
495 pour les travaux extérieurs.

En les classant par âge, nous trouvons :

1813 adultes.
68 enfants.

Il ne sera pas hors de propos d'ajouter les résultats donnés par la raffinerie.

Dans l'année 1870, huit raffineries étaient en activité, c'est-à-dire quatre sur le carreau des mines et quatre détachées.

Il y a été traité :

135,086 quintaux de soufre obtenu par le calcarone, et qui ont produit 126, 576 quintaux de soufre raffiné.

On a employé à ce travail 73 ouvriers, et il a été consumé 24,548 quintaux de combustible, bois et lignite d'Istria.

Comme on le voit, la production a triplé, ou a peu près, dans ces cinq dernières années. Le mouvement industriel a toujours été en augmentant, et aujourd'hui le nombre des recherches est arrivé à quarante environ. Plusieurs ont amené déjà la découverte de nouvelles mines. D'autre part, l'exploitation des solfatares abandonnées est graduellement reprise et poussée avec activité; parmi ces dernières, nous pouvons citer la vieille mine de Piaja, dans le Cesenate, réouverte depuis peu avec un grand succès.

Le réveil qui se manifeste dans les Romagnes pour l'extraction du soufre, est dû principalement au concours des capitaux étrangers et nationaux, et à l'augmentation des demandes du commerce.

De nouvelles sociétés se sont constituées et se constituent encore pour de plus vastes entreprises ; les travaux sont conduits selon les meilleurs systèmes; l'emploi de la vapeur comme force motrice prend une extension toujours plus grande et plus variée; les transports s'accomplissent par des moyens plus économiques ; en un mot, on cherche à donner à ces exploitations tout le développement dont elles sont susceptibles, en même temps qu'on étudie, pour les y appliquer, tous les perfectionnements qui peuvent les rendre véritablement prospères.

En Romagne, on est souvent contrarié par l'invasion des eaux ; le minerai est plus pauvre qu'en Sicile ; il faut donc, pour que cette industrie y ait du succès, racheter cette infériorité par un outillage plus complet, et des voies de communication plus faciles.

PREMIER GROUPE DES MINES DES ROMAGNES

1. Polenta ;
2. Busca et Montemauro ;
3. Formignano ;
4. Luzzena-Fosso ;
5. Borello Tana ;
6. Monte Vecchio ;
7. Monte Aguzzo.

Toutes les mines du bassin des Romagnes sont situées le long de l'affleurement qui, du château de Polenta s'étend, presque en ligne droite, jusqu'à Monte Codruzzo.

Comme terrain, et comme épaisseur de la couche de minerai de soufre, ces mines sont entre elles dans des conditions identiques.

Le terrain, très-régulier, appartient au type général du bassin sulfurifère, et offre toutes les garanties de solidité.

La puissance de la couche principale varie de 0,80 à 2 mètres ; celle de la deuxième couche, *segoncello*, de 0,30 à Q,60.

Les cinq premières mines sont situées sur la rive gauche du Savio, et sur un développement de huit kilomètres environ.

L'extraction y est assez importante ; mais aucune de ces exploitations, sauf celle de Polenta, n'écoule ses eaux par voie naturelle.

Ainsi dans la mine de Formignano, les travaux de recherche du soufre s'opèrent à près de 60 mètres au-dessous de la galerie d'écoulement ; dans celles de Luzzena-Fosso à 25 mètres environ ; quant à celle de Borella aucune galerie d'écoulement n'y existe.

Les deux dernières mines sont situées sur la rive droite du Savio. Les travaux d'exploitation y sont moins avancés, l'extraction du minerai s'y fait à une moindre profondeur que dans les autres, car leur ouverture est plus récente.

Ce n'est qu'en 1853 que fut ouverte la mine de Monte Vecchio ; et, si celle de Monte Aguzzo est de date plus ancienne, en revanche elle a été si peu exploitée, que cette partie du bassin sulfurifère peut être considérée comme presque intacte.

Au même groupe se rattachent encore les mines Çà di Guido et Çà di Castello, Piaja.

DEUXIÈME GROUPE

1. Valdinoce ;
2. Costa ;
3. Balze ;
4. Venzi-Rovereto.

Ces mines, placées au centre du bassin, sont situées sur la rive gauche du torrent Rozello.

Il convient d'y ajouter celles de Boratella di Falcino, Boratella di Monte Jottone, situées sur la droite de ce même torrent, et celles de Linaro-Rivoschio, ouvertes près de la rive gauche du Borello, mais dans l'affleurement extrême sur un point où il est plus rapproché de la haute chaîne des Apennins.

A l'exception de celle de Costa, ces mines ont toutes un écoulement naturel de leurs eaux. Boratella di Falcino et Boratella di Monte Jottone, quoique placées à un niveau inférieur au cours d'eau superficiel, sont complétement à sec.

La puissance de la couche principale varie de 1 à 4 mètres.

Le deuxième groupe ne compte, en ce moment, en exploitation que les mines de Venzi-Rovereto, Costa, Boratella di Falcino et Monte Jottone.

TROISIÈME GROUPE

Le troisième groupe comprend :

1. Campitello;
2. Sapigno;
3. Perticara et Montecchio;
4. Marazzana.

Nous pourrions y joindre Prédappio ; mais cette mine est très-éloignée des autres, et présente des conditions tellement particulières que nous en ferons un groupe à part.

Ces préliminaires établis, nous passons à la description détaillée de chacune des mines qui constituent ces divers groupes.

PREMIER GROUPE

MINE DE POLENTA. — Située à l'extrémité occidentale de l'affleurement de la couche minérale des bassins des Romagnes, et sur la limite du premier groupe, elle constitue deux propriétés distinctes appartenant, l'une à MM. Savorelli et Cie, l'autre à MM. Dellamore et Cie.

La première de ces deux propriétés est située à l'Ouest, sur la commune de Bertinaro.

Son étendue, relevée dans la direction de la couche sulfurifère, est de 320 mètres.

Les travaux entrepris sont insignifiants, ils ne consistent qu'en une galerie d'écoulement prise sur le ruisseau *Lama*, longue de 91 mètres, et en communication avec un chemin de descente, qui donne l'aérage.

La couche du minerai rencontré a une puissance de 0,80; mais l'abondance des eaux n'a pas permis au propriétaire de poursuivre les recherches.

L'étendue de la mine de MM. Dellamore est plus considérable; les travaux pourraient y être développés sur une longueur d'un kilomètre environ.

Ceux qui y ont été entrepris consistent en une galerie de 130 mètres, servant au roulage et à l'écoulement des eaux, et dont une des extrémités est en communication avec un puits incliné destiné à l'aérage.

En avant de la galerie, le minerai découvert n'est pas exploitable à cause de son voisinage avec la surface du sol; en aval, et à une profondeur de 35 mètres suivant l'inclinaison, le minerai est de bonne qualité.

Les eaux sont abondantes par suite des infiltrations qui se sont fait jour au travers des anciennes fouilles.

La segoncello est exploitable; la couche de minerai y présente en moyenne une épaisseur de 1 mètre 20. L'inclinaison varie entre 30 et 40°. — La régularité est très-grande.

L'ancienne mine de Polenta est située à l'Ouest de cette galerie; les travaux actuels ne l'ont pas encore rejointe.

Pous exploiter cette zône, dont l'étendue est évaluée à 520 mètres, on avait pratiqué une galerie à travers banc, dans la région du toit; mais le défaut à peu près complet d'aérage, ou plutôt l'insuffisance des capitaux, la fit abandonner.

Cette mine est pourvue de 282 mètres de chemin de fer, dont 130 pour le service des travaux intérieurs; elle possède deux calcaroni, des habitations, etc.; en un mot, elle n'attend plus qu'un PRENEUR qui puisse lui faire donner tout ce qu'elle promet.

Placée à douze kilomètres de Cesena, n'ayant qu'un kilomètre et demi à franchir pour amener ses produits sur la route communale de Cesena à Bertinaro, cette mine ne saurait donner que de beaux résultats à ceux qui en entreprendront l'exploitation. En 1869 elle produisait 107 quintaux de soufre et 400 en 1864.

MINES DE BUSCA ET DE MONTEMAURO. — Ces deux mines

ne sont éloignées de Polenta que de deux kilomètres, et sont séparées l'une de l'autre par la concession, en non activité, de M. Marchetti.

A Busca, le minerai est abondant ; la puissance de la couche a régulièrement 1,60, sous une inclinaison de 38° ; le toit est très-solide ; et, si elle n'était çà et là traversée par des bancs stériles, elle ne laisserait rien à désirer.

Les travaux y présentent un développement de 500 mètres environ ; ils consistent : 1° en une galerie de 120 mètres à niveau et à travers banc, percée au plan du minerai ; 2° en une seconde galerie ouverte à 35 mètres au-dessous de la première, et qui atteint le minerai à 190 mètres ; 3° en deux galeries en direction correspondante aux deux premières galeries en travers, et munies d'un chemin de fer ; 4° en deux puits inclinés, éloignés l'un de l'autre de 230 mètres, suivant l'inclinaison des couches et servant à l'aérage.

La galerie inférieure sert actuellement de voie de roulage.

Les travaux ont été mis en communication avec ceux de la mine de Formignano.

La production de soufre s'est élevée annuellement :

en 1862 à 7,750 quintaux
» 1863 à 6,750
» 1864 à 4,800
» 1865 à 7,500

MINE DE FORMIGNANO. — Cette mine est située à l'Est de celle de Busca ; les travaux y ont un développement de 1,200 mètres environ ; au puits d'extraction, qui mesure 140 mètres, on a installé une machine à vapeur qui, avant peu, doit, non-seulement extraire le minerai, mais encore, par l'emploi de bennes, épuiser, pendant la nuit, les eaux qui se seraient accumulées pendant la journée.

La couche, très-régulière, dans son allure comme dans son rendement, a une puissance de 1,30, et est accompagnée de la segoncello.

Une descenderie commode est affectée aux ouvriers ; l'aérage a lieu par le même orifice, et un vieux puits abandonné a permis d'établir un appel d'air.

Le système d'exploitation par grandes tailles est celui qui a été adopté, en remblayant au fur et à mesure de l'avancement.

Le rendement de cette solfatare, en soufre produit par le travail des calcaroni, est évalué à

$$
\begin{array}{lcl}
13{,}750 \text{ quintaux en} & & 1862 \\
21{,}150 & \text{»} & 1863 \\
32{,}760 & \text{»} & 1864 \\
34{,}670 & \text{»} & 1865
\end{array}
$$

Un fourneau à six cornues existe en outre sur l'exploitation, et peut raffiner de 3 à 4 tonnes de soufre par jour ; enfin de vastes habitations servent au logement des employés ; c'est, en un mot, une des mines des Romagnes les mieux tenues.

Joignez encore à ces données les avantages d'un chemin commode la reliant à la route provinciale de Cesana à Parsina, et vous aurez tous les éléments qui concourent à faciliter une grande exploitation minière.

MINES LUZZENA-FOSSO. — Ces mines sont situées à 440 mètres de la précédente. Les travaux de Fosso ne présentent aucune importance ; ceux de Luzzena consistent en une galerie à niveau, de 200 mètres, qui, partant du ruisseau Fizzola, vient rejoindre une autre galerie de 260 mètres en direction Sud-Est, et en communication avec un puits incliné servant à l'aérage.

La couche a été exploitée jusqu'au plan en amont de cette galerie de roulage, au moyen de laquelle les minerais provenant des chantiers sont transportés jusqu'au pied d'un plan incliné, où ils sont chargés sur de petits chariots manœuvrés par un treuil, qui les élève au niveau supérieur.

Le roulage s'effectue au moyen de chemins de fer. Les eaux sont aspirées à l'aide d'une pompe à volant manœuvrée à bras, mais à cause de leur abondance, cette mine est actuellement inactive. Elle possède trois calcaroni, quelques hangards, une maison et un magasin.

En 1862, elle produisait 1,250 quintaux de soufre ; en 1863, 3,050 ; en 1864, 1775 ; en 1865, 2,400 quintaux.

Comme Busca, Formignano et Fosso, cette mine appartient à la Compagnie anonyme des soufres des Romagnes.

MINES DE BORELLO. — **DE TANA.** — Ces deux mines ne forment qu'une seule exploitation, d'une superficie de 960 mètres, et qui, des limites de Luzzena, s'étend jusqu'au Savio.

Un puits de 30 mètres de profondeur atteint la couche de minerai. L'exploitation de Borello a lieu par deux galeries, l'une de roulage, en direction, de 134 mètres, l'autre supérieure, également en direction, inclinée à son point de départ du jour, devenant ensuite parallèle à la première et servant à l'entrée des ouvriers, ainsi qu'à l'aération des chantiers.

Presque partout la couche découverte en amont de la galerie de roulage a été reconnue stérile. Ces parties stériles, qui ne sont que des minerais décomposés par les eaux, se rencontrent dans toutes les mines, lorsque les travaux sont près de la surface, et s'étendent quelquefois à des profondeurs considérables, variant entre 50 et 60 mètres. On les désigne sous le nom de magnoni.

En aval, la couche est riche, avec une épaisseur moyenne de 1 mètre 30. Dans ces trois dernières années, la zône de minerai exploitée présentait 30 mètres de front, sur un développement de 170 mètres de longueur.

Dans le commencement, les eaux étaient épuisées au moyen de pompes manœuvrées à bras; par la suite les travaux ayant rejoint ceux de la mine de Luzzena, qui est située en contre-bas, les eaux furent extraites aux frais de la Société anonyme des soufres des Romagnes, qui est, comme nous venons de le dire, propriétaire de cette dernière exploitation.

Aujourd'hui, la mine de Borello est abandonnée; pour la remettre en exploitation, il faudrait de grands travaux, et les capitaux manquent.

Cette solfatare possède deux fourneaux à cornues (doppioni), et deux calcaroni, qui, en 1863, ont fourni environ 2,000 quintaux de soufre, pour arriver en 1864 et 1865 à 8,500 quintaux; elle possède en outre une maison d'habitation, des magasins, une forge, etc.

A la mine de Tana, on n'a encore exécuté que les travaux de premier établissement. Une grande galerie de niveau, prise sur la rive gauche du Savio, devait la mettre en communication avec la mine de Borello, tout en servant à l'écoulement des eaux; 179 mètres ont été construits.

L'ouverture de cette galerie correspond au point le plus bas de la surface, sur la ligne des affleurements; mais les travaux des solfatares de Borello, de Luzzena, de Fosso, de Formignano, de Busca, se trouvant à un niveau inférieur au plan de la rivière, cette galerie ne pouvait servir à l'écoulement des eaux.

Toutefois, dans l'état où elle se trouve, elle pourrait être prolongée utilement, car elle faciliterait alors l'exploitation de toutes ces autres mines, en les débarrassant des eaux qui proviendraient des étages supérieurs.

Les mines de Borello et de Tana appartiennent à MM. Dellamore et Cie.

Toutes ces solfatares placées sur la rive gauche du Savio sont entre elles dans des conditions identiques ; la puissance de la couche sulfurifère est petite, il est vrai, mais sa régularité et sa richesse en feront une exploitation excellente.

Le rendement du minerai est de 10 à 15 pour cent de soufre, lorsqu'il est traité au calcarone, et de 18 à 24 pour cent, lorsque le traitement a lieu par les doppioni.

Son poids varie de 1,250 à 1,580 kil. par mètre cube ; mais il faut bien remarquer que plus le mètre cube est pesant, moins il rend. Dans ces conditions, le minerai extrait à Polenta est le plus riche.

Dans toutes ces mines, les travaux sont bien agencés, bien conduits, et si on n'a pas fait plus, c'est que cela était impossible. L'insuffisance des capitaux est le seul défaut de ces exploitations, et leur pierre d'achoppement.

Les galeries de roulage, d'entrée, d'aérage, sont boisées ordinairement avec des rondins en chêne, mais sans semelles. La section de ces galeries est de 1 mètre 80 de hauteur sur 1 mètre 40 à 1 mètre 50 de largeur dans œuvre. Le muraillement des puits est fait en briques et en pierres de gypse piquées. Un petit nombre de puits sont boisés.

Sur la rive droite de la rivière nous trouvons :

LA MINE DE MONTE-VECCHIO, qui est située vis-à-vis de Tana, et près du lit de la rivière.

Les affleurements apparaissent ici sur une crête abrupte fortement relevée, au sommet de laquelle, à 250 mètres au-dessus du niveau du Savio, est assise l'église de Monte-Vecchio.

Dans le principe, les travaux furent entrepris au pied de cette crête, et près du lit de la rivière. On y voit une galerie de niveau presque en direction et mesurant 650 mètres de longueur. La couche était rencontrée à 170 mètres.

A une hauteur verticale de 60 mètres au-dessus de cette galerie, on en trouve une seconde de 30 mètres, percée à travers banc dans la région du mur, et en sens presque normal à la stratifaction du terrain ; elle est désignée sous le nom de *Galleria del Monte*, et elle mesure 517 mètres de longueur.

Différentes traversées, prises suivant l'inclinaison qui est en moyenne de 35°, mettent ces deux galeries en communication l'une avec l'autre, et servent à l'aérage.

Il existe en plus un puits incliné, ayant son orifice dans la partie la plus élevée de la concession, et venant rejoindre l'extrémité de la Galleria del Monte.

C'est entre ces divers travaux que sont exploitées la couche principale et la segoncello ; cette dernière présente ici une plus grande richesse en soufre que partout ailleurs.

Le minerai de cette solfatare est riche, mais l'exploitation rencontre fréquemment des étranglements. La puissance moyenne de la couche est évaluée à 0,80, et la segoncello à 0,25 ou 0,30.

Par la disposition des travaux, on n'a pas à redouter l'invasion si fréquente des eaux ; l'aérage est parfait.

L'extraction du soufre de son minerai a lieu par les calcaroni ; la production mensuelle de la solfatare varie entre 30 et 40 tonnes de minerai.

Cette mine possède un matériel de huit calcaroni, quelques hangars, une petite maison d'habitation ; elle appartenait à M. Laurent, de Parme et à MM. Albertarelli et Cie de Cesena.

Elle appartient aujourd'hui à M. Dellamore, et est dirigée par un savant ingénieur, M. Sostegni, qui nous a facilité notre tâche par les documents et les renseignements qu'il nous a fournis avec la plus exquise bienveillance, et pour lesquels nous nous ferons un devoir de lui renouveler ici l'expression de notre gratitude.

LA MINE DE MONTE-AGUZZO est séparée de celle de Monte-Vecchio par une concession de 1300 mètres environ de superficie, à peu près vierge encore de tous travaux, et appartenant à M. Onofri de Cesena. C'est une ancienne exploitation abandonnée en 1844, et reprise vers 1862 par MM. Dellamore et Cie.

Cette mine a été peu travaillée ; les travaux, ouverts à 250 mètres au-dessus du lit du Savio, ne consistent qu'en un puits de 40 mètres de profondeur, et en une galerie de niveau servant d'entrée.

La difficulté d'écoulement des eaux a été la cause première de son abandon.

Cependant, à en juger par l'exploitation qui en a été faite, le minerai y est de bonne qualité ; la couche présente une épaisseur de 0,80 à 1 mètre ; l'inclinaison est de 45 à 60°.

Cette solfatare possède deux calcaroni, un petit local pour les ouvriers, une vaste maison d'habitation, des magasins, un four à cuire les briques.

Le résultat des quelques travaux entrepris donnerait à croire que, dans cette partie du bassin sulfurifère le minerai est moins riche que sur la rive gauche du Savio ; il est vrai que, comme compensation, il y aurait une grande économie dans l'exploitation, puisqu'elle pourrait être faite par de simples galeries.

Des hauteurs de Monte-Aguzzo, le bassin sulfurifère s'abaisse rapidement, et se présente, sur la rive droite de la rivière, sous la forme de petits mamelons.

La couche affleure à *Çà di Guido*, recouvre le mamelon de *Çà di Castello* et, prenant la forme d'un fond de bateau, s'élève à *Monte-Rosio et Piaja* où l'affleurement s'appuie au soulèvement de Pardeno. (Voir page 243 coupe prise sur la ligne *f*, *g*, *h*, *i*.)

Les mines de Çà di Guido et de Çà di Castello sont deux propriétés qui, si elles étaient réunies, permettraient d'étendre les travaux sur une superficie de plus 1,000 mètres.

Au niveau du lit de la rivière, et au pied de l'affleurement de Çà di Guido, il existe une galerie de niveau en direction Nord-Est, ayant 420 mètres de longueur, et percée de deux puits d'aérage.

Les couches sulfurifères y furent, dès le principe, reconnues inexploitables, tant à cause de leur peu de puissance qu'à cause de leur pauvreté. Plus tard cependant, les travaux ont été repris et poussés jusque sous le mamelon Çà di Castello, où on a rencontré une couche de soufre présentant une puissance de 50 à 60 centimètres, et ayant une telle richesse que l'on peut raffiner directement le minerai, sans avoir besoin de le traiter d'abord au calcarone.

L'exploitation peut se faire économiquement par de simples galeries horizontales. Le toit est bon, solide et permet l'exploitation même sous le lit de la rivière.

Cette mine, qui appartient à MM. Dellamore et Cie, n'est qu'à dix-neuf kilomètres de Cesena, et, en outre des avantages que nous venons de mentionner, a encore celui de n'être séparée de la route provinciale que par la largeur du Savio.

Il y existe deux maisons, un calcarone et un hangar contenant un doppione à six cornues, qui, en 1865, produisaient environ 400 quintaux de soufre.

MINE DE PIAJA. — La description de la solfatare de Piaja complétera notre revue des mines du premier groupe.

Abandonnée depuis le commencement du siècle, la mine de Piaja est située sur la paroisse du même nom, et n'est séparée de la route provinciale que par le Savio.

Les travaux exécutés commencent au Nord-Ouest de Çà di Guido, à 50 mètres au-dessus du niveau de la rivière.

La couche est intacte ; si on s'en rapporte aux dires des gens du pays, sa puissance serait de 3 à 5 mètres, et sa richesse dépasserait encore celle du minerai de Çà di Guido ; mais jusqu'ici aucune étude n'est venue confirmer ces dires.

Cependant les recherches géologiques pratiquées sur l'affleurement de Monte Bossio, la nature compacte et particulière du calcaire qui sert de mur au minerai, enfin la grosseur remarquable de celui-ci, feraient croire à l'exactitude de la tradition.

Depuis que nous avons écrit ces lignes, on a repris le travail d'exploitation de la mine de Piaja. Une descenderie de 330 mètres de longueur a été creusée, ainsi qu'un puits de 84 mètres, et on a rencontré un gisement de soufre d'une épaisseur de 2 m. 10, sous une inclinaison de 40°. D'autres galeries de recherche, qui avaient été établies par le travers de ce gisement, ont amené la découverte d'une couche horizontale de 3 mètres à 4 m. 50.

Ainsi la tradition disait vrai : ceux qui, y ajoutant foi, se sont mis à l'œuvre, ont étudié et sondé le terrain, recherché le gisement, ont été récompensés de leur persévérance et de leurs efforts intelligents, car la puissance de la couche est notable ainsi que la richesse du minerai, qui, dit-on, donne 20 pour cent de rendement.

La reprise des travaux, par M. Pricchi, un des descendants des anciens propriétaires, fera de cette exploitation l'une des plus importantes des Romagnes.

Cette rapide revue des travaux exécutés dans les solfatares du premier groupe, démontre que ces exploitations sont encore susceptibles de recevoir de nombreuses améliorations, malgré le soin et l'habileté avec lesquels elles sont présentement dirigées.

Ainsi, par exemple, à la mine de Polenta, si l'on substituait aux travaux actuels un mode plus général d'exploitation, il en résulterait incontestablement une économie considérable.

Et si nous pensions que notre modeste avis pût avoir quelque poids, nous dirions que la première chose à faire sur cette solfatare serait de créer un puits unique pour l'assèchement de la mine. Quelques autres puits devraient être ouverts pour l'extraction du minerai ; enfin, pour éviter non-seulement les frais considérables du boisage de tant de galeries, mais encore le transport du minerai par plans inclinés, les chargements et déchargements successifs indispensables dans le mode actuel, on devrait pratiquer un puits à une profondeur plus grande, ce qui permettrait d'avoir des fronts de taille plus économiques ; de même la galerie de niveau devrait être prolongée davantage dans la partie Sud de la concession.

Les conditions dans lesquelles se trouvent les mines de Busca, Formignano, Luzzena Fosso, Borello, Tana, sont telles aujourd'hui, qu'avant peu les exploitants se verront forcés d'employer les grands moyens pour l'épuisement des eaux. En prolongeant la galerie de Tana, et en pratiquant un puits, nous croyons qu'on arriverait à éviter ce résultat.

Il est facile d'utiliser la galerie d'écoulement de la mine de Monte-Vecchio, pour l'exploitation de la portion de la couche située du côté de la rivière.

Il serait à désirer que par suite d'une entente entre les divers exploitants, il devînt possible de rattacher la concession Onofri à celle de Monte-Aguzzo.

De l'avis de tous ceux qui ont visité ces solfatares, la disposition du terrain se prête des plus avantageusement à la réunion de ces mines ; si l'idée d'une exploitation en commun n'a pu jusqu'ici être prise en sérieuse considération par les intéressés, on ne peut raisonnablement en attribuer la cause qu'au manque de capitaux, ou à l'absence du sentiment et de l'esprit d'association, qui, seule, peut les fournir, et arriver ainsi à retirer d'une exploitation tous les profits qu'elle est susceptible de donner.

29

Dans les mines que nous venons d'examiner, le mètre-cube de minerai rendu au calcarone, revient en moyenne, d'après les données de M. l'ingénieur Sostegni, à :

Havage, extraction, roulage intérieur, transport des remblais, percement des étranglements . . . . 3 fr. »
Sortie du minerai de soufre 2 10
Roulage, chargement, transport au calcarone . . . 2 60
Frais pour les chevaux. . . . . . . , . . . » 45

Frais directs . . 8 15

Il y a lieu d'ajouter à ces chiffres les frais indirects, qui varient suivant les mines et le mode d'installation des travaux, mais que l'on peut estimer comme il suit :

Construction des remblais . . . . . . 0 fr. 288
Forgerons, fer, charbon de bois. 0 660
Menuisiers 0 060
Bois. 1 026
Usure du matériel. 0 438
Frais de direction, employés, maître-mineur, chef d'écurie 0 816
Frais divers. 0 330

Ensemble 3 61
Coût du mètre cube 11 76

DEUXIÈME GROUPE

MINE DE VALDINOCE. — Cette mine, dont l'exploitation est de date récente, a une étendue de 2 kilomètres 1[2; elle appartient à M. Flori.

Deux puits ont servi aux recherches; l'un appelé Eycquem, du nom de l'ingénieur français chargé de la direction, l'autre, Picini. Tous les deux sont creusés au sommet de la colline, et mesurent environ 75 mètres de profondeur.

Une galerie de niveau, de 450 mètres de longueur, part du plan du ruisseau Paladino, l'un des tributaires du torrent Voltri, et vient en direction rejoindre le puits Eycquem.

La couche inférieure est exploitée; sa puissance est de 1 m. 40.

Le minerai est de bonne qualité. La segoncello est exploitable, mais elle n'a pas été extraite.

Comme nous venons de le dire, les travaux sont si récents, que nous ne pouvons donner que des renseignements très-succincts.

L'exploitation possède trois calcaroni et un fourneau pour la cuisson des briques.

MINES DE COSTA ET DE BALZE. — Cinq kilomètres les séparent de Valdinoce.

La concession présente 1,500 mètres de longueur dans la direction des affleurements. Ces deux mines sont situées chacune sur un point différent et jusqu'à présent aucun travail ne les fait communiquer entre elles.

La couche a 1 mètre 30 d'épaisseur, et est séparée, tant du mur que du toit, par un banc d'argile.

La segoncello manque. Le minerai est de bonne qualité, mais il affecte une couleur brune empruntée aux infiltrations bitumineuses qui l'avoisinent.

La couche traverse çà et là des points stériles, il s'en suit une exploitation non continue, mais par places capricieuse; ce défaut devrait disparaître, si on procédait d'abord par des travaux préliminaires de recherche.

Ces mines sont néanmoins dans de bonnes conditions productives; le travail s'y fait économiquement; le toit, qui est formé d'un gros banc de gypse, l'inclinaison de la couche, qui n'est en moyenne que de 27°, n'exigent pas de bois pour le soutènement des remblais; les argiles qui recouvrent le banc de gypse étant solides, les puits n'ont pas besoin d'être muraillés; enfin, pour couronner ces divers avantages, la mine de Balze n'a pas d'eau.

Les travaux de premier établissement de Costa consistent en un puits vertical, servant à l'extraction; il est ouvert dans la région du toit, large de 1 m. 60 de diamètre, et profond de 72 mètres. Ce puits est muni d'un barillet manœuvré par trois chevaux.

Il existe un autre puits présentant un diamètre de 2 m. 10 sur 56 mètres de profondeur, et placé dans l'aval-pendage à 189 mètres du premier.

A 46 mètres de profondeur de ce dernier puits, part une galerie horizontale à travers banc, arrivant en 70 mètres au minerai.

Cette galerie est prolongée et remonte la couche pour se mettre en communication avec les travaux des puits, dans l'aval-pendage, d'où elles sont extraites à l'aide d'un barillet à chevaux. Un puits incliné à 72° ayant 40 mètres de profondeur est destiné à l'entrée des ouvriers.

Cette solfatare dispose d'une zône de minerai exploitable de 112 mètres de front, sur 500 à 550 de développement.

Elle possède un four à huit cornues, quatre calcaroni, une maison, des écuries, des magasins, etc.

La mine de Balze est comprise entre le petit ruisseau de Valdinoce et le torrent Borello, soit une distance de 820 mètres environ.

Les travaux consistent en un ancien puits vertical circulaire de 73 mètres, foré dans la région du toit ; en une descenderie d'une inclinaison de 55° et d'une longueur de 49 mètres, ouverte près du ruisseau Gomiele ; en un puits vertical de 105 mètres de profondeur, en communication dans l'aval-pendage du premier.

Au moyen de ces travaux, une étendue de couche de 3,500 mètres carrés a été exploitée.

Les bénéfices considérables qui, dit-on, ont été réalisés dans les premiers temps, ne se sont pas continués à cause du peu de régularité qui a présidé aux premiers travaux ; à cette époque, les transports s'exécutaient à la brouette, système bon pour les petits parcours, mais qui n'est plus possible aujourd'hui que la longueur des galeries exige l'installation de chemins de fer intérieurs, et nécessite conséquemment de nouveaux frais.

Les propriétaires, MM. Massoli, Seragoni et Furci, ont commencé une galerie de niveau à 6 mètres au-dessus du lit du torrent Borello.

Cette galerie est dirigée normalement aux couches du toit, et aura 600 mètres environ à parcourir avant d'atteindre le minerai.

Un puits a été foré pour lui donner l'aérage nécessaire.

Une fois terminée, cette galerie rendra à cette exploitation toute son importance première. Aussi les propriétaires comptent-ils que les

deux solfatares fourniront de 120 à 150 tonnes de soufre par mois.
Costa ne produit actuellement que de 50 à 60 tonnes.

MINES DE VENZI-ROVERETTO — Ces mines appartiennent à une société en participation. Les principaux propriétaires sont MM. le marquis Paolucci, président de la société, Brazini et Bondi.

Ouvertes en amont des exploitations de Costa et Balze, dans une portion de terrain plus rapprochée des affleurements, elles ne présentent encore que des travaux de recherches.

Les travaux de Roveretto consistent en deux puits assez rapprochés l'un de l'autre, ayant l'un 25, l'autre 36 mètres de profondeur. Ces puits sont arrivés aux anciens travaux.

Ceux de Venzi, situés à l'Est de Roveretto, se composent d'une galerie de recherche, de niveau, longue de 160 mètres, et partant du petit ruisseau de Valdinoce. Cette galerie est en communication avec un puits ouvert dans les couches du toit, et destiné à l'aérage.

D'autres recherches ont été entreprises du côté du petit ruisseau Gomiele, où, en direction Est-Ouest, a été pratiquée une galerie, dite Bondi, aujourd'hui abandonnée.

Depuis que nous avons écrit ces lignes, sous l'habile direction de M. le marquis Paolucci, les travaux qui avaient été abandonnés ont été repris ; une galerie a été construite et un puits a été ouvert ; on commence en ce moment à creuser un autre puits plus central ; et tout fait espérer qu'avant peu cette solfatare tiendra sa place parmi les bonnes exploitations romagnoles. La délimitation de la concession ayant été réclamée au Gouvernement, celui-ci a accordé une superficie de 300 hectares.

MINES DE BORATELLA DI FALCINO ET DE MONTE-JOTTONE. — Ces mines empruntent leurs noms, la première au petit cours d'eau qui l'avoisine, la seconde à la paroisse sur le territoire de laquelle elle est située.

Elles sont séparées par la Savedone, qui est un affluent du Boratello.

La solfatare située dans la partie Nord, appartient à M. Petrucci, et celle du Sud à MM. Dellamore et Cie (1).

Les couches offrent la disposition de la coupe géologique ci-jointe.

(1) Aujourd'hui à une Compagnie anglaise.

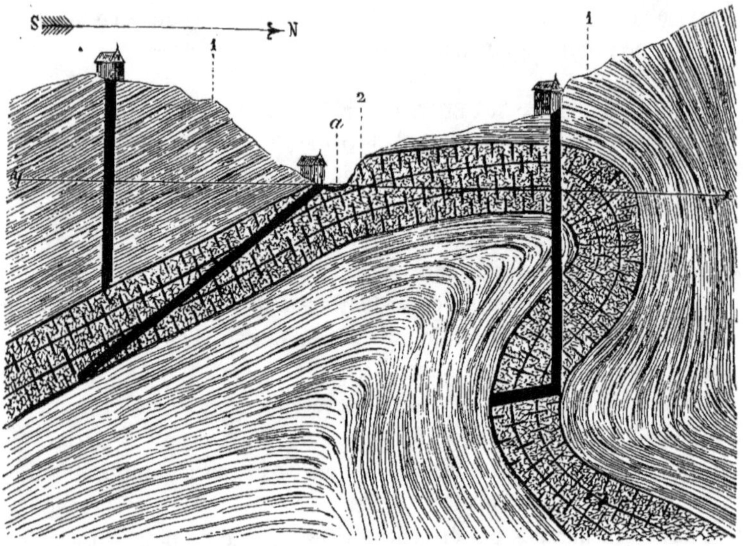

Le développement que l'on peut donner aux travaux de la concession de M. Petrucci est d'environ 500 mètrès. Cette exploitation est susceptible de s'étendre sur une grande surface, prise dans le sens de l'inclinaison.

Les travaux de cette solfatare se composent d'un puits vertical de 83 mètres, en communication avec une galerie en travers, d'une vingtaine de mètres d'étendue.

Il y a aussi un autre puits à l'Est du premier, mesurant 40 mètres et aboutissant à la couche, et partant du sommet de la selle que forme le terrain.

Une galerie ou descenderie de 85 mètres, inclinée à 30° rejoint la couche à 18 mètres du second puits.

C'est actuellement par ce dernier orifice que se fait l'exploitation du minerai, que l'on extrait au moyen d'un treuil manœuvrant de petites tonnes.

Il est question d'installer un baritel à deux chevaux, et de mettre le premier puits en communication avec les autres travaux de la mine.

Cette exploitation possède quatre calcaroni et une petite maisonnette.

Dans la mine de MM. Dellamore et Cie, la galerie est indiquée dans la coupe ci-dessous. Elle est inclinée à 31° et s'ouvre près du ruisseau Savedone ; sa longueur est de 130 mètres. Elle servait jadis à l'extraction du minerai.

Aujourd'hui que le puits est arrivé jusqu'à la couche, il s'agit de pousser les travaux, et de rejoindre la galerie inclinée ; MM. Dellamore et Cie sont arrêtés par le manque de capitaux, ce grand défaut de presque toutes les exploitations romagnoles.

Un deuxième puits, ouvert dans les travaux en amont, et mis en communication avec l'exploitation de M. Petrucci, sert à l'aérage.

C'est aujourd'hui au fond de ce nouveau puits que se concentre l'exploitation de cette solfatare.

Cette mine compte cinq calcaroni et trois fourneaux à cornues, qui donnent une production mensuelle de 800 tonnes environ.

Un chemin de fer relie le puits d'extraction aux fours à cornues et aux calcaroni. On y voit aussi quelques petites habitations, une forge, etc.

La couche du minerai a une puissance allant de 2 m. 50 à 4 mètres. Le toit est très-solide.

Le banc d'argile, de 1 m. 50 d'épaisseur, suit continuellement les travaux ; il sert à former les remblais.

A cet avantage ajoutons l'absence complète de l'eau, et nous pourrons dire, à juste titre, que ces deux mines peuvent être exploitées dans de bonnes et excellentes conditions.

Le rendement en soufre, du minerai, n'est pas élevé ; la moyenne est de 9 pour cent au calcarone et 18 pour cent avec les cornues.

L'exploitation se fait actuellement par galeries et piliers abandonnés.

MINES DE LINARO-RIVOSCHIO. — Sur la rive gauche du Borello, vis-à-vis du village de Linaro, se montre l'affleurement extrême du bassin sulfurifère vers le haut Apennin.

Cet affleurement constitue une ligne de hauteurs uniformes, élevées de 303 mètres au-dessus du lit du torrent.

Les deux ruisseaux, le Rio Cavo et le Rio Caselle, coulant presque parallèlement à 1,000 mètres l'un de l'autre, viennent se jeter dans le Borello, et font à cette ligne de hauteur un relief très-accentué.

C'est dans cette bande de terrain que se trouvent les mines de Linaro et de Rivoschio.

En vertu de certains engagements passés avec le propriétaire,

MM. Dellamore et Cie, concessionnaires de ces mines, ont à exploiter une superficie de trois kilomètres.

Jusqu'à ce moment, les travaux exécutés n'ont été que de simples recherches, qui n'ont pas été poussées à fond; car tout est rentré bientôt dans la solitude et l'abandon.

Ces travaux consistent en une galerie de niveau prise du torrent Borello, en direction dans la région du mur, poussée à 210 mètres, et que l'on se proposait de porter à 240 afin d'arriver au minerai.

Sur la hauteur, à 1,700 mètres environ du torrent Borello, est le puits de Crocetta, incliné à 72°, mesurant 84 mètres de profondeur, et au fond duquel on rencontra un minerai qui fut jugé inexploitable.

Enfin on trouve une autre galerie de niveau au plan de Rio Cavo; elle est prise dans le sens normal des couches du mur, et mesure 106 mètres; pour atteindre la couche sulfurifère, elle doit être portée à 314 mètres.

Les mines du deuxième groupe attendent toutes, sans exception, les capitaux nécessaires au parachèvement de leurs travaux.

Valdinoce a besoin que la communication entre le puits Eycquem et la galerie de niveau soit ouverte, afin d'obtenir un aérage convenable; il lui faut encore établir des chemins de fer pour le roulage.

A Costa et à Balze des travaux de recherches doivent être entrepris pour pouvoir atteindre la couche exploitable, et sortir de la partie stérile.

Il serait avantageux que Boratella et Monte-Jottone fussent reliées et soumises au même système d'exploitation.

D'après les données prises sur les lieux mêmes, et pour les exploitations du second groupe, les mille kilogrammes de minerai, rendus au calcarone, reviendraient en moyenne aux prix suivants:

Dépenses intérieures	1 fr.	50
Roulage	»	18
Chevaux et usure du matériel	»	35
Remplissage des bennes, transport au calcarone	»	28
Remblais, etc.	»	21
Outils et usure des dits	»	09
A reporter.	2	61

Report. . . 2 61

Bois et réparations . . . . » 13

Frais d'administration . . . . » 14

Frais imprévus . . . . » 04

Ensemble. . . 2 92

Ce prix est entièrement confirmé par les chiffres suivants relevés à la mine de Boratella.

Un wagonnet, au service de cette mine, contient 830 kilogrammes de minerai; pour former un mètre cube il faut :
$\frac{1350}{830} = 1,62$ wagons.

Un wagon de minerai coûte :

Abatage	fr.	1 25
Transports intérieurs		0 10
Remplissage des tonneaux au bas du puits		0 08
Décrochage et chargement au jour		0 05
Transport au calcarone		0 10
Total	fr.	1 580

DÉPENSES PAR MOIS ET POUR 1,500 WAGONNETS :

Extraction p. chevaux; quatre chevaux à 8 fr. p. jour	240 00	
Un conducteur et son aide	90 00	
Ferrage	12 00	
Usure et entretien du matériel	40 00	
	882 00	
Pour un wagonnet		0 254
Entretien des outils, main-d'œuvre	65 00	
Charbon de bois, acier	20 00	
Usure	10 00	
	95 00	
Pour un wagonnet		0 063
Entretien du matériel de transport, brouettes	18 00	
Wagons	15 00	
	33 00	
Pour un wagonnet		0 022
Boisage	45 00	
Pour un wagonnet		0 030
Chefs mineurs : un pour le jour, un pour la nuit	120 00	
Pour un wagonnet		0 060
Administration à la mine		0 040
Coût d'un wagonnet minerai	fr.	2 069
Coût des 1,000 kilogrammes		2 490

TROISIÈME GROUPE

Les mines du troisième groupe font partie du bassin sulfurifère qui se concentre dans le Monte-Feltro.

Les mines de Campitello et Sapigno s'ouvrent sur l'affleurement Nord ; nous trouvons celles de Perticara, Montecchio, Marozzano et Predappio sur l'autre affleurement, en partie replié, et tel que nous l'indiquons dans la coupe géologique prise sur la ligne passant par ces localités.

MINE DE CAMPITELLO. — Cette mine, qui fait partie des solfatares appartenant à MM. Delamore et Cie, a été une première fois abandonnée, puis reprise par cette société ; elle est aujourd'hui redevenue inactive.

Les travaux qui y ont été exécutés consistent :

En une galerie inclinée à 20°, longue de 98 mètres, prise dans la couche en suivant l'affleuremcment, et rejoignant un puits d'extraction vertical à 36 mètres ;

En une autre galerie de niveau, de 64 mètres, correspondant avec le fond du puits ; elle était affectée au service du roulage à la brouette ;

Et enfin en trois petites galeries situées en aval de la précédente, suivant l'inclinaison maximum de la couche à 20°, et servant aussi au roulage.

Dans l'une d'elles, on trouve un chemin de fer à double voie, sur lequel circulaient de petits chariots manœuvrés à l'aide d'un treuil.

L'épuisement des eaux s'opérait au moyen d'une pompe à levier.

La couche principale n'y existait pas ; celle qui était exploitée ne présentait que 40 à 50 centimètres de puissance. Cette pauvreté de la couche tendrait à faire conjecturer que ce n'était là que la segoncello, et qu'on trouverait la couche principale en poursuivant les travaux de recherches.

La direction des affleurements est à 23° Nord-Est du méridien astronomique.

Le matériel de la mine se compose d'une machine mue par des chevaux, d'une maison, d'un fourneau à dix cornues et d'un calcarone.

MINE DE SAPIGNO. — Au Sud de Campitello, et à cinq kilomètres environ de Sardina, on rencontre la mine de Sapigno.

A plusieurs reprises, on a tenté, sans succès, l'exploitation de cette solfatare, qui est ouverte à 30 mètres de profondeur.

Les anciens travaux, nettoyés depuis peu, ont pendant quelque temps alimenté, d'un minerai de bonne qualité, un fourneau à six cornues.

L'exploitation est paralysée par l'extrême difficulté de se mettre en communication avec la route provinciale de Cesena à Sardina ; les trois kilomètres qui séparent cette route de la mine sont un inextricable fouillis, au travers duquel nul chemin n'existe ; ce qui rend par suite les transports impossibles.

Telle est sa situation.

Cette mine appartient, par concession du Gouvernement, à la commune de Sant'Agata Feltria.

MINES DE PERTICARA, MONTECCHIO ET MARAZZANO. — Ce sont les plus grandes exploitations de ce bassin ; elles font partie des concessions de la Societé anonyme des soufres des Romagnes.

Elles sont toutes trois ouvertes sur l'affleurement de Campitello.

Les couches sulfurifères ont dans cette région des ondulations qui proviennent du soulèvement de la montagne ; elles s'abaissent à Perticara et à Marazzano, qui est situé au Sud, et au delà du ruisseau Fanatello.

La crête la plus élevée de Perticara est de 400 à 500 mètres au-dessus du niveau de la mer. Elle est de même date géologique que San Marino, dont la formation est reportée par les géologues à celle des Apennins.

Perticara dérive de Paes Galliæ, car c'est là que le Rubicon prend sa source.

L'analyse qui a été faite des différents produits de ces mines a donné :

Soufre.	0,345	0,193
Carbonate de chaux.	0,560	0,722

Carbonate de magnésie 0,041   0,037
Sulfate de chaux 0,011   0,011
Argile bitumineux 0,040   0,037

Il résulte de la disposition particulière du gisement, que le calcaire, qui sert généralement de mur au minerai, forme à Perticara le toit lui-même (coperchione).

La mine de Montecchio, la plus anciennement ouverte, est située à la partie la plus élevée de l'affleurement de Perticara. Cette solfatare est aujourd'hui abandonnée.

Les exploitations de Perticara et de Marazzano sont reliées entre elles.

Une galerie de niveau, partant du ruisseau Fanatello et suivant la région du toit, rejoint le minerai de soufre.

De ce point une galerie en direction joint ensemble les deux mines.

Une descenderie, qui conduit aux anciens travaux, est ouverte dans les affleurements près du puits Croce.

La puissance de la couche est de 4 mètres 50, et, sur divers points, elle présente des renflements qui la portent à 8 et même 10 mètres.

Les travaux actuels se poursuivent dans des couches supérieures et alternées de minerai, de gypse et de calcaire, ayant ensemble 40 mètres environ.

Ce sont ces énormes lentilles que nous avons mentionnées.

Le puits d'extraction, qui est armé d'une machine à vapeur de la force de vingt chevaux, a 235 mètres de profondeur.

L'épuisement des eaux a lieu au moyen de pompes manœuvrées à bras.

Ces mines sont pourvues de maisons d'habitation, d'une petite fonderie, de calcaroni, pouvant produire annuellement 4 à 5,000 tonnes de soufre, enfin de deux fourneaux à raffiner.

Le tableau suivant, dressé d'après les états fournis par la Compagnie, fera connaître le rendement par calcaroni, et la perte dérivant du raffinage, en 1860 (1).

---

(1) Nous n'avons pu obtenir de renseignements plus récents, la Société nous les ayant refusés.

PRODUCTION DE SOUFRE OBTENUE PAR LA SOCIÉTÉ ANONYME DU SOUFRE DES ROMAGNES DE 1855 A 1864

LOCALITÉS ET DÉNOMINATION DES MINES		PRODUCTION EN SOUFRE									
LOCALITÉ	DÉNOMINATION	1855	1856	1857	1858	1859	1860	1861	1862	1863	1864
		Kilogr.	Kilogr.	Kilogr.	Kilogr.	Kilogr.	Kilogr.	Kilogr.	Kilogr.	Kilogr.	Kilogr.
MONTE FELTRO (Province d'Urbino et Pesaro)	Marazzana.........	1.270.138	1.883.787	1.584.384	1.468.376	1.038.990	1.697.307	1.392.241	676.520	»	766.587
	Montecchio (1)......	»	»	»	27.952	22.331	»	»	»	943.000	»
	Perticara..........	2.417.208	8.162.325	3.470.662	3.548.585	2.812.058	3.304.387	2.056.988	1.875.156	2.128.060	3.276.268
CESENATE (Province de Forli)	Busca (2)..........	»	»	»	»	»	»	»	728.077	673.721	483.763
	Formignano........	1.108.786	911.602	864.488	954.210	769.540	770.598	925.664	1.148.511	1.652.771	992.620
	Luzzena-Fosso (2)...	»	»	»	»	»	»	»	128.244	306.750	177.793
	Monte-Mauro (2)....	»	»	»	»	»	»	»	42.260	»	»
	TOTAL.......	4.802.132	10.957.714	5.919.538	6.080.529	6.542.929	5.272.242	4.374.888	4.078.828	5.394.352	5.060.785

(1) Fermée, suspendue ; pouvant être travaillée par la mine Perticara.

(2) Ces trois mines furent achetées en 1861, et celle de Montemauro a été supprimée pour la rattacher aux travaux de Busca, qui est contiguë.

NOM DE LA MINE	MINERAI EXTRAIT	RENDEMENT EN SOUFRE		PERTE
		BRUT	RAFFINÉ	
	tonnes	pour 100	pour 100	pour 100
Perticara............................	25.574	13.38	12.45	7
Marazzano	14.147	11.59	11.10	5

En 1864, ces deux mines occupaient environ 550 ouvriers, répartis comme suit :

OUVRIERS PAR CATÉGORIE	MINES		TOTAL
	de Perticara	de Mazzarano	
Mineurs..	92	60	152
Rouleurs...	78	75	153
Abbadori. Fusion du minerai....................	31	9	40
Acquatacci. Tireurs d'eau......................	10	24	34
Grottaroli. Mineurs pour les étranglements.....	30	10	40
Ajusteurs, maçons................................	33	19	52
Pour l'entretien des galeries, etc., dans l'intérieur des mines................................	29	1	30
Manœuvres à la surface...........................	18	14	35
Machinistes, chauffeurs..........................	5	5	10
Fondeurs et aides................................	10	»	10

MINE DE PREDAPPIO. — Cette solfatare tire son nom du village près duquel elle est située.

Le type général du bassin sulfurifère manque ici complétement ; le dépôt supérieur se présente à la surface dépourvu des argiles qui habituellement le recouvrent.

Le terrain étant très-accidenté, les couches offrent des ondulations très-variées, et sont rompues en différentes directions de manière à présenter des blocs détachés, atteignant quelquefois un volume considérable.

Cette mine a été travaillée, pendant un certain nombre d'années, au moyen de puits peu profonds et de petites galeries destinées à l'écoulement des eaux.

Elle appartient à M. Flori, et est abandonnée aujourd'hui.

Il a été dépensé là des capitaux qui, d'après nous, auraient pu être mieux placés. Les travaux auxquels ils ont été employés sont relativement considérables ; on compte d'abord une galerie de niveau de 36 mètres, qui servait au roulage et à l'écoulement des eaux.

Deux puits d'aérage communiquent avec cette galerie, qui, mal tracée, n'a pas rejoint la couche sulfurifère située à un niveau plus élevé.

Un autre puits, armé d'une machine à vapeur de la force de six chevaux, devait servir à l'extraction. Le peu de minerai retiré, trop pauvre pour être traité en calcarone, donnait en moyenne, à la cornue, le 8 pour cent.

Enfin cette exploitation malheureuse possède une maison d'habitation et des magasins.

Comme nous venons de le voir, ce groupe ne nous montre que deux mines en activité ; il est vrai que, par compensation, ce sont les deux plus importantes exploitations du bassin général.

A Campitello des travaux doivent être entrepris à un niveau plus bas, tant pour faciliter l'écoulement des eaux, que pour rejoindre la couche principale.

Même observation pour Sapigno, qui, en plus, a besoin d'une route pour le transport du soufre fabriqué.

Perticara présente un défaut capital ; il consiste dans le petit diamètre du puits d'extraction, dont l'étroitesse occasionne à chaque instant des accidents qui ont parfois des conséquences sérieuses.

Les prix de revient des moyens actuellement employés pour assécher les travaux, doivent aussi être modifiés.

Marazzano se trouve dans des conditions à peu près identiques avec celles de Perticara ; il y a lieu d'entreprendre de nouveaux travaux pour simplifier l'exploitation et amener de notables économies.

Nous souhaitons que la description, que nous venons de faire des mines des Romagnes, ait présenté au lecteur des données intéressantes, et qu'elle puisse servir de guide, et faciliter la tâche à ceux qui après nous s'occuperont de cette importante question. Et, à ce propos, nous tenons à exprimer à M. l'ingénieur Sostegni de Cesana, ainsi qu'aux propriétaires, notre profonde gratitude pour le concours qu'ils ont bien voulu nous prêter.

Nous terminerons cet examen des exploitations romagnoles par le tableau récapitulatif des mines dont nous venons de parler, tout en regrettant de ne pouvoir le compléter jusqu'en 1871 ; ce que nous auraient permis de faire les renseignements que nous avons demandés, mais en vain, à l'administration de la Compagnie anonyme des soufres des Romagnes ainsi qu'aux successeurs de MM. Dellamore et Cⁱᵉ.

TABLEAU DU NOMBRE DES TRAVAILLEURS

SANS DISTINCTION, HOMMES, FEMMES ET ENFANTS, EMPLOYÉS CHAQUE SEMAINE PAR LES CINQ COMPAGNIES A PARTIR DU 2 AVRIL 1865, JUSQU'AU 6 JANVIER 1866 SUR LE QUATRIÈME TRONÇON SEULEMENT, C'EST-A-DIRE DE BUONAMICO A TORRE ALARO.

SEMAINES	1re COMPAGNIE	2e COMPAGNIE	3e COMPAGNIE	4e COMPAGNIE	5e COMPAGNIE	OBSERVATIONS
du 2 avril au 9 avril	906	»	»	»	»	(1) La 1re Compagnie finit ses terrassements au 30 juillet. Les travailleurs employés après cette date sont occupés aux approvisionnements et aux maçonneries.
du 9 » au 16 »	485	»	»	»	»	
du 16 » au 23 »	584	643	»	»	»	
du 23 » au 30 »	697	283	418	»	»	
du 30 » au 7 mai	593	114	449	»	»	
du 7 mai au 14 »	689	397	331	155	120	
du 14 » au 21 »	744	444	427	352	333	
du 21 » au 28 »	689	189	264	1284	473	
du 28 » au 4 juin	604	145	530	473	653	(2) La 2e Compagnie finit au 27 août.
du 4 juin au 11 »	1136	582	475	987	555	
du 11 » au 18 »	1033	356	453	214	464	
du 18 » au 25 »	1121	»	390	360	294	
du 25 » au 2 juillet	951	»	347	114	835	
du 2 juillet au 9 »	1989	696	383	380	1092	(3) La 3e Compagnie finit au 16 juillet, après quoi le peu de travailleurs qui continue, est employé aux approvisionnements et aux maçonneries.
du 9 » au 16 »	2073	993	(3) 314	790	1161	
du 16 » au 23 »	2015	1243	131	548	910	
du 23 » au 30 »	1889	1264	»	»	862	
du 30 » au 6 août	(1) 286	1050	23	»	1079	
du 6 août au 13 »	230	»	»	955	1441	
du 13 » au 20 »	155	708	58	»	(5) 927	
du 20 » au 27 »	121	(2) 860	»	»	1211	
du 27 » au 3 septemb.	104	»	»	»	41	(4) La 4e Compagnie finit au 15 octobre.
du 3 septemb. au 10 »	75	»	»	»	181	
du 10 » au 17 »	»	»	»	»	56	
du 17 » au 24 »	»	»	»	»	78	
du 24 » au 1er octobre	»	»	»	»	24	
du 1er octobre au 8 »	»	»	»	196	216	(5) La 5e, après avoir suspendu ses terrassements au 27 août, les reprend au 1er octobre, les finit au 6 janvier, grâce à la complaisance de quelques propriétaires qui lui permettent de travailler sur des terrains non encore expropriés.
du 8 » au 15 »	59	»	»	168	141	
du 15 » au 22 »	46	»	»	(4) 950	657	
du 22 » au 29 »	»	»	»	»	1040	
du 28 » au 5 novemb.	»	»	»	»	900	
du 5 novemb. au 12 »	»	»	»	»	1467	
du 12 » au 19 »	»	»	»	»	977	
du 19 » au 26 »	»	»	»	»	1040	
dn 26 » au 3 décembre	»	»	»	»	1578	
du 3 décembre au 10 »	»	»	»	»	1192	
du 10 » au 17 »	»	»	»	»	1165	*N. B.* Les lacunes indiquent des chômages pour toute la semaine. Le chômage de moins d'une semaine ne figure que par la diminution du nombre d'ouvriers.
du 17 » au 24 »	»	»	»	»	1104	
du 24 » au 51 »	»	»	»	»	648	
du 31 » au 6 janvier	»	»	»	»	1337	
TOTAUX	19274	9973	5043	7863	26556	

COMPAGNIE ANONYME DES SOUFRES DES ROMAGNES. —
Bénéfices obtenus en dix années jusqu'à 1865 et fractions de fr. 100
distribuées aux actionnaires, y compris l'intérêt de 5 pour cent.

Année 1855 fr.	64,572 23	fr.	6 00	pour cent.
— 1856	77,412 59		6 00	—
— 1857	206,282 89		17 00	—
— 1858	278,920 52		21 00	—
— 1859	252,118 49		19 50	—
— 1860	383,178 35		27 00	—
— 1861	232,771 38		14 50	—
— 1862	45,594 41		5 00	—
— 1863	197,031 39		5 00	—
— 1864	155,877 22		5 00	—
Total . . . fr.	1,893,759 47	fr.	126 00	pour cent.
Moyenne. . . fr.	189,375 94	fr.	12 60	pour cent.

Enfin, pour terminer cette revue des exploitations romagnoles,
et pour corroborer en quelque sorte nos propres appréciations par
un document officiel, nous mettons sous les yeux de nos lecteurs le
passage suivant, emprunté au remarquable rapport que M. Giordano,
ingénieur en chef des mines, adressait au Ministre de l'Agriculture,
de l'Industrie et du Commerce, sur l'exploitation des mines de la
Société des Romagnes, rapport inséré au mois de mars 1863 dans
la *Monographie de la province de Forli.*

« Résumons donc ce que l'on vient de dire au sujet des mines du
« district de Cesena. Nous voyons que, suivant toutes les probabi-
« lités, leur exploitation est susceptible d'un développement remar-
« quable ; cependant, tant que les nouveaux puits de Busca et de
« Formignano ne seront pas forés, il ne sera pas possible de comp-
« ter sur une production supérieure à 20 ou 25,000 quintaux de
« soufre brut, donnant, sur le carreau de la mine, un bénéfice net
« de 40 à 45,000 francs.

« Lorsque, dans deux ou trois ans, ces travaux seront exécutés,
« le rendement sera très-probablement porté à 50,000 quintaux,
« rapportant un bénéfice net de 180 à 200,000 francs. »

Arrivant ensuite aux mines situées dans le Monte-Feltro, et appartenant à la même société, M. l'ingénieur Giordano dit :

« La grande production de la mine de Perticara, qui constituait
« pendant ces dernières années la principale source des bénéfices de
« la Société, provenait en grande partie de l'exploitation d'un banc
« de soufre très-riche, malheureusement isolé, et compris entre des

« bancs stériles ou très-pauvres en substances utiles. La vaste exploi-
« tation de cette partie riche de la couche, mal protégée par un toit
« très-fragile au contact de l'air, donna lieu au terrible éboulement
« qui, en 1861, engloutit tant de travaux, et anéantit une grande
« partie des espérances que l'on fondait sur cette mine.

« Aujourd'hui les ruines ont été circonscrites, et par des tra-
« vaux bien entendus, on a rejoint les chantiers les plus éloignés
« encore intacts, en les faisant communiquer avec le puits d'extrac-
« tion convenablement renforcé, et armé d'une bonne machine à
« vapeur.

« De nouveaux travaux de recherches furent poussés cà et là
« dans les parties du gisement encore vierges ; on tenta enfin de ré-
« parer le désastre en faisant tout ce qu'il était humainement pos-
« sible de faire. Malheureusement la partie de la mine où se trou-
« vent aujourd'hui les nouveaux travaux de recherches et d'exploi-
« tations, ne présente pas la richesse des parties éboulées.

« La possibilité de retrouver une nouvelle zône aussi riche que
« la première n'est pas improbable, surtout en s'avançant vers le
« Nord ; mais de toutes manières, la distance est telle, que pour
« atteindre l'ancienne couche il faudra une ou deux années de tra-
« vaux dans la même direction.

« Après les réparations en cours d'exécution, et celles déjà fai-
« tes, l'exploitation ramenée à des conditions moins anormales
« permettra une sensible économie sur les frais de fabrication du
« soufre ; et si ceux-ci, vers le commencement de 1862, attei-
« gnaient 33 francs le quintal métrique, ils peuvent descendre sous
« peu à 11 francs et même à 10 francs.

« Les conditions de la mine de Marrazzano sont aujourd'hui
« analogues à celles de Perticara. La zône la plus productive de
« de la couche sulfurifère se trouve également presque entièrement
« enveloppée par un banc gypseux, et la partie connue jusqu'ici
« a été déjà à peu près entièrement exploitée dans les années pré-
« cédentes, de sorte que l'on n'a plus de chantiers productifs sinon
« à l'extrémité méridionale de la solfatare.

« Enfin, en considérant l'ensemble des mines appartenant à
« cette société, dans l'impossibilité de prévoir dès aujourd'hui,
« avec un degré suffisant de précision, l'avenir de celles du Monte-
« Feltro, la société peut raisonnablement espérer une compensa-

« tion dans l'avenir des exploitations du district de Cesena, qui
« sont aujourd'hui très-favorablement réunies ensemble et ne for-
« ment presque qu'une seule mine.

« Dans ces dernières exploitations se rencontrent aussi çà et là
« des zônes stériles au milieu des parties riches de la couche ; mais
« leur richesse moyenne est beaucoup plus régulière ; de sorte
« qu'en se basant sur les résultats obtenus par les travaux exé-
« cutés jusqu'à ce jour, et en faisant opportunément précéder l'exca-
« vation ordinaire par des travaux de recherches, on pourra se
« rendre compte d'une manière plus précise du chiffre de pro-
« duction, comme des bénéfices dont on a parlé plus haut. »

La mine et les usines à soufre des Tapets ne sont distantes que de cinq kilomètres de la ville d'Apt. Le gisement se compose d'une couche de 0,50 à 0,55 de puissance, composée de calcaire veiné de petits amas de soufre natif. La mine s'offre à nos yeux dans les mêmes conditions que celles que nous avons signalées en Sicile et dans les Romagnes. Les affleurements y présentent les mêmes circonstances, et le gisement exploité se trouve à 15 mètres de profondeur. Sa direction est S. S.-E.

Les affleurements sont partout; on les rencontre principalement dans les exploitations de lignite qui sont contiguës aux Tapets. Jusqu'à ce jour on n'y a attaché aucune importance; on dit, il est vrai, dans le pays, que si on avait creusé des puits plus profonds, le département de Vaucluse aurait une richesse de plus à exploiter.

La richesse moyenne, d'après les analyses faites par les ingénieurs des mines, est évaluée de 20 à 25 pour cent.

Comme on le voit, la plus grande analogie existe entre les gisements italiens et français; cela est dû à ce que la formation est la même.

Ce n'est qu'en 1857 que l'exploitation a commencé. Aujourd'hui les travaux consistent en un puits et des galeries dont l'une d'elles a 250 mètres environ ; elle sert à la sortie du minerai et des eaux.

La quantité de produits exploités a été :

En 1858 de 600 quintaux.

En 1859 de 3,500 —

Dans les premières années, la fabrication consistait simplement à réduire le minerai en poudre ; on le vendait en cet état pour la viticulture. C'était transporter au loin 80 pour cent de matières inutiles, et fournir ainsi à l'agriculture un produit qui ne pouvait rivaliser avec celui qui lui était livré par les raffineries de Marseille.

Aussi, depuis quelques années, il a été construit une usine sur les bords de la Doâ, à deux kilomètres environ d'Apt, sur la route de Rustrel.

On y traite le minerai ; on le place dans des cornues chauffées extérieurement, comme celles des mines à gaz ; on volatilise ainsi le soufre qui vient se déposer dans des chambres de condensation. On fait, en un mot, la même opération que celle qui s'effectue à Marseille, et que nous décrirons au chapitre de la fabrication.

L'avenir de cette exploitation dépend de l'importance plus ou moins sérieuse du gisement des Tapets, et cette importance ne pourra être établie que le jour où des travaux plus considérables auront été faits.

SOLFATARE DES TAPETS. — Territoire de Saignon, arrondissement d'Apt (Vaucluse).

PRODUITS EXPLOITÉS

1858	quantité en quintaux métr.		600
1859	—	—	3,500
1860	—	—	500
1861	—	—	160
1862	—	—	1,500
1863	—	—	9,903
1864	—	—	21,638
1865	—	—	20,714
1866	—	—	2,975
1867	—	—	inexploité
1868	—	—	id.
1869	—	—	id.
1870	—	—	12,003
1871	—	—	32,459

Nota. — Le produit s'entend ici de minerai brut en morceaux, dont la teneur en soufre est de 20 à 25 pour cent, et le rendement de 15 1[2 pour cent.

Dans notre description géologique, nous avons fait connaître que, si des gisements sulfurifères existaient dans la zône métallique, ils n'étaient plus exploités.

La réunion en une seule nation des divers états italiens, a eu, au point de vue économique, cette conséquence de procurer à l'exploitation minière les moyens d'aller se constituer là où la nature lui offrait le plus d'avantages.

Aussi les quelques petits exploitants toscans, devant la facilité des arrivages de Sicile, ont-ils, pour la plupart, abandonné leurs exploitations, et les habitants ont préféré s'adonner à l'agriculture.

Il en reste cependant encore quelques-unes dans une situation plus ou moins prospère ; nous allons nous en occuper succinctement.

Les statistiques publiées en 1859 par l'ex-gouvernement pontifical, donnent la population des pays les plus voisins des mines, c'est-à-dire dans un rayon de douze milles romains, équivalant à dix-huit kilomètres environ.

Canale		1,029	habitants
Manziana		1,188	—
Bracciano,	à 4 milles environ. . . .	2,287	—
Oriolo,	à 2 —	1,211	—
Tolfa,	à 12 —	2,522	—
Bassano,	à. 6 —	1,783	—
Sutri,	à 12 —	1,993	—
	Total.	12,013	habitants

On voit par ces chiffres que la population serait insuffisante pour fournir le nombre d'ouvriers nécessaires à l'exploitation de ces mines. Et cependant si cette exploitation était régulière et bien conduite, les ouvriers y afflueraient, car ils viendraient des pays plus éloignés ; c'est ce qui arrive aujourd'hui pour le service des mines de Monte-Feltro ; l'on y vient d'une distance de huit à dix heures.

La journée de huit heures d'un ouvrier employé aux mines est de 35 baïoques (1 fr. 88) ; celle de l'ouvrier au four se paie 40 baïoques (2 fr. 15). Ces prix sont un peu plus élevés que ceux qui rétribuent les travaux agricoles.

Pour le service des mines, le bois de cerro, coupé depuis un an et transporté à Canale, coûte 13 baïoques au tas, ce qui correspond à 6 fr. 48 la tonne.

Cette abondance du bois aura un jour une fin ; mais les prix si minimes auxquels il se vend aujourd'hui, doivent faire espérer la reprise des exploitations minières.

Si le bois est toujours nécessaire dans les mines pour la construction et le soutènement des galeries, il est indispensable pour celles qui sont à créer dans les terrains de Canale et de Manziana ; on ne peut en effet y creuser un cheminement de quelques mètres, sans être obligé d'en étayer les voûtes.

De Canale à Rome, la distance est de trente-deux milles (environ quarante-huit kilomètres) ; de Canale à Civita-Vecchia, vingt-quatre mille (trente-six kilomètres).

Le chemin de fer passe entre Rome et Civita-Vecchia ; ce serait à Saint-Sever, qui n'est qu'à dix-huit kilomètres de Canale, qu'il faudrait conduire le soufre.

MINE DE CANALE. — La mine de Canale est la plus importante, car c'est la seule qui ait été jusqu'à présent l'objet d'une exploitation un peu sérieuse.

Elle se trouve à un kilomètre environ de la route qui conduit de Manziana à Civita-Vechia ; on y arrive par un chemin qui, en pente douce sur la colline, s'étend jusqu'au petit établissement où l'on extrait la roche sulfureuse. Un ruisseau d'une eau très-pure sillonne cette pente, et passe sur le lieu de l'exploitation ; son courant rapide y est utilisé, et sert à débarrasser le minerai de soufre des matières brutes qui l'enveloppent encore après l'extraction.

En descendant vers le fond de la vallée, à environ 200 mètres au-dessous de l'établissement, on rencontre des rochers sur lesquels se brisent ces eaux ; elles forment en cet endroit une chute d'environ 16 mètres qui pourrait être grandement utilisée pour l'exploitation de la mine.

Les terrains, dans lesquels se trouve ce gisement de soufre, sont composés d'assises très-larges, de tufs volcaniques, alternés, çà et là, de roches éruptives de diverses espèces. Ces roches ont assurément une disposition irrégulière, altérée par les cataclysmes auxquels elles ont été soumises ; mais leurs caractères physiques et chimiques dénotent bien une origine volcanique.

Les travaux d'extraction du soufre y ont été entrepris depuis quatorze ans ; la mine est l'objet d'une exploitation irrégulière qui produit environ 110 tonnes de soufre par année, mais le résultat pourrait être, si on le voulait, beaucoup plus considérable. Il y a des filons de minerai sulfureux qui, suivant les observations du chef actuel de l'usine, présentent l'épaisseur de quinze palmes, soit environ $3^m,73$.

Actuellement l'extraction se fait dans un filon qui a l'épaisseur d'un mètre environ et qui, d'après les analyses faites, contient 40,23 pour cent de soufre.

En descendant la colline, le long du ruisseau, jusqu'au torrent Bisciare, à un kil. environ de distance, et, comme altitude, à 50 mètres environ au-dessous de la mine actuelle, on trouve des traces abondantes de soufre. Il n'y a, en cet endroit, que des terrains stériles, dépouillés de toute verdure, désagrégés par les émanations sulfureuses qui s'annoncent par l'odeur fétide qu'elles répandent. L'eau des puits est imprégnée de soufre, et tenue en ébullition continuelle par les vapeurs sulfureuses qui s'échappent des fissures du sol.

On rencontre encore, le long du Bisciare, des rochers élevés, taillés presque à pic, dans lesquels le soufre paraît devoir être aussi en abondance.

Partout on découvre des vestiges d'anciennes exploitations ; l'extraction a été faite par les paysans, sans aucune galerie de recherches, au moyen d'un simple défoncement du sol.

Le soufre ne se trouvant dans la roche qu'à l'état de mouches, ne permet pas que l'on donne à ces terrains le nom de couches ; ce sont des masses de pierres riches en soufre, disloquées, renversées par les bouleversements géologiques de toute nature, qui ont accompagné le soulèvement de ces montagnes.

Ces masses de roches sulfurées ont une certaine uniformité quant au gisement; elles ont le plus souvent une inclinaison qui suit celle de la montagne; mais elles ne présentent pas des caractères assez réguliers, pour pouvoir être l'objet d'une exploitation industrielle fructueuse.

Cette roche se désagrége rapidement au contact de l'air; on la brise facilement avec la pioche, c'est là une des grandes difficultés pour une exploitation; car il faut étayer, à l'intérieur, toutes les galeries pour prévenir les désastres. Toutefois, cette nécessité de soutenir les galeries serait compensée par le travail facile de la roche, mais, comme nous le disions plus haut, il est à craindre que l'irrégularité d'un pareil gisement ne déconcerte les efforts et les recherches des mineurs.

MINE DE MENZIANA. — La macchia de Menziana se trouve sur un terrain ondulé au couchant du lac de Bracciano. Là les roches sont d'une nature analogue à celles qui forment en général la large zône des Trachite, c'est-à-dire de composition uniforme, contenant partout des traces de soufre.

Le bassin sulfurifère situé dans la macchia de Menziana présente l'aspect de la fameuse solfatare de Pouzzoles près de Naples.

Le centre principal se trouve à côté de la route qui conduit de Bracciano à Menziana, dans le lit d'un petit torrent; le terrain est entièrement dépouillé de végétation, par les exhalaisons sulfureuses qui s'échappent de la terre.

Le sol est couvert, à sa surface, d'une croûte d'un blanc jaunâtre; fréquemment, tout comme dans la soufrière de Pouzzoles, cette surface se boursoufle et se hérisse de proéminences nouvelles.

Si on le frappe avec un bâton, le sol rend un bruit sourd et prolongé, comme celui de sons qui se répercutent sous des voûtes profondes; d'où l'on conclut à l'existence de vides intérieurs; çà et là, des panaches d'une fumée blanchâtre, chargée de vapeurs sulfureuses, s'échappent de la terre crevassée; dans les jours de pluie des détonations souterraines se font entendre. En un mot, on retrouve là tous les phénomènes qui se produisent à Pouzzoles.

Si l'on en croit les traditions du pays, la mine de Menziana a été l'objet d'une exploitation au commencement de ce siècle; mais cette exploitation n'a pu être que superficielle ; à en juger par le peu de temps qu'elle a duré, on aura dû probablement se contenter de fouiller les roches supérieures , car on ne retrouve aucune trace de galeries.

A quelque distance de cette mine se rencontre une autre excavation, où l'on découvre, presque à fleur de terre, une roche calcaire de couleur verdâtre, parsemée de veinules, jaune clair, de soufre pur.

La roche qui encaisse ces couches, contient également du soufre. Ici, comme dans toute la contrée, si on creuse le sol, on remarque les mêmes phénomènes qui accompagnent les volcans en activité ; le mont Virgine n'est qu'un volcan tranquille aujourd'hui, mais qui continue cependant d'accomplir son œuvre souterraine, telle que l'accomplissent ceux que nous avons rencontrés en Sicile et en Toscane. Aussi dans cette excavation, dont nous avons parlé tout à l'heure , trouve-t-on de l'eau mise en ébullition par l'évaporation continue des vapeurs de soufre.

Les couches de ce bassin sont inclinées, et les inclinaisons ont des directions le plus souvent diamétralement opposées les unes aux autres, ce qui n'offre à l'explorateur que peu de chances pour un travail minier régulier.

En s'éloignant d'un kilomètre environ, on arrive à Poggio où l'on observe des phénomènes semblables à ceux que nous venons de relater.

Ces gisements de soufre ne sont donc encore qu'à l'état de formation ; c'est du soufre qui se produit continuellement, comme il se produit à Pouzzoles, comme il se produit sur une plus grande échelle, au mont Hécla.

Au point de vue industriel, l'exploitation en est-elle possible?

Oui, si on ne veut opérer qu'à la superficie ; non, si on veut opérer par excavation, à l'aide de galeries. En avançant sous terre on se trouvera en face de difficultés insurmontables, car les émanations qui se dégagent sans cesse, ne permettront jamais à l'ouvrier d'y travailler. D'ailleurs, le soufre, qui s'y produit, présente les mêmes caractères que celui que nous pouvons faire au laboratoire, pour lequel il suffit de faire réagir, par exemple, de l'acide sulfureux sur de l'acide sulfhydrique dans un milieu humide. Ce produit ne présente aucune cristallisation : c'est une poudre blanchâtre, impalpable qui, le temps aidant, imprégnera les roches avec lesquelles elle est en contact, et fournira alors un minerai plus ou moins riche.

MINE DE FRASINETTO. — Dans la même contrée viennent ensuite les mines de Frasinetto. La formation s'y présente dans les conditions de Canale et de Menziana. En suivant le torrent Mignare, on trouve, dans le lit même du torrent, des affleurements de soufre imprégnés dans des terrains calcaires qui s'étendent à droite et à gauche, jusque près de la cime des collines environnantes.

Il y a là une ligne de séparation bien définie, où apparaissent, à nouveau, des tufs volcaniques de la même nature que ceux rencontrés à Canale et à Menziana.

Ces calcaires donnent des exhalaisons de vapeurs sulfureuses ; ils offrent à leur superficie des efflorescences de soufre.

A Frasinetto, on trouve des traces de travaux de recherches, qui ont été exécutés, il y a dix ou douze ans. Des échantillons ont été recueillis à l'entrée d'une galerie commencée à cette époque, et ont été soumis a l'analyse ; le minerai a produit 12, 80 pour cent de soufre.

RÉSUMÉ

Comme conclusion à cette partie de notre travail, nous allons
exposer quelques considérations générales sur les meilleurs modes
à employer, et les améliorations à apporter dans l'exploitation des
mines de soufre.

Dans tout pays minier, le soin d'une mine ne saurait dépendre
entièrement de la volonté et de l'initiative privée ; car elle constitue une partie de la richesse publique. Or il est certain que cette
richesse, livrée aux caprices des individus, ne serait pas ménagée
avec tous les soins qu'elle comporte. Même dans nos pays du Nord,
aujourd'hui si florissants et si riches par leurs exploitations minières, si une autorité supérieure, inflexible et attentive, ne
veillait pas, imprimant une sorte de direction générale, on peut
affirmer que, au lieu de la prospérité, nous y rencontrerions les
mêmes vices, la même négligence, le même abandon que nous
avons signalés presque partout en Italie et plus particulièrement
dans les exploitations siciliennes.

Dans notre premier chapitre traitant spécialement de la législation sur les mines en Italie, nous avons indiqué avec quelle sollicitude et quels soins, on avait, de nos jours, cherché à sauvegarder et à
privilégier cette branche de la richesse et de la propriété nationale.
Nous aurions pu donner une plus considérable extension à cette
partie de notre travail, nous nous sommes borné à faire remarquer

que si la loi française de 1810, méritait les plus grands éloges, la loi italienne de 1859 lui était bien supérieure.

Plus tard, lorsque nous avons abordé la description de la Toscane, nous avons eu occasion de montrer que, déjà, il y a bien des siècles, les ancêtres des habitants actuels de l'Italie avaient, dans le but de sauvegarder leurs mines et de protéger l'existence des mineurs, édicté des lois sévères et pris les dispositions les plus sages.

Aussi ne peut-on s'empêcher de s'étonner en constatant avec quelle négligence, quel sans gêne et quelle incurie est traitée, aujourd'hui, en ce même pays, cette partie si importante de la fortune publique, qui, dans les temps anciens était entourée d'une protection si jalouse et si bien entendue. Et l'on se demande comment il a pu se faire, que des lois d'intérêt général et d'ordre majeur obéies de temps immémorial, aient fini par être si audacieusement violées et complétement oubliées.

Ce malheureux état de choses est la conséquence de l'ignorance dans laquelle les gouvernements oligarchiques italiens ont plongé les populations.

Cependant dans certaines contrées, comme en Toscane et dans les Romagnes, où les lettres, les beaux-arts et certaines industries qui s'y rattachent, n'ont jamais cessé d'être non-seulement en honneur, mais même dans un état florissant, les mines n'ont jamais été aussi délaissées, et leur service s'est maintenu dans des conditions à peu près satisfaisantes et régulières.

Mais il n'en a pas été de même dans les provinces méridionales, ce vaste champ de bataille où toutes les ambitions se donnaient carrière et que le hasard des combats faisait brusquement passer d'une main dans une autre.

Si par l'application des lois et des réglements, l'avenir des mines est protégé, cet avenir est cependant subordonné à l'adoption des bonnes méthodes d'exploitation; pour cela il est nécessaire, que tout exploitant, grand ou petit, connaisse et compare ce qui se passe dans son pays, et au dehors.

INGÉNIEURS DES MINES. — Dans l'état actuel, en Italie, un exploitant ne voit que ce qui se fait chez lui, il a peu de loisir pour se rendre dans des exploitations quelquefois éloignées. D'un autre côté, l'exploitant plus instruit, ne voit qu'un concurrent dans l'arrivée de son voisin, et il a bien soin de lui cacher ses procédés particuliers.

Tous les gouvernements ont compris un état de choses si désastreux au point de vue général, et, voulant le faire cesser, ont créé un corps spécial d'ingénieurs des mines.

Ce n'est en effet qu'au corps des ingénieurs des mines qu'il peut appartenir de mettre, jour par jour, les industriels au courant de tous les progrès qui se réalisent.

Aussi, les pays dont l'industrie est la plus avancée, sont ceux où les corps d'ingénieurs surveillent l'aménagement des mines, veillent à la vie des ouvriers et s'occupent à répandre, par leurs avis, par leurs écrits, les progrès de toute nature accomplis dans le monde entier.

La propagation des bonnes méthodes se réalise par les recueils. les écrits périodiques, et par les écoles professionnelles.

L'Italie s'est mise à l'œuvre ; le corps de ses ingénieurs renferme des sommités au moins égales à celles des autres pays, quelques recueils paraissent, des écoles professionnelles s'établiront avant peu, de telle sorte que, dans quelques années, le mauvais état des exploitations sulfurifères aura fait place à des modes plus sages et garantissant l'avenir des mines.

TRAVAUX PRÉPARATOIRES. — On entend par ces mots *travaux préparatoires*, toutes les constructions, intérieures comme extérieures, qu'il est nécessaire de créer avant de songer à retirer d'une mine un profit quelconque.

Il est indispensable que ces travaux, toujours dispendieux, absorbant des sommes considérables, soient établis, non-seulement par des gens compétents, mais qu'ils ne soient décidés que lorsque des études sérieuses dites de *recherches* auront été menées à fin.

C'est une des raisons pour lesquelles les lois donnent au mineur, avant la concession, un laps de temps, plus ou moins long, pour qu'il puisse s'assurer de la valeur du gisement, qui, dans l'espèce, comme nous l'avons fait remarquer, laisse bien des *alea*.

Tous les ingénieurs sont unanimes à reconnaître que le briscale, cette décomposition des calcaires par les gaz sulfurés, et, que quelques-uns nomment la *cheminée par où sort. le tropplein souterrain*, tous reconnaissent, disons-nous, que la présence du briscale est l'indice rarement trompeur des gisements de soufre. Plus il sera décomposé, plus le mineur aura de chances de rencontrer, en profondeur, un gisement important.

Ainsi, sur ces indices, nous avons vu le mineur exécuter la *scala*, mode de faire des plus rationnels.

Ce sera, seulement alors, c'est-à-dire lorsque le briscale aura été bien reconnu, qu'il faudra établir les travaux préparatoires, travaux entendus de telle sorte que cette mine espérée puisse donner pendant des années la sécurité pour ses travailleurs et des produits rémunérateurs pour les capitaux.

Sans travaux préparatoires, nous l'avons vu, n'importe quelle mine se trouve bientôt dans des conditions impossibles de travail.

Dans les premiers temps de l'exploitation, les transports s'effectueront sans de trop grands efforts, mais bientôt aussi les cheminements devenant longs, la mine gagnant en profondeur, l'eau apparaîtra, la ventilation deviendra insuffisante, et les dépenses prendront de telles proportions, que l'abandon de la mine deviendrait fatalement nécessaire.

L'ingénieur décide les travaux préparatoires, mais avant il devra s'éclairer par d'autres recherches que celles effectuées par la scala.

Nous savons que le soufre se rencontre à quelques mètres sous le sol ; nous savons qu'en le suivant en profondeur, on a presque la certitude de le rencontrer dans un état exploitable ; mais l'ingénieur doit acquérir cette certitude, avant de se risquer dans des travaux coûteux, car il sait que les minéraux d'origine éruptive, comme le soufre, doivent avoir leurs assises d'autant plus grandes, qu'elles s'éloignent davantage de la croûte terrestre.

Il faut cependant se bien souvenir qu'il n'est pas de règles sans exception, car cette règle, vraie dans la plupart des cas, appliquée au soufre prêterait à de grandes déceptions, parce que, ne l'oublions pas, ce métalloïde subit des métamorphoses sans nombre.

Dans ces conditions d'incertitude, l'ingénieur, avant de décider la création des travaux préparatoires, continuera les recherches soit par d'autres descenderies qui aillent couper la direction apparue, ou par des sondages, et ce ne sera qu'après que ces travaux auront affirmé à leur tour l'existence du soufre, qu'il y aura lieu de tenter une exploitation sérieuse.

C'est ici où non-seulement la science de l'ingénieur est indispensable, mais où il est plus indispensable encore d'avoir une grande habitude des mines de soufre; il s'agit, en effet, de reporter les indications que les galeries de recherches auront fournies, au relief extérieur du terrain, de coordonner ces données avec la position des autres affleurements, de reconnaître la nature des terrains, et d'établir de tous ces éléments épars un ensemble qui dira les points sur lesquels il faudra tenter de nouvelles descenderies ou des sondages.

Les sondages coûtent peu; en général, dans les terrains qui renferment le soufre, les dépenses ne dépassent pas les prix suivants :

$$
\begin{array}{llll}
\text{de} & 0 \text{ à } 100^{m} & 60 \text{ fr.} \\
\text{de} & 101 \text{ à } 150 & 80 \text{ »} \\
\text{de} & 151 \text{ à } 200 & 90 \text{ »} \\
\text{de} & 201 \text{ à } 250 & 120 \text{ »} \\
\text{de} & 251 \text{ à } 300 & 150 \text{ »}
\end{array}
$$

ÉPUISEMENT. — En pénétrant dans le sol, les galeries de recherches mettent à découvert des sources ou des nappes d'eau, qui s'infiltrent au travers des terrains entr'ouverts, et rendent indispensable l'établissement de puits, de galeries, de machines pour leur évacuation.

Avant d'établir ces machines, l'ingénieur doit se rendre compte des relations qui existent entre les quantités d'eau qui proviennent des pluies, de la fonte des neiges, et celles de l'intérieur. Cette étude est très-difficile, attendu que les influences intérieures se produisent souvent sur des points fort éloignés de ceux où l'on se trouve.

Aussi leur régime est variable, et nécessite, dans la construction, des puits et des appareils d'épuisement, des dimensions et des forces plus considérables que celles réellement utiles.

L'évacuation des eaux s'opère de différentes façons.

Ce sont dans les unes, des puits verticaux armés d'un moteur à vapeur; dans d'autres ces mêmes puits verticaux sont armés de baritels; d'autres possèdent des galeries inclinées dont le moteur est placé dans le bas, enfin d'autres ont un aqueduc.

Le mode le plus simple, le plus sûr, le plus économique, est sans contredit l'aqueduc, malgré le surcroît de dépenses qu'il exige souvent. Malheureusement, il ne peut être établi que rarement; ce n'est que lorsque la situation topographique du terrain le permet, lorsque l'on peut donner à la galerie d'écoulement une pente de 0,01 à 0,02 par mètre, du front de taille des travaux intérieurs à l'extérieur. Pour tous les autres cas, il faut amener les eaux au puisard, c'est-à-dire à l'endroit le plus bas des travaux, et ce n'est alors qu'au moyen des pompes, que l'on peut obtenir le même résultat, c'est-à-dire l'évacuation des eaux.

Les Allemands furent longtemps nos maîtres en la matière. Ils ne le furent plus le jour où l'on vit qu'on pouvait élever l'eau, par un seul tuyau d'ascension, à une hauteur plus grande que celle qui fait équilibre à la pression atmosphérique.

Agricola fournit le dessin des pompes allemandes, répétition de nos jours des pompes placées dans un puits vertical, divisées par colonnes de trente pieds, colonnes placées les unes au-dessus des autres.

Nous avons rencontré cet antique système installé presque dans toutes les mines; malgré son coût fort élevé, il est peut-être suffisant là où la quantité d'eau à déverser au dehors est peu considérable, mais il ne saurait rendre un service utile partout où les infiltrations ont de l'importance.

L'usage des *pompes élévatoires* date du siècle dernier; on n'en connaît pas l'inventeur, on sait seulement que les premières amenaient l'eau d'un seul jet, d'abord à 60 mètres, puis à 80, puis à 100, et qu'aujourd'hui leur force élévatoire dépasse 500 mètres.

La colonne du liquide à transvaser est appuyée au-dessus du piston de la pompe, ce poids s'augmente en raison directe de la hauteur, aussi calcule-t-on des pressions qui atteignent jusqu'à quarante atmosphères.

Tout outil a ses inconvenients; l'un de ceux reprochés à ces pompes élévatoires, est l'usure du cylindre et des soupapes, usure qui est d'autant plus grande que les eaux sont acides ou fangeuses.

La mécanique a remédié à ces inconvenients, d'abord en ménageant des ouvertures parfaitement closes, vis-à-vis de chacune des soupapes, ce qui a permis leur remplacement, puis en construisant le corps de pompe en cuivre.

Il y a maints modèles de pompes élévatoires ; c'est ainsi que pour diminuer le poids des tiges, qui est considérable, on a imaginé les contre-poids ; puis ces appareils, très-embarrassants par leur étendue, étant sujets à des dérangements et employant une grande partie de la force motrice, on a changé la marche des pistons et on a transformé la pompe élévatoire en pompe foulante.

Notre intention n'est pas de faire un cours sur le mécanisme des pompes. Mais nous devons cependant relater le plus simple des moyens à employer pour l'installation d'une pompe à vapeur dans l'intérieur de la mine.

L'emploi d'une pompe à vapeur dans l'intérieur d'une mine est pratiqué dans quelques charbonnages. Il y a des machines depuis trois à quatre chevaux de puissance jusqu'à cinquante.

La pompe est installée dans l'intérieur, elle aspire les eaux le plus proche possible ; à une distance de 8 mètres au plus et lorsque les travaux d'excavation arrivent à une profondeur plus grande que les 8 mètres, on change l'emplacement de la machine. Elle refoule les eaux, jusqu'au dehors, en un seul jet. La vapeur nécessaire à son travail lui est donnée par un générateur qui se trouve le plus près possible du puits qui contient les tuyaux ascenseurs. Dans les mines qui se servent de ce système, la vapeur est conduite jusqu'à 200 mètres de distance. Le tuyau conducteur est entouré d'une couche épaisse de feutre, qui garantit suffisamment la conservation du calorique, et fait que la vapeur sortant de la chaudière à six atmosphères de pression, puisse arriver à la pompe avec une perte ne dépassant pas le sixième.

A Frapaolo, nous avions installé une de ces pompes; malheureusement les événements de la guerre franco-prussienne ne nous permirent pas de suivre les expériences dans tous leurs développements, et d'arriver à un fonctionnement régulier.

Convaincu que ce système d'épuisement est appelé à être avantageusement employé dans les mines de soufre, qu'il y rendra des services signalés, nous allons en faire une description succincte.

POMPE A VAPEUR AUTOMATIQUE. — Nous devons à l'obligeance de MM. Mills, Muller et Roux de Paris, les renseignements suivants :

La pompe construite par MM. Tangye frères, à Birmingham, a pour caractère distinctif un cylindre à vapeur et un corps de pompe placés dans le même axe ; le mouvement est direct, la tige est commune et les courses dans l'un et dans l'autre cylindre sont les mêmes. Par cette combinaison très-simple, on diminue de beaucoup les pertes occasionnées par le frottement des organes, car la construction de cette pompe n'admet ni volant, ni bielle, ni manivelle. La distribution de la vapeur est faite par la machine elle-même, sans le secours d'un excentrique.

A la suite d'une série d'expériences pratiquées sur une pompe dont la dimension des cylindres de vapeur et de la pompe étaient respectivement 200 et 152 millimètres de diamètre, on constata que le rendement en volume était en moyenne 0,982 du volume développé par le piston de la pompe, et que le fonctionnement alternatif était très-régulier, bien que dans une expérience le nombre des coups de piston par minute fût monté jusqu'à soixante-six.

Quant au rendement de la machine, les expériences ont démontré que le rapport entre le travail effectif en eau élevée, et le travail réellement dépensé sur le piston, avait atteint jusqu'à 0,380^m.

Vu leurs petites dimensions, comparativement aux autres machines affectées au même usage, et leur poids minime qui permet de les déplacer aisément, elles peuvent servir dans les mines comme pompes d'épuisement : une petite cavité suffit pour les y loger, et un simple conduit de vapeur pour les mettre en action. Dans les mines où les machines sont placées à une grande profondeur, la vapeur perd de sa force élastique par suite de la grande surface refroidissante de la conduite. Cette perte est considérablement diminuée par l'emploi de demi-cylindres non-conducteurs en feutre spécial. Ces garnitures, très-légères d'ailleurs, ont l'avantage de pouvoir se déplacer facilement en cas de réparation des conduites, et en outre de se changer à volonté pour être transportées d'une conduite sur une autre de même diamètre.

Des purgeurs automatiques permettent de tenir les tuyaux et cylindres de vapeur dans un bon état de fonctionnement, et sans qu'il y ait à craindre quelque engorgement.

En résumé, ces pompes réunissent les avantages suivants :

1° Elles fonctionnent sans transmissions, ni engrenages, ni courroies.

2° Elles sont toutes à double effet.

3° Elles fonctionnent à toutes vitesses et à toutes pressions de vapeur.

4° Leur jet est continu, et peut s'élever à toutes les hauteurs.

5° Elles peuvent être placées à n'importe quelle distance de la chaudière.

6° Elles occupent un très-petit emplacement, et ne demandent pas de fondations ; leur poids est minime.

7° Elles sont durables, simples et économiques.

Nous ajouterons que l'une de ces pompes à vapeur automatiques, employée pour les épuisements dans les mines, construite par MM. Tangye, avait 650 millimètres de diamètre de cylindre de vapeur, et 2^{m}300 de course. Les tuyaux conduisant de la pompe à la surface de la mine, avaient 175 millimètres de diamètre et 50 millimètres d'épaisseur ; ils avaient été éprouvés à quarante-cinq atmosphères. La hauteur de la colonne d'eau donnait une pression de trente-cinq atmosphères seulement. —Depuis le mois de juin 1871, jusqu'à ce jour, la pompe a marché et a produit un travail supérieur à celui de QUATRE POMPES travaillant d'après le vieux système.

Par les expériences faites sur une de ces machines, il fut démontré que :

« Pour élever 1 millimètre 3 d'eau à 100^m de hauteur, la machine consommait 1 kil. 046 gr. de charbon par heure et par cheval.

« La vapeur ne subissait, par le refroidissement de la conduite qu'une diminution de 1|3 d'atmosphère de sa pression.

Les deux dessins que nous reproduisons ci - contre, nous ont été fournis par M. Ernest Dupré, l'ingénieur de MM. Mills, Muller et Rouse, à qui nous adressons tous nos remerciments.

L'épuisement appliqué aux mines de soufre peut se faire, lorsque la quantité d'eau est insignifiante, par les mêmes bennes, et par le même puits servant à amener au jour les minerais extraits. Ces bennes, par des soupapes placées dans leur fond, prennent l'eau dans le puisard et la déversent au jour, à l'aide d'un jeu de bascule établi sur le bord du puits.

Ce mode d'épuisement a cet avantage qu'il n'exige pas que les eaux soient limpides et pures, comme le réclame l'usage des pompes ; mais par contre, ce procédé si simple et si économique, ne peut être mis en œuvre que jusqu'à des profondeurs moyennes, et lorsque la masse d'eau à extraire n'est pas considérable.

AÉRAGE. — L'aérage constitue une partie importante de l'exploitation. Tout le service d'un bon aérage consiste à aménager les galeries intérieures d'une mine, de telle sorte qu'un courant d'air puisse sans cesse y circuler, et porter ainsi au dehors les gaz et les émanations nuisibles à la santé et à la sécurité des ouvriers.

Ce courant se détermine *naturellement*, lorsqu'il y a une différence marquée de température entre l'air extérieur et intérieur; *artificiellement*, lorsque ces conditions n'existent pas, et qu'il faut y suppléer par des moyens mécaniques ou autres.

Généralement le creusement d'un puits en communication avec celui d'une galerie amène une circulation suffisante, qui n'oblige pas de recourir à des moyens artificiels.

Mais il n'en est plus de même lorsque ce puits et cette galerie se trouvent reliés avec d'autres cheminements.

Nous avons vu dans quelques exploitations, que lorsque l'aérage manque, il suffisait, pour l'établir, de construire un conduit en planches que l'on prolongeait au fur et à mesure de l'avancement. La galerie est ainsi divisée en deux compartiments, dont l'un sert au passage des ouvriers et au transport des matériaux, l'autre à la ventilation. Pour lui donner une circulation active, on surmonte le conduit à sa sortie, d'une cheminée plus ou moins haute.

Nous ajouterons qu'on peut encore surmonter cette cheminée, d'une manche en grosse toile, pareille à celle employée sur les navires à vapeur, et dont on tourne l'ouverture dans la direction du vent.

Par ces simples moyens, souvent en hiver, on poursuit la construction d'un puits, on avance et travaille dans une galerie.

Les galeries de recherche qui montent, qui descendent, qui suivent tous les caprices d'un affleurement, exigent la construction d'une galerie spéciale, que l'on exécute ordinairement à quelques mètres d'elles. Sa direction est autant que possible droite à *travers bancs*.

Elle est reliée, au fur et à mesure des besoins, par des galeries latérales aux cheminements des travaux. Cette galerie d'aérage est placée à un niveau différent des galeries de travail, afin d'avoir ainsi un courant d'air continu.

Mais bientôt une mine ne tarde pas à n'avoir seulement que quelques galeries; son exploitation avançant, elle occupe une superficie plus considérable, et elle est bientôt sillonnée d'une foule d'autres chemins.

Or, il est nécessaire que partout où l'on travaille, l'air se renouvelle; il faut donc le distribuer partout où besoin est.

On peut certainement dans les mines indiquer la quantité d'air nécessaire; mais il ne suffit pas d'y amener l'air strictement indispensable pour la respiration des ouvriers, il faut encore tenir compte des mille conditions qui peuvent se rencontrer accidentellement.

Il y a des mines de soufre où l'aération est facile, soit parce que l'air arrive par des fissures naturelles du sol, soit parce qu'il ne s'y dégage aucune émanation nuisible, soit enfin parce que la mine possède des galeries spacieuses.

Mais dans les conditions ordinaires, les mines de soufre sont loin d'êtres pourvues d'une bonne aération ; il s'y produit des émanations sulfureuses, il y a une grande humidité, une chaleur suffocante, telle mine, enfin, est infectée d'acide carbonique *rinchiusi*.

On ne peut donc établir un chiffre, fixer une limite à la quantité d'air nécessaire à une bonne ventilation. Les moyens à employer doivent être assez puissants, pour qu'on puisse, sur l'heure, rendre salubre une partie quelconque de la mine qui, par des circonstances imprévues, aurait cessé de l'être.

Comme ensemble, toute mine a une grande quantité de galeries et un très-petit nombre de puits ou galeries de dehors. Le courant est amené, soit par deux puits verticaux, soit par deux galeries dont les ouvertures sont en communication directe avec le dehors. Il est de principe, si on veut avoir un tirage actif, que ces deux ouvertures extérieures soient mises en communication entre elles par un seul cheminement ; mais un inconvénient se présente, l'air qui arrive par l'extérieur, se charge dans son parcours de plus en plus de gaz délétères, et n'apporte aux dernières galeries que l'air vicié.

Alors on divise le courant, car il n'arrive jamais dans une exploitation que toutes ses parties aient besoin de la même quantité d'air ; on installe dans toutes les galeries des portes bien closes, dans lesquelles sont ménagés des guichets qu'on ouvre plus ou moins. On a soin encore, pour donner tout l'effet utile au courant d'air, d'abandonner, au fur et à mesure de l'avancement de l'exploitation, les galeries dont il n'y a plus rien à extraire. On les sépare de celles où le travail s'effectue, soit avec des remblais, soit avec des digues en maçonnerie ou en terre, soit enfin en fermant à clef les portes dont nous venons de parler.

Une installation pareille ne laisse prise à aucun accident, pour autant que la mine soit travaillée ; car là où l'air manque, il est facile de l'amener en plus grande quantité en ouvrant plus ou moins les guichets, en fermant ceux des galeries où l'air n'est pas nécessaire. Mais quand la mine, soit à cause du dimanche ou des jours fériés,

soit par d'autres circonstances a été abandonnée, il faut que l'ingénieur ou le conducteur des travaux n'en permette l'entrée aux ouvriers qu'après s'être au préalable assuré de son état de salubrité.

Le danger de l'inactivité d'une mine est plus grand qu'on ne
semble le croire. Aussi pour pénétrer avec sécurité dans une mine
abandonnée, il serait désirable, en Italie surtout, que les exploitants
se conformassent aux instructions éditées par les réglements français.

M. Ch. Beslay, un des meilleurs constructeurs du temps, l'un
de ces hommes qui ont le travail facile lorsqu'il s'agit de questions
humanitaires, proposa que tout mineur qui s'aventurerait dans ces
conditions se munît de réservoir d'air comprimé ; c'était une boîte
que l'ouvrier plaçait sur son dos, boîte renfermant un mètre cube
d'air à la pression de plusieurs atmosphères, quantité qui permettait
amplement un travail soutenu, dans des milieux délétères.

Cet appareil chargé pesait 16 à 18 kilogrammes ; par un mécanisme des plus ingénieux, l'écoulement de l'air était constant, et
permettait ainsi non-seulement la traversée des endroits dits *Ri-
chiusi*, mais encore d'aller au secours des ouvriers asphyxiés.

Cette description est assez complète, nous semble-t-il, pour donner
une idée exacte de la manière de procéder lorsque l'aérage peut s'accomplir *naturellement*, mais ce mode de procéder devient insuffisant
quand il s'agit de son application à des mines étendues et profondes.
C'est alors qu'il faut recourir aux appareils dits *foyers d'aérage*.

Ces foyers sont établis ordinairement dans le bas du puits ou du
cheminement de sortie ; ils appellent ainsi les gaz et l'air qui ont
parcouru les diverses galeries.

L'établissement d'un de ces foyers a lieu dans la dernière galerie
ou dans un entaillement ménagé dans l'un de ses murs, et est en
communication directe avec le puits de sortie. On a soin, pour éviter
l'incendie, de murer cette partie de la galerie par un revêtement en
maçonnerie de briques.

Ce mode, employé dans les mines de houille, y donne d'excellents
résultats ; il y a lieu d'en attendre tout autant pour les exploitations
italiennes, qui n'ont pas à redouter les terribles effets du *grisou*.

Ces moyens sont quelquefois encore insuffisants, c'est alors que
dans les grandes exploitations on emploie les machines. Il y en a
de deux sortes : les *machines soufflantes* et les *machines aspirantes*.

Les premières semblent par la théorie avoir un effet utile plus considérable, cependant les secondes sont plus particulièrement employées.

Pour le service des exploitations de soufre, elles ne sont employées nulle part, et nous ne croyons pas que ni machines soufflantes, ni ventilateurs y soient nécessaires ; car jusqu'ici, ces exploitations se rapprochent plutôt des carrières que des mines à charbon, où la profondeur des travaux réclame l'emploi d'engins plus puissants.

Cependant, là où un cours d'eau se trouverait à proximité, pour éviter une dépense de combustible, il y aurait avantage à les employer. Rien n'est changé quant à la distribution des galeries, tout reste comme nous l'avons indiqué pour les autres modes d'aérage, seulement on place l'aspirateur ou insufflateur sur un des puits de sortie, qui fermé par une voûte ou par un plancher imperméable à l'air, aspire ou refoule l'air nécessaire par une ouverture qui y est ménagée.

Nous résumerons par quelques mots cette partie, la plus intéressante de l'exploitation des mines, puisqu'elle touche à la vie de nos semblables.

Nous ne croyons pas qu'il soit nécessaire d'employer d'autre mode, pour le renouvellement de l'air, que les premiers que nous venons de décrire ; les mines ne sont pas ici à des profondeurs telles qu'il faille recourir aux grands moyens de ventilation. Les gaz que les travaux dégagent ne ressemblent en rien au grisou ; ce sont des gaz très-délétères, il est vrai, mais facilement reconnaissables, et qui, à moins qu'on ne le veuille bien, n'entraînent jamais de ces catastrophes, dont les exploitations houillères ne nous donnent malheureusement que de trop terribles et trop fréquents exemples.

Mais si les accidents sont moins fréquents, s'ils n'ont pas le caractère terrifiant qui distingue si tristement les explosions du feu grisou, il n'en faut pas moins écarter autant que possible les causes qui peuvent les faire naître, et si ces explosions se produisent malgré les précautions, malgré l'activité d'une surveillance sans cesse en alerte, il faut avoir immédiatement sous la main les objets nécessaires à l'application des premiers secours.

N'oublions pas, en effet, que les mines sont situées loin de toute localité où réside un médecin, si toutefois cette localité en possède un, ce qui n'est pas chose commune ; il faut donc penser au plus pressé en attendant les soins intelligents de l'homme de l'art.

A cet effet, et sous peine de lèse-humanité, chaque exploitation doit être pourvue d'une boîte de secours.

Dans les pays du Nord, l'assainissement des mines est une question nationale, aussi peut-on dire qu'on est arrivé à la perfection. Les moyens employés, nous venons de les décrire ; ils sont utilisés partout.

L'Italie, avant peu, cela ne fait de doute pour personne, sera, comme les pays du Nord, au premier rang, et exigera de ses exploitations, les conditions commandées par l'humanité pour la sauvegarde de la vie et de la santé de ses travailleurs.

ÉCLAIRAGE. — Nous avons peu de choses à dire de l'éclairage ; c'est une question à laquelle l'ingénieur doit le plus s'arrêter lorsqu'il s'agit des mines de houille, mais la minutieuse attention et les précautions qu'exigent ces mines ne peuvent être demandées pour ce qui touche les mines de soufre.

La lampe dont se sert le mineur italien, consiste dans un petit vase en terre, armé d'une mèche trempée dans l'huile d'olive. Cette lampe qui ne coûte rien, a l'inconvénient de se briser, de perdre son huile, d'éclairer fort mal, et il serait à souhaiter qu'elle fût remplacée par une lampe en fer, pareille à celle qui est employée dans toutes les carrières du Nord.

PUITS ET GALERIES. — Nous ne reviendrons pas sur les divers modes employés pour la conduite des travaux, quant au creusement des galeries de recherches ; les détails que nous avons fournis dans la description des mines nous paraissent suffisants, nous ne pourrions, par nos conseils, qu'insister sur ce qui se fait dans les Romagnes.

Nous dirons seulement quelques mots sur le *fonçage* des puits et sur leur armement.

Dans les exploitations sulfurifères d'Italie, un puits n'a généralement que 50 mètres de profondeur, rarement il atteindra 100 mètres.

Le meilleur mode de construction est le muraillement dans toutes les parties meubles ; la pierre étant toujours à proximité, on a sous la main les matériaux nécessaires pour construire, pour cimenter et lui assurer ainsi une solidité éternelle.

La maçonnerie est supportée de distance en distance par des courbes circulaires en chêne, fortement serrées contre le terrain au moyen de coins.

Pour un puits de 3 mètres de diamètre, les cadres ont ordinairement :

<pre>
Diamètre intérieur   3 mètres .
    —   extérieur   3,30
Hauteur.   .   .   .   0,18
</pre>

Lorsqu'on est parvenu à 6 mètres de profondeur, on installe horizontalement au fond de l'excavation la première courbe sur laquelle s'assied le muraillement qui vient s'appuyer sur un cadre. C'est sur cette courbe circulaire qu'on bâtit. On continue en s'enfonçant de la même manière ; on place un nouveau cadre et une nouvelle courbe, on rejoint le muraillement déjà exécuté en prenant les plus minutieuses précautions dans l'enlèvement des cadres.

La profondeur que l'on adopte pour les divers tronçons de muraillement, dépend surtout de la nature des terrains que l'on traverse ; si on rencontre de la roche dure, le cadre devient inutile et on assure toute la maçonnerie sur la roche elle-même.

Généralement ces tronçons de muraille ont 2 mètres de hauteur.

Quelquefois, et surtout dans les terrains calcaires et gypseux, on pourra supprimer le muraillement.

On dispose également de distance en distance, à travers la maçonnerie, des ouvertures destinées à faciliter l'écoulement des eaux qui peuvent venir se presser contre les parois extérieures de la maçonnerie.

En général, ces trous d'écoulement sont espacés de 20 mètres en 20 mètres; au moyen d'un tuyau longeant le puits on amène les eaux jusque dans le puisard.

Il n'est pas utile pour les exploitations sulfurifères, d'armer le puits d'échelles, puisque dans le système d'exploitation que nous préconisons, nous conservons les descenderies, par lesquelles les ouvriers entrent et sortent de la mine.

Ces puits verticaux ne doivent donc servir qu'à la sortie du minerai, à l'emplacement de la pompe, et à la ventilation.

Les tuyaux de la pompe se placent contre les parois de la maçonnerie, et comme la descente et la montée des bennes est guidée, il n'y a aucun risque qu'ils soient détériorés par leur passage.

Mais cette construction ne sera pas toujours la règle générale.

Nous avons vu que dans maintes circonstances les terrains qui contiennent le soufre sont recouverts de bancs puissants de marne, alternés avec des argiles ; chacun sait que ces terrains, aussitôt que l'on y pratique une ouverture, se gonflent au contact de l'air et de l'eau, glissent, et ne tardent pas à combler l'ouverture faite.

Il est bien difficile, sinon impossible de résister à ces efforts ; en Sicile, par exemple, les tranchées exécutées pour la construction des chemins de fer, ont été promptement remplies par les terres composant les deux berges ; ce n'est que par des travaux très-considérable de maçonnerie qu'il a été possible d'arrêter le glissement, que nous avons du reste signalé sous le nom sicilien de *frana*.

Lorsqu'un puits traverse des terrains dans de pareilles conditions, l'ingénieur doit se contenter de se servir, pour maintenir les parois du puits, de cadres de bois, placés de mètre en mètre, derrière lesquels sont arrangés côte à côte des rondins en sapin.

Cette construction, qui serait en toute autre circonstance plutôt provisoire que définitive, est la seule possible, et c'est par expérience que nous en parlons.

Nous avons construit le puits Saint-Paul, à la mine de Frapaolo ; les onze premiers mètres traversés se composaient d'un banc d'argile assis sur un autre banc de marne, les argiles marchaient vers le vide créé par le déblai du puits ; lorsque cette tête de 11 mètres avait perdu la rectiligne de 50 à 60 centimètres, nous relevions les onze cadres les uns après les autres ; c'était une opération qui était à exécuter deux fois par an, jusqu'au jour, où par d'autres travaux que nous avions prévus, nous aurions pu arrêter le mouvement.

Le puits aussitôt terminé, doit, d'après nous, être muni d'un baritel. Nous sommes entré lors de la description des mines romagnoles dans des détails minutieux, techniques, sur l'avantage marqué de ce mode si simple. Un baritel attelé de deux chevaux suffit dans la plupart des mines pour enlever les eaux et le minerai.

Une opinion qu'il nous plaît de relater, est celle émise par M. M. Labretoigne et Rechter.

Ces messieurs disent :

« Les inconvénients graves qui résultent de l'*impostura* en cer-
« tains endroits, la difficulté de se procurer le nombre suffisant
« de *caruzzi* nécessaire au développement possible des travaux,
« la cherté de ce mode d'exploitation et ses difficultés, auraient
« dû déjà éveiller l'attention des exploitants et les engager à se

« servir des moyens mécaniques en usage dans toutes les mines.

« Mais il existe en Sicile une défiance invincible pour tout ce
« qui n'a pas encore été essayé dans le pays même. C'est cette
« défiance qui a rendu jusqu'ici toutes les innovations sinon impos-
« sibles au moins très-difficiles. Il s'est creusé ces dernières années
« plusieurs puits pour l'installation de machines d'épuisement. Per-
« sonne n'a songé à installer une machine d'extraction, et cepen-
« dant dans la plupart des cas la quantité d'eau est si faible que
« la même machine suffirait parfaitement à l'extraction et à l'épui-
« sement réunis.

« Dans certains cas même, quand la production ne dépasserait
« pas 20 à 30,000 cantares, cas le plus général, un baritel à deux
« chevaux serait plus que suffisant pour l'extraction du minerai.

« Supposons, en effet, un puits de 50 mètres (profondeur qu'il
« ne faudrait presque jamais dépasser) boisé et ayant 2^m sur 1. 25.
« L'on pourrait facilement donner à la benne elliptique les dimen-
« sions suivantes : h = 0. 70 IA = 0. 75 LA = 0. 60, ce qui
« donne un volume d'environ 0. 230. L'on pourrait aussi, par un
« travail de terrassement insignifiant, abaisser la recette pour pou-
« voir recevoir deux bennes à la fois.

« En mettant alors à cinq minutes le temps nécessaire à chaque
« ascension, il faudrait neuf voyages, soit quarante-cinq minutes
« pour l'extraction d'une caisse de minerai. Travaillant dix heures
« par jour, l'on pourrait arriver à une extraction journalière de
« douze à quatorze caisses (Villarosa), ce qui équivaut à une pro-
« duction annuelle de plus de 30,000 cantares. .

« Les dépenses d'achat et d'extraction ne pourraient pas dépasser
« 4 à 5,000 francs. La construction est si simple, que presque
« dans tous les cas la machine pourrait être construite sur les
« lieux mêmes.

« Les frais journaliers pourraient être de 40 tari. Avec deux
« tronçons de chemin de fer intérieur et extérieur, on pourrait ré-
« duire des 3|4 le nombre de carruzzi ; c'est-à-dire en supposant
« une mine dont la production soit de 30,000 cantares et l'extrac-
« tion journalière de dix caisses, réaliser une économie annuelle
« de 30,000 francs. »

Nous avons exposé les données pratiques par lesquelles il est
démontré que l'emploi du manége par les bêtes de somme ou les

chevaux, est préférable partout où la profondeur des travaux ne dépassera pas 120 mètres.

En Sicile, bien plus que sur le continent, il est nécessaire de faire usage de cette force animale ; non-seulement elle y coûte moins cher que partout ailleurs, mais encore le prix de revient de la houille si indispensable pour les machines à vapeur, n'en permet pas l'emploi.

Nous venons de donner notre opinion sur ce qu'il y a à faire pour installer convenablement une exploitation sulfurifère ; il nous reste maintenant à dire quelques mots de l'exploitation proprement dite.

ABATAGE. — Une des choses les mieux faites dans les exploitations italiennes est l'abatage du minerai.

Il y aurait cependant quelques modifications à apporter, modifications qui seront bien vite adoptées le jour où le gouvernement italien, suivant l'exemple qui lui est donné par la France, se décidera à créer des écoles professionnelles d'ouvriers mineurs.

On connaît les services rendus par cette institution, qui date du 22 septembre 1843, et qui a formé à Alais, notamment, des maîtres mineurs qui, dans les exploitations minières où ils ont été placés, ont appliqué les bonnes méthodes.

ÉCOLE PROFESSIONNELLE. — Nous avons vu les *capo-mastri* à l'ouvrage, et nous savons que leur instruction laisse beaucoup à désirer ; il est urgent de remédier à ce mal dans l'intérêt de l'exploitation des mines.

Pour être admis à l'école, les ouvriers mineurs devraient être âgés de plus de seize ans, et avoir reçu une instruction élémentaire.

Les leçons seraient gratuites.

La direction de l'école et l'enseignement des élèves seraient confiés à des ingénieurs du corps royal des mines.

L'enseignement serait réparti en deux années ; dans l'intervalle des leçons, les élèves seraient exercés à la pratique du travail de la forge, de la charpente et du charonnage, en toutes les parties qui ont trait à l'exploitation des mines. A des époques déterminées, les élèves seraient placés dans de grands établissements de mines, où ils seraient employés comme ouvriers.

PLAN DE LA MINE. — Lorsque cette instruction professionnelle se fera, les chefs mineurs auront toutes les aptitudes pour conduire

non-seulement les travaux d'une mine de soufre, mais ils pourront
tenir à jour, sur plan, les galeries et les travaux qu'ils exécuteront,
de telle sorte que chaque mois, le géomètre de la localité mettra au
courant le plan général de la mine.

Il est évident que sans un plan bien exact, il est impossible,
dans le cas où l'exploitation aura plusieurs chantiers superposés,
de savoir si les piliers occupent la position voulue, c'est-à-dire s'ils
sont exactement placés les uns au-dessous des autres, et si la solidité des travaux d'ensemble est, ou non, assurée.

EXPLOITATION. — Le seul système à suivre pour les travaux
intérieurs est celui qui est pratiqué actuellement. L'exploitation doit
se continuer par piliers. Le prix de revient du bois, en Sicile notamment, est trop élevé pour songer à l'employer dans une grande
mesure ; d'autre part, le minerai a trop peu de valeur, pour qu'il
y ait avantage à chercher, comme pour d'autres minerais, à l'enlever
complétement.

Les piliers doivent être mieux aménagés qu'ils ne le sont actuellement et les espaces plus convenablement distribués, de telle sorte
que le jour où une partie de la mine est épuisée, on puisse en retirer
une partie du minerai de soufre qui avait servi à sa consolidation.

Pour arriver à ce résultat, il est encore nécessaire que la galerie
maîtresse, celle de roulage, soit toujours dans des conditions de
solidité qui ne laissent rien à désirer ; qu'elle soit muraillée et boisée.

REMBLAIS. — Il est toujours nécessaire de remblayer soigneusement les parties extraites, il est indispensable de le faire pour celles
qui se rapprochent des maîtresses galeries. Il y a toujours, dans la
mine, des déblais, qui permettent ce muraillement, et dans le cas où
il n'y en aurait pas assez, il faudrait en amener du dehors.

Ce travail étant élémentaire, nous n'en dirons pas davantage.

TRANSPORT. — En Italie, les forces de l'homme sont généralement encore exclusivement employées au transport dans l'intérieur
des mines ; il serait du reste difficile tant que les exploitations seront
aussi mal aménagées, qu'il en fût autrement. Dans les exploitations
bien dirigées, on emploie le travail de l'homme, mais on lui donne
comme outils, le wagon, le wagonnet et la brouette.

Nous allons voir l'effet utile que l'on obtient, par l'emploi de l'un et l'autre de ces moyens de transport.

TRANSPORT A DOS. — Celui que nous venons de décrire, augmente, varie considérablement dans son effet utile ; suivant les conditions des chemins, des rampes, de leur longueur ; il sera de 200 à 250 kilogrammes, comme il pourra atteindre jusqu'à 1020 kilogrammes.

D'où il résulte que le travail de l'homme dans les mines, est le seul à employer dans les commencements d'une exploitation, comme il doit être rejeté aussitôt que le cheminement atteint plus de 50 mètres.

TRANSPORT A LA BROUETTE. — Lorsque la distance de cheminement arrive à 30 mètres, il y a avantage à se servir de la brouette. La brouette ordinaire est la meilleure, et ce, jusqu'à 90 mètres, passé cette distance, il y a intérêt à se servir des *chiens* ou brouettes à trois roues, ou de petits vagonnets courant sur des rails ; la distance augmentant, ces engins de transport poussés ou traînés jusque là par des femmes ou des enfants, peuvent l'être par des chevaux, par des ânes, voire même par des bœufs, suivant que les galeries sont aménagées pour recevoir l'un ou l'autre de ces animaux.

Voici du reste un relevé de l'effet utile qu'on retire, dans les exploitations belges, de l'application de l'un ou de l'autre de ces moyens de transport.

TRANSPORT DANS LES MINES. — EFFETS UTILES OBTENUS.

DÉSIGNATION DU TRANSPORT	DISTANCE de chaque voyage	CHARGE	EFFET UTILE Transport à 100 mèt.	OBSERVATIONS
	mètres	kilogr.		
Chemin de fer, traction par chevaux	2.000	1.400	1.400	
Chemin de fer, traction par homme.	380	350	133	
Roulage avec chien	170	160	96	
Roulage à la brouette	20	80	60	
Porteur à dos	75	57	25	

Les chiffres ont leur éloquence, mais les transports par homme ou par enfant seront toujours employés dans les mines, bien ou mal aménagées, par la raison qu'il faudra toujours que les produits abattus soient amenés du front de taille à des points différents de la galerie de roulage, où là ils seront placés dans les wagons ou wagonnets, car il n'est pas possible de faire arriver le wagon ou le wagonnet jusqu'aux points les plus reculés de l'exploitation. On transporte ordinairement le minerai abattu, à dos, ou à la brouette, à un chantier unique.

Les chemins de fer appliqués aux galeries de roulage, constituent le système le plus économique de transport ; mais pour obtenir ces conditions, il faut de grandes et spacieuses galeries qui permettent à la traction des wagons, de s'opérer par des chevaux.

Il ne peut y avoir de règles fixes en la matière, la science de l'ingénieur est tout ; il a à suppléer aux difficultés créées par l'irrégularité du gisement ; c'est ainsi que quand des pentes deviennent trop fortes, où il y a danger de se servir de chemins de fer, il faut qu'il ouvre des galeries d'allongement pour diminuer et atténuer les pentes ; si c'est impossible, si c'est trop coûteux, il faut qu'il ait recours aux plans automoteurs, par exemple ; car, nous ne saurions trop le redire, le prix de revient du minerai sera ou non rémunérateur selon l'aménagement des transports.

Les nécessités d'améliorer les conditions de transport sont évidentes, les exploitations sulfurifères n'ont pu supporter un pareil état de choses que grâce aux conditions exceptionnelles de richesse qui distinguent ses gisements ; et cependant, ils ont à se défendre contre la concurrence des pyrites de fer, qui sont venues leur enlever les marchés anglais, français et belges pour la fabrication des acides sulfuriques.

Ce grand débouché perdu a été remplacé par les demandes considérables exigées pour le traitement de la maladie de la vigne. Sans cette circonstance malheureuse, la Sicile ne pourrait plus aujourd'hui soutenir le taux actuel de ses soufres.

Dans ces conditions, et en tenant compte des observations qui précèdent, le cours naturel des choses nous conduit forcément à parler des chemins de fer, qui seuls ici, comme partout du reste, peuvent donner aux mines italiennes une richesse qu'aucun ou bien peu de pays miniers pourront atteindre.

Cette question des chemins de fer nous oblige à entrer dans quelques développements que nous eussions voulu éviter, mais la question est tellement grave, qu'elle ne saurait être passée sous silence.

Nous bornerons notre discussion à la Sicile, dont l'importance minière est plus considérable que celle des bassins des Romagnes, de la Toscane et du Vaucluse, et ce que nous dirons est applicable, en tous points, à ces localités.

Les lignes construites ne viennent encore que faiblement en aide aux exploitations dont nous nous occupons ; cependant la ligne de Palerme à Lercara qui vient de s'ouvrir, permet déjà aux exploitations environnantes d'amener leurs produits dans les conditions suivantes :

De la solfatare à la ligne de chemin de fer fr. 5,00
Chargement sur wagon . . . . » 0,60
Transport à Palerme 60 kilom. à 10 cent . » 6,00

La tonne fr. 11,60

Avant l'ouverture du chemin de fer ces mêmes solfatares payaient pour les soixante kilom. à parcourir par voiture, en admettant, comme pour la mine de la *Croce*, qu'elles n'aient pas de transport à dos de mulet pour arriver à la route carrossable :

60 kilomètres à raison de 0,40 = 24 francs
Différence fr. 12,40.

L'éloquence de ces chiffres dispenserait de tous commentaires.

Après Lercara viendront d'autres mines qui se trouvent dans les mêmes conditions, c'est-à-dire qui bénéficieront de la nouvelle voie de communication, entre autres le bassin de Castel-Termini qui s'ouvrira à quelques pas de la ligne du chemin de fer.

Mais si quelques exploitations vont être placées dans des conditions bien plus avantageuses que celles où elles se trouvent actuellement, bien des mines, par contre, ne trouveront, les unes qu'une amélioration peu sensible, tandis que les autres n'en retireront aucun bénéfice.

Le Gouvernement italien ne manque pas de bonne volonté, il fait autant qu'il peut, et quelque petit que soit ce qu'il peut faire, il n'en est pas moins vrai qu'il fait quelque chose.

A l'industrie privée à se suffire, à l'industrie privée à venir au moins se relier aux chemins de fer qui se construisent.

Nous avons indiqué la production en 1869 de quelques groupes de mines situées dans la province de Girgenti ; les chiffres, les déductions que nous allons établir portent sur ce point. A nos lecteurs, à ceux intéressés dans la question, à faire pour d'autres groupes de la Sicile, de la Toscane, des Romagnes, du Vaucluse, ce que nous faisons pour ces groupes. Nos raisonnements, nos calculs s'appliquent à un cas comme à l'autre.

Cela dit, nous entrons en matière.

Il faut que les chemins de fer, dont nous voulons parler, soient exécutés dans toutes autres conditions que celles qui servent de bases aux travaux des Calabro-Sicule ; il faut que leur établissement, leur construction soient économiques, car ils n'ont aucune subvention à espérer, aucun intérêt garanti par les administrations publiques ou par le Gouvernement ; il faut donc qu'ils puissent se suffire par leurs propres ressources.

En effet, ces voies ne sont-elles pas de véritables instruments de travail, de véritables machines dont l'objectif est le triomphe des obstacles et de la distance?

Ils ne seront exécutables que dans les contrées industrielles, qui leur assureront un transport minimum de 50,000 tonnes de marchandises par an.

Les voies et moyens pour leur construction, doivent être naturellement à la charge des propriétaires des mines, que ces chemins de fer doivent desservir ; un seul propriétaire, deux même, évidemment ne peuvent pas tenter les hasards d'une si lourde dépense ; ces voies doivent donc être créées par une association entre tous les propriétaires ou fermiers des mines que ces nouvelles issues ouvertes au transport devront traverser ; quant à la dépense, elle doit être répartie entre eux avec la plus scrupuleuse équité. Pour cela on devra mettre en ligne de compte la valeur du chemin projeté, le trafic probable correspondant au nombre de tonnes de soufre à transporter, et enfin les difficultés locales du tracé provenant de la configuration du sol.

En réduisant le tout, on connaîtra la dépense totale et par conséquent la part du débours afférent à chaque mine.

On mettra cette part en regard des ressources de chaque exploitation, on régularisera le mode et la durée du paiement — en vingt ou trente annuités —qui correspondront à l'extinction du capital employé, amortissable avec intérêt dans ce même espace de temps.

L'administration et la direction de ces chemins doivent être dirigées par une société anonyme, fondée par les propriétaires intéressés, et, comme ces chemins donneront de bons résultats, on créera dès l'abord des obligations qui deviendront, aussitôt après l'ouverture des lignes, négociables auprès de toutes les Bourses italiennes.

En effet, quels risques ces obligations courront-elles? n'auront-elles pas la garantie des propriétaires des solfatares, la garantie du chemin et un trafic assuré?

Des obligations de 500 francs remboursables en vingt ans, rapportant 10 pour cent, pouvant facilement être émises au pair, sont d'avance assurées d'un placement rapide; n'auraient-elles pas chacun des propriétaires intéressés, souscripteurs déjà d'une part du capital? n'auraient-elles pas les habitants des localités traversées, se connaissant tous, et pouvant apprécier et témoigner de la valeur du gage?

Passons rapidement en revue les moyens propres à obtenir une construction économique.

Admettons tout d'abord que les données préparatoires soient acquises, admettons que les mines que nous avons relevées et qui forment le groupe de la province de Girgenti, se soient toutes ralliées au projet de la construction d'une voie ferrée, qui viendra remplacer les modes actuels de transport.

Ici nous ne sommes plus en présence des tracés impérieusement exigés pour les chemins de fer qui ont à franchir la distance avec célérité, et qui, par conséquent, ne peuvent employer que des pentes peu prononcées, devant, pour atteindre ce résultat, se livrer à des travaux de déblais et de remblais considérables, et à l'érection d'ouvrages d'art coûteux.

Nous adopterons un système de petits alignements, de courbes à faible rayon, et il nous sera facile alors d'obtenir un profil en long avantageux, nous aurons à suivre toutes les sinuosités du terrain; à desservir toutes les mines associées, les plus insignifiantes comme les plus grandes.

La largeur de la voie sera de 1 mètre entre les rails, le *maximum* des pentes de 20 à 25 millimètres par mètre, le *minimum* des courbes de 60 mètres. Le matériel sera proportionné aux dimensions de la voie, le poids des rails sera de 16 kilogr. Pour exploiter le chemin, il suffira de petites locomotives à six roues accouplées, dont le poids, approvisionnement d'eau et de charbon compris, ne dépassera pas douze à quinze tonnes.

Dans ces conditions :

a. Les dépenses d'acquisition de terrain seront insignifiantes, chaque kilomètre de chemin demandera un hectare, presque partout la voie passera sur les terrains des propriétaires associés, presque toujours elle longera des torrents, des sentiers qui appartiennent au domaine, ou aux communes traversées ; rarement elle empiétera sur un sol qui ne retircrait aucun intérêt du chemin, et qui seul ferait payer une indemnité.

La valeur de l'hectare en Sicile varie de 300 à 500 francs, mais pour rester dans une limite qui puisse résister à toute critique, nous porterons ces frais par kilomètre à fr. 750.

b. Les terrassements provenant des tranchées que nous aurons à exécuter, ne dépasseront pas une moyenne de 6 à 10 mètres cubes par mètre courant. Leur transport pourra, dans presque tous les cas, être porté à une très-petite distance, aussi croyons-nous, pouvoir noter pour cette dépense 10,000 fr.

c. Nous n'avons pas à nous préoccuper du *gardiennage* de la voie ; nous n'aurons pas non plus à faire de grands *travaux d'art* ; passant à niveau sur le peu de routes que nous rencontrerons, tout au plus, aurons-nous de temps en temps à construire une maison de garde ; les seuls travaux auxquels nous ne pouvons nous soustraire, ce sont les aqueducs, les ponceaux et la traversée des torrents ; ce seront là nos travaux d'art les plus dispendieux. Il est vrai que, pour ces derniers, les passerelles en tôle généralement adoptées aujourd'hui, facilitent singulièrement l'exécution de notre plan, et le simplifient au point que nous croyons pouvoir, sans craindre d'être taxés d'exagération, assigner à ces divers travaux d'art une dépense par kilomètre de 6,000 francs.

d. Le ballast nous demandera 1 mètre cube par mètre courant, ce qui, à 2 francs le mètre, nous amène à une dépense de 2,000 francs.

e. Enfin, nous aurons quelques frais pour nos stations; elles seront peu nombreuses, elles seront peu pourvues d'habitations et surtout de luxe, une simple maisonnette suffira, mais enfin cela nous entraînera à certaines dépenses que nous évaluons à 1,000 francs.

Le coût de la construction de la voie serait donc par kilomètre.

Acquisition du terrain fr.		750 »
Terrassement . . .	»	10,000 »
Travaux d'art . . .	»	6,000 »
Ballast	»	2,000 »
Stations	»	1,000 »
Ensemble fr.		19,750 »

f. Décomposons maintenant ce que coûtera l'armement de notre voie :

2 rails de 6ᵐ. à 15 kil. = 180 kil. à fr. 25,	Fr.	37 80
2 éclisses à 12 kil. à fr. 25	»	3 »
Platines . . . . . , . . .	»	0 75
Tirefonds	»	2 50
6 traverses à fr. 3	»	18 »
Pose	»	15 »
Ensemble fr.		77 05
Soit pour un mètre	»	12 85
Et par kilomètre	fr.	12,850 »

g. Nous avons à ajouter à ces chiffres les dépenses nécessaires pour l'établissement des voies de garage, changements, croisements, etc., que nous évaluons à 1,000 fr. par kilomètre.

h. Le matériel sera composé de trucs, qui porteront des caisses mobiles en bois, lesquelles au moyen de grues, seraient transbordées de nos wagons sur ceux des Calabro-Sicule, dans le cas où notre tracé viendrait rejoindre le leur ; ou dans les magasins du port d'embarquement, leur lieu de destination définitive.

Ce transbordement ne coûtera jamais plus de 60 centimes par tonne.

Le matériel roulant pour circuler sur un semblable chemin de fer, et pouvoir facilement passer dans des courbes d'un aussi faible rayon, doit avoir les essieux de ses wagons rapprochés, et sur chacun d'eux l'une des roues *folle*, tandis que l'autre sera fixe et invariable. Les roues elles-mêmes devront être garnies de bandages, car le frottement des roues sur les rails exigera ce surcroît de dépense, qui n'est du reste pas très-considérable.

Chaque wagon ainsi construit peut revenir à 12 ou 1,300 fr.; son poids sera de 1,500 kilogrammes; en charge, il pourra prendre 4,000 kilogrammes.

Pour les exigences d'un tel service, nous évaluons que nous aurons besoin de cinquante wagons, c'est donc une dépense totale de 65,000 francs que nous répartirons sur vingt-quatre kilomètres que nous prendrons comme exemple, soit par kilomètre 2,700 francs.

i. La durée de service des machines ne demandera pas plus de six heures par jour; deux machines seront donc suffisantes. Leur prix peut être fixé à 25,000 francs chacune; ce qui établit pour tout le chemin une dépense de 50,000 fr.

Les frais d'armement et de matériel roulant coûteront donc par kilomètre :

Armement de la voie.	fr.	12,850 »
Changement de voie.	»	1,000 »
Wagons	»	2,700 »
Machines	»	2,000 »
Ensemble	fr.	18,550 »

Voyons combien de kilomètres aurait à parcourir le chemin dont nous proposons la construction.

Cette question est facile à résoudre, puisque le nombre de kilomètres à construire sera en raison du nombre des adhérents.

Supposons que notre projet doive se réaliser pour les mines dont, au commencement de ce chapitre, nous avons fait connaître l'importance.

Cette ligne partirait de Racalmuto, pour aller rejoindre le chemin de fer de l'Etat à Campofranco ; la distance à parcourir serait de 12 kilomètres environ. Elle desservirait les exploitations de la Pernice, de Frapaolo, de Montedoro, de la Cimicia, aujourd'hui en exploitation ; elle desservirait plus tard les gisements qui ne tarderont pas à s'ouvrir, et qui sont situés sur les communes de Suttero et Campofranco. Elle procurerait enfin un écoulement possible aux amas salins si considérables autour de cette localité.

Ces divers points ne donnent qu'un tonnage insignifiant, qui atteint pour

Racalmuto.	. .	6507
Montedoro et autres		1920

Mais en présence de moyens de transport faciles et peu coûteux, ces 8,000 tonnes atteindraient facilement 20,000 tonnes, et nous pouvons, sans être taxés d'exagération, porter à 10,000 tonnes le sel à transporter, ce qui formerait un tonnage assuré de 30,000 tonnes.

Le second tronçon à exécuter serait celui qui, reliant ce premier, bifurquerait dans le sens opposé pour relier les mines de de Grotte et de Comitini au chemin de fer, vers les quatre cantons. Ce chemin aurait également une longueur de douze kilomètres environ, il serait assuré du tonnage actuel montant pour

Grotte à   8,840 tonnes

Commitini à   25,507   »

Ensemble   36,347 tonnes.

En peu de temps ce tonnage atteindrait certainement un tiers de plus. Soit 50,000 tonnes.

Les conditions économiques de pareils changements sont considérables, et entraîneront en peu de temps une révolution radicale dans le mode de travail sicilien.

A dater du jour où les réformes que nous indiquons seront adoptées, nous verrons le nombre des carruzzi diminuer, et le bien-être s'asseoir enfin au foyer de ces ouvriers, qui journellement épuisent leurs forces dans le lourd labeur des solfatares.

Ce mode de travail fournirait, nous en sommes certains, une production que, sans crainte d'exagération, nous estimons au double des résultats actuels; et si aujourd'hui la Sicile donne 200,000 tonnes de soufre, nous verrions en peu d'années, et par l'emploi des moyens pratiques que nous indiquons, cette production atteindre le chiffre inespéré de 400,000 tonnes.

Les plus jeunes ouvriers serviraient aux transports intérieurs, les uns manœuvrant des brouettes, les autres poussant les wagonnets que les plus âgés auraient chargé; les plus habiles et les plus intelligents deviendraient mineurs.

Avec la facilité du travail et le rendement majeur qui en résulterait, les ouvriers verraient s'augmenter leur salaire et leur apporter une aisance jusqu'à ce jour inconnue.

MAIN D'ŒUVRE. — Quelques aperçus sur les prix de la main d'œuvre et des travaux, en les comparant, autant que la chose sera possible, avec ce qui existe dans les Romagnes compléteront ce chapitre.

En Sicile, comme dans les Romagnes, la journée du travailleur commence avec le jour, et s'achève au coucher du soleil; une heure un quart en été et trois quarts d'heure en hiver sont accordés pour le déjeuner des hommes; deux heures et demie pour le dîner.

La journée de travail dans les mines est généralement de huit heures; pour les travaux fatigants, comme celui des pompes, par exemple, la journée est réduite à six heures.

Les prix peuvent être fixés ainsi qu'il suit :

	ROMAGNES	SICILE	
Maître maçon	Fr. 2 50	3 40	
Maçon	» 2 »	2 55	
Manœuvre	» 1 25	1 75	
Machiniste	» 6 »	120 »	Par mois. S'il conduit plusieurs mines 10 à 12 fr. par jour.
Chauffeur	» 1 75	1 70 à 4 francs.	
Maître forgeron	» 2 50	2 50	
Forgeron	» 2 »	2 50	
Aide forgeron	» » 80	1 75	
Charpentier	» 3 »	2 55	
Menuisier	» 2 »	3 »	
Aide menuisier	» 1 20	1 70	
Manœuvre à la surface	» 1 50	1 75	
Chef mineur	»	100 » par mois.	
Mineur	» 1 40	2 55	
Ouvriers à l'intérieur	»	1 50 à 1 70.	
Ouvriers aux pompes	» 1 40	1 70 à 2 12.	
Enfants	»	» 80 à 1 20.	

Dans les Romagnes, les propriétaires font à leurs ouvriers l'avance des vivres qui leur sont nécessaires pour leurs déjeuners et leurs diners ; le décompte se fait au moment de la paie qui a lieu à la fin de chaque mois.

Coût des puits d'extraction et des galeries de roulage.

Le diamètre d'un puits vertical est de 1 mètre 50 à 2 mètres 50. En général on pratique des puits inclinés qui, comme nous l'avons vu, sont toujours préférables aux premiers, pour les travaux de recherche ; ils ont, en outre, le double avantage de servir à l'aérage et de faciliter la descente des ouvriers.

Les puits sont rarement boisés ou muraillés ; ils ne sont armés que jusqu'aux couches de gypse, et muraillés à leurs orifices afin d'éviter les dégats occasionnés par le passage des bennes.

Le puits vertical d'extraction à la mine de *Boratella* (Romagnes) a 2 mètres de diamètre dans œuvre, et une profondeur de 30 mètres. Percé à travers le gypse et les argiles du toit, muraillé avec une épaisseur de briques, il a coûté :

13165 briques de 0,32 × 0,16 × 0,05 . . . . Fr.	666	02
8 mètres cubes de chaux vive . . . . »	91	96
17 » de sable . . . . »	8	25
Bois . . . . »	37	74
Fer . . . . »	5	05
Main d'œuvre, maçonnerie . . . . »	870	»
» extraction . . . . »	1571	31
Usure du matériel . . . . »	128	30
Frais généraux et administration . . . . »	1295	71
Total . . . . . Fr.	4674	34
Soit par mètre courant . . . . »	155	81

Un puits de 60 mètres sur 2,40 à la mine de *Boratella di Montejottone*, muraillé avec moëllons de gypse piqués, sur une épaisseur de 0,30 et jusqu'à 20 mètres 80 de l'orifice, a coûté :

Main d'œuvre — excavation . . . . Fr.	2151	»
— — extraction . . . . »	1023	07
Muraillement . . . . »	383	80
Transport des matériaux . . . . »	465	»
Chaux et sable . . . . »	227	40
Bois pour cadres . . . . »	131	»
Réparations . . . . »	68	50
Usure du matériel . . . . »	15	80
Frais divers . . . . »	14	60
	Fr.	4480	17
Soit par mètre courant . . . . »	74	67

Un puits vertical — non achevé — construit à la mine *Aguzzo* — ayant 2,40 de diamètre et une profondeur de 19 mètres, muraillé en moëllons piqués, avec mortier ordinaire — foré dans les argiles et gypses très-aquifères :

Main d'œuvre, pour extraction des matières et épuisement des eaux . . . . Fr.	971	24
Maçonnerie	865	»
7 mètres cubes de chaux	78	40
Bois pour ponts de service	14	40
A reporter	1,929	04

                    Report . . . . Fr. 1,929 04
Fer 13 65
Usure du matériel 145 70
Frais divers et réparations 430 77
Dépenses d'administration 512 03
                                               ─────────
                                          Fr.   3,031 19
Soit par mètre courant 159 53

A la même mine, la construction d'un puits de 40 mètres de profondeur ayant 2 mètres de section en œuvre, muraillement en moëllons piqués, reposant sur des cadres-porteurs en chêne, avec épuisement des eaux provenant des anciens travaux, a coûté :

Main-d'œuvre pour extraction des matières et des
    eaux, maçonnerie . . . . Fr. 3,361 72
84 mètres cubes moëllons 85 08
10   »   chaux . . . .   112 »
480 briques 31 06
24 traverses pour cadres-porteurs 57 60
Bois de chêne   » 143 11
Planches   »   . . . .   85 »
36 kil. fer 43 44
Usure du matériel 167 10
Réparations, frais divers 1,154 92
Frais d'administration 1,372 74
                                               ─────────
                                          Fr.   6,613 77
Soit par mètre courant 165 34

Un puits incliné à 31° ayant 1,80 × 1,50 et une longueur de 130 mètres, foré dans la région du toit, à travers le gypse et l'argile, a coûté à la mine de *Boratella* :

Main d'œuvre pour excavation, extraction, etc. . . Fr. 8,563 96
        »   pour maçons 222 90
300 briques . . . .   21 »
5m3 moellons piqués 19 21
8 traversines 23 80
133 rondins 239 40
455 planches en sapin pour caisses d'aérage 550 55
42 kil. clous 49 90
30 » fer 14 80
14 » acier 19 25
Matériel 43 40
Usure du matériel 239 80
Réparations et dépenses diverses 1,898 33
Administration 2,783 95
                                               ─────────
                                          Fr. 14,689 65
Par mètre 112 98

Un puits incliné, construit à la mine de *Boratella di Falcino* à 30°, ayant 2 mètres de section sur une longueur de 85 mètres, a coûté:

Excavation à l'entreprise à raison de 50 fr. par mètre. Fr.	4,250	»
Matériaux	47	73
Mortier	45	80
Main d'œuvre et maçonnerie	88	13
Réparations d'outils et matériel.	147	30
Usure du matériel	48	50
Frais divers	221	25
	Fr. 4,848	71
Soit par mètre courant	57	04

Une galerie inclinée à 42°, ayant une longueur de 58,70, a coûté à la mine de *Boratella Montejottone* :

Excavation à raison de 27,50 par mètre Fr.	1,614	25
Sortie des matériaux à fr. 9,50	557	65
Maçonnerie.	49	70
Mortier.	15	65
Réparations d'outils.	112	»
8 journées pour une conduite d'aérage.	14	»
Frais divers, et administration, etc. . .	105	»
	Fr. 2,468	25
Soit par mètre courant	42	05

Coût des galeries d'écoulement ou de roulage.

En général les galeries d'écoulement, lors même qu'elles servent au roulage, ne présentent pas de grandes sections, les dimensions adoptées sont de 1,80 × 1,40 en œuvre. Si on les arme d'un chemin de fer ces dimensions atteignent 2,00 × 1,50.

On les boise avec des cadres en rondins sans semelles, lorsque l'on traverse des terrains peu solides.

Voici quelques exemples de leur prix de revient.

La galerie d'écoulement à la mine de la *Jana*, ayant une longueur de 179 mètres sur 2 mètres de hauteur et 1,50 de largeur en œuvre, a coûté :

Main d'œuvre. Excavation, sortie des matériaux, transport . . . . Fr.	4,176	67
43,621 briques pour la voûte.	2,118	03
57 mètres cubes chaux vive	737	12
Bois, clous, etc.	57	88
A reporter	7,089	70

Report.		7,089 70
Matériel et son usure		237 45
Réparations, frais divers		398 14
Dépenses d'administration.		1,806 62
	Fr.	9,531 91
Soit par mètre courant		53 25

La galerie de niveau à *Rio Cavo*, percée dans des grès durs, ayant 2×1,50 en section et une longueur de 106 mètres, a coûté :

Excavation, sortie des matières, transport, maçonnerie.	Fr.	2,817 51
1 mètre cube chaux. . . .		8 60
Sable.		1 53
Planches et bois pour service		54 63
Usure du matériel		140 12
Poudre.		15 65
Frais divers.		559 45
Dépenses d'administration.		839 28
	Fr.	4,436 77
Soit par mètre courant. . . .		41 85

A la mine de *Polenta*, la galerie de 130 mètres de niveau, percée dans une zône stérile voisine de la surface, à 2 × 1,50 et armée d'un chemin de fer, a coûté :

Main d'œuvre de tout genre	Fr.	5,354 31
» pour maçonnerie		326 79
3 mètres cubes chaux.		36 23
6 » sable		14 04
484 rondins en chêne pour boisage . .		726 »
Bois de sapin pour garnissage.		42 75
134 quintaux bois fendu pour garnissage		432 14
4 planches		6 »
Traversines pour chemin de fer		445 »
61,75 kil. chevilles		69 12
118 rails		854 64
Usure du matériel		95 20
Réparations et frais divers.		2,718 54
Dépenses générales d'administration . .		2,594 43
	Fr.	13,715 49
Soit par mètre courant		105 50

La galerie de roulage, aboutissant au fond du puits d'extraction de la mine *Borello*, a été construite au fur et à mesure de l'enlèvement du minerai ; elle est complétement boisée ; la section à 1,35 × 1,40, a coûté :

Main d'œuvre pour construction et réparation	Fr.	4,007 42
2,210 rondins		3,315 22
A reporter		7,322 64

Report.		7,322 64
Traversines pour chemin de fer		358 07
58 kil. chevilles.		36 72
94 rails.		922 14
Usure du matériel.		164 90
Réparations et frais du matériel		992 10
Dépenses spéciales		2,285 40
	Fr.	12,081 97
Par mètre courant	»	

En Sicile, les prix sont les suivants, d'après MM. de Labretoigne et Rechter.

1° Une galerie horizontale, traversant des argiles, des calcaires et terrains gypseux, a coûté : pour les dimensions de 1,70 × 1,21 × 0,96 et ayant 1940 mètres :

Fr. 25 50 par *canna*. Traversée dans les argiles, marnes, sables à grains serrés.
» 44 70 » Calcaire tendre.
» 51 » » Calcaire à grains durs.
» 63 80 » Gypse compacte.

La *canna* est de 2 mètres environ.

Le boisage était aux frais de l'administration.

2° Puits d'aérage. Les cadres étaient distants d'un mètre, la galerie avait 1,30 × 1 mètre.

Fr. 31 90 par *canna*. Traversée dans les argiles, etc.
» 51 » » » dans le calcaire.
» 63 80 » » dans le gypse.

3° Un puits vertical de 3 mètres de diamètre, d'une profondeur de 60 mètres, muraillé en pierres dégrossies, a coûté par mètre courant d'avancement :

1° Fonçage — 3 ouvriers à fr. 1 90 et 1 70. . . . Fr.		11 »	
2° Extraction —Nourriture de 2 mules fr. 7 65			
Conducteurs des mules 7 65		38 45	
2 ouvriers 15 30			
Transport des déblais. 7 85			
3° Maçonnerie —Main d'œuvre		12 70	
4° Chaux . . . . fr. 39 30			
5° Pierres . . . . 44 »		88 60	
6° Sable 5 30			
Par mètre courant		150 75	

SÉRIE DES PRIX

OBJETS POUR LES MINEURS

	ROMAGNES	SICILE
100 kil. fer laminé pour chemins de fer.	Fr. 38 » —	Même prix.
Mètre linéaire de chemin de fer	10 » —	»
1 kil. chevilles.	0 80 —	»
1 » poudre de mine.	1 50 —	»
1 » clous.	1 20 —	»
1 » huile à brûler.	1 80 —	»
1 rondin en chêne pour boisage 2 80 $\times$ 0 12 à 0 15	1 60 —	} Il n'y en a pas
1 traverse pour chemin de fer	0 80 —	} en Sicile.

MAIN D'ŒUVRE

	ROMAGNES	SICILE
Le mètre courant de boisage avec cadre sans semelles et bois de garnissage, si les cadres sont espacés de 0 80.	Fr. 2 50 —	
Id., s'ils sont espacés de 0 50.	3 20 —	Il n'en existe
Id., d'un seul côté.	0 90 —	pas en Sicile.
Le mètre courant de pose d'un chemin de fer, le matériel à pied d'œuvre	0 30 —	

OBJETS DE CONSTRUCTION

	ROMAGNES	SICILE
1000 briques — 380 forment un mètre cube. . . .	Fr. 35 » —	60 »
1000 tuiles — 25 forment un mètre carré. . . .	55 » —	75 »
1000 briques réfractaires.	400 » —	Inconnues.
1 mètre cube chaux	12 25 —	35 »
1 » pierre à plâtre	1 » —	1 »
1 » cailloux de rivière	» 35	3 50 Sable de calcaire. 10 50 Sable de mer.
100 kilogr. fonte moulée	50 » —	105 »
1 mètre carré madriers en chêne.	5 04	Une pièce de bois de 6ᵐ $\times$ 0 15 $\times$ 0 10 coûte fr. 8 50.
1 » planches en chêne épaisseur moyenne	3 15	7 50 $\times$ 0 20 $\times$ 0 15 coûte fr. 32 50.
1 » planches en chêne de 0 03.	2 48	8 50 $\times$ 0 24 $\times$ 0 18 coûte fr. 39; planches mètre carré fr. 2 50.

CHAUFFAGE

	ROMAGNES	SICILE
1 tonne de lignite	Fr. 50 »	
1 » de coke de gaz	53 »	Il n'y a pas de combustible en Sicile, on chauffe avec la paille ou des herbes desséchées.
1 » de houille anglaise	70 »	
1 » de charbon de bois	67 50	
1 quintal de bois de chêne à brûler	1 40	
1 » d'orme »	1 25	
1000 fascines rendues à la mine	60 »	

TRAVAUX A LA TACHE

	ROMAGNES	SICILE
Le mètre linéaire pour le foncement d'un puits ou la construction d'une galerie dans le calcaire.	Fr. 20 » à 15 »	
Id. dans le gypse	18 » à 13 »	
Id. » les marnes	7 » à 5 »	Mêmes prix.
Id. » les argiles et gypses	11 » à 8 »	
Id. » le grès dur	10 » à 8 50	
Id. » les argiles tendres	4 20 à 3 50	
Le mètre cube mur à sec	Fr. 1 10	— 1 18
Id. brut avec mortier	1 40	— 1 40
Id. muraillement de puits	2 90	— N'existe pas.
Le mètre carré moëllons piqués pour parements ayant 0,35 à la carrière	2 20	— Id.
Le mètre cube moëllons dégrossis à la carrière .	4 30	— 7 »
Le mètre linéaire moëllons piqués	1 10	— Inconnu.
Le mètre carré de toit en tuile avec mise en œuvre, ferme, petit bois, accessoires	1 »	— 1 »
Le mètre carré couverture en planches y compris la mise en œuvre des fermes	0 12	— 0 12
Le mètre carré de parquet en briques à plat brutes	0 40	— 0 40
Le mètre carré de parquet en dalles dégrossies .	0 65	— 0 65
Id. enduit en mortier . .	0 15	— 0 15
Id. crépi en mortier . . .	0 06	— 0 06

Les travaux de recherches se donnent généralement à l'entreprise à forfait, ou en commun avec le propriétaire.

SEPTIÈME PARTIE

FABRICATION

SEPTIÈME PARTIE

L'usage du soufre remonte à une époque très-reculée, où déjà il était employé à une foule d'usages. Il est constant que, deux mille ans avant l'ère chrétienne, les Egyptiens se servaient des vapeurs de soufre pour le blanchîment des laines, tout comme cela se pratique encore de nos jours.

Nous trouvons les traces de son origine, comme aussi celles de la découverte du verre par les Phéniciens, suffisamment indiquées, à peine au sortir des temps préhistoriques, et il est avéré que, dans quelques mines de la province de Girgenti, on a retrouvé, en explorant d'antiques travaux, des ossements humains que leur conformation, leur structure et le milieu dans lequel ils sont placés, font remonter bien loin dans le cours des âges.

Le peu de documents historiques que nous ayons eus sous les yeux, atteste : qu'en 1047 à Pieve di San Pietro in supherino, qui était un territoire appartenant à Cesena, le soufre y était régulièrement fabriqué. Les archives de Raveirera possèdent un acte par lequel Octasio, du château de Polenta, achète des terres en 1343, avec droit de *solvendi venis aurei, ferri et sulphuris*.

Dans le siècle suivant, un acte appartenant aux archives du

Vatican, porte qu'une concession est octroyée à *Paolus Antonius Va-
loci*, habitant le territoire de Cesena *fodiendi sulfur*.

Les poëtes eux-mêmes célébrèrent le soufre dans leurs chants, et
Folengo, qui écrivait en 1540, s'écriait :

Sulfur non pocum faris, o Cesena. guadagnum.

Enfin son contemporain Georges Bavet, dans deux passages différents de son *Traité de minéralogie*, loue l'excellente qualité du
soufre de Cesena.

La science nous apprend que le soufre est un corps simple, appartenant à la classe des métalloïdes. A la température ordinaire il
est solide, d'un jaune clair, insipide, inodore, très-friable, mauvais
conducteur du calorique et de l'électricité. Sa densité est de 2,085.
Il fond à 110°, devient liquide comme l'eau, se filtre et reste dans
cet état jusqu'à la température de 140 à 150°, température à laquelle il entre en ébullition et passe au jaune foncé.

A 190° il devient visqueux, et prend une teinte plus foncée ;
si on le chauffe davantage encore, il prend une couleur presque
brune, et sa viscosité a atteint son *maximum* à 260°. Parvenu à ce
point, si on le refroidit brusquement, il reste pendant quelques
jours mou et élastique.

Si le soufre dépasse la température de 260°, il redevient liquide
et se retrouve dans les mêmes conditions de couleur et de fluidité
que lorsqu'il n'atteignait que 125° ; enfin si on le pousse jusqu'à
la température de 460°, il se volatilise sous la forme d'une poussière
impalpable.

Comme complément, nous remarquerons que ce corps se dissout plus ou moins dans les hydro-carbures, qu'il se combine avec
tous les corps, et que ces combinaisons s'effectuent sans difficultés.

Le soufre se présente à nos yeux sous toutes les formes ; il est
tantôt isolé ; il est le plus souvent dissimulé dans les métaux, dans
les sels, dans les plantes ; il est partout, en un mot.

Nous avons vu, dans nos chapitres précédents, le soufre exploité pour les usages industriels, disséminé dans une gangue tantôt
calcaire, tantôt marneuse, d'autres fois argileuse ; nous n'avons pas
à revenir sur ce que nous avons déjà dit, et sans autre préambule

nous passerons en revue les principaux moyens, employés ou tentés, pour recueillir le soufre et le séparer de son minerai.

Nous décrirons aussi les procédés employés dans les fabrications dont il est l'agent principal, afin de faire ressortir le rôle immense qu'il joue dans nos arts et dans notre industrie.

Cet examen comprendra :

1° *Les appareils qui, pour liquéfier le soufre, en brûlent une
partie, afin de produire la chaleur nécessaire à la liquéfaction de
l'autre ;*

2° *La liquéfaction par la chauffe de contact ;*

3° *Les appareils pour la liquéfaction, au moyen de la vapeur
d'eau ;*

4° *La liquéfaction par digestion, au moyen du sulfure de carbone
et sa fabrication ;*

5° *La fabrication des soufres en canons et en fleurs.*

6° *La fabrication de l'acide sulfurique, des sulfates et carbonates
de soude.*

LIQUÉFACTION DU SOUFRE, PRODUITE EN BRULANT UNE PARTIE
DU SOUFRE CONTENU DANS LE MINERAI

CALCARELLE. — L'appareil le plus anciennement connu, et dont on se servait aux époques les plus reculées, est le *calcarelle*. Dans la Styrie, les meules à carboniser le bois sont appelées *meules italiennes*; ces meules ne sont que la reproduction de la *calcarella*. C'était simplement du minerai, arrangé en forme de meule présentant de 2 à 5 mètres carrés, que l'on dressait dans un fossé profond de 10 à 20 centimètres, et dont l'aire, fortement battue, convergeait, par un plan incliné, vers un point unique, permettant ainsi au minerai fondu de s'écouler au dehors, par une ouverture qui avait reçu le nom de *morto.*

Dans l'édification de cette sorte de bûcher, on avait le soin de placer à la base les plus gros morceaux de minerai, et de réserver les plus petits pour le haut de l'édifice.

Le feu était communiqué par le sommet.

La construction du *calcarelle* demandait deux journées de travail; le lendemain on recueillait le soufre liquide qui s'échappait par le *morto*. Le surlendemain on déchargeait le *calcarelle*, de telle sorte que l'opération était généralement faite en quatre journées.

Suivant l'importance de la mine on dressait, tout à côté du puits d'extraction, huit, dix et même un plus grand nombre de ces *calcarelli*.

L'air nécessaire à la combustion d'une partie du soufre, arrivait librement et de tous les côtés ; seul le minerai placé au centre de la construction, se trouvant surchauffé sans être en contact avec l'air extérieur, laissait échapper le soufre qui se liquéfiait sous l'action de cette température élevée.

Pour des minerais comme ceux de *Racalmuto*, le rendement était généralement de sept *ballates* par *calcarelle*, soit 385 kilogrammes de soufre, pour 6,700 kilogrammes de minerai, ce qui équivaut au 5, 7 pour cent. Le minerai présentant une richesse de 35 pour cent, la quantité de soufre brûlé atteignait dans ces conditions 1,960 kilogrammes, et ce, pour produire . . . . 385 kilogrammes !

Les dommages, que ce mode de fabrication occasionnaient aux cultures, étaient considérables, et lorsque nous étudierons le *Fourneau Durand*, nous verrons que le Gouvernement s'était ému de cet état de choses, et se préoccupait, un peu tard il est vrai, d'apporter des améliorations destinées à sauvegarder les intérêts des cultivateurs.

Quoi qu'il en soit, le *calcarelle* brûlait encore, en Sicile et dans les Romagnes, jusqu'à l'année 1850.

CALCARONE. — En 1842, le hasard vint au secours de la nécessité et se fit l'inventeur du *calcarone*. Voici comment :

Dans une mine de *Favara*, un ouvrier, obéissant à un esprit de vengeance, mit le feu à un approvisionnement considérable de minerai.

L'alarme aussitôt donnée, tout le pays environnant accourut pour essayer d'éteindre cette immense fournaise ; mais le mal était sans remède, et ne songeant qu'à préserver les récoltes des alentours, on couvrit l'énorme tas incendié de tout ce que l'on put trouver sous la main, c'est-à-dire des *ginesses*, de la terre, etc.

Mais quelle ne fut pas la surprise des gens de Favara, lorsque, un mois après cet acte de malveillance, ils virent s'échapper de la base du foyer un soufre de belle qualité et d'une abondance au moins double de celle qui eût été produite par les *calcarelle*.

Le hasard, comme on le voit, venait de dire son mot : le *calcarelle* était trop petit.

A l'avenir, la liquéfaction du soufre devait être entreprise sur de grandes quantités de minerai, on devait, à l'aide d'une couverture quelconque, le préserver du conctact de l'air atmosphérique.

Le Gouvernement, qui avait connaissance de tout ce qui se passait en Sicile, nomma une Commission ; mais ce ne fut qu'en 1850, c'est à-dire huit ans après, que les premiers essais eurent lieu à Tossalongo, dans la province de Caltanissetta.

On imagina d'abord de faire des fosses beaucoup plus profondes, de les remplir de minerai ; de l'arranger avant d'y mettre le feu en ménageant des vides parmi les blocs, en pratiquant des ouvertures que l'on ouvrirait selon le cas, de construire, pour recueillir le soufre, un petit mur dans lequel on ménageait un trou de coulée : le mort. C'était le calcarelle, mais le calcarelle enterré et couvert.

Les essais continuèrent, on construisit plus en grand, dans de plus vastes proportions, et le calcarone vint au monde.

Nous allons examiner dans tous ses détails ce nouveau mode de fabrication, en faire apprécier les avantages et étudier les inconvénients. Déjà dans le cours de cet ouvrage (voir page 37), nous avons donné une analyse très-détaillée du réglement du 31 janvier 1851, qui fut la conséquence du rapport de la Commission gouvernementale ; nous croyons donc bien faire, en insérant ici, et avant d'entrer plus au fond de la question, les instructions que le Gouvernement de Naples publia sous cette même date du 31 janvier 1851, et qui sont la suite, ou plutôt le complément indispensable du réglement en question.

INSTRUCTIONS

destinées à servir de règle aux inspecteurs, aux gardes généraux, aux capo-mastri et aux producteurs dans l'extraction du soufre au moyen du calcarone.

31 janvier 1851.

Des Inspecteurs.

Art. 1. — Les solfatares existant, ou celles qui pourraient s'ouvrir dans les provinces de Palerme et de Girgenti, de Catane et de Caltanissetta sont placées sous la direction et la surveillance de deux inspecteurs; de manière que la surveillance de l'un s'exerce sur les provinces de Palerme et de Girgenti, et la surveillance de l'autre s'étende sur les provinces de Catane et de Caltanissetta.

Art. 2. — Chacun desdits inspecteurs tiendra un registre des solfatares comprises dans le périmètre de sa juridiction, portant l'indication de la province, du district, de l'arrondissement, de la commune, de la région dans lequel elles existent, portant en outre le nom de la solfatare, du propriétaire, du producteur, l'indication de la nature du sol et du minerai, de la quantité et qualité des produits, et désignant la plage sur laquelle cesdits produits sont habituellement déposés.

Art. 3. — Ces inspecteurs veilleront à ce que les minerais de soufre de toutes les solfatares ouvertes dans le périmètre qui leur est assigné, soient fondus par les *calcarone*, qui doivent être établis et conduits de la manière indiquée dans le réglement spécial.

Art. 4. — Les inspecteurs se prêteront avec le plus grand empressement aux invitations que les producteurs de soufre pourraient leur adresser, de se rendre sur les lieux, pour vérifier si les *calcarone* en construction ou en chargement, sont conformes aux règles établies.

Art. 5. — Les inspecteurs recevront à la fin de chaque mois des gardes généraux qui, comme il sera dit tout à l'heure, sont placés sous leur surveillance immédiate, des rapports indiquant la quantité de minerai sulfurifère extrait de chaque solfatare, le nombre des *calcarone* en construction, en chargement, en activité de fusion ou en démolition, ainsi que la quantité et la qualité du produit en soufre obtenues pendant le mois.

Art. 6. — En outre des visites extraordinaires, chaque inspecteur visitera deux fois par an toutes les solfatares en exploitation dans sa province, et ayant sous les yeux les rapports mensuels des gardes généraux, dont il est parlé dans l'article précédent, l'inspecteur s'entendra avec les gardes généraux, avec les producteurs et les capo-mastri, afin de recueillir toutes les particularités auxquelles la pratique du *calcarone* aurait pu donner lieu, pour les modifications et améliorations que l'expérience pourrait suggérer d'apporter à ce mode de fabrication.

Art. 7. — Leur tournée d'inspection dans les solfatares placées sous leur surveillance étant terminée, ils dresseront, à la fin de chaque semestre, un rapport aussi détaillé que possible, afin que le Gouvernement puisse être complétement informé de la marche de l'importante industrie des soufres.

Art. 8. — En outre desdits rapports semestriels, les inspecteurs s'adresseront au gouverneur royal toutes les fois que le besoin le demandera, pour l'informer de circonstances ou de faits hors de l'ordinaire, qui se seraient produits dans la marche de ladite industrie, des violations du réglement et des abus de toute sorte qui pourraient être commis par qui que ce soit dans la construction, dans l'acte de fusion ou de démolition des *calcarone*.

Art. 9. — En outre, lesdits inspecteurs demeurant sous la dépendance directe du gouvernement royal, correspondront avec les intendants, pour tous les points qui peuvent entrer dans la sphère de l'action administrative de ces fonctionnaires.

Art. 10. — Si les besoins du service l'exigent, ils correspondront aussi avec n'importe quelle autre autorité, dont le concours, direct ou indirect, pourrait être nécessaire pour régulariser la bonne marche des *calcarone*.

Des Gardes généraux.

Art. 11. — Cinq gardes généraux, placés sous la dépendance immédiate des inspecteurs, seront répartis de la manière suivante :

Un pour les districts de Termini et de Bivòna ;
Un pour les districts de Piazza et de Terranova ;
Un pour les districts de Nicosia et de Caltagirone ;
Un pour le district de Girgenti ;
Un pour le district de Caltanissetta.

Art. 12. — Dans le rayon assigné à chacun d'eux, les gardes généraux veilleront incessamment à ce que les *calcarone* soient construits et dirigés conformément à ce qui est prescrit dans le réglement, et selon les règles de l'art.

Art. 13. — Au besoin, les gardes généraux visiteront au moins deux fois par mois chacune des solfatares ouvertes dans le district, ou les districts, commis à leur surveillance, afin de s'assurer si le *calcarone* en ignition cause quelque dommage aux campagnes environnantes, et en informer l'inspecteur duquel chaque garde relève.

Art. 14. — Les gardes généraux étant informés que sur quelqu'une des solfatares comprises dans le périmètre qui leur est assigné, il est commis des infractions aux réglements, par les façons dont sont construits ou dirigés les *calcarone*, se rendront sur les lieux, vérifieront le fait, et dresseront un procès verbal qu'ils remettront, sans retard, à leur inspecteur.

Art. 15. — Les gardes généraux agiront de la même manière pour toutes les transgressions dont ils viendraient à avoir connaissance dans les fréquentes visites auxquelles ils sont tenus en vertu de l'art. 13.

Art. 16. — En dehors des rapports que les gardes généraux doivent ordinairement remettre à la fin de chaque mois, à leurs inspecteurs, pour les informer de la marche de l'industrie du soufre dans les districts, dont chacun d'eux est chargé, ils sont également tenus à leur donner, sans retard, connaissance des faits et des circonstances qui pourraient mériter l'attention des inspecteurs, soit dans l'intérêt de l'hygiène publique, soit dans l'intérêt de l'agriculture.

Art. 17. — Dans le cas où les circonstances l'exigeraient, les gardes généraux pourront s'adresser aux intendants, aux sous-intendants et à n'importe quelle autre autorité qui, par son concours immédiat, pourrait prévenir ou arrêter les conséquences d'omissions, de transgressions, ou bien d'accidents fortuits. Bien entendu qu'aussitôt qu'ils le pourront, ils informeront leurs inspecteurs, tant des démarches faites auprès des autorités locales, que de la coopération obtenue de la part de ces mêmes autorités.

Art. 18. — Les gardes généraux ne pourront pas s'éloigner du district ou des districts commis à leur surveillance, sans en avoir obtenu l'autorisation de leurs supérieurs.

Des Capo-Mastri.

Art. 19. — Pour qu'un ouvrier puisse être attaché à une solfatare en qualité de capo mastro, il faut que, par un des deux inspecteurs, il soit reconnu apte à construire, charger et diriger des *calcarone*. Cette aptitude sera certifiée par un brevet que ledit inspecteur délivrera gratis.

Art. 20. — Les capo-mastri seront tenus de construire les *calcarone* selon les règles de l'art, et en observant toutes les prescriptions indiquées dans le réglement.

S'ils s'aperçoivent de quelque inconvénient provenant des *calcarone*, ils auront soin, autant qu'il sera en eux, d'y porter remède immédiatement, et en informeront le garde général.

Art. 21. — Dans les visites que, conformément à ce qui est prescrit plus haut, les inspecteurs et les gardes généraux feront aux solfatares placées sous leurs attributions, les capo-mastri donneront toutes les informations possibles sur la marche des *calcarone* auxquels ils sont attachés.

Art. 22. — Sur le rapport des gardes généraux, les inspecteurs suspendront pour un temps plus ou moins long de l'exercice de leur métier de capo-mastro, tous ceux qui, par incapacité ou mal-vouloir se seraient montrés impropres à ce service.

Art. 23. — En cas de récidive, le brevet leur sera retiré, et ils deviendront par conséquent incapables d'être admis dans d'autres solfatares en qualité de capo-mastro.

Des Producteurs.

Art. 24. — Les producteurs de soufre seront tenus à faire que leurs *calcarone* soient construits selon les règles de l'art et en conformité des réglements, en employant à cet effet les capo-mastri patentés, ainsi qu'il est dit ci-dessus.

En cas d'accident ils chercheront à y remédier autant que cela leur sera possible et dans les vingt-quatre heures en donneront connaissance au garde général sous la surveillance duquel la solfatare est placée.

Art. 25. — Sur l'invitation de garde général et de l'inspecteur, ils donneront toutes les informations et éclaircissements dont l'un ou l'autre pourrait avoir besoin.

Ils accompagneront l'inspecteur dans les visites auxquelles celui-ci est tenu d'office, et ils lui soumettront toutes les améliorations qu'ils croiront pouvoir être apportées à l'industrie des soufres.

Art. 26. — En cas d'accident survenu à un ou plusieurs *calcarone* d'une solfatare quelconque, le producteur de l'exploitation la plus proche sera dans l'obligation de prêter le concours des ouvriers qui travaillent à son compte, pour accourir où besoin sera, sauf à être ensuite convenablement indemnisé.

Art. 27. — Ils seront dans l'obligation d'informer l'inspecteur, par l'intermédiaire du garde général, de toute innovation qu'ils voudraient introduire dans la construction ou dans l'usage des *calcaroni*.

Art. 28. — Quoique chaque producteur soit libre dans l'exercice de son industrie, néanmoins, en entreprenant la construction d'un ou plusieurs *calcaroni*, le producteur aura soin d'en informer l'inspecteur par l'entremise du garde général, afin que l'on puisse en prendre note, et exercer la surveillance voulue.

Art. 29. — De même, lorsque pour des raisons d'intérêt ou autres, un producteur se décidera à abandonner ou suspendre l'usage des *calcarone* déjà commencés, il en donnera connaissance au garde général, afin que celui-ci puisse se rendre sur les lieux, et en dresser procès-verbal dans lequel sera indiqué le motif de l'abandon ou de la suspension.

Palerme, 31 janvier 1851.

Le Général en chef
Lieutenant-Général, intérimaire,
PRINCE SATRIANO.

Aujourd'hui, à quelques exceptions près, le calcarone est universellement employé. L'agriculture fait entendre peu de réclamations, surtout si la solfatare se trouve située dans des conditions topographiques qui permettent aux émanations sulfureuses de passer audessus des cultures les plus voisines, de s'éparpiller dans les airs et de ne faire sentir leurs funestes effets que sur un point éloigné.

Le calcarone, dont nous donnons ici le dessin, est formé par un muraillement circulaire élevé sur un socle incliné.

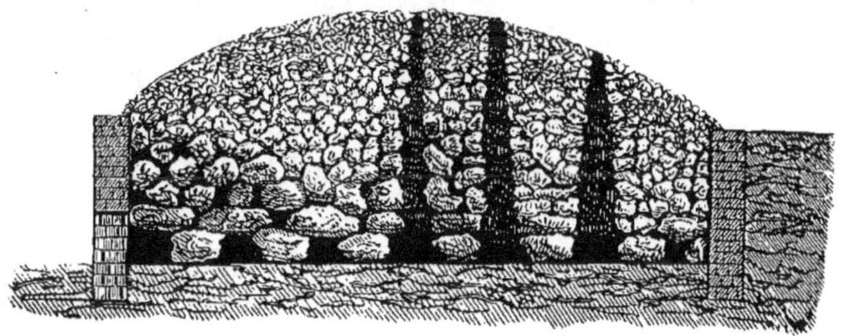

Sur le devant se trouve le *mort* présentant une hauteur de 1 mètre 25 à 1 mètre 50 et une largeur de 0,25 à 0,50. Au-devant est établi l'abri de l'*arditore*, c'est-à-dire de l'ouvrier chargé de la conduite du calcarone.

Les grands calcarone utilisant mieux la chaleur donnent un rendement meilleur ; mais que les calcarone soient grands ou qu'ils soient petits, il est impossible d'y traiter les menuailles qui auraient pour effet d'empêcher l'accès de l'air nécessaire à l'entretien de la combustion. Ce motif, joint à la nature ou à la qualité du minerai, limite la dimension du calcarone.

Certains calcaroni contiennent depuis vingt jusqu'à quatre cents caisses, mais la majeure partie est de quarante ou quatre-vingts caisses. L'expérience est venue démontrer que ce sont ceux-là qui se conduisent le mieux.

Leur durée est presque illimitée, lorsque cependant on a le soin de les entretenir. Nous en avons vu dont la construction remonte à dix années.

Le chargement d'un calcarone est une chose fort importante; s'il est bien exécuté, il donnera un produit raisonnable; si au contraire il est mal fait, il ne donnera que fort peu de chose, et peut-être même rien.

Tout en répétant en grande partie les prescriptions contenues dans le réglement, dont nous avons reproduit les principales dispositions, page 37 et suivantes, nous dirons comment on opère dans quelques exploitations.

On choisit les plus gros morceaux pour former la première couche, en ménageant entre eux des interstices. Les morceaux moins gros sont placés au-dessus des premiers, on a le soin d'établir des deux côtés du *mort* quelques pierres calcaires, qui formeront une voûte pour l'écoulement du soufre liquéfié, et on ménage sur toute la sole, des passages se dirigeant dans tous les sens. Tous ces passages, que l'on recouvre de gros morceaux de minerai, forment une série de canaux aboutissant tous au canal principal, qui lui-même se dirige vers le trou de coulée.

La seconde couche placée, laissant entre chaque bloc de nombreux interstices, on range sur ceux-ci de nouveau minerai, de telle sorte que leur volume laisse toujours entre eux des vides, et on arrive enfin à placer les plus petits morceaux, laissant, naturellement, de plus petits interstices, et on procède ainsi jusqu'à ce qu'on atteigne le sommet qui offre alors l'apparence d'un cône tronqué.

En chargeant les plus petits morceaux de minerai, on a la précaution de laisser de distance en distance des petits canaux verticaux, éloignés l'un de l'autre de 70 à 80 centimètres, et qui sont destinés à communiquer le feu à la masse.

Le tout est recouvert avec des menuailles et du poussier provenant des opérations précédentes.

Cette couverture extérieure est plus ou moins épaisse, suivant l'état atmosphérique, car le calcarone se dressant en plein air, les variations de l'atmosphère influent plus ou moins sur sa marche ; en effet, on conçoit facilement que s'il vente, il faut le prémunir contre l'action directe du vent qui, aspiré et refoulé de haut en bas, amènerait une combustion beaucoup trop rapide.

C'est ainsi que lorsque souffle le *sirocco*, le côté du calcarone qui subit l'action directe du vent, risque fort de ne produire autre chose que de l'acide sulfureux.

Dans les exploitations romagnoles, les calcaroni sont protégés par une toiture ; il serait à désirer que cet usage fût généralement adopté, car on éviterait ainsi une grande partie des dommages que nous venons de signaler.

N'avons-nous pas vu cette année même en Sicile alors que la production avait atteint 180,000 tonnes, n'avons-nous pas vu, disons-nous, cette production, noyée par les pluies torrentielles, descendre peu à peu à 100,000 tonnes, et entraîner la ruine de la majeure partie des fabricants?

Cette dure leçon profitera-t-elle? non, car les Siciliens répondent à ceux qui les engagent à suivre l'exemple donné par les fabricants romagnols : « C'est inutile, ce qui s'est passé est un fait anormal, « car il ne pleut jamais à l'époque de la fusion...! »

Mais revenons à notre sujet.

On bouche hermétiquement le *mort* au moyen d'un limon argileux recouvert de plâtre ; on communique le feu à l'aide de petits paquets d'herbes sèches, enduites de soufre, et que l'on introduit dans les canaux verticaux dont nous venons de parler.

Ce n'est que six à huit jours plus tard, qu'à l'aide d'une tige de fer, on perce dans le haut du *mort* un trou qui communique avec les canaux de la seconde rangée. — Plus tard on pratique un second trou au bas de la sole, et c'est par ces ouvertures que le soufre apparaît, et qu'il est recueilli dans des augettes en bois (*gravite*) de forme pyramidale tronquée, contenant environ 55 kilogrammes de soufre. Ces augettes coûtent de 2 fr. à 2 fr. 50, et, sans avoir besoin de réparation, servent à recueillir trois ou quatre fusions.

L'opération de la coulée dure de quinze jours à un mois.

La théorie sur laquelle est basée la marche de ces appareils ne peut pas toujours servir de guide aux ouvriers chargés de leur conduite, aussi observe-t-on une grande diversité dans le rendement et la qualité, suivant qu'on en examine les résultats dans telle ou telle exploitation.

La conduite est difficile ; il faut qu'au travers de la couverture s'échappe l'acide sulfureux, et que l'air nécessaire à la formation de cet acide puisse y pénétrer. Il faut par conséquent que la couverture soit mince, et ce n'est qu'en tâtonnant qu'on la charge ou qu'on en diminue l'épaisseur.

On augmente la couverture du côté d'où souffle le vent, on brise les agglomérations qui sont produites soit par les pluies, soit par la haute température intérieure, on bouche les fissures. Si l'opération se ralentit, on ouvre le *mort* pour raviver la combustion, et si au contraire la fusion se fait bien, on bouche soigneusement le *mort* après chaque coulée ; enfin quelquefois on est obligé d'enlever une partie du dessus, et d'autres fois d'épingler la masse au moyen de ringards.

L'arrangement si minutieux que nous venons de décrire, toutes les précautions essentielles que nous venons de relater, et qui seules assurent la bonne marche de la fusion par le calcarone, sont rarement prises ; le chargement se fait habituellement sans que l'on prenne d'autres soins que de placer dans le bas les plus gros morceaux ; on met le feu, et l'opération est abandonnée à elle-même.

Aussi, dans la pratique, les pertes de soufre sont-elles augmentées ; un calcarone s'éteint, un autre brûle complétement, un troisième bouillonne et déborde. L'exception est lorsque aucun de ces accidents ne se produit.

Les minerais mouillés, ainsi que ceux qui sont riches en briscales, se traitent mal au calcarone. L'eau absorbe une grande partie du calorique produit par la transformation du soufre en acide sulfureux et naturellement nécessite, pour remplacer ce calorique perdu, la combustion d'une plus grande quantité de soufre. La vapeur d'eau a en outre l'inconvénient d'entraîner avec elle une partie du soufre.

Lorsque la fusion par le calcarone est entreprise pendant la saison d'hiver, le produit est moins abondant, et il est d'une qualité plus ordinaire.

L'opération terminée, il faut, avant de procéder à un nouveau chargement de minerai, attendre que la masse soit refroidie ; c'est une perte de temps variant entre dix jours et un mois, suivant la capacité du calcarone.

On concevra facilement que l'opération du déchargement ne puisse pas être conduite avec une grande rapidité, à cause du danger d'asphyxie pour les ouvriers, et des dégâts occasionnés aux campagnes environnantes par le dégagement d'une quantité considérable d'acide sulfureux qui, avec le temps, et au contact de l'humidité, se convertit en acide sulfurique.

La quantité de soufre brûlé par ce mode de fabrication est considérable ; elle atteint en moyenne le 50 pour cent du contenu du minerai.

Les frais pour la construction de deux calcaroni, accouplés et couverts, comme ceux qui existent à la mine de *Boratella* (Romagnes) sont répartis comme suit, dans un compte de construction dont nous devons la communication à l'obligeance de M. l'ingénieur Sostegni, de Cesena.

MAÇONNERIE

204 m³ pierres brutes de carrière. . . . . Fr.	204 30
13,218 briques de grande dimension	925 25
5,576 id. moyennes	317 90
175 id. pour toiture	9 30
3,061 tuiles	242 95
33 mètres cubes de chaux	452 70
1.40 mètre cube de plâtre	32 95
Main d'œuvre à forfait	1,431 75
Total . . . . Fr.	3,617 10

CHARPENTE ET MENUISERIE

10 poutrelles de 9 50 $\times$ 0 15 $\times$ 0 20 . . . . . Fr.	125 »
8 id. de 6 50 $\times$ 0 20 $\times$ 0 22	68 »
3 id. de 6 50 $\times$ 0 15 $\times$ 0 20	24 »
135 longrines pour le toit	94 15
6 treillis en roseaux.	4 35
1 porte et 1 petite fenêtre	7 45
Total	322 95

FERRURE

29 kilogr. clous. . . . . Fr.	34 80
24 id. chevilles	19 40
7 id. fer plein	3 40
1 plaque en fonte pour fermer le trou de coulée	26 25
Total	83 85
Ensemble . . . . Fr.	4,023 90

La construction de ces calcaroni ne laisse rien à désirer, ils offrent toutes les conditions voulues pour assurer une fabrication régulière.

On calcule que, pour les mines des 1ᵉʳ et 2ᵉ groupes des Romagnes, il faut, pour produire une tonne de soufre, 6 mètres cubes 734 de minerai.

Nous avons vu que le prix moyen du minerai est de 11 fr. 76, ce qui donne pour 6ᵐ,734 cubes une dépense de   fr. 79 35

Ajoutons à ce prix les frais de chargement, de déchargement, le moulage 5 85

Sans compter la redevance au propriétaire (mémoire)   » »

Les 1,000 kilogrammes de soufre coûtent fr. 85 20

Le rendement en soufre par 100 kilogrammes de minérai, prenant pour base de calcul le compte de revient ci-dessus, serait :

6ᵐ,734 à 1,340 kilogr. du mètre donnent 9,013 kilogr. de minerai, ou 9 pour cent du rendement.

D'après les données les plus récentes, nous devons, pour la fabrication des Romagnes, établir les prix suivants :

	Busca	Formignano	Luzzena fosso	Borello-Tana	Polenta Monte-Vecchio	Boratella	Perticara	Marazzana	San Lorenzo
Prix de revient du minerai au calcarone............	9.75	9.75	16.85	10.30	11.76	7.93	6.50	11.60	7.35
Coût de la fusion	0.45	0»50	0.50	0.95	0.60	0.58	0.45	0.35	0.55
Frais de manutention au calcarone	0.65	0.75	0.95	1.25	0.60	» »	0.95	0.55	» »
Prix de 100 kilogr.........	10.85	11.00	18.30	12.50	12.96	8.51	7.90	12.50	7.90

En Sicile, c'est exceptionnellement qu'un calcarone est muraillé ; nous l'avons déjà dit, il n'est jamais couvert. Son prix de construction varie entre 1 franc et 1 fr. 80 par mètre cube de capacité ;

il est continuellement en réparation, de sorte qu'après deux ou trois fusions, il est en fait reconstruit.

Les réparations se font de la manière la plus grossière, quelques poignées de plâtre pour boucher les fissures qui laissent le soufre s'écouler au dehors, et tout est dit.

Certaines exploitations ont cependant des calcaroni plus convenablement entretenus; nous citerons entre autres les solfatares de *Monte-Doro*, de *Lercara*, mais aucun de ces calcaroni ne saurait rivaliser, même de loin, avec ceux de *Boratella*, dont nous venons de relever le prix de construction.

Nous donnons ici, sous forme de tableau, les prix de revient des exploitations siciliennes dont nous nous sommes occupés :

NOM des EXPLOITATIONS	Coût de la caisse au calcarone	Chargement du calcarone	Déchargement du calcarone	Frais de fusion	Total du coût de la caisse	Poids de la caisse Kilog.	Rendement en soufre. Kilog.	Coût des cent kilogrammes	OBSERVATIONS
Mine de Lercara....	10.60	0 67	0.85	0.57	12.69	3.785	320	3 93	Ne sont pas compris dans ce prix de revient les frais d'épuisement des eaux, d'administration.
» d'Aragona.....	25 »	2 »	1.25	0.65	28.90	7.325	770	3 75	
» Comitini	25 »	2 »	1.25	0.65	28.90	7.325	770	3 75	
» Grotte.........	25 »	2 »	1.25	0.65	28.90	7.325	770	3 75	
» Racalmuto.....	25 »	2 »	1.25	0.65	28.90	7.325	770	3 75	
» Casteltermini..	25 »	2 »	1.25	0.65	28.90	7.325	770	3 75	
» Favara........	20 »	1 25	1.25	0.50	23 »	5 360	550	4 18	
» Palma	20 »	1 25	1.25	0.50	23 »	5 360	550	4 18	
» Caltanissetta...	16 »	0 65	0.85	0.60	18.10	3 160	533	4 39	
» Catania........	16 »	0 65	0.85	0.60	18.10	3 350	412	4 39	

D'après les données administratives, le nombre des calcaroni existant dans l'Italie continentale, serait de soixante-quatre dont quatre inactifs. Leur production se serait élevée dans le courant de l'année dernière à 81,600 quintaux de soufre.

En Sicile le nombre des calcaroni atteindrait le chiffre de 4,367 d'une capacité moyenne de 190 mètres, et ils auraient produit environ 180,000 tonnes (1).

Enfin la moyenne du rendement d'un mètre cube de minerai serait :

Romagnes.	10	pour cent.
Province de Caltanissetta	16.5	»
» de Girgenti.	13.2	»
» de Catane	12	»
» de Palerme.	12	»
» de Trapani.	10	»

Ces chiffres n'ont rien d'absolu, tout dépend, comme nous l'avons vu, de la richesse du minerai qui varie d'un lieu à un autre, et de la conduite plus ou moins intelligente qui préside à la marche des calcaroni.

La température à l'intérieur du calcarone est chose difficile à établir d'une manière exacte ; lorsque l'opération se comporte bien, le soufre qui vient au *mort* est clair et limpide, *zolfo olio*, et varie entre 125 et 150° ; mais dans la plupart des cas, cette température est de beaucoup dépassée et arrive à produire du soufre grumeux (160 à 250°.) C'est dans cet ordre d'idées que M. Calamita, fermier de la solfatare *Conte Tosco*, a pris un brevet d'invention.

Il propose d'installer à travers le minerai qui forme le calcarone, un tuyau en fonte, dans lequel on placerait les *Sterri Ricchi* ; leur fusion s'opérerait à l'aide de la chaleur ambiante développée par le calcarone, et on recueillerait le soufre dans une cavité s'ouvrant sous la sole du calcarone.

Nous ne nous livrerons à aucun commentaire ; il est fort possible que M. Calamita soit dans le vrai. Ce que nous constatons cependant, c'est, qu'à notre connaissance du moins, l'expérience n'en a jamais été faite.

Nous n'avons rien à modifier dans cette deuxième édition ; nous y joindrons seulement les calculs que M. l'ingénieur Toussaint a bien voulu nous communiquer, et qui trouvent naturellement leur place ici.

____

(1) Chiffres relevés en 1866.

Les calculs de cet ingénieur sont basés sur l'hypothèse d'un calcarone de 10 mètres de diamètre, ou 78,50 mètres carrés, chargé de 441,000 kilogrammes de bon minerai à 16 pour cent de soufre, c'est-à-dire un minerai qui, dans les meilleures conditions de chargement, de conduite, de température, exigera soixante jours pour sa liquéfaction et donnera un rendement du 12 pour cent.

```
441,000 kilogr. minerai à 16 pour cent, renferment 70,560 kilogr. de soufre
441,000    »         »      12    »       donnent    52,920   »         »
                                             Perte......  17,640   »         »
```

soit 17,640 kilogrammes de soufre qui ont été brûlés. Ce qui revient à dire qu'il faut sacrifier 333 grammes de soufre pour en produire 1,000.

Le soufre, ajoute M. Toussaint, s'écoule du calcarone lorsqu'il atteint 125°; étant donné qu'un kilogramme de minerai renferme 16 pour cent de soufre, 5 pour cent d'eau, 79 pour cent de gangue, pour porter le soufre contenu dans le minerai de 0° à 125°, il faut :

```
POUR LE SOUFRE, de · 0° à 115° —.115 × 0,2026 = 23,29 calories
                de 115° à 120° —  10 × 0,234  =  2,34    »
                Chaleur latente...................  9,37    »
                                  Total.............. 35,00    »
POUR LA GANGUE, de    0° à 125° — 125 × 0,20858 = 26,07   »
POUR L'EAU...... de    0° à 125° — ...............  6,36    »
```

```
                RÉSULTAT              RENDEMENT
0,16 soufre. ×  35    =  5,60    —    9,677
0,05 eau.... × 636    = 31,80    —   54,828
0,79 gangue ×  26,07 = 20,59    —   35,515
    Calories........  57,99         100,000
```

L'équivalent en houille qu'il faudrait brûler pour obtenir le même résultat, serait le suivant :

Si 1 kilogramme de soufre a absorbé 857 calories, 1 kilogramme de houille donnant 8,000 calories, il faut 0 kil. 108 de houille pour remplacer les 333 grammes de soufre; or, ajoute M. l'ingénieur Toussaint, 333 grammes de soufre à 0,07. le kil. coûtent   0,02
       108   «   de houille à 0,06. 0,005

Il y a donc lieu de remplacer le calcarone.

LIQUÉFACTION DU SOUFRE PAR L'EMPLOI DE FOYERS,
OU CHAUFFE PAR VOIE DE CONTACT.

CHAUDIÈRE. — Il est dit dans maints ouvrages de chimie, que le minerai de soufre le plus riche est traité dans de grandes chaudières chauffées par un foyer. Le soufre en fusion surnage à la surface, et on le recueille avec des cuillères en fer.

Ce mode de fabrication n'a été rencontré par nous qu'à Lercara, où il était appliqué à la fusion des menuailles (*Sterri Ricchi*).

Nous avons déjà dit que les menuailles (*talamone*) ne pouvaient être traitées au calcarone; aussi, presque partout sont-elles perdues; or, c'est le plus souvent un minerai de soufre qui donne à l'analyse le 70 pour cent.

L'appareil dont parlent les ouvrages de chimie fut importé en Sicile vers 1840 par MM. Taix-Aycard et Cie; ils en avaient, dit-on, fait construire une grande quantité, et il en est resté un spécimen, qui appartient à une des exploitations de Lercara. C'est ce spécimen que nous allons décrire.

La chaudière en fonte, munie d'un couvercle, est installée dans un fourneau en maçonnerie, et est chauffée au moyen du bois. Sa capacité, qui est de 500 litres environ, lui permet de recevoir de 7 à 800 kilogrammes de   mone.

Le feu doit être conduit avec attention, de telle sorte que la température ne dépasse pas 250°. Au fur et à mesure que le soufre fond, l'ouvrier armé d'une cuillère en fer poche le plus possible les matières étrangères qui viennent surnager, et verse au fur et à mesure jusqu'à concurrence de 7 à 8 quintaux de talamone que la chaudière doit contenir.

Lorsque l'opération est terminée, l'ouvrier retire du foyer le bois qui l'alimentait, laisse reposer quelques instants le soufre et le coule dans les gavites (moules). Ce soufre est de tous points invendable ; pour devenir marchand, il doit être fondu à nouveau par le calcarone.

L'opération exige environ dix heures, consume 3 quintaux de bois et produit en moyenne 5 cantares 1|2 de soufre brun. Une chaudière, nous assure-t-on, dure de quatre à cinq ans.

A Lercara, cette fabrication est remise à la tâche, à raison de 2 fr. 50 par 100 kilogrammes, les menuailles étant amenées au pied du fourneau.

Ce mode de fabrication ne saurait s'appliquer qu'au traitement des menuailles, et s'il ne s'est pas généralisé en Sicile il faut l'attribuer :

A la difficulté que l'on a de s'y procurer du combustible ;

Au nombre considérable de chaudières nécessité par une grande exploitation ;

Enfin à ce que les produits sont invendables. Aussi, partout ces menuailles sont converties aujourd'hui en *panote*, et placées directement dans le calcarone.

FOURNEAU DURAND. — Alors que le calcarelle était le seul mode usité pour la fabrication des soufres, le gouvernement napolitain, toujours assailli par les incessantes plaintes des agriculteurs, accueillait tous les procédés et les faisait examiner. Il faut avouer qu'il avait fort à faire : concilier les intérêts soufriers, sauvegarder les cultures, et la santé publique était une tâche ardue, et souvent malaisée. Survint M. Durand, un Français, qui eut l'honneur d'être appelé spécialement, et auquel pendant quelques années fut octroyé le quasi monopole de la liquéfaction du soufre en Sicile.

A ce titre, et n'y aurait-il que celui-là, nous devons nous arrêter et étudier le procédé de M. Durand.

Le fourneau, de forme rectangulaire, se reliait à une chambre de condensation, aboutissant à une cheminée d'appel, au moyen d'un cheminement en conduites de maçonnerie, afin de condenser une partie des vapeurs sulfureuses.

L'aire du fourneau, fortement battue, était comme la sole du calcarone, inclinée vers un trou de coulée. On chargeait et arrangeait le minerai dans l'intérieur, par deux portes placées sur le devant du fourneau, portes qui étaient murées aussitôt l'opération terminée.

Un foyer, alimenté par le bois, était placé dans le bas du fourneau. Le calorique, l'air chaud, traversait le minerai, et devait amener la liquéfaction du soufre. Aussitôt que l'on atteignait le degré de chaleur voulu, on arrêtait l'action du foyer.

On opérait donc par deux modes bien distincts ; dans la première période, la liquéfaction du soufre était amenée par le moyen du calorique transmis par le foyer, dans la seconde, la liquéfaction continuait, grâce à la haute température acquise.

Dans la première période, M. Durand agissait comme on le fait de nos jours pour le grillage des pyrites de fer, procédé fournissant l'acide sulfureux dans les chambres de plomb pour la fabrication de l'acide sulfurique ; il perdait une quantité tout aussi considérable de soufre que par l'emploi des calcarone.

Dans la seconde période, on obtenait la liquéfaction du soufre par le calorique latent, mais on était obligé de laisser arriver la partie d'air nécessaire, pour conserver le degré de température voulu.

Une partie seulement du soufre contenu dans le minerai était ainsi recueillie par le trou de coulée, tandis que l'autre se rendait à l'état de vapeur dans la chambre de condensation. Ce procédé avait l'avantage d'entraîner, par une cheminée, l'acide sulfureux à une hauteur plus grande dans l'atmosphère, que par l'emploi du calcarelle, et de répartir ainsi les dégâts commis à l'agriculture sur une plus grande étendue.

Selon nous, le mal n'avait fait que changer de place.

Sur le rapport de la commission, le gouvernement napolitain décréta que le fourneau Durand serait à l'avenir le seul toléré pour la fabrication du soufre en Sicile, et défendit de se servir désormais du calcarelle.

La commission, tout en reconnaissant les nombreuses imperfections de ce procédé, et voulant les atténuer autant que possible, fit décréter par le gouvernement de Naples, que dans la chambre de condensation seraient placés des vases remplis d'eau, eau qui se convertirait en vapeur par la chaleur de la chambre, et arrêterait les émanations sulfureuses en les convertissant en majeure partie en acide sulfurique.

Ce fourneau coûtait 500 fr., pouvait contenir 3 mètres cubes de minerai ; son chargement et son déchargement demandaient douze heures, la fabrication en exigeait dix-huit.

Pendant quelques années ce mode de fabrication régna en Sicile ; mais il advint un jour que le bois nécessaire à la chauffe fit complétement défaut. Tout avait été coupé ; on n'avait respecté ni les arbres ni les broussailles ; tout ayant servi à l'alimentation des foyers, force fut de revenir aux calcarelli.

DOPPIONE. — Le calcarone est aujourd'hui, exclusivement employé en Sicile et adopté dans le bassin des Romagnes, où il existe cependant un autre mode de fabrication, désigné sous le nom de *doppione*.

Le doppione n'est pas d'invention moderne, son apparition date d'une époque fort reculée ; il est antérieur à la chaudière dont nous entretenions nos lecteurs au commencement de ce chapitre.

Dans le principe, les doppioni étaient de grands pots de terre, d'une capacité de 20 litres, que l'on emplissait de minerai choisi, trié et concassé avec soin.

Ces vases étaient rangés côte à côte dans un fourneau de galère, et arrimés de telle sorte qu'au moyen du foyer qui s'ouvrait au-dessous d'eux ils fussent de toutes parts enveloppés par la flamme.

Chacun de ces pots communiquait, par des allonges, avec des récipients de même nature, installés au dehors du fourneau ; la partie supérieure du pot se reliant au premier vase qui était relié à la partie inférieure du second vase, ce qui permettait au soufre sublimé de passer, sans difficulté, du premier dans le second et même dans un troisième, si cela était jugé nécessaire.

Tous ceux qui sont familiarisés avec les opérations chimiques, reconnaîtront dans ce que nous venons de dire l'arrangement ordinaire des appareils distillatoires.

Aujourd'hui, on ne retrouve plus les pots de terre, la fonte est venue les détrôner.

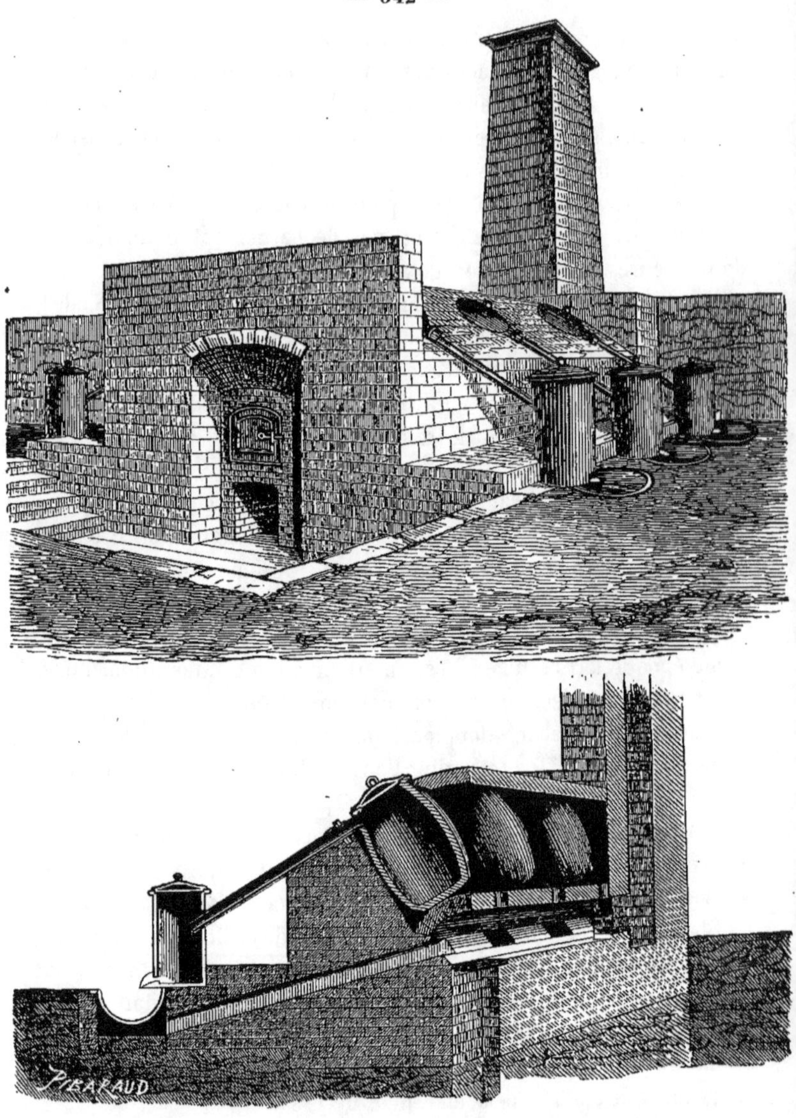

Les dessins que nous donnons représentent le fourneau à six cornues généralement employé.

Les Romagnes moins bien partagées que la Sicile, ne fournissent généralement que du minerai, ne donnant au calcarone que du soufre noir.

Ce phénomène est dû aux matières bitumineuses intimement mélangées avec le minerai.

La liquéfaction par le calcarone ne donne que du soufre sali par les bitumes et les huiles de goudron, parce que la chaleur n'y étant pas assez élevée, ne peut détruire ces éléments étrangers ; ce n'est qu'à la température de 250° que l'on peut y arriver.

Cette qualité de soufre est connue, commercialement, sous la dénomination de *zolfo nero* (soufre noir).

Les bitumes qui impriment au soufre cette teinte brune, n'entrent guère que dans la proportion du 1 ou du 2 pour cent de la masse totale ; ils ne nuisent pas sensiblement à la qualité du produit, mais les habitudes commerciales sont inexorables dans leurs exigences, et n'admettent que le soufre ayant une belle couleur jaune-clair, frappant la qualité brune d'une dépréciation qui varie entre 1 franc 50 et 2 francs 50 par quintal.

La nécessité a donc créé le doppione dans les Romagnes.

Généralement cet appareil ne sert qu'à épurer les soufres fabriqués au calcarone ; dans quelques exploitations on y traite aussi le minerai, et principalement celui qui, à cause de sa trop grande pauvreté, ne pourrait pas être liquéfié au calcarone. La quantité de soufre que le calcarone consomme pour produire la chaleur nécessaire à la fusion, exige des minerais riches. Aussi les exploitations du bassin romagnol, qui ne fournissent généralement que des minerais pauvres qui ne produiraient rien par l'emploi du calcarone, emploient le doppione, car on aurait beau communiquer le feu à la masse, elle brûlerait sans aucun doute, mais elle brûlerait tout entière et sans donner un kilogramme de soufre.

L'exploitant ne remarque pas qu'il est obligé de chauffer une grande quantité de matières inutiles, toutes mauvaises conductrices de la chaleur, et qu'en amenant ces matières au rouge, les carbonates de chaux se transforment en sulfates et en sulfites, ce qui diminue d'autant le rendement. Joignez à ces causes de perte la détérioration, assez rapide, des vases de fonte qui renferment le minerai.

A notre avis, l'exploitant ferait mieux de laisser à la terre un produit aussi stérile, aussi peu rémunérateur ; mais il est entretenu par l'espérance, quelquefois réalisée, que ces conditions de pauvreté ne sont que temporaires, qu'elles ne sont que le résultat d'un étranglement partiel de la veine, et qu'au delà de ces sacrifices il rencontrera un filon moins avare, et l'exploitant ne peut se décider à perdre les fruits de sa laborieuse exploitation.

Industriellement, le doppione n'est réellement utilisable que pour le traitement des soufres provenant du calcarone ; il élimine les parties bitumineuses et goudronneuses, qui impriment au produit la teinte brune dont nous venons de parler, et lui donne toutes les qualités qui constituent un soufre de premier choix.

Un fourneau contient six cornues de fonte placées sur deux rangs, les unes à côtés des autres, chauffées par un foyer établi à la base.

Ces cornues se chargent et se déchargent en ouvrant un couvercle adapté sur le col de l'appareil, et hermétiquement fermé durant l'opération. Le soufre se volatilise, il est amené par un conduit en fonte, dans un récipient sur lequel coule constamment un filet d'eau froide, qui ramenant le soufre à une température de 350°, le fait couler dans un petit bassin ouvert au pied du récipient. L'ouvrier, chargé de la conduite de l'opération, le poche au moyen d'une cuillère, et le coule dans des formes placées à quelques pas du fourneau.

Ces formes ne sont plus les gravites dont on fait usage au calcarone : sur une table en marbre on établit des cloisons, également espacées ; entre ces cloisons on coule le soufre, qui prend la forme et les dimensions de parallélogrammes. Cette forme présente généralement un cube ayant 0,485 de longueur sur 0,225 d'épaisseur dans tous les sens.

Les fourneaux dont nous venons de donner le dessin contiennent six cornues ; leur prix d'établissement est le suivant :

MAÇONNERIE

11 mètres cubes pierres brutes......	Fr.	21 90
2758 briques de grande dimension		139 50
459 id. de petite » ...		20 40
884 id. réfractaires » ...		263 70
7 mètres cubes chaux.............		80 25
14 id. sable..............		7 90
Plâtre...........................		21 20
Main d'œuvre des maçons et forgerons		365 00
Total........................	Fr.	919 85

CHARPENTE

10 planches en sapin................	Fr.	12 35
4 mètres cubes planches en chêne...		21 45
6 treillis en roseaux...............		3 25
Total......................		37 05
A reporter............		956 90

Report...........   956 90

FERS ET APPAREILS

6 cornues en fonte avec couvercles....... Fr. 2,020 10	
6 réfrigérants id. 470 90	
6 cuvettes........... .... 597 15	
6 tubes pour cornues, avec boulons...... 130 25	
1 porte de foyer........................ 74 90	
18 rinceaux pour la grille................ 88 90	
2 sommiers........................... 9 50	
26 kilogr. couvercles de cuvettes, valves de la cheminée.......................... 26 30	
3 barres de fer pour la cheminée......... 23 80	
Total........................ 3,441 80	

Il y a lieu d'ajouter :

Valeur du hangar qui recouvre le tout... Fr. 2.900 »	
23 moules, ou formes, en marbre poli pour recevoir le soufre fondu................ 575 »	
Les petits ringards, petit fourneau pour recevoir le soufre liquide .... 80 »	
Total...................... 3,555 »	

Un doppione composé de 6 cornues, couvert, ayant son matériel complet coûte............................ Fr. 7,953 70

L'établissement possédant le doppione dont nous venons de faire connaître le prix de revient, est situé à Cesena, et appartient à M. Dellamore. Il est aujourd'hui la propriété de la société anglaise.

Cette même exploitation possède, en outre, un autre four renfermant huit cornues.

La production de soufre en quarante-huit heures est la suivante :

Pour le four à 8 cornues kilogr. 5,335 en 3 opérations;

    Id.   à 6   »   »   5,000 » 3   »

FRAIS DE FABRICATION

Four à 8 cornues.

800 kilogrammes lignite de Dalmatie à 42 francs la tonne Fr. 33 60	
Main d'œuvre.................................... 12 »	
Huile pour éclairage et graissage des formes........... 1 50	
Usure des appareils.................................. 17 95	
Usure du fourneau................................... 5 55	
Frais imprévus..................................... 2 »	
Dépenses pour 5,335 kilogrammes de soufre............ 72 60	
Id. 1,000 » » 13 60	

Four à 6 cornues.

668 kilogrammes lignite............................	Fr.	28 05
Main d'œuvre....................................		11 25
Huile...		1 50
Usure des appareils.............................		13 45
Usure du fourneau, réparations..................		5 20
Frais imprévus		2 »
Dépenses pour 5,000 kilogrammes de soufre...........		61 45
Id. 1,000 » »		12 29

L'emploi du doppione à six cornues présente donc un léger avantage sur le doppione à huit cornues, et comme il existe une limite qu'il s'agit de ne pas dépasser, le fourneau à six cornues est généralement le préféré.

La durée des cornues est d'environ trois cents journées de travail effectif; or leur prix de revient étant de 2,693, comme nous venons de le voir, $\frac{2,693}{300} = 8,98 = 17,95$ pour quarante-huit heures de travail.

Le fourneau exige deux réparations dans la même durée de temps, c'est-à-dire pour trois cents journées de travail, ces réparations coûtent 836 fr. $\frac{836 \times 2}{300} = 5,56$.

A ce prix de revient, il y a lieu d'ajouter les frais d'administration. D'après les données qui nous ont été remises, les frais d'employés seraient de. . . . . Fr. 12 00

Ceux du loyer . . . . » 4 00

Total Fr. 16 00

Soit pour une moyenne de 5,150 kilogrammes de soufre environ fr. 3,20 par cent kilogrammes.

M. Dellamore donne le travail à la tâche à raison de 14 fr. 35 les cent kilogrammes. D'après nos calculs, il reviendrait à 13 fr. qui, ajoutés aux frais d'administration, 3 fr. 20, porteraient la totalité des frais à 16 fr. 20.

On donne à l'ouvrier 109 kilogrammes de soufre, et il doit rendre 100 kilogrammes de soufre raffiné. Les 9 kilogrammes en plus comprennent les pertes provenant du raffinage et du transport; d'après nos calculs, cette perte n'atteindrait que le 6 ou le 6 1|2 pour cent. C'est cette différence qui permet à l'ouvrier de consentir le rabais que nous remarquons sur le prix de revient établi par nous.

L'établissement dont nous nous occupons ici, traite tous les produits des calcaroni existant sur les propriétés de M. Dellamore.

Cet établissement est, au reste, bien tenu et administré avec intelligence, malgré son personnel un peu trop nombreux. Deux hommes par doppione suffisent pour charger, chauffer, décharger les cornues, couler le soufre dans les moules ; deux employés s'occupent de la réception, du pesage, de la comptabilité ; enfin deux manœuvres chargent, voiturent et déchargent le soufre et le charbon.

Nous avons établi le prix de revient des 1000 kilogrammes de soufre fabriqués par le calcarone à la mine de Boratella.

Ce prix de revient était de . . . , . . . Fr.	85	10
Redevance au propriétaire (pour mémoire) . . »	»	»
Transport de la mine à Cesena . . . . . . »	4	95
Le raffinage à l'entreprise . . . . »	14	35
9 pour cent de perte sur 90,15. . . . . . »	8	10

Ensemble Fr. 112 50

La raffinerie de soufre de Rimini, qui appartient à la *Société anonyme des Romagnes*, est la plus considérable ; outre celle de Cesena, il en existe quatre autres d'une importance moindre à Perticara, Formignano, San Lorenzo et San Vittore. Les prix de fabrication sont classés comme suit :

NOM des ÉTABLISSEMENTS	COMBUSTIBLE EMPLOYÉ pour 1000 kilogr. de soufre		PERTE du soufre kilogr.	MAIN D'OEUVRE	TOTAL des FRAIS
	Kilogr.	Valeur			
Perticara..............	135	8.55	43	2.25	10.50
Formignano............	160	7.50	40	2.40	9.90
San Lorenzo...........	430	5.60	70	10.00	15.60
San Vittore	190	8.20	90	2.70	10.9

La Sicile et les autres bassins sulfurifères ne possèdent pas de doppione.

Nous allons maintenant passer en revue les principaux essais qui se sont produits, en faisant remarquer qu'aucun des nouveaux procédés n'ayant répondu à l'attente de ceux qui les ont essayés, nous n'en trouvons pas un seul qui soit employé de nos jours.

Certes, cet état de choses ne peut durer indéfiniment; ce qui nous le fait espérer, ce sont les recherches, les essais qui se produisent sans relâche. Tout le monde est à la besogne, les inventeurs sont à l'œuvre, les travaux des ingénieurs se multiplient, et nous croyons fermement que nous ne pouvons plus être loin du moment où le but sera atteint, et où il nous sera donné de voir enfin le calcarone détrôné et précéder dans sa chute celle du doppione, ces deux modes imparfaits qui représentent aujourd'hui les seuls outils pour la fabrication du soufre.

FOURNEAU FRANÇAIS. — Un ouvrier français établi à Racamulto, avait construit un appareil dont nous donnons ci-joint le dessin.

Cet appareil se composait d'un fourneau en maçonnerie contenant quatre chambres, ayant ensemble une capacité de 10 mètres cubes, et dans chacune desquelles on renfermait quarante-deux caisses en tôle percées de petits trous à leur partie inférieure, et pouvant contenir chacune vingt-cinq décimètres cubes de minerai.

Sept caisses formaient une rangée, séparée par une autre rangée et ainsi de suite jusqu'au nombre de quarante-deux. Le chauffage des quatre chambres était fourni par deux foyers placés vis-à-vis l'un de l'autre au-dessous de la sole.

Les produits de la combustion passaient dans des conduits ménagés sous la sole, et, par des tuyaux placés verticalement, traversaient les chambres pour entrer dans des canaux ouverts dans le plafond et se rendre enfin dans la cheminée.

La liquéfaction du soufre était produite au moyen de l'air chaud.

Le soufre s'écoulait par les trous pratiqués à la paroi inférieure des caisses, tombait sur la sole inclinée de la chambre, et se rendait, en suivant la pente, vers un trou de coulée ménagé *ad hoc*.

Si la température s'élevait au delà des 150°, au moyen d'un tuyau installé dans une des parois du fourneau, on injectait dans l'intérieur des chambres une certaine quantité d'eau, qui, se convertissant en vapeur, ramenait immédiatement la température au degré voulu.

Avec cet appareil, nous disait l'inventeur, le minerai était complétement épuré, on pouvait faire une fusion par vingt-quatre heures, et on ne brûlait, en bois, que le 6 pour cent du minerai
traité.

Nous n'avons jamais vu fonctionner cet appareil, par la raison
bien simple qu'il n'existe plus ; nous ne pouvons donc le juger que
par voie de raisonnement, et c'est précisément le raisonnement qui
nous porte à croire qu'il devait demander une quantité de combustible supérieure au chiffre que nous venons de citer.

L'inventeur parle de 6 pour cent en poids de bois brûlé ; d'après ces données, la quantité serait de 800 kilogrammes pour vingt-quatre heures, pour deux foyers et pour 10 mètres cubes de minerai ; or 800 kilogrammes nous paraît être un chiffre qui doit avoir été dépassé, non pas une fois seulement, mais toujours.

Si, en industrie, le calorique pouvait être facilement conduit, si une température constamment uniforme pouvait être atteinte et conservée dans les conditions imaginées par cet inventeur, incontestablement nous n'aurions que des éloges à adresser au mode imaginé par lui.

Mais malheureusement il n'en est pas ainsi, et nous croyons que dans la pratique, les choses ne se passent pas aussi facilement.

On place le minerai de soufre dans des récipients en tôle, dont la base est percée de trous ; ces récipients sont arrimés dans une chambre hermétiquement close.

Certes ces conditions sont évidemment fort bonnes ; mais vient ensuite la difficulté de limiter la température entre 120 et 150°.

Dans le commencement de l'opération il devait se produire un dégagement considérable d'eau, qui précédait la liquéfaction du soufre ; pour maintenir ce niveau constant de température, que de soins ne fallait-il pas apporter ? Il est vrai que comme la chaleur tendait constamment à augmenter, on avait imaginé de la dominer par une injection de vapeur.

Ce moyen est intelligent, nous le reconnaissons volontiers, mais nous ne croyons pas qu'il fût réellement pratique. La vie éphémère de cet appareil ne saurait que nous affermir dans cette manière de voir.

FOURNEAU GILL. — En 1859, un Anglais, M. Joseph Gill, directeur de la fonderie de fer de M. Florio de Palerme, prit deux brevets d'invention pour des systèmes destinés à remplacer le calcarone.

Nous donnons un des dessins à la page suivante.

L'intérieur du fourneau, de forme circulaire, présentant une hauteur de 10 mètres sur 4 mètres de diamètre, était chargé et déchargé par une ouverture ménagée dans la voûte. Un foyer alimenté par le bois, ou par la houille, devait amener *l'air chaud désoxygéné à une température de* 125°.

Un conduit placé au milieu de la chambre et s'élevant jusqu'à

la voûte, répandait cet air chaud désoxygéné à travers tout le minerai ; cet air sortait ensuite par des ouvertures percées au bas de l'appareil, à 50 centimètres de la sole, communiquant avec des tuyaux
ménagés dans l'épaisseur de la maçonnerie et qui le conduisaient
dans la cheminée.

C'est la première fois que, pour le traitement du minerai de soufre, on parle de l'emploi de l'*air désoxygéné*.

Le mot en dit assez, car l'action de l'oxygène sur le minerai surchauffé est connue ; il forme l'acide sulfureux. Mais cette combinaison ne peut se produire qu'en tant que le minerai a été amené
à une température convenable, et M. Gill, en voulant traiter son
minerai à 125°, n'avait pas besoin, croyons-nous, de s'occuper beaucoup de la combinaison de l'oxygène et du soufre.

Produire de l'air désoxygéné, c'est-à-dire, et c'est là sans doute
ce que M. Gill a voulu dire, chauffer le minerai par les gaz oxydes
de carbone, acide carbonique et azote, amenés à la température
suffisante pour produire la fusion du soufre, ne nous paraît pas un
procédé qui puisse jamais être employé industriellement.

Il nous semble impossible si nous étudions le plan, ne pouvant
étudier autre chose, il nous semble impossible, disons-nous, que
le calorique amené en haut du four par ce conduit de tôle, puisse
traverser les interstices d'une masse de minerai mesurant 10 mètres
de hauteur. Il fallait à M. Gill un tirage bien puissant pour vaincre un tel obstacle. D'ailleurs ce minerai humide, comme il l'est
toujours, devait se prêter bien difficilement aux désirs de l'inventeur ; qui ne sait, en effet, que la dessication d'un pareil volume
de matières ne peut se faire uniformément, et que c'est une erreur
de croire que parce qu'on aura placé à des distances égales des ouvertures pour le tirage, ce tirage se produira par toutes les ouvertures, et par toutes également? Le moins expert des fumistes ne
l'admettrait certainement pas.

La valeur du minerai, et par conséquent celle du soufre qu'il contient, est si minime, que son traitement ne permet pas des efforts
d'imagination ; il faut donc laisser l'emploi des gaz brûlés, pour le
traitement des corps plus précieux, et d'une plus grande valeur.

Si nous admettions, pour un instant, que les essais que M. Gill
nous a dit avoir faits à Lercara, aient réussi, le mode d'application
n'en serait pas moins vicieux en tous points. Pourquoi, si l'on

veut tenter ce procédé, ne pas appliquer l'appareil si simple de
MM. Thomas et Laurence, fort connu de tous ceux qui se sont plus
ou moins occupés d'industrie.

Ce fourneau dispendieux, ce chargement par le haut, cette masse
de minerai à chauffer, ce foyer qui ne saurait produire que de l'air
chaud, mais désoxygéné en partie, peut être remplacé par un cubi-
lot, dans lequel on enfermerait le minerai, et par un petit ventila-
teur qui, après avoir insufflé de l'air à travers une cuve remplie de
combustible (ce qui le désoxygène complétement), lui ferait traverser tout le minerai.

Nous nous refusons à reconnaître à ce procédé une valeur industrielle ; nous en avons donné le dessin, parce qu'il nous a semblé
que nos lecteurs suivraient avec intérêt les principaux essais tentés,
et les idées des divers chercheurs qui ont vu un peu de bruit se
faire autour de leur nom.

FOURNEAU HIRZEL. — M. Hirzel, qui, semble-t-il, aurait col-
laboré avec M. Gill, prend un brevet pour un fourneau à peu près
semblable.

Depuis le commencement jusqu'à la fin de l'opération, M. Gill
faisait traverser la masse du minerai par les produits de la combustion provenant de son foyer ; peut-être M. Hirzel s'était-il aperçu que
les gaz de M. Gill n'étaient nullement désoxygénés, car il indique
des points d'arrêt, sortes d'étapes, dans le cours de l'opération.

Premièrement, les produits du foyer traverseront toute la masse
du minerai, jusqu'à ce qu'il ne contienne plus d'eau, attendu, dit
M. Hirzel, que pour que le minerai puisse donner de bons résultats, il
faut qu'il soit complétement sec. Lorsque ce premier point est obtenu,
M. Hirzel ferme tous les conduits qui amenaient la flamme dans
l'intérieur de son fourneau, ferme les ouvertures par lesquelles s'é-
chappait l'eau vaporisée par la chaleur, chauffe ensuite le minerai au
moyen de canaux disséminés dans tout le pourtour de la maçonnerie, et qui recueillaient toute la chaleur émanant du foyer.

Ce fourneau a fonctionné à Lercara. D'après les renseignements
fournis par le brevet même de M. Hirzel, la dépense de combustible n'aurait atteint que 21 à 25 kilogrammes pour 100 kilogrammes de soufre produit ; soit une dépense de 1 fr. 40 à 1 fr. 75
pour le combustible, 1 fr. 30 pour la main d'œuvre, 0,40 pour les

frais généraux. Quant à la perte en soufre, elle serait nulle.

Le minerai à Lercara est d'excellente qualité, on peut lui attribuer un rendement au calcarone de 15 pour cent; et, comme nous le savons, pour obtenir par ce mode de fabrication 15 kil. de soufre, il faut en brûler 5 kilog., 100 kilos minerai donneront, suivant les indications de M. Hirzel, 20 kil.

La dépense étant de	3 fr. 10
Le coût du minerai de.	» 30
100 kil. soufre reviendraient à	3 fr. 40

Ces chiffres ont leur éloquence.

Le fourneau de M. Hirzel coûtait de 1,500 à 2,000 fr, et ne pouvait traiter annuellement que 500 mètres cubes de minerai.

Le grand avantage qu'il présentait était la suppression des vapeurs sulfureuses si nuisibles à l'agriculture.

FOURNEAU DE LAIRE. — Dans ces dernières années, M. de Laire de la Brosse, ingénieur de Paris, qui s'est occupé du traitement des soufres dans une mine des Etats Pontificaux, construisit un fourneau qui fut essayé en France, à Apt, dans le département de Vaucluse.

Le but que poursuivait M. de Laire était le remplacement des doppioni, auxquels il voulait substituer le traitement direct du minerai.

Nous avons déjà fait connaître notre opinion sur le traitement du minerai par le doppione, et fait remarquer combien étaient peu nombreuses les exploitations faisant usage de ce mode de fabrication; nous n'avons donc pas à revenir ici sur ce que nous avons précédemment exposé.

M. de Laire nous ayant communiqué une note sur ses procédés, nous ne saurions mieux faire, pour lui exprimer nos remercîments, que de la reproduire *in extenso*, heureux si par le peu de publicité que nous donnons ainsi à son système, nous pouvions parvenir à le faire prendre en considération.

« Mon système, dit l'inventeur, repose sur l'amélioration et le
« perfectionnement des appareils en usage dans les Romagnes pour
« l'extraction du soufre natif de ses minerais.

« Le four de galère actuel offre beaucoup d'inconvénients. Le

« vidage des cornues se fait mal avec des pelles, ce qui rend ce
« travail pénible pour les ouvriers ; les creusets en fonte peu hauts,
« larges et ronds, sont mal chauffés, et exigent un combustible con-
« sidérable.

« Enfin le soufre, mauvais conducteur de la chaleur, ayant à
« traverser, lorsqu'il est en vapeur, une masse épaisse de minerai,
« les opérations sont longues et par conséquent dispendieuses.

« Mon système atténue et corrige ces imperfections.

« Le four est composé d'une série de cornues plus ou moins nom-
« breuses, huit à dix. Les cornues ouvertes à leurs deux extrémi-
« tés sont ovales, en terre réfractaire ou en fonte. Leur capacité est
« de 225 litres. Elles sont placées verticalement dans le four et
« juxta-posées, laissant entre elles un espace vide qui permet à la
« flamme et à la chaleur de lécher et de chauffer vivement les pa-
« rois de chaque cornue. La charge des cornues s'effectue par le
« haut ; lorsque le minerai est entièrement traité, on décharge par
« le bas, en donnant un coup de marteau sur le pied-droit en fer
« qui soutient et presse fortement l'obturateur, qui ferme la cornue
« hermétiquement au moyen d'une rainure, ménagée dans le bas
« de la cornue, dans laquelle entre l'obturateur, garni de terre.

« La charge des cornues tombe dans un wagon en tôle placé dans
« une voûte sous le four.

« Les avantages de ce four sont : économie de main d'œuvre,
« facilité de travail, économie sensible de combustible et produc-
« tion plus grande. Un four de dix cornues contenant ensemble
« 3,250 kilogrammes de minerai, fait quatre opérations par vingt-
« quatre heures et consomme 5 à 600 kilogrammes de charbon. »

La description faite par M. de Laire explique suffisamment son
procédé, sans qu'il soit, croyons-nous, nécessaire de nous y appesantir davantage.

Nous avons demandé aux propriétaires de la solfatare des *Tapets*,
des renseignements sur la marche du fourneau de M. de Laire ; il
paraîtrait que les espérances de l'inventeur ne se sont pas réalisées,
et que l'abandon de l'appareil s'en est suivi.

FOURNEAU TOUSSAINT. — Enfin, M. l'ingénieur Toussaint,
dont nous nous sommes plu à citer le nom, est l'inventeur d'un
fourneau destiné à remplacer le doppione.

Lorsque, dit cet ingénieur, on traite le minerai de soufre par les doppioni, les pertes ont lieu sous les deux formes bien distinctes de soufre moléculaire et de soufre combiné.

Ces deux formations, qui s'effectuent dans le cours de l'opération, ont pour cause :

La forme des cornues et des récipients de condensation ;

La grosseur du minerai soumis au traitement;

L'état de siccité du minerai ;

La conduite de l'opération ;

Enfin, la composition chimique du minerai.

La chaleur est l'auteur principal des pertes que nous venons de signaler.

Si on analyse les vapeurs ou les gaz à leur sortie des cornues de distillation, on y découvre dans l'ordre suivant : de l'air, de la vapeur d'eau et des vapeurs de soufre. Ces vapeurs de soufre se composent : d'acide sulfureux, d'acide sulfhydrique, d'acide carbonique, de sulfure de carbone.

Cet ordre de dégagement des gaz indique clairement comment les réactions peuvent se produire, et par conséquent comment et sous quel état le soufre se perd.

Dans un doppione, le minerai est placé dans la cornue en gros et en petits morceaux. Cette cornue est hermétiquement fermée, — l'air s'échappe, l'eau se dégage ensuite, puis viennent les premières vapeurs de soufre. Il reste cependant de l'air soit dans la cornue, soit emprisonné dans les pores du minerai ; cet air se combinant par son oxygène forme de l'acide sulfureux dont une partie, en contact avec la vapeur d'eau, forme de l'acide sulfurique.

Ces réactions s'accomplissent parce que la gangue du métalloïde étant d'une nature calcaire aussi peu conductrice du calorique que le soufre lui-même, est enfermée dans une cornue haute et large, condition qui oblige à élever la température au delà du nécessaire, et ce afin d'attaquer le minerai placé au centre de l'appareil.

Cette élévation de température entraîne d'autres combinaisons ; les gangues renferment du fer hydraté qui, se convertissant en peroxyde, met de l'hydrogène en liberté. En présence des vapeurs du soufre, l'hydrogène produit de l'acide sulfhydrique, dont une faible partie s'échappe de la cornue, tandis que l'autre donne naissance à de l'eau et à de l'acide sulfureux.

Les carbonates de chaux se décomposant à leur tour, mettent l'acide carbonique en liberté.

Restent les matières bitumineuses qui, dans les Romagnes surtout, accompagnent dans une si grande proportion le minerai de soufre ; ces matières poussées au rouge, se décomposent, et venant se combiner avec les vapeurs de soufre, forment du sulfure de carbone.

Il faut bien le reconnaître, toutes ces combinaisons chimiques qui devraient être évitées, ont leur cause unique dans l'excès de température exigé par les doppioni ; et cependant, cet excès de température ne parvient pas à débarrasser complétement le minerai du soufre qu'il contient ; les gangues retirées de la cornue sont toujours imprégnées d'une certaine quantité de résidus, qui s'enflamment et brûlent au contact de l'air.

Cette connaissance, ou plutôt cette analyse des causes et des effets produits par la fabrication au moyen des doppioni, fournit les indications de ce que l'on doit faire pour le traitement des minerais de soufre en vase clos, c'est-à-dire : établir une cornue dans laquelle le calorique trouve justement sa transmission dans toutes les parties du minerai qui y est contenu. Il faut donc que ce minerai soit concassé et que les menuailles soient placées dans la cornue en couche de peu d'épaisseur.

Ce principe étant admis, voici, continue M. l'ingénieur Toussaint, comment j'établirai mon four.

Mon four, dit M. Toussaint, a la plus grande analogie avec les fours à cornues pour la production du gaz d'éclairage. Il forme un carré de 4 mètres 50 sur 2 mètres 50 de hauteur ; au-dessus de la voûte, qui est à double cintre, se trouvent douze cornues, dix qui distillent le soufre du minerai et deux qui le raffinent.

Ces cornues en terre réfractaire, formant un rectangle long, aplati, sont fermées à l'extrémité qui se trouve dans le four, et fermées, par une tête en fonte, à la partie qui se trouve hors du four, dans laquelle existe le tuyau d'échappement des vapeurs du soufre.

Les cornues sont disposées dans le four sur deux étages, six en bas, quatre en haut ; les tuyaux d'échappement sont reliés à deux tuyaux collecteurs placés dans la maçonnerie au-dessous des cornues conduisant les vapeurs à deux récipients condenseurs.

Les deux condenseurs portent chacun un tuyau que l'on peut fermer ou ouvrir facultativement, et qui se trouve en communication avec une grande chambre de condensation.

Un large tuyau partant de la chambre plonge dans de l'eau ; il y recueille les dernières particules de soufre entraînées par les gaz.

A côté du foyer se trouve une cornue rectangulaire en fonte, chauffée par les gaz combustibles ; elle sert à raffiner le soufre produit par les cornues de distillation ; elle a 4,31 de surface de chauffe et peut raffiner de 100 à 140 grammes de soufre par décimètre carré et par heure ; elle est alimentée de soufre liquide provenant des condenseurs, par un réservoir extérieur à fond mobile.

La forme aplatie des cornues, leur disposition dans le foyer, l'emplacement du tuyau d'échappement, forment, d'après l'inventeur, les avantages principaux.

FOURNEAU KAYSER. — Afin de compléter, autant qu'il nous est possible, le chapitre de la fabrication par l'emploi de foyers ou chauffe par voie de contact, nous enregistrerons encore quelques-uns des travaux entrepris et s'écartant des principes sur lesquels s'appuyent les recherches que nous venons de décrire.

M. Kayser, négociant anglais, a construit au môle de Girgenti, une usine destinée au traitement des *sterri ricchi* qui, on s'en souvient, sont si abondants dans quelques-unes des solfatares de cette province.

Pour recueillir le soufre, il emploie les fourneaux à cinq cornues que nos usines à gaz utilisent pour la distillation de la houille.

Dans ces cornues il place le minerai, chauffé à la température rouge, et reçoit le soufre sublimé dans des chambres de condensation.

C'est une distillation pure et simple, dans le cours de laquelle il a dû se heurter aux inconvénients suivants :

1° Une rapide destruction des appareils ;

2° Une dépense considérable en combustible ;

3° Enfin, un profit des plus minimes, si toutefois ce profit existe ; car il faut songer qu'il a dû faire subir un transport coûteux à des matières relativement riches, sans doute, mais qui laissent un déchet considérable, déchet dont il a fallu payer le transport.

M. Kullmann fils, membre de la société des sciences de Lille, fait, après un voyage en Sicile, les réflexions suivantes au sujet de ces sterri :

« Il est étonnant que, vu la richesse de ces poussières de soufre
« et leur production assez considérable, on n'ait pas essayé de les
« utiliser directement dans la fabrication des produits chimiques ;
« il est probable que l'on en tirerait de bons résultats, soit en les
« agglomérant, soit en les brûlant directement dans les fours qui
« servent à la combustion des poussières de pyrites.

« Plusieurs négociants s'engagent à fournir ces sterri, conte-
« nant 70 à 75 pour cent de soufre, rendues à bord à Licata, au
« prix de 6 à 7 taris, soit 2.52 le quintal sicilien (80 k.) soit 31 fr. 50
« la tonne.

« Les poussières rendues à Dunkerque n'atteindraient encore
qu'un prix peu élevé.

« Une tonne de sterri à Licata	31 fr. 50
« Droits	11 »
« Fret jusqu'à Dunkerque	24 »
« Emballage, assurance	5 »
« Total	71 50

« En admettant une richesse en soufre de 70 pour cent seulement,
« cela mettrait les 100 kilos de soufre à 10 fr. 20, et en sup-
« posant une perte de 10 pour cent à la combustion pour la pré-
« paration de l'acide sulfurique, on aurait du soufre pur à 11 fr. 35
« les cent kilos rendus à Dunkerque.

III

LIQUÉFACTION DU SOUFRE PAR LA VAPEUR D'EAU

Depuis plus de vingt ans la vapeur d'eau joue le principal rôle dans l'industrie. Employée comme élément de chauffe, ne donne-t-elle pas une température constante, un degré de calorique immuable, depuis le premier jusqu'au dernier moment de l'opération?

Ces conditions sont essentielles dans une foule de cas, soit qu'il s'agisse de donner une élasticité voulue à la matière, soit qu'il faille obtenir une évaporation ou distillation, soit enfin que l'on poursuive, comme dans le cas qui nous occupe, une liquéfaction de la matière soumise à l'action de cet agent.

L'historique des divers emplois de la vapeur d'eau serait incontestablement une étude éminemment curieuse et instructive, mais cette revue nous entraînerait trop au delà du cadre que nous nous sommes tracé. Nous nous contenterons donc de rappeler que, sans l'emploi de la vapeur d'eau, l'invention de M. Boucherie, pour la conservation des bois par le sulfate de cuivre, n'aurait jamais pu être réalisée industriellement; que la vulcanisation ne serait encore qu'un projet; que la désulfuration n'aurait jamais pu être complète, et nous ajouterons enfin, que son application à la liquéfaction du soufre pourra peut-être amener, dans un avenir prochain, une révolution radicale dans cette industrie, en condamnant à l'oubli tous les procédés que nous venons de décrire.

En effet, les industries qui ont besoin d'une chaleur uniforme, celles qui exigent une température de 100 à 150°, ne peuvent se procurer cette chaleur par un chauffage direct, qu'en employant un foyer, des conduits, des canaux dont l'agencement a nécessité toute la science d'un ingénieur habile. Mais toute l'habilité, toute la science apportée ici, ne sauraitempêcher qu'il ne se produise des alternatives d'abaissement ou de surélévation dans le degré du calorique. Ne suffit-il pas d'un coup de feu, d'une porte mal fermée, de l'inattention momentanée de l'ouvrier, d'un rien enfin, pour que les 140° acquis ne s'élèvent ou ne s'abaissent?

Cela est si vrai que, dans un laboratoire de chimie où cependant le calorique est conduit par des mains intelligentes, l'opérateur est obligé de placer entre le feu et l'objet à chauffer, tantôt un bain d'huile, tantôt un bain de sable ou même un bain d'eau, suivant le degré de température que doit recevoir l'objet soumis au calorique.

Au reste, ne trouvons-nous pas ces mêmes exemples dans les arts? Nous citerons, entre autres, les travaux sur la distillation des goudrons de houille, qui obligent, pour arriver à recueillir certains produits, d'enfermer la cornue distillatoire dans un bain de plomb, assurant par sa liquéfaction une température constamment uniforme.

Il est donc avéré et prouvé par les leçons de l'expérience et de l'étude, que tout procédé ayant pour base la séparation du soufre d'avec son minerai par voie de chauffe directe, n'obtiendra qu'un résultat négatif. Les essais, les tentatives si nombreuses, faites un peu partout, et dont nous n'avons cité qu'une minime partie, ne le démontrent-ils pas suffisamment? Dans l'état, que restait-il donc à faire?

Ici, comme pour les autres industries, les tâtonnements sont nombreux, et nous devons de prime abord constater que, si le principe est vrai, son application industrielle n'a pas encore été trouvée.

En effet, les conditions sont complexes; il ne suffit pas d'avoir injecté de la vapeur d'eau à travers du minerai, d'avoir liquéfié le soufre; il faut encore imaginer un appareil qui se prête aux exigences de cette industrie, qui soit en rapport sur la question de son transport, sur le coût, et enfin sur le prix de revient applicable aux exploitations sulfurifères.

Telles sont les solutions à trouver.

Nous nous sommes occupé particulièrement de cette question, et sans crainte d'être démenti par ceux qui connaissent nos travaux, nous dirons que nous avons fait faire un pas à la solution de cet important problème. Mais nous ne faisons aucune difficulté d'avouer cependant, qu'au moment où nous écrivons ces lignes, nous sommes encore loin d'avoir résolu toutes les questions qui se dressent devant nous, et qu'il en reste même de si importantes à résoudre, que nous ne croyons pas que, même ceux qui s'en occupent plus activement que nous, puissent sérieusement atteindre dans un avenir prochain le résultat pratique qu'ils cherchent, c'est-à-dire le remplacement définitif du calcarone.

En passant en revue les travaux de M. Gill, de M. Thomas, de M. Boyenval, ceux de la Société milanaise, nous dirons en quoi consistent les perfectionnements si importants à trouver, et nous ferons, croyons-nous, une chose utile pour cette branche de l'industrie en conviant tous nos devanciers à joindre leurs efforts aux nôtres. Si cet appel est entendu, il est permis d'espérer voir sortir de l'ensemble des travaux une idée, qui aboutira à une révolution radicale dans les moyens empiriques du calcarone.

APPAREIL GILL. — En 1859, M. Gill, le même dont nous avons entretenu nos lecteurs, lorsqu'il s'est agi d'appliquer l'air désoxygéné, prenait un brevet pour : *la liquéfaction du soufre de ses minerais au moyen de la vapeur d'eau amenée dans un vase clos renfermant le minerai, et ce, à une température de 125°.*

Ce sont bien là les conditions essentielles pour obtenir une complète liquéfaction.

A ce titre M. Gill prend le premier date officielle. Il est l'inventeur de l'application de la vapeur au traitement du minerai de soufre.

S'il rappelle une vérité scientifique, il est brevétable à tous les titres, il jouit des bénéfices de la loi, et pendant quinze ans il sera le seul qui monopolisera la fabrication du soufre par la vapeur.

M. Gill accompagne son brevet d'une description et d'un plan, qui doivent servir à la mise à exécution de son invention.

Nous reproduisons par un dessin cette importante découverte.

L'appareil présente un cylindre vertical en tôle, divisé par une cloison médiane horizontale, percée d'une série de petits trous, remplissant l'office de tamis ; sur cette cloison on chargera le minerai en ouvrant l'obturateur placé à la partie supérieure de la calotte, et on déchargera l'appareil au moyen d'un autre obturateur s'ouvrant sur un des côtés du cylindre, à la hauteur de la cloison médiane.

L'appareil étant hermétiquement fermé, M. Gill introduit de la vapeur, fournie par une chaudière, à une tension de trois ou trois atmosphères 1|2, représentant de 125 à 140 degrés de chaleur.

A cette température, le soufre se liquéfiera, passera par les trous ménagés dans la cloison médiane, et se rendra dans le fond du cylindre, où, à l'aide de robinets et de soupapes, M. Gill chassera d'abord l'eau provenant de la condensation, puis recueillera le soufre.

Lorsqu'il s'était agi de son fourneau à air désoxygéné, M. Gill avait fait ses essais à Lercara, et aujourd'hui encore tout le monde s'en souvient, mais personne n'a gardé le souvenir des essais, bien autrement importants, de l'appareil dont nous nous entretenons en ce moment. Cela tient, peut-être, à cette circonstance que M. Gill n'a jamais donné aucune suite à ce qu'il proposait en 1859. Et, sans nos persévérantes recherches dans les archives du ministère de l'agriculture, de l'industrie et du commerce du royaume d'Italie, nous ignorerions encore à qui attribuer la véritable paternité de cette importante invention.

Les ingénieurs qui, avant nous ou contemporainement, se sont occupés de cette question, étaient dans la même ignorance. Devons-nous rappeler, entre autres, que MM. de Labretoigne et Reschter, qui ont écrit un livre spécialement consacré au bassin de Lercara, en parlant de M. Gill, ne font mention que de son fourneau ?

Il est incontestable que M. Gill n'a pas eu foi dans l'application de son procédé, et, lorsqu'il y a quelque temps, nous lui demandions les raisons du silence qu'il a laissé se faire autour de son œuvre, il nous répondit que son brevet n'était pas applicable industriellement, que du reste il était tombé dans le domaine public, mais que sous peu il prendrait un nouveau brevet.

Si nous constatons ces faits, qui semblent au premier abord étrangers à notre travail, c'est qu'il nous paraît indispensable d'en déduire les conséquences, alors qu'il s'agit de relater les travaux de ceux qui sont venus après **M. Gill.**

Il est, en effet, bien constant que si à **M. Gill** appartient l'idée de l'application du principe . . . . . . à tous ceux qui le suivront, appartiendront les moyens et les procédés qui amèneront son application industrielle, procédés et moyens qui devront être autres que ceux que nous trouvons exposés dans le brevet de 1859.

APPAREIL ÉMILE THOMAS. — Au mois de mai 1865, M. Emile Thomas, ancien directeur des ateliers nationaux, prenait un brevet d'invention dont nous croyons devoir reproduire le texte même *in extenso :*

Nouveau procédé pour l'extraction du soufre, des minerais des solfatares, et pour la purification dudit.

« Les principes scientifiques sur lesquels repose mon procédé
« sont les suivants :

« Le soufre est très-mauvais conducteur de la chaleur et n'a
« qu'une très-faible capacité calorique.

« Il fond à 110° et la chaleur augmentant, il devient d'abord
« plus fluide, puis ensuite s'épaissit, et enfin devient rouge et
« pâteux.

« Lorsqu'il est à son *maximum* de fluidité, il se sépare très-
« aisément par liquation des matières solides auxquelles il est mé-
« langé ; il s'en sépare alors également par voie de filtration, et
« passe facilement au travers d'un diaphragme perméable quel-
« conque, même du papier non collé. Cette dernière observation
« m'appartient. Le soufre, à son *maximum* de fluidité, n'attaque
« pas encore les carbonates et sulfates terreux, ni les métaux ;
« il ne décompose pas la vapeur d'eau et ne s'enflamme pas à
« l'air.

« C'est en profitant strictement de ces propriétés du soufre que
« je parviens économiquement à l'extraire et à le purifier par liqua-
« tion, par déplacement et par filtration.

« Effectivement, on extrait déjà le soufre par liquation, mais les
« meilleurs appareils employés jusqu'à ce jour, sont à température

« variable et toujours trop élevée, de sorte que le soufre amené à
« l'état pâteux, souvent même chauffé au delà, brûle en partie, se
« liquate mal et lentement et forme des sulfures avec ses gangues. Les
« deux moyens scientifiques dont je réclame l'application, sont donc :

« 1° L'emploi d'une température uniforme et constante, mainte-
« nue au point *maximum* de fluidité du soufre ;

« 2° La pénétration du minerai par un liquide hétérogène ou
« mieux par un fluide aériforme, qui, pénétrant instantanément
« la masse, amène rapidement chaque molécule de soufre à son
« *maximum* de fluidité et en opère le déplacement.

« L'application de ces deux moyens me donne comme résultats
« immédiats :

« 1° La liquation rapide et complète du soufre, de ses gangues,
« sans combustion ni altération, et par conséquent sans perte ;

« 2° Le déplacement moléculaire qui hâte la liquation ;

« 3° La possibilité de filtrer le soufre déplacé et liquaté, et par
conséquent de l'obtenir à l'état de pureté, directement.

« Résultats entièrement nouveaux pour l'industrie soufrière.

« Je passe à la spécification des moyens.

« J'entends breveter, soit isolément, soit conjointement : l'ap-
« plication de la température constante au *maximum* de fluidité
« du soufre ; et l'emploi de la pénétration par un fluide doué de
« cette même température, pour arriver à la liquation et à la fil-
« tration du soufre.

« La température constante peut s'obtenir sans pénétration,
« dans un appareil tubulaire chauffé par un foyer muni d'un
« régulateur, tel que celui de Sorel ou tout autre analogue, soit
« que l'air chaud circule autour des tubes, soit que ces tubes plon-
« gent dans un milieu intermédiaire composé d'huile, ou d'une
« dissolution saline, ou d'un alliage fusible ou encore de vapeur,
« sans pression ou surchauffée sans pression. Je ne limite pas à la
« forme des appareils, mais bien à l'application de la température
« constante au dégré de fluidité *maximum* du soufre, obtenu par
« un moyen connu quel qu'il soit.

« La pénétration qui procure *ipso facto* la température constante,
« peut s'obtenir soit en vases ouverts, au moyen d'un liquide sus-
« ceptible de recevoir la température voulue, et tel qu'une dissolu-
« tion saline n'atteignant pas le soufre, le minerai placé sous un

« diaphragme au sein de cette dissolution y opérera sa liquation.
« Soit en vases clos au moyen d'un fluide aériforme tel que la va-
« peur d'eau, sous pression correspondante à la chaleur voulue,
« ou sans pression et réchauffé à cette température. Tout ceci quelle
« que soit la forme des appareils.

« Cela posé, j'indiquerai les moyens pratiques qui m'ont donné
« les meilleurs résultats.

« J'emploie une chaudière close en fonte de fer ou en tôle de
« fer, capable de résister à trois atmosphères de pression et mu-
« nie d'un manomètre qui, par relation, indique la température
« à maintenir. Dans cette chaudière se place un vase mobile dont
« le fond est percé de trous, et qui s'assujettit de façon à laisser
« au fond de la chaudière un espace vide pour l'écoulement du
« soufre. Un faux fond également perforé et mobile sert à fixer la
« matière filtrante composée de sable grossier, d'étoffes ou de dé-
« bris filamenteux convenables. Le minerai se charge dans le vase
« mobile, et la chaudière étant fermée on y injecte de la vapeur
« avec une pression convenable et l'on en règle soit l'arrivée, soit
« le retour pendant le temps nécessaire, au moyen de robinets.
« Le minerai se pénètre rapidement à la température voulue, le
« soufre se déplace, et maintenu à son *maximum* de fluidité, se
« liquate et vient se filtrer entre les deux fonds du vase mobile
« d'où il tombe dans l'espace vide réservé. L'opération terminée
« l'on ouvre la chaudière, on retire le vase mobile pour vider la gan-
« gue, on recueille le soufre soit par un trou de coulée, soit à la
« cuiller, et on charge de nouveau.

« En me résumant, je considère comme appartenant à mon
« invention :

« 1° L'emploi de la température maintenue constamment au
« point *maximum* de fluidité du soufre, quel que soit le milieu ou
« la forme des appareils destinés à y arriver, pourvu que le résul-
« tat soit la liquation;

« 2° L'emploi de la pénétration des minerais par un fluide doué
« de la dite température constante, quels que soient ce fluide et la
« forme des appareils.

« 3° La méthode de purifier le soufre par filtration, quelles que
« soient la matière filtrante et la forme des appareils employés. »

M. Thomas ne fournit aucun plan à l'appui de sa demande ; c'est, comme on le voit, un brevet de principe ou de priorité qu'il revendique.

N'est-ce pas mot pour mot ce que M. Joseph Gill avait imaginé en 1859, c'est-à-dire six ans auparavant? M. Thomas n'introduit dans le système qu'un changement qu'il est bon de signaler : il retirera, dit-il, le minerai de l'appareil en enlevant le vase qui le contient, tandis que M. Gill charge et décharge sans avoir besoin de ce surcroît de besogne.

Mais examinons sans parti pris quels sont les résultats obtenus par M. Thomas, c'est là seulement qu'est le point essentiel. Peu importe pour nous que ce qu'a cru inventer M. Thomas, ne soit qu'une copie plus ou moins fidèle de l'invention de M. Gill, ce que nous cherchons, avant tout, c'est à éclairer nos lecteurs et, autant qu'il est en nous, leur faciliter la voie pour résoudre un problème aussi intéressant.

M. Thomas avait-il connaissance des travaux de son prédécesseur? Malgré la similitude parfaite des deux appareils, malgré l'absolue conformité des moyens mis en œuvre, nous sommes loin de l'accuser d'un tel plagiat. Les travaux de M. Thomas furent entrepris à Paris. Nous suivîmes ses tentatives avec toute l'attention que comportait un sujet de cette importance.

Le premier appareil employé servait aux essais de vulcanisation du caoutchouc chez MM. Aubert et Gérard. C'était un cylindre vertical de 92 centimètres de hauteur, sur 0,62 de diamètre intérieur, et 0,06 d'épaisseur moyenne. Le cylindre mesurant 2 mètres 40 de superficie et pesant 1050 kilogrammes, pouvait contenir 16 kilogrammes de minerai qui était placé dans un seau percé de trous. Ce seau représentait la grille et les dispositions imaginées par M. Gill.

L'échauffement de l'appareil fut une des premières questions soumises à l'étude.

La théorie donnait :

1050 kilogrammes de fonte, chaleur spécifique 0,13 ×
    150 (T-t). . . . . calories 15,015
20 kilogrammes fer (filtre et panier) à 0,12 × 110, id.   264
16   Id.   minerai à 0,20 × 110, ... id.   352

Total : calories 15,631

Ce qui correspond à. . . . . K. 24,16 vapeur.

L'atmosphère étant à 15°, la vapeur à 125°, la condensation *minimum* est de 1 kil. 60 par heure et par mètre carré de fonte. 2 mètres 40 en trois heures condensent . . . . » 11,52

Condensation théorique K. 35,68

Or, dans une des expériences faites, il avait été condensé trois seaux d'eau de douze litres chacun, ce qui établissait que la dépense réelle est égale à la dépense théorique.

Cette question du coût du chauffage étant une question capitale, on nous permettra de revenir sur ces chiffres.

A cause des petites dimensions de l'appareil, le minerai avait été concassé en petits fragments, chose impraticable dans l'industrie ; aussi l'opération terminée, les gangues soumises à l'analyse ne donnaient plus que du 5 au 6 pour cent de soufre, résultats qui eussent été fort beaux s'il n'y avait eu à se préoccuper de remédier aux inconvénients qui venaient paralyser les résultats obtenus.

Si la vapeur amenée à 3 atmosphères liquéfiait le soufre, si dans ces conditions celui-ci s'écoulait dans le fond de l'appareil, il était bien loin cependant d'approcher de l'état de pureté qui distingue le soufre traité par le calcarone. Lorsque le minerai est formé d'une gangue argileuse, marneuse, déliquescente, en un mot, la vapeur d'eau entraîne avec le soufre fondu, une bouillie qui n'est autre qu'un mélange du soufre et de la gangue, ce qui rend celui-ci inutilisable pour le commerce.

C'était là un des plus grands inconvénients auxquels il devenait urgent de remédier.

Mais l'essai avait été fait dans de si petites proportions, qu'il fut décidé que l'expérience serait renouvelée sur une plus grande échelle.

APPAREIL BRUNFAUT. — L'appareil fut construit, sur nos indications, par M. Hutot, constructeur mécanicien au Champ de Mars à Paris. Les essais eurent lieu dans les ateliers mêmes de M. Hutot, et qu'on nous permette de saisir cette occasion pour le remercier de l'extrême complaisance qu'il a eue, en mettant à notre disposition non-seulement le local, mais encore l'expérience de l'ingénieur chargé de la conduite de ses ateliers.

M. Payen, notre regretté professeur et chimiste, M. Giordano ingénieur en chef des mines en Italie, MM. les ingénieurs de Laire, Petitgand et quelques autres, voulurent bien suivre nos expériences, car tous ces messieurs étaient, et sont encore, aussi intéressés que nous à la solution de ce problème.

Comme on peut le voir par le dessin que nous représentons ici, la forme de l'appareil s'écarte de celle décrite par M. Gill.

C'est un cylindre horizontal, dans lequel roule sur des galets un chariot qui entre et sort du cylindre par une ouverture ménagée à l'une de ses extrémités. On charge ce chariot de minerai, on l'introduit dans l'appareil, on ferme ensuite hermétiquement l'ouverture au moyen d'une rondelle en caoutchouc.

Par un conduit, on y amène de la vapeur à 3 atmosphères 1|2 de pression, ce qui équivaut à une température d'environ 140°. Sous l'action de cette température, le soufre contenu dans le minerai qui emplit le chariot, se sépare et vient tomber dans le fond de la chaudière; ce fond étant incliné, le soufre s'écoule, avec les eaux provenant de la condensation, dans un récipient placé au bas de l'appareil et tel que l'on peut le voir sur notre dessin.

Un manomètre indique la pression, et un tuyau de dégagement permet à l'air de sortir au moment où la vapeur arrive.

L'opération exigeait environ trois heures.

Lorsque l'on eut traité du minerai dont la gangue est formée par un sulfate de chaux, comme celui de *Grotta-Rossa* par exemple, le soufre obtenu n'était mélangé d'aucune impureté; lorsque la même expérience fut faite avec du minerai provenant des Romagnes le résultat fut un produit imprégné de matières bitumineuses, et lorsqu'enfin les essais furent poursuivis sur des minerais à gangues calcaires ou argileuses, le soufre obtenu était trop impur, pour qu'il fût possible d'espérer le voir accepter par le commerce.

Il est donc évident que cet appareil pouvait être très-avantageusement appliqué au traitement des seuls minerais à gangue dure.

L'emploi de la vapeur d'eau présente de nombreux inconvénients; ces inconvénients, notre propre expérience nous les a fait reconnaître ; nous les signalons donc, et cela avec d'autant plus d'empressement, que nous espérons venir ainsi en aide aux recherches

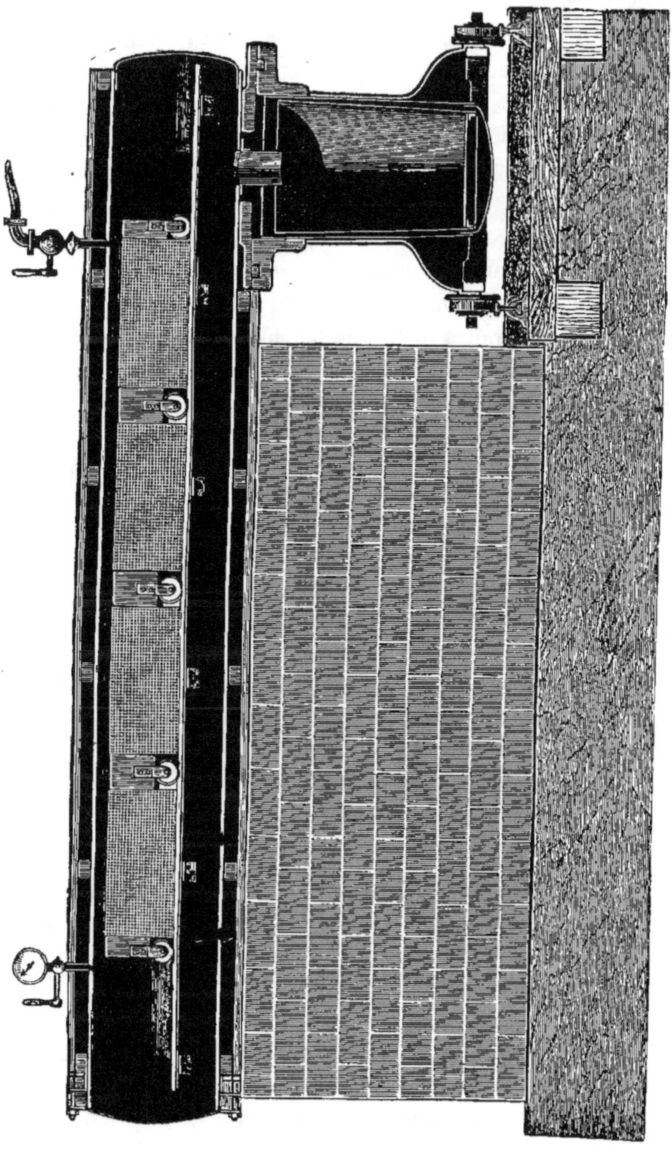

de plus heureux que nous, qui parviendront peut-être à les surmonter ou à les annuler.

Mais revenons aux essais.

Au bout de trois heures, l'opération était terminée ; on lâchait alors la vapeur, on retirait le chariot afin de le débarrasser du minerai traité. On séparait ensuite, au moyen de boulons de déclique, le récipient du corps de l'appareil, et, par une petite grue on retirait du récipient le panier qui contenait le soufre obtenu.

Cela fait, on recommençait une nouvelle fabrication en plaçant du nouveau minerai dans le chariot, et en mettant au bas de l'appareil un nouveau récipient.

L'appareil mesurait 4 mètres de longueur, 60 centimètres de diamètre et pouvait contenir environ 500 kilogr. de minerai.

Malheureusement, dans ces essais, il fut impossible de calculer la dépense réelle de vapeur ; la chaudière sur laquelle avait été adapté le conduit communiquant avec l'appareil, faisait partie d'une machine de la force de vingt chevaux ; il fallut donc se borner à calculer la dépense de vapeur sur la quantité d'eau recueillie, et provenant de la condensation.

Le poids de l'appareil étant de 1100 kilogrammes de fer à 0,11379 de chaleur spécifique $\times$ par 110° de différence de température (de 15 à 125°) $=$. . . . . calories 13,768

Le poids du minerai étant de 500 kilog. à chaleur spécifique : Soufre . . . 0,20259 ⎫
Sulfate de chaux 0,19656 ⎬ moyenne 0,20260
Carbon. de chaux 0,20858 ⎭

$\times$ par 110° de différence de température . . . . » 11,143

La chaleur latente de la fusion du soufre 9,37 $\times$ 175 kilogrammes . . . . » 1,639

Pour l'échauffement . . . calories 26,550

Le refroidissement de l'appareil pendant les trois heures de durée de l'opération est :

L'appareil mesurant 0,60 $\times$ 4,00 $=$ 8 mètres 101 de surface et avec les tubages 8 mètres 50 carrés. — Suivant la formule $Q = \dfrac{K\,c\,(T\text{-}t)}{K\,e \times c} = \dfrac{149,60}{0,57} = 263$ calories par heure et par mètre carré.

263 calories $\times$ 3 heures $\times$ 8 mètres 50 = refroidissement . . . . » .6,706

Total. . . . calories 33,256

Si, en pratique, on ne doit accepter les chiffres théoriques que comme valeur de renseignement, il est bon que nous fassions remarquer que lorsque les appareils seront soumis à une marche régulière, et lorsqu'une opération étant terminée une autre commencera immédiatement, l'appareil conservera encore, pendant le court intervalle d'arrêt, une température de 80° environ.

Donc, au lieu de porter l'échauffement de 15° à 125° on n'aura plus à le porter que de 80° à 125°, et le minèrai restera seul dans les conditions qui servent de base à nos calculs, puisque seul il devra être amené de 15° à 125°.

Sans crainte de mécompte, on peut calculer la dépense à 5,100 kilogrammes de vapeur par chaque opération qui comporte trois heures actives, et une heure pour le déchargement et le rechargement et lorsqu'il s'agira d'appareils pouvant traiter 1,000 kilogrammes de minerai à la fois ; soit donc à peu près un cheval-vapeur par heure et par 1,000 kilogrammes.

Le coût du cheval-vapeur sera en raison directe de l'élévation du prix de la houille. La production de la vapeur reviendra à un prix incontestablement plus élevé en Sicile, où le combustible ne peut être apporté à moins de 60 francs par tonne, que dans les Romagnes où son prix de revient dépasse rarement 30 francs.

Supposons, pour un instant, que ce sytème soit appliqué à *Grotta-Rossa*, où la gangue du minerai se trouve précisément dans les meilleures conditions requises pour être avantageusement traitée par l'appareil qui nous occupe, nous établirons les devis et le prix de fabrication de la manière suivante :

1 chaudière système Field de 10 chevaux . .	Fr.	3,000
6 appareils complets à francs 2,000. . . .	»	12,000
Construction de hangars, etc.	»	5,000
Total . . .	Fr.	20,000

Ces six appareils pourront facilement faire six opérations par vingt-quatre heures, ce qui donne $6 \times 1,000 \times 6 = 36,000$ kilogrammes de minerai.

En établissant nos calculs d'après les essais, 36,000 kilogrammes de minerai de *Grotta-Rossa*, qui, à l'analyse décèle une richesse moyenne du 40 pour cent, 36,000 kilogrammes, disons-nous, donneront dans une fabrication courante 30 pour cent de soufre, soit 10,800 kilogrammes par vingt-quatre heures.

Frais de fabrication.

Combustible pour 10 chevaux, à 6 kilogrammes par heure et par cheval $10 \times 6 \times 24 = 1440$ kilogrammes de houille à 60 francs . . . . Fr. 86,40

  2 chauffeurs à 5 francs par jour . . . . . » 10,00

  12 ouvriers, de jour et de nuit, à 6 tari : $72 \times 0,425 =$ » 30,60

  Intérêts de francs 20,000 à 10 pour cent par an . » 6,65

  Amortissement, usure, réparation, 10 pour cent . » 6,65

               Ensemble . . . Fr. 140,30

Et pour 100 kilogrammes de soufre . . . . » 1,29

L'appareil, que nous venons de décrire, présente sur celui de M. Gill une infériorité que nous devons constater ; entre les parois du chariot et les parois du cylindre qui le contient, il existe un vide considérable, que nous ne trouvons pas dans celui de M. Gill. Dès lors la dépense de vapeur est moindre dans l'appareil du premier inventeur, et par conséquent l'économie plus grande que dans le système que nous étudions.

En commerce et en industrie, pour réussir, on doit étudier attentivement jusqu'aux moindres détails, surtout lorsqu'on se trouve en présence d'une matière offrant peu de valeur. Dans ce dernier cas, la force des choses oblige à étudier de nouveau le mode imaginé par M. Gill.

Le cylindre vertical de M. Gill, dépense incontestablement moins de vapeur que le système horizontal dont nous venons de nous occuper, mais son chargement, et surtout son déchargement, sont bien plus laborieux et par conséquent bien plus coûteux.

Cette double question du coût et de la lenteur des travaux se

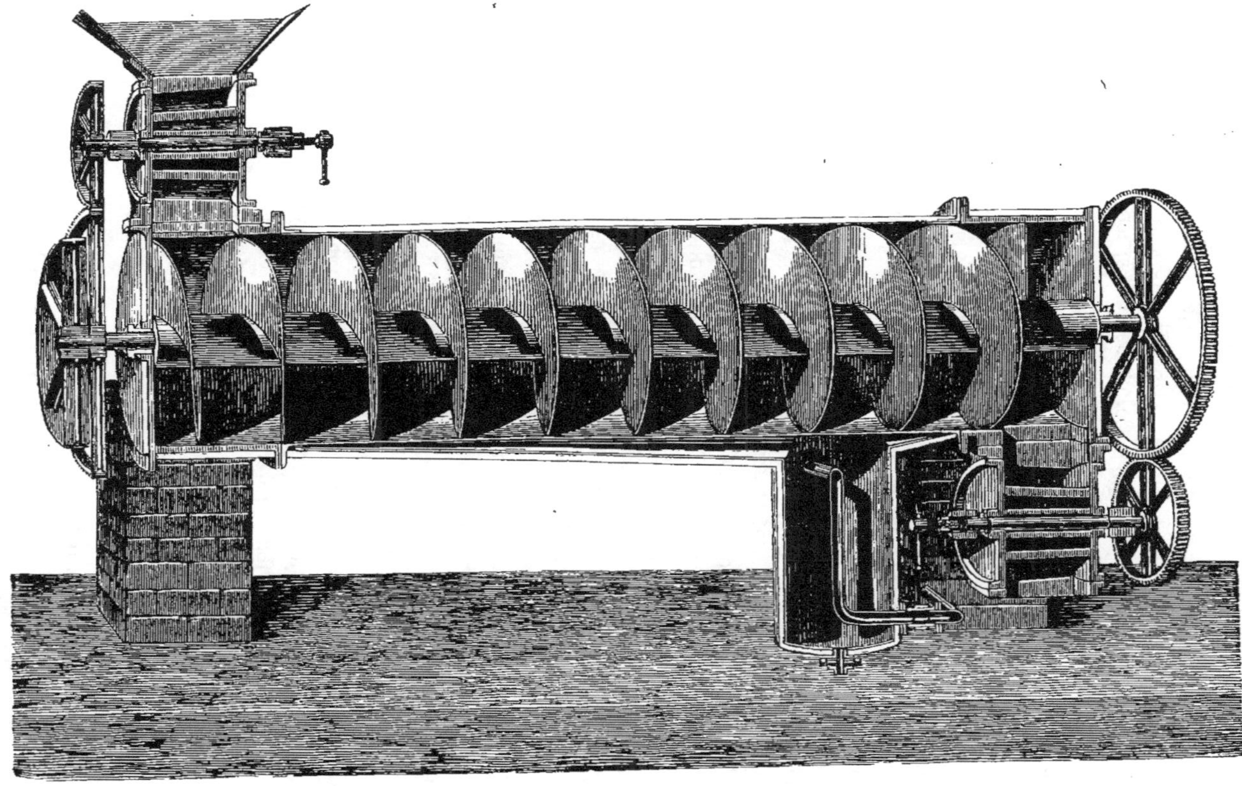

multiplie, en quelque sorte, par elle-même, il est donc naturel de voir tous ceux qui s'occupent de la question des soufres, s'efforcer par des études, des recherches, des essais constants, de franchir cette barrière qui les sépare encore du succès.

APPAREIL BOYENVAL ET BRUNFAUT. — Sur notre invitation, M. l'ingénieur Boyenval vint prêter à nos recherches les secours de son talent de mécanicien. Il conçut l'idée de placer dans notre cylindre horizontal une hélice qui, au moyen d'un engrenage, se manœuvrant soit à la main, soit par l'emploi d'un petit cheval-vapeur, recevrait un mouvement de rotation continue.

Voici comment s'exprime un des brevets déposés par M. Boyenval en notre nom commun :

« Dans un grand cylindre horizontal, dont nous reproduisons
« le dessin page 575, reposant sur quatre dés en maçonnerie for-
« mant fondation, se trouve placé un autre cylindre, lequel est
« monté sur deux axes garnis de presse-étoupes et porte l'hélice
« qui est fixée dessus.

« A la tête de l'appareil, dont nous reproduisons le dessin, et
« à sa partie supérieure, se trouve une valve d'introduction, ou
« d'admission, que l'on peut comparer à un gros robinet, dont la
« clef, qui est la valve proprement dite, est divisée en six com-
« partiments séparés par des pattes. Cette clef est montée sur un
« arbre qui reçoit son mouvement de l'axe de l'hélice par l'inter-
« médiaire de roues d'engrenage.

« Le boisseau est fixé sur la tête en fonte de l'appareil, et
« comme les palettes de la clef frottent sur sa paroi intérieure, il en
« résulte un joint parfait, empêchant la vapeur qui est en per-
« manence dans l'appareil de s'échapper au dehors.

« A la partie inférieure se trouve placée une valve de sortie ou
« d'émission, en tout semblable à celle qui vient d'être décrite,
« commandée par deux roues d'engrenage dont l'une est montée
« sur son arbre et l'autre sur celui de l'hélice.

« Sous le grand cylindre se trouve placé le réservoir qui est
« destiné à recevoir le soufre liquéfié, lequel y est conduit
« par la gouttière percée de trous qui règne dans toute la longueur
« du grand cylindre.

« A la partie inférieure de ce réservoir sont placés trois ro-

« binets, dont deux fixés sur les côtés latéraux servent à la
« coulée du soufre, le troisième placé sur le fond même est destiné
« à le vider et à le nettoyer.

« A la tête de l'appareil, sur l'axe du cylindre portant l'hélice,
« est fixée la poulie destinée à recevoir son mouvement d'un moteur
« quelconque, pour le transmettre à l'hélice.

« Le traitement du minerai se faisant à la vapeur, son introduc-
« tion a lieu par un tuyau muni d'un robinet qui traverse le réser-
« voir à soufre dans sa hauteur, elle en sort à droite et à gauche
« pour entrer dans le grand cylindre où elle se répand.

« Cette circulation de vapeur dans le réservoir, a pour but de
maintenir le soufre en liquéfaction. »

Cette description faite, les inventeurs ajoutent quelques prescriptions pour l'emploi de l'air chaud en remplacement de la
vapeur, sujet qui, jusqu'à ce jour, n'a pas encore été expérimenté,
et c'est la raison qui fait que nous n'en parlerons pas davantage à
nos lecteurs.

En ayant présente à l'esprit, la description qui vient d'être faite
du nouvel appareil, il devient facile de suivre l'opération du
traitement des minerais de soufre.

Le minerai est introduit dans la trémie, de là il se distribue
successivement dans les divers compartiments de la valve d'admission, en vertu du mouvement de rotation continue.

Le minerai arrive ainsi devant l'ouverture béante communiquant avec l'intérieur du cylindre, et tombe dans le premier pas
de l'hélice.

Le minerai, une fois engagé dans l'hélice, parcourt, en vertu du
mouvement de translation, toute la longueur du cylindre, et, arrivant à l'extrémité de l'appareil, tombe de nouveau dans la valve
de sortie où il se distribue, comme cela a eu lieu à son introduction,
et d'où il est rejeté au dehors.

En présence de la vapeur d'eau ou de l'air chaud, « soit que l'on
traite avec l'un ou l'autre de ces moyens, » le minerai s'échauffera
et la liquéfaction aura lieu.

En raison de la vitesse de mouvement imprimée à l'hélice, et
suivant la nature de la gangue, le minerai séjournera plus ou
moins longtemps dans l'appareil.

Au fur et à mesure qu'il se liquéfiera, le soufre se rendra

dans le fond du cylindre, coulera par les trous qui garnissent ce fond, et se rendra dans la gouttière qui le conduit dans le réservoir d'où, par les robinets, il sera extrait et coulé dans les moules.

D'après les inventeurs, ce système remédie aux inconvénients des appareils antérieurement imaginés.

1° La continuité de ses fonctions écarte la perte énorme de vapeur qui a forcément lieu dans les appareils à opération intermittente, lorsque la vapeur est mise en contact avec du nouveau minerai, jusqu'à ce que l'équilibre de la température soit rétabli.

2° L'hélice traversant toute la masse du minerai et le forçant à avancer, produit, par son mouvement de rotation et son frottement, un déplacement qui provoque l'écoulement plus rapide et plus complet du soufre emplissant les cellules ou cavités de la gangue, ce qui n'a pas lieu dans les appareils jusqu'à ce jour conçus, puisque le minerai reste immobile pendant toute la durée de l'opération.

3° Ce système doit, en permettant l'emploi de la force motrice, remplacer la majeure partie de la main d'œuvre.

Cet appareil, si rationnel, a été exécuté à Turin, et, il faut bien le dire, n'a reçu la sanction que d'essais informes et peu répétés ; mais tout ce qui avait été avancé par M. Boyenval s'est réalisé de point en point. C'est ainsi que les cavités qui contiennent le soufre, changeant de position, peuvent évacuer complétement et amener un rendement supérieur au rendement des appareils dont nous avons donné la description.

Aujourd'hui, ces divers systèmes appartiennent à *la Société Milanaise* qui, nous ne savons pour quel motif, n'a pas jusqu'à ce jour fait usage des procédés y enfermés.

APPAREIL ZANOLINI. — D'autres personnes encore ont cherché à appliquer la vapeur au traitement du minerai de soufre. Parmi elles, nous citerons :

M. *Zanolini de Bologne*, qui fait usage d'un appareil ayant beaucoup d'analogie avec celui de M. Gill, et qui préconise l'emploi de l'air chaud.

APPAREIL DE LA SOCIÉTÉ MILANAISE. — La *Société Milanaise* qui, dans de nombreux brevets, introduit divers changements à l'appareil vertical de M. Gill, soit en y amenant la va-

peur par plusieurs conduits ; soit en divisant en deux la grille qui
supporte le minerai afin d'arriver à un déchargement plus économique et plus rapide ; soit, enfin, en proposant de placer
dans le cylindre des paniers métalliques remplis de minerai et les
superposer les uns au-dessus des autres.

APPAREIL DE LA SOCIÉTÉ DE GIRGENTI. — La Société anonyme des soufres de Girgenti, reconnaissant, sur notre initiative, la
valeur de la question, fit des essais sur l'emploi de la vapeur d'eau
dans son exploitation de Chimento.

On construisit un cylindre en tôle de 3 mètres de long sur 0,50
de diamètre, qui pouvait contenir 1,000 kilos de minerai. Une chaudière Field était chargée de fournir la vapeur, qui avant d'arriver
au minerai passait dans un réchauffeur et l'amenait ainsi sèche,
ce qui permettait de ramener la pression qui était de 3 atmos-
phères 1\|2 à 1 atmosphère 1\|2.

Les essais furent conduits et surveillés par nous-même, et voici
textuellement les termes du rapport que nous adressâmes au conseil d'administration de cette société en 1869.

Six appareils, commandés par une chaudière à vapeur de quinze
chevaux pourraient effectuer par vingt-quatre heures soixante opérations, ou traiteraient 40 mètres cubes de minerai.

Coût des appareils.

6 chaudières de fusion à 1200 fr. l'une. . . .	7,200	»
1 chaudière à vapeur de 15 chevaux.	6,000	»
Constructions diverses	6,800	»
Ensemble. . . .	20,000	»

Prix de revient des cent kilos de soufre.
Les six appareils demanderont par vingt-quatre heures.

1440 kilos houille à 60 fr.	72	»
Deux chauffeurs	10	»
Dix ouvriers	25	»
Entretien.	5	»
	112	»

Les six appareils traitant 40 mètres de minerai, le mètre coûtera 2 80

Un mètre cube de minerai à pied d'œuvre coûtera . 5 12

Ensemble. 7 92

Il produira 125 kilos de soufre, soit pour 100 kil. une dépense de 6 35

Ce prix de revient comparé à la fabrication usuelle par calcaroni.

Extraction d'un mètre cube minerai 5 12

Fabrication . . . . » 93

Ensemble. 6 05

Un mètre cube de minerai ne donnant que 104 kilos les cent kilos coûtent . . . . 6 »

D'où il résulte que la fabrication en calcaroni est, à première vue, plus avantageuse que celle par la vapeur surchauffée.

Mais il n'en est pas ainsi :

1° Parce que la fabrication du soufre s'augmente de 25 pour cent, ce qui établit une économie considérable des frais généraux qui restent les mêmes dans un système comme dans l'autre.

2° Les bénéfices qui résultent de la vente du soufre s'accroissent d'autant que la production est plus grande.

3° Par l'emploi des machines, la fabrication est régulière ; elle s'opère en tout temps.

Nous devons à l'obligeance de M. de Laire les derniers renseignements sur la question si intéressante de l'emploi de la vapeur à la fabrication des soufres, emploi dont de nouveaux essais viennent d'avoir lieu tout récemment, dans les anciens États de l'Eglise.

« Depuis le rapport de M. Petitgand, les travaux ont été en-
« trepris sur plusieurs points pour reconnaître le minerai. En-
« suite ils ont été concentrés sur le mamelon le Moulino, où a été
« construite l'usine de réduction du minerai au moyen d'un nou-
« veau système de l'invention de MM. Brunfaut et Thomas.

« Dans ce moment trois batteries de trois appareils fonctionnent, alimentés par deux générateurs de trente-cinq chevaux chacun.

« Chaque appareil fait en moyenne sept opérations par vingt-
« quatre heures, soit cinquante-six opérations, un appareil étant
« toujours inactif. Il en résulte une élaboration de soixante-cinq à
« soixante-dix tonnes de minerai produisant de dix à onze tonnes
« de très-beau soufre.

« Les frais de fabrication, extraction du minerai, combustible,
« frais généraux font ressortir le prix de la tonne de soufre à
« 60 francs.

« Les produits s'écoulent en Italie, principalement à Rome
« et Livourne.

« La mise en train des appareils à vapeur a été assez difficile.

« Les premiers commandés en Italie étaient défectueux et assez
« mal compris. Les nouveaux, faits en France, et sensiblement
« modifiés, donnent un bon travail régulier. Le minerai de Latera
« par sa nature poreuse est très-propre au traitement par la vapeur.
« Il se trouve cependant des veines de minerai très-riche com-
« plétement infusible même à la température de 300 degrés ob-
« tenus au moyen d'un surchauffeur.

« Les minerais vont être traités au moyen du four romagnol à
« cornues, qui donne de très-beaux résultats, mais qui a le grave
« inconvénient d'exiger beaucoup de combustible.

« La main d'œuvre à Latera est bon marché. On paie les ou-
« vriers de 1 fr. 50 à 2 fr. 50 la journée de dix heures.

« L'étendue de la concession est d'environ 1,000 hectares.

« Les exploitants se disposent à établir un autre centre d'exploi-
« tation à un kilomètre du premier pour y construire une autre
« usine destinée à alimenter douze nouveaux appareils à vapeur,
« mais d'un système différent qui, d'après eux, doit produire da-
« vantage et donner une notable économie de combustible. Une
« partie du soufre en pain est triturée sur place au moyen d'un
« moulin qui marche soit par l'eau, soit par la vapeur. Ce soufre
« en poudre est vendu dans les environs du lac de Bolsena pour
« la vigne cultivée en grand.

IV

LIQUÉFACTION PAR L'EMPLOI DU SULFURE DE CARBONE

M. Condy Bolmann, de Londres, a pris un brevet pour l'application du sulfure de carbone à la séparation du soufre d'avec son minerai.

L'emploi du sulfure de carbone, pas plus que l'usage de la vapeur d'eau, ne nous paraît pouvoir faire l'objet d'un brevet de principe. L'emploi d'un appareil spécial peut seul, à nos yeux, donner à son inventeur un droit privatif.

Le sulfure de carbone est l'agent expéditif que nous employons dans les laboratoires, lorsque nous voulons doser la quantité de soufre que renferme un minerai.

Des essais sur une grande échelle ont été faits, dans les environs de Naples, à Bagnoli, par M. le marquis de Sassenay.

Nous eussions désiré y assister, mais le noble industriel n'a pas jugé que notre rapport pût lui être d'une bien grande utilité, et les portes de l'usine sont demeurées closes pour nous.

Nous ne pouvons donc parler de cet agent que par ce que nos propres travaux ont pu nous révéler, car, pour nous, la question n'est pas nouvelle, et nous nous en occupons déjà bien avant l'époque où M. de Sassenay songeait à tenter des essais.

M. Deiss est un des premiers qui ait fait, en France, usage du sulfure de carbone. Il s'en servait, et il s'en sert encore aujourd'hui, pour séparer les corps gras des détritus de fabrication, tels que l'huile des tourteaux, la graisse des os, etc.

A Elbeuf, par l'emploi de cet agent chimique, une fabrique admirablement agencée recueille l'huile provenant des déchets des machines à carder les draps.

En 1860 nous y avons fait nous-même des essais, et l'appareil employé par M. Bolmann est en tout semblable à celui dont nous nous sommes servi, appareil conçu sur les données de M. Moussu dont il porte le nom.

On place du sulfure de carbone dans un réfrigérant à double enveloppe, qui possède, à sa partie inférieure, autant de conduits avec robinets qu'il y a à desservir de filtres devant contenir du minerai de soufre.

Ces filtres, en tôle de fer, de forme circulaire et à doubles parois, portent, comme leur nom l'indique, une grille placée dans le fond et sur laquelle le minerai est assis. Ce minerai est chargé par un autoctave qui s'ouvre sur le dessus de l'appareil, et il est déchargé par un autre autoctave placé sur le côté et au niveau de la grille.

Le sulfure de carbone arrive du réfrigérant dans le bas du filtre, grâce à son état gazeux, il traverse le minerai de bas en haut, sort à travers le filtre imprégné de tout le soufre qu'il a pu absorber, et, toujours par le moyen de tubes munis de robinets, se rend dans un récipient.

Le fond de ce récipient est occupé par un serpentin dans lequel circule de la vapeur d'eau provenant d'un générateur. La vapeur d'eau volatilise le sulfure de carbone qui, dans cet état, abandonne le soufre qu'il avait entraîné à travers les filtres et, par un conduit *ad hoc*, se rend dans le réfrigérant dont nous avons parlé.

Cette circulation du sulfure de carbone qui du réfrigérant se rend au récipient après avoir traversé les filtres, et revient ensuite à son point de départ, le réfrigérant, se renouvelle dix à douze fois de suite, après quoi le minerai est dépouillé du soufre qu'il contenait.

L'opération étant achevée, on ferme les conduits faisant communiquer les filtres tant avec le réfrigérant qu'avec le récipient, on fait arriver dans les doubles parois de la vapeur d'eau qui chasse et rend au réfrigérant par des conduits spéciaux tout le sulfure dont le minerai s'était imprégné. Après quelques instants, on interrompt l'arrivée de la vapeur, on ferme les conduits aboutissant au réfrigérant, on retire la gangue épuisée, et on recommence une nouvelle opération.

Ce procédé de fabrication peut-il être appliqué industriellement ?

Nous avons dit que, lorsque nous voulions doser rapidement la quantité de soufre contenue dans un minerai, nous faisions en petit l'opération que nous venons de décrire ; mais, lorsque nous faisons notre analyse, nous tenons compte que le sulfure de carbone ne dissout pas *tout* le soufre contenu dans le minerai.

Le minerai se présente, en effet, sous divers aspects, et ce, suivant qu'il a été soumis à une caléfaction plus ou moins grande lors de sa formation.

Le sulfure de carbone dissout complétement le soufre jaune prismatique et octaédrique qui est le plus répandu, mais en revanche, il ne dissout pas les géodes que nous rencontrons très-souvent, et que les ouvriers appellent *les œufs*, offrant une couleur jaune et amorphe ; il ne dissout enfin ni le soufre rouge ni le soufre noir.

L'efficacité du procédé n'est donc pas absolument complète, et on peut calculer, sans crainte d'erreur, qu'après son traitement par l'appareil Moussu, le minerai contient encore au moins le 10 pour cent de soufre.

Ce ne serait pas là un motif suffisant pour écarter de la pratique l'emploi de ce mode, nous avons vu les pertes, bien autrement importantes que donne le calcarone, et nous savons que la vapeur d'eau laisse elle-même une perte que nous évaluons également au 10 pour cent. Mais d'autres inconvénients sont encore à signaler, inconvénients fort graves et qui, d'après nous, s'opposeront toujours à la réussite de ce procédé.

Le coût de l'appareil est des plus élevés ; son installation ne revient pas à moins de 50,000 francs.

Et cela même pour une petite exploitation minière traitant, comme nous le disions, 20,000 cantares, ce qui représente 120,000 cantares de roches.

C'est là une objection assez sérieuse, car nous connaissons peu d'exploitants qui soient en mesure d'immobiliser un capital aussi important.

Comme on ne peut sérieusement songer à transporter le sulfure de carbone, il faudra que chaque exploitation fabrique elle-même le sulfure de carbone nécessaire à sa consommation. Le mineur se fera donc, sinon chimiste, du moins fabricant de produits chimiques.

Nous reprochons à la majeure partie des exploitants leur manque à peu près complet d'instruction, et leur peu d'aptitude et de désir à acquérir des connaissances nouvelles; or, nous nous demandons, avec une inquiétude bien légitime ici, combien il faudra dépenser de temps et de peines avant de l'amener à un degré de connaissance suffisant, pour qu'il puisse fournir à une semblable besogne.

La question, vue sous cet aspect, n'admet l'emploi du sulfure de carbone que pour l'usage d'une grande exploitation, ayant à sa tête un homme expert en la matière.

Voyons cependant si, même dans ce dernier cas, la mise en pratique du procédé est possible.

Chacun sait quels dangers présente l'emploi du sulfure de carbone; volatil, comme il est, la moindre fuite ferait s'amonceler des torrents de gaz, et au moment le plus inattendu il suffirait d'une étincelle pour causer d'épouvantables désastres.

Aussi quels soins, quelle surveillance inquiète et persistante préside dans les fabriques qui font usage d'un si dangereux agent, et qui, cependant, l'emploient toujours sur une très-petite échelle ; on a soin de séparer le plus possible les fabriques, afin de diminuer les risques, et que, le sinistre éclatant tout à coup, la ruine ne soit pas complète.

Devons-nous faire remarquer encore que les graisses que ces fabriques recueillent, que l'huile qu'elles retirent, que les laines que l'on y dégraisse, payent amplement les risques courus, et que jamais le soufre ne présentera une parcille marge.

Ce n'est pas tout encore : nous venons de dire que l'action du sulfure de carbone n'est pas plus complète que celle de la vapeur d'eau. Nous avons vu que le danger qui préside sans cesse aux opérations, est une épée de Damoclès toujours prête à tomber. A tous ces *désavantages*, joignez encore la nécessité de fabriquer le sulfure de carbone, et les pertes que subit cet agent chimique.

Dans les fabrications les mieux conduites, celle de M. Deiss de Paris, par exemple, qui traite les tourteaux d'olives, on calcule à 10 pour cent la perte de sulfure.

Pourquoi, lorsqu'il s'agit de la fabrication du soufre, devrions-nous admettre une perte moindre?

Nous ne voyons aucun motif de le faire jouir d'un semblable avantage ; les appareils Moussu sont parfaits, ceux des nouveaux inventeurs présenteraient-ils de telles améliorations que cette perte pût être évitée?

Nous n'avons pas vu ces nouveaux appareils ; le mieux est donc, croyons-nous, de résumer les paroles du noble inventeur.

L'ingénieur chargé des expériences affirme ne perdre que le 6 pour cent ; admettons que, par jour et pour un appareil à quatre filtres, il soit employé 2,000 kilogrammes de sulfure de carbone, c'est donc 120 kilogrammes de perte qui, au prix de 1 franc, donne à la fin de la journée 120 francs de perte.

Le même ingénieur ne porte le coût du sulfure de carbone qu'à 50 centimes par kilogramme, chiffre évidemment impossible, car si nous nous plaçons pour un instant à *Grotta-Rossa*, nous trouvons que le charbon de bois coûte 25 francs les 100 kilogrammes, et la houille 70 francs la tonne. Il est vrai, qu'en revanche, le soufre vaudra 50 francs la tonne, tandis qu'il atteindra 170 francs à Paris.

Mais la différence de prix du soufre ne fait pas que cette économie ne soit perdue par la différence du prix des combustibles.

Pour nous résumer et terminer notre long chapitre de la fabrication, nous dirons que l'emploi du sulfure de carbone n'est pas possible dans l'état actuel des choses, et que le seul agent qui puisse un jour venir à bout du doppione et du calcarone, est *la vapeur d'eau*.

Nous venons de décrire tous les principaux essais ayant pour objectif le traitement des minerais de soufre. Nous avons exposé à nos lecteurs les résultats obtenus par les divers ingénieurs qui, avec plus ou moins de succès, se sont voués à la recherche de la solution de cet important problème ; nous avons cité les noms de

ceux qui, par leurs travaux opiniâtres, par leurs études, par leurs
incessantes recherches, ou par l'autorité de leur talent, ont com-
mandé l'attention. Parmi eux, en est-il qui ait réussi... ?

Hélas ! nous avons le regret de constater, que la question n'est
pas résolue, que le problème est toujours debout, que le Sphinx
garde son énigme, attendant encore la venue d'un nouvel Œdipe.

Depuis que l'invention de M. Gill en a jeté les premiers jalons,
nous n'avons pas fait faire à cette découverte un bien grand pas
vers sa solution ; et cependant, de l'aveu même de tous ceux qui
y travaillent, la vérité est là, et elle doit, dans un avenir plus ou
moins prochain, renverser à jamais le système suranné du calcarone et du doppione.

Comme nous l'avons vu, le coût du chauffage peut être accepté,
parce que s'il est plus élevé que par l'ancien mode, en revanche
comme il est produit une quantité plus grande, ce surcroît de dépense procure encore un bénéfice d'une certaine importance.

Par les appareils Gill et autres, nos lecteurs ont vu à quel point
en était arrivée cette intéressante question ; nous indiquerons, en
quelques mots, ce que nous croyons devoir être, aujourd'hui, le
problème à résoudre.

La première préoccupation que doit avoir l'inventeur à venir,
est de construire un appareil qui puisse, sans frais, être déplacé
et se transporter facilement d'un lieu à un autre.

Le calcarone est difficile à supprimer, lorsque l'on réfléchit à l'é-
conomie qu'il présente pour la manipulation du minerai.

L'ouvrier extrait la pierre, la met en tas le plus près possible de
l'ouverture d'où il l'a sortie, et à côté de chacune de ses ouvertures
il trouve le calcarone qui doit en opérer la fusion.

Donc pas de frais de manutention. Une grande partie de la question à résoudre ne gît-elle pas là ?

La caisse de minerai vaut de 15 francs à 25 francs, en moyenne
5 mètres cubes pour 20 francs, peut-on raisonnablement songer à
remuer cette masse sans valeur ? Tout transport qu'on lui fait subir
entraîne naturellement un enchérissement considérable sur les résultats de l'opération.

A priori, il faut donc, avant tout, que l'appareil soit en proportion avec la quantité de minerai que produit la mine, et qu'il soit
installé au lieu et place du calcarone actuel. Il faut, répétons-le,

que le minerai ne subisse pas un centime de plus de frais qu'il n'en supporte actuellement.

Donc les grandes machines construites par la *Société Milanaise*, ne pourront convenir; il faut des appareils traitant dix caisses par semaine, limite ordinaire de la production d'une mine.

Cet inventeur y parviendra-t-il? Pour la forme et la combinaison de son appareil, oui sans doute; mais où la question nous semble, sinon insoluble, du moins bien difficile à résoudre, c'est lorsqu'il s'agit d'alimenter de vapeur, à bon compte, un appareil qui, dans les six jours ouvrables de la semaine, n'a à traiter que 30 mètres cubes de minerai.

Il restera alors à l'inventeur à améliorer le système pour recueillir le soufre dans les meilleures conditions de pureté, et, pour en arriver là, il lui faudra changer complétement tout ce qui a été fait jusqu'à ce jour, à savoir recueillir le soufre exempt de toutes les impuretés que la vapeur d'eau lui amène par la déliquescence des gangues.

V

FABRICATION DU SOUFRE EN FLEUR ET EN CANON

En Italie nous ne connaissons que deux établissements s'occupant
de la fabrication des soufres en fleurs et en canons ; le premier,
situé à Rimini, appartient à la *Société anonyme des soufres des
Romagnes* ; le second, dernier vestige de l'ancienne administration
Taix, Aycard et Cie, est ouvert à Port-Empédocle et appartient à
M. Giudici, de Favare.

Ces deux établissements sont de médiocre importance ;
cependant, pour rendre notre étude aussi complète qu'il nous
est possible, nous examinerons brièvement cette fabrication.

L'appareil de fusion se compose généralement de deux cylindres
en fonte mesurant $1 \times 0,50$, fermés à une de leurs extrémités par
un obturateur, tandis que l'autre est reliée par un tuyau à une
chambre de condensation en maçonnerie.

La cornue, chauffée par un foyer placé immédiatement au-dessous, est complétement entourée par de nombreux canaux dans
lesquels se rendent la flamme et l'air chaud, qui, avant de venir se
perdre dans la cheminée, chauffent une petite chaudière installée
au-dessus de la cornue et en communication directe avec elle.

C'est dans cette chaudière qu'est placé le soufre destiné à la volatilisation.

Cette chaudière est amenée à la température de 125° à 150°; à ce point, le soufre entrant en fusion coule goutte à goutte et vient tomber dans la cornue où il se volatilise, pour, dans cet état, se rendre dans la chambre de condensation.

Le sol de cette chambre présente un plan incliné, aboutissant à un trou de coulée par lequel on recueille le soufre liquide, tandis que la partie volatilisée se fixe contre les parois du condensateur.

Le soufre est donc rendu sous deux formes bien spéciales; mais sous l'une comme sous l'autre, ce soufre est à l'état de pureté absolue. La seule différence qui existe, c'est qu'une partie est produite à une température plus élevée que l'autre, ce qui amène, comme nous le savons, deux états moléculaires absolument distincts.

Une opération dure généralement quatre heures. Si l'on charge alternativement chaque cylindre toutes les quatre heures, on pourra obtenir six opérations en vingt-quatre heures et produire en moyenne 1,800 kilogrammes de soufre distillé.

On fait plus ou moins de soufre en canon; si le fabricant y a intérêt, il active plus ou moins son feu, mais, dans tous les cas, le produit qu'il recueille se présente toujours sous les deux formes que nous venons d'indiquer.

Le soufre, à l'état liquide, est recueilli pendant toute la durée de l'opération, car sortant par le trou de coulée, il se rend dans une petite chaudière, sous laquelle on a soin d'entretenir un feu doux, et là un ouvrier le poche et le coule dans des moules en bois constamment plongés dans un baquet d'eau froide.

Ne voulant faire que du soufre en canon, on peut, s'il y a nécessité, produire jusqu'à 1,800 kilogrammes par jour; mais si on ne veut obtenir que du soufre en fleur, la production devient bien moindre, et c'est à peine si elle atteint le tiers de ce chiffre. C'est ce qui explique la différence de prix entre l'une et l'autre qualité.

Le soufre, à l'état de fleur, a pour application quasi spéciale, le soufrage de la vigne, remède à cette terrible maladie que nous ne connaissons pas encore, dont nous ne pouvons pas devenir maîtres, et aux envahissements de laquelle nous n'avons pas d'autre palliatif à opposer. Dans cet état aériforme, le soufre se prête admirablement à être insufflé sur les végétaux, seulement son haut prix de revient le fait presque partout remplacer par du soufre trituré, ou pour mieux dire réduit en poudre par des meules verticales.

Le soufre en canon est principalement destiné à la fabrication des poudres de guerre, non pas qu'il soit plus pur que le soufre en fleur, mais seulement il ne contient ni l'acide sulfureux ni l'acide sulfhydrique qui se produisent toujours dans les chambres de distillation, et qui s'associent avec la plus grande affinité aux parties moléculaires du soufre en fleur.

Le raffinage du soufre, notamment à Marseille, où cette fabrication a pris une importance considérable, s'effectue au moyen du procédé que nous venons de décrire, procédé connu sous le nom de *Méthode Michel*. Quelques raffineries utilisent les appareils de M. Lamy, qui ne diffèrent guère de la méthode Michel,

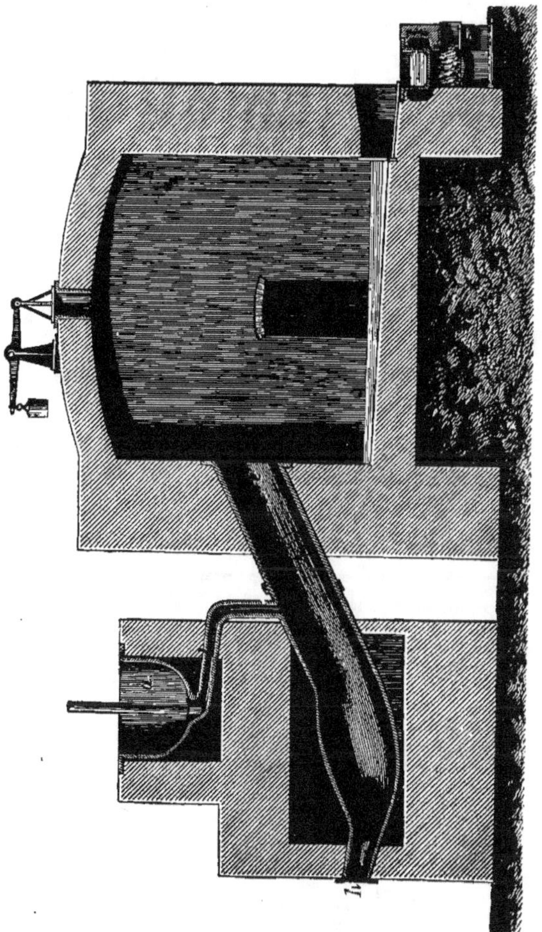

et enfin d'autres établissements ont adopté le procédé de M. Desjardin, procédé que l'État a appliqué aux raffineries gouvernementales. C'est à ce titre que nous en donnons le dessin.

A. est une chaudière dans laquelle on place le soufre brut, à fondre ou à volatiliser par le conduit *b*, muni d'un obturateur *e*.

Le soufre liquéfié s'écoule dans la chaudière *d*, qui est chauffée comme la chaudière *a*, par la flamme d'un foyer placé sur le côté de l'appareil. Le soufre volatilisé se rend par le conduit *e* dans une chambre de condensation, tandis que l'orifice *h* permet d'extraire les résidus de l'opération.

Le réchauffeur contient 600 kil. de soufre ; l'opération dure quatre heures, soit six opérations par vingt-quatre heures, on travaille cinq à six jours consécutifs, en recueillant une quantité plus ou moins grande de soufre liquide transformé en soufre en canon, suivant que la température a été plus ou moins élevée.

La raffinerie de l'Etat français donne les résultats suivants :

Perte en soufre . . . . 2.10 pour cent.

Consommation 22 kil. de houille pour cent kil. de soufre produit ;

Main d'œuvre, 0. 45. pour cent kil. de soufre.

Dans les fabriques belges le déchet n'est que de 0.75 pour cent au lieu de 2.10, soit 1.35 pour cent de différence.

C'est la Sicile qui fournit le soufre nécessaire à cette fabrication. L'importation en France a lieu par les ports de Marseille et de Cette ; ces deux ports, dans la période comprise entre 1860 et 1871, ont reçu :

	PAR LE PORT DE MARSEILLE				PAR LE PORT DE CETTE		
	IMPORTATION		VALEUR de la		IMPORTATION		VALEUR de la
ANNÉES	Pavillon français	Pavillon étranger	marchandise	ANNÉES	Pavillon français	Pavillon étranger	marchandise
	tonnes	tonnes			tonnes	tonnes	
1860	2.619	19.150	3.047.660	1860	»	»	»
1861	4.280	27.454	4.582.760	1861	187	»	26.180
1862	2.594	17.485	2.811.060	1862	4.126	8.039	1.703.100
1863	4.541	20.072	3.445.820	1863	5.880	8.014	1.945.160
1864	2.637	17.745	2.853.480	1864	4.053	8.648	1.778.140
1865	895	14.147	2.105.880	1865	7.129	11.426	2.597.700
1866	1.817	10.773	1.762.600	1866	5.493	10.977	2.305.800
1867	3.556	14.428	2.517.760	1867	13.661	8.385	3.086.440
1868	3.436	13.887	2.425.220	1868	14.376	6.047	2.859.220
1869	2.259	9.998	1.705.980	1869	8.264	8.933	2.407.580
1870	1.603	8.773	1.454.040	1870	8.503	9.171	2.474.360
1871	945	5.815	946.400	1871	4.327	11.177	2.170.560

Comme on le voit, la progression est constante. Cela tient à l'usage, de plus en plus général, du soufrage de la vigne, qui se continue parce qu'il est prouvé aujourd'hui que l'emploi du soufre est non-seulement un préservatif contre les ravages de l'oïdium, mais aussi un amendement précieux.

Cette fabrication sur laquelle nous pourrions nous étendre davantage, et à propos de laquelle nous pourrions passer en revue les travaux entrepris dans le but de baisser les prix de revient, n'ayant pas d'avenir en Italie, nous croyons ne pas devoir aller au delà du faible aperçu que nous venons d'en donner.

En effet, le soufre fabriqué dans les Romagnes par le procédé des *doppioni* est tout aussi pur que le soufre en canon.

Il n'y a donc nul intérêt à le fondre sous la forme *Marseillaise*, et, quant à la fabrication du soufre en fleur, nous savons bien que son haut prix de revient est un obstacle à son placement, et que le commerce y substitue, presque complétement, le soufre trituré.

Le soufre fabriqué à Port-Empédocle pourrait incontestablement prétendre à un avenir, puisqu'il n'a pas de frais de transport à supporter, comme celui qui se rend à Marseille pour y subir cette même opération; mais le charbon coûte en Sicile plus 40 fr. la tonne, tandis qu'il n'atteint guères que la moitié de ce prix à Marseille. Il est donc difficile de lutter, étant données des conditions si désavantageuses.

Il ne faut donc pas nous étonner si les fabriques de Rimini et de Port-Empédocle ne sont pas appelées à un brillant avenir.

Depuis quelque temps, notamment à Catane et à Messine, on broie le soufre et on l'expédie en sacs sur le continent.

Jusqu'à présent cette opération n'a pas fait grand progrès; l'acheteur hésite à prendre livraison d'une marchandise pouvant, dans cet état, être mélangée avec toute espèce de matières étrangères, et qui pour être bien reconnue devrait être soumise à une analyse quantitative, opération difficile, et surtout gênante pour le commerce.

PROJET DE FABRICATION SUR LES SOLFATARES DE L'ACIDE SULFURIQUE,
DU SULFATE ET DU CARBONATE DE SOUDE

ACIDE SULFURIQUE. — L'Italie, dont le sol fournit si abondamment le minerai de soufre, devrait, semble-t-il, être également le premier et le plus grand fabricant des produits qui en dérivent. — Il n'en est cependant pas ainsi ; c'est à peine si la Péninsule italienne voit s'élever quelques rares et maigres fabriques de produits chimiques, absolument impuissantes à affranchir le pays du lourd tribut qu'il paye, (notamment pour la production des soudes), à l'industrie anglaise et française, qui retirent cependant de son sol la matière première, nécessaire à cette fabrication ; nous voulons dire le soufre.

Chacun sait quel rôle considérable joue ce métalloïde dans l'industrie de tous les produits chimiques, où nous le trouvons tour à tour combiné ou assimilé, et chacun sait aussi quelle large place il occupe dans la fabrication de l'acide sulfurique.

Sans contredit, la cause principale qui est venue entraver ou empêcher la fondation, en Italie, des fabriques de produits chimiques, cette cause primordiale, disons-nous, est due entièrement à l'état politique régissant le pays avant 1860.

Aujourd'hui cette cause a disparu, et, en vertu de l'axiome : *Sublate causas tollitur effectus*, cette jeune nation, qui vient à peine d'entrer dans la grande famille industrielle, ne tardera pas à s'affranchir d'une servitude aussi onéreuse. Si cela n'est point fait encore, c'est que, quelque intelligent que soit un peuple, il lui faut cependant, et quand même, le temps matériel pour apprendre ce qu'il ignore et créer ce qui n'existe pas.

Etant donné du soufre, le convertir en acide sulfurique est une des préparations les plus faciles; mais ce produit n'a de valeur que comme agent intermédiaire, intervenant dans une autre industrie; et comme il est d'un transport à peu près impossible, il doit être employé sur les lieux mêmes de fabrication, c'est-à-dire, dans l'hypothèse où il serait produit sur une solfatare, il devra être transformé et utilisé là et non ailleurs.

La découverte de l'acide sulfurique doit remonter à une haute antiquité, et cela précisément à cause de sa préparation facile. Selon toute apparence il servait, dans les temps reculés, à quelque préparation pharmaceutique employée par les esculapes d'alors; mais ses propriétés ne sont réellement connues, appliquées et appréciées que vers le moyen âge. Dans le courant du xvme siècle, *Basilius Valentinus* divulgua les procédés de préparation qui, à peu de chose près, font encore règle aujourd'hui. Ce n'est que trois siècles plus tard, lorsque les besoins deviennent plus grands, que les moyens un peu primitifs indiqués par Valentinus sont transformés et font place à la fabrication industrielle décrite au xviiime siècle par *Cornelius Drebbel* : on brûlait le soufre, et les vapeurs sulfureuses, recueillies dans de grands pots de terre, y étaient oxydées par le salpêtre.

En 1746, *Rœbuck* remplaça les pots de terre par des chambres de plomb, et fixa le mode de fabrication employé de nos jours.

Depuis lors, bien des progrès ont été accomplis, mais sans que ces progrès vinssent en rien changer les bases fondamentales décrites par les anciens; c'est ainsi que les fours ont été mieux amménagés, les chambres de condensation, les conduits mieux appropriés à une production rapide et économique ; en un mot, cette industrie a réalisé des améliorations telles, que son prix de revient, d'abord très-élevé, est devenu des plus minimes.

La fabrication, jadis intermittente, devint continue à partir de 1834, et nous vîmes depuis, tel appareil qui produisait à peine 1,000 kilogrammes d'acide sulfurique, porter son rendement au triple.

Dans la deuxième partie de ce livre, nous avons relaté les causes qui, en 1840, amenèrent tous les nations européennes à substituer au soufre de Sicile les sulfures métalliques.

Ce changement de matières premières s'est continué, malgré la déchéance du traité Taix, Aycard et Cie, parce que les appareils ayant été modifiés, il eût fallu les reconstruire à nouveau, et parce que les mineurs, détenteurs des sulfures métalliques, ont toujours maintenu, pour leurs produits, un prix de vente plus bas que le coût du soufre.

L'acide sulfurique provenant de l'une ou de l'autre de ces matières premières se présente au commerce sous trois états différents.

L'un, connu sous la dénomination d'acide anglais, a une densité de 1.56 ou 52° B;

L'autre pèse 1.84 ou 66°

Le troisième, enfin, appelé acide Nordhausen, pèse de 1.89 à 1.90.

L'acide sulfurique (S.O.³ + H.O.) se compose, ainsi que l'indique sa formule :

> D'une partie de soufre,
> De trois parties d'oxygène,
> D'une partie d'eau.

La combinaison s'effectue en brûlant du soufre à la température ordinaire, en enfermant les vapeurs qui en proviennent dans des chambres de plomb dans lesquelles on fait arriver de l'oxygène et de l'eau.

Les calcaroni, les fourneaux de toute nature, que nous venons de décrire dans le précédent chapitre, ont tous, sans exception, fourni des vapeurs sulfureuses que nous perdions, et qui nous incommodaient fort.

Pour les utiliser, il aurait suffi de les recueillir, et de les diriger dans des chambres de plomb. Mais c'est là, disons-le tout d'abord, une importante dépense pour un propriétaire; on calcule, en effet, que pour produire 153 kilogrammes d'acide sulfurique, il faut employer 50 kilogrammes de soufre, 75 kilogrammes d'oxygène et 28 kilogrammes d'eau, qui, la réaction accomplie, demandent 237 mètres cubes de surface de chambre de plomb, soit, en chiffre rond, 250 mètres.

Avant de décrire la méthode qui, d'après nous, devrait être employée pour la fabrication de l'acide sulfurique sur la solfatare elle-même, disons un mot des procédés employés par *M. Kuhlmann*, ce savant manufacturier qui a, sans contredit, porté cette industrie au plus haut point de perfectionnement.

Les fourneaux adoptés par M. Kuhlmann, contiennent, chacun, quatre cornues en fonte, semblables à celles que vous voyons dans les usines à gaz. Chaque cornue est pourvue de deux ouvertures, l'une, fermée au moyen d'une tête munie d'ouvreaux destinés à amener l'air atmosphérique nécessaire à la combustion, sert à l'introduction du soufre, tandis que l'autre sert d'amorce à un tuyau conduisant les vapeurs sulfureuses à une première chambre dite de condensation.

C'est contre les parois de cette première chambre que les gaz viennent déposer les poussières et les détritus de toute nature qu'ils ont entraînés avec eux, laissant dès lors les gaz sulfureux se rendre en liberté dans les chambres de réaction.

Certes, M. Kuhlmann a le plus grand intérêt à ne pas perdre un atome des gaz qu'il obtient, à utiliser complétement le minerai de soufre ; mais une fabrique d'acide sulfurique établie sur une solfatare serait loin d'exiger, pour réussir, une installation aussi parfaite. En effet, si, chez M. Kuhlmann, le soufre coûte 160, fr. ce prix descend dans des proportions considérables sur une solfatare où le minerai coûte fort peu. Aussi, les propriétaires de solfatares ont tout intérêt à continuer à fabriquer le plus de soufre possible avec le minerai amené au jour, et à convertir le déchet produit par cette fabrication, c'est-à-dire l'acide sulfureux en acide sulfurique.

Dans ces conditions, les seuls appareils de M. Kuhlmann qui devraient être employés, sont ceux dont la destination est de recueillir l'acide sulfureux. La question à résoudre est donc uniquement dans le choix de l'appareil devant servir à la fabrication du soufre.

Nous venons d'examiner dans le chapitre précédent les différents modes imaginés pour la liquéfaction du soufre, et nous avons vu que tous, depuis la calcarelle jusqu'au fourneau, avaient surtout en vue de diminuer la production de l'acide sulfureux afin d'augmenter d'autant le rendement en soufre.

Or, la question change du tout au tout, car *l'installation d'une fabrique d'acide sulfurique sur une solfatare*, demande, au contraire, que ces vapeurs sulfureuses, qui jusqu'alors constituent une perte importante en soufre, et endommagent si considérablement les cultures environnantes, soient produites librement, puisqu'elles vont devenir la source de bénéfices nouveaux.

Ceci dit, voyons ce qu'il y aurait à faire, et en décrivant ce que devront être les nouveaux appareils, peut-être découvrirons-nous que c'est le mode le plus vieux, le moins rémunérateur lorsqu'il s'agit de la liquéfaction du soufre, la *calcarelle*, en un mot, qui sera le mieux approprié à la nouvelle fabrication.

Une *calcarelle* contient, avons-nous dit, une caisse de minerai, c'est-à-dire 5 m. c. environ, ou 6,800 kilogrammes. La durée de l'opération est de cinq jours. Le premier jour on décharge les résidus de l'opération précédente; on charge ensuite le minerai nouveau destiné à la liquéfaction que l'on va entreprendre, puis enfin on met le feu. Donc, afin d'obtenir une production constante de soufre et d'acide sulfureux, il faudrait établir une batterie de cinq calcarelles.

Nous avons vu, dans le chapitre consacré à la fabrication, que la production du soufre pour 100 kilogrammes d'un minerai à 35 pour cent était de 6 kilogrammes de soufre. — Il reste donc dans la gangue du minerai 29 kilogrammes de soufre. En admettant qu'il ne s'en convertisse ou ne s'en recueille que 25 kilogrammes en acide sulfureux, cela pourrait donner environ 40 kilogrammes d'acide sulfurique; ce qui établirait tous les cinq jours, pour une batterie de cinq calcarelles traitant 34,000 kilog. de minerai :

> 2,000 kilogrammes de soufre,
> 13,600   »   d'acide sulfurique.

soit par jour :

> 400 kilogrammes de soufre,
> 2,720   »   d'acide sulfurique.

Les seules modifications qu'il serait nécessaire d'apporter aux calcarelles, serait de les recouvrir au moyen de capuchons en fonte ou en maçonnerie, surmontés de tuyaux pour la conduite des gaz dans une première chambre de condensation, semblable à celles de M. Kuhlmann.

Pour ceux de nos lecteurs qui ne seraient pas familiarisés avec la fabrication de l'acide sulfurique, nous donnerons une description succincte des modes employés; imaginant, pour un instant, qu'il s'agit d'une fabrique existant et opérant sur une solfatare italienne.

En s'échappant des calcarelles, l'acide sulfureux, l'oxygène et l'azote se rendent dans la chambre de condensation, ouverte en avant des chambres de plomb.

Les chambres de plomb, dites à réaction, constituent des appareils fort coûteux, aussi leur remplacement est-il, pour nos ingénieurs, l'objet de recherches incessantes.

Les essais tentés jusqu'à ce jour n'ont pas abouti; le plomb est resté la seule matière dont on puisse se servir industriellement pour le revêtement de ces chambres.

On fait usage, pour cela, de feuilles de plomb ayant une épaisseur de 2 à 3 millimètres, jointes les unes aux autres par les procédés de M. Desbayssin de Richemont.

Ces feuilles de plomb sont soutenues par une solide charpente en bois, formée de poutres et de solives maintenues par des agraffes également en plomb.

Le tuyau de fonte, servant à l'introduction des gaz, est placé dans le haut de la chambre; celui qui est destiné à la sortie, est en plomb, et s'ouvre dans le bas de l'appareil. Suivant la capacité de la chambre, des tuyaux spéciaux aboutissant à trois ou quatre orifices laissent échapper de la vapeur d'eau.

Par des regards en verre, placés de distance en distance, on peut suivre les diverses phases de l'opération, tandis que des thermomètres marquent la température.

Ces chambres sont suivies de l'appareil de Gay-Lussac, qui se compose d'une tour renfermant du coke, sur lequel coule constamment un filet d'acide sulfurique, et qui, avant d'atteindre l'atmosphère, s'est débarrassé de quantité plus ou moins grande d'acide hypoazotique et azoteux.

Ces dispositions s'appliquent spécialement lorsqu'on emploie du minerai de soufre, et que l'on fait usage du salpêtre.

L'acide sulfurique produit, par ces procédés, sur une solfatare, ne sera pas aussi pur que le serait celui qui proviendrait d'une fabrique du continent; la gangue du minerai présentera les mêmes impuretés que nous remarquons dans le grillage des sulfures métalliques; l'acide sulfurique obtenu contiendra : de l'acide sulfureux, de l'acide nitrique, des combinaisons du sélénium, du chlore, du fluor, de l'arsenic, du fer, du plomb, du thalium, du mercure, de l'alun, de la chaux, de la soude, des matières organiques, tous corps qu'il serait indispensable d'éliminer s'il s'agissait de produire en vue du commerce, mais dont la présence est absolument sans inconvénients, lorsque l'on a en vue la fabrication de la soude au moyen du chlorure de sodium.

Comme on le voit, la production de l'acide sulfurique, en Sicile par exemple, ne présente aucune difficulté. — Les conditions du prix de revient seraient des plus avantageuses, puisque le soufre, sur la solfatare, ne coûtera rien, lorsque celui qui est employé sous la forme de soufre pur, ou de sulfure, revient à 16 francs les cent kilos.

Si 100 kilogrammes de soufre, donnent 300 kilogrammes d'acide, nous arrivons de ce chef à une dépense de 5 francs 33. Or, nous savons que le prix de revient dans les fabriques belges est de 7 francs.

SULFATE DE SOUDE. — La première opération consiste à réduire le chlorure en sulfate de soude. On obtient en outre un équivalent d'acide chlorhydrique.

Pour décomposer le chlorure, on emploie de l'acide sulfurique ; il suffit donc, dans la fabrication sur les solfatares, d'absorber au fur et à mesure l'acide sulfurique que nous produirions dans notre fabrication du soufre.

Pour ce qui concerne l'acide sulfurique, nous avons déjà fait remarquer que son plus ou moins de pureté n'a aucune importance lorsqu'il s'agit de la fabrication des soudes ; cependant, il sera préférable de porter sa densité à 60° B. C'est donc une première opération à effectuer, et qui s'obtiendra facilement en utilisant la chaleur des fours de réduction.

Tous les sels gemmes ne conviennent pas à cette fabrication ; ceux qui renfermeraient trop d'impuretés ne pourraient être employés ; mais en Sicile, nous n'avons pas à craindre ce mécompte ; les gisements dont nous avons donné la description dans notre chapitre « *du soufre et des roches qui l'accompagnent* » sont d'une très-grande pureté ; ils égalent certainement les dépôts du Wurtemberg utilisés pour la fabrication de la soude.

Le prix de revient de ces sels gemmes est des plus minimes. On

peut sans crainte d'erreurs porter l'extraction et la mise à pied
d'œuvre d'un mètre cube de sel, au même prix qu'un mètre cube
de minerai de soufre, soit à 5 francs.

En prenant comme densité celle du sodium, soit 0,973, les cent kil.
ne reviendraient donc qu'à 0,50 environ, au lieu de 2,50 qu'ils
coûtent dans les fabriques du Nord.

Les dispositions pour la fabrication du sulfate se traduisent en
trois opérations distinctes que nous allons décrire :

Les fours à sulfate se composent de deux compartiments; l'un
contient une cuvette en fonte dans laquelle s'opère la décomposition
du sel, décomposition qui s'effectue en versant de l'acide sulfurique
sur le sel; l'autre compartiment est destiné à la calcination des
produits de cette décomposition.

Les dispositions des fours sont variées, mais les plus ordinaires et
les meilleures sont celles qui présentent la cuvette de décomposition placée entre deux fours à calciner, l'un à droite, l'autre à
gauche, de telle sorte que les produits de la combustion du foyer
qui a chauffé le fond de la cuvette, se rendent par des conduits
spéciaux pour chauffer les compartiments et passent ensuite dans
les fourneaux à calcination.

Après avoir chauffé la voûte et les fours, ils chauffent les autres
parties des fourneaux, et ainsi on utilise, le mieux qu'on peut, le
combustible nécessaire à la décomposition et à la fritte.

Avec les fourneaux les gaz combustibles entraînent seulement
avec eux l'acide chlorhydrique produit dans les fours à calciner ; les
gaz produits par le four de réaction sont conduits aux appareils de
condensation.

L'avantage d'accoler deux fours à fritte, pour un four à réduction, est qu'il faut, pour poids égal de matières à décomposer, le
double de temps de chauffe pour la fritte. Ainsi, si dans la cuvette,
on place 250 kilogrammes de produits, il y aura en ce moment, et
pendant le temps que ces 250 kilogrammes mettront à se décomposer, une charge dans un des fours à fritte.

En pratique, la proportion d'acide sulfurique est égale à celle du
sel. 100 kilogrammes de sel demandent 100 kilogrammes d'acide.

Le poids des charges varie suivant l'importance des usines,
de 500 kilogrammes jusqu'à 1,500 kilogrammes et le nombre des
charges par vingt-quatre heures est en moyenne de dix

Voici comment on opère.

Quand on a bien brassé, à plusieurs reprises, au moyen de ringards, la charge contenue dans la cuvette, on la fait passer sur une des soles d'un des fours à calciner, supposons celui de droite, et on recommence immédiatement une nouvelle charge de sel et d'acide sulfurique préalablement échauffé à 50° environ; avant que cette deuxième opération se termine, on recueille la fritte du four de gauche, et on la remplace par la charge contenue dans la cuvette.

Cette opération, comme on le voit, est continue; la cuvette est toujours en charge, elle verse alternativement ses produits à droite et à gauche, de telle sorte que si la première opération exige une heure, la fritte se fera en deux.

Le résultat de cette fabrication donne du sulfate de soude, qui, lorsqu'il est refroidi, forme une poudre sèche, blanchâtre.

Cent parties de chlorure de sodium devraient donner théoriquement cent vingt-une parties de sulfate, mais, nous l'avons dit, dans une industrie courante, telle que serait celle qui s'établirait sur une solfatare, elle serait de 100 kilog. seulement, ayant en sulfate pur une teneur de 96 pour cent.

En plus de ce produit, il se forme de 50 à 55 kilog. d'acide chlorhydrique par chaque quintal de sel employé.

On sait que les applications industrielles de cet acide sont peu nombreuses; sa production a été pendant de longues années un grand embarras pour les fabriques de produits chimiques, qui consomment annuellement 500,000 tonnes de sel et donnent 200 millions de mètres cubes d'acide.

Aussi dans les premiers temps, cet acide, peu employé, était rejeté dans l'atmosphère.

De là les plaintes des habitants qui souffraient des dommages causés par les émanations, plaintes qui ne cessèrent qu'après des enquêtes à la suite desquelles les fabricants durent trouver soit l'emploi, soit l'absorption de cet acide.

On est parvenu depuis à utiliser cet agent dans une proportion de 30 pour cent environ; de telle sorte qu'il s'en perd à peu près de nos jours 25 pour cent.

En Sicile, sur une solfatare, il est à craindre que cette même proportion subsiste, car espérer vendre au public cet acide sans valeur est chose fort peu présumable; il faudrait donc que nous cherchions à l'utiliser, et nous ne pourrons le faire que si nous substituons le sulfate au carbonate de soude.

Mais ne nous dissimulons pas que cette production insolite, si elle est chose des plus funestes dans les pays du Nord, le sera également en Sicile, quoique cependant dans une proportion bien moindre, puisque les environs des solfatares sont, de par la nature des lieux, dénudés de toute culture et de toute habitation.

Quoi qu'il en soit, cette absorption pourra s'y faire par l'emploi des mêmes procédés employés sur le continent.

Nous venons de dire ce qu'est la fabrication du sulfate de soude; nous venons de prouver qu'elle a toute sa raison d'être en s'effectuant sur les solfatares italiennes, où elle trouve d'abord, presque pour rien, le soufre dont elle a besoin, où elle trouve le sel qui lui est indispensable à 0,50 les 100 kilogrammes, lorsque, sur le continent, on ne peut se le procurer à un prix inférieur à 2,50. A ces deux points de vue, la fabrication qui s'y réaliserait, se ferait dans des conditions de prix de revient très-avantageuses, si on n'avait contre soi le coût élevé du combustible nécessaire.

On consomme dans les fabriques du Nord 55 kilog. de houille pour 100 kilog. de sulfate de soude. Ces fabriques qui ont en quelque sorte le combustible à leur portée peuvent se le procurer à 20 francs les mille kilogrammes.

Sur les solfatares, en admettant que l'entrepreneur qui réaliserait cette fabrication, aura les capitaux nécessaires pour se relier avec les chemins de fer existants, qu'il soit dans la situation de recevoir ses houilles aux meilleurs comptes possibles, le prix de revient sera toujours au moins doublé.

Le désavantage est grand, mais il ne peut qu'atteindre dans une certaine mesure les bénéfices à espérer. N'oublions pas en effet que deux autres matières premières, plus importantes, et présentant en poids, un total plus grand, sont à notre disposition et ce, dans des conditions telles, que la lutte, si lutte il pouvait y avoir, n'est pas possible entre les fabricants du Nord et ceux dont nous espérons voir au premier jour l'entreprise s'élever sur les solfatares italiennes.

Donc, jusqu'ici, la fabrication du soufre, avec ses dérivés, n'offre aucune difficulté et doit être tentée.

En serait-il de même en poursuivant la transmutation du soufre et en la faisant plus complète?

CARBONATE DE SOUDE. — La consommation annuelle du carbonate de soude dépasse, pour l'Europe seule, 300 millions de kilogrammes. On conçoit, dès lors, quelle serait l'importance de la fabrication de la soude sur les solfatares italiennes.

C'est en 1789, c'est-à-dire au milieu de la grande époque révolutionnaire, que surgit la fabrication de la soude. Avant, ce produit était recueilli dans certaines efflorescences du sol, ou extrait de quelques plantes marines que l'on brûlait.

Les procédés employés par Leblanc servent encore de règle aujourd'hui : *Leblanc* est l'inventeur officiel; c'est lui qui a rendu cette découverte apte à être utilisée industriellement. Ce n'est cependant pas à son initiative seule que cette invention est due; à part de rares, bien rares exceptions, les grandes découvertes ne sont pas le fait d'une seule et même individualité; la faculté de créer n'est donnée qu'à certains génies dont les noms éclairent de loin en loin quelques brillantes pages de l'histoire industrielle; le plus souvent le temps, les événements, les circonstances, le hasard, viennent en aide à plusieurs générations d'intelligences tâtonnant dans le dédale des hésitations, et l'invention apparaît tout à coup sous l'effort de multiples paternités.

Ce fait est surtout vrai dans le cas spécial qui nous occupe. En effet, *Duhamel de Monceau* démontrait en 1736 que les bases constituant les chlorures de sodium étaient absolument semblables à celles que l'on découvrait dans les plantes marines d'où on retirait la soude.

Le *R. P. Malherbe* s'empare de cette observation, et propose de convertir le chlorure de sodium en sulfate de soude, puis de le décomposer en le mélangeant avec du charbon et du fer. L'Académie ne crut pas devoir prendre en grande considération les travaux du Révérend Père.

En 1782 *Guyton de Morveau et Carny* commencent à fabriquer la soude; le chlorure de sodium mélangé avec de la chaux était abandonné au contact de l'air, ce qui amenait la formation du carbonate de soude.

L'Académie ne fit pas, non plus, grand accueil à ces nouveaux travaux, qui, on le voit, ont tous pour point de départ la transformation du chlorure en sulfate, d'abord, puis ensuite celle du sulfate en carbonate.

En 1789, *M. de la Mesherie* proposait de calciner le sulfate de soude avec du charbon, et c'est là, on peut le dire, le point de départ qui devait servir à Leblanc qui modifiait le procédé en y ajoutant le carbonate de chaux.

Donc, bien heureux les pays qui ont à leur disposition le sel nécessaire à cette fabrication, que les besoins de l'industrie tendent chaque jour à faire augmenter davantage. Aussi ne comprenons-nous pas le mobile auquel obéissent les gouvernements qui apportent des entraves à l'exploitation du sel, c'est-à-dire à la base même du produit ; or, comme rien de pareil n'existe en Italie, le succès nous semble attendre ceux qui implanteront la fabrication de la soude sur les solfatares.

Ceci dit, nous allons passer en revue cette fabrication ; nous dirons quelles sont à notre avis les meilleures méthodes à employer, heureux si l'appel que nous faisons aux chercheurs est entendu.

La soude se prépare aujourd'hui, du moins pour sa majeure partie, par les procédés de Leblanc, procédés qui reposent sur le traitement du chlorure de sodium.

Le sulfate de soude, tel qu'il provient des fourneaux de calcination, est propre à être transformé en carbonate.

Cette transformation s'accomplit en mélangeant et en calcinant le sulfate avec du carbonate de chaux et du charbon.

Les calcaires à employer doivent, par la cuisson, devenir de la chaux aussi pure que possible ; tel est le cas de la majeure partie des calcaires situés aux environs des solfatares. Ce calcaire doit être bocardé et même réduit en grenailles.

A l'origine, on croyait que le charbon nécessaire à la réaction, devait être d'une grande pureté, et on avait été amené à se servir de charbon de bois ; aujourd'hui on est revenu de cette erreur, et on se sert de la houille ordinaire.

La proportion de l'une et de l'autre de ces matières est la suivante.

100 de sulfate,
101 de craie,
70 de houille.

Les proportions varient cependant d'une usine à l'autre ; l'ouvrier qui conduit l'opération, doit, suivant la pureté des produits et des résultats qu'il veut obtenir, forcer ou diminuer, par exemple, la quantité de carbonate de chaux ; il en fera de même de la houille, suivant sa qualité. Les fours qui servent à la calcination sont dits à reverbères, ils se composent d'un foyer, d'un autel, d'une sole sur laquelle se placent les produits, et d'une voûte très-surbaissée.

Dans quelques fabriques, pour utiliser mieux les produits de la combustion, la sole des fours est allongée ; la partie la plus éloignée du foyer reçoit d'abord la charge qui est portée sur la première sole, lorsque la matière qui y était contenue est bonne à être retirée, chacune de ces soles a, généralement, 10 mètres carrés de surface.

Par de petits ouvreaux ménagés dans la maçonnerie, et au moyen de ringards en fer, on brasse la matière, et ce, presque continuellement. Si le brassage a été bien fait, si la température a été maintenue, les résultats seront les suivants :

Carbonate de soude	54,7
Soude caustique	5,9
Sulfure de sodium	2,8
Sulfate de soude	4,5

Ce sont là des résultats industriels ; on peut attendre mieux, mais on peut aussi obtenir moins, car tout dépend du soin apporté à la fabrication.

Ce qui joue le rôle le plus grand dans les résultats, est, sans contredit, le brassage, aussi nos grands manufacturiers se sont-ils ingéniés à le produire mécaniquement.

C'est ainsi que *MM. Elliot et Russel* ont construit des appareils qui se composent d'un cylindre métallique creux, dont l'intérieur présente une garniture de briques réfractaires. Ces cylindres auxquels on imprime un mouvement de rotation, contiennent 1300 kilos de matières, et donnent des rendements supérieurs à ceux obtenus par les fourneaux à réverbères.

Leur prix de revient, leur fonctionnement mécanique, et par cela même difficile, s'est jusqu'à présent opposé à la diffusion de leur usage.

La construction des fours demande l'emploi de briques réfractaires de première qualité et une armature solide, non-seulement à cause de la haute température, mais surtout à cause de l'altération des matières par le carbonate de soude.

C'est là une dépense à considérer, car il faut admettre qu'un fourneau établi dans de bonnes conditions est à refaire tous les ans.

La température, avons-nous dit, doit être constante, elle doit être maintenue entre 900 à 1100° (rouge clair); aussi dans un fourneau à réverbère, la perte du calorique serait considérable si on ne l'utilisait pas à la sortie des fours. Dans les fabriques bien conduites, ce calorique sert à la concentration des lessives et peut très-bien servir, pour ce qui nous occupe, à chauffer les cuvettes à réaction dans la fabrication du sulfate.

Il faut pour cette fabrication des ouvriers aguerris et qui ont de l'expérience; ordinairement on les paie à la tâche, car le gain ou la perte du fabricant dépend entièrement d'eux.

La question du combustible est également sérieuse; il faut pour 100 kilog. de soude 207 kilog. de houille, et maintenir constamment une température élevée.

Les fourneaux à deux soles sont les plus répandus, la charge est de 300 à 400 kilog.; le travail se continue jour et nuit, sans interruption, et, suivant l'importance des charges, on fait jusqu'à vingt-quatre opérations.

Lorsque la masse est entrée en fusion, alors que la réaction chimique est complète, on rabat la masse fluide du four dans des wagonnets en tôle, qui la conduisent aux réservoirs.

Les quantités de matières introduites rendent nécessairement des quantités moindres, d'une part le charbon est brûlé, d'autre part les gaz se sont échappés; aussi, dans la pratique, on admet que cinq parties de mélange donneront trois parties de soude.

Dans cet état, la soude est dite brute, elle renferme beaucoup d'impuretés; elle sera plus ou moins riche, suivant que l'opération aura été plus ou moins bien conduite, et le fabricant n'en pourra connaître le rendement qu'après qu'elle aura subi le lessivage.

A l'origine de la fabrication on plaçait la matière dans des cuves ou dans des caisses en tôle disposées en gradins ; cette matière, telle qu'elle arrivait du fourneau, était renfermée dans la première caisse où l'eau sortait. Cette eau s'écoulait dans la caisse placée immédiatement en dessous, de telle sorte, que le lessivage étant accompli dans la première, la charge qu'elle contenait était versée dans la seconde, puis dans la troisième, puis dans la quatrième, et remplacée enfin dans la première par une nouvelle charge.

Les eaux descendant de l'une dans l'autre de ces cuves se concentraient de plus en plus ; il s'ensuivait que les produits en arrivant dans la dernière caisse étaient suffisamment épuisés.

Clément Désormes apporta une modification ; il avait remarqué que la dissolution des sels se faisait imparfaitement, il disait : lorsque dans un verre plein d'eau on plonge un morceau de sucre, ce sucre mettra beaucoup plus de temps à se fondre que si on le plaçait de telle sorte qu'on fît arriver l'eau en petite quantité. Aussi, au lieu de transvaser les charges d'un baquet dans l'autre, il place le produit dans des filtres qui, contenus dans les baquets, reçoivent l'eau à travers eux. Sauf cette modification, l'opération est la même.

Depuis lors, on est arrivé à ne plus avoir besoin de transvaser d'un baquet dans l'autre, ni les matières ni les filtres, on les filtre tout simplement en plaçant le carbonate dans une caisse à double fond et, y faisant arriver tranquillement, sans cesse, de l'eau à 40° de chaleur. Cette eau entraîne avec elle tous les sels, passe à travers le filtre du double fond, se rend dans une caisse placée sur le côté, et arrive ainsi à ce dernier récipient au maximum de concentration.

Les matières lessivées sont des *marcs de soude*, qui n'ont jusqu'ici aucune valeur, et qui ne sont qu'un embarras très-grand pour les fabriques.

Dans les solfatares italiennes, on pourra recueillir le soufre que ces matières lessivées contiennent, opération qui ne se fait pas dans les fabriques du continent, parce que son coût est trop considérable.

Les marcs de soude contiennent jusqu'à 30 pour cent de soufre, qu'il serait facile, par un lessivage méthodique, de recueillir, et ce, en employant l'acide chlorhydrique que la fabrication du sulfate, comme nous l'avons vu, nous donne fort inutilement sur les solfatares.

On sait, en effet, que les procédés que nous venons de décrire, présentent le grand inconvénient de perdre presque complétement le soufre contenu dans le sulfate de soude. Aussi cette question a-t-elle fait l'objet des recherches de tous les chimistes qui se sont occupés de cette opération ; nous-même nous l'avons traitée et nous avons indiqué les moyens à employer, dans un de nos ouvrages : *Du traitement des sulfures métalliques.*

Les lessives obtenues sont brutes, elles contiennent en moyenne sous un poids spécifique de 1.254 à 18°.

Carbonate de soude	68,5
Hydrate de soude	18,3
Sulfure de sodium	1,3
Sulfate et sulfite de soude	6,5
Chlorure de sodium	3,2
Silice, alumine, fer, etc	2,2

qui, sous l'action d'une ébullition prolongée, forment un dépôt de carbonate de soude $(NaO, CO^2 + HO)$.

L'opération de la fabrication du carbonate de soude est terminée, car l'évaporation des lessives de soude présente les mêmes phénomènes que celles du chlorure de sodium, c'est-à-dire de se précipiter avant tous les autres sels qu'elles contiennent. Dans cet état le degré alcalimétrique est de 80 à 90.

Cette évaporation s'effectue dans de grandes chaudières en tôle, chauffées par la chaleur perdue des fours de calcination.

La lessive brute est toujours colorée en jaune, et, comme nous le voyons, la proportion des sels étrangers est considérable : la soude caustique y entre pour 1|6 environ, qu'on concentre pour arriver à sa séparation des autres sels avec lesquels elle se trouve mélangée.

Enfin la dernière opération est celle de la dessication des produits. Cette dessication s'effectue dans des fours à réverbères ; au contact de la flamme la soude caustique qui renferme encore le produit, se transforme plus ou moins en carbonate.

On obtient ainsi un produit blanc qui, pour le commerce, est la soude calcinée ou sel de soude.

Par la description que nous venons de faire, le lecteur s'apercevra que la substitution du soufre et du sel gemme en produits manufacturés ne présente aucune difficulté.

Celui qui aura visité des solfatares siciliennes qui renferment, comme nous le savons, côte à côte des amas considérables de soufre et de sel gemme, ne pourra douter que la création, sur place, de ces diverses industries, n'apporte à ce pays une somme de richesses considérables.

En effet, l'acide sulfureux est un produit qui n'y coûtera rien, puisqu'il crée aujourd'hui un des plus grand embarras de la fabrition du soufre, tandis que ce même produit dans les manufactures françaises, anglaises et belges ne peut être obtenu qu'en le fabriquant avec du soufre à 16 fr. le quintal.

Il en est de même du sel qui, nulle part, ne peut être fourni à 50 c. les cent kilog. comme il le serait sur une de ces solfatares. Dans nos pays on est obligé de le faire venir de points éloignés, ce qui quintuple son prix de revient. Il y a donc là, pour les deux matières premières, une telle différence de prix, que le manufacturier qui se déciderait à installer cette fabrication doit s'attendre à y trouver de grands profits.

Il y a parité d'avantages dans la main d'œuvre, dans l'achat du salpêtre, mais il y a désavantage dans la perte de l'acide chlorhydrique, et enfin dans le coût du combustible.

Nous avons pleine confiance dans la réussite de la première fabrication, celle du sulfate de soude : la quantité de houille nécessaire n'est pas considérable, et ne peut changer sensiblement les conditions avantageuses offertes par le soufre, et par le sel, car, si dans les fabriques du Nord, l'acide sulfurique revenant à 7 fr., on peut fabriquer les 100 kilog. de sulfate à 11,50, on peut, ayant l'acide sulfurique à moitié moins, le sel à 0,50, espérer une réduction notable sur ces prix.

Reste la fabrication du carbonate. Ici, tout est au désavantage de la solfatare ; le charbon joue le rôle prédominant, il faut à peu près 4 fr. 50 à 5 francs par cent kilos pour fabriquer dans le Nord cent kilog. de carbonate, il en faudra 9 à 10 en Sicile.

Ce grand désavantage peut-il être racheté par le coût du sulfate de soude?

C'est ce que l'avenir et l'expérience seuls pourront dire. Pour notre part, nous faisons les vœux les plus sincères pour que l'essai se fasse, car nous croyons fermement en la réussite.

FIN

TABLE DES MATIÈRES

PREMIÈRE PARTIE

CONSIDÉRATIONS GÉNÉRALES 7

DEUXIÈME PARTIE

DE LA LA LÉGISLATION ET DES RÉGLEMENTS QUI RÉGISSENT LES MINES
DE SOUFRE EN ITALIE 17

   Lois des États de l'Église du 21 avril 1510 ; 30 décembre 1535 ;
    1er juin 1580 ; chirographe du 15 novembre 1780 19

   Loi du 9 août 1808 20

   Lois napolitaines et ordonnances siciliennes de 1129, 1620,
    1751, 1780, 1787, 1807, 1808, 1826 26

   Traité Taix Aycard du 10 juillet 1838 28

   Loi du 17 octobre 1826 32

   Réglement sur les calcaroni du 31 janvier 1851 37

   Loi du 25 avril 1859 41

   Circulaire du 21 février 1868, relative aux permissions pour
    l'ouverture de nouvelles solfatares 69

   Instructions ministérielles du 6 juin 1868 73

TROISIÈME PARTIE

DESCRIPTION TOPOGRAPHIQUE ET GÉOLOGIQUE 77

   Considérations générales 79

   Soulèvements 85

   Tremblements de terre ; leurs effets 86

   Des volcans 88

   Principales éruptions du Vésuve et de l'Etna 95

Histoire paléontologique des terrains italiens................ 106
—   géologique des vertébrés en Italie.................. 110
—   —   des poissons   —   116
—   —   des articulés   —   123
—   —   des mollusques   —   127
—   —   des zoophytes   —   167

QUATRIÈME PARTIE

Du soufre et des roches qui l'accompagnent.................. 181
    Description des roches accompagnant le soufre............ 201
    Gypse..... 201
    Sel gemme.. 205
    Terrains carbonifères.. 212

CINQUIÈME PARTIE

Description des bassins sulfurifères de Vaucluse, de la haute-
    Italie, des Romagnes, de la Toscane, des anciens états du
    pape, de la zône volcanique, de l'Italie méridionale et de
    la Sicile......... 217
    Vaucluse.. 219
    Les Alpes... 225
    Les Romagnes.. 233
    Toscane... 247
    Anciens États du Pape... 255
    Zône volcanique....................................... 259
    Sicile.. 271

SIXIÈME PARTIE

Exploitation minière...................................... 297
    Introduction.. 299
    Moyens employés actuellement dans les exploitations sici-
        liennes... 302
    Moyens employés, ou actuellement en usage dans les exploi-
        tations romagnoles................................ 325
    Moyens employés, ou actuellement en usage dans les bassins
        toscans, romains et vauclusiens................... 337
Description particulière de quelques exploitations. — Sicile. 338
Province de Palerme....................................... 339

Mines de Madore... 343
—   Prince Palagonia........................... 344
—   Anzalane.................................... 344
—   Piraino 344
—   Giordano.................................... 344
—   Sociale..................................... 344
—   Romano...................................... 345
—   Sinadria 345
—   Catalana 345
—   Ozlando..................................... 345
—   Loria 345
—   Peccoraro................................... 545
—   Curitano 345
—   Buon-Giovanni............................... 345
—   Rotolo...................................... 345
Province de Girgenti.................................... 347
  Aragona... 350
  Mine de la Petrusa 350
  Les Maccalubi... 351
  Comitini 352
  Mines de Felicia...................................... 352
—   Crocilla.................................... 352
—   Balata...................................... 352
—   Liscia...................................... 352
—   Mandrazzi................................... 352
—   Sfundato.................................... 352
  Grotte.. 357
  Mines de Buscamento................................... 357
—   Sinatra..................................... 357
—   Sciacia..................................... 367
—   Rametta 357
  Racalmuto 360
  Mines de Canotoni..................................... 361
—   la Pernicia................................. 361
—   Donafale.................................... 362
—   Garano 363
—   Frapaolo.................................... 364
—   La Cimicia.................................. 369
  Castel-Termini 369
  Mines de San Giovanello............................... 370
—   San Blasi................................... 373
—   Bivona...................................... 373
—   Alessandria 373
—   Camerata.................................... 373
—   Favara...................................... 373

Mines de Lampedusa 373
—   Baucina 373
—   Finaita 373
—   Buffo 374
—   Tre Robbe 375
—   Azaretta 375
—   Sotte 375
—   Mentina di Palma 377
—   Bifara 377
—   Monteleone 378
—   Ortata 378
—   Milione 378
—   Palermitana 378
—   Salamone 378
—   Bernardi 378
—   Santa Rosalia 378
—   Canatuzzo 378
—   Luccia 379
—   Chimento 379
—   Maestra 379
—   Cucca 380
—   La Madona 380
Campobello di Licata 381
Mines de Cattolica 382
—   Collo Rotondo 382
—   Virzi 382
—   Raffadali 382
PROVINCE DE CALTANISSETTA 384
Mines de Varticello 386
—   Speliella 386
—   Belia 386
—   Grasta 386
—   Gibbia-Rossa 387
—   Summatino 387
—   La Solfarella 387
—   Solfara-Grande 387
—   Grotille 387
—   Riesi 387
—   Venella Dolce 388
—   Bianca 388
—   L'Empetrata 389
—   Riesi-Fiume 393
—   Galitano 393
—   Grotta-Rossa 394
—   San Gennaro 394

Mines de Graziella..... 394
—   Monte-Doro.......................... 401
—   San Cataldo.......................... 402
—   Bosco.......................... 402
—   Nabbione.. 402
Santa Catarina 403
Caltanissetta 403
Mines de Giordano 404
—   Zerbi......................... 405
—   Messana 405
Aidone........ 407
Bonafranca. — Calascibetta 407
Castrogiovanni......................... 407
Piazza 408
Mines de Grotta-Calda..................... 408
—   Pietra Grossa......................... 415
PROVINCE DE CATANE..................... 418
L'ambre 420
La saline de Paterno..................... 421
Le lac de Palici 422
PROVINCE DE TRAPANI 424
Mines de Salapanta..................... 425
—   Gibellina..................... 425
PRÓVINCES DE SYRACUSE, NOTO, MESSINE..................... 425
Transports..................... 427
Tableau des solfatares appartenant au domaine et provenant
de la suppression des corporations religieuses 428
DESCRIPTION PARTICULIÈRE DE QUELQUES EXPLOITATIONS. — ROMAGNES. 439
Premier groupe..................... 442
Deuxième groupe 443
Troisième groupe..................... 444
Mines de Polenta..................... 444
—   Busca et Montemauro..................... 445
—   Formignano 446
—   Luzzena-Fosso..................... 447
—   Borello-Tana..................... 447
—   Monte-Vecchio 449
—   Monte Aguzzo.. 450
—   Çà di Guido..................... 451
—   Çà di Castello 451
—   Piaja..................... 452
—   Valdinoce 454
—   Costa, Balze 455
—   Venzi-Roveretto.... 457
—   Boratella di Falcino et di Monte-Jottone..................... 457

Mines de Linaro-Rivoscio... 459
   —   Campitello... 462
   —   Sapigno 463
   —   Perticara-Montecchio et Marazzano 463
   —   Predappio 466
Compagnie anonyme des soufres des Romagnes 469
DESCRIPTION DE L'EXPLOITATION DES TAPETS 472
    Solfatare des Tapets..................................... 473
TOSCANE ET ANCIENS ÉTATS ROMAINS.............................. 474
    Mines de Canale... 475
      —   Menziana...................................... 477
      —   Frasinetto 479
RÉSUMÉ.. 480
    Ingénieurs des mines................................... 481
    Travaux préparatoires. 482
    Épuisement des eaux................................... 484
    Pompe à vapeur authomatique 487
    Aérage.. 489
    Éclairage 494
    Puits et galeries....................................... 494
    Abatage.. 498
    École professionnelle................................... 498
    Plan de la mine.. 498
    Exploitation.. 499
    Remblais... 499
    Transports... 499
    Transport à dos.. 500
    Transport à la brouette................................ 500
    Coût des puits d'extraction et des galeries de roulage........ 509
    Coût des galeries d'écoulement ou de roulage.............. 512
    Série des prix 515

SEPTIÈME PARTIE

FABRICATION DU SOUFRE 517
HISTORIQUE... 519
LIQUÉFACTION DU SOUFRE EN BRULANT UNE PARTIE DU SOUFRE CON-
TENU DANS LE MINERAI 522
    Calcarelle.. 422
    Calcarone.. 423
    Instructions pour les inspecteurs, gardes généraux, capo-
      mastri et producteurs 524

Liquéfaction du soufre par l'emploi de foyers, ou chauffe par voie de contact..................................... 538

    Chaudière... 538

    Fourneau Durand....................................... 539

    Doppione... 541

    Fourneau français..................................... 548

    Fourneau Gill... 550

    Fourneau Hirzel....................................... 553

    Fourneau de Laire..................................... 554

    Fourneau Toussaint.................................... 555

    Fourneau Kayser....................................... 558

Liquéfaction du soufre par la vapeur d'eau 560

    Appareil Gill... 562

    Appareil Émile Thomas................................. 565

    Appareil Brunfaut..................................... 569

    Appareil Boyenval et Brunfaut......................... 576

    Appareil Zanolini..................................... 578

    Appareil de la Société Milanaise...................... 578

    Appareil de la Société de Girgenti.................... 579

Liquéfaction par l'emploi du sulfure de carbone............ 582

Fabrication du soufre en fleurs et en canons.............. 589

    Procédé Desjardin..................................... 591

Projet de fabrication sur les solfatares de l'acide sulfurique, du sulfate et du carbonate de soude....................... 594

    Acide sulfurique...................................... 594

    Procédé Kuhlmann...................................... 597

    Sulfate de soude...................................... 600

    Carbonate de soude 604

    Méthode Leblanc....................................... 604

    Méthode Duhamel de Monceau............................ 604

    Méthode Malherbe...................................... 604

    Méthode Guyton de Morveau et Carny.................... 604

    Méthode de la Mesherie................................ 605

    Appareil Elliot et Russel............................. 606

    Modification Clément Desormes......................... 608

FIN DE LA TABLE DES MATIÈRES

CHATILLON-SUR-SEINE. — IMPRIMERIE E. CORNILLAC

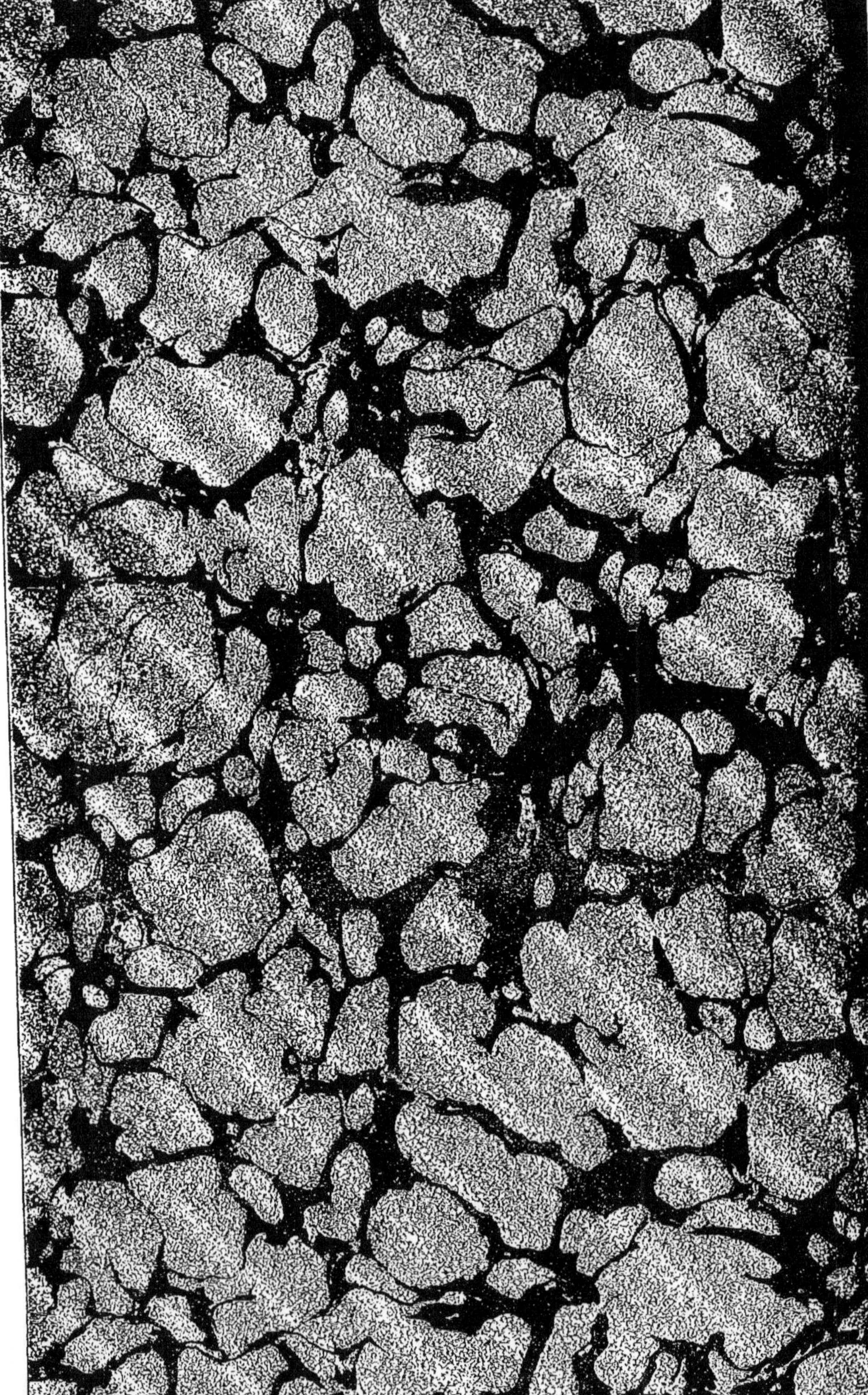

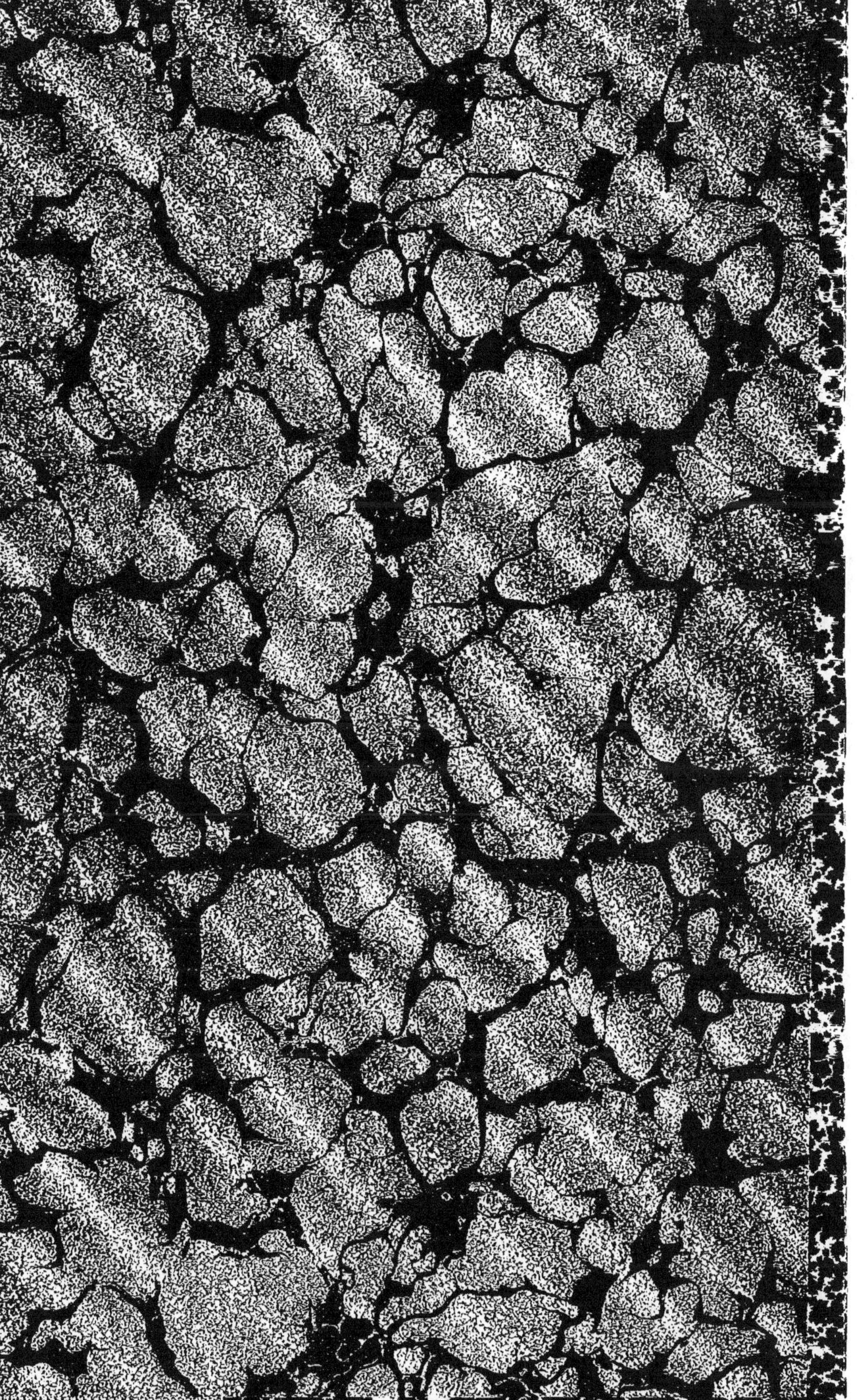

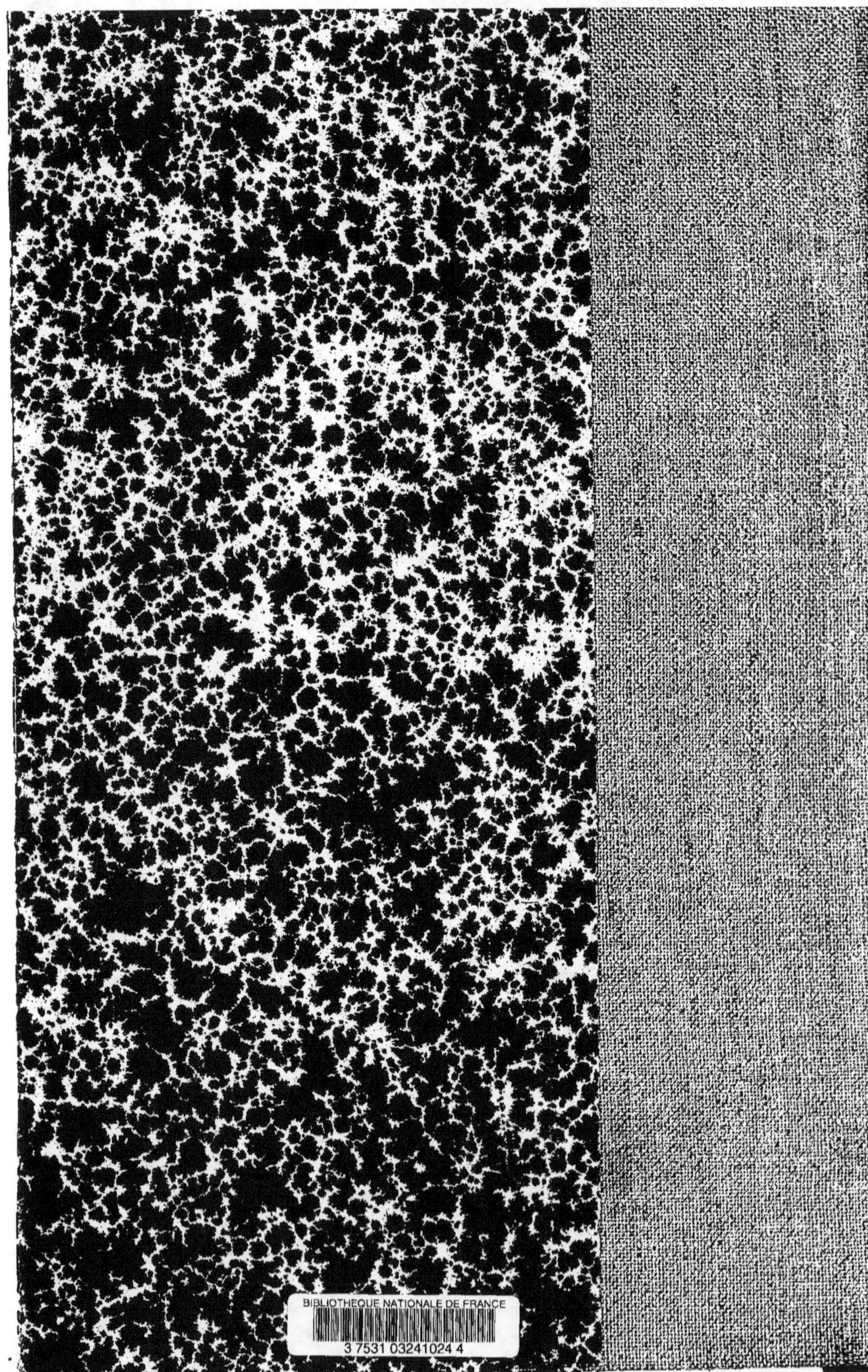